數位影像處理

繆紹綱　著

全華圖書股份有限公司

序言

　　本書第一版自 1999 年出版後，只有在 2010 年改版過一次。當時修改的原因是第二部分 Matlab 實習中若干 Matlab 的程式碼因版本問題無法順利執行，所以必須修改部分程式碼以便可在較新的 Matlab 版本上執行。因此主要的教材內容已有很長時間沒有修訂。

　　常有大學部學生尋求我協助專題或是研究生來找我指導。對於那些缺乏影像處理基礎的同學，我通常建議先進行自修。他們最常詢問的問題是是否能夠推薦一本適合入門的書籍，當然，我會優先推薦自己的著作。然而，自從本書出版以來，一些學生反映他們在獨自閱讀本書時遇到了困難，同時也有不少學生期望書中能有更多的範例。因此，要改版的想法已醞釀很久，也常在苦思該如何改版較佳，期間出版社也提供了一些建議，並鼓勵我儘快進行改版。然而，由於工作繁忙，一再延誤，直到現在終於完成了這次改版。

　　影像處理領域的進展迅猛，涵蓋範疇廣泛，撰寫一本能夠即時反應並囊括所有相關主題的教科書相當困難。我們只能抓住核心要點，提供初學者引導，打下必備基礎，協助學子踏入這一快速變遷的領域。和先前的版本一樣，本版本仍會注重學理的基礎，也不會忽略實務考量。本次修訂的重點是：

- 新增許多章節主題內容，包括全新的兩章(第三章的鄰域處理及第十一章的影像系統評估)。新增許多範例、圖形(包括彩色影像)、表格與習題。

- 刪除上一版本第二部分的 Matlab 實習，不再獨尊 Matlab 程式平台實現，其中一部分的程式執行結果移到相關章節中呈現與討論。事實上本書所有影像處理結果的展現不只依靠 Matlab 實現，還大量運用 Python 和 OpenCV 等開源程式碼來產生，也因為如此，原書的副標題「活用 Matlab」也一併刪除。

- 刪除一小部分太過艱澀且需要補充過多的基礎知識才較容易理解的內容。

- 對原先解說不夠清楚的地方加強論述，以增進可讀性。

- 修訂若干個先前一直未發覺的筆誤之處。

　　本書適用於理工大學部三年級以上到研究所碩士班一年級的同學修習「數位影像處理」或相關課程之用。若要以本書作為相關課程的教科書，最好對微積分、線性代數、機率與統計以及信號處理要有基本的認識比較好上手。本書的教材份量大致上可以涵蓋到兩個學期的課程，亦可擇其重點安排成一學期的課程。在更精簡的情況下，還可當成短期密集訓練課程的教材。

數位影像處理的領域數十年來快術發展，特別是拜近年來 AI 的快速崛起，該領域更加蓬勃發展，新的學理與技術，不斷推陳出新。很多學生或是已在職場者都知道應該要跟上這波浪潮，但往往受限於自身的基礎不足，難以越過門檻。本書主要講述數位影像處理的基本原理與相關技術，主要目的是要奠定讀者對數位影像處理領域的扎實基礎，具備理解這個領域最新發展的能力，以提升讀者的就學或就業的能力。

感謝筆者歷來所有的研究生與大學部專題生，在研究與討論的過程中，讓師生一起成長。也感謝歷年來修我數位影像處理這門課的學生，透過與學生的互動，更加清楚知道學生需要什麼樣的教材內容，在教學過程中驅動筆者不斷要與時俱進的來更新教材。謝謝全華圖書出版社相關工作人員的努力與付出，使本修訂版得以順利出版。此修訂版雖經仔細審閱與校對，但仍或許有疏漏之處，若有此問題，還請見諒。另外筆者也請相關的領域專家及一般讀者提供未來版本內容修訂上的建議，讓下一版能更符合大家的需求。

缪紹綱 謹識

2024 年 6 月

於中原大學電子系

miaou@cycu.edu.tw

　　「系統編輯」是我們的編輯方針，我們所提供給您的，絕不只是一本書，而是關於這門學問的所有知識，他們由淺入深，循序漸進。

　　本書介紹數位影像處理的應用，為了應對影像處理領域近年來的蓬勃發展，範疇廣泛。我們先專注於核心概念，並引導讀者建立扎實的基礎外，且同時結合實務應用，幫助他們踏入這個迅速變遷的領域。書中先從取樣與量化、鄰域處理及轉換法介紹，幫助學生打好基礎，接著介紹影像增強、影像復原、影像壓縮、影像分割、表示與描述等核心內容，最後結合實用並應用在圖樣辨別及影像系統的評估。本書適用大學、科大資工、電子及電機系「數位影像處理」及「影像處理」課程使用。

　　同時，為了使您能有系統且循序漸進研習相關方面的叢書，我們以流程圖方式，列出各有關圖書的閱讀順序，以減少您研習此門學問的探索時間，並能對這門學問有完整的知識。若您在這方面有任何問題，歡迎來函聯繫，我們將竭誠為您服務。

相關叢書介紹

書號：06237
書名：工程數學
編著：姚賀騰

書號：06362
書名：線性代數(附參考資料光碟)
編著：姚賀騰

書號：06196
書名：數位訊號處理－ Python 程式
　　　實作(附範例光碟)
編著：張元翔

書號：06417
書名：人工智慧
編著：張志勇.廖文華.石貴平.
　　　王勝石.游國忠

書號：06443
書名：一行指令學 Python：用
　　　機器學習掌握人工智慧
編著：徐聖訓

書號：06457
書名：機器學習入門－ R 語言
　　　(附範例光碟)
編著：徐偉智.社團法人台灣數位
　　　經濟發展學會

書號：06506
書名：機器學習－使用 Python
　　　(附範例光碟)
編著：徐偉智

流程圖

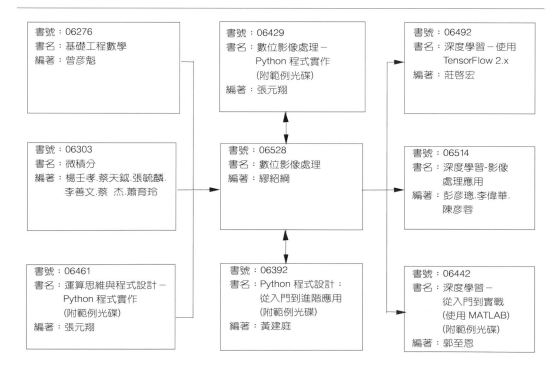

書號：06276
書名：基礎工程數學
編著：曾彥魁

書號：06303
書名：微積分
編著：楊壬孝.蔡天鉞.張毓麟.
　　　李善文.蔡　杰.蕭育玲

書號：06461
書名：運算思維與程式設計－
　　　Python 程式實作
　　　(附範例光碟)
編著：張元翔

書號：06429
書名：數位影像處理－
　　　Python 程式實作
　　　(附範例光碟)
編著：張元翔

書號：06528
書名：數位影像處理
編著：繆紹綱

書號：06392
書名：Python 程式設計：
　　　從入門到進階應用
　　　(附範例光碟)
編著：黃建庭

書號：06492
書名：深度學習－使用
　　　TensorFlow 2.x
編著：莊啓宏

書號：06514
書名：深度學習-影像
　　　處理應用
編著：彭彥璁.李偉華.
　　　陳彥蓉

書號：06442
書名：深度學習－
　　　從入門到實戰
　　　(使用 MATLAB)
　　　(附範例光碟)
編著：郭至恩

目錄

(以下附錄及參考文獻採 Qrcode 方式呈現)

附錄

參考文獻

Chapter **1**

簡介

一圖勝千萬語

1-1　背景

我們常說一幅圖勝過千言萬語，這是因為人的視覺感觀對圖像非常強烈，往往用筆墨還不足以形容。例如，陳述一個小女孩有多可愛，與其用盡所有形容詞，不如出示一張她的照片。

顯然圖像是傳達訊息非常直接又有效的方式，但是倘若上述照片沒有拍好(例如光線不足及拍攝時手部顫抖等問題)，則其訊息傳達的效果可能還不如用言語形容。雖然有些照片可以重拍，但也有很多情況是很難或甚至無法再重拍的。例如負責太空探測的太空船所傳回的珍貴照片，由於經濟及時效上的考量，通常不會有第二次重拍的機會。在我們日常生活當中也有許多珍貴的影像因為時光稍縱即逝，而沒有機會再重現，例如我們懷念親人的影像或是重要節慶的影像紀錄等。

對於效果不佳的圖片(例如泛黃、模糊、過度黑暗或過度明亮等)，如果能以經濟又有效的方式加以處理，使其達成原本能傳遞的訊息量，是不是很好呢？這就是影像處理(image processing)一開始最基本的想法。換言之，就是要探討如何以有效(effective)又有效率(efficient)的方式來處理影像，使其能傳達我們所需要的訊息。

那數位影像處理(digital image processing)又是什麼呢？簡言之就是將所擷取到的影像數位化(digitize)以利各種數位訊號處理器(例如現今的電腦)之處理。比起像攝影師暗房技巧那一類的所謂光學影像處理以及像調整電視機旋鈕改變電壓使對比或亮度改變的類比影像處理，數位影像處理有更大的彈性(flexibility)以及效率。這主要來自於可編寫並修改程式，讓數位訊號處理裝置反覆且快速地對數位影像進行所需的處理，直到得到滿意的處理結果為止。

數位影像處理除可改善影像品質使影像資訊傳達更有效之外，它更方便做影像的儲存與傳輸。這個功能拜數位取像裝置與網際網路的普及化之賜，早已讓數位影像處理變成大多數人日常生活中的一部分，只是很多影像處理的工作都在幕後執行，一般使用者都無感而已，例如許多人常將拍得的數位照片透過社群媒體工具傳給社群中的親朋好友。

　　數位影像處理除了可改善影像品質，便於儲存和傳輸之外，現今還有一個更積極的意義。那就是，數位影樣處理還能使機器像人一樣具有視覺感官的辨別能力，例如早已普遍存在並使用的車牌辨識系統就是一個典型的例子。近年來，拜深度學習神經網路(deep learning neural networks)的發展，這一類視覺辨識系統的能力越來越強大，預期這樣的自動辨識系統在我們生活周遭會越來越多，這也反映出數位影像處理在未來的重要性。

　　雖然影像處理技術最早期的應用之一可回溯到本世紀初，用來改善倫敦和紐約間經海底電纜發送之圖像的品質，但一直到二十世紀 50 年代，隨著大型數位計算機和太空科學研究計畫的出現，大家才注意到影像處理的潛力。1964 年在美國航太總署的噴射推進實驗室開始用計算機技術改善從太空探測器獲得的影像，當時用計算機處理由巡航者七號(Ranger 7)傳回的月球圖片，以校正電視攝影機所存在的幾何失真或響應失真。其後有一連串的星際探測計畫，一直到現在都在持續不斷送回更多影像。

　　從 1964 年迄今，影像處理領域有快速的發展。除了在太空計畫中的應用，目前數位影像處理技術還用於解決其他問題。主要的應用領域如下。

1-1-1　生物醫學領域

　　基於醫學研究或醫療的目的，發展各種成像的方式與儀器，對生物的內部組織進行比只直接用肉眼更有效的觀察。首先用於細胞分類與計數、染色體的分類和放射影像的處理。特別值得一提的是，1972 年 X 光電腦斷層掃描系統(computed tomography, CT)問市，讓醫護人員得以不用開刀的非侵入方式，透視人體內部各器官，對於病變的診斷有很大助益，這在醫學工程的領域上為一大突破，發明者還因開發計算機輔助的斷層掃描技術而獲得 1979 年的諾貝爾生理或醫學獎；另外，對開發高解析度核磁共振光譜學[nuclear magnetic resonance (NMR) spectroscopy]方法有重大貢獻者獲得了 1991 年諾貝爾化學獎；還有 2003 年的諾貝爾生理或醫學獎則是表彰得獎人在核磁共振成像(NMR imaging)方面的發現。光是以上三個諾貝爾獎就足以說明醫學影像處理可在生物醫學領域的應用上對人類生命福祉帶來多麼偉大的貢獻。

　　醫學影像的種類很多，除了前面提到的 X 光影像和核磁共振影像外，還包括同位素(isotope)影像、超音波影像、紅外線影像以及顯微影像等。對這些影像增強對比度或將亮度準位著色等之處理可幫助醫護人員診斷如肺病、腫瘤及心血管等疾病。此外，近年來隨著人工智慧(artificial intelligence)的實現方法與工具的快速發展，在醫學影像處理上如虎添翼，因此得到更多進展。例如，用低劑量的 CT 就可得到高劑量 CT 的影像品質，可減少對人體的傷害；或是對大量醫學影像進行特定病變篩選及/或排序，以提高醫護人員處理影像的效率和診斷的精確度。

圖 1-1-1 顯示生物醫學影像的兩個例子。

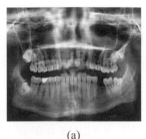
(a)

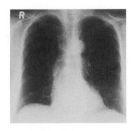
(b)

圖 1-1-1 生物醫學影像的例子。(a)牙科放射線檢查；(b)胸腔檢查醫學影像。

1-1-2 遙測資料分析

遙測(remote sensing)顧名思義是做遠端的感測，通常是指由飛機、衛星及太空船上的多光譜(multi-spectral)感測掃描器攝得影像，以觀測地球表面上某些目標的特性。感測器所接收的訊號可能是地球表面上所發出(被動式)或反射的電磁波能量(主動式)，其光譜範圍從可見光至紅外光(有時含紫外光)分成幾個頻帶。不同的目標物對不同的頻帶會有不同的響應，因此可根據欲觀測的目標物特性，選取適當的頻帶進行偵測。例如有些頻帶的組合可凸顯出水體與水體邊界，有助於區分河渠與道路；有些組合則分別適合做植被分析、呈現城市樣貌、做地質結構調查、進行雲偵測等。

遙測可用於土地使用、作物收成、作物病害偵測、森林及水資源調查、環境污染偵測、地質與地形分析、礦藏探勘及氣象預測等。這些應用的原始感測資料通常還不適合直接進行影像的解讀或所謂的判釋，而必須先進行預處理，以提高其影像品質與可讀性。這些預處理包括影像校正[含因大氣效應所需的輻射糾正(radiometric correction)以及因衛星位置與地形等變形效應所需的幾何校正(geometric correction)]；還有濾除雜訊的影像濾波等。由於影像資料量非常龐大，因此必須尋求處理及分析這些影像的自動方法，特別是影像對比度增強(enhancement)、自動分割(segmentation)及影像自動分類(classification)等技術。

圖 1-1-2 顯示遙測資料分析的示意圖。

(a)

(b)

圖 1-1-2 遙測資料分析的示意圖。(a)衛星遙測；(b)衛星影像分析。

1-1-3　科學研究

影像技術在科學研究上扮演了非常重要的角色。例如在生命科學的研究上，1962 年生理或醫學諾貝爾得主就因為觀察到 DNA 的結晶構造影像引發其研究並提出最早的核酸分子結構精確模型，即現在大家熟知的雙螺旋結構，並以「發現核酸的分子結構及其對生物中資訊傳遞的重要性」獲獎，對分子生物學及遺傳學產生巨大的影響。在生命科學研究領域中廣泛運用顯微鏡影像，包括一般穿透式光學顯微鏡以及螢光顯微鏡影像等。影像種類包括二維影像、三維(3D)立體影像以及活體縮時攝影等。2014 年的諾貝爾化學桂冠得主們利用螢光分子突破了科學上設想的限制(亦即一個光學顯微鏡永遠無法超越 0.2 微米的解析度規格)，使得光學顯微鏡變成奈米等級的顯微鏡，得到對細胞內部交互作用更清楚的瞭解。搭配這些顯微鏡使用的相關影像處理，包括減少影像的背景雜訊、增強影像的對比度、對影像銳化(sharpening)等前處理工作，以及分割出感興趣物件(例如特定細胞)的影像處理等。

影像技術也用於考古學的研究。考古學家利用影像技術處理古物的一個有名的例子是使用紅外線影像或是更進一步使用與遙測類似的多光譜成像解讀死海古卷(dead sea scrolls)上的文字，其中的文字與聖經有關，該經卷已超過兩千年的歷史。由於年代久遠，經卷上的羊皮碎片已從褐色變成黑色，使文字的解讀變得困難，研究人員以特定光譜擷取影像提高其可讀性。另一個類似的例子是，研究人員利用微型斷層掃描器(micro-CT scanner)將一樣是與聖經有關且被燒焦而捲曲成團並碳化的古老希伯來文聖經破譯而將其復原。還有一種狀況是某些古文物在被拍成照片後已遺失或損壞，使得這些照片成為唯一可用的記錄。一般而言，考古學家可用影像處理方法復原模糊或其他惡化狀況的珍貴文物影像。

影像技術也可用在物理學的研究上。例如在天文物理學中，我們由太空或地面的望遠鏡透過各種電磁波的波段觀測宇宙中各種現象得到我們想觀察對象的影像。為了得到更佳的觀察，常用的影像處理包括：影像校正(移除取像感測裝置本身雜訊造成的的暗電流效應)、賦予不同波長之電磁波強度資料假顏色或虛擬顏色(pseudo color)，透過強化影像對比度的方式將影像中特定的部分凸顯出來，以影像濾波去除觀察到的雜訊，填補(內插)遺失的資料等等。

圖 1-1-3 的顯微鏡影像是影像處理在科學研究上的例子。

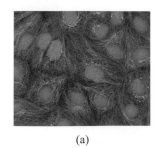 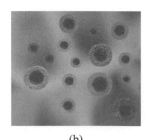

(a)　　　　　　　　　　　　　　(b)

圖 1-1-3　影像處理在科學研究上的例子。(a)螢光顯微鏡影像；(b)光學顯微鏡影像。

▌ 1-1-4　一般工商業應用

這一方面已有許許多多的實例，數目多到幾乎難以窮舉。例如：零件瑕疵檢測、焊接品質檢查、金屬材料之成份與結構分析、紡織品品質檢測、印刷電路板及焊點不良檢查、零件安裝檢查、郵遞區號自動讀取系統、植物蔬果病蟲害與生長檢測、蔬菜水果篩選與品質分級、以 X 光視覺系統檢測魚片和雞柳中的骨頭、魚類別自動辨識、瓶罐裝食品生產檢測(例如標籤位置和內容物填充高度)、運動員運動影像分析、關鍵畫面(key frame)自動偵測、機器人自走、車牌辨識、自駕車、車道偏移警示系統、車道變換輔助系統、停車輔助系統、汽車防撞警示系統、車流自動監測、視覺式自動導引車(automated guided vehicle, AGV)、衛星影像崩塌地偵測、組裝零件辨識、光學字元之讀取與辨認、條碼讀取、指紋、瞳孔、顏面等影像之身分辨識、手勢辨識、步態(gait)分析、浮水印(watermark)技術、試裝及髮型設計、電影特效、視覺藝術等。

圖 1-1-4 顯示影像處理在一般工商業應用的例子。

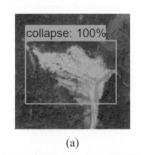 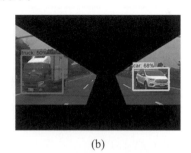

　　　　　　　(a)　　　　　　　　　　　　　　　　　　　(b)

圖 1-1-4　影像處理在一般工商業應用的例子。(a)崩塌地檢測影像；(b)道路目標偵測影像。

▌ 1-1-5　影像與視訊資料的儲存與傳輸

採用影像與視訊壓縮技術可大大降低代表數位影像所需的資料量，除了可大爲降低儲存負擔外，也可使影像資訊的傳遞更加快速。在網際網路盛行的數位時代，我們大量使用影音多媒體資料。有相機功能的手機、數位相機、數位攝影機、傳眞機、視訊電話、廣播電視、及視訊會議等等都採用影像與視訊資料壓縮的技術，包括已制定好的數十種影像與視訊壓縮標準，例如大眾熟悉的 JPEG、MPEG 與 H.26x 系列。

整個影像處理的領域仍在蓬勃發展中，其原因有：(1)電腦等運算裝置的功能對價格比越來越高；(2)影像擷取與顯示設備更加普遍與便利；(3)影像處理的觀念普及，容易創造新的應用。預期數位影像處理在我們未來生活中將扮演愈來愈重要的角色。事實上，從食、衣、住、行、育、樂，幾乎所有行業都用的到影像處理，大致可以說唯一的使用限制是我們的「創造力與想像力」，亦即現在沒有的應用，不代表未來沒人會想到而衍生出來。建議讀者，除了學習影像處理的原理與實現技能外，試著從自己的生活體驗出發，以尋求如何發揮所學來改善人類的生活與福祉爲目標。

圖 1-1-5 顯示影像與視訊資料的儲存與傳輸的示意圖。

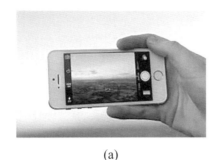 

(a)   (b)

圖 1-1-5   影像與視訊資料的儲存與傳輸的示意圖。(a)有相機功能的手機；(b)視訊會議。

1-2   影像的表示

    影像以其最廣義的觀點是指用視覺來看的物件。舉凡照片、圖畫、電視畫面以及由透鏡、光柵、及全息圖(hologram)所構成的光學成像等均屬之。

    令 $F(x,y,t,\lambda)$ 代表上述影像源在空間座標(x, y)，時間 t 且波長為 λ 情況下所散發之空間能量分佈，此分佈通常可視為一個具正實數且有上界的光強度函數，亦即

$$0 < F(x,y,t,\lambda) \le A \tag{1-2-1}$$

其中 A 為最大的影像強度。此外不論就實際影像的考量或數學上討論的方便，x, y 與 t 應該也都是有界的，例如

$$0 \le x \le L_x$$
$$0 \le y \le L_y \tag{1-2-2}$$
$$0 \le t \le T$$

我們對上述光強度函數的反應常用瞬間強度來表示：

$$f(x,y,t) = \int_0^\infty F(x,y,t,\lambda)V(\lambda)d\lambda \tag{1-2-3}$$

其中 $V(\lambda)$ 為相對亮度效率函數，換言之是人類視覺的頻譜響應。同理人對色彩的反應也可用類似(1-2-3)式的方式來表示。對一個任意的紅-綠-藍座標系統，其三原色的瞬間值為

$$f_R(x,y,t) = \int_0^\infty F(x,y,t,\lambda)R(\lambda)d\lambda \tag{1-2-4a}$$

$$f_G(x,y,t) = \int_0^\infty F(x,y,t,\lambda)G(\lambda)d\lambda \tag{1-2-4b}$$

$$f_B(x,y,t) = \int_0^\infty F(x,y,t,\lambda)B(\lambda)d\lambda \tag{1-2-4c}$$

其中 $R(\lambda), G(\lambda), B(\lambda)$ 分別為對紅、綠、藍三原色的頻譜響應。如果是更多個感應的影像，則第 i 個頻譜的影像為

$$f_i(x,y,t) = \int_0^\infty F(x,y,t,\lambda)S_i(\lambda)d\lambda \tag{1-2-5}$$

其中 $S_i(\lambda)$ 是第 i 個感應器的頻譜響應。

範例 1.1

假設有一個感測器，其頻譜響應具有形式 $S(\lambda) = e^{-|\lambda-\lambda_0|}$，其中 λ_0 為一個定值的波長。另外有一個空間能量分佈可寫成 $F(x,y,t,\lambda) = A(x,y,t)e^{-2\lambda}$，其中 A 為一正值函數，則此感測器所感測到的影像為何？

解

根據(1-2-5)式，

$$f(x,y,t) = \int_0^\infty F(x,y,t,\lambda)S(\lambda)d\lambda = \int_0^\infty A(x,y,t)e^{-2\lambda}e^{-|\lambda-\lambda_0|}d\lambda$$

$$= A(x,y,t)\int_0^\infty e^{-2\lambda}e^{-|\lambda-\lambda_0|}d\lambda = \left(e^{-\lambda_0} - \frac{2}{3}e^{-2\lambda_0}\right)A(x,y,t)$$

如果影像內容不隨時間變化，或相當於 $t = t_0$ (一個定值)時所得影像，則(1-2-1)式到(1-2-5)式中的時間因子可移除，此時所得影像稱為靜態影像(例如一張照片)，反之稱為動態影像(例如電視的連續畫面)。

因此一個單色(monochrome)靜態影像可用一個二維的光強度函數 $f(x, y)$ 來表示，其中 x 與 y 代表空間座標，而在任意點 (x, y) 的 f 值與在該點影像的亮度(或灰階度)成正比。一個數位影像是影像 $f(x, y)$ 在空間座標和亮度上都離散化後的影像，簡單來說，原本 x 與 y 可視為有無窮多個值的連續實數，$f(x, y)$ 的函數值也是如此，我們只取當中的有限個整數值來表示影像。經過此離散化程序得到的數位影像可視為一個矩陣，矩陣的行與列的值決定一個點，而對應的矩陣元素值就是該點的灰階度。此種矩陣的元素值稱為像素(picture element 或 pixel)，所對應的灰階度可稱為像素值。因此像素(有時也稱為畫素)可以說是數位影像的最基本單位。

1-3　數位影像處理

數位影像處理就是利用電腦對數位影像做運算，以達成 1-1 節所述的許多應用。顯然要有效解決眾多的影像處理應用問題，有時必須發展出專門為其量身打造的影像處理方法，不過大致上可將這些問題及其影像處理方式，歸納成以下幾類，這也是本書主要探討的範圍。

影像加強

影像加強(enhancement)是用來強調影像的某些特徵，以便於做進一步分析或顯示。例如對比度的加強是用來使對比度低的影像更容易顯現其特徵，而低對比度的可能原因包括光線不足、影像感應器的動態範圍不夠以及在影像擷取時光圈設定錯誤等。影像加強的過程本身並沒有增加原資料所含的資訊，它祇是把影像某些部份的特性更加強調罷了。影像加強的演算法通常是互動式(interactive)而且與所考慮的應用有密切的關係。圖 1-3-1 是一個影像加強的實例，其中圖(a)是一低對比度影像，圖(b)則是其經過影像加強處理過後的結果。

(a) (b)

圖 1-3-1　影像加強實例。(a)低對比度影像；(b)經影像加強之影像。

影像還原

　　影像還原(restoration)是指將影像已知的惡化因素移除或減少。使影像惡化的因素包括感應器或拍攝環境產生的雜訊、沒有對焦所造成的模糊、攝影機與物體間相對運動所造成的模糊、感應器的非線性幾何失真等。影像還原的目的是試圖將受污染或惡化的影像帶回到原本不受污染的狀況之下所應得的乾淨影像。它與影像加強雖然都會造成視覺上較佳的感受，但後者比較關切的是影像特徵加強或抽取而不是去除退化或污染。圖 1-3-2 是一個影像還原的實例，其中圖(a)是受雜訊污染的影像，圖(b)則是其經過影像還原後的結果。

(a)　　　　　　　　　　　　　(b)

圖 1-3-2　　影像還原實例。(a)受污染影像；(b)經還原之影像。

影像壓縮

　　影像壓縮(compression)的目的是在減低代表數位影像所需的資料量，這樣做的好處是可以減少影像傳輸時間及儲存空間。影像資料量到底有多大？以一個 1024 × 1024 大小且每個像素 8 bits (1 byte)的單色靜態影像為例，約是 1 Mbytes 的資料量。若考慮 8K 的超高解析度(ultra-high definition, UHD)電視(每個畫面有 7680 × 4320 = 33,177,600 個像素)大小的單色靜態影像則約有 33 Mbytes 的資料量；設每秒有 60 個畫面，則一部兩小時 UHD 彩色視訊電影的視訊部分就有約 33 (MB/畫面) × 3 (畫面) × 60 (畫面/秒) × 60 (秒/分鐘) × 60 (分鐘/小時)×2 (小時) = 42,768,000 MB，這是約 42 TB 的資料量。由如此大的資料量可理解，為何在大數據(big data)中的資料量總是以影像與視訊為最大宗。

　　圖 1-3-3 是一個影像壓縮的實例，其中圖(a)是原始影像，圖(b)是經 12 倍壓縮還原重建後的影像，其中 12 倍壓縮是指資料量僅有原來的 1/12。

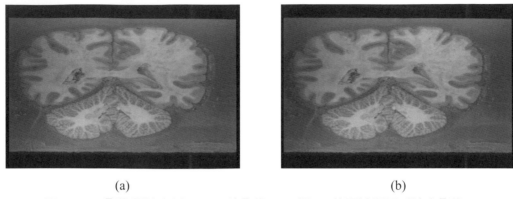

| (a) | (b) |

圖 1-3-3　影像壓縮實例。(a)原始影像；(b)經 12 倍壓縮還原重建之影像。

影像重建

　　此影像重建(reconstruction)的工作是由幾個一維的影像投影來重建出更高維的物體影像。圖 1-3-4 是一個影像重建概念的示意圖。一個影像投影的取得是以平行的 X 光(或其他放射穿透)光束照射物體並在物體背面以偵測器接收此投影量，接著在同一平面上改變光束照射的角度以獲得不同的投影，如圖 1-3-4(a)所示；再以倒投影(back projection)的影像重建演算法將這些投影組合成此物體的一個橫剖面影像，如圖 1-3-4(b)所示；接著略為移動 X 光源並以相同的方式得到與剛才獲得之剖面影像平行的另一個橫剖面影像，依序將多個剖面疊起即可形成三維的體積影像(volumetric image)，如圖 1-3-4(c)所示。此種技術主要用於醫學影像(如我們先前提到的電腦斷層掃描)、天文學星象觀測、雷達影像處理、地質研究及非破壞性物體檢驗等。

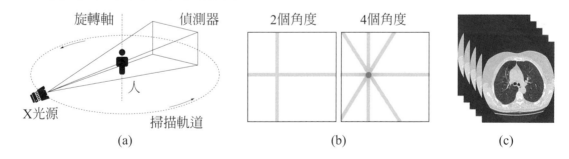

圖 1-3-4　影像重建示意圖。(a)獲得環繞物體的各角度投影量；(b)用越多角度的倒投影獲得越精準的物體邊界資訊與橫剖面；(c)重疊多個二維橫剖面影像形成三維影像。

影像分析

影像分析(analysis)是試圖從影像中抽取並描述某些特徵，以自動產生所需資訊。其目標是賦予電腦或機器像人一樣看東西的能力。例如要像人一樣閱讀一本書，至少需具備辨識字元及瞭解文意的功能，更不用說歸納、整理及推論等能力了。由此可知要做影像分析，必須使機器具備某種程度的智慧(intelligence)。一些智慧的特徵包括：(1)能從含有許多不相干細節的背景中找到所要的資訊；(2)能從範例中學習並將所學知識應用推廣到其他狀況中；(3)能從不完整的資料中推論出完整的資料。

圖 1-3-5 顯示一個車牌辨識系統的研發介面。給一張含車牌的影像，系統必須以對車牌本身(例如長寬比例)和車牌字元特性的知識，從大多不相干的背景中自動定位出感興趣的車牌位置。接著進行字元自動切割，將各別字元單獨分離取出，再送進字元辨識模組。字元辨識的方法很多，例如透過類神經網路從字元(英文與阿拉伯數字)的範例學習認識特定字元，就像教導小學生認字一樣。神經網路學好後，就可像人一樣具備辨認字元的能力。有時某個字元因拍攝角度或光線昏暗等因素顯得不完整或與相鄰字元有部分相連，好的辨識系統仍然能夠精確辨認出該字元。這樣的系統具備先前提及的數個「智慧」特徵，因此可視為是一個智慧系統。

圖 1-3-5 一個車牌辨識系統的研發介面(圖片來源：葉本源[2006])

1-4　數位影像處理系統

　　一個基本的數位影像處理系統應包括電腦計算或儲存記憶單元，以及顯像或記錄(列印)單元。如果要處理自己擷取的影像，則必須再加入擷取單元，整個基本架構如圖 1-4-1 所示。

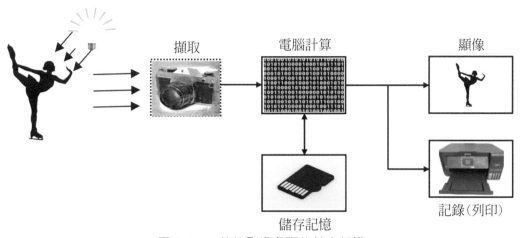

圖 1-4-1　數位影像處理的基本架構

▍ 1-4-1　擷取

　　擷取方塊的目的在於獲取數位影像。其所用的裝置統稱為數位化器(digitizer)。

　　數位化器含下列四大組成元素：

1. **取樣孔隙(sampling aperture)**：允許數位化器個別獲取每一個像素，而暫忽略影像的其他部分。理想的取樣孔隙讓進來的光線能量僅落在單一個像素的感測器上，但實務上可能會讓其周遭像素的感測器也感應到部分的能量。

2. **影像掃瞄裝置**：將取樣孔隙依一定模式在影像上移動，使像素按某種順序排列。此裝置並非一定必要，例如數位相機以透鏡將光線聚焦在整個排列成二維像素陣列的光感應器上，直接取得所有像素的值。

3. **光感應器(optical sensor 或 light sensor 或 photo sensor)**：可度量光透過取樣孔隙所獲得之影像的亮度。此感應器基本上是一種將光的強度轉變成電壓或電流的轉換器。

4. **量化器(quantizer)**：將感應器連續性數值的輸出變成有限個可能值。通常這是由類比到數位(analog-to-digital)轉換器的電子電路所達成。

註取樣孔隙的英文是 sampling aperture，不要和 aperture、lens aperture 或 aperture of a lens 搞混，後面這三個英文都代表光圈，它是照相機上用來控制鏡頭孔徑大小的零件，和快門 (shutter)一起控制進光量。光圈的大小通常用 f 值表示，光圈 f 值 = 鏡頭的焦距除以光圈口徑。在固定焦距下，f 值越小，光圈越大(進光量也越大)，景深越淺；反之，f 值越大，光圈越小(進光量也越小)，景深越深。

　　在 1-2 節中提到須有某種光譜能量才能讓光感應器感應成像[如(1-2-5)式所示]。光源大致可分成自然光源與人工光源。自然光源包括太陽(最重要的自然光源)、其他星星、閃電、生物體自行發光(如深海動物、水母、螢火蟲等)以及火等等。人工光源則包括白熾燈 (incandescent bulb) (靠鎢絲被通電加熱後發光)、**螢光燈**(fluorescent lamp) (俗稱的日光燈)、比白熾燈泡有更高效率的緊緻型螢光燈(俗稱省電燈泡)、雷射、**發光二極體**(light-emitting diode, LED)燈等。

　　各種光源的強弱不同，我們可以感受到其差異，並定性描繪出：例如我們會說某個光源看來比另一個強或弱。為了能夠定量描繪出光源的強弱並屏除人的因素而有一致的表述，世界相關的標準組織建立了一套衡量標準。

　　最早開始，「燭光」顧名思義是真的以某種特定蠟燭的光度為參考標準，但隨著時間的演進，現在的**燭光**(candela)則定義成以特定波長之光源在一個方向上每一立弳範圍內輻射出特定功率的光強度(luminous intensity)，單位符號為 cd。上述定義中的「立弳」是平面以弳度計的角度延伸出的三維立體角，它又稱為**球面度**(steradian，簡稱 sr)，它的英文是「立體」(stereos)和「弳度」(radian)的混合字。

　　我們知道圓的弧長(s)是圓半徑(r)乘上以弳度為單位的角度(θ)，即 $s = r\theta$。因此，當弧長 $s = r$ 時，代表 θ 等於 1 個弳度。參考圖 1-4-2，將此類似的觀念延伸到球面上，其中圓弧長對應球面積，平面上的角度對應於三維的立體角度；以 r 為半徑之球的中心為頂點，若展開的立體角所對應的球面表面積為 r^2，該立體角的大小就是一個球面度。球體的總表面積為 $4\pi r^2$，因此整個球體有 4π 個球面度(立弳)，這就好比一整個圓對應到 2π 個弳度。

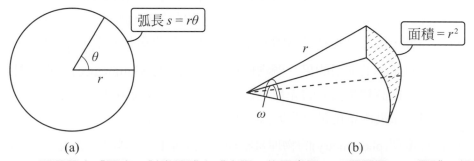

圖 1-4-2　平面圓中「弳度」對應圓球中「立弳」的示意圖。(a)平面圓；(b)圓球一部分。

範例 1.2

考慮一個半徑為 0.5 公尺的假想球體，球的中心有一點光源，均勻輻射到整個球體上。在 2 個立弳下，對應多大的球面積？當假想球體的半徑為 1 公尺時，此數值有何改變？

解

當半徑為 0.5 公尺時，代表 1 立弳對應$(0.5)^2 = 0.25$ (平方公尺)的面積。因此 2 個立弳對應 $2 \times 0.25 = 0.5$ (平方公尺)的球面積。當半徑變成 1 公尺時，代表 1 立弳對應$(1)^2 = 1$ (平方公尺)的面積。因此 2 個立弳對應 $2 \times 1 = 2$ (平方公尺)的球面積。因此，半徑增一倍，相同立弳所對應的面積為原來的 4 倍，亦即與半徑的平方成正比。

建立了燭光的標準後，以燭光為基準的另一個方便的光強度量稱為光通量(luminous flux)。光通量是光源發出的可見光總量的度量，它不同於「輻射通量」(radiant flux)的總發光功率的度量。輻射通量是所有發出的電磁輻射(包括紅外線、紫外線和可見光)的度量，光通量則是人眼感知到的光量。因為人眼對不同波長的光感應不同，所以藉由如(1-2-3)式中提及的$V(\lambda)$這種光度函數加權每個波長來反映人眼的靈敏度。因此，光通量(功率)是可見光波段中所有功率波長的加權總和，當中不包括紅外和紫外線。光通量的單位是流明(lumen)，用符號 lm 表示。流明以相對於燭光定義成 1 lm = 1 cd·sr，亦即，若一個光源產生一個流明的光通量，代表該光源在 1 sr 的立體角上發出 1 cd 的發光強度。依此定義，當我們固定流明數時，燭光與立體角成反比，例如當光源的光通量為 1 個流明時，發光角度變為 1/2 個球面度時，該光源的發光強度即 2 個燭光。反之，當我們固定燭光強度時，流明數與球面角度成正比，例如假設在所有方向上發光的點光源的發光強度均有等值的 1 燭光時，由於整個球體有 4π 的球面度，因此該光源的光通量為 4π 流明或約 12.56 流明。

與光通量有關的一個定義是照度(illuminance)。照度是單位面積上入射在表面上的總光通量，單位是勒克斯(lux)或 lx (lx = lm/m²)，其中 m 是公尺(meter)的單位。它是對入射光照亮表面程度的一種度量。注意，這是從光通量來的定義，而不是輻射通量，所以要把非可見光排除在外，因而可強調是物體表面每單位面積所吸收「可見光」的光通量。

與照度相關且常與其混淆的另一個物理量是亮度(輝度)(luminance)。如果對一個物體照明並測量了光線向該物體投射的光量，那是照度，而亮度或輝度則是從被照明表面反射出之光量的度量。量度的單位是每平方公尺的燭光或 cd / m²。

以上四個光度學(photometry)的物理量整理於表 1-4-1 中，其物理涵義可參考圖 1-4-3。

表 1-4-1　光度學中的幾個重要物理量

物理量	單位	單位符號	說明
發光強度 Luminance intensity	燭光 Candela	cd	光強度的度量(約為一個特定蠟燭的強度)
光通量 Luminous flux	流明 Lumen	Lm (lm = cd · sr)	光源發出的可見光總量的度量
照度 Illuminance	勒克斯 Lux	Lx (lx = lm/m^2)	對入射光照亮表面程度的一種度量
亮度(輝度) Luminance	每平方公尺的燭光	cd / m^2	從被照明表面反射出之光量的度量

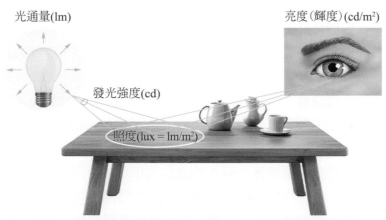

圖 1-4-3　光的量測：發光強度、光通量、照度與亮度之間的關係

　　圖 1-4-3 中的眼睛主要是靠佈滿感光細胞與神經纖維的視網膜(retina)去感受被光源照射物體反射的亮度(輝度)。在影像處理系統的運作上，帶鏡頭手機、數位相機、攝影機等擷取設備取代人的眼睛去感應此亮度，而這些擷取設備上的光感測器或影像感測器(image sensor)就相當於人眼的視網膜。如前所述，影像感測器將光信號轉換成類比電信號，再由處理器進行類比/數位轉換(A/D 轉換)後成為數位影像。目前最為常見的兩種影像感測器是「感光耦合元件」(Charge Coupled Device, CCD)以及「互補性氧化金屬半導體」(Complementary Metal-Oxide Semiconductor, CMOS)。兩者在性能的比較上，一般認定：CCD 的優勢在於較高的靈敏度、較低的雜訊與較高的影像品質；CMOS 則有較低的成本、較低的功率消耗與較快的反應速度。不過近年來 CMOS 感測器的影像品質正逐漸改善中，CCD 則朝向省電方向設計，兩者都試圖改善其原本的缺點，以擴大在影像感測器市場的佔有率。

　　無論是 CCD、CMOS 還是其他影像感測器之後都需要類比到數位轉換器負責讀出每個像素位置該有的像素值，此值大致上與入射到該位置的光強度成正比，但這樣的裝置只能反應光的強弱形成一個由亮到暗或由暗到亮的所謂黑白影像，那彩色影像要如何形成呢？答案是對每個像素位置用紅(R)、綠(G)、藍(B)三種濾光鏡，分別捕捉紅色、綠色與藍色這三原色的影像資料，再組合成彩色的顯示。這種方法能產生準確的顏色信息，但是成本相對高。1974 年，柯達公司的工程師布萊斯‧拜爾(Bryce Bayer)提出了一個降低成本的方法。他在感應器前放一個彩色濾光鏡陣列(color filter array, CFA)，使得一個像素位置只對應陣列中的一個色彩元素(R、G 或 B)而不是原本的三個。對應一個像素位置，如圖 1-4-4 所示。這個陣列上的色彩配置稱為拜爾圖樣(Bayer pattern)。這個拜爾圖樣是一個重複的 2 × 2 馬賽克濾光片圖樣，綠色濾光片位於對角，紅色和藍色位於其他兩個位置。

　　從圖 1-4-4 可看出，這個圖樣中各顏色的比例並不相同，其中綠色占 50%，紅色和藍色各占 25%。此外，各顏色的排列是有規律的：以綠色元素為中心的九宮格中，有 4 個綠色元素分別在四個角落上，2 個藍色元素在水平軸上，2 個紅色元素則在垂直軸上。顯然，在這個設計中，綠色的數量是其他兩種顏色數量的兩倍，這樣的設計是因為研究顯示人眼對綠色最敏感。雖然這種 CFA 節省了成本，但也喪失了約 2/3 的顏色資訊，因為每個像素位置原本都該有三個顏色，現在都只剩一種。對於一個像素，那失去的兩種顏色資料必須靠其周邊的顏色資訊以某種插補(interpolation)演算法重建回來。例如一個標示為 G 的像素位置，它的藍色資料可從其左右兩邊各一個 B 的值，取平均值來得到，它的紅色資料則可用其上下兩邊各一個 R 的值取其平均來得到。當然，這些平均值都是真實值的一個估測值。現存許多的插補演算法，有些已被公開討論，也有些被視為商業機密而未公開。顯然估測的準確性、視覺品質感受與實現的難易度(硬體與/或軟體)是各種方法優劣的比較基準。

G	R	G	R
B	G	B	G
G	R	G	R
B	G	B	G

圖 1-4-4　拜爾圖樣示意

範例 1.3

我們舉拜爾圖樣的一個簡單插補法。要討論差補法，至少要考慮比最原始的 2×2 結構大一點的拜耳圖樣範圍，例如 3×3 的結構，像是圖 1-4-5 所示的 9 宮格。每個像素只有一個色彩分量，因此都需插補出另外兩個色彩分量，因此這 9 個像素總共需要插補出 18 個色彩分量。

R_1	G_2	R_3
G_4	B_5	G_6
R_7	G_8	R_9

圖 1-4-5 拜爾圖樣中的基本結構

首先，每個 B 的上下左右都有一個 G，因此 B 所缺的 G 可由這四個 G 取平均獲得：

$G_5 = (G_2 + G_4 + G_6 + G_8) / 4$

同理，B 的左上、右上、左下、右下各有一個 R，因此 B 所缺的 R 可由這四個 R 取平均獲得：

$R_5 = (R_1 + R_3 + R_7 + R_9) / 4$

G 所缺的 R 計算如下：

$R_2 = (R_1 + R_3) / 2, R_4 = (R_1 + R_7) / 2,$

$R_6 = (R_3 + R_9) / 2, R_8 = (R_7 + R_9) / 2$

G 所缺的 B 由其左右或上下相鄰的 B 取平均而得。另外還有 8 個插補值(B_1, G_1, B_3, G_3, B_7, G_7, B_9, G_9)，可用類似以上的平均值計算獲得(當成習題)。若以此 9 宮格為基本結構，可發現以水平與垂直方向都各移兩個像素位置的週期生成規則可產生整個拜爾圖樣。因此依照這個要領，可以把整張影像每個像素所缺的色彩分量內插出來。這個方法很簡單，但通常無法得到很理想的品質。如前所述，目前已有許多公開或未公開的改良版本。

1-4-2 儲存記憶

按儲存時間長短，儲存方式大致可分為三類：(1)處理過程所需要的短暫儲存，(2)經常需要存取的儲存，以及(3)較少存取的歸檔儲存(archival storage)。

短暫儲存

短暫儲存的簡單例子就是電腦中極為重要的記憶體之一 RAM，即隨機存取記憶體(random access memory)。所謂「隨機存取」是指記憶體中的資料被讀取或寫入所需要的時間與該資料的實體位置無關。RAM 可以按任何順序進行讀取和更改，通常用於儲存工作資料和與程式執行有關的機器代碼。有一段 RAM 的區塊特別值得一提，它是與影像顯示有關的畫面緩衝器(frame buffer)，它含有視訊影像顯示所需的一個完整資料畫面，其特性是必須要可快速存取，通常以每秒 30 個畫面的速度做更新才可讓人眼覺得畫面是流暢的。

選擇記憶體的首要考量是它的容量與速度。容量，也稱為密度，是記憶體模組可以同時容納的最大資料量；速度則是記憶體資料每秒發送到中央處理器(Central Processing Unit, CPU)的次數。容量與速度兩者都會影響電腦運作的效能，可依應用來選擇。對於影像處理的應用而言，它絕對比單純的文書處理工作需要更大的容量與更高的速度。

目前市面上記憶體容量的主流為 8、16 和 32 GB。目前記憶體的主流頻寬是 DDR5，通常介於 4000 MT/s 和 8000 MT/s 之間，其中 DDR (Double Data Rate [雙倍資料速率])是記憶體的傳輸標準，意指每一個時脈週期(clock cycle)有兩個傳輸，「5」代表記憶體的世代，MT 代表 MegaTransfers，即一百萬次的傳輸。MT/s 這個值可視為是記憶體的時脈(clock rate)，單位是 MHz，它與傳輸速率的換算公式為

$$傳輸速率 = 64 \text{ 位元} \times 時脈 / 8 \tag{1-4-1}$$

例如 DDR5-6000 的時脈就是 6000 MHz，也就是每秒傳輸 6000M 次。以 6000 MHz 的時脈來說，換算成傳輸速率就是 64 bits × 6000 MHz / 8 = 48000 MB/s。

根據網路提供的資訊，因應未來的高性能運算，特別是 AI 任務的需求，繼 DDR5 之後，容量更大、頻寬更高的 DDR6 在本書出版的當下正在研發中，預計(2026 年)兩年內可上市。

經常性存取

經常性存取之儲存的典型例子就是硬碟(hard disk)。主要有兩種，一種是發展歷史較悠久的 HDD (hard disk drive)，另一種是發展歷史相對較短的 SSD (solid-state drive)。為了區別這兩種硬碟，前者稱為傳統硬碟，後者則稱為固態硬碟。傳統硬碟包括一至數個由馬達驅動的高速轉動碟片以及放在致動器懸臂上的磁頭，並以磁頭(讀寫頭)去改變磁片上的磁性物質之極性來記錄資料，目前單一 HDD 的容量已超過 10 TB。固態硬碟則以快閃記憶體(flash memory)來儲存資料，完全不同於以磁技術來儲存資料的傳統硬碟，目前市場主流 SSD 的產品利用 NAND Flash 這種快閃記憶體儲存資料。目前單一 SSD 的容量已超過 1 TB。小容量的 NAND 快閃記憶體可被製作成帶有 USB 介面的移動儲存裝置，亦即「隨身碟」。

HDD 的優點是容量大、價格便宜、壞掉有前兆，突發的壞軌有機會救回資料；缺點是體積大、耗能，不能晃動、有噪音與震動。SSD 的優點是傳輸速度快、體積輕巧、省電，不怕晃動、無噪音與震動；缺點是較高容量仍非常昂貴、有寫入次數的壽命限制、速度會隨著寫入次數的增加而降低，接近容量上限時速度也會下降、損壞時無法挽救。

由於網路的發達，實體儲存裝置未必在使用者的電腦內或在身邊，而是在遠端。網路附加儲存(network attached storage, NAS)是可以直接連接到電腦網路上的一種資料儲存技術，藉由網路與儲存設備的連結可以進行私有雲的營建，既方便又更具有隱私。NAS 的資料無需依附在網路伺服器上，使用者不會因為伺服器當機、常態維修或是關閉而無法使用資料，因為使用者可以直接連接 NAS 上的系統。資料安全：只要設定妥當，NAS 將可以在單顆硬碟損壞時依然保持原有資料的完整性，因為一般 NAS 都會支援 RAID (redundant array of independent disks)，即「獨立磁碟冗餘陣列」是一個結合多顆硬碟，以單一儲存空間呈現的資料儲存技術。相較於一般電腦主機，NAS 通常更不耗能，體積也更短小輕便，對於中小企業與工作室與個人等需重視環境利用的工作環境更加重要！NAS 系統具有彈性而且可以橫向擴充，這代表當需要更多儲存裝置時，可以繼續添加到原有裝置上。

歸檔儲存

一個大小 1024 × 1024 的 12 位元的醫學影像需要 1.5MB (1.5×10^6 bytes)的儲存空間，所以需求相當高。有人估計在一個有 1500 張病床的大學醫院的數位影像資料，每年就要超過 20 TB (20×10^{12} bytes)的儲存空間。

歸檔儲存的兩個特色是超大容量的需求以及存取較不頻繁。其中一個選擇是寫一次讀多次(write-once-read-many, WORM)的光碟，目前一片藍光光碟已有超過 100 GB 以上的容量。有專門以歸檔為目標的光碟，稱為「歸檔光碟」(archive disc, AD)，鎖定大型雲端資料庫以及資料中心的運用。目前已有單片 300 GB 的儲存量(未來預計達到 1 TB)，一個歸檔匣可容納多張 AD 光碟，總容量直接等於單張容量乘上一個歸檔匣內的張數。AD 歸檔光碟的超大容量、極高速存取、防駭客資料覆寫或偽造、易保存與長壽命等特性，將可巨幅降低大型資料中心備存歸檔的成本。藍光光碟在未存取時處於靜止運作狀態，而不像硬碟必須耗損電力運轉，即便未進行資料存取也會耗損一定電力，並且散發一定程度的熱量，同時藍光光碟本身保存期限相當久(據稱是 50 年甚至 100 年)，也較不佔空間。

與光碟對應的儲存技術是磁帶。線性磁帶開放(Linear Tape-Open, LTO)是一種磁帶數據存儲技術，從 1990 年代後期開始發展，歷經幾個世代的進步，目前已可在盒式磁帶中容納超過 10 TB 以上的儲存量，利用低 2～3 倍的無失真壓縮進一步將有效儲存量再增加同等倍率。LTO 廣泛用於小型和大型計算機系統，尤其是用於備份。

■ 1-4-3 電腦計算

數位影像處理常涉及大量之運算，因此需要電腦高速計算能力的幫助，包括採用一般用途的電腦、特定的數位信號處理器(digital signal processor)以及圖形處理器(graphics processing unit, GPU)等等。除了有即時性的速度要求才需要特殊硬體計算外，一般都是在通用型電腦上以軟體將影像處理的演算法實現而達到處理的效果。近年來深度學習演算法在影像自動辨識上扮演越來越重要的角色，而在學習過程中常需要反覆處理成千上萬張影像，因而電腦中的中央處理器(central processing unit, CPU)常需要 GPU 的協助以加快學習的運算過程。

以影像辨識最常用的卷積神經網路(convolutional neural network, CNN)為例，由於神經網路是由大量相同的神經元組成，因此它們本質上是高度平行的，而 GPU 比 CPU 擅長平行運算，因此訓練速度可大幅提升。此外，深度學習涉及大量的矩陣乘加運算，這也是GPU 很能勝任的工作，所以整體而言，以 GPU 執行 CNN 的學習訓練比採用 CPU 的效率高很多，照目前 GPU 等級的不同，效率提升可從數倍到上百倍不等。依 GPU 和 CPU 兩者在近幾年來運算效能上的進步來推估，GPU 的領導廠商預估 GPU 的運算效能在 2025年會是 CPU 的 1000 倍。

至於最近蓬勃發展的量子電腦(quantum computer)則是未來可期待的一種速度更快的計算裝置。量子運算(quantum computing)是利用量子態的集體屬性[例如疊加(superposition)和糾纏(entanglement)]來執行計算。目前使用最廣泛的量子電腦模型是基於量子位元(quantum bit)或「qubit」的量子電路，它有點類似於經典運算中的位元。一個量子位元可以處於 1 或 0 的量子態，或者處於 1 和 0 的疊加態。然而，當它被測量時，它總是 0 或 1，其中任一結果的機率取決於測量前量子位元的量子狀態。

相較於傳統數位電腦，量子電腦處理資訊的方式完全不一樣，在處理特定問題時，量子電腦可以多個量子位元平行處理，因而加快了整體的運算速度。2019 年，Google 與合作團隊提出了量子霸權(quantum supremacy)或量子優勢(quantum advantage)的概念，並聲稱自己 53 個量子位元的量子電腦已達到了量子霸權的境界，可以處理傳統電腦無法處理的難題。由於量子電腦可以產生經典電腦難以或無法有效產生的輸出，而且由於量子運算基本上是線性代數，因此有些人希望開發可以加速機器學習任務的量子演算法，而形成一個稱為量子機器學習(quantum machine learning)的新領域，這或許是現階段量子運算與影像處理最直接相關的應用。對量子電腦和量子運算有興趣的讀者可參考例如張元翔(2020)和張慶瑞(2022)。

市面上已有許多專為影像處理所設計的套裝軟體，具備一般影像處理的功能，也常常搭配繪圖與修圖功能。有些軟體是一般用途，有些則有特定應用對象。此類軟體通常都配有親和力很高的圖形使用者介面(graphics user interface, GUI)，相當容易使用。有些套裝軟體需要購置，有些則可免費使用。基本上，如果 GUI 設計良好，使用這些套裝軟體達到使用者目的並不算困難，但如果了解影像處理的基本原理，相信對使用者會更有效率或更有效的達成目的，這也是學習本書教材的一個好理由。

套裝軟體雖然好用，但並非萬能。有很多的應用需要特別量身訂製的影像處理解決方案，而往往現成的套裝軟體並沒有提供這種解決方案。因此有些套裝軟體會提供使用者可自行開發的平台，與原本軟體整合使用。這說明無論有無套裝軟體的搭配，在某些情況下，我們必須自行開發影像處理的程式，因此我們必須了解影像處理的原理與程式開發所用的語言和環境。可用於實現影像處理工作的程式語言有很多，例如 C、C++、Python，Matlab 與 Java 等，各種程式語言與程式開發環境都有其自身的特色，使用者可考慮自己最熟悉的語言與環境上手。本書某些數位影像處理的結果就是透過執行 Matlab、C 或 Python 的程式所產生的。

▌ 1-4-4　顯像

影像處理前後的結果常常藉由顯像裝置呈現，以目視評估影像處理的效果。由於體積、重量與耗電等因素，以傳統陰極射線管(cathode ray tube, CRT)成像的映像管顯示器不敵液晶顯示器(liquid crystal display, LCD)而被淘代，所以以下只針對 LCD 進一步說明。

液晶(Liquid Crystal)是 LCD 中的關鍵材料，它具有液體般的流動性及結晶般的光學性質，因而得名。圖 1-4-6 顯示 LCD 的工作原理，圖中只以顯示紅色成分為例，因為藍色與綠色成分的呈現方式與其完全相同。由於 LCD 為非自發光的顯示器，必須透過背光源投射光線，依序穿透 LCD 中之水平偏光板、玻璃基板、液晶層、彩色濾光片、玻璃基板、垂直偏光板等相關零組件，使螢幕產生所需的顏色與亮度來成像。由背光模組的光源發出來的白光為非偏振光(unpolarized light)，代表電場在任意方向的平面上振盪，偏光板就像一個光的濾波器，目的是使電場在特定方向之平面上振盪而成為偏振光(polarized light)。因此，水平偏光板主要使非偏振光變成電場只在水平平面上振盪的偏振光，它同時完全阻隔在垂直平面上振盪的電場。同理，垂直偏光板只讓在電場垂直方向上震盪的光通過，並完全阻擋水平者。當液晶層兩邊透明電極不通電時，光線受液晶分子的影響而偏轉成垂直方向，於是可以通過垂直偏光板，呈現最亮的結果(圖 1-4-6(a))；反之，當電極給一定電壓時，液晶分子受電場驅動而改變方向，使光線不再受液晶分子影響而偏轉，於是維持水平而無法通過垂直的偏光板，呈現最暗的結果(圖 1-4-6(b))。給一個較小電壓則通過部分光線而得到介於最亮與最暗之間的結果，因此藉由控制電壓可調整輸出的光強度。最後 LCD 的每個像素都有 RGB 三個子像素，分別對應 RGB 三個濾鏡，RGB 各自獨立通過不同的光強度，得到各種不同顏色組合的視覺感受。

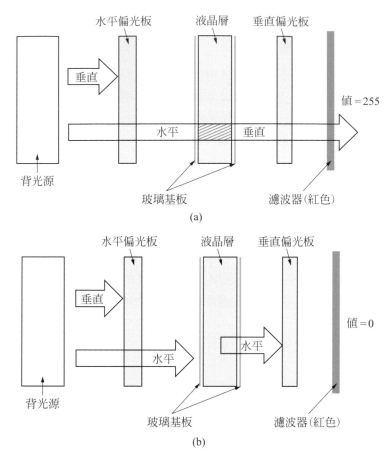

圖 1-4-6 LCD 的工作原理(以呈現紅色成分為例)。(a)液晶層兩邊電極不通電時;(b)電極給一定電壓時。

了解 LCD 原理之外,就影像處理的學習而言,還應該有如下的認識:

1. **顯像之影像的大小**:影像顯示在螢幕上的大小與影像的像素尺寸、實際螢幕的大小以及螢幕解析度的設定都有關。假設有一個大小為 S 吋(指螢幕對角線的長度)的螢幕要呈現大小為 I × J 的影像,螢幕解析度設定為 X × Y。當 I = X 且 J = Y 時,影像剛好占滿整個螢幕;當螢幕解析度設定更大的值時,則影像會等比例的變越小,但影像感覺比較細緻。影像能呈現的最高細緻度與螢幕的實際尺寸和最高解析度有關,這兩者定義了相鄰像素間的間隔,以每英吋有多少個像素來衡量,即 ppi (pixel per inch)。越大的 ppi 通常代表越好的視覺品質感受。

2. **測光(photometric)解析度**:這是指在每個像素位置產生正確亮度的準確性。例如能產生多少個不同的灰階度:4 位元能處理 16 個灰階度,8 位元能處理 256 個灰階度等等。要注意若顯像裝置有雜訊,則號稱能處理 256 個灰階度的顯像裝置未必能穩定地真正呈現出 256 個不同的灰階度。

3.　**亮度與對比度**：亮度是指畫面的明亮程度。從液晶顯示器的發光原理可知，人眼看到的光線是背光光源經由液晶偏折所產生，因此以每平方公尺的燭光數為單位來量測其亮度。一般而言，液晶螢幕至少需要 200 cd/m^2 以上的亮度值，才符合基本需求。雖然較高的亮度值可讓色彩還原較準確，畫面也更鮮艷，但過高的亮度值會有視覺疲勞的問題，也讓對比度變差。對比度是指畫面中區域最亮和最暗的亮度比，常以像是「300:1」的比值來表示。數字越高者，代表能呈現越豐富的色彩層次，畫面看起也更有立體感。

4.　**可視角度(viewing angle)**：假設我們在螢幕的正前方看著螢幕的正中央，此時眼睛視線與螢幕平面垂直(視線方向與螢幕中心處的法線對齊)，接著我們向螢幕的左方移動來改變視線方向，此時視線與在螢幕中心的法線形成一個大於零的角度。這個角度大到一個程度後，某些視覺感受(例如對比度)會變差，當差到一個程度(例如對比度只有原來的 1/10)時，記錄此角度。重複此實驗，但此次向右移動，又得一角度，將上述兩個角度相加即為水平的可視角。同理可定義垂直的可視角(例如把一個平板電腦的顯示器上下翻轉來看)。理論上最大的可視角是 180 度(CRT 可達此值)。早期 LCD 的可視角離理論值差很遠，但現在都已接近(差不到 20 度，甚至 10 度)。

5.　**刷新率(refresh rate)**：刷新率或更新頻率是顯示器每秒更新圖像的次數，單位是赫茲(Hz)。例如，一般 LCD 的刷新率為 60 Hz，這代表顯示器每秒更新 60 次。一個體會刷新率存在的簡單方式是移動滑鼠並觀察游標，當快速移動滑鼠時，游標會瞬間消失後再出現，緩慢移動滑鼠時則無此現象。通常較高的刷新率可使圖像中物體的移動看起來更平順，所以有些特別為了遊戲而設計的螢幕會有更高的刷新率。

6.　**響應時間(response time)**：對 LCD 而言，響應時間是一個子像素(R、G 或 B)從一個色階到另一個色階所需的時間，並以毫秒(ms)為單位。響應時間如果太長，則從一個畫面到另一個畫面的過渡會產生殘影或模糊的效應。此問題不僅在觀看動態影像時發生，而且在捲動畫面的過程中也會發生。因此，通常建議使用響應時間較小的面板來顯示運動圖像。一般規格中會有兩種響應時間，第一種是衡量從最小色階(最暗)到最大色階(最亮)以及由最大色階(最亮)回到最小色階(最暗)所需的時間，這相當於液晶層電極通最大電壓(on)到不通電(off)以及從不通電(off)到通最大電壓(on)的情況。這種響應時間可稱為亮暗亮的響應時間。第二種響應時間涉及所謂灰階到灰階(gray-to-gray, GTG)的轉變，亦即從一個中間色階到另一個中間色階所需時間，這相當於控制液晶層電極的電壓從一個中間電壓到另一個中間電壓。通常 GTG 的響應時間會明顯高於亮暗亮的響應時間，這是因為前者所加電壓的變化使得液晶分子的光學旋轉作用較慢，後者則較為快速。

1-4-5 記錄

這裡所謂的記錄是指以列印或其他「永久」性呈現影像的方式，有別於先前由顯像裝置所呈現的影像在電源關閉後就消失的狀況。廣義來說，這包括將影像永久記錄在軟片上以及將影像列印在紙上或其他物品上，而後者是目前最廣為使用的方法。

達成列印目的的裝置稱為印表機(printer)，此裝置通常採用下列技術：

1. **抖動(dithering)**：有些列印技術能在每個像素上印出所有可能的灰階度，有些則只能印黑點或白點(即不印)。後者可藉由稱為抖動或半色調(halftone)的程序來模擬出不同灰階度的效果，其概念是設計出大小甚至樣式均不相同的黑點，然後對於較光亮的畫面用較小的點，較黑的部份則用較大的點，圖 1-4-7 顯示一個這樣的例子。在一定距離以外觀看其列印結果，可明顯感受到不同灰階度的效果。

圖 1-4-7　以半色調模擬不同灰階度大小的一個黑點設計(圖片來源：FreeImages.com)

2. **彩色列印**：建構重建影像所用的是三種色料，分別是吸收紅光的藍綠色(cyan)，吸收綠光的紫紅色(magenta)，以及吸收藍光的黃色，此三種顏色簡稱為 CMY 系統。理論上等量的藍綠色、紫紅色與黃色可混合成黑色，但是實際上因為只能吸收部份入射光線，故呈現灰色，此種混成的黑色稱為合成黑(composite black)。為了改善此現象，通常採用全黑的第四種顏料而形成所謂的 CMYK 系統。

相機全面數位化後，照相用的軟片(底片)早已沒有市場。目前最普遍使用的影像紀錄器是印表機，這與其性價比越來越高有關。大致上有兩大類：噴墨與雷射。噴墨印表機的原理很簡單，主要是控制噴頭，將微小的墨水霧噴點在紙面上，達到列印圖案的效果。雷射印表機的原理則較複雜，首先在一個滾筒的表面上製造靜電；接著將不需要顏色的地方用雷射光照射退去靜電，再讓碳粉吸附在還有靜電的地方，然後將在滾筒上已成像的碳粉「轉印」到紙上，最後對紙上的碳粉加熱使圖案固定在紙上。

噴墨印表機的解析度從數百個 dpi 到近萬個 dpi，雷射印表機則從數百個到上千個 dpi，其中 dpi 是與螢幕或顯示器解析度的 ppi 相對應之印表機解析度的測量單位，英文全名是 dots per inch，亦即每英吋墨水點數。例如：印表機輸出可達 300 dpi，代表印表機可以在每一平方英吋的面積中輸出 $300 \times 300 = 90000$ 個輸出點。一般而言，dpi 越高，列印輸出的品質也就越高。前面提及彩色列印是採 CMYK 系統的的混色方式，所以色彩表現不如螢幕上的 RGB 表現，因此要得到與 RGB 在螢幕上相當的色彩表現，印表機的 dpi 應大於顯示器的 ppi。例如假設一張在螢幕上呈現 4×6 吋的彩色影像，其影像大小為 400×600 像素，這相當於 100 個 ppi。因此要印出和螢幕呈現類似色彩表現的結果，不能只用 100 dpi，而是要更高的 dpi，例如 200 或 300 dpi。另一種相關的問題如下：假設 300 dpi 的列印品質是一般人眼可接受的細緻程度，如果要將一張彩色影像印在一整張 12×18 吋的小海報上，則這張影像該有多少像素才能得到合理的列印品質？總共有 $(12 \times 300) \times (18)(300) = 3600 \times 5400$ 個列印點，這意味我們至少要有 3600×5400 個像素，才能發揮 300 dpi 的列印品質。如果像素點少於該數字，例如只有 360×540 個像素，則 $(12)(30) \times (18)(30) = 360 \times 540$，相當於只有 30 dpi 的效果。

1-5 本書架構

本書共分十一章，大致可分成三大部分。第一部分從第一章到第四章，目的在於建立數位影像處理的基本認識；第二部分從第五章到第八章，共涵蓋四個主要的影像處理任務；第三部分從第九章到第十一章，主要是討論如何讓系統具有辨識影像內容的能力以及如何評價影像系統的效能。以下為各章的簡略說明：

第一章　簡介：介紹數位影像處理的基本概念。

第二章　取樣與量化：影像數位化的原理是本章中的重點。

第三章　鄰域處理：探討如何藉由改變遮罩下相鄰像素的值達到數位影像處理的目的。

第四章　轉換法：介紹基本轉換的原理以及各種常見的影像轉換。

第五章　影像增強：探討影像增強的技術。

第六章　影像復原：說明影像復原的原理與方法。

第七章　影像壓縮：介紹編碼原理及常用的影像壓縮方法。

第八章　影像分割：討論影像如何分割並列舉各種影像分割的方法。

第九章　表示與描述：影像如何有效描述以便進一步加以辨認是本章探討重點。

第十章　圖樣識別：介紹影像識別原理以及各類辨識的方法。

第十一章　影像系統評估：探討如何評價一個影像系統的表現。

習題

1. 舉一個你認為是數位影像處理系統的實例並猜測此系統的組成。

2. 舉一個已存在 10 年以上的數位影像處理系統並敘述你看到該系統的演進。

3. 電磁波是指同相振盪且互相垂直的電場與磁場，在空間中以波的形式傳遞能量和動量，其傳播方向垂直於電場與磁場的振盪方向。電磁波可按照頻率或波長分類，我們眼睛可感受的電磁波範圍稱為可見光，波長大約在 380 至 780 nm 之間，這大約對應多大的頻率範圍？

4. 哈伯太空望遠鏡是為了紀念美國天文學家愛德溫‧哈伯(Edwin Hubble)而命名的。它位於地面上空六百公里處繞地球運轉，免除了地球大氣的擾動，所以理論上解析度比地面高十倍以上。但遺憾的是它在 1990 年升空後傳回地球的影像因鏡面的凹度有些微的精度誤差導致不能清晰聚焦而稍微呈現朦朧，因此當時電腦科學家想用影像程式修正，請問這是屬於哪一類型的影像處理工作？

5. 數位影像處理技術只限於處理可見光所形成的影像嗎？為什麼？

6. 假設有一個感測器，其頻譜響應具有形式
$$S(\lambda) = \begin{cases} \lambda - \lambda_a, & \lambda_a \le \lambda < (\lambda_a + \lambda_b)/2 \\ -\lambda + \lambda_b, & (\lambda_a + \lambda_b)/2 \le \lambda < \lambda_b \end{cases}$$，其中 λ_a 和 λ_b 為定值的波長。

   另外有一個空間能量分佈可寫成 $F(x, y, t, \lambda) = A(x, y, t)[u(\lambda - \lambda_a) - u(\lambda - \lambda_b)]$，其中 $A(x, y, t)$ 為一正值函數，$u(\lambda)$ 為單位步階函數，則此感測器所感測到的影像為何？

7. 假設有一投影機離布幕 5 公尺時在布幕上形成 25 平方公尺的有效面積範圍，則當此投影機再往遠離布幕的方向移動 5 公尺時，投影機的有效面積範圍為何？

8. 承上一題，假設投影機的流明數為 2000，則投影機約投射出多大的光強度(以燭光 cd 為單位)。

9. 寫出範例 1.3 中未完成的 8 個插補值(B_1, G_1, B_3, G_3, B_7, G_7, B_9, G_9)的計算過程。

10. DDR5-4800 記憶體比 DDR4 標準規格上限的 3200 MT/s 提升了多少百分比的傳輸速率？DDR5-4800 的實際傳輸速率為多少？

11. 在天空中的大地遙測衛星透過各種波段的光譜感測器擷取大地資訊形成數量龐大的衛星影像。假如你被要求要規劃一個衛星影像的儲存系統，此系統的使用者有多元的需求，例如有些使用者要立即取得最新拍攝的結果，有些則可等拍攝後幾天之內再取用即可，還有的需求是要比對多年期間地貌的變化。參考 1-4-2 節的說明，針對這三種不同需求的使用者，你配置的儲存裝置可有何策略，以便兼顧使用者的需求並降低建置成本？

12. 列舉並簡介市面上兩個專為影像處理所設計的套裝軟體。

13. Full HD、4K UHD 和 8K UHD 是甚麼意思？彼此有甚麼關係？

14. 參考 1-4-4 節的說明。液晶顯示器的響應時間(單位是毫秒)定義之一為一個像素從暗轉亮，再從亮轉暗的時間總合，可分為「上升時間」和「下降時間」兩部份，分別指一個像素從 10%至 90%和從 90%至 10%的亮度區間。另一個更普遍的定義是 gray-to-gray (GTG)所需時間。查一下你手邊可得的 LCD 的響應時間，包括用哪一種定義以及實際數值(多少毫秒)？另外典型亮度值和最小亮度值為何？刷新率？

15. 假設在一個螢幕上呈現一張 3 × 5 吋的彩色照片，其大小為 300 × 500 像素，則要印出和螢幕呈現類似色彩表現的結果，你要選用多少 dpi 的彩色列印輸出？

16. 考慮要將一張彩色影像印在一整張 A0 大小的海報(841 × 1189 mm)上並要求約 300 dpi 的列印品質，則這張影像該有約多少個像素才能得到所需的列印品質？此外，如果這個影像的原始大小(像素個數)遠少於此值，於是利用影像放大技術放大到所需的大小(像素個數)，再將此放大的影像列印出來，這可能會產生何種效應？

17. 照度計(或稱勒克斯計)是一種專門測量照度的儀器。當 1 流明(lm)的光通量均勻地照射在 1 平方公尺的面積上時，照度就是 1 勒克斯(lx)。列舉兩種會用到此儀器的專業人士？

18. 居家的一般照度建議在 300～500 勒克斯之間，你認為專業運動賽事(例如職業網球賽)的室內場地在比賽時用比居家照度高的設計(例如 750 勒克斯)是否有必要？

19. 假設要設計一個居家智慧門禁監視系統，使其具備兩大基本功能：(1)固定範圍內有場景變化才啟動錄影並以 Motion JPEG 格式儲存；(2)自動分辨家人與非家人。則此系統涉及哪些 1-3 節中所提到的數位影像處理類型？

20. 以下有關四種不同光源的資料來自維基百科：

	白熾燈	鹵素燈	省電燈泡	LED
功率(瓦特)	60	43	14	8.5
平均光通量(流明)	860	750	775	800
壽命(小時)	1,000	1,000	10,000	15,000

(a) 定義發光效率(光效)為光源光通量與光源輸入電功率的比值，單位是流明/瓦特。試計算各種光源的光效。

(b) 如果以每天用 6 小時計算，各光源可約用幾年？

(c) 假設每度電要台幣 2 元，則各種光源在(b)部分的假設下每個月(30 天計)要多少電費？(註：1 度電就是耗電 1,000 瓦特(W)的電器連續使用 1 小時所消耗的電量 = 1000 瓦特‧小時 = 1000 W‧H = 1 KWH。)

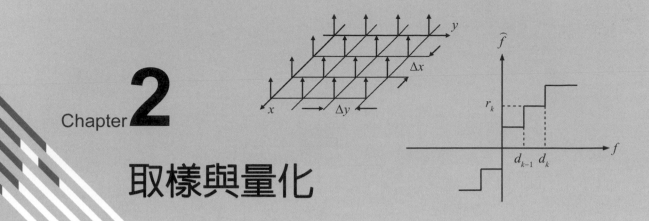

Chapter 2

取樣與量化

在前面章曾提及，一幅灰階影像(單色影像)可看成是一個二維的連續函數 $f(x, y)$，其亮度為位置座標(x, y)的連續函數。而一個數位影像是影像 $f(x, y)$ 在空間座標和亮度都數位化的影像。從二維連續函數變成可用矩陣表示的數位影像，牽涉到在不同空間位置取出函數(灰階)值做為樣本，並用一組整數值來表示這些樣本的兩個過程。前者稱為取樣 (sampling)，後者則稱為量化(quantization)，兩者統稱為數位化(digitalization)。圖 2-0-1 為此數位化過程，其中 f_s 代表取樣後的結果，m 與 n 代表矩陣中的位置，$\widehat{f}$ 代表量化的結果。

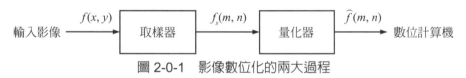

圖 2-0-1　影像數位化的兩大過程

2-1　取樣

取樣是將影像 $f(x, y)$ 導入計算機的第一個處理過程。在取樣過程中一個重要的考量是 $f(x, y)$ 的取樣密度應當多大，才不會漏失原影像的資訊。不漏失資訊而能完整地恢復原影像是對取樣的基本要求。本節所討論的取樣定理將提供取樣所應遵循的準則。

2-1-1　均勻矩形取樣

設 $f(x, y)$ 為一個限頻寬(bandlimited)的二維連續函數。亦即其傅立葉轉換 $F(u, v) = \Im\{f(x, y)\}$ 有下列性質：

$$F(u, v) = 0 ， |u| > u_0 ， |v| > v_0 \tag{2-1-1}$$

其中 u_0 和 v_0 分別表示在 u 和 v 方向上的頻寬。換言之，在傅立葉轉換域中，原影像 $f(x, y)$ 的資訊集中在長寬分別為 $2u_0$ 和 $2v_0$ 的矩形區域 R，如圖 2-1-1(a)所示。

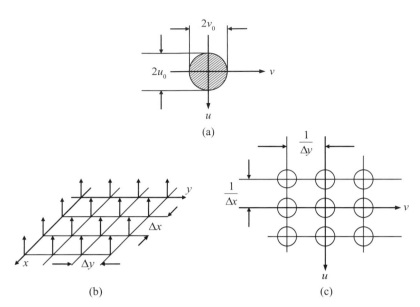

圖 2-1-1　取樣作用下的頻譜效應。(a)一個有限頻寬函數在 uv 平面上的區域 R；(b)取樣函數 $s(x, y)$；(c)取樣影像的頻譜。

另外考慮一個二維取樣函數：

$$s(x,y) = \sum_{m=-\infty}^{\infty} \sum_{n=-\infty}^{\infty} \delta(x - m\Delta x, y - n\Delta y) \tag{2-1-2}$$

它是沿 x 方向間隔為 Δx，沿 y 方向間隔為 Δy 的二維脈衝函數序列，如圖 2-1-1(b)所示。

用取樣函數 $s(x, y)$ 對 $f(x, y)$ 取樣，得到取樣影像 $f_s(x, y)$，此函數可以表示成強度為影像取樣點灰度值的二維脈衝函數陣列，亦即：

$$f_s(x,y) = s(x,y)f(x,y) = \sum_{m=-\infty}^{\infty} \sum_{n=-\infty}^{\infty} f(x,y)\delta(x - m\Delta x, y - n\Delta y)$$

$$= \sum_{m=-\infty}^{\infty} \sum_{n=-\infty}^{\infty} f(m\Delta x, n\Delta y)\delta(x - m\Delta x, y - n\Delta y) \tag{2-1-3}$$

這相當於是對於 $f(x, y)$ 以矩形點陣均勻取樣，每個取樣位置在 $x = m\Delta x, y = n\Delta y$ 上，其中 $m, n = 0, \pm1, \pm2, \cdots\cdots$。

現在看 $f_s(x, y)$ 的頻譜 $F_s(u, v)$。首先推導出 $s(x, y)$ 的傅立葉轉換式 $S(u, v)$ 為

$$S(u,v) = \frac{1}{\Delta x}\frac{1}{\Delta y} \sum_{m=-\infty}^{\infty} \sum_{n=-\infty}^{\infty} \delta\left(u - m\frac{1}{\Delta x}, v - n\frac{1}{\Delta y}\right) \tag{2-1-4}$$

因為 $f_s(x, y) = s(x, y) f(x, y)$，故其傅立葉轉換式 $F_s(u, v)$ 為 $S(u, v)$ 和 $F(u, v)$ 的卷積：

$$F_s(u, v) = \Im\{f_s(x, y)\} = \Im\{s(x, y) f(x, y)\} = S(u, v) * F(u, v)$$

$$= \int_{-\infty}^{\infty} \int_{-\infty}^{\infty} \frac{1}{\Delta x} \frac{1}{\Delta y} \sum_{m=-\infty}^{\infty} \sum_{n=-\infty}^{\infty} \delta\left(\alpha - m\frac{1}{\Delta x}, \beta - n\frac{1}{\Delta y}\right) F(u - \alpha, v - \beta) d\alpha d\beta$$

$$= \frac{1}{\Delta x} \frac{1}{\Delta y} \sum_{m=-\infty}^{\infty} \sum_{n=-\infty}^{\infty} \int_{-\infty}^{\infty} \int_{-\infty}^{\infty} \delta\left(\alpha - m\frac{1}{\Delta x}, \beta - n\frac{1}{\Delta y}\right) F(u - \alpha, v - \beta) d\alpha d\beta$$

$$= \frac{1}{\Delta x} \frac{1}{\Delta y} \sum_{m=-\infty}^{\infty} \sum_{n=-\infty}^{\infty} F\left(u - m\frac{1}{\Delta x}, v - n\frac{1}{\Delta y}\right) \tag{2-1-5}$$

(2-1-5)式顯示取樣後影像 $f_s(x, y)$ 的頻譜 $F_s(u, v)$ 是原來 $f(x, y)$ 的頻譜 $F(u, v)$ 分別沿 u 軸和 v 軸每隔 $\frac{1}{\Delta x}$ 和 $\frac{1}{\Delta y}$ 就複製一個 $F(u, v)$ 的結果，如圖 2-1-1(c)所示。從圖 2-1-1(c)中可以看出，當 $f(x, y)$ 滿足(2-1-1)式的有限頻寬條件時，

$$\begin{cases} \dfrac{1}{\Delta x} \geq 2u_0 \\ \dfrac{1}{\Delta y} \geq 2v_0 \end{cases} \Rightarrow \begin{cases} \Delta x \leq \dfrac{1}{2u_0} \\ \Delta y \leq \dfrac{1}{2v_0} \end{cases} \tag{2-1-6}$$

且各個相鄰的區域 R 不會彼此混疊，因而可以用一個理想的低通濾波器取出一個完整的 R，使原訊號 $f(x, y)$ 不失真地再現，此即二維取樣定理(two-dimensional sampling theorem)。

$f_s(x, y)$ 僅僅在 $x = m\Delta x$, $y = n\Delta y$ 的位置上有取樣值，因此可以把 $f_s(x, y)$ 改寫為 $f_s(m, n)$。$f_s(m, n)$ 形成離散的陣列，但其函數值仍為非離散的實數。

▌ 2-1-2 重建

影像的重建是從取樣影像 $f_s(m, n)$ 還原到連續影像 $f(x, y)$ 的過程。此過程藉由通過空間濾波器或者空間內插來完成。

用一個理想頻率響應如下的二維低通濾波器：

$$H(u, v) = \begin{cases} 1, & |u| < u_0 \text{ 且 } |v| < v_0 \\ 0, & \text{其他} \end{cases} \tag{2-1-7}$$

將 $H(u, v)$ 與 $F_s(u, v)$ 相乘，便可取出原來的 $F(u, v)$，經反轉換後可以完整地得到 $f(x, y)$：

$$F(u,v) = \kappa H(u,v) \cdot F_s(u,v) \tag{2-1-8}$$

即：

$$f(x,y) = \kappa h(x,y) * f_s(x,y) \tag{2-1-9}$$

其中 κ 為比例因子，此處 $\kappa = \Delta x \Delta y$。

設原影像 $f(x, y)$ 的資訊集中在長和寬分別為 $2u_0$ 和 $2v_0$ 的矩形範圍內，且 $\Delta x = \dfrac{1}{2u_0}$，$\Delta y = \dfrac{1}{2v_0}$，則

$$\begin{aligned}
\kappa h(x,y) = \Im^{-1}\{\kappa H(u,v)\} &= \frac{\sin 2\pi u_0 x}{2\pi u_0 x} \cdot \frac{\sin 2\pi v_0 y}{2\pi v_0 y} \\
&= \mathrm{sinc}(2\pi u_0 x) \cdot \mathrm{sinc}(2\pi v_0 y)
\end{aligned} \tag{2-1-10}$$

把(2-1-3)和(2-1-10)式代入(2-1-9)式，則有：

$$\begin{aligned}
f(x,y) &= \sum_m \sum_n \int_{-\infty}^{\infty} \int_{-\infty}^{\infty} \mathrm{sinc}[2\pi u_0(x-\alpha)] \mathrm{sinc}[2\pi v_0(y-\beta)] \\
&\quad \times f(m\Delta x, n\Delta y)\delta(\alpha - m\Delta x, \beta - n\Delta y)d\alpha d\beta \\
&= \sum_m \sum_n \mathrm{sinc}[2\pi u_0(x - m\Delta x)] \times \mathrm{sinc}[2\pi v_0(y - n\Delta y)]f(m\Delta x, n\Delta y)
\end{aligned} \tag{2-1-11}$$

上式顯示重建影像是由中心座標位於 $(x, y) = (m\Delta x, n\Delta y)$ 上的許多個二維 sinc 函數加權求和的結果，而加權值就是取樣影像的值，即 $f(m\Delta x, n\Delta y)$。圖 2-1-2 顯示原始一維信號由多個一維 sinc 函數加權求和重建出的情況，將此圖以向上的 y 軸為中心旋轉掃瞄 360 度所得結果就是對應的二維情況(直接繪出二維圖形較困難，故採用此法，請讀者發揮一點想像力)。

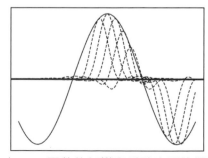

圖 2-1-2　由 sinc 函數的加權和重建出原始信號的示意圖

　　由 sinc 函數進行影像重建可以得到理想的結果，但是 sinc 函數對應到一個理想的矩形濾波器，進行內插實際上並不可行。通常採用其他類型的內插來替代 sinc 函數。例如圖 2-1-3 所示的幾個函數，其中(a)是方形函數，可得到零階樣本內插；(b)是三角函數，可得到一階樣本內插(線性內插)；(c)和(d)是由方形及三角形函數內插的結果。

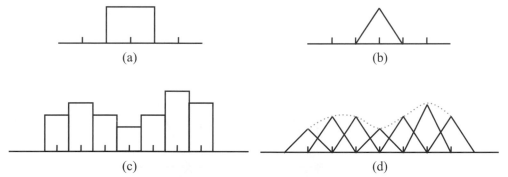

(a)　　　　　　　　　　　　　　　　　(b)

(c)　　　　　　　　　　　　　　　　　(d)

圖 2-1-3　　內插函數。(a)方形；(b)三角形；(c)方形內插(零階內插)；(d)三角形內插(一階內插)。

2-1-3　其他取樣型態

　　2-1-2 節係採用空間位置上均勻取樣使得取樣格點為矩形或正方形的方法。此方法容易實現，對分析也方便。但是對於非矩形限頻帶的信號，採用非矩形格點取樣通常可獲得較佳的取樣密度(取樣點數/面積)，亦即在相同的涵蓋範圍內，用更少的取樣點就可達到不產生混疊的取樣結果。

取樣矩陣

　　考慮圖 2-1-4 所示的取樣格點，其中取樣點位置可寫成

$$\begin{bmatrix} x \\ y \end{bmatrix} = m \begin{bmatrix} \Delta x \\ \Delta y \end{bmatrix} + n \begin{bmatrix} 2\Delta x \\ -\Delta y \end{bmatrix} = m\mathbf{v}_0 + n\mathbf{v}_1 \qquad (2\text{-}1\text{-}12)$$

其中 m 與 n 為任意整數，矩陣 $\mathbf{V} = [\mathbf{v}_0\ \mathbf{v}_1]$ 稱為取樣矩陣(sampling matrix)。若取樣矩陣為

$$\mathbf{V} = \begin{bmatrix} \Delta x & 0 \\ 0 & \Delta y \end{bmatrix} \qquad (2\text{-}1\text{-}13)$$

則其取樣點所形成的陣列為如圖 2-1-5(a)所示的矩形取樣點陣(sampling grid)；若取樣矩陣為

$$\mathbf{V} = \begin{bmatrix} \dfrac{1}{\sqrt{2}}\Delta x & \dfrac{1}{\sqrt{2}}\Delta x \\ \dfrac{1}{\sqrt{2}}\Delta y & -\dfrac{1}{\sqrt{2}}\Delta y \end{bmatrix} \tag{2-1-14}$$

則其取樣點陣為圖 2-1-5(b)所示的非矩形點陣。此點陣中的點可視為置於某些六角形的頂點及中心的位置。

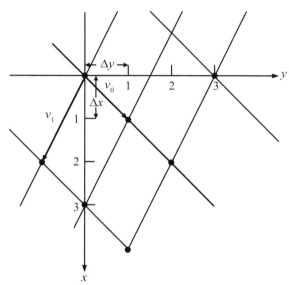

圖 2-1-4　由取樣矩陣 **V** 所產生的取樣點陣

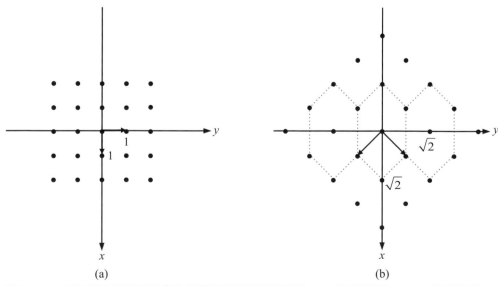

圖 2-1-5　不同取樣矩陣所產生的兩個不同取樣點陣。(a)矩形點陣；(b)六角形點陣。

對於某一個點陣，其所對應的取樣矩陣 $\mathbf{V}$ 不是唯一的；換言之，兩個不同密度的取樣矩陣可產生相同的點陣。這可從(2-1-12)式看出：相當於可找到另一組整數 (m', n') 和另一組取樣向量 $\mathbf{v}'_0$ 和 $\mathbf{v}'_1$，使得 $[x, y]^T = m\mathbf{v}_0 + n\mathbf{v}_1 = m'\mathbf{v}'_0 + n'\mathbf{v}'_1, \ \forall(x, y)$，例如我們可取 $(m', n') = (2m, 3n)$ 且 $\mathbf{v}'_0 = \dfrac{\mathbf{v}_0}{2}$ 和 $\mathbf{v}'_1 = \dfrac{\mathbf{v}_1}{3}$。

週期矩陣

若存在一正數 P，使得一個一維函數 $F(u)$ 滿足

$$F(u) = F(u - Pk)，對所有 u \tag{2-1-15}$$

對所有整數 k，則我們說此函數為週期性的。亦即我們將原點位置移到 P 的整數倍上，仍不改其函數。同理，對於 N 維函數 $F(\Omega)$，若

$$F(\Omega) = F(\Omega - \mathbf{U}k)，對所有 \Omega \tag{2-1-16}$$

對所有整數向量 $\mathbf{k}$，則 $F(\Omega)$ 為週期函數。其中矩陣 $\mathbf{U}$ 稱為週期矩陣(periodicity matrix)。

(2-1-5)式的 $F_s(u, v)$ 為一週期函數，其週期矩陣為

$$\mathbf{U} = \begin{bmatrix} \dfrac{1}{\Delta x} & 0 \\ 0 & \dfrac{1}{\Delta y} \end{bmatrix} \tag{2-1-17}$$

由(2-1-13)式及(2-1-17)式可看出

$$\mathbf{U}\mathbf{V} = \mathbf{I}_2 \tag{2-1-18}$$

其中 $\mathbf{I}_2$ 為 2×2 的單位矩陣。一般而言，$\mathbf{U}$ 與 $\mathbf{V}$ 有如下關係

$$\mathbf{U} = (\mathbf{V}^{-1})^T, \mathbf{V} = (\mathbf{U}^{-1})^T \tag{2-1-19}$$

取樣密度

考慮一個由 $\mathbf{v}_0$ 與 $\mathbf{v}_1$ 及其位移所建構的四邊形(如圖 2-1-4 所示)。由於取樣點數與四邊形的個數一樣,因此每單位面積的取樣點數等於每單位面積所能放進去的四邊形個數。因為 $|\det \mathbf{V}|$ ($\mathbf{V}$ 的行列式絕對值)代表四邊形面積,所以每單位面積上的格點數等於 $\dfrac{1}{|\det \mathbf{V}|}$,因此

$$\text{取樣密度 } \rho = \frac{1}{|\det \mathbf{V}|} \tag{2-1-20}$$

已知一限頻寬函數的頻寬範圍和取樣點陣模式,則有一使其取樣不產生混疊的最小取樣密度 $\rho_{\min}$ 與之對應。以圖 2-1-1(a)的限頻寬範圍以及圖 2-1-1(b)的取樣點陣模式為例,其取樣矩陣如(2-1-13)式,故其週期矩陣如(2-1-17)式。因此其取樣密度為

$$\rho = \frac{1}{|\det \mathbf{V}|} = \frac{1}{\Delta x \Delta y} \tag{2-1-21}$$

但由於(2-1-6)式的限制,即

$$\frac{1}{\Delta x} \geq 2u_0$$
$$\frac{1}{\Delta y} \geq 2v_0 \tag{2-1-22}$$

所以

$$\frac{1}{\Delta x \Delta y} = \frac{1}{\Delta x}\frac{1}{\Delta y} \geq 4u_0 v_0 \tag{2-1-23}$$

故由(2-1-21)與(2-1-23)式可知其最小取樣密度

$$\rho_{\min} = 4u_0 v_0 \tag{2-1-24}$$

對於 $u_0 = v_0 = r$ (即圓環形頻譜範圍)的情況,我們考慮一種如圖 2-1-6 所示的六角形取樣方式。其週期矩陣為

$$\mathbf{U} = \begin{bmatrix} \sqrt{3}\,r & -\sqrt{3}\,r \\ r & r \end{bmatrix} \tag{2-1-25}$$

由(2-1-19)式可知其取樣矩陣為

$$\mathbf{V} = (\mathbf{U}^{-1})^T = \begin{bmatrix} \dfrac{1}{2\sqrt{3}}\dfrac{1}{r} & -\dfrac{1}{2\sqrt{3}}\dfrac{1}{r} \\[2ex] \dfrac{1}{2r} & \dfrac{1}{2r} \end{bmatrix} \tag{2-1-26}$$

故其最小取樣密度

$$\rho_{\min}(\text{六角形}) = \frac{1}{|\det \mathbf{V}|} = 2\sqrt{3}\,r^2 \tag{2-1-27}$$

若採矩形點陣,則由(2-1-24)式及 $u_0 = v_0 = r$ 可知其最小取樣密度為

$$\rho_{\min}(\text{矩形}) = 4r^2 \tag{2-1-28}$$

因此

$$\frac{\rho_{\min}(\text{矩形})}{\rho_{\min}(\text{六角形})} = \frac{4r^2}{2\sqrt{3}\,r^2} \approx 1.15 \tag{2-1-29}$$

由此可知六角形取樣比矩形取樣更有效率 1.15 倍。另外可計算

$$\frac{\rho_{\min}(\text{矩形}) - \rho_{\min}(\text{六角形})}{\rho_{\min}(\text{矩形})} = \frac{4r^2 - 2\sqrt{3}\,r^2}{4r^2} \approx 13.4\% \tag{2-1-30}$$

這表示對於圓環形限頻帶信號而言,採六角形格點取樣比採矩形格點取樣可減少 13.4%的取樣點數。

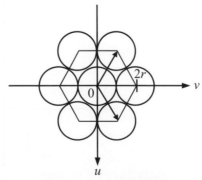

圖 2-1-6 六角形取樣

2-2 量化

如圖 2-2-1(a)所示，對影像 $f(x, y)$ 取樣後，得到取樣值 $f = f_s(m, n)$。在進入計算機前，f_s 還需要進行量化。從數學的角度來看，所謂的量化事實上是一個多對一函數的映射 (mapping)關係。例如從一個有無窮多個可能數值的實數範圍映射到有限個整數所構成的範圍。從實現的角度來看，就是把樣本值的取值範圍分成若干個區間，然後用某個代表值代表這一區間內所有可能的值，如圖 2-2-1(b)所示，其中$(d_{k-1}, d_k]$為一個區間，其代表值為 r_k。

為便於計算機的儲存，一般常將取值範圍分成 2^B 個區間，例如 $B = 6$，7，$\cdots$，12，分別可以把像素的灰度值分成 64，128，$\cdots$，4096 個區間。區間越多，則由已量化的樣本值(即計算機內的數位影像)恢復的實際影像越接近原影像，看上去越令人滿意。當區間不夠時，在影像的灰度值變化緩慢的區域內將出現原影像上沒有的假輪廓(false contour)。這是由於量化過於粗糙，使得量化雜訊過大所致。這種假輪廓有可能妨害我們從影像獲取真正的資訊，而令人無法接受。B 愈大影像愈精緻，也愈不容易有假輪廓。但 B 也代表儲存每個像素所需的位元數，因此 B 愈大也代表計算機的儲存量以及對其處理的計算量都大增。因為人眼的感官系統對影像精緻程度的需求是有極限的，因此任意採取很大的 B 值是毫無必要的。以需求較高的醫學影像而言，有人用 $B = 12$，但對一般影像而言 $B = 8$ 已足以應付大部分的應用。

最簡單的量化方法就是把樣本值的整個取值範圍均勻地分成 L 個子區間，此即均勻量化的基本概念。若子區間的大小不一，則得到非均勻量化器。前者通常用於樣本值大致均勻落在整個取值範圍內時；後者對樣本值在取值範圍內出現機會不均等時有較佳的表現。所謂較佳是指在同等量化區間(或同等位元)數下，非均勻量化實際引入的量化雜訊較少。以下分別介紹這兩種量化方式。

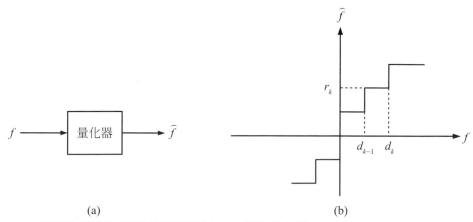

(a)　　　　　　　　　　　(b)

圖 2-2-1　將量化器視為數學的函數映射。(a)量化器的輸入及輸出；(b)多對一映射函數。

2-2-1 均勻量化

設取樣後的結果為 $f = f_s(m, n)$，$f \in (d_0, d_L]$。假設取樣值在$(d_0, d_L]$的範圍內有相同的出現機會，即其機率密度函數 $p_f(f) = P$ (常數)。現在把整個取值範圍$(d_0, d_L]$均勻地分成 L 個子區間$(d_{k-1}, d_k]$，$k = 1, 2, \cdots, L$。每個子區間$(d_{k-1}, d_k]$對應到一個定值 r_k，總共有 L 個定值 r_k。其中的 L 個 r_k，$1 \le k \le L$，稱為重建(reconstruction)位準；另外還有$(L + 1)$個 d_k，$0 \le k \le L$，稱為決策(decision)邊界或位準。

整個量化的規則很簡單：當 $f \in (d_{k-1}, d_k]$時，對應到量化值

$$\widehat{f} = r_k \tag{2-2-1}$$

可寫成

$$\widehat{f} = Q(f) = r_k, \, d_{k-1} < f \le d_k \tag{2-2-2}$$

此量化造成的誤差為

$$e_Q = \widehat{f} - f \tag{2-2-3}$$

有許多 f 與 $\widehat{f}$ 之間的失真測度方式 $d(f, \widehat{f})$，例如

$$d(f, \widehat{f}) = \left| \widehat{f} - f \right|$$
$$d(f, \widehat{f}) = \left| \left| \widehat{f} \right|^N - \left| f \right|^N \right| \tag{2-2-4}$$

其中 N 為正整數。但最常用的還是易於與信號能量觀點連結的以下方式：

$$e_Q^2 = (\widehat{f} - f)^2 \tag{2-2-5}$$

量化器的最佳化設計就是要選取 d_k 與 r_k 使某個 f 與 $\widehat{f}$ 之間的失真測度最小化，例如我們可選擇使平均失真 D 最小：

$$D = E[d(f, \widehat{f})] = \int_{-\infty}^{\infty} d(f_0, \widehat{f}) p_f(f_0) df_0 \tag{2-2-6}$$

現在分析採用 e_Q^2 失真測度之均勻量化所造成的誤差。當 $f \in (d_{k-1}, d_k]$ 時，取樣值量化為 $\widehat{f} = r_k$，因而有誤差 $(r_k - f)$。在 $f \in (d_{i-1}, d_i]$ 區間取樣值為 f 的機率密度是 $p_f(f)$，因此在該區間內所造成誤差平方的統計平均為

$$\int_{d_{i-1}}^{d_i} (\widehat{f} - f_0)^2 \, p_f(f_0) df_0 \tag{2-2-7}$$

因為 (d_0, d_L) 範圍內的機率密度 $p_f(f) = P$（常數），因此 L 個子區間誤差平方的總和 D 為：

$$\begin{aligned} D &= \sum_{i=1}^{L} \int_{d_{i-1}}^{d_i} (\widehat{f} - f_0)^2 \, p_f(f_0) df_0 = P \sum_{i=1}^{L} \int_{d_{i-1}}^{d_i} (r_i - f_0)^2 \, df_0 \\ &= \frac{1}{3} P \sum_{i=1}^{L} [(r_i - d_{i-1})^3 - (r_i - d_i)^3] \end{aligned} \tag{2-2-8}$$

要取得 D 的最小值，故取 $\dfrac{\partial D}{\partial r_k} = 0$，即

$$(r_k - d_{k-1})^2 - (r_k - d_k)^2 = 0, \; 1 \le k \le L \tag{2-2-9}$$

由此得到最佳量化值

$$r_k = \frac{1}{2}(d_k + d_{k-1}) \tag{2-2-10}$$

(2-2-10)式顯示若取樣值 f 在 (d_0, d_L) 內為均勻分佈，則量化值 r_k 取每個子區間 $(d_{k-1}, d_k]$ 的中間值可得最小的量化誤差。

設子區間 $(d_{k-1}, d_k]$ 的長度為 Δ，則(2-2-8)式中 $P = \dfrac{1}{L\Delta}$，此時我們有

$$r_k - d_k = -\frac{\Delta}{2}, \, r_k - d_{k-1} = \frac{\Delta}{2} \tag{2-2-11}$$

將此式代入(2-2-8)式中得

$$D = \frac{1}{3} \frac{1}{L\Delta} \sum_{i=1}^{L} \left[\left(\frac{\Delta}{2}\right)^3 - \left(-\frac{\Delta}{2}\right)^3 \right] = \frac{\Delta^2}{12} \tag{2-2-12}$$

由此可見，當量化區間數 L 加大時，Δ 成比例地縮小，D 會以成平方反比大幅縮小。因此加大量化區間的數目 L 對原影像的保真度有很大的幫助。

2-2-2　非均勻量化

當機率密度 $p_f(f)$ 不再是常數時，非均勻量化是較佳的選擇。由於子區間越大，造成的量化誤差就越大。因此在機率密度 $p_f(f)$ 較小處，可取較大的量化區間長度；反之，則取較小的量化區間，這就是非均勻量化的基本概念。以下推導採用 e_Q^2 失真測度之非均勻量化器的 d_k 與 r_k。

同樣由(2-2-8)式開始，

$$
\begin{aligned}
D &= \sum_{i=1}^{L} \int_{d_{i-1}}^{d_i} (\widehat{f} - f_0)^2 \, p_f(f_0) df_0 \\
&= \cdots + \int_{d_{k-1}}^{d_k} (r_k - f_0)^2 \, p_f(f_0) df_0 + \int_{d_k}^{d_{k+1}} (r_{k+1} - f_0)^2 \, p_f(f_0) df_0 + \cdots
\end{aligned}
\tag{2-2-13}
$$

欲得(2-2-13)式中 D 的最小值，故求 D 對 d_k 和 r_k 的偏導數，並令其為 0，即

$$
\frac{\partial D}{\partial d_k} = (r_k - d_k)^2 \, p_f(d_k) - (r_{k+1} - d_k)^2 \, p_f(d_k) = 0
\tag{2-2-14}
$$

其中 $k = 1, 2, \cdots, L-1$，一共有 $L-1$ 個式子，此處 d_0 和 d_L 是已知的，不必對它們再求偏導數。另外令

$$
\frac{\partial D}{\partial r_k} = 2 \int_{d_{k-1}}^{d_k} (r_k - f_0) \, p_f(f_0) df_0 = 0
\tag{2-2-15}
$$

其中 $k = 1, 2, \cdots, L$，一共有 L 個式子。

若 $p_f(d_k) \neq 0$，則由(2-2-14)式可得

$$
d_k = \frac{1}{2}(r_k + r_{k+1}), \quad k = 1, 2, \cdots, L-1
\tag{2-2-16}
$$

從(2-2-15)式可推導出

$$
r_k = \frac{\displaystyle\int_{d_{k-1}}^{d_k} f_0 \, p_f(f_0) df_0}{\displaystyle\int_{d_{k-1}}^{d_k} p_f(f_0) df_0} = E\{f \mid f \in (d_{k-1}, d_k]\}, \quad k = 1, 2, \cdots, L
\tag{2-2-17}
$$

由(2-2-16)式及(2-2-17)式可知，最佳量化器的各子區間決策邊界 d_k 應當是量化重建位準值 r_k 間的中間值，且每一個 r_k 是 f 落在子區間(d_{k-1}, d_k)的條件下的條件期望值。(2-2-16)與 (2-2-17)式彼此有牽連，類似雞生蛋、蛋生雞的問題，因此必須採用計算機的數值解法求出 d_k 和 r_k。給定 d_0、d_L、$p_f(f)$、L 之後，求 d_k 及 r_k 的計算機解法如下：

步驟 ① 先假定一個 r_1 的值，由(2-2-17)式取 $k = 1$，求出 d_1。由於 d_1 是積分式的上限，故要採用數值近似計算，逐步逼近 d_1 的解；

步驟 ② 已知 d_1 和 r_1，在(2-2.16)式中取 $k = 1$，求出 r_2；

步驟 ③ 由 d_1 和 r_2，在(2-2-17)式中，取 $k = 2$，用數值近似計算逐步逼近 d_2 的解；

步驟 ④ 由 d_2 和 r_2，在(2-2-16)式中，取 $k = 2$，求出 r_3。

步驟 ⑤ 其他依此類推，最終求出 r_L，代入(2-2-17)式，看其是否等於或夠接近

$$\frac{\int_{d_{L-1}}^{d_L} f_0 p_f(f_0) df_0}{\int_{d_{L-1}}^{d_L} p_f(f_0) df_0}$$。如果不相等或不夠接近，則重新假定 r_1 值，再回到步驟 1，

繼續計算求出 r_L，直到 r_L 符合要求為止。

由以上程序所得之量化器稱為最小均方誤差量化器(minimum mean squared error quantizer)或 **Lloyd-Max** 量化器(Lloyd-Max quantizer)，其中與影像處理最相關的機率密度函數為

$$高斯： p_f(f) = \frac{1}{\sqrt{2\pi}\sigma^2} \exp\left[\frac{-(f-\mu)^2}{2\sigma^2}\right] \tag{2-2-18}$$

$$拉普拉斯： p_f(f) = \frac{\alpha}{2} \exp\left(-\alpha|f-\mu|\right) \tag{2-2-19}$$

其中 μ 與 σ^2 分別代表 f 的平均與變異數，拉普拉斯機率密度函數的變異數為 $\sigma^2 = \frac{2}{\alpha^2}$。

以上根據特定機率密度函數找最佳量化器之決策邊界與重建準位之程序的執行通常非常耗時(從上述步驟(1)到(5)反覆的遞迴過程可看出)，所以早已有人依特定的密度函數及其特定的參數(例如標準差為 1 且零平均值)找出答案，並建成表格方便供人查閱，如表 2-2-1 所示。

最佳均方誤差量化器有幾個性質：

1. 量化器的輸出是輸入的不偏(unbiased)估測，即

$$E[\hat{f}] = E[f] \tag{2-2-20}$$

2.　量化誤差對量化器的輸出為正交(orthogonal)，亦即

$$E[(\widehat{f} - f)\widehat{f}] = 0 \qquad\qquad (2\text{-}2\text{-}21)$$

3.　若 d_k 與 r_k 分別為零平均且變異數為 1 之隨機變數 f 的決策與重建位準，則

$$\tilde{d}_k = \mu + \sigma d_k, \; \tilde{r}_k = \mu + \sigma r_k \qquad\qquad (2\text{-}2\text{-}22)$$

分別為與 f 有相同分佈但平均為 μ 且變異數為 σ^2 之隨機變數所需要的決策與重建位準。

以上性質的證明當作習題。其中第三個性質在應用上特別重要，因為前面提及有人已提供最佳量化器所需的數值表格給特定參數(例如零平均且標準差為1)之機率密度函數(如表 2-2-1)，但使用者所面對之機率密度函數的實際參數通常和現有表格中所考慮的不同，因此該表格中的結果不能直接使用，而必須用性質 3 來找出使用者真正所需的答案。

表 2-2-1　Lloyd-Max 量化器的決策位準與重建位準。對於均勻的機率密度函數，假設 $p_f(f)$ 在−1 到 1 之間是均勻的。假定高斯與拉普拉斯機率密度函數的均值都是 0 且變異數都是 1。於是拉普拉斯機率密度函數變成 $p_f(f) = \dfrac{\sqrt{2}}{2} e^{-\sqrt{2}|f|}$。

位元數	均勻(Uniform)		高斯(Gaussian)		拉普拉斯(Laplacian)	
	r_i	d_i	r_i	d_i	r_i	d_i
1	−0.5000	−1.0000	−0.7979	−∞	−0.7071	−∞
	0.5000	0.0000	0.7979	0.0000	0.7071	0.0000
		1.0000		∞		∞
2	−0.7500	−1.0000	−1.5104	−∞	−1.8340	−∞
	−0.2500	−0.5000	−0.4528	−0.9816	−0.4198	−1.1269
	0.2500	0.0000	0.4528	0.0000	0.4198	0.0000
	0.7500	0.5000	1.5104	0.9816	1.8340	1.1269
		1.0000		∞		∞
3	−0.8750	−1.0000	−2.1519	−∞	−3.0867	−∞
	−0.6250	−0.7500	−1.3439	−1.7479	−1.6725	−2.3796
	−0.3750	−0.5000	−0.7560	−1.0500	−0.8330	−1.2527
	−0.1250	−0.2500	−0.2451	−0.5005	−0.2334	−0.5332
	0.1250	0.0000	0.2451	0.0000	0.2334	0.0000
	0.3750	0.2500	0.7560	0.5005	0.8330	0.5332
	0.6250	0.5000	1.3439	1.0500	1.6725	1.2527
	0.8750	0.7500	2.1519	1.7479	3.0867	2.3769
		1.0000		∞		∞

表 2-2-1　Lloyd-Max 量化器的決策位準與重建位準。對於均勻的機率密度函數，假設 $p_f(f)$ 在 -1 到 1 之間是均勻的。假定高斯機與拉普拉斯率密度函數的均值都是 0 且變異數都是 1。於是拉普拉斯機率密度函數變成 $p_f(f) = \dfrac{\sqrt{2}}{2} e^{-\sqrt{2}|f|}$。(續)

位元數	均勻(Uniform)		高斯(Gaussian)		拉普拉斯(Laplacian)	
	r_i	d_i	r_i	d_i	r_i	d_i
4	-0.9375	-1.0000	-2.7326	$-\infty$	-4.4311	$-\infty$
	-0.8125	-0.8750	-2.0690	-2.4008	-3.0169	-3.7240
	-0.6875	-0.7500	-1.6180	-1.8435	-2.1773	-2.5971
	-0.5625	-0.6250	-1.2562	-1.4371	-1.5778	-1.8776
	-0.4375	-0.5000	-0.9423	-1.0993	-1.1110	-1.3444
	-0.3125	-0.3750	-0.6568	-0.7995	-0.7287	-0.9198
	-0.1875	-0.2500	-0.3880	-0.5224	-0.4048	-0.5667
	-0.0625	-0.1250	-0.1284	-0.2582	-0.1240	-0.2664
	0.0625	0.0000	0.1284	0.0000	0.1240	0.0000
	0.1875	0.1250	0.3880	0.2582	0.4048	0.2644
	0.3125	0.2500	0.6568	0.5224	0.7287	0.5667
	0.4375	0.3750	0.9423	0.7995	1.1110	0.9198
	0.5625	0.5000	1.2562	1.0993	1.5778	1.3444
	0.6875	0.6250	1.6180	1.4371	2.1773	1.8776
	0.8125	0.7500	2.0690	1.8435	3.0169	2.5971
	0.9375	0.8750	2.7326	2.4008	4.4311	3.7240
		1.0000		∞		∞

範例　2.1

考慮設計給三個樣本的 2-位元 Lloyd-Max 量化器。第一個樣本來自於從 0 到 12 的均勻分佈；第二個樣本來自於具有平均值為 3 且標準差為 2 的高斯分佈；第三個樣本來自於具有平均值為零且參數 $\alpha = \dfrac{1}{2}$ 的拉普拉斯分佈。求這些量化器的決策與重建位準。

解

1. 表 2-2-1 中有關均勻分佈的部分，雖然期望值為零，但標準差不是 1 (實際的標準差是 $\sqrt{[1-(-1)]^2/12} = 1/\sqrt{3}$)，因此不能直接用性質 3 的(2-2-22)式，而需要更通用的方法。(2-2-22)式的一個通用式是考慮線性轉換 $g = af + b$，其中 $a > 0$ [(2-2-22)式的標準差永遠為正值]，且 f 是表格中所列參數之隨機變數，而 g 是有感興趣之參數的同一種隨機變數。由基本機率理論可知 g 與 f 的機率密度有如下關係：

$$p_g(g) = \frac{1}{a} p_f\left(\frac{g-b}{a}\right)$$

表 2-2-1 中的均勻分佈：

$$p_f(f) = \begin{cases} \dfrac{1}{2}, & -1 < f \le 1 \\ 0, & \text{其他} \end{cases}$$

$$p_g(g) = \begin{cases} \dfrac{1}{12}, & 0 < g \le 12 \\ 0, & \text{其他} \end{cases}$$

所以 $-1 < \dfrac{g-b}{a} < 1$，進一步推得 $0 < g + a - b < 2a$，與 $0 < g < 12$ 相比較，可輕易得到 $a = b$ $= 6$。因此對樣本 1，$\tilde{d}_k = 6d_k + 6$，$\tilde{r}_k = 6r_k + 6$。查表 2-2-1 可得 $\tilde{d}_1 = 0$，$\tilde{d}_2 = 3$，$\tilde{d}_3 = 6$，$\tilde{d}_4 = 9$，$\tilde{d}_5 = 12$。$\tilde{r}_1 = 1.5$，$\tilde{r}_2 = 4.5$，$\tilde{r}_3 = 7.5$，$\tilde{r}_4 = 10.5$。

2. 對樣本 2，$\tilde{d}_k = 2d_k + 3$，$\tilde{r}_k = 2r_k + 3$。查表 2-2-1 並根據上述關係式可算出 $\tilde{d}_1 = -\infty$，$\tilde{d}_2 = 1.0368$，$\tilde{d}_3 = 3$，$\tilde{d}_4 = 4.9632$，$\tilde{d}_5 = \infty$。$\tilde{r}_1 = -0.0208$，$\tilde{r}_2 = 2.0944$，$\tilde{r}_3 = 3.9056$，$\tilde{r}_4 = 6.0208$。

3. 由 $\alpha = \dfrac{1}{2}$ 推得 $\sigma = 2\sqrt{2}$，因為 $\sigma^2 = \dfrac{2}{\alpha^2}$，因此對樣本 3，$\tilde{d}_k = 2\sqrt{2}\, d_k$，$\tilde{r}_k = 2\sqrt{2}\, r_k$。查表 2-2-1 並根據上述關係式可算出 $\tilde{d}_1 = -\infty$，$\tilde{d}_2 = -3.1874$，$\tilde{d}_3 = 0$，$\tilde{d}_4 = 3.1874$，$\tilde{d}_5 = \infty$。$\tilde{r}_1 = -5.1873$，$\tilde{r}_2 = -1.1874$，$\tilde{r}_3 = 1.1874$，$\tilde{r}_4 = 5.1873$。

如果 $p_f(f)$ 有如下的均勻分佈：

$$p_f(f) = \begin{cases} \dfrac{1}{d_L - d_0}, & d_0 \le f \le d_L \\ 0, & \text{其他情況} \end{cases} \tag{2-2-23}$$

則由(2-2-17)式可得

$$r_k = \frac{\dfrac{1}{2}(d_k^{\,2} - d_{k-1}^{\,2})}{d_k - d_{k-1}} = \frac{1}{2}(d_k + d_{k-1}) \tag{2-2-24}$$

又由(2-2-16)式，我們有

$$d_k = \frac{1}{2}(r_k + r_{k+1}) \tag{2-2-25}$$

結合(2-2-24)與(2-2-25)兩式可得

$$d_k = \frac{1}{2}\left[\frac{1}{2}(d_k + d_{k-1}) + \frac{1}{2}(d_{k+1} + d_k)\right] \qquad (2\text{-}2\text{-}26)$$

化簡上式得到

$$d_k = \frac{1}{2}(d_{k-1} + d_{k+1}) \qquad (2\text{-}2\text{-}27)$$

由(2-2-27)式可推出

$$d_k - d_{k-1} = d_{k+1} - d_k = \Delta \,(常數) \qquad (2\text{-}2\text{-}28)$$

同理由(2-2-24)式亦可推得

$$r_{k+1} - r_k = \frac{1}{2}(d_{k+1} + d_k) - \frac{1}{2}(d_k + d_{k-1}) = \frac{1}{2}(d_{k+1} - d_{k-1}) = \Delta \,(常數) \qquad (2\text{-}2\text{-}29)$$

以上說明當輸入值有均勻機率密度函數時，非均勻量化已蛻變為均勻量化，因此均勻量化可視為非均勻量化的一個特例。

對於上述均勻量化器，其誤差

$$e_Q = \widehat{f} - f \qquad (2\text{-}2\text{-}30)$$

均勻分佈在 $-\dfrac{\Delta}{2} \sim \dfrac{\Delta}{2}$ 之間，因此其均方誤差為

$$D = E[e_Q{}^2] = \frac{1}{\Delta}\int_{-\Delta/2}^{\Delta/2} e_Q{}^2 \, de_Q = \frac{\Delta^2}{12} \qquad (2\text{-}2\text{-}31)$$

正如所料，與(2-2-12)式的結果一樣。

我們知道對一個均勻分佈的隨機變數，若其範圍為 A 時其變異數 $\sigma^2 = \dfrac{A^2}{12}$。對於有 B 個位元的均勻量化器，我們有 $\Delta = \dfrac{A}{2^B}$。因此其訊雜比(SNR)為

$$\frac{\sigma^2}{D} = \frac{A^2/12}{\Delta^2/12} = \left(\frac{A}{\Delta}\right)^2 = 2^{2B} \qquad (2\text{-}2\text{-}32)$$

以分貝(dB)計，則

$$\text{SNR} = 10 \log_{10} 2^{2B} \approx 6B \text{ (分貝)} \tag{2-2-33}$$

因此對於均勻分佈之最佳均方誤差量化器所能獲得的訊雜比是每個位元約有 6 分貝的增益。

範例　2.2

考慮圖 2-2-2(a)所示的一張 8 位元灰階影像，影像大小為 64 × 256，像素值由左到右依序為 0 到 255，所以每一個值都占所有像素值的 1/256，因此可近似為一個均勻分佈的影像訊號源且其機率分佈為

$$p_g(g) = \begin{cases} \dfrac{1}{256}, 0^- < g \le 256 \\ 0 \quad ,\text{其他} \end{cases}$$

其中 0^- 是一個小於零但任意接近零的值。此訊號源分別用 6、4 和 2 個位元重新量化，其中對應的重建位準可用範例 2.1 所展示的方法得到，結果分別如圖 2-2-2(b)～(d)所示。

(2-2-31)式的失真 D 用實際的均方誤差來估測：

$$D = \frac{1}{64 \times 256} \sum_i (x_i - \hat{x}_i)^2$$

其中 x_i 是第 i 個像素值(以 8 位元表示)，$\hat{x}_i$ 是對應的像素值(以 m 位元表示)。設 D_m 代表用 m 位元所產生的失真，$1 \le m \le 7$。則用 α 位元和 β 位元產生的 SNR 差異可表示成

$$\text{SNR}_\alpha - \text{SNR}_\beta = 10 \log_{10} \frac{\sigma^2}{D_\alpha} - 10 \log_{10} \frac{\sigma^2}{D_\beta} = 10 \log_{10} \frac{D_\beta}{D_\alpha}$$

圖 2-2-2(b)～(d)分別用 6、4 和 2 位元重新量化的結果算出 $D_6 = 4.585198$，$D_4 = 62.7925$，$D_2 = 953.236$。此結果顯示 $\text{SNR}_6 - \text{SNR}_4 = 11.365497$，$\text{SNR}_4 - \text{SNR}_2 = 11.8129$，亦即 $\text{SNR}_6 - \text{SNR}_4 \approx \text{SNR}_4 - \text{SNR}_2 \approx 12\text{dB}$。此結果呼應了(2-2-33)式的理論。

▌2-2-3　壓縮擴展型量化器

一個壓縮擴展器(compander)是由一個稱為壓縮器(compressor)，加上一個均勻量化器，以及一個擴展器(expander)所形成，如圖 2-2-3 所示。所謂壓縮與擴展是指對輸出入訊號之動態範圍而言。整個壓縮擴展器具有非均勻量化的功能，此功能來自於壓縮器與擴展器這兩個非線性轉換函數。

在壓縮擴展型量化器中，首先做一非線性轉換，即

$$g = T\{f\} \tag{2-2-34}$$

使轉換後的結果 g 的機率密度函數 $p_g(g)$ 接近均勻的，然後進行 2-2-1 節所討論的均勻量化。由於均勻量化器對有均勻密度函數之輸入而言為最佳，因此壓縮器應使非均勻機率分佈之輸入儘可能變成具均勻分佈之輸出。最後擴展器再執行另一個非線性的逆轉換函數，即

$$f = T^{-1}\{g\} \tag{2-2-35}$$

最後得到量化輸出 $\widehat{f}$ 。

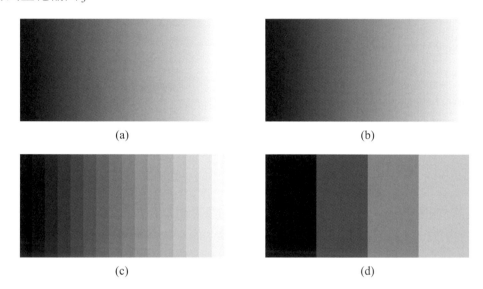

(a)　　　　　　　　　　　(b)

(c)　　　　　　　　　　　(d)

圖 2-2-2　一個具有均勻分佈的影像的 8 位元訊號源及其重新量化的結果。
(a)原圖；(b)量化圖(6 位元)；(c)量化圖(4 位元)；(d)量化圖(2 位元)。

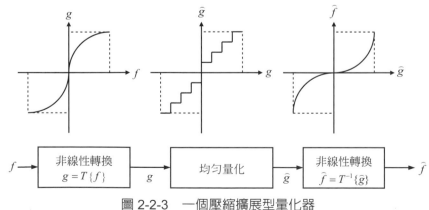

圖 2-2-3　一個壓縮擴展型量化器

若

$$p_g(g) = \begin{cases} 1, & -\dfrac{1}{2} \le g_0 \le \dfrac{1}{2} \\ 0, & \text{其他情況} \end{cases} \tag{2-2-36}$$

且若 f 為一零平均的隨機變數，則一個適當的轉換為

$$g = T\{f\} = \int_{-\infty}^{f} p_f(f_0) df_0 - \frac{1}{2} \tag{2-2-37}$$

亦即非線性轉換函數相當於 f 的累積機率分佈。例如對雷利(Rayleigh)機率密度函數

$$p_f(f) = \frac{f}{\sigma^2} \exp\left(-\frac{f^2}{2\sigma^2}\right) \tag{2-2-38}$$

我們可求得其正轉換為

$$g = \frac{1}{2} - \exp\left(-\frac{f^2}{2\sigma^2}\right) \tag{2-2-39}$$

而其反轉換為

$$f = \left\{ 2\sigma^2 \ln\left[1 \Big/ \left(\frac{1}{2} - g \right) \right] \right\}^{\frac{1}{2}} \tag{2-2-40}$$

2-3　向量量化

對所謂無記憶(memoryless)的資料源而言，我們是把信號的各個取樣值都視為互不相關彼此獨立，此時上兩節所討論的均勻量化與非均勻量化對個別取樣點逐點量化的過程是合理的做法。但是大多數實際信號各取樣值之間存在有相關性，亦即知道某個取樣值的參數，對其鄰近取樣值亦可做合理推測。由此觀念所衍生的量化方法稱為向量量化(vector quantization, VQ)，亦即把若干取樣值集合成一個向量，以此向量為量化的單位而不是以一個取樣點為單位。相對於 VQ，前二節所述逐點量化的程序稱為純量量化(scalar quantization, SQ)。

設 $\mathbf{f} = [f_1, f_2, \cdots\cdots, f_N]^T$ 表示一 N 維向量，它是由 N 個實數連續純量值 f_i 所組成。在 VQ 中，$\mathbf{f}$ 將被映射到另一個 N 維向量 $\mathbf{r} = [r_1, r_2, \cdots\cdots, r_N]^T$。$\mathbf{f}$ 的 VQ 是將一個 N 維向量空間分割成 L 個決策區域 C_i，$1 \leq i \leq L$，每一個決策區域 C_i 包圍一個重建向量 $\mathbf{r}_i$。圖 2-3-1 顯示一個 $N = 2$ 的二維向量向量空間分割區域及其對應的重建向量。在編碼的文獻中常將 $\mathbf{r}_i$ 稱為碼向量(codevector)，並將碼向量所形成的集合稱為碼簿(codebook)。

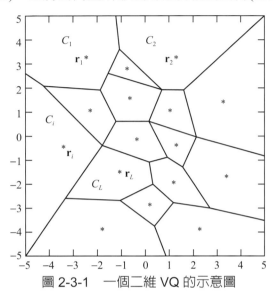

圖 2-3-1　一個二維 VQ 的示意圖

設 $\hat{\mathbf{f}}$ 代表 $\mathbf{f}$ 量化的結果，則可寫成

$$\hat{\mathbf{f}} = \mathrm{VQ}(\mathbf{f}) = \mathbf{r}_i, \quad \mathbf{f} \in C_i \tag{2-3-1}$$

其中 VQ 代表向量量化的動作。

與 SQ 的情形一樣，我們可定義一個失真測度 $d(\mathbf{f}, \hat{\mathbf{f}})$。一個常用的 $d(\mathbf{f}, \hat{\mathbf{f}})$ 是 $\mathbf{e}_Q^T \mathbf{e}_Q$，其中量化誤差 $\mathbf{e}_Q$ 定義為

$$\mathbf{e}_Q = \hat{\mathbf{f}} - \mathbf{f} \tag{2-3-2}$$

重建向量 $\mathbf{r}_i$ 以及決策區域 C_i 的邊界可由使某個失真量最小化來決定，例如採用平均失真 $D = E[d(\mathbf{f}, \hat{\mathbf{f}})]$。若 $d(\mathbf{f}, \hat{\mathbf{f}})$ 為 $\mathbf{e}_Q^T \mathbf{e}_Q$，則由(2-3-1)及(2-3-2)兩式可得

$$\begin{aligned} D &= E[\mathbf{e}_Q^T \mathbf{e}_Q] = E[(\hat{\mathbf{f}} - \mathbf{f})^T \cdot (\hat{\mathbf{f}} - \mathbf{f})] \\ &= \int_{-\infty}^{\infty} \int_{-\infty}^{\infty} \cdots\cdots \int_{-\infty}^{\infty} (\hat{\mathbf{f}} - \mathbf{f}_0)^T (\hat{\mathbf{f}} - \mathbf{f}_0) p_{\mathbf{f}}(\mathbf{f}_0) d\mathbf{f}_0 \\ &= \sum_{i=1}^{L} \int_{C_i} (\mathbf{r}_i - \mathbf{f}_0)^T (\mathbf{r}_i - \mathbf{f}_0) p_{\mathbf{f}}(\mathbf{f}_0) d\mathbf{f}_0 \end{aligned} \tag{2-3-3}$$

取 $\dfrac{\partial D}{\partial \mathbf{r}_i} = 0$ 可得

$$\int_{C_i} (\mathbf{r}_i - \mathbf{f}_0) p_{\mathbf{f}}(\mathbf{f}_0) d\mathbf{f}_0 = 0 \tag{2-3-4}$$

將上式重新整理後得

$$\mathbf{r}_i = \frac{\displaystyle\int_{C_i} \mathbf{f} p_{\mathbf{f}}(\mathbf{f}_0) d\mathbf{f}_0}{\displaystyle\int_{C_i} p_{\mathbf{f}}(\mathbf{f}_0) d\mathbf{f}_0} = \mathrm{E}\{\mathbf{f} \mid \mathbf{f} \in C_i\} \tag{2-3-5}$$

對於一個固定決策區間的分析，要決定最佳的重建向量 $\mathbf{r}_i$ 必須知道聯合機率密度 $p_{\mathbf{f}}(\mathbf{f})$。但是這個資訊在實際問題中往往並不可知。此外，計算(2-3-5)式求 $\mathbf{r}_i$ 也有實際上的困難，此困難隨著向量維度的增加而加大。

　　基本上設計最佳 $\mathbf{r}_i$ 所形成的碼簿是一個高度非線性的問題。一般而言採取的解決方案是利用以下兩個必要條件：

(1) 最近距離條件

　　輸入訊號向量 $\mathbf{f}$，使其對應之代表向量 $\mathbf{r}_i$ 的選擇應滿足

$$d(\mathbf{f}, \mathbf{r}_i) \leq d(\mathbf{f}, \mathbf{r}_j) \qquad \forall j \neq i \tag{2-3-6}$$

　　則稱此不等式為使平均失真度測度 D 為最小的最近距離條件。

(2) 中心條件

　　每個重建向量 $\mathbf{r}_i$ 必須使 C_i 中的平均失真最小，亦即將

$$E[d(\mathbf{f}, \mathbf{r}_i) \mid \mathbf{f} \in C_i] \tag{2-3-7}$$

　　對 $\mathbf{r}_i$ 最小化。滿足(2-3-7)式的向量 $\mathbf{r}_i$ 稱為 C_i 的重心(centroid)。

　　以上兩個條件可引出一個設計最佳碼簿的遞迴程序。首先給一個 $\mathbf{r}_i$ 的初估值，理論上可將所有可能的 $\mathbf{f}$ 代入(2-3-6)式的條件中找到 C_i 的估測。給了 C_i 的估測後，計算(2-3-7)式之條件中的重心以得 $\mathbf{r}_i$，以此 $\mathbf{r}_i$ 做為一新估測值重複上述動作。這個程序有兩個實際的問題：首先，需要所有可能的 $\mathbf{f}$ 以決定 C_i；其次，計算 C_i 之重心所需的 $p_{\mathbf{f}}(\mathbf{f})$ 一般也不可得。實際上只有某些與我們要做向量量化近似的所謂「訓練向量」，因此有人將上述的遞迴程序修改成 K-平均(K-mean)演算法，此處 K 等於碼簿大小或代表向量 $\mathbf{r}_i$ 的個數 L。

K-平均法的純量版本(向量維度為一)由 Lloyd 於 1957 年提出，Forgy 在 1965 年提到變成一般向量量化的狀況(Forgy [1965])。此方法又稱 LBG 演算法，這是因為 Linde、Buzo 與 Gray 三人在 1980 年所發表的一篇論文中詳論 VQ 之碼簿的設計(Linde 等人[1980])。這是一個歷史悠久且很經典的方法，開啟了後續很多 VQ 的相關研究。以下是 LBG 演算法的步驟。

步驟 ① 初始化：定出碼簿大小 L、失真門檻值 ε、初始碼簿 $R_0 = \{\mathbf{r}_i \;;\; 1 \leq i \leq L\}$ 及訓練序列 $T = \{\mathbf{f}_n \;;\; n = 1, 2, \ldots, N\}$，$N \gg L$。設疊代次數 $m = 0$，初始失真 $D_{-1} = \infty$。

步驟 ② 對碼簿 $R_m = \{\mathbf{r}_{i,m} \;;\; 1 \leq i \leq L\}$，找出訓練序列 T 的最小誤差分割，即若

$$d(\mathbf{f}_n, \mathbf{r}_{i,m}) \leq d(\mathbf{f}_n, \mathbf{r}_{j,m}), \quad \forall j \neq i$$

則 $\mathbf{f}_n \in C_i$。

步驟 ③ 計算平均失真

$$D_m = \frac{1}{N} \sum_{n=1}^{N} \min_{1 \leq i \leq L} d(\mathbf{f}_n, \mathbf{r}_{i,m})$$

若 $\dfrac{D_{m-1} - D_m}{D_m} \leq \varepsilon$，則輸出碼簿 R_m，退出疊代過程；否則繼續。

步驟 ④ 設屬於 C_i 的向量有 M_i 個，則新估測的 $\mathbf{r}_i$ 是使

$$\frac{1}{M_i} \sum_{\mathbf{f} \in C_i} d(\mathbf{f}, \mathbf{r}_i)$$

最小的值。若 $d(\mathbf{f}, \mathbf{r}_i) = (\mathbf{f} - \mathbf{r}_i)^T (\mathbf{f} - \mathbf{r}_i)$，即平方誤差，則 $\mathbf{r}_i$ 正是 M_i 個向量的算術平均值。

步驟 ⑤ 取 $m = m + 1$，回到步驟 2。

建議讀者用自己熟悉的程式語言撰寫以上的程序並對實際影像的區塊執行向量量化，這對理解其運作與計算複雜度會有更深切的感受。為了理解以上程序，除了執行上述程序外，透過以下簡單(但相對較不真實)的數值範例也有幫助。

範例 2.3

已知有 $N = 6$ 個如圖 2-3-2 所示的二維訓練向量，我們要設計出大小 $L = 2$ 的碼簿。

步驟 ① 假設初始碼簿 R_0 含兩個任選的初始碼向量 $\mathbf{r}_{1,0} = (2, 5)$，$\mathbf{r}_{2,0} = (7, 4)$。訓練向量集合 T 中含有 $\mathbf{f}_1 = (0, 3)$、$\mathbf{f}_2 = (2, 3)$、$\mathbf{f}_3 = (3, 4)$、$\mathbf{f}_4 = (5, 2)$、$\mathbf{f}_5 = (6, 1)$、$\mathbf{f}_6 = (7, 2)$。疊代次數 $m = 0$，初始失真 $D_{-1} = \infty$。

步驟 ② 由於

$$d(\mathbf{f}_n, \mathbf{r}_{1,0}) \leq d(\mathbf{f}_n, \mathbf{r}_{2,0}), \quad n = 1, 2, 3$$

且

$$d(\mathbf{f}_n, \mathbf{r}_{2,0}) \leq d(\mathbf{f}_n, \mathbf{r}_{1,0}), \quad n = 4, 5, 6$$

故

$$C_1 = \{\mathbf{f}_1, \mathbf{f}_2, \mathbf{f}_3\} \ , \ C_2 = \{\mathbf{f}_4, \mathbf{f}_5, \mathbf{f}_6\}$$

步驟 ③ 平均失真

$$D_0 = \frac{1}{6}\left\{ \sum_{n=1}^{3} d(\mathbf{f}_n, \mathbf{r}_{1,0}) + \sum_{n=4}^{6} d(\mathbf{f}_n, \mathbf{r}_{2,0}) \right\}$$

顯然

$$\frac{D_{-1} - D_0}{D_0} \leq \varepsilon$$

不成立，繼續以下步驟。

步驟 ④ 計算算術平均：

$$\mathbf{r}_{1,1} = \frac{1}{3}(\mathbf{f}_1 + \mathbf{f}_2 + \mathbf{f}_3) = \left(\frac{5}{3}, \frac{10}{3}\right) \ , \ \mathbf{r}_{2,1} = \frac{1}{3}(\mathbf{f}_4 + \mathbf{f}_5 + \mathbf{f}_6) = \left(6, \frac{5}{3}\right)$$

步驟 ⑤ 取 $m = 0 + 1 = 1$，回到步驟 2。

步驟 ② 與先前步驟 2 的結果完全相同，即

$$C_1 = \{\mathbf{f}_1, \mathbf{f}_2, \mathbf{f}_3\} \ , \ C_2 = \{\mathbf{f}_4, \mathbf{f}_5, \mathbf{f}_6\}$$

步驟 ③ 既然步驟 2 的結果沒變，平均失真也不會變，因此 $D_1 = D_0$。顯然 $\dfrac{D_0 - D_1}{D_1} \leq \varepsilon$ 一定

成立，故輸出碼簿 $R_1 = \{\mathbf{r}_{1,1}, \mathbf{r}_{2,1}\}$，退出疊代過程。

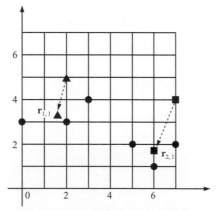

圖 2-3-2　範例 2.3 的示意圖

所以最終訓練出的量化器是一個大小為 2 的碼簿：

1	5/3	10/3
2	6	5/3

範例 **2.4**

延續範例 2.3。輸入一向量 $\mathbf{f} = (3, 3)$，求其量化結果。由於

$$d(\mathbf{f}, \mathbf{r}_{1,1}) \leq d(\mathbf{f}, \mathbf{r}_{2,1})$$

所以

$$\text{VQ}(\mathbf{f}) = \mathbf{r}_{1,1} = \left(\frac{5}{3}, \frac{10}{3} \right)$$

產生誤差向量

$$\text{VQ}(\mathbf{f}) - \mathbf{f} = \left(-\frac{4}{3}, \frac{1}{3} \right)$$

範例 **2.5**

延續範例 2.4，假設改用 1 和 2 位元的純量量化對(3, 3)中的分量個別做量化，比較向量量化與純量量化兩者的量化效率。假設資料有 0 到 7 之間的均勻分布。

(1) 向量量化：碼簿大小為 2，代表只需一個位元就可表示此量化結果。得到均方誤差

$$\frac{1}{2}\left[\left(-\frac{4}{3} \right)^2 + \left(\frac{1}{3} \right)^2 \right] = \frac{17}{18} \approx 0.9444$$

(2) 1 位元純量量化：數值範圍 0～7，故取決策位準

$$d_0 = 0^-, \quad d_1 = \frac{1}{2}(0+7) = \frac{7}{2}, \quad d_2 = 7$$

重建準位

$$r_1 = \frac{1}{2}\left(0 + \frac{7}{2} \right) = \frac{7}{4}, \quad r_2 = \frac{1}{2}\left(\frac{7}{2} + 7 \right) = \frac{21}{4}$$

因為 3 落在 d_0 與 d_1 之間，所以對應 r_1，因此(3, 3)量化成 $\left(\frac{7}{4}, \frac{7}{4} \right)$。均方誤差為

$$\frac{1}{2}\left[\left(3 - \frac{7}{4} \right)^2 + \left(3 - \frac{7}{4} \right)^2 \right] = \frac{25}{16} \approx 1.5625$$

(3) 2 位元純量量化：數值範圍 0～7，故取決策位準

$$d_0 = 0^-, \ d_1 = \frac{1}{4}(0+7) = \frac{7}{4}, \ d_2 = \frac{1}{2}(0+7) = \frac{7}{2},$$

$$d_3 = \frac{3}{4}(0+7) = \frac{21}{4}, \ d_4 = 7$$

重建準位

$$r_1 = \frac{1}{2}\left(0 + \frac{7}{4}\right) = \frac{7}{8}, \ r_2 = \frac{1}{2}\left(\frac{7}{4} + \frac{7}{2}\right) = \frac{21}{8}$$

$$r_3 = \frac{1}{2}\left(\frac{7}{2} + \frac{21}{4}\right) = \frac{35}{8}, \ r_4 = \frac{1}{2}\left(\frac{21}{4} + 7\right) = \frac{49}{4}$$

因為 3 落在 d_1 與 d_2 之間，所以對應 r_2，因此(3, 3)量化成 $\left(\dfrac{21}{8}, \dfrac{21}{8}\right)$。均方誤差為

$$\frac{1}{2}\left[\left(3 - \frac{21}{8}\right)^2 + \left(3 - \frac{21}{8}\right)^2\right] = \frac{9}{64} \approx 0.1406$$

比較以上三個均方誤差的結果顯示，在只用 1 個位元的量化下，向量量化比純量量化表現更優異，但 2 個位元的純量量化還是比 1 個位元的向量量化好。切記：此例中，一個向量含有兩個純量，所以實際純量量化使用的總位元數要乘以 2，因此得出的結論為：花費 1 位元的向量量化，比花費共 2 位元的純量量化表現更好，但比共花費 4 位元的純量量化差，或可推論花費 1 位元的向量量化的效能相當於用總共 2～4 位元間的純量量化(例如約 3 位元)，這就是向量量化的效益。

習題

1. 設一影像訊號為 $f(x, y) = 4 \cos 4\pi x \cos 6\pi y$，以 $\Delta x = \Delta y = 0.5$ 與 $\Delta x = \Delta y = 0.2$ 分別做取樣。採用的重建濾波器是一個頻寬為 $\left(\dfrac{1}{2}\Delta x, \dfrac{1}{2}\Delta y\right)$ 的理想低通濾波器，試問兩種情況下的重建影像分別為何？

2. 將一個以 8 位元表示每一個像素的灰階影像分別改以 2、4、6 位元均勻量化器輸出影像並比較其結果。

3. 設一影像函數 $f(m,n) = 255e^{-[(m-m_0)^2 + (n-n_0)^2]}$，其中 m_0 與 n_0 為固定常數。若將此函數以 a 位元將其數位化，並假設當兩相鄰像素之灰階值的差別在 8 以上時人眼能感受到其差異。試問會感受到假輪廓的最大 a 值為何？

4. 證明 2-2 節所列最佳均方誤差量化器的三個性質。

5. 假設我們要用固定位元數 B 對純量量化後的 N 個純量編碼，其中第 i 個純量 f_i 分配到的位元數為 B_i，即 $B = \sum_{i=1}^{N} B_i$，其最佳位元配置的策略取決於所用的失真測度及純量之機率密度函數。通常對於變異數較大的純量會分配較多之位元，反之則獲得較少位元。假設除變異量外，所有純量的機率密度函數都一樣，且都採如 Lloyd-Max 等同一種量化器，則一個位元配置的近似解為

$$B_i = \frac{B}{N} + \frac{1}{2}\log_2 \frac{\sigma_i^2}{\left[\prod_{j=1}^{N} \sigma_j^2\right]^{1/N}}, \ 1 \le i \le N$$

其中 σ_i^2 為 f_i 的變異量。試計算每個純量 f_i 的重建位準個數 L_i。此個數與 σ_i 有何關係？

6. 向量量化較純量量化的表現為佳是因為前者利用純量間彼此的統計相關性以及維度大小，試舉例分別說明這兩種情況。

7. 根據 2-2-2 節的演算法寫出執行的程式。以此程式對均勻、高斯、拉普拉斯及雷利機率密度函數的情況，設計出各自的 3 位元量化器，並將結果整理列於表格中。

8. 將 LBG 演算法用在一影像上，以獲得向量維度為 16，且碼簿大小為 256 的碼簿。顯示量化前(即原影像)後兩影像，評述其影像品質的差別。

9. 請問 2-1 節中的以下方程式代表什麼？

$$f_s(x,y) = s(x,y)f(x,y)$$
$$F(u,v) = H(u,v) \cdot \Im\{s(x,y)f(x,y)\}$$

10. 請畫出取樣點位置：$\begin{bmatrix} x \\ y \end{bmatrix} = m\begin{bmatrix} \Delta x \\ -\Delta y \end{bmatrix} + n\begin{bmatrix} \Delta x \\ \Delta y \end{bmatrix}$。

11. 週期矩陣 $\mathbf{U}$ 與取樣矩陣 $\mathbf{V}$ 有何種關係式？

12. 試計算以下取樣矩陣所構成的四邊形面積和取樣密度。

$$\mathbf{V} = \begin{bmatrix} \frac{2}{3}\Delta x & \frac{1}{3}\Delta x \\ \Delta y & -\Delta y \end{bmatrix}$$

13. 對於 $u_0 = v_0 = r$ (即圓環形頻譜範圍)的情況，使用週期矩陣如下的一個取樣方式，試計算其最小取樣密度。此取樣方式比課文上討論的矩形取樣方式(ρ_{min}(矩形)$= 4r^2$)更有效率嗎？

$$\mathbf{U} = \begin{bmatrix} 3r & 0 \\ 0 & 2r \end{bmatrix}$$

14. 對於 $u_0 = v_0 = r$ (即圓環形頻譜範圍)的情況，畫出矩形點陣，使其最小取樣密度為 ρ_{min}(矩形)$= 4r^2$。

15. 在取樣下，影像重建是何意？

16. 請簡述何謂量化。

17. 為何除了一般的純量量化外，還需要討論向量量化？

18. 在影像量化的過程中如何盡量避免出現原影像上沒有的假輪廓？

19. 延續範例 2.2。試著對任一灰階影像作 7 位元與 3 位元量化並顯示其結果。

20. 延續範例 2.3。輸入一向量 $\mathbf{f} = (7, 5)$，求其量化結果。

21. 一個 8 位元灰階影像的像素值範圍為 0 到 255。假設想將影像量化為 4 個灰階，則這 4 個量化灰階的新像素值是多少？假設該 8 位元影像的灰階是均勻分佈，亦即在此影像中每個像素值出現的個數都相同，計算原始影像和量化影像之間的均方誤差(Mean Squared Error, MSE)。如果將量化灰階的數量增加到 8，則 MSE 會如何變化？

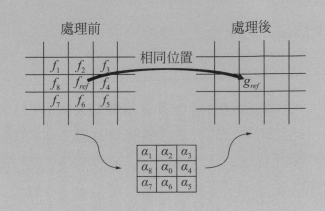

Chapter **3**

鄰域處理

3-1 簡介

　　鄰域處理(neighborhood processing)是影像處理中非常基本但重要的方法。所謂鄰域處理是指對一個像素的處理結果是由該像素原始(未處理前)之值以及其某些鄰近像素之值的函數(function)所決定。為了方便起見，我們將該像素稱為參考像素(reference pixel)。例如考慮以某個參考像素(設其原始值為 f_{ref})為中心的九宮格，此參考像素周圍的九宮格內有八個相鄰像素，設其值分別為 $f_1, f_2, ..., f_8$，令對此參考像素的處理結果為 g_{ref}，如圖 3-1-1 所示。考慮函數

$$g_{ref} = \frac{1}{9} \sum_{i=0}^{8} f_i \qquad (3\text{-}1\text{-}1)$$

其中 $f_0 = f_{ref}$。很明顯，這個函數的作用是取平均值，亦即把參考像素及其 8 個最近鄰像素的平均值當成參考像素所在位置的處理結果，此時參考像素處理前的原始像素值 f_{ref} 被處理後的值 g_{ref} 取代。

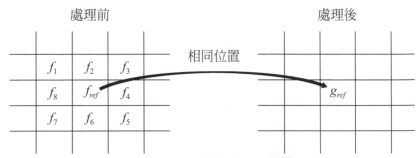

圖 3-1-1　鄰域處理的示意圖

　　以下我們引入遮罩(mask)的概念來呈現剛才的平均運算，主要目的是要以更通用的方式討論鄰域處理。再度考慮(3-1-1)式，我們將其改寫成

$$g_{ref} = \frac{1}{9}\sum_{i=0}^{8} f_i = \sum_{i=0}^{8} \alpha_i f_i \qquad (3\text{-}1\text{-}2)$$

其中 $\alpha_i = \frac{1}{9}$, $\forall i$。(3-1-2)式的運算可對應於圖 3-1-2，其中一個 3×3 大小的遮罩對應(罩在)處理前的九宮格上(對每個 i，有 α_i 的位置對齊有 f_i 的位置)，每個對應位置的值相乘後再相加就完成此運算。為了方便，我們將遮罩中的每個值 α_i 稱為遮罩係數(mask coefficient)。

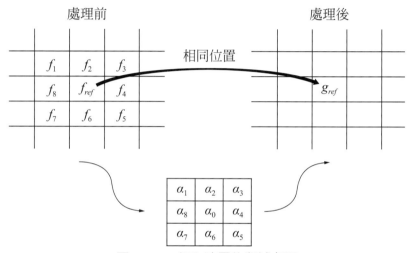

圖 3-1-2　加入遮罩的鄰域處理

　　藉由不同的遮罩係數組合，我們就可得不同的處理結果。此外，即便函數功能一樣，藉由改變遮罩的大小也可以得到不同的處理結果，例如考慮 5×5 的 25 宮格及其對應的 5×5 遮罩，即便函數的功能還是取平均，但這次是 25 個像素值的平均，而非先前 9 個值的平均，因此兩者 g_{ref} 的結果通常會不同。事實上，此時遮罩係數均為 $\frac{1}{25}$，而非先前的 $\frac{1}{9}$，這驗證出：對相同影像，用不同的遮罩係數組合可產生不同的結果。

　　雖然前面所舉的例子中，遮罩形狀都是正方形且都是奇數大小，但理論上可有長寬不一樣的矩形，邊的長度也不需要是奇數，所以 2×3、6×3 和 8×5 等也都是可行的。此外，遮罩可涵蓋參考像素的任意鄰域，不需要四面八方的所有鄰域像素都被納入，換言之，參考像素不需要對應到遮罩約略中間的位置。圖 3-1-3 顯示一個遮罩大小為 2×3 的例子，其中顯然只考慮了參考像素自己和 5 個偏向左方和上方的鄰近像素，其執行的函數運算為 $g_{ref} = \sum_{i=0}^{5} \alpha_i f_i$。

最極端的例子是 1×1 的遮罩，這通常代表：處理參考像素的結果只與參考像素本身有關，與其鄰域像素無關，例如我們有 $g_{ref} = 255 - f_{ref}$ 的函數關係(考慮 8 個位元表示的像素值)，功用是反白。此例中，處理結果 g_{ref} 只與在相同位置上的 f_{ref} 有關，而與此位置之像素的任何鄰域像素都無關。對此情況，我們說鄰域處理退化成「單點處理」或簡稱「點處理」(point processing)。

雖然遮罩大小不需要是奇數邊長或正方形，但奇數邊的正方形遮罩還是最普遍使用的，因為參考像素會對應到遮罩正中央的位置，所以容易被理解，也好實現，因此爾後都只討論這種情況的遮罩。

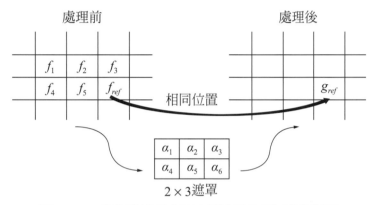

圖 3-1-3　有偶數邊且非正方形遮罩的鄰域處理例子

到目前為止，我們討論的都是一個像素的處理結果。那麼整張影像的所有像素又該如何處理呢？很直覺的想法就是在給定影像上將遮罩下的影像區塊依所給函數算出結果後，移動遮罩(至少一個相素距離)到下一個位置並重複以上的函數運算，此過程反覆進行，直到遮罩涵蓋過整張影像為止。

遮罩和函數的組合稱為**濾波器**(filter)。如果函數是線性函數，則該濾波器稱為**線性濾波器**(linear filter)，否則就是**非線性濾波器**(nonlinear filter)。我們前面舉的平均函數就是一個典型的線性函數，因此以該函數結合遮罩所形成的濾波器就是線性濾波器。接者我們考慮一個取極大值或極小值的非線性函數，結合一個遮罩，就形成一個非線性濾波器，其中遮罩界定了該函數的作用範圍，例如用一個 3×3 大小的遮罩，代表從這遮罩下涵蓋的 9 個像素中取最大或最小值當作濾波器的輸出。在線性和非線性濾波中，遮罩都有界定函數作用範圍的功能，如果遮罩上還標示出遮罩係數(如圖 3-1-2 與圖 3-1-3 中的例子)，通常代表的就是線性濾波器。

註 在影像處理的領域中，濾波器或遮罩也常被稱為核心(kernel)、模板(template)或視窗(window)。

在以上的討論中，一個遮罩只對應一個函數(取平均、取極大值或取極小值等)。有些時候，可以有多個函數依序作用在同一個遮罩上，完成更複雜的處理動作，以下是一個例子。再度考慮作用於 3×3 九宮格內影像的函數，但此次有兩個函數：

$$\text{函數 1：} \quad g_i = \begin{cases} 1, 若 f_i > f_{ref} \\ 0, \ 其他情況 \end{cases}, \ i = 1, 2, \cdots, 8 \tag{3-1-3a}$$

$$\text{函數 2：} \quad g_{ref} = \sum_{i=1}^{8} g_i \, 2^{\,i-1} \tag{3-1-3b}$$

考慮圖 3-1-4 最左方的一個 3×3 小影像，經由以上兩個函數依序作用的過程並假設像素安排順序是以左上角開始的逆時針方向(當然順時針方向也可以)，最後得到最右邊的最終結果，其計算式如下：

$$g_{ref} = 2^0 + 2^2 + 2^3 + 2^6 = 77 \tag{3-1-4}$$

這一組函數的功能較難直接理解，但類似的鄰域處理可用於影像特徵的提取，稱為局部二值圖樣(local binary pattern, LBP)，目的是為了後續物件的自動辨識。

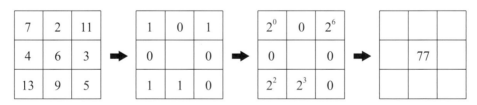

圖 3-1-4　兩個函數依序作用在同一 3×3 影像區域內的過程與結果

對於線性濾波器，將遮罩中的所有元素(即遮罩係數)乘以鄰域中的相對應元素，並將所有這些乘積加在一起就可實現線性濾波。將遮罩移位後繼續重複上述的乘加運算，直到涵蓋完整個影像為止，以上的動作稱為卷積(convolution)。

註 在 A-3 節以圖解法實現卷積的討論中，當 A 影像和 B 影像進行卷積時，要先把一個影像(例如是 B)對原點翻轉，再把翻轉後的影像(稱為 B')進行移位乘加的動作而得到卷積。細心的讀者會注意到這裡的卷積與 A-3 節的卷積好像不同，主要是少了翻轉這個步驟，但是如果把遮罩想成是對應 B' (已翻轉過)的影像，而不是未翻轉前的原始影像 B，則這裡稱為卷積仍然沒有違背 A-3 節對卷積的定義與實現方法。事實上，有些遮罩本身就有對稱性，使得翻轉後沒有改變，相當於這裡的 B = B'，這時就更符合原始卷積的定義了。

　　以上所談的卷積中，每次移動遮罩移動時，都是一次移一個像素的位置，這是一般的預設狀況，而非限制。事實上，我們可一次移動超過一個像素的長度，這個移動長度通常稱爲步輻(stride)。步輻如果超過 1，處理後影像就會比原輸入影像小。

　　還有一種情況也會使處理後影像比原輸入影像小，那就是限制遮罩在移動時不可超出影像邊界。例如，如果遮罩大小爲 3×3，則影像最外圍一圈的像素會處理不到(也就沒有對應的輸出)，因爲如果遮罩中心對齊最外圍的任何一個像素，遮罩的一部分就會超出影像邊界。同理，如果遮罩大小爲 5×5，則影像最外圍二圈的像素會處理不到(也就沒有對應的輸出)，依此類推。若要維持輸出影像大小和原輸入影像大小一樣，就必須對靠近影像邊界的像素做特別的處理，這個處理稱爲填補(padding)。簡單來說就是先將原影像以某種填補方式向外擴大，擴大幾圈與遮罩大小有關，對 3×3 遮罩就擴大一圈，對 5×5 遮罩就擴大兩圈，依此類推。如此一來，遮罩在不超出擴大後影像的邊界內移動，就可產出與原輸入影像一樣大的輸出影像。

　　填補的方式很多。第一種常見的是零填補(zero padding)，顧名思義是用像素值爲零的像素去填補，此方法不會引入任何額外的影像資訊；第二種填補方式是複製(replicate)在邊界之像素的值，此方法有助於保留影像邊緣處的強度值；第三種是像想靠邊界外有一條線(或一面鏡子)，以此線爲對稱軸，將靠邊界內的像素值(以對稱的方式)填補到邊界外的像素去，像是鏡面反射或鏡像(mirroring)，此方法有助於減少人造邊緣缺陷並保留影像的對稱性。

範例 3.1

對一個假想的 4×4 影像 I 用一個 3×3 的平均濾波器進行濾波。考慮以下各種情況下的濾波結果。

1	2	3	4
3	4	2	1
2	3	4	3
4	1	3	2

(a)無邊界填補，步輻爲 1。(b)無邊界填補，步輻爲 2。(c)零邊界填補，步輻爲 1。
(d)零邊界填補，步輻爲 2。(e)複製邊界填補，步輻爲 1。(f)對稱邊界填補，步輻爲 1。

解

(a) $\dfrac{1+2+3+3+4+2+2+3+4}{9} = \dfrac{24}{9} = 2.67$ ；$\dfrac{2+3+4+4+2+1+3+4+3}{9} = \dfrac{26}{9} = 2.89$

$\dfrac{3+4+2+2+3+4+4+1+3}{9} = \dfrac{26}{9} = 2.89$ ；$\dfrac{4+2+1+3+4+3+1+3+2}{9} = \dfrac{23}{9} = 2.56$

結果是 2×2 的四點大小。

2.67	2.89
2.89	2.56

(b) 由於步輻為 2，所以除了(a)中結果的左上角的 2.67 還留存外，其餘三點都因為遮罩超出影像邊界而不予計算，所以最後會是 1×1 的一點大小。

(c) 零邊界填補後的影像為

0	0	0	0	0	0
0	1	2	3	4	0
0	3	4	2	1	0
0	2	3	4	3	0
0	4	1	3	2	0
0	0	0	0	0	0

$\dfrac{0+0+0+0+1+2+0+3+4}{9} = \dfrac{10}{9} = 1.11$ ；$\dfrac{0+0+0+1+2+3+3+4+2}{9} = \dfrac{15}{9} = 1.67$

$\dfrac{0+0+0+2+3+4+4+2+1}{9} = \dfrac{16}{9} = 1.78$ ；$\dfrac{0+0+0+3+4+0+2+1+0}{9} = \dfrac{10}{9} = 1.11$

以上是第一列的結果，還有另外 12 個類似的計算式，最後結果如下：

1.11	1.67	1.78	1.11
1.67	2.67	2.89	1.89
1.89	2.89	2.56	1.67
1.11	1.89	1.78	1.33

此結果的大小與原輸入影像相同，且其正中間的 2×2 部分就是(a)中的結果。

(d) 由於步輻為 2，所以結果是(c)中(用底線標示出)的四個值，如下所示：

<u>1.11</u>	1.67	<u>1.78</u>	1.11
1.67	2.67	2.89	1.89
<u>1.89</u>	2.89	<u>2.56</u>	1.67
1.11	1.89	1.78	1.33

或

1.11	1.78
1.89	2.56

(e) 複製邊界填補後的影像為

1	1	2	3	4	4
1	1	2	3	4	4
3	3	4	2	1	1
2	2	3	4	3	3
4	4	1	3	2	2
4	4	1	3	2	2

$$\frac{1+1+2+1+1+2+3+3+4}{9} = \frac{18}{9} = 2.00 \;;\; \frac{1+2+3+1+2+3+4+4+2}{9} = \frac{21}{9} = 2.33$$

$$\frac{2+3+4+2+3+4+4+2+1}{9} = \frac{25}{9} = 2.78 \;;\; \frac{3+4+4+3+4+4+2+1+1}{9} = \frac{26}{9} = 2.89$$

以上是第一列的結果，還有另外 12 個類似的計算式，最後結果如下：

2.00	2.33	2.78	2.89
2.33	2.67	2.89	2.78
2.89	2.89	2.56	2.33
2.78	2.78	2.44	2.67

此結果的大小與原輸入影像相同，且其正中間的 2×2 部分就是(a)中的結果。與(d)的結果相比，邊界上的值都比對應的零填補下的數字大，這是顯然可預期的情形。

(f) 在此例中，對稱邊界填補後的影像與複製邊界填補後的影像完全相同，因此結果會與(e)完全相同。

註▶ 除了上述的填補法外，還有幾個延伸的填補法。例如環繞填補(wrap-around padding)：此方法藉由將右(左)側影像複製到左(右)側並將底部(頂部)影像複製到頂部(底部)形成環繞填補。此方法特別適用於處理具有週期性結構的影像。例如，如果影像中有一個連續的紋理圖樣(texture pattern)，此填補法比較可確保濾波時在影像邊界處不破壞圖樣的週期性，使紋理圖樣在整個影像中保持一致。又例如常數填補(constant padding)：依應用需求，此方法將填補區域以某個常數值填滿。當常數值設置為零時，就變成前述的零填補。

本節簡單介紹鄰域處理的基本原理，以下各節將探討以鄰域處理為基礎的各種典型方法對影像可產生何種功效。網路上有許多值得初學者參考的相關資訊，除了方法和原理的介紹外，還包括實現的程式範例，例如：https://www.docin.com/p-601989765.html。

3-2　低通與高通濾波器

對於一個時間或空間域的信號，低通濾波器的功能是讓信號中低頻率的成分通過，同時衰減高頻率的成分；同理，高通濾波器的功能是讓信號中高頻率的成分通過，同時衰減低頻率的成分。

對於時間信號，頻率(frequency)的單位是赫茲(Hz)，它是指每單位時間(1 秒)內信號經歷的週期數。如果信號的週期為 T (秒)，則其頻率為 $1/T$ (Hz)。可想而知，變化越快的信號，每單位時間內振盪變化的週期數也越大，因此頻率也越高；反之，則頻率越低。對於一個空間信號(例如一張靜態影像)，頻率是指在每單位長度(1 個像素距離)上，出現同樣的幾何結構的個數。為了與時間信號的頻率有所區別，通常用空間頻率(spatial frequency)來取代以 Hz 為單位的頻率。如果同樣的幾何結構重複的距離為 λ，則空間頻率就是 λ 的倒數，即 $1/\lambda$。可想而知，同樣距離內重複的幾何結構數越多，代表每單位距離內振盪變化越密集，因此空間頻率也越高；反之，則空間頻率越低。圖 3-2-1 顯示高低空間頻率的一個例子。

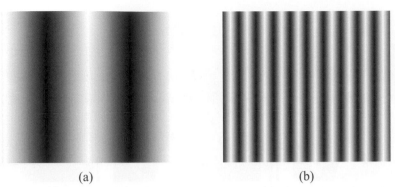

(a)　　　　　　　　　　　(b)

圖 3-2-1　高低空間頻率的一個例子。(a)低空間頻率；(b)高空間頻率。

　　從時間域的信號變化快慢可看出其頻率成分的高低,同理從空間域信號變化的快慢也可看出其空間頻率的高低。一般而言,物體邊緣或雜訊部分有像素值大小顯著的落差,因而屬高頻成分(high-frequency component);反之,像素值大小變化緩慢的平滑(smooth)區域則屬低頻成分(low-frequency component)。因此,如果目的是要將銳利的邊緣柔和化或是將雜訊的感受降低,我們要用低通濾波器;反之,如果要拉大鄰域間像素的差異性則要用高通濾波器。

　　有空間頻率的概念後,就可對濾波器的特性進行分析。例如 3-1 節提及的平均濾波器是屬於低頻還是高頻濾波器呢?在原本大小變化較大的像素區塊(高頻區塊)中,平均的運算使大的值會變小(因為被小的值平均了),而較小的值會變大(被較大值平均了),總效應是大小間的差距縮小,趨向於較平滑的低頻特性,而把高頻成分衰減的濾波器自然就是低通濾波器。

範例　3.2

考慮如下的遮罩係數:

$$\frac{1}{16}\begin{bmatrix} 1 & 2 & 1 \\ 2 & 4 & 2 \\ 1 & 2 & 1 \end{bmatrix} \tag{3-2-1}$$

這是一個加權平均(weighted average)的濾波器。和平均濾波器一樣,此濾波器也屬低通濾波器,只是因為對像素值的改變較小(因為中央像素自身的權重最大,周邊像素的權重相對小,因而影響也較小),所以高頻成分衰減沒有平均濾波器那麼多。

　　圖 3-2-2 顯示低通濾波器對影像的影響。比較圖(b)與圖(c)可看出平均濾波確實比加權平均濾波讓影像更模糊,代表捨棄的高頻成分越多。

| (a) | (b) | (c) |

圖 3-2-2　低通濾波器對影像的影響。(a)原影像；(b)對(a)平均濾波的結果；(c)對(a)加權平均濾波的結果。

範例　3.3

考慮如下的遮罩係數：

$$\frac{1}{9}\begin{bmatrix} -1 & -1 & -1 \\ -1 & 8 & -1 \\ -1 & -1 & -1 \end{bmatrix} \tag{3-2-2}$$

這是高通還是低通濾波器？假想此遮罩罩在一個完全平滑(像素值都相等的)區塊，無論其值為何，輸出永遠為零(完全衰減)，而完全平滑的區塊具有最低的空間頻率，顯然此濾波器把低頻成分完全衰減了，間接凸顯出高頻成分，因此可推斷這屬於高通濾波器。圖 3-2-3 顯示用此高通濾波器對影像的影響，顯然如預期的，屬於平滑區域的低頻成分被抑制，而屬於邊緣的高頻成分則被凸顯出來。

| (a) | (b) |

圖 3-2-3　高通濾波器對影像的影響。(a)原影像；(b)對(a)高通濾波的結果。

　　一個 3×3 高通空間濾波器所採用的遮罩如(3-2-2)式所示。由範例 3.3 可知，若遮罩中心點對應具有較大灰階度的像素，則經此濾波後，此像素與其旁邊像素之間的灰階度之差異會被放大，反之，此遮罩對灰階度變化相當慢的平滑區域，其輸出將非常小。極端狀況是若遮罩所含蓋範圍內的灰階度都一樣時，則不管原來是多大灰階值，其輸出恒為零，這表示此種遮罩有降低整體影像平均值使影像整體變暗的缺點。另外，實際的輸出有負值的可能性，必須做大小的調整。低通濾波器與高通濾波器可互轉，亦即透過低通濾波器可達到高通的效果，反之，透過高通濾波器可得到低通的效果。以下舉一稱為高頻加強(high-frequency-emphasis)濾波的方法來說明此概念。此種濾波是先將原始影像乘上一個大於 1 的倍率再減去此影像經低通濾波後的結果。此種濾波器的一個 3×3 遮罩如下；

$$\frac{1}{9}\begin{bmatrix} -1 & -1 & -1 \\ -1 & 9\alpha-1 & -1 \\ -1 & -1 & -1 \end{bmatrix} \tag{3-2-3}$$

其中 α 為放大倍率。注意到 $\alpha = 1$ 時，此結果與(3-2-2)式中所示的遮罩完全相同。

範例　3.4

驗證(3-2-3)式的遮罩可由「將原始影像乘上一個大於 1 的倍率再減去此影像經低通濾波後的結果」來產生。

解

考慮一個原始影像的 3×3 區域

$$\begin{bmatrix} x_1 & x_2 & x_3 \\ x_4 & x_5 & x_6 \\ x_7 & x_8 & x_9 \end{bmatrix}$$

此區域經平均濾波後的結果為

$$\begin{bmatrix} x_1' & x_2' & x_3' \\ x_4' & x_5' & x_6' \\ x_7' & x_8' & x_9' \end{bmatrix}$$

其中 $x_5' = \dfrac{1}{9}\displaystyle\sum_{i=1}^{9} x_i$，其他的 $x_{i,i\neq5}'$ 由其他的 3×3 區域中的九個值計算出。設放大倍率為 α，則在 x_5 處位置的最後結果 x_5^{final} 為 x_5 乘上倍率 α，再減去低通的平均濾波的結果 x_5'：

$$x_5^{\text{final}} = \alpha x_5 - x_5' = \alpha x_5 - \frac{1}{9}\sum_{i=1}^{9} x_i = \frac{1}{9}\left(9\alpha x_5 - \sum_{i=1}^{9} x_i\right)$$

$$= \frac{1}{9}[-x_1 - x_2 - x_3 - x_4 + (9\alpha - 1)x_5 - x_6 - x_7 - x_8 - x_9]$$

這正是以遮罩

$$\frac{1}{9}\begin{bmatrix} -1 & -1 & -1 \\ -1 & 9\alpha-1 & -1 \\ -1 & -1 & -1 \end{bmatrix}$$

對

$$\begin{bmatrix} x_1 & x_2 & x_3 \\ x_4 & x_5 & x_6 \\ x_7 & x_8 & x_9 \end{bmatrix}$$

的濾波運算。此外，對於 $x_{i,i\neq5}$ 的其他 x_i 處($i = 1, 2, 3, 4, 6, 7, 8, 9$)的結果也可以用對 x_5 處相同的分析並得到相同的結果。

將(低通)平均濾波器的遮罩係數與對應的高通濾波器的遮罩係數相加會得到一個中心為 1 且其他位置均為零的特別矩陣：

$$\frac{1}{9}\begin{bmatrix} 1 & 1 & 1 \\ 1 & 1 & 1 \\ 1 & 1 & 1 \end{bmatrix} + \frac{1}{9}\begin{bmatrix} -1 & -1 & -1 \\ -1 & 8 & -1 \\ -1 & -1 & -1 \end{bmatrix} = \begin{bmatrix} 0 & 0 & 0 \\ 0 & 1 & 0 \\ 0 & 0 & 0 \end{bmatrix} \tag{3-2-4}$$

有這樣的低通與高通遮罩係數的互轉關係，就可從一個濾波器的遮罩係數得到對應的另一個濾波器的遮罩係數。例如，對於(3-2-1)式所示的低通濾波器，其對應的高通濾波器係數可表示成：

$$\begin{bmatrix} 0 & 0 & 0 \\ 0 & 1 & 0 \\ 0 & 0 & 0 \end{bmatrix} - \frac{1}{16}\begin{bmatrix} 1 & 2 & 1 \\ 2 & 4 & 2 \\ 1 & 2 & 1 \end{bmatrix} = \frac{1}{16}\begin{bmatrix} -1 & -2 & -1 \\ -2 & 12 & -2 \\ -1 & -2 & -1 \end{bmatrix} \tag{3-2-5}$$

3-3　排序濾波器(Rank Filter)

　　3-1 節中提到取最大值(或最小值)的非線性函數結合遮罩所構成的非線性濾波器。事實上，最大或最小值濾波器均器屬於一種稱為「排序型的濾波器」，簡稱排序濾波器(rank filter)(order-statistics filter)。此類濾波器之間的區別是在對像素值進行排序後所選擇的值，例如選最小值就成為最小值濾波器，此濾波器會使圖像變暗；選最大值就成為最大值濾波器，此濾波器可以使圖像更亮。另外，還可選像是中位數(median)，就形成了很著名的中值濾波器(median filter)。中值濾波器在消除胡椒鹽式雜訊(pepper-and-salt noise)又同時保有原影像對比度的能力上表現突出，是簡單又頗具威力的熱門方法。

中值濾波器

　　平均濾波往往不只是把雜訊去除，還常把影像的邊緣變模糊，因而造成視覺上的失真。如果目的只是要把雜訊去除，而不是刻意讓影像模糊，則中值濾波是很好的選擇。

　　首先把遮罩內所含蓋的像素灰階值由小到大排列，中值是指排序在中間的那一個值，此值即為濾波器的輸出。此法特別適合用在有很強的胡椒粉式或脈衝式的雜訊時，因為這些灰階值的雜訊值與其鄰近像素的灰階值有很大的差異，因此經排序後取中值的結果是強迫將此雜訊點變成與其鄰近的某些像素的灰階值一樣，達到去除雜訊的效果。由中值濾波器的原理不難看出中值濾波器是一個非線性的動作。

　　另一種非線性的做法是先計算週邊像素灰階的平均值，若所考慮之像素的灰階度與此平均值差異量超過一定的門檻值，則判定此像素為雜訊，而採先前計算所得之平均值代替之。

範例　3.5

考慮一個 3×3 中值濾波器用在影像的一個 3×3 區域中。設此區域內的像素值為

$$\begin{bmatrix} 1 & 3 & 2 \\ 4 & 30 & 5 \\ 2 & 4 & 3 \end{bmatrix}$$

求(a)中值濾波及(b)設門檻條件為大於 10 之平均濾波後的輸出。

解

(a) 將二維陣列排成一維陣列後形成{1, 3, 2, 4, 30, 5, 2, 4, 3}。將此數列排序後得到{1, 2, 2, 3, 3, 4, 4, 5, 30}，中值為排序後第五位的數字，即 3，此即中值濾波的輸出，因此將可能是雜訊造成的數字 30 改成 3，達到去除雜訊的效果，結果是

$$\begin{bmatrix} 1 & 3 & 2 \\ 4 & 3 & 5 \\ 2 & 4 & 3 \end{bmatrix}$$

(b) 上述 3 × 3 區域的平均值為 $\dfrac{1+3+2+4+30+5+2+4+3}{9} = 6$。30 − 6 = 24 > 10，故以 6 取代 30，得結果

$$\begin{bmatrix} 1 & 3 & 2 \\ 4 & 6 & 5 \\ 2 & 4 & 3 \end{bmatrix}$$

在排序濾波器中，除了選擇像素排序後的一個值外，還可有進一步的衍生處理。例如進一步計算最大值和最小值之間的差異，得到所謂的全距濾波器(range filter)，因為在統計學上，這個差值稱為全距(range)，它和熟悉的變異數(variance)和標準差(standard deviation)一樣，都用來描述統計資料間的離散程度。這種全距濾波的效果是在圖像中亮和暗(或暗和亮)之間的過渡得到增強，而這種過渡通常屬圖像中的邊緣，因此邊緣會被凸顯。

圖 3-3-1 顯示 3 × 3 排序濾波器對影像的效果。原影像右上角四分之一的部分被刻意加上胡椒鹽雜訊，主要目的是要看出這些濾波器對這些雜訊會產生何種效應。圖(a)是原影像。圖(b)是用最大濾波器的結果，整體影像會偏亮，並將「胡椒」的暗雜訊消除，同時將亮的「鹽」雜訊凸顯出來。圖(c)是用最小濾波器的結果，結果和圖(b)相反，例如整體影像會偏暗，「胡椒」的暗雜訊被凸顯，亮的「鹽」雜訊被消除。圖(d)是用全距濾波器的結果，可看出比起圖(a)的原影像，整體影像偏中間灰，且所有胡椒鹽(不論暗的「胡椒」或亮的「鹽」)都被凸顯出來。最後圖(e)是中值濾波的結果，可看出除了維持原影像的品質外，原影像右上角的雜訊幾乎都被濾除乾淨。

(a)　　　　　　　　　　　　　　(b)

(c)　　　　　　　　　(d)　　　　　　　　　(e)

圖 3-3-1　排序濾波器對影像的效果。(a)原影像；(b)最大濾波器；(c)最小濾波器；(d)全距濾波器；
　　　　　(e)中值濾波器。

3-4　高斯濾波器(Gaussian Filter)

　　高斯濾波器是一種低通的平滑濾波器。和之前的許多線性濾波器一樣，它有對應的遮罩和遮罩係數，其中遮罩係數的產生與高斯函數有關，因而得名。高斯濾波器也是一種加權平均的濾波器，其中的權重直接由高斯函數的函數值衍生而來。

　　考慮如下的一維高斯函數：

$$f(x) = \frac{1}{\sqrt{2\pi}\,\sigma} e^{-\frac{(x-\mu)^2}{2\sigma^2}} \tag{3-4-1}$$

其中 μ 為期望值，σ^2 為變異數。學過機率與統計的讀者一定知道，這就是著名的高斯機率分佈中的機率密度函數(probability density function)。當中心點在原點時，μ 等於 0，此時函數簡化成：

$$f(x) = \frac{1}{\sqrt{2\pi}\,\sigma} e^{-\frac{x^2}{2\sigma^2}} \qquad (3\text{-}4\text{-}2)$$

假設二維空間(x, y)中的 x 軸與 y 軸分別都有以上的一維高斯函數，則我們可定義出二維高斯函數(中心為原點)：

$$G(x,y) = f(x)f(y) = \frac{1}{2\pi\sigma^2} e^{-\frac{x^2+y^2}{2\sigma^2}} \qquad (3\text{-}4\text{-}3)$$

如果影像 $I(x, y)$是一個二維的連續函數，則連續空間中以積分計算的卷積

$$J(x,y) = I(x,y) * G(x,y) \qquad (3\text{-}4\text{-}4)$$

就是影像 I 經由 G 濾波的結果 J。但對數位影像而言，我們要的是離散空間中以乘加法實現的卷積，換言之，就是以適當的遮罩(連同遮罩係數)來實現。所以關鍵是如何產生對應於 $G(x, y)$的遮罩與遮罩係數，以下說明如何產生此遮罩。

我們將「中心的參考點」作為原點，其他點按照其在常態曲線上的位置，分配權重，就可以得到一組遮罩係數(權重)。對影像計算此加權平均，就等同於將影像與與上述二維高斯核進行卷積一樣。

以下說明計算權重矩陣的過程(以 3 × 3 大小為例)。假定中心點的座標為(0, 0)，則它的 8 個最近鄰的座標如下：

(−1,1)	(0,1)	(1,1)
(−1,0)	(0,0)	(1,0)
(−1,−1)	(0,−1)	(1,−1)

假定 $\sigma = 1.5$，則中心點的權重為

$$G(0,0) = \frac{1}{2\pi(1.5)^2} e^{-(0)/2(1.5)^2} = 0.0707355 \qquad (3\text{-}4\text{-}5)$$

中心點右邊那一點的權重為

$$G(1,0) = \frac{1}{2\pi(1.5)^2} e^{-(1)/2(1.5)^2} = 0.0566406 \tag{3-4-6}$$

其他點的權重依此類推，最後的權重矩陣如下：

$$\begin{bmatrix} 0.0453542 & 0.0566406 & 0.0453542 \\ 0.0566406 & 0.0707355 & 0.0566406 \\ 0.0453542 & 0.0566406 & 0.0453542 \end{bmatrix} \tag{3-4-7}$$

注意到這 9 個點的權重總和等於 0.4787147，因此如果將這個遮罩用在一個完全均勻的影像區塊上(假設像素值都為 a)，則經過此遮罩的處理後，所有像素值都變成 0.4787147a，此值不到原來值(等於 a)的一半。這不是低通濾波器所該有的性質，照理講對於最低頻的成分(這裡討論的情形)，低通濾波器的輸出應該要維持其像素值不變，亦即輸出為 a。為了達成此目的，解決之道是將所有權重值再乘上 $\dfrac{1}{0.4787147}$，進行完此正規化的步驟後，結果才會是較合理的答案 a，這相當於權重總和為 1。因此上面 9 個值還要分別除以 0.4787147，得到最終的權重矩陣：

$$\begin{bmatrix} 0.0947416 & 0.118318 & 0.0947416 \\ 0.118318 & 0.147761 & 0.118318 \\ 0.0947416 & 0.118318 & 0.0947416 \end{bmatrix} \tag{3-4-8}$$

以上的遮罩係數皆為實數，而我們的數位影像的像素值通常為整數，所以如果能將遮罩係數整數化，則整數間的乘加運算會比涉及實數者來的有效率。在這樣的構想下，我們討論此整數化的過程。這裡的實數都大於零，所以考慮將最小的值用正整數 1 來對應，中間的調整比例因子設為 b；其他值依相同比例調整並取最接近的整數來對應，此時所有的遮罩係數就都變成整數了。但這樣還不行，因為遮罩係數的總和必須為 1，否則會發生處理結果數值超出正常範圍的情形。要使係數總和為 1，只要將遮罩內的整數係數加總得到 c，再以 $\dfrac{1}{c}$ 正規化即得。以此過程，我們得到的最終整數遮罩為

$$\frac{1}{10}\begin{bmatrix} 1 & 1 & 1 \\ 1 & 2 & 1 \\ 1 & 1 & 1 \end{bmatrix} \tag{3-4-9}$$

眼尖的讀者可能已注意到，既然最後要對所有係數進行正規化，所以最初考慮高斯函數時，就不需要將 $\dfrac{1}{2\pi\sigma^2}$ 這個因子納入計算，如此一來可節省計算量並減少計算誤差。此時，$G(x, y)$簡化成 $g(x, y)$：

$$g(x, y) = e^{-\frac{(x^2 + y^2)}{2\sigma^2}} \tag{3-4-10}$$

範例 3.6

考慮前面不含因子 $\dfrac{1}{2\pi\sigma^2}$ 且 $\sigma = \sqrt{0.5} \approx 0.707$ 的高斯函數：

$$g(x, y) = e^{-(x^2 + y^2)} \tag{3-4-11}$$

此時中心點的權重為

$$g(0, 0) = e^{-(0)} = 1 \tag{3-4-12}$$

中心點右邊那一點的權重為

$$g(1, 0) = e^{-1} = 0.367879 \tag{3-4-13}$$

其他點的權重依此類推，最後的權重矩陣如下：

$$\begin{bmatrix} 0.135335 & 0.367879 & 0.135335 \\ 0.367879 & 1 & 0.367879 \\ 0.135335 & 0.367879 & 0.135335 \end{bmatrix} \tag{3-4-14}$$

以上的權重總和為 3.012856。經此值正規化後得到

$$\begin{bmatrix} 0.044919 & 0.122103 & 0.044919 \\ 0.122103 & 0.331910 & 0.122103 \\ 0.044919 & 0.122103 & 0.044919 \end{bmatrix} \tag{3-4-15}$$

如果將最小值(0.044919)調整成 1，其他值等比例調整，則會有

$$\begin{bmatrix} 1 & 2.718292 & 1 \\ 2.718292 & 7.389078 & 2.718292 \\ 1 & 2.718292 & 1 \end{bmatrix} = \begin{bmatrix} 1 \\ 2.718292 \\ 1 \end{bmatrix} \begin{bmatrix} 1 & 2.718292 & 1 \end{bmatrix} \tag{3-4-16}$$

此矩陣可分解成兩個一樣的列向量與行向量的乘積，這是由於二維高斯函數是來自於兩個相同的一維高斯函數乘積的自然結果，也意味著二維高斯函數是可分離函數。要維持可分離的特性，又要有整數係數，可從(3-4-16)式中的列向量(或行向量)下手，如此可得

$$\begin{bmatrix} 1 \\ 3 \\ 1 \end{bmatrix} \begin{bmatrix} 1 & 3 & 1 \end{bmatrix} = \begin{bmatrix} 1 & 3 & 1 \\ 3 & 9 & 3 \\ 1 & 3 & 1 \end{bmatrix} \tag{3-4-17}$$

補上正規化因子 $\frac{1}{25}$ 可得

$$\frac{1}{25} \begin{bmatrix} 1 & 3 & 1 \\ 3 & 9 & 3 \\ 1 & 3 & 1 \end{bmatrix} \tag{3-4-18}$$

如果不考慮維持可分離特性，直接由(3-4-16)式中的二維矩陣下手，則可得整數係數矩陣

$$\mathbf{A} = \frac{1}{23} \begin{bmatrix} 1 & 3 & 1 \\ 3 & 7 & 3 \\ 1 & 3 & 1 \end{bmatrix} \tag{3-4-19}$$

注意到(3-4-19)式是以 $\sigma = \sqrt{0.5} \approx 0.707$ 得到的結果。回顧先前以 $\sigma = 1.5$ 所得的整數遮罩係數為

$$\mathbf{B} = \frac{1}{10} \begin{bmatrix} 1 & 1 & 1 \\ 1 & 2 & 1 \\ 1 & 1 & 1 \end{bmatrix} \tag{3-4-20}$$

與 $\mathbf{B}$ 相比，$\mathbf{A}$ 是用較小的標準差參數所獲得。就中央參考像素的值被其最近鄰像素「平均」的影響，$\mathbf{B}$ 遮罩比 $\mathbf{A}$ 遮罩大，因為對 $\mathbf{A}$，中央遮罩係數對其周邊係數和之比值為 1:2.286，而對 $\mathbf{B}$ 則為 1:4。所以可推測，當用越大的標準差當參數所得的平滑效果越大。事實上，當 σ 大到一個程度以後，高斯函數平坦到接近均勻分佈的程度，所以遮罩中的係數(權重)幾乎都相等，因此可以預期，此時所得的整數遮罩係數為

$$\mathbf{C} = \frac{1}{9} \begin{bmatrix} 1 & 1 & 1 \\ 1 & 1 & 1 \\ 1 & 1 & 1 \end{bmatrix} \tag{3-4-21}$$

而這就是先前提及的平均濾波器。換言之，平均濾波器可視為是權重都相同的加權平均濾波器。此時，中央遮罩係數對其周邊係數和之比值為 1：8。

註▶ 將濾波的實數高斯核轉化成對應的整數版(加上比例因子)具有實現的便利性，但就像第二章的量化概念一樣，會有精準度喪失的現象，但只要視覺感受可接受就沒有問題。現實中很多軟體提供的高斯核產生函式只會生成實數的結果，若有需要，讀者可自行依上述程序將其整數化。

　　一般而言，高斯平滑濾波器的平滑化程度由標準差 σ 來控制，σ 值越大，平滑程度越高，反之，則平滑程度越低。平滑程度高，雜訊的移除效果越佳，相對的，影像也越模糊。另外，實務操作時要注意遮罩的大小必須配合 σ 的設定才可發揮充分控制平滑度的功能。從基本的機率論可知，一個高斯隨機變數的值落入 $[\mu-\sigma,\mu+\sigma]$、$[\mu-2\sigma,\mu+2\sigma]$、$[\mu-3\sigma,\mu+3\sigma]$ 和 $[\mu-4\sigma,\mu+4\sigma]$ 的機率分別是 68.27%、95.45%、99.73% 和 99.99%，其中 μ 為平均值，σ 為標準差。所以要捕捉整個高斯函數的特性，一般都建議濾波器對函數取樣的範圍能夠涵蓋整個函數的 95% 以上，因此建議濾波器的大小以 $[\mu-3\sigma,\mu+3\sigma]$ 為準，即 $\lceil 6\sigma \rceil \times \lceil 6\sigma \rceil$，其中 $\lceil x \rceil$ 是天花板函數，代表大於或等於 x 的最小整數。最好不要小於 $[\mu-2\sigma,\mu+2\sigma]$ 的範圍，即 $\lceil 4\sigma \rceil \times \lceil 4\sigma \rceil$。反過來說，用比 $\lceil 6\sigma \rceil \times \lceil 6\sigma \rceil$ 大很多的遮罩完全沒有必要，因為它跟 $\lceil 6\sigma \rceil \times \lceil 6\sigma \rceil$ 的遮罩效果一樣。例如若 $\sigma=1$，則濾波器大小最好約為 5×5 或 7×7，因為用 3×3 不足以全面捕捉高斯函數的特性，用大於 9×9 的大小又顯得沒必要，因為它跟 7×7 的效果幾乎完全一樣。

　　此外，由於高斯函數可以寫成可分離的形式，因此可以採用可分離濾波器實現來加速。所謂的可分離濾波器，就是可以把多維的卷積化成多個一維卷積。以二維的高斯濾波而言，就是指先對行做一維卷積，再對列做一維卷積(當然先對列，再對行運算也可以)。這樣就可以將計算複雜度從 $O(M^2N^2)$ 降到 $O(2MN^2)$，其中 N 和 M 分別是圖像的大小($N \times N$)和濾波器遮罩的大小($M \times M$)。最後，如果原圖是彩色圖片，可以對 RGB 三個通道分別做高斯濾波。

　　圖 3-4-1 顯示高斯濾波器對灰階影像的濾波效果。圖 3-4-1(b)用大小為 $\lceil 6\sigma \rceil \times \lceil 6\sigma \rceil =$ $\lceil 6(0.707) \rceil \times \lceil 6(0.707) \rceil = \lceil 4.242 \rceil \times \lceil 4.242 \rceil = 5 \times 5$ 的遮罩；圖 3-4-1(c) 則用大小為 $\lceil 6\sigma \rceil \times \lceil 6\sigma \rceil = \lceil 6(1.5) \rceil \times \lceil 6(1.5) \rceil = \lceil 9 \rceil \times \lceil 9 \rceil = 9 \times 9$ 的遮罩。兩個遮罩大小都可完全捕捉高斯函數的整個特性，發現(c)的模糊效果高於(b)，這是可預期的，因為前者的標準差大於後者。圖 3-4-1(d)採用了與(b)相同的標準差但更大的遮罩，其結果與(b)的結果無法區別，此點印證了先前所述的觀點：超過 $\lceil 6\sigma \rceil \times \lceil 6\sigma \rceil$ 的過大遮罩沒有必要。類似的觀察亦適用於圖 3-4-2 對彩色影像濾波的結果。

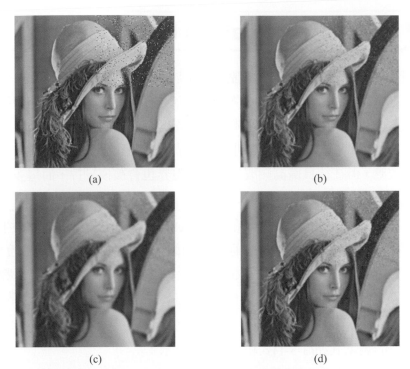

圖 3-4-1　不同標準差與不同遮罩大小的高斯濾波器對灰階影像的濾波效果。(a)原影像；(b) σ = 0.707，5×5；(c) σ = 1.5，9×9；(d) σ = 0.707，9×9。

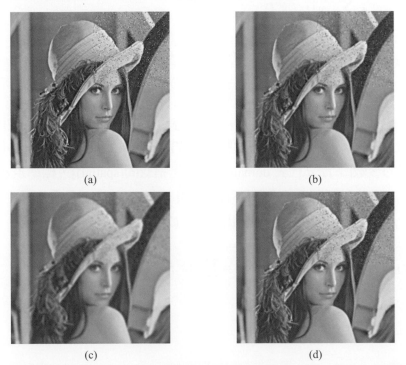

圖 3-4-2　不同標準差與不同遮罩大小的高斯濾波器對彩色影像的濾波效果。(a)原影像；(b) σ = 0.707，5×5；(c) σ = 1.5，9×9；(d) σ = 0.707，9×9。

3-5 雙邊濾波器(Bilateral Filter)

我們已經知道高斯濾波器是求中心點鄰近區域像素的高斯加權平均值。這種高斯濾波器只考慮像素之間的空間關係，而不會考慮像素值之間的關係(像素的相似度)，所以不論所考慮的像素是位於相對均勻的區域(鄰近像素較相似)還是物件的邊界上(鄰近像素有一定程度的差異)，它都一視同仁，無差別性的進行濾波。因此使用高斯濾波器可使影像平滑或降低雜訊效應，但往往具備高頻成份的物件邊界也會被模糊掉，而這多半是使用者所不樂見的。

雙邊濾波器(bilateral filter)(Tomasi 和 Manduchi [1998])是一個可使影像平滑化的非線性濾波器，它結合兩個核心函數，一個函數是由像素之間幾何上的靠近程度決定(類似於高斯函數)，另一個由像素之間色彩或灰階的接近程度來決定。兩個核心函數各有一個控制參數使得雙邊濾波器能夠有效地將影像上的雜訊去除，同時保存影像上的邊緣資訊(例如物體的邊界)。

雙邊濾波器的表示式如(3-5-1)式和(3-5-2)式所示：

$$f'(i,j) = \frac{\sum_{k,l} f(k,l) \cdot w(i,j,k,l)}{\sum_{k,l} w(i,j,k,l)} \tag{3-5-1}$$

$$w(i,j,k,l) = \exp\left(-\frac{(i-k)^2 + (j-l)^2}{2\sigma_d^2} - \frac{\|f(i,j) - f(k,l)\|^2}{2\sigma_r^2}\right) \tag{3-5-2}$$

其中(i, j)代表整個影像的像素位置座標，(k, l)代表以(i, j)為中心之局部區域內像素的位置座標，$w(i, j, k, l)$為該局部區域所定義的雙邊濾波器，其中的標準差 σ_d 是各像素在幾何空間上靠近程度的參數[下標 d 代表 domain，這裡是指空間(spatial)]，標準差 σ_r 則是衡量像素之間色彩或灰階度接近程度的參數(下標 r 代表 range)，$f(i, j)$為輸入影像在(i, j)位置座標處的像素值，$f'(i, j)$則為對應$f(i, j)$的輸出影像。(3-5-1)式可進一步改寫成

$$f'(i,j) = \sum_{k,l} f(k,l) \cdot \frac{w(i,j,k,l)}{\sum_{k,l} w(i,j,k,l)} = \sum_{k,l} f(k,l) \cdot w_N(i,j,k,l) \tag{3-5-3}$$

其中

$$w_N(i,j,k,l) = \frac{w(i,j,k,l)}{\sum\limits_{k,l} w(i,j,k,l)} \tag{3-5-4}$$

代表對 $w(i, j, k, l)$ 正規化的結果。

以上是雙邊濾波器的通用表達形式。為了使雙邊濾波器更自然的連結到上一節的高斯濾波器，我們改變其呈現方式。假設遮罩的中心對應到參考像素，其值為 f_{ref}，我們只考慮這個像素的對應濾波器輸出 g_{ref}，此時 (i, j) 可視為 $(0, 0)$ 或當成某個定值(已非變數)並將其從方程式中捨棄。接著將 (k, l) 改成 (x, y)，此時局部區域是以 $(0, 0)$ 為中心，而 (x, y) 涵蓋該局部區域。我們就可將(3-5-3)式與(3-5-2)式分別改寫成

$$g_{ref} = \sum_{x,y} f(x,y) \cdot \frac{w(x,y)}{\sum\limits_{x,y} w(x,y)} = \sum_{x,y} f(x,y) \cdot w_N(x,y) \tag{3-5-5}$$

和

$$w(x,y) = \exp\left(-\frac{x^2 + y^2}{2\sigma_d^2} - \frac{\|f_{ref} - f(x,y)\|^2}{2\sigma_r^2}\right) \tag{3-5-6}$$

當 σ_r^2 大到使 $\dfrac{\|f_{ref} - f(x,y)\|^2}{2\sigma_r^2}$ 趨近於零時，(3-5-6)式可改寫成

$$w(x,y) \approx \exp\left(-\frac{x^2 + y^2}{2\sigma_d^2}\right) \tag{3-5-7}$$

此時，(3-5-5)式的 $w_N(x, y)$ 相當於是正規化後的高斯濾波器遮罩係數，且(3-5-5)式就是執行遮罩內的乘加運算(卷積運算)。因此，當 σ_r^2 很大時，雙邊濾波器退化成高斯濾波器。同理，當 σ_d^2 大到使 $\dfrac{x^2 + y^2}{2\sigma_d^2}$ 趨近於零時，(3-5-6)式可改寫成

$$w(x,y) \approx \exp\left(-\frac{\|f_{ref} - f(x,y)\|^2}{2\sigma_r^2}\right) \tag{3-5-8}$$

當遮罩涵蓋很均勻的區域時，對此區域內的所有像素，$f_{ref} \approx f(x,y), \forall(x,y)$，(3-5-8)式會有相對較大的權重 $w(x, y)$，極端情況是 $f_{ref} = f(x,y), \forall(x,y)$，此時有最大值 $w(x,y)=1, \forall(x,y)$。反之，當遮罩涵蓋像素值彼此差異越大的區域時(例如物體邊緣)，情況就不相同，其中 f_{ref} 若是邊緣像素的值，則它與周邊像素值 $f(x, y)$ 的差異通常會較大，因此權重相對會越小；這意味著，對物體邊緣像素的濾波效應會越小，因而得以保持邊緣的清晰度。顯然，必須慎選 σ_d^2 和 σ_r^2，讓兩者有適當的平衡點，才能使雙邊濾波器能夠有效地將影像上的雜訊去除，還能同時保存影像上的邊緣資訊(物體的邊界)。

　　圖 3-5-1～3-5-3 顯示雙邊濾波器的濾波效果，其中因計算的考量，輸入影像的像素值已被正規化到[0, 1]上。由圖中可看出在相同的 σ_d 下，隨著 σ_r 的增加，影像的邊緣會越模糊，但除雜訊的效果也越好。另外，在相同的 σ_r 下，隨著 σ_d 的增加(濾波器的大小跟著變大)，影像的邊緣也會越模糊，但除雜訊的效果也越好。

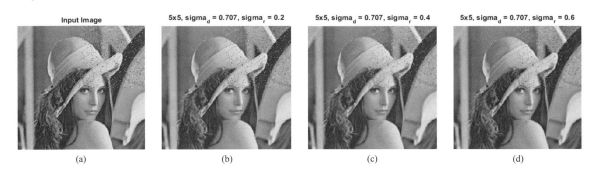

圖 3-5-1　5×5 雙邊濾波器的濾波效果(σ_d = 0.707)。(a)原始影像；(b) σ_r = 0.2；(c) σ_r = 0.4；(d) σ_r = 0.6。

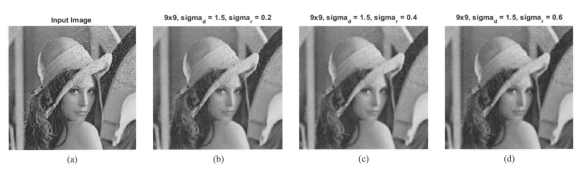

圖 3-5-2　9×9 雙邊濾波器的濾波效果(σ_d = 1.5)。(a)原始影像；(b) σ_r = 0.2；(c) σ_r = 0.4；(d) σ_r = 0.6。

(a)　　　　　　　　　(b)　　　　　　　　　(c)　　　　　　　　　(d)

圖 3-5-3　13×13 雙邊濾波器的濾波效果($\sigma_d = 2$)。(a)原始影像；(b) $\sigma_r = 0.2$；(c) $\sigma_r = 0.4$；
(d) $\sigma_r = 0.6$。

註 圖 3-5-1~3-5-3 是以 Matlab 實現所得，其中因計算方便的考量，所以輸入影像的像素值已被
正規化到[0，1]上，因此對應的 σ_r 通常也是一個小的值(這裡設定是小於 1 的值)。如果以其他
軟體或平台實現且輸入影像沒有被正規化到[0, 1]上，則 σ_r 的設定值通常會遠高於 1。

3-6　邊緣偵測濾波器(Edge Detection Filter)

在第一章中我們提到「一幅圖勝過千言萬語」，代表影像含有豐富的視覺資訊，其中
再進一部細分，我們發現絕大部分的資訊都顯現在物體的輪廓或邊緣上。在許多真實的應
用中，邊緣資訊需要被偵測或突顯出來，不論是供人眼觀看，還是讓影像處理系統做後續
運算(例如自動辨識某些物件)更容易。

從本章開始的分析中，我們知道邊緣屬高頻成分，因此要分辨何處是邊緣，我們可用
鄰域處理的高通濾波器，將低頻區域抑制，間接將含高頻成分的邊緣凸顯出來，再用適當
的門檻值，將濾波結果中數值較大者篩選出，當成是合理的邊緣候選者。

3-6-1　一階導數為導向的方法

偵測邊緣最常用的是梯度的方法。對於一個二維函數 $f(x, y)$，其梯度為一個二維向量：

$$\nabla f = \frac{\partial f}{\partial x}\mathbf{i} + \frac{\partial f}{\partial y}\mathbf{j} = f_x\mathbf{i} + f_y\mathbf{j} \tag{3-6-1}$$

其中 $f_x = \dfrac{\partial f}{\partial x}$ 是對 x 的導數(沿 x 方向的梯度)，$f_y = \dfrac{\partial f}{\partial y}$ 則是對 y 的導數(沿 y 方向的梯度)。
梯度的大小(magnitude)為

$$|\nabla f| = (f_x^2 + f_y^2)^{1/2} \tag{3-6-2}$$

梯度的方向(orientation 或 direction)為

$$\theta = \tan^{-1}\left(\frac{f_y}{f_x}\right) \tag{3-6-3}$$

梯度是一個向量，其方向表示函數 $f(x, y)$ 在點 (x, y) 處變化最快的方向，而其大小則反映出此變化的程度。

範例 3.7

求 $f(x, y) = 2x^2 + 3y^2$ 在 $(2, 1)$ 位置處的梯度向量。

解

$$\nabla f = 4x\mathbf{i} + 6y\mathbf{j}$$

所以

$$\nabla f(2,1) = 4(2)\mathbf{i} + 6(1)\mathbf{j} = 8\mathbf{i} + 6\mathbf{j}$$

此梯度向量的大小為 $\sqrt{8^2 + 6^2} = \sqrt{100} = 10$，方向為由 x 軸起算的 $\tan^{-1}\left(\frac{6}{8}\right) \approx 37°$。

對於一個離散型函數 $f(m, n)$，類似(3-6-2)式之梯度的大小定義為

$$|\nabla f| = (f_m^2 + f_n^2)^{1/2} \tag{3-6-4}$$

其中 f_m 代表 m 的方向(行的方向)上的梯度分量，f_n 則代表 n 方向(列的方向)上的梯度分量。有時為了節省計算量，我們採用

$$|\nabla f| = |f_m| + |f_n| \tag{3-6-5}$$

代替(3-6-4)式。同理，類似(3-6-3)式的梯度方向為

$$\theta = \tan^{-1}\left(\frac{f_n}{f_m}\right) \tag{3-6-6}$$

所以只要有 f_m 和 f_n，就可得到離散版本的梯度。接下來談如何得到它們。f_m 對應(3-6-1)式的

$$f_x = \frac{\partial f}{\partial x} = \lim_{h \to 0} \frac{f(x+h) - f(x)}{h} \tag{3-6-7}$$

我們常用前向差分(forward difference)的形式來近似導數(derivative)，所以 f_m 可寫成

$$f_m = \frac{f(m+h) - f(m)}{h} \tag{3-6-8}$$

其中 h 是一個小的正數。最簡單的離散型梯度表示是相鄰像素灰階度間的差量，例如行方向上的梯度分量為

$$f_m = f(m+1,n) - f(m,n) \tag{3-6-9}$$

這相當於將(3-6-8)式中的 h 設定為 1。同理，列方向上的梯度分量為

$$f_n = f(m,n+1) - f(m,n) \tag{3-6-10}$$

以 3×3 遮罩表示，則分別如圖 3-6-1(a)與(b)所示。其他常見的遮罩如圖 3-6-2 所示，其中 Prewitt 和 Sobel 遮罩較常被使用。

$$\begin{bmatrix} 0 & 0 & 0 \\ 0 & -1 & 0 \\ 0 & 1 & 0 \end{bmatrix} \qquad \begin{bmatrix} 0 & 0 & 0 \\ 0 & -1 & 1 \\ 0 & 0 & 0 \end{bmatrix}$$

(a)　　　　　(b)

圖 3-6-1　實現梯度分量的一個 3×3 遮罩。(a)行方向；(b)列方向。

運算遮罩	行方向	列方向
隔點灰階度差	$\begin{bmatrix} 0 & 1 & 0 \\ 0 & 0 & 0 \\ 0 & -1 & 0 \end{bmatrix}$	$\begin{bmatrix} 0 & 0 & 0 \\ -1 & 0 & 1 \\ 0 & 0 & 0 \end{bmatrix}$
Roberts [1965]	$\begin{bmatrix} 0 & 0 & 0 \\ 0 & 1 & 0 \\ 0 & 0 & -1 \end{bmatrix}$	$\begin{bmatrix} 0 & 0 & 0 \\ 0 & 1 & 0 \\ -1 & 0 & 0 \end{bmatrix}$
Prewitt [1970]	$\frac{1}{3}\begin{bmatrix} 1 & 1 & 1 \\ 0 & 0 & 0 \\ -1 & -1 & -1 \end{bmatrix}$	$\frac{1}{3}\begin{bmatrix} -1 & 0 & 1 \\ -1 & 0 & 1 \\ -1 & 0 & 1 \end{bmatrix}$
Sobel [1970]	$\frac{1}{4}\begin{bmatrix} 1 & 2 & 1 \\ 0 & 0 & 0 \\ -1 & -2 & -1 \end{bmatrix}$	$\frac{1}{4}\begin{bmatrix} -1 & 0 & 1 \\ -2 & 0 & 2 \\ -1 & 0 & 1 \end{bmatrix}$
Frei-Chen [1977]	$\frac{1}{2+\sqrt{2}}\begin{bmatrix} 1 & \sqrt{2} & 1 \\ 0 & 0 & 0 \\ -1 & -\sqrt{2} & -1 \end{bmatrix}$	$\frac{1}{2+\sqrt{2}}\begin{bmatrix} -1 & 0 & 1 \\ -\sqrt{2} & 0 & \sqrt{2} \\ -1 & 0 & 1 \end{bmatrix}$

圖 3-6-2　常見的梯度遮罩運算

註 假設一個梯度遮罩罩在一個與 x 軸平行(沿列方向)的邊緣上,則顯然行方向的遮罩會得到較大的變化(響應),亦即上下像素值間的差異(f_m 的絕對值或 $|f_m|$)會大於左右像素間的差異(f_n 的絕對值或 $|f_n|$)。同理,若一個梯度遮罩罩在一個與 y 軸平行(沿行方向)的邊緣上,則顯然列方向的遮罩會得到較大的變化(響應),亦即左右像素值間的差異($|f_n|$)會大於上下像素間的差異($|f_m|$)。一般而言,邊緣的實際走向與梯度方向垂直。圖 3-6-3 可印證以上的分析,其中以梯度分量的絕對值(亦即 $|f_m|$ 與 $|f_n|$)以及最後的梯度大小[(3-6-4)式]呈現。此外,為了清楚顯示邊緣,梯度值都被正規化到[0, 1]上。

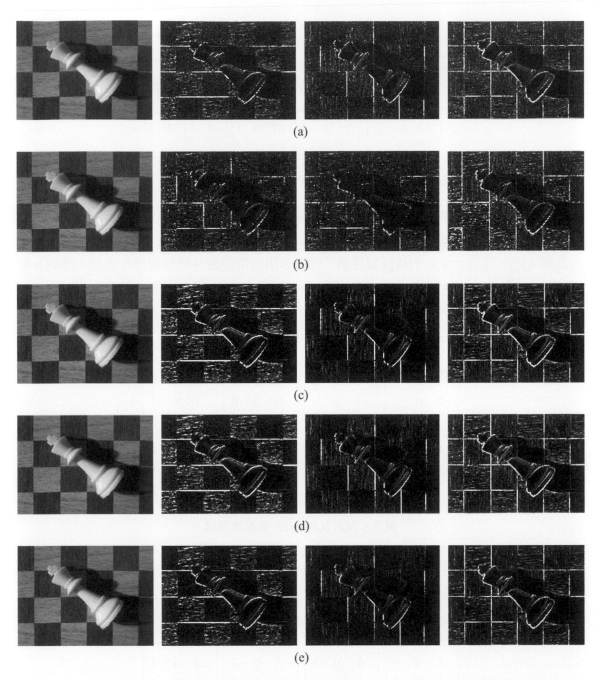

圖 3-6-3　以圖 3-6-2 的遮罩產生行方向梯度與列方向梯度大小。四個子影像分別是原影像、用行
　　　　方向遮罩的結果、用列方向遮罩的結果、最後的梯度大小。(a)隔點灰階度差；(b) Roberts；
　　　　(c) Prewitt；(d) Sobel；(e) Frei-Chen。

$$\begin{bmatrix} 1 & 1 & 1 \\ 0 & 0 & 0 \\ -1 & -1 & -1 \end{bmatrix} \begin{bmatrix} 1 & 1 & 0 \\ 1 & 0 & -1 \\ 0 & -1 & -1 \end{bmatrix} \begin{bmatrix} 1 & 0 & -1 \\ 1 & 0 & -1 \\ 1 & 0 & -1 \end{bmatrix} \begin{bmatrix} 0 & -1 & -1 \\ 1 & 0 & -1 \\ 1 & 1 & 0 \end{bmatrix}$$

$$\begin{bmatrix} -1 & -1 & -1 \\ 0 & 0 & 0 \\ 1 & 1 & 1 \end{bmatrix} \begin{bmatrix} -1 & -1 & 0 \\ -1 & 0 & 1 \\ 0 & 1 & 1 \end{bmatrix} \begin{bmatrix} -1 & 0 & 1 \\ -1 & 0 & 1 \\ -1 & 0 & 1 \end{bmatrix} \begin{bmatrix} 0 & 1 & 1 \\ -1 & 0 & 1 \\ -1 & -1 & 0 \end{bmatrix}$$

圖 3-6-4　羅盤濾波器的八個梯度方向遮罩。從左上到右下，依序為北(N)、西北(NW)、西(W)、西南(SW)、南(S)、東南(SE)、東(E)和東北(NE)。

　　有兩種比較常見的羅盤濾波器，就是如圖 3-6-5(a)和圖 3-6-5(b)分別所示的 Robinson 濾波器和 Kirsch 濾波器，它們都使用一個濾波器遮罩原型，再對其中心旋轉 7 個角度(每次旋轉 45°)，得到共 8 組的濾波器係數。以這 8 個遮罩係數分別和影像作卷積，得到 8 個卷積結果，其中的最大值定義為邊緣的強度，邊緣的方向則是由對應於該遮罩的角度編號 (0~7)來決定，例如角度 0 (即 r_0 或 k_0)代表垂直邊緣，角度 2 代表水平邊緣等。圖 3-6-6 顯示這兩種濾波器在邊緣偵測上的效果。

$$\begin{array}{cccc} r_0 & r_1 & r_2 & r_3 \\ \begin{vmatrix} -1 & 0 & 1 \\ -2 & 0 & 2 \\ -1 & 0 & 1 \end{vmatrix} & \begin{vmatrix} 0 & 1 & 2 \\ -1 & 0 & 1 \\ -2 & -1 & 0 \end{vmatrix} & \begin{vmatrix} 1 & 2 & 1 \\ 0 & 0 & 0 \\ -1 & -2 & -1 \end{vmatrix} & \begin{vmatrix} 2 & 1 & 0 \\ 1 & 0 & -1 \\ 0 & -1 & -2 \end{vmatrix} \end{array}$$

$$\begin{array}{cccc} \begin{vmatrix} 1 & 0 & -1 \\ 2 & 0 & -2 \\ 1 & 0 & -1 \end{vmatrix} & \begin{vmatrix} 0 & -1 & -2 \\ 1 & 0 & -1 \\ 2 & 1 & 0 \end{vmatrix} & \begin{vmatrix} -1 & -2 & -1 \\ 0 & 0 & 0 \\ 1 & 2 & 1 \end{vmatrix} & \begin{vmatrix} -2 & -1 & 0 \\ -1 & 0 & 1 \\ 0 & 1 & 2 \end{vmatrix} \\ r_4 & r_5 & r_6 & r_7 \end{array}$$

圖 3-6-5(a) Robinson 羅盤濾波器

$$\begin{array}{cccc} k_0 & k_1 & k_2 & k_3 \\ \begin{vmatrix} -3 & -3 & 5 \\ -3 & 0 & 5 \\ -3 & -3 & 5 \end{vmatrix} & \begin{vmatrix} -3 & 5 & 5 \\ -3 & 0 & 5 \\ -3 & -3 & -3 \end{vmatrix} & \begin{vmatrix} 5 & 5 & 5 \\ -3 & 0 & -3 \\ -3 & -3 & -3 \end{vmatrix} & \begin{vmatrix} 5 & 5 & -3 \\ 5 & 0 & -3 \\ -3 & -3 & -3 \end{vmatrix} \end{array}$$

$$\begin{array}{cccc} \begin{vmatrix} 5 & -3 & -3 \\ 5 & 0 & -3 \\ 5 & -3 & -3 \end{vmatrix} & \begin{vmatrix} -3 & -3 & -3 \\ 5 & 0 & -3 \\ 5 & 5 & -3 \end{vmatrix} & \begin{vmatrix} -3 & -3 & -3 \\ -3 & 0 & -3 \\ 5 & 5 & 5 \end{vmatrix} & \begin{vmatrix} -3 & -3 & -3 \\ -3 & 0 & 5 \\ -3 & 5 & 5 \end{vmatrix} \\ k_4 & k_5 & k_6 & k_7 \end{array}$$

圖 3-6-5(b) Kirsch 羅盤濾波器

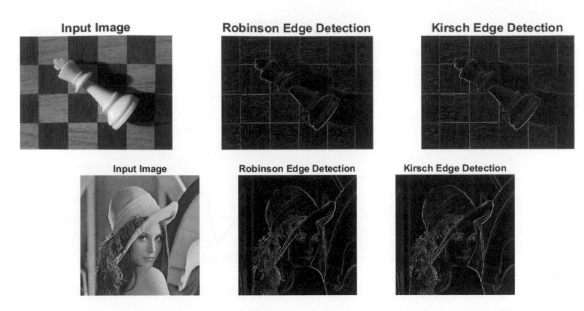

圖 3-6-6　以 Robinson 和 Kirsch 濾波的結果。左中右三圖分別是原始影像、用 Robinson 濾波器得到的邊緣強度影像以及用 Kirsch 濾波器得到的邊緣強度影像。上列：對 chess 影像；下列；對 Lena 影像。

▎ 3-6-2　二階導數為導向的方法

偵測邊緣除了梯度的方法，另一個常用的方法是用拉普拉斯運算子(Laplace operator 或 Laplacian)，此算子常寫成 Δ。將拉普拉斯運算子作用於一個二維函數 $f(x, y)$ 得到拉普拉斯函數：

$$L(x, y) = \Delta f(x, y) = \frac{\partial^2 f}{\partial x^2} + \frac{\partial^2 f}{\partial y^2} \qquad (3\text{-}6\text{-}11)$$

相對於梯度是一個一階導數的運算，這裡看出拉普拉斯函數是經由二階導數獲得。爲何用二階導數可偵測邊緣呢？考慮示意圖 3-6-7，其中顯示以水平線掃描過一個垂直邊緣的剖面圖，連同其一階與二階導數。在第一次微分後，在物體邊緣處會有波峰產生。如果該波峰超過一個預設的門檻值，則判斷爲邊緣，但是如果再微分一次，則可發現邊緣的位置恰位於二階導數從正值到負值(或從負值到正值)的越零(zero-crossing)點，這個越零現象，更有助於物體邊緣位置的判斷。

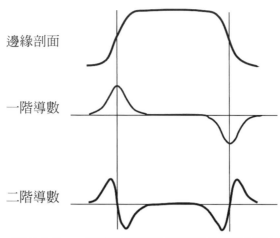

邊緣剖面

一階導數

二階導數

圖 3-6-7　一階與二階導數對邊緣偵測的作用

對於一個離散型函數 $f(m,n)$，我們如何實現拉普拉斯函數中所列的二階偏導數？先前一階偏導數我們是以前向差分來近似，此處的二階偏導數依然適用，因為二階導數是一階導數的再一次導數。參考表 3-6-1，方便以下的推導。

表 3-6-1　方便推導拉普拉斯遮罩的座標示意圖

$(m-1, n-1)$	$(m-1, n)$	$(m-1, n+1)$
$(m, n-1)$	(m, n)	$(m, n+1)$
$(m+1, n-1)$	$(m+1, n)$	$(m+1, n+1)$

再次使用前向差分：沿行方向的差分為

$$f_m(m,n) = f(m+1,n) - f(m,n) \tag{3-6-12a}$$

$$f_m(m-1,n) = f(m,n) - f(m-1,n) \tag{3-6-12b}$$

沿列方向的差分為

$$f_n(m,n) = f(m,n+1) - f(m,n) \tag{3-6-13a}$$

$$f_n(m,n-1) = f(m,n) - f(m,n-1) \tag{3-6-13b}$$

二階導數對應於二次差分，所以我們對 f_m 與 f_n 再分別做一次的差分：

$$
\begin{aligned}
f_{mm} &= f_m(m,n) - f_m(m-1,n) \\
&= \left[f(m+1,n) - f(m,n) \right] - \left[f(m,n) - f(m-1,n) \right] \\
&= f(m+1,n) - 2f(m,n) + f(m-1,n)
\end{aligned}
\tag{3-6-14}
$$

$$f_{nn} = f_n(m,n) - f_n(m,n-1)$$
$$= [f(m,n+1) - f(m,n)] - [f(m,n) - f(m,n-1)] \qquad (3\text{-}6\text{-}15)$$
$$= f(m,n+1) - 2f(m,n) + f(m,n-1)$$

於是離散版的拉普拉斯函數可寫成

$$L(m,n) = f_{mm} + f_{nn}$$
$$= f(m+1,n) + f(m-1,n) + f(m,n+1) + f(m,n-1) - 4f(m,n) \qquad (3\text{-}6\text{-}16)$$

這個結果可用以下的拉普拉斯遮罩來實現：

$$\begin{bmatrix} 0 & 1 & 0 \\ 1 & -4 & 1 \\ 0 & 1 & 0 \end{bmatrix} \qquad (3\text{-}6\text{-}17)$$

實際上常用的拉普拉斯遮罩是將(3-16-17)式取負號形成

$$\begin{bmatrix} 0 & -1 & 0 \\ -1 & 4 & -1 \\ 0 & -1 & 0 \end{bmatrix} \qquad (3\text{-}6\text{-}18)$$

這是因為取差分的方向與此處相反所致，例如(3-6-12a)式變成

$$f_m(m,n) = f(m,n) - f(m+1,n) \qquad (3\text{-}6\text{-}19)$$

亦即從前向差分改成逆向差分(backward difference)。這不影響用越零方法找出邊緣位置，因為這個改變只是把原來從負值到正值的變化改成從正值到負值，而原來從正值到負值的變化改成從負值到正值，所以理論上越零位置不會改變。

(3-6-11)式的拉普拉斯表示式只考慮水平與垂直方向的二階導數，事實上更完整的二階導數應該是：

$$L(x,y) = \Delta f(x,y) = \frac{\partial^2 f}{\partial x^2} + \frac{\partial^2 f}{\partial y^2} + \frac{\partial^2 f}{\partial x \partial y} + \frac{\partial^2 f}{\partial y \partial x} \qquad (3\text{-}6\text{-}20)$$

對應的離散版本則為

$$L(m,n) = f_{mm} + f_{nn} + f_{mn} + f_{nm} \qquad (3\text{-}6\text{-}21)$$

經推導後可得到以下的拉普拉斯遮罩(當成習題)：

$$\begin{bmatrix} 1 & 1 & 1 \\ 1 & -8 & 1 \\ 1 & 1 & 1 \end{bmatrix} \tag{3-6-22}$$

與(3-6-17)和(3-6-18)式相同，當採用逆向差分時，(3-6-22)式就變成

$$\begin{bmatrix} -1 & -1 & -1 \\ -1 & 8 & -1 \\ -1 & -1 & -1 \end{bmatrix} \tag{3-6-23}$$

註 雖然用前向差分與逆向差分所得的拉普拉斯遮罩都可凸顯邊緣點，但有一個地方要注意：當進行影像增強處理時，常把用拉普拉斯遮罩凸顯出的邊緣影像 $L(m, n)$ 與原影像 $f(m, n)$ 疊加，這時疊加方式與取用的遮罩有關。設 $g(m, n)$ 為疊加(增強)後的影像，則

$$g(m, n) = f(m, n) + cL(m, n) \tag{3-6-24}$$

其中

$$c = \begin{cases} -1, & \text{遮罩中心為正值} \\ 1, & \text{遮罩中心為負值} \end{cases} \tag{3-6-25}$$

圖 3-6-8 顯示以拉普拉斯遮罩增強影像的結果。圖(b)中的拉普拉斯影像的數值很小(最大值只有 27)，所以視覺上顯示不出來，所以為了顯示目的，依線性比例調整數值範圍，得到圖(c)。圖(c)可顯示出圖(b)中含有許多物體的邊緣資訊。原始影像稍微有一點模糊，圖(d)的結果顯然比原始影像更銳利，主要的貢獻就是來自於圖(b)的拉普拉斯影像。

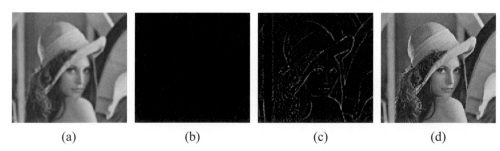

(a)	(b)	(c)	(d)

圖 3-6-8　以拉普拉斯遮罩增強影像。(a)原影像 $f(m, n)$；(b)用(3-6-22)式的遮罩凸顯的邊緣影像 $L(m, n)$；(c)調整(b)的數值範圍，方便顯示；(d)疊加(增強)後的影像 $g(m, n) = f(m, n) + L(m, n)$。

　　邊緣位於二階導數的越零點處，因此要從拉普拉斯函數從正值過渡到負值的地方，或是從負值過渡到正值的地方來找邊緣像素。事實上，實務操作時除了正負號變遷的條件外，還需要加上變遷本身不能太小的條件，以免只有一點像素值變化但還不能構成可視邊緣的區域被過度敏感的標示成邊緣。例如，如果 $L(m, n) < 0$ 且下方 $L(m + 1, n) > 0$ 且 $|L(m, n) - L(m + 1, n)| > T$，其中 T 是一個門檻值，則(m, n)位置處可視爲邊緣像素。同理，對上方、左方和右方像素用相同的判斷邏輯。這四個條件中只要有一個成立，(m, n)位置處就可視爲邊緣像素。當然也可考慮 $L(m, n) > 0$ 的情況，這時就改成找上下左右四個像素的拉普拉斯函數值爲負值者。

　　圖 3-6-9 顯示原影像和拉普拉斯函數，從以圖像形式呈現的拉普拉斯函數約略可看出原始影像的輪廓。圖 3-6-10 顯示以上述條件來偵測邊緣像素的結果。顯然，邊緣像素的個數隨 T 增大而變少，因爲更難滿足上述的條件。此外，門檻值太小的話，邊緣點偵測太過敏感，顯然有太多的點不應該被視爲是邊緣點。

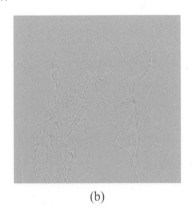

(a)　　　　　　　　　　　　　　　　　(b)

圖 3-6-9　以(3-6-17)式的遮罩所得的拉普拉斯函數。(a)原影像；(b)拉普拉斯函數(函數值範圍從 −324 到 181)。

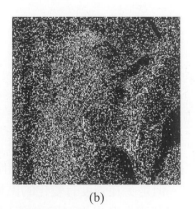
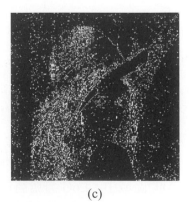

(a)　　　　　　　　　　　(b)　　　　　　　　　　　(c)

圖 3-6-10　以拉普拉斯函數偵測邊緣像素的實例。(a)取 $T = 10$；(b)取 $T = 20$；(c)取 $T = 30$。

LoG (Laplacian of Gaussian)濾波器

　　拉普拉斯濾波器會檢測到具高頻成分的邊緣，同時也會強化具高頻成分的雜訊，所以應用拉普拉斯濾波器前通常會先進行平滑濾波，以降低雜訊的干擾。搭配拉普拉斯最常用的平滑濾波方法是用高斯平滑濾波器。但高斯平滑濾波後再用拉普拉斯運算需要兩次的卷積，計算複雜度高。為了降低此計算量，大多採用 LoG (Laplacian of Gaussian)濾波器。想法是將高斯濾波器的核先經過拉普拉斯運算，得到 LoG 的核。再以 LoG 的遮罩對影像進行一次的卷積後即為所求，如此可減少一次的卷積運算。

　　二維高斯函數(中心為原點)：

$$G(x,y) = f(x)f(y) = \frac{1}{2\pi\sigma^2} e^{-\frac{(x^2+y^2)}{2\sigma^2}} \tag{3-6-26}$$

如果影像 $I(x,y)$是一個二維的連續函數，則連續空間中以積分計算的卷積

$$J(x,y) = G(x,y)*I(x,y) \tag{3-6-27}$$

就是影像 I 經由 G 濾波的結果 J。對 $J(x,y)$取拉普拉斯，則

$$\Delta J(x,y) = \Delta\big[G(x,y)*I(x,y)\big] = [\Delta G(x,y)]*I(x,y)$$

以上第二個等號用到微分(Δ 運算子)與積分(卷積)都是線性運算的事實。定義 $\mathrm{LoG}(x,\ y) = \Delta G(x,y)$，則可推得

$$\mathrm{LoG}(x,y) = -\frac{1}{\pi\sigma^4}\left[1 - \frac{x^2+y^2}{2\sigma^2}\right]e^{-\frac{(x^2+y^2)}{2\sigma^2}}$$

$$= \frac{1}{\pi\sigma^4}\left[\frac{x^2+y^2-2\sigma^2}{2\sigma^2}\right]e^{-\frac{(x^2+y^2)}{2\sigma^2}}$$

上式進一步可寫成

$$\mathrm{LoG}(x,y) = \frac{1}{2\pi\sigma^6}(x^2+y^2-2\sigma^2)e^{-\frac{(x^2+y^2)}{2\sigma^2}} \tag{3-6-28}$$

　　LoG 運算子計算影像的二階空間導數。這意味著在圖像具有相同強度(即強度梯度為零)的區域中，LoG 響應將為零。但是，在強度有變化的區域，LoG 響應在較暗的一側為正值，而在較亮的一側為負值。這代表在各自均勻但強度不同的兩個區域之間的合理銳利邊緣處。LoG 響應有如下特性：(1)距邊緣很遠時為零；(2)對邊緣的一側為正值；(3)在邊緣的另一側為負值；(4)在邊緣兩側間，落於邊緣本身上的某個點為零。

範例 3.8

設計一個 $\sigma = \sqrt{2} \approx 1.414$ 的 5×5 LoG 遮罩。

解

$$LoG(x, y) = \frac{1}{2\pi\sigma^6}(x^2 + y^2 - 2\sigma^2)e^{-\frac{(x^2+y^2)}{2\sigma^2}}$$

忽略 $LoG(x, y)$ 前的因子 $\frac{1}{2\pi\sigma^6}$ 並帶入 $\sigma = \sqrt{2}$ 可得

$$LoG'(x, y) = (x^2 + y^2 - 4)e^{-\frac{(x^2+y^2)}{4}}$$

以 $(0, 0)$ 為中心，步階為 1，即 $x, y = 0, 1, 2$，帶入 25 個位置的值：

$$\begin{bmatrix} 4e^{-2} & e^{-5/4} & 0 & e^{-5/4} & 4e^{-2} \\ e^{-5/4} & -2e^{-1/2} & -3e^{-1/4} & -2e^{-1/2} & e^{-5/4} \\ 0 & -3e^{-1/4} & -4 & -3e^{-1/4} & 0 \\ e^{-5/4} & -2e^{-1/2} & -3e^{-1/4} & -2e^{-1/2} & e^{-5/4} \\ 4e^{-2} & e^{-5/4} & 0 & e^{-5/4} & 4e^{-2} \end{bmatrix}$$

以 $\frac{1}{e^{-5/4}} = e^{5/4}$ 正規化得到

$$\begin{bmatrix} 4e^{-3/4} & 1 & 0 & 1 & 4e^{-3/4} \\ 1 & -2e^{3/4} & -3e & -2e^{3/4} & 1 \\ 0 & -3e & -4e^{5/4} & -3e & 0 \\ 1 & -2e^{3/4} & -3e & -2e^{3/4} & 1 \\ 4e^{-3/4} & 1 & 0 & 1 & 4e^{-3/4} \end{bmatrix} \approx \begin{bmatrix} 2 & 1 & 0 & 1 & 2 \\ 1 & -4 & -8 & -4 & 1 \\ 0 & -8 & -14 & -8 & 0 \\ 1 & -4 & -8 & -4 & 1 \\ 2 & 1 & 0 & 1 & 2 \end{bmatrix}$$

全部 25 個值相加得到 $16 - 62 = -46$ 而非理想的 0，負值太大，從 $LoG'(x, y)$ 的圖形可知，取樣步階必須調大，才不會有太多的負值，進而引入更多的正值，達到正負平衡抵銷的理想結果。以 $(0, 0)$ 為中心，步階為 2，即 $x, y = 0, 2, 4$，代入 25 個位置的值：

$$\begin{bmatrix} 28e^{-8} & 16e^{-5} & 12e^{-4} & 16e^{-5} & 28e^{-8} \\ 16e^{-5} & 4e^{-2} & 0 & 4e^{-2} & 16e^{-5} \\ 12e^{-4} & 0 & -4 & 0 & 12e^{-4} \\ 16e^{-5} & 4e^{-2} & 0 & 4e^{-2} & 16e^{-5} \\ 28e^{-8} & 16e^{-5} & 12e^{-4} & 16e^{-5} & 28e^{-8} \end{bmatrix}$$

以 $\dfrac{1}{28e^{-8}} = \dfrac{1}{28}e^{8}$ 正規化得到

$$\begin{bmatrix} 1 & \dfrac{4}{7}e^{3} & \dfrac{3}{7}e^{4} & \dfrac{4}{7}e^{3} & 1 \\[2mm] \dfrac{4}{7}e^{3} & \dfrac{1}{7}e^{6} & 0 & \dfrac{1}{7}e^{6} & \dfrac{4}{7}e^{3} \\[2mm] \dfrac{3}{7}e^{4} & 0 & -\dfrac{1}{7}e^{8} & 0 & \dfrac{3}{7}e^{4} \\[2mm] \dfrac{4}{7}e^{3} & \dfrac{1}{7}e^{6} & 0 & \dfrac{1}{7}e^{6} & \dfrac{4}{7}e^{3} \\[2mm] 1 & \dfrac{4}{7}e^{3} & \dfrac{3}{7}e^{4} & \dfrac{4}{7}e^{3} & 1 \end{bmatrix} \approx \begin{bmatrix} 1 & 11 & 23 & 11 & 1 \\ 11 & 58 & 0 & 58 & 11 \\ 23 & 0 & -426 & 0 & 23 \\ 11 & 58 & 0 & 58 & 11 \\ 1 & 11 & 23 & 11 & 1 \end{bmatrix}$$

全部 25 個值相加得到 −14 而非理想的 0，因此可把把 11 都改成 12，23 都改成 24，中央的 −426 調整成 −424。最終結果為

$$\begin{bmatrix} 1 & 12 & 24 & 12 & 1 \\ 12 & 58 & 0 & 58 & 12 \\ 24 & 0 & -424 & 0 & 24 \\ 12 & 58 & 0 & 58 & 12 \\ 1 & 12 & 24 & 12 & 1 \end{bmatrix}$$

為何 $x, y = 0, 1, 2$ 結果不佳，用 $x, y = 0, 2, 4$ 較理想呢？這可從 $\mathrm{LoG}'(x,y) = (x^2 + y^2 - 4)e^{-\frac{(x^2+y^2)}{4}}$  的圖形看出(圖 3-6-11)。取樣的範圍要夠寬才能完整展現此函數的特性。事實上，如果要更完美 呈現此函數特性，可考慮更細緻的範圍，例如 $x, y = 0, 1, 2, 3, 4$ 而形成 9×9 的遮罩。

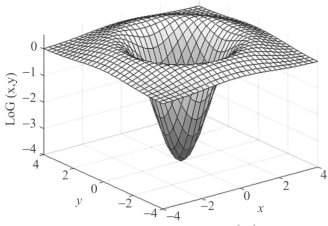

圖 3-6-11　$\mathrm{LoG}'(x,y) = (x^2 + y^2 - 4)e^{-\frac{(x^2+y^2)}{4}}$ 的函數圖形

　　與圖 3-6-10 對照，將其中的拉普拉斯濾波器改成 LoG 濾波器，並沿用先前的邊緣點判斷式，結果如圖 3-6-12 所示。和用拉普拉斯函數一樣，邊緣像素的個數隨 T 增大而變少，因為更難滿足邊緣點的條件。此外，與圖 3-6-10 的結果相比，由於 LoG 中高斯低通濾波的功能，所以邊緣點偵測不會太敏感，因雜訊引起的誤判邊緣像素大大減少，正確的邊緣像素比例相對提高。

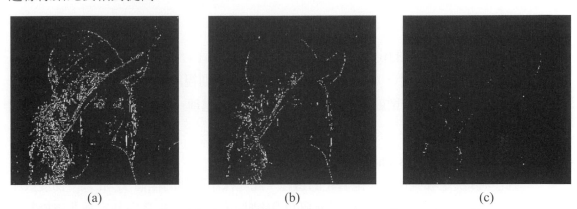

| (a) | (b) | (c) |

圖 3-6-12　以 LoG 偵測邊緣像素的實例。(a)取 T = 10；(b)取 T = 20；(c)取 T = 30。

Canny 邊緣檢測器(Canny Edge Detector)

　　Canny 邊緣檢測是一種很常被使用的邊緣檢測算法。它是由 John F. Canny 在 1986 年開發的(Canny [1986])。它包含四個重要的步驟。

1.　降低雜訊

　　由於邊緣檢測容易受到圖像中雜訊的影響，因此第一步是使用高斯平滑濾波器消除圖像中的雜訊。

2.　求圖像的強度梯度

　　使用 Sobel 遮罩在水平和垂直方向上對平滑的圖像進行濾波，分別得到在水平方向和垂直方向上的一階導數 f_n 和 f_m。從這兩張一階導數的圖片中，我們可以求得每個像素的梯度向量，包含強度與方向，分別如(3-6-5)式與(3-6-6)式所示。注意邊緣的實際方向總是與梯度方向垂直。將其方向角度四捨五入為代表垂直、水平和兩個對角線方向的四個角度之一。

3.　非極大值抑制(Non-maximum Suppression, NMS)

　　在獲得梯度大小和方向後，檢視整個圖像，以去除可能不構成邊緣的那些像素。篩選方法是在每個像素處，檢查像素是否是其在梯度方向上附近的局部最大值。參考下面圖 3-6-13 的示意說明。

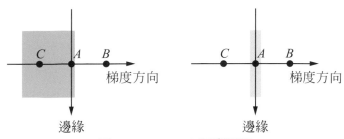

圖 3-6-13　NMS 示意說明

　　點 A 在(垂直方向的)邊緣上。梯度方向與邊緣垂直。點 B 和 C 也在梯度方向上。檢查這三點的梯度大小，如果 A 點有局部最大值，則視為候選邊緣點，會進到下一個步驟再進行確認，否則就將其抑制(設為零)而不再處理。到此得到的結果是帶有「細邊緣」的二值圖像。

4.　**遲滯門檻化(Hysteresis Thresholding)**

　　此步驟決定哪些邊緣才是真正的邊緣。此處採用兩個門檻值 T_L 和 T_H。梯度大小大於 T_H 的所有候選邊緣點均為「確認的邊緣點」，而小於 T_L 者則判定為非邊緣點，因而予以擯除。介於這兩個門檻值之間者則根據其連通性被分類為邊緣或非邊緣點。如果它們與「確認的邊緣」像素相連，則將它們視為邊緣的一部分。否則，它們也將被丟棄。參見圖 3-6-14。

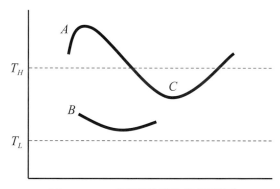

圖 3-6-14　遲滯門檻化的示意圖

　　邊緣 A 在 T_H 之上，因此被視為「確認的邊緣點」。儘管邊緣 C 低於 T_H，但它連接到邊緣 A，因此也被視為有效的邊緣，我們得到了完整的曲線。但是邊緣 B 儘管在 T_L 之上並且與邊緣 C 處於同一區域，但是它沒有連接到任何「確認的邊緣點」，因此被丟棄。由此可知，T_L 和 T_H 的選取非常重要，因為這決定了所取得之邊緣的品質。以 8 位元的灰階影像為例，原作者建議 $T_L : T_H$ 這個比例為 1：2 或 1：3。

　　這個最後的步驟還包括刪除太短小的**弱邊緣**(weak edge)，只留下相對較明顯的強邊緣(strong edge)。有時還必須再用「細線化」的程序，讓所得邊緣只有一個像素寬。

　　圖 3-6-15 顯示用 Canny 邊緣檢測器的效果。首先原始彩色影像被灰階化，接著對灰階影像以標準差為 $\sqrt{2}$ 且大小為 7×7 的高斯濾波器濾波，再以 3×3 的 Sobel 遮罩進行梯度運算。最後再進行非極大值抑制和遲滯門檻化。注意圖中梯度大小的門檻值會落在 0 到 1 之間是因為這些門檻值都除上了最大梯度值的正規化所致。很明顯，門檻值如果太低，會有過多不必要的邊緣，例如圖(c)的結果；反之，門檻值如果太高，則可能會移除掉一些有意義的邊緣，例如圖(f)的結果，所以適當的選取門檻值是讓 Canny 邊緣檢測器能發揮最大效益的必要條件。以這四組門檻值的組合來看，或許圖(d)和圖(e)這兩組相對是比較好的。

(a)　　　　　　　　　　　　　(b)

(c)　　　　　　　　　　　　　(d)

(e)　　　　　　　　　　　　　(f)

圖 3-6-15　Canny 邊緣檢測器的效果。(a)原影像；(b) (a)的灰階影像；(c) $(T_L, T_H) = (0.005, 0.01)$；(d) $(T_L, T_H) = (0.005, 0.05)$；(e) $(T_L, T_H) = (0.07, 0.1)$；(f) $(T_L, T_H) = (0.07, 0.2)$。注意：以上數值都是相對於最大梯度值的正規化後的結果。

數位影像處理

習題

1. 對一個假想的 4×4 影像 I 用一個 2×2 的最大值濾波器進行濾波。假設無邊界填補且步輻爲 2。這個濾波的方式有個專門的術語叫做最大池化(max-pooling)，是深度學習網路中常用的一個降低資料量並試圖保持重要資訊的方法。

1	2	0	4
3	4	2	5
5	6	9	7
7	8	8	7

2. 以順時針和逆時針兩個方向的鄰域處理分別產生以下影像的局部二值圖樣(LBP)：

3	4	2
5	6	9
7	8	8

3. 對一個假想的 5×5 影像 I 用一個 3×3 的中值濾波器進行濾波。考慮以下各種情況下的濾波結果。

1	2	3	4	5
3	4	2	1	6
2	3	4	3	7
4	1	3	2	8
5	6	7	8	9

(a)無邊界填補，步輻爲 1。(b)無邊界填補，步輻爲 2。(c)零邊界填補，步輻爲 1。
(d)零邊界填補，步輻爲 2。(e)複製邊界填補，步輻爲 1。(f)對稱邊界填補，步輻爲 1。

4. 考慮一個 6×6 的小影像 A 以及一個 3×3 的遮罩 M。

$$A = \begin{bmatrix} 1 & 3 & 4 & 5 & 4 & 3 \\ 2 & 2 & 2 & 2 & 0 & 2 \\ 3 & 2 & 3 & 3 & 9 & 0 \\ 2 & 0 & 4 & 3 & 1 & 0 \\ 1 & 8 & 3 & 5 & 2 & 2 \\ 4 & 4 & 3 & 5 & 3 & 0 \end{bmatrix}$$

將定義如下的各函數與 3×3 遮罩 M 對 A 進行鄰域處理，求對應的處理結果。爲了簡化計算，遮罩移動採用上下與左右方向均爲 3 的步輻且邊界無任何填補。(a)求總和。(b)求平均值。(c)求變異數。(d)求標準差。(e)求最大值。(f)求最小值。(g)取全距。(h)求中位數。

3-42

5. 將第 4 題中的處理視為濾波器,則當中哪些濾波器是線性的?非線性的?

6. 證明平均濾波器為線性濾波器。

7. 證明求最大(小)值的濾波器為非線性濾波器。

8. 考慮一個低通濾波器遮罩:

$$\frac{1}{48}\begin{bmatrix} 0 & 1 & 2 & 1 & 0 \\ 1 & 2 & 4 & 2 & 1 \\ 2 & 4 & 8 & 4 & 2 \\ 1 & 2 & 4 & 2 & 1 \\ 0 & 1 & 2 & 1 & 0 \end{bmatrix}$$

   (a) 求對應的高通濾波器的遮罩。

   (b) 對一真實影像採用本題的兩個濾波器,驗證它們確實分別為低通與高通濾波器。

9. 寫一程式產生有任意標準差與任意大小的離散型高斯核矩陣(整數版),並驗證對於一個 5×5 的高斯濾波器($\sigma = 1$),我們可以得到以下的濾波器係數:

$$\frac{1}{331}\begin{bmatrix} 1 & 4 & 7 & 4 & 1 \\ 4 & 20 & 33 & 20 & 4 \\ 7 & 33 & 55 & 33 & 7 \\ 4 & 20 & 33 & 20 & 4 \\ 1 & 4 & 7 & 4 & 1 \end{bmatrix}$$

10. 延續第 9 題,將 5×5 的高斯濾波器($\sigma = 1$)修改成可分離形式。

   (a) 求此可分離形式中 5×5 遮罩的行濾波器遮罩(5×1)以及列濾波器遮罩(1×5),並獲得新濾波器係數。

   (b) 考慮一張大小為 $N \times N$ 的影像加上影像邊界外兩排的零填補。以(a)所得的一維濾波器和對應的二維濾波器執行影像濾波,比較兩者濾波的計算複雜度(以乘法數為準)。

11. 考慮前面不含因子 $\frac{1}{2\pi\sigma^2}$ 的高斯函數:

$$g(x, y) = e^{-\frac{(x^2+y^2)}{2\sigma^2}}$$

標準差 σ 要多大以上才會在四捨五入後產生一個 3×3 的平均濾波器?

12. 對一個假想的 5×5 影像 I，以零填補，再用圖 3-6-2 中的 Prewitt 和 Sobel 遮罩分別輸出 5×5 大小的梯度影像[用(3-6-5)式求梯度大小]，並將前 10 大梯度值所在的位置標示為 1，代表邊緣點，其餘位置標示為 0，代表非邊緣點。比較以這兩種遮罩所得邊緣點的結果。

1	2	3	7	6
3	2	7	5	6
2	7	7	1	2
8	6	1	2	1
7	2	3	2	3

13. 推導出(3-6-22)式的拉普拉斯遮罩：

$$\begin{bmatrix} 1 & 1 & 1 \\ 1 & -8 & 1 \\ 1 & 1 & 1 \end{bmatrix}$$

14. 證明

$$\text{LoG}(x,y) = -\frac{1}{\pi\sigma^4}\left[1 - \frac{x^2+y^2}{2\sigma^2}\right]e^{-\frac{(x^2+y^2)}{2\sigma^2}}$$

15. 設計一個 $\sigma = \sqrt{2} \approx 1.414$ 的 9×9 LoG 遮罩。

16. 考慮一個 2×2 的影像，使用遮罩後結果為何？

f_1	f_2		20	5
f_3	f_0	$=$	15	10

遮罩函數：

$$g_i = \begin{cases} 2, & \text{若 } f_i > f_{ref} = f_0 \\ 0, & \text{其他情況} \end{cases}, i = 1, 2, 3$$

$$g_{ref} = \sum_{i=1}^{3} g_i 3^{i-1}$$

17. 試算下列 2×2 的影像進行邊界填補後的結果。(a)無邊界填補。(b)零邊界填補。(c)複製邊界填補。(d)對稱邊界填補。

20	5
15	10

18. 請問複製邊界填補和對稱邊界填補在何時會不一樣？

19. 寫出以下是哪種濾波(高/低通濾波器)並且轉換成相對應的低通或高通。

$$\frac{1}{5}\begin{bmatrix} 1 & 2 & 1 \\ 2 & 5 & 2 \\ 1 & 2 & 1 \end{bmatrix} \qquad \frac{1}{9}\begin{bmatrix} -1 & 0 & -1 \\ 0 & 8 & 0 \\ -1 & 0 & -1 \end{bmatrix} \qquad \frac{1}{9}\begin{bmatrix} 1 & 1 & 1 \\ 1 & 1 & 1 \\ 1 & 1 & 1 \end{bmatrix}$$

20. 以下何者為正確？(複選)

(a)中值濾波器比平均濾波器更容易把影像的邊緣變模糊。

(b)把低頻成分完全衰減了，間接凸顯出高頻成分是高通濾波器的特性。

(c)平均濾波器比加權平均濾波器更容易讓影像變模糊。

(d)中值濾波器和平均濾波器都是線性濾波器。

(e)最小值濾波器和最大值濾波器都是非線性濾波器。

21. 計算影像某區域內像素灰階的平均值，若區域內某個單一像素(不是幾個像素)的灰階度與此平均值有很大的差異，則這個像素有可能會是甚麼？

22. 設 n 為奇數，則 $n \times n$ 的中值濾波後的輸出為排序在第幾之像素的值？

23. 假設高斯濾波器可表示成 $G(\sigma)$，其中 σ 為伴隨濾波器之高斯函數的標準差。一般而言，將此濾波器運用於影像時，以下何者為真？(複選)

(a)邊緣模糊化程度：$G(\sigma_1) > G(\sigma_2) > G(\sigma_3)$，如果 $\sigma_1 > \sigma_2 > \sigma_3$。

(b)除雜訊效果：$G(\sigma_1) > G(\sigma_2) > G(\sigma_3)$，如果 $\sigma_1 > \sigma_2 > \sigma_3$。

(c)邊緣的保眞程度：$G(\sigma_1) > G(\sigma_2) > G(\sigma_3)$，如果 $\sigma_1 > \sigma_2 > \sigma_3$。

(d)$G(\infty)$ 有最大的模糊化效果。

(e)$G(\infty)$ 趨近於用高通濾波器的效果。

24. 假設高斯濾波器可表示成 $G(\sigma)$，其中 σ 為伴隨濾波器之高斯函數的標準差。設 $\sigma = 1.5$，則可充分並合理捕捉到高斯函數特性的高斯濾波器大小大約是多少？

25. 假設雙邊濾波器可表示成 $B(\sigma_d, \sigma_r)$，其中 σ_d 和 σ_r 分別是雙邊濾波器的 domain 和 range 參數。一般而言，將此濾波器運用於影像時，以下何者為真？(複選)

(a)邊緣模糊化程度：$B(\sigma_d, \sigma_{r,1}) > B(\sigma_d, \sigma_{r,2}) > B(\sigma_d, \sigma_{r,3})$，如果 $\sigma_{r,1} > \sigma_{r,2} > \sigma_{r,3}$。

(b)除雜訊效果：$B(\sigma_d, \sigma_{r,1}) > B(\sigma_d, \sigma_{r,2}) > B(\sigma_d, \sigma_{r,3})$，如果 $\sigma_{r,1} > \sigma_{r,2} > \sigma_{r,3}$。

(c)邊緣模糊化程度：$B(\sigma_{d,1}, \sigma_r) > B(\sigma_{d,2}, \sigma_r) > B(\sigma_{d,3}, \sigma_r)$，如果 $\sigma_{d,1} > \sigma_{d,2} > \sigma_{d,3}$。

(d)除雜訊效果：$B(\sigma_{d,1}, \sigma_r) > B(\sigma_{d,2}, \sigma_r) > B(\sigma_{d,3}, \sigma_r)$，如果 $\sigma_{d,1} > \sigma_{d,2} > \sigma_{d,3}$。

(e)$B(\infty, \sigma_r)$ 趨近於高斯濾波器。

26. 請問何種濾波器通常能夠有效地將影像上的雜訊去除，同時保存影像上的邊緣資訊？

(a)平均濾波器；(b)低通濾波器；(c)高通濾波器；(d)最大或最小值濾波器；(e)雙邊濾波器。

27. 羅盤濾波器中東北梯度方向的遮罩主要是用於偵測出哪個方向的邊緣？Robinson 濾波器的 r_0 遮罩呢？

28. 為何二階導數可偵測影像邊緣？直接用二階導數偵測邊緣可能會有那些缺失？

29. LoG 濾波器生成的背景為何？它與先執行高斯濾波再進行拉普拉斯的兩段式計算有何差別？

30. 相對於例如拉普拉斯等邊緣偵測器，Canny 邊緣偵測器有何優點？

31. Canny 邊緣偵測器的兩個門檻值參數沒有設定好時會有甚麼後果？

Chapter **4**

轉換法

4-1　簡介

4-1-1　回顧

　　我們曾在 3.2 節中提到空間頻率(spatial frequency)的概念。簡單來說一個影像物件的邊緣或雜訊有像素值大小顯著的落差，就屬高頻成分；反之，像素值大小變化緩慢的平滑區域則屬低頻成分。本章將要討論的轉換法可視為描述這個空間頻率概念的定量方法。

　　由於影像上的某些問題在原像素值函數定義的領域內較不易甚或是無法解決，所以藉助某一個轉換法將其轉換到另一領域，使得問題較易於處理。前者稱為空間域(spatial domain)，後者稱為頻率域(frequency domain)。例如，無所不在影像壓與視訊縮縮標準(JPEG 與 MPEG 系列)就將影像從空間域轉換到頻率域，再對轉換域的結果處理得到比直接在空間域處理更佳的壓縮效能。此外，濾波工作在頻率域上執行比在空間域上執行更直觀，也更容易被定量化。

　　轉換法對許多人都不陌生，因為像工程數學、信號與系統以及數位信號處理等大學部的必修或選修課程中都有詳細的討論與描述。例如拉普拉斯轉換(Laplace transform)、傅立葉級數(Fourier series, FS)、複數傅立葉級數(Complex FS)、傅立葉轉換(Fourier transform, FT)、離散時間傅立葉轉換(Discrete-time FT)、離散傅立葉轉換(Discrete FT, DFT)等等。以上大多數的內容都是以一維的連續(或離散)函數或信號為例探討它們的各種轉換。本章會重點複習一維的 DFT 並新增二維 DFT 的探討，還會介紹其他影像處理常用到的轉換，像是離散餘弦轉換(discrete cosine transform, DCT)與小波轉換(wavelet transform)等。

▌ 4-1-2 轉換的矩陣表示

離散型的轉換本身可方便的用矩陣表示，以下就以一維的 DFT 爲例來說明。訊號 $f(m)$, $m = 0, 1, \cdots, N-1$ 的 N 點 DFT：

$$F(k) = \sum_{m=0}^{N-1} f(m) a_k(m), \quad k = 0, 1, \cdots, N-1 \tag{4-1-1}$$

其中的轉換基底

$$a_k(m) = \frac{1}{\sqrt{N}} e^{-j\left(\frac{2\pi}{N}\right)mk}, \quad m = 0, 1, \cdots, N-1 \tag{4-1-2}$$

定義行向量

$$\mathbf{F} = [F(0), F(1), \cdots, F(N-1)]^T \tag{4-1-3}$$

與

$$\mathbf{f} = [f(0), f(1), \cdots, f(N-1)]^T \tag{4-1-4}$$

以及矩陣

$$\mathbf{A} = \{a_k(m)\} = \begin{bmatrix} a_0(0) & a_0(1) & a_0(2) & \cdots & a_0(N-1) \\ a_1(0) & a_1(1) & a_1(2) & \cdots & a_1(N-1) \\ a_2(0) & a_2(1) & a_2(2) & \cdots & a_2(N-1) \\ \vdots & \vdots & \vdots & \ddots & \vdots \\ a_{N-1}(0) & a_{N-1}(1) & a_{N-1}(2) & \cdots & a_{N-1}(N-1) \end{bmatrix} \tag{4-1-5}$$

則(4-1-1)式可表示成

$$\mathbf{F} = \mathbf{A}\mathbf{f} \tag{4-1-6}$$

N 點反離散傅立葉轉換(inverse DFT, IDFT)爲

$$f(m) = \sum_{k=0}^{N-1} F(k) a_k^*(m), \quad m = 0, 1, \cdots, N-1 \tag{4-1-7}$$

定義矩陣 **B** 為

$$\mathbf{B}=\left\{a_k^*(m)\right\}=\begin{bmatrix} a_0^*(0) & a_0^*(1) & a_0^*(2) & \cdots & a_0^*(N-1) \\ a_1^*(0) & a_1^*(1) & a_1^*(2) & \cdots & a_1^*(N-1) \\ a_2^*(0) & a_2^*(1) & a_2^*(2) & \cdots & a_2^*(N-1) \\ \vdots & \vdots & \vdots & \ddots & \vdots \\ a_{N-1}^*(0) & a_{N-1}^*(1) & a_{N-1}^*(2) & \cdots & a_{N-1}^*(N-1) \end{bmatrix} \tag{4-1-8}$$

則

$$\mathbf{f}=\mathbf{B}^T\mathbf{F} \tag{4-1-9}$$

由(4-1-6)式可知 $\mathbf{F}=\mathbf{Af}$，所以(4-1-9)式可寫成

$$\mathbf{f}=\mathbf{B}^T\mathbf{Af} \tag{4-1-10}$$

所以

$$\mathbf{B}^T\mathbf{A}=\mathbf{I} \tag{4-1-11}$$

又因為 $\mathbf{B}=\mathbf{A}^*$，所以

$$\mathbf{A}^{*T}\mathbf{A}=\mathbf{I} \tag{4-1-12}$$

代表矩陣 **A** 是么正矩陣。

範例　4.1

當 $N=2$ 時，(4-1-5)式的矩陣 **A** 為

$$\mathbf{A}=\begin{bmatrix} a_0(0) & a_0(1) \\ a_1(0) & a_1(1) \end{bmatrix}=\frac{1}{\sqrt{2}}\begin{bmatrix} 1 & 1 \\ 1 & -1 \end{bmatrix}$$

當 $N=4$ 時，(4-1-5)式的矩陣 **A** 為

$$\mathbf{A}=\begin{bmatrix} a_0(0) & a_0(1) & a_0(2) & a_0(3) \\ a_1(0) & a_1(1) & a_1(2) & a_1(3) \\ a_2(0) & a_2(1) & a_2(2) & a_2(3) \\ a_3(0) & a_3(1) & a_3(2) & a_3(3) \end{bmatrix}=\frac{1}{2}\begin{bmatrix} 1 & 1 & 1 & 1 \\ 1 & -i & -1 & i \\ 1 & -1 & 1 & -1 \\ 1 & i & -1 & -i \end{bmatrix}$$

$$\mathbf{A}^{*T}\mathbf{A} = \left(\frac{1}{2}\begin{bmatrix} 1 & 1 & 1 & 1 \\ 1 & i & -1 & -i \\ 1 & -1 & 1 & -1 \\ 1 & -i & -1 & i \end{bmatrix} \right)\left(\frac{1}{2}\begin{bmatrix} 1 & 1 & 1 & 1 \\ 1 & -i & -1 & i \\ 1 & -1 & 1 & -1 \\ 1 & i & -1 & -i \end{bmatrix} \right)$$

$$= \frac{1}{4}\begin{bmatrix} 4 & 0 & 0 & 0 \\ 0 & 4 & 0 & 0 \\ 0 & 0 & 4 & 0 \\ 0 & 0 & 0 & 4 \end{bmatrix} = \begin{bmatrix} 1 & 0 & 0 & 0 \\ 0 & 1 & 0 & 0 \\ 0 & 0 & 1 & 0 \\ 0 & 0 & 0 & 1 \end{bmatrix} = \mathbf{I}$$

4-1-3 轉換與相關性

考慮範例 4.1 中的 2×2 轉換矩陣

$$\mathbf{A} = \frac{1}{\sqrt{2}}\begin{bmatrix} 1 & 1 \\ 1 & -1 \end{bmatrix}$$

假設平面座標的兩個軸為 $\mathbf{X} = [X_1 \quad X_2]^T$，經 $\mathbf{A}$ 的轉換後形成新的座標軸 $\mathbf{Y} = [Y_1 \quad Y_2]^T$，即

$$\mathbf{Y} = \begin{bmatrix} Y_1 \\ Y_2 \end{bmatrix} = \mathbf{AX} = \frac{1}{\sqrt{2}}\begin{bmatrix} 1 & 1 \\ 1 & -1 \end{bmatrix}\begin{bmatrix} X_1 \\ X_2 \end{bmatrix} = \frac{1}{\sqrt{2}}\begin{bmatrix} X_1 + X_2 \\ X_1 - X_2 \end{bmatrix}$$

假設有許多高相關性的二維資料點落在 45 度角直線附近，亦即座標值 $x_1 \approx x_2$，則根據轉換 $\mathbf{A}$ 將這些點變換到新座標軸後可得新的座標值 $(y_1, y_2) \approx (\sqrt{2}x_1, 0)$，此時 y_1 與 y_2 無連動關係或不相關。圖 4-1-1 是這個座標軸轉換的示意圖。

從這個例子可體會出，如果 $\mathbf{X}$ 是有高相關性的影像資料，$\mathbf{A}$ 是某個么正或正交轉換，$\mathbf{Y}$ 是轉換係數，則 $\mathbf{Y} = \mathbf{AX}$ 可將在空間域中有高相關性的像素，轉換到頻率域中有較低相關性的轉換係數。

註▶ 圖 4-1-1 顯示橢圓的長軸對應資料散佈的最大方向，也是新座標軸 Y_1 的方向，短軸則對應到與 Y_1 垂直的 Y_2 軸。這個轉換相當於把位於(x_1, x_2)的資料點都投影到 Y_1 軸上。把矩陣 $\mathbf{A}$ 拆解成兩個列向量

$$\mathbf{u}_1 = \begin{bmatrix} \dfrac{1}{\sqrt{2}} & \dfrac{1}{\sqrt{2}} \end{bmatrix}, \quad \mathbf{u}_2 = \begin{bmatrix} \dfrac{1}{\sqrt{2}} & -\dfrac{1}{\sqrt{2}} \end{bmatrix}$$

u_1 就是沿著 Y_1 軸的單位向量，u_2 就是沿著 Y_2 軸的單位向量。$Y = AX$ 相當於做了兩個向量的內積：$u_1 \cdot X$ 和 $u_2 \cdot X$，分別代表 X 在 u_1 和 u_2 的投影量。

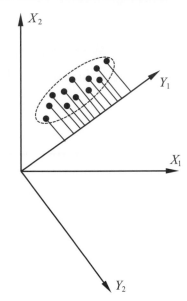

圖 4-1-1　將轉換視為座標軸變換的示意圖

4-1-4　轉換與能量

　　空間域信號的能量通常以其數值大小的平方來表示，當空間域信號以轉換後的形式表示後，在頻率域中的能量也是以轉換係數的平方來表示。不論空間域或頻率域的表達，都指同一個信號，所以其所含的能量不會改變。這就是有名的**帕塞瓦爾定理**(Parseval's theorem)。簡單來說，就是說信號(函數)平方的和(或積分)等於其傅立葉轉換式平方的和(或積分)。

　　以下我們回顧一維 DFT 的帕塞瓦爾定理。從空間域信號的能量開始：

$$\sum_{m=0}^{N-1} \left\| f(m) \right\|^2 = \sum_{m=0}^{N-1} f(m) f^*(m) = \sum_{m=0}^{N-1} f(m) \left[\sum_{k=0}^{N-1} F(k) a_k^*(m) \right]^*$$

$$= \sum_{m=0}^{N-1} f(m) \sum_{k=0}^{N-1} F^*(k) a_k(m) = \sum_{k=0}^{N-1} F^*(k) \sum_{m=0}^{N-1} f(m) a_k(m)$$

$$= \sum_{k=0}^{N-1} F^*(k) F(k) = \sum_{k=0}^{N-1} \left\| F(k) \right\|^2$$

亦即

$$\|\mathbf{f}\|^2 = \|\mathbf{F}\|^2 \qquad\qquad (4\text{-}1\text{-}13)$$

雖然根據帕塞瓦爾定理，信號總能量不變，但能量分佈可改變。例如，我們可把大部分能量都集中在少數的轉換係數上。一個在能量集中上最佳的轉換稱為 KL 轉換，下一節介紹此轉換。

4-2　KL 轉換

由 Karhunen 和 L'oeve 兩人所共同提出的 KL 轉換，原先是作為對連續隨機程序的級數展開之用，亦即將隨機程序表示成無窮多個正交函數的線性組合，類似於將一個定義域有界的函數展開成傅立葉級數；只不過，傅立葉級數的係數是定值，級數展開的基底是正弦與餘弦函數，而隨機程序的級數展開中，級數的係數本身為隨機變數，展開的基底則與程序有關。說的明確些，級數表示所用的正交基底函數由此程序的共變異數函數 (covariance function) 求出。KL 轉換的目的就是要在最小均方誤差的意義下，找到對一個特定程序最佳的基底函數。

對於隨機序列，Hotelling 最先探討主成份法 (The Method of Principal Components)，其實它是 KL 級數展開的等效離散版本。因而有時 KL 轉換也稱為 Hotelling 轉換，或是主成份法，也常用英文 PCA (Principal Component Analysis) 來表示主成份法。以下介紹 KL 轉換的原理。

考慮伴隨於 N 筆資料之一維訊號的么正矩陣 $\mathbf{\Phi}$ 如下：

$$\mathbf{Y} = \mathbf{\Phi}^* \mathbf{X}, \quad \mathbf{X} = \mathbf{\Phi}^T \mathbf{Y} \qquad\qquad (4\text{-}2\text{-}1)$$

其中 $\mathbf{X} = [x_0, x_1, x_2, ..., x_{N-1}]^T$ 和 $\mathbf{Y} = [y_0, y_1, y_2, ..., y_{N-1}]^T$ 分別為在空間域及轉換域中的一維資料。可把 $\mathbf{X}$ 想成是影像的一列或一行的資料。空間域中的資料為實數，轉換域中的資料為複數。令單範正交序列 $\phi_r(k)$ 為轉換矩陣 $\mathbf{\Phi} = \{\phi(r,k)\}$ 的列 (r 是矩陣 $\mathbf{\Phi}$ 的列索引，k 則是行索引)，則 $\mathbf{X} = \mathbf{\Phi}^T \mathbf{Y}$ 可以寫成這些基底向量的權重和，亦即

$$\mathbf{X} = \begin{bmatrix} \phi_0(0) & \phi_1(0) & \cdots & \phi_{N-1}(0) \\ \phi_0(1) & \phi_1(1) & \cdots & \phi_{N-1}(1) \\ \vdots & \vdots & \cdots & \vdots \\ \phi_0(N-1) & \phi_1(N-1) & \cdots & \phi_{N-1}(N-1) \end{bmatrix} \begin{bmatrix} y_0 \\ y_1 \\ \vdots \\ y_{N-1} \end{bmatrix}$$

$$= [\mathbf{\Phi}_0 \ \mathbf{\Phi}_1 \ \mathbf{\Phi}_2 \ ... \ \mathbf{\Phi}_{N-1}] \begin{bmatrix} y_0 \\ y_1 \\ \vdots \\ y_{N-1} \end{bmatrix} = \sum_{r=0}^{N-1} y_r \mathbf{\Phi}_r \qquad (4\text{-}2\text{-}2)$$

其中 $\mathbf{\Phi}_r$ 為表示基底序列 $\{\phi_r(k)\}$ 的一個行向量,也就是

$$\mathbf{\Phi}_r = [\phi_r(0), \phi_r(1), ..., \phi_r(N-1)]^T, \quad r = 0, 1, 2, \cdots, N-1 \qquad (4\text{-}2\text{-}3)$$

令 $\mathbf{X}$ 的截取表示式(truncated representation)為 $\mathbf{X}_L$:

$$\mathbf{X}_L = \sum_{r=0}^{L-1} y_r \mathbf{\Phi}_r \qquad (4\text{-}2\text{-}4)$$

(4-2-4)式中的截取表示式所導致的均方值誤差為

$$\begin{aligned} \varepsilon &= E[(\mathbf{X} - \mathbf{X}_L)^T (\mathbf{X} - \mathbf{X}_L)] \\ &= E\left[\left(\sum_{r=L}^{N-1} y_r \mathbf{\Phi}_r \right)^T \left(\sum_{r=L}^{N-1} y_r \mathbf{\Phi}_r \right) \right] \\ &= \sum_{r=L}^{N-1} E[y_r^2] \end{aligned} \qquad (4\text{-}2\text{-}5)$$

其中最後一個等式用到單範正交性: $\mathbf{\Phi}_r^T \mathbf{\Phi}_s = \delta(r-s)$。因為 $y_r = \mathbf{\Phi}_r^{*T} \mathbf{X}$ 或 $y_r = \mathbf{X}^T \mathbf{\Phi}_r^*$,所以

$$\varepsilon = \sum_{r=L}^{N-1} E[\mathbf{\Phi}_r^{*T} \mathbf{X} \mathbf{X}^T \mathbf{\Phi}_r^*] = \sum_{r=L}^{N-1} \mathbf{\Phi}_r^{*T} \mathbf{R_{XX}} \mathbf{\Phi}_r^* \qquad (4\text{-}2\text{-}6)$$

此處 $\mathbf{R_{XX}} = E[\mathbf{XX}^T]$ 為實數向量 $\mathbf{X}$ 的自相關矩陣(auto-correlation matrix)(回顧(A-6-2)式的複數版本: $\mathbf{R_{XX}} = E[\mathbf{XX}^{*T}]$)。若假設 $\mathbf{X}$ 為一有零平均向量的實數隨機向量,此時 $\mathbf{R_{XX}}$ 亦為 $\mathbf{X}$ 的共變異數矩陣(covariance matrix)。因為 $\mathbf{X}$ 為實數向量,所以由(4-2-5)式的第一行可知,ε 為正值實數。所以對(4-2-6)式兩邊都取共軛複數可得

$$\varepsilon = \sum_{r=L}^{N-1} \mathbf{\Phi}_r^T \mathbf{R}_{\mathbf{XX}} \mathbf{\Phi}_r \tag{4-2-7}$$

　　為了得到最佳轉換，我們要找出符合單範正交性限制(orthonormality constraint) $\mathbf{\Phi}_r^T \mathbf{\Phi}_s = \delta(r-s)$，並可將(4-2-7)式中的 ε 最小化的基底函數 $\mathbf{\Phi}_r$。這是有條件限制的最佳化問題，因此我們採用拉格朗日乘數法，將下式最小化：

$$J = \sum_{r=L}^{N-1} [\mathbf{\Phi}_r^T \mathbf{R}_{\mathbf{XX}} \mathbf{\Phi}_r - \lambda_r (\mathbf{\Phi}_r^T \mathbf{\Phi}_r - 1)] \tag{4-2-8}$$

將上式有關 $\mathbf{\Phi}_r$ 的每一項取梯度並令其為零向量可得

$$2\mathbf{R}_{\mathbf{XX}} \mathbf{\Phi}_r - 2\lambda_r \mathbf{\Phi}_r = 0 \tag{4-2-9}$$

經移項簡化後得出

$$\mathbf{R}_{\mathbf{XX}} \mathbf{\Phi}_r = \lambda_r \mathbf{\Phi}_r \tag{4-2-10}$$

也就是說

$$\mathbf{R}_{\mathbf{XX}} \mathbf{\Phi}^T = \mathbf{\Phi}^T \mathbf{\Lambda} \tag{4-2-11}$$

此處 $\mathbf{\Lambda} = diag(\lambda_0, \lambda_1, \cdots, \lambda_{N-1})$，即主對角元素為 $\lambda_0, \lambda_1, \cdots, \lambda_{N-1}$ 的對角矩陣。

　　由(4-2-10)式可看出，我們要尋求的 $\mathbf{\Phi}_r$ 為一自相關矩陣 $\mathbf{R}_{\mathbf{XX}}$ 的特徵向量，λ_r 則為 λ 的特徵多項式 $|\lambda \mathbf{I} - \mathbf{R}_{\mathbf{XX}}|$ 的一個根。由於 $\mathbf{R}_{\mathbf{XX}}$ 為一實數對稱矩陣，因此所有 $\{\lambda_r\}$ 均為實數。接著我們要進一步證明 $\lambda_r \geq 0, r = 0, 1, 2, \cdots, N-1$。將(4-2-10)式等號兩邊都乘上 $\mathbf{\Phi}_r^{*T}$：

$$\mathbf{\Phi}_r^{*T} \mathbf{R}_{\mathbf{XX}} \mathbf{\Phi}_r = \lambda_r \mathbf{\Phi}_r^{*T} \mathbf{\Phi}_r = \lambda_r \tag{4-2-12}$$

附錄 A 提及自相關矩陣 $\mathbf{R}_{\mathbf{XX}}$ 為赫米特矩陣，因為

$$\mathbf{R}_{\mathbf{XX}}^{*T} = (E[\mathbf{XX}^T])^{*T} = E[\mathbf{XX}^T] = \mathbf{R}_{\mathbf{XX}}$$

此外，附錄 A 中的(A-6-8)式亦提及赫米特矩陣(當然包括 $\mathbf{R}_{\mathbf{XX}}$)都是半正定；換言之，對任一複數向量 $\mathbf{a}$，它有如下關係：

$$\mathbf{a}^{*T} \mathbf{R}_{\mathbf{XX}} \mathbf{a} \geq 0 \tag{4-2-13}$$

所以由(4-2-12)與(4-2-13)式可知 $\lambda_r \geq 0, r = 0, 1, 2, \cdots, N-1$。

所以最小的 ε 為

$$\varepsilon_{\min} = \sum_{r=L}^{N-1} \mathbf{\Phi}_r^T (\lambda_r \mathbf{\Phi}_r) = \sum_{r=L}^{N-1} \lambda_r \tag{4-2-14}$$

其中第一個等式由將(4-2-10)式帶入(4-2-7)式中所獲得。如此一來，ε 可由將 λ_r 降階排列來達成最小化(較大的 λ 值排在前，較小的 λ 值則排在後)。伴隨特徵值的特徵向量當然也跟著調整順序，最後形成所需的 KL 轉換矩陣 $\mathbf{\Phi}^*$。

基底向量集合將會把自相關矩陣 $\mathbf{R_{XX}}$ 對角化，這可由以下推導得出：

$$\mathbf{R_{YY}} = E[\mathbf{YY}^{*T}] = E[(\mathbf{\Phi}^*\mathbf{X})(\mathbf{\Phi}^*\mathbf{X})^{*T}] = E[\mathbf{\Phi}^*\mathbf{XX}^{*T}\mathbf{\Phi}^T] = \mathbf{\Phi}^*\mathbf{R_{XX}}\mathbf{\Phi}^T$$

其中 $\mathbf{R_{YY}}$ 為 $\mathbf{Y}$ 的自相關矩陣。帶入(4-2-11)式的結果可得

$$\mathbf{R_{YY}} = \mathbf{\Phi}^*\mathbf{\Phi}^T\mathbf{\Lambda} = \mathbf{\Lambda} \tag{4-2-15}$$

總之，$\mathbf{\Phi}$ 為 KLT 的么正矩陣，它可產生一對角矩陣 $\mathbf{R_{YY}}$，因而可以將轉換後的係數間的相關性完全去除。此外，它可將總信號能量重新配置，將大部分能量盡可能集中到前 L 個係數中。

比較(4-2-5)與(4-2-14)式，經過 λ_r 降階次序的排列之後，我們得到

$$\lambda_r = E[y_r^2] \tag{4-2-16}$$

此式顯示，既然 ε 是由特徵值 λ_r 的降階排列來達成最小化，ε 也可由將係數 y_r 的振幅降階排列來達成最小化。值得注意的是，雖然許多矩陣都可以去除輸入信號的相關性，但 KLT 不衹可以完美地去除輸入信號的相關性，同時可以達成信號能量重新配置的最佳化。不過，顯然 KLT 的基底函數與自相關矩陣 $\mathbf{R_{XX}}$ 有關，因此不能事先決定。此外，給一自相關矩陣，找出 KLT 的基底函數通常需要大量的計算。基於上述的理由，在一些像是資料壓縮的應用中，KLT 實際上較少用，反倒是像離散餘旋轉換(discrete cosine transform, DCT)等與輸入信號資料無關的次佳轉換常被使用。雖然工程實務上 KLT 鮮少使用，但其理論價值無可取代，例如它提供一個轉換好壞的評估標準，像是 DCT 就被評定為在能量集中性與去相關性有接近 KLT 的表現，再加上其他實現上的優勢，因此讓 DCT 獲選為影視資料壓縮國際標準的核心轉換迄今已數十年。

範例 **4.2**

考慮一個如下的 3×3 自相關矩陣

$$\mathbf{R_{XX}} = \begin{bmatrix} 2 & 0 & \dfrac{\sqrt{3}}{2} \\ 0 & 4 & 0 \\ \dfrac{\sqrt{3}}{2} & 0 & 3 \end{bmatrix}$$

求對應的 KLT。

解

λ_r 為特徵多項式 $|\lambda\mathbf{I} - \mathbf{R_{XX}}|$ 的一個根：

$$\lambda\mathbf{I} - \mathbf{R_{XX}} = \begin{bmatrix} \lambda - 2 & 0 & -\dfrac{\sqrt{3}}{2} \\ 0 & \lambda - 4 & 0 \\ -\dfrac{\sqrt{3}}{2} & 0 & \lambda - 3 \end{bmatrix}$$

$$|\lambda\mathbf{I} - \mathbf{R_{XX}}| = (\lambda - 2)(\lambda - 4)(\lambda - 3) - \frac{3}{4}(\lambda - 4)$$

$$= (\lambda - 4)\left(\lambda - \frac{7}{2}\right)(\lambda - \frac{3}{2}) = 0$$

特徵值由大到小排列：

$$\lambda_0 = 4, \quad \lambda_1 = \frac{7}{2}, \quad \lambda_2 = \frac{3}{2}$$

根據(4-2-10)式

$$\mathbf{R_{XX}}\mathbf{\Phi}_r = \lambda_r\mathbf{\Phi}_r \Rightarrow \lambda_r\mathbf{\Phi}_r - \mathbf{R_{XX}}\mathbf{\Phi}_r = 0 \Rightarrow (\lambda_r\mathbf{I} - \mathbf{R_{XX}})\mathbf{\Phi}_r = 0$$

特徵向量 $\mathbf{\Phi}_r = \begin{bmatrix} \phi_r(0) & \phi_r(1) & \phi_r(2) \end{bmatrix}^T$ 是以下聯立方程式的解：

$$\begin{bmatrix} \lambda_r - 2 & 0 & -\dfrac{\sqrt{3}}{2} \\ 0 & \lambda_r - 4 & 0 \\ -\dfrac{\sqrt{3}}{2} & 0 & \lambda_r - 3 \end{bmatrix} \begin{bmatrix} \phi_r(0) \\ \phi_r(1) \\ \phi_r(2) \end{bmatrix} = 0$$

$\lambda_0 = 4$：

$$\begin{bmatrix} 2 & 0 & -\dfrac{\sqrt{3}}{2} \\ 0 & 0 & 0 \\ -\dfrac{\sqrt{3}}{2} & 0 & 1 \end{bmatrix} \begin{bmatrix} \phi_0(0) \\ \phi_0(1) \\ \phi_0(2) \end{bmatrix} = 0$$

解得 $\mathbf{\Phi}_0 = \begin{bmatrix} \phi_0(0) & \phi_0(1) & \phi_0(2) \end{bmatrix}^T = \begin{bmatrix} 0 & 1 & 0 \end{bmatrix}^T$。

$\lambda_1 = \dfrac{7}{2}$：

$$\begin{bmatrix} \dfrac{3}{2} & 0 & -\dfrac{\sqrt{3}}{2} \\ 0 & -\dfrac{1}{2} & 0 \\ -\dfrac{\sqrt{3}}{2} & 0 & \dfrac{1}{2} \end{bmatrix} \begin{bmatrix} \phi_1(0) \\ \phi_1(1) \\ \phi_1(2) \end{bmatrix} = 0$$

解得 $\mathbf{\Phi}_1 = \begin{bmatrix} \phi_1(0) & \phi_1(1) & \phi_1(2) \end{bmatrix}^T = \begin{bmatrix} 1 & 0 & \sqrt{3} \end{bmatrix}^T$。將向量正規化成單位向量：

$\mathbf{\Phi}_1 = \begin{bmatrix} \dfrac{1}{2} & 0 & \dfrac{\sqrt{3}}{2} \end{bmatrix}^T$。

$\lambda_0 = \dfrac{3}{2}$：

$$\begin{bmatrix} -\dfrac{1}{2} & 0 & -\dfrac{\sqrt{3}}{2} \\ 0 & -\dfrac{5}{2} & 0 \\ -\dfrac{\sqrt{3}}{2} & 0 & -\dfrac{3}{2} \end{bmatrix} \begin{bmatrix} \phi_2(0) \\ \phi_2(1) \\ \phi_2(2) \end{bmatrix} = 0$$

解得 $\mathbf{\Phi}_2 = \begin{bmatrix} \phi_2(0) & \phi_2(1) & \phi_2(2) \end{bmatrix}^T = \begin{bmatrix} 1 & 0 & -\dfrac{1}{\sqrt{3}} \end{bmatrix}^T$。將向量正規化成單位向量：

$\mathbf{\Phi}_2 = \begin{bmatrix} \dfrac{\sqrt{3}}{2} & 0 & -\dfrac{1}{2} \end{bmatrix}^T$。

可驗證出 $\mathbf{\Phi}_0$、$\mathbf{\Phi}_1$ 和 $\mathbf{\Phi}_2$ 是單範正交的。所以

$$\mathbf{\Phi}^T = \begin{bmatrix} 0 & \dfrac{1}{2} & \dfrac{\sqrt{3}}{2} \\ 1 & 0 & 0 \\ 0 & \dfrac{\sqrt{3}}{2} & -\dfrac{1}{2} \end{bmatrix}$$

是正交矩陣而有 $\mathbf{\Phi}\mathbf{\Phi}^T = \mathbf{\Phi}^T\mathbf{\Phi} = \mathbf{I}$。

4-3　主成份分析(Principal Component Analysis, PCA)

　　KL 轉換雖然較不適合用於像是資料壓縮的應用上，但以 PCA 爲名的方法卻常被使用於像是降低特徵向量(feature vector)維度的應用上。傳統圖樣辨識需選取具有區別不同類別能力的適當特徵並將這些特徵組合形成特徵向量。由彼此冗餘的特徵所形成的特徵向量，不僅增加不必要的系統運算複雜度，還有可能降低系統的辨識效能。有時，我們並不確知所考慮的特徵是否有冗餘性，因此，實務上會用 PCA 檢視哪些特徵的主要成份(principal components)該被保留，哪些則可以丟棄不用而不會太影響特徵向量的類別鑑別能力。這個降低特徵關聯性的問題，就是在機器學習裡著名的降維(dimension reduction)問題。

　　事實上，我們在 4-1-3 節就展示了降維的概念：透過座標軸轉換，使原本二維的資料 (x_1, x_2)可改用一維的表示方式(y_1)，所以維度從二維降爲一維。給一筆多維度的資料，該如何有系統地找到所需的轉換，達到降維的目的呢?基本上，這個系統化方法的基礎就是上一節介紹的 KL 轉換的原理。

　　考慮 n 個零平均的 N 維行向量 $\mathbf{x}_i$, $i = 0, 2, \cdots, n$。這些向量可能來自於遙測衛星中用 N 個不同頻譜段拍攝取得的 N 張影像，每張影像有 n 個像素，或者是由 N 個特徵所組成的特徵向量，且總共收集到 n 個這樣的特徵向量等等。不論是何種應用，這些資料均來自於對各應用中的實際觀察(observation)或量測(measurement)。

　　PCA 在使用前通常要對資料預處理。首先，N 維分量的值可能有很大的數值差異，這時通常會做標準化:將每個向量的各個分量分別減去對應分量的平均值再除以該對應分量的標準差。亦即每個分量都是零平均且標準差爲 1 的標準狀態。已標準化過的向量已是零平均向量。

PCA 的步驟如下：

步驟 1 對於不是零平均的向量，可藉由將各向量減去其平均向量 $\frac{1}{n}\sum_{i=1}^{n}\mathbf{x}_i$ 來獲得。

步驟 2 求這 n 個向量的共變異數矩陣 $\mathbf{C_{XX}}$ (等於零平均向量的自相關矩陣 $\mathbf{R_{XX}}$)：

$$\mathbf{C_{XX}} = \mathbf{R_{XX}} = \frac{1}{n-1}\sum_{i=1}^{n}\mathbf{x}_i\mathbf{x}_i^T$$

步驟 3 求 $\mathbf{C_{XX}}$ 的特徵值 λ_j 與特徵向量 $\widehat{\mathbf{\Phi}}_j$ (行向量)，$j = 0, 1, 2, \cdots, N-1$。

步驟 4 特徵值由大到小排列得 λ_r，其中 $\lambda_0 \geq \lambda_1 \geq \cdots \geq \lambda_{N-1}$，對應的特徵向量也依此順序重新排列得 $\widehat{\mathbf{\Phi}}_r$，$r = 0, 1, 2, \cdots, N-1$。

步驟 5 將每個特徵向量 $\widehat{\mathbf{\Phi}}_r$ 正規化成單位向量 $\mathbf{\Phi}_r$。

步驟 6 形成轉換矩陣

$$\mathbf{\Phi} = \begin{bmatrix} \mathbf{\Phi}_0 & \mathbf{\Phi}_1 & \cdots & \mathbf{\Phi}_{L-1} \end{bmatrix}$$

其中 $L \leq N$，代表要從 N 維資料降為 L 維。

步驟 7 降維後的第 i 個資料

$$\mathbf{y}_i = \mathbf{\Phi}^T\mathbf{x}_i$$

範例 4.3

有 5 筆二維的資料如下：

$$\mathbf{x}_1 = \begin{bmatrix} 1 \\ 1 \end{bmatrix}, \quad \mathbf{x}_2 = \begin{bmatrix} 1 \\ 3 \end{bmatrix}, \quad \mathbf{x}_3 = \begin{bmatrix} 2 \\ 3 \end{bmatrix}, \quad \mathbf{x}_4 = \begin{bmatrix} 4 \\ 4 \end{bmatrix}, \quad \mathbf{x}_5 = \begin{bmatrix} 2 \\ 4 \end{bmatrix}$$

以 PCA 降維成一維的資料。

解

步驟 1 求平均向量

$$\overline{\mathbf{x}} = \frac{1}{n}\sum_{i=1}^{n}\mathbf{x}_i = \begin{bmatrix} 2 \\ 3 \end{bmatrix}$$

各向量減去平均向量得

$$\mathbf{x}_1 = \begin{bmatrix} -1 \\ -2 \end{bmatrix}, \quad \mathbf{x}_2 = \begin{bmatrix} -1 \\ 0 \end{bmatrix}, \quad \mathbf{x}_3 = \begin{bmatrix} 0 \\ 0 \end{bmatrix}, \quad \mathbf{x}_4 = \begin{bmatrix} 2 \\ 1 \end{bmatrix}, \quad \mathbf{x}_5 = \begin{bmatrix} 0 \\ 1 \end{bmatrix}$$

步驟 2 求這 5 個向量的共變異數矩陣 $\mathbf{C_{XX}}$ (或自相關矩陣 $\mathbf{R_{XX}}$)：

$$\mathbf{C_{XX}} = \mathbf{R_{XX}} = \frac{1}{5-1}\sum_{i=1}^{5}\mathbf{x}_i\mathbf{x}_i^T = \begin{bmatrix} 1.5 & 1 \\ 1 & 1.5 \end{bmatrix}$$

步驟 3 求 $\mathbf{C_{XX}}$ 的特徵值 λ_j 與特徵向量 $\widehat{\mathbf{\Phi}}_j$（行向量）：

$$\lambda\mathbf{I} - \mathbf{C_{XX}} = \begin{bmatrix} \lambda - 1.5 & -1 \\ -1 & \lambda - 1.5 \end{bmatrix}$$

$$|\lambda\mathbf{I} - \mathbf{C_{XX}}| = 0 \Rightarrow (\lambda - 1.5)^2 - 1 = 0 \Rightarrow \lambda = \frac{5}{2}, \frac{1}{2}$$

$$\lambda = \frac{5}{2} \text{ 時}, \begin{bmatrix} 1 & -1 \\ -1 & 1 \end{bmatrix} \begin{bmatrix} \phi_0(0) \\ \phi_0(1) \end{bmatrix} = 0 \Rightarrow \widehat{\mathbf{\Phi}}_0 = \begin{bmatrix} 1 \\ 1 \end{bmatrix}$$

$$\lambda = \frac{1}{2} \text{ 時}, \begin{bmatrix} -1 & -1 \\ -1 & -1 \end{bmatrix} \begin{bmatrix} \phi_1(0) \\ \phi_1(1) \end{bmatrix} = 0 \Rightarrow \widehat{\mathbf{\Phi}}_1 = \begin{bmatrix} 1 \\ -1 \end{bmatrix}$$

步驟 4 $\lambda_0 = \frac{5}{2} \geq \lambda_1 = \frac{1}{2}$, $\widehat{\mathbf{\Phi}}_0 = \begin{bmatrix} 1 \\ 1 \end{bmatrix}$, $\widehat{\mathbf{\Phi}}_1 = \begin{bmatrix} 1 \\ -1 \end{bmatrix}$

步驟 5 $\mathbf{\Phi}_0 = \begin{bmatrix} 1/\sqrt{2} \\ 1/\sqrt{2} \end{bmatrix}$, $\mathbf{\Phi}_1 = \begin{bmatrix} 1/\sqrt{2} \\ -1/\sqrt{2} \end{bmatrix}$

步驟 6 $\mathbf{\Phi} = [\mathbf{\Phi}_0] = \begin{bmatrix} 1/\sqrt{2} \\ 1/\sqrt{2} \end{bmatrix}$

步驟 7 $\mathbf{y}_i = \mathbf{\Phi}^T \mathbf{x}_i = \begin{bmatrix} \dfrac{1}{\sqrt{2}} & \dfrac{1}{\sqrt{2}} \end{bmatrix} \mathbf{x}_i$

$\mathbf{y}_1 = -\dfrac{3}{\sqrt{2}}$, $\mathbf{y}_2 = -\dfrac{1}{\sqrt{2}}$, $\mathbf{y}_3 = 0$, $\mathbf{y}_4 = \dfrac{3}{\sqrt{2}}$, $\mathbf{y}_5 = \dfrac{1}{\sqrt{2}}$

註 使用 PCA 時一個常見的問題是能降維到甚麼程度還可接受。一個簡單的指標是從共變異數矩陣的特徵值下手，這個值反映了均方誤差或能量。一般會選取一個介於 0 到 1 的門檻值 T，希望從 N 維降成 L 維後的能量與原始能量的比值 $\rho(L)$ 不低於此門檻值，亦即

$$\rho(L) = \frac{\displaystyle\sum_{r=0}^{L-1} \lambda_r}{\displaystyle\sum_{r=0}^{N-1} \lambda_r} \geq T$$

範例 4.3 的比值 $\rho(1) = \dfrac{5}{2} \Big/ \left(\dfrac{5}{2} + \dfrac{1}{2} \right) = \dfrac{5}{6} \approx 83.33\%$ 。

註 雖然本書沒有展示，但 KLT 可用於對連續信號或函數的分析。當然如上一節所展示的，它也可用於離散信號的分析。PCA 有時亦稱為離散的 KLT，所以當手邊只有離散資料要處理時，KLT 與 PCA 兩者可說是沒有區別的。雖然 KLT 在定義與使用上都比 PCA 更寬廣，但在離散或數位信號處理領域中的慣用名稱上，PCA 還是勝出。

4-4　好轉換的特性

一般而言，我們希望影像轉換具有以下三種特性：

1.　影像內像素間的相關性要打散

一般影像中大多數像素間都有一定程度的相關性，特別是位於均勻區域內的像素，因此影像中大部分的信號能量也都集中在這些像素上。我們知道均勻區域的像素屬低頻成分，所以透過轉換將其轉換成相關性低的轉換係數且盡量將大部分的能量集中在最少數(較低頻)的轉換係數上，使得像素間的相關性被打散(或消除)。在像是影像資料壓縮的應用中，相關性等同於資料的冗餘性，所以只保留能量大的係數並丟棄能量小者，可節省用於表達影像的資料量，同時又能保持原影像的品質(因為大部分的信號能量都還在)。此外，不同轉換使影像能量集中的程度也不一樣，其中有最大程度者稱為**最佳轉換**(optimal transform)，4-2 節的 KL 轉換即為最佳轉換。

2.　與影像無關的基底函數

不同的基底函數定義出不同的轉換，例如大家熟悉的連續時間傅立葉轉換 $F(\omega) = \int_{-\infty}^{\infty} f(t)e^{-j\omega t}dt$ 中，$e^{-j\omega t}$ 就是一個轉換基底函數。又例如離散傅立葉轉換

$$F(k) = \sum_{m=0}^{N-1} f(m)a_k(m), \, k = 0, 1, \cdots, N-1 \tag{4-3-1}$$

其中

$$a_k(m) = \frac{1}{\sqrt{N}} e^{-j\left(\frac{2\pi}{N}\right)mk}, \, m = 0, 1, \cdots, N-1 \tag{4-3-2}$$

就是離散傅立葉轉換的基底函數。以上這些基底函數都與待轉換的信號 $f(t)$ 或 $f(n)$ 無關。

雖然我們希望有最佳轉換，但可惜的是最佳轉換的基底與影像的統計特性有關，不同的影像通常有不同的統計特性，因此最佳轉換通常隨著影像的不同而有異。由於要找出最佳轉換的基底函數屬高運算複雜度的工作，而每個不同的影像或影像區塊各有自己需要的基底函數以達到去除其相關性的目的，因此需要大量的計算。此外，若以轉換法做資料壓縮(見第七章)，則要付出額外的資料將編碼(壓縮)端各個區塊所用的基底函數儲存或傳送，供解碼端解壓縮之用，資料壓縮效率會降低很多。因此，通常會捨棄最佳化的轉換而採用與影像無關的基底函數。

3. 快速完成轉換

對於 N 點的轉換，所需的計算量一般為 $O(N^2)$ 的等級。(4-3-1)式的離散傅立葉轉換就是一個典型的例子，其中對每個 k，我們需 N 個 $f(m)$ 與 $a_k(m)$ 的複數乘法以及 $(N-1)$ 個加法。由於有 N 個 $F(k)$ 要計算，$k = 0, 1, \cdots, N-1$，所以共需 N^2 個複數乘法與 $N(N-1)$ 個加法才能完成整個 N 點傅立葉轉換的運算，因此計算複雜度為 $O(N^2)$，亦即信號點總數的平方。同理可得，若需 $N \times N$ 點的傅立葉轉換(共 N^2 點)，則計算複雜度為 $O(N^4)$，這個複雜度已高到難以實用化的階段，因此我們希望的轉換是可以用遠低於 $O(N^4)$ 的計算量來獲得的。

的確，有些轉換有較快速的演算法能減少計算量，使 N 點轉換所需的計算量從 $O(N^2)$ 降為 $O(N \log_2 N)$ 的等級，因此對一個 $N \times N$ 的二維轉換，若採取依序做列再做行的一維轉換方式，其所需的計算量約為 $O(N^2 \log_2 N)$ 而非原來的 $O(N^4)$ 等級，大大降低所需的計算，增加轉換的實用性。

4-5 　正交轉換

由一般序列的正交轉換可直接延伸到一個對 $N \times N$ 影像 $f(m, n)$ 的正交轉換

$$F(k,l) = \sum_{m=0}^{N-1} \sum_{n=0}^{N-1} f(m,n) \cdot a_{k,l}(m,n), \quad 0 \le k,l \le N-1 \tag{4-5-1}$$

以及伴隨的反轉換

$$f(m,n) = \sum_{k=0}^{N-1} \sum_{l=0}^{N-1} F(k,l) \cdot a_{k,l}^*(m,n), \quad 0 \le m,n \le N-1 \tag{4-5-2}$$

其中元素 $F(k, l)$ 稱做轉換係數(transform coefficient)，而由這些轉換係數構成的集合 $\{F(k, l)\}$ 稱為**轉換影像**(transform image)，$\{a_{k,l}(m, n)\}$ 稱為影像轉換基底(image transform basis)，是完整正交離散基底函數的集合，此集合滿足以下性質：

單範正交性(Orthonormality)：

$$\sum_{m=0}^{N-1} \sum_{n=0}^{N-1} a_{k,l}(m,n) \cdot a_{k',l'}^*(m,n) = \delta(k-k', l-l') \tag{4-5-3}$$

完整性(Completeness)：

$$\sum_{k=0}^{N-1}\sum_{l=0}^{N-1}a_{k,l}(m,n)\cdot a_{k,l}^{*}(m',n')=\delta(m-m',n-n') \tag{4-5-4}$$

單範正交性質保證任何被截短的部份和

$$f_{P,Q}(m,n)\equiv\sum_{k=0}^{P-1}\sum_{l=0}^{Q-1}F(k,l)a_{k,l}^{*}(m,n),\ \ P\le N,Q\le N \tag{4-5-5}$$

的下列平方誤差

$$\sigma_{e}^{2}=\sum_{m=0}^{N-1}\sum_{n=0}^{N-1}\left\|f(m,n)-f_{P,Q}(m,n)\right\|^{2} \tag{4-5-6}$$

在係數 $F(k, l)$如(4-5-1)式所示時為最小，且當 $P = Q = N$ 時，該性質保證上述最小平方誤差為零。

(4-5-1)到(4-5-6)式都有對應的一維版本，所以為了方便起見，我們用一維的離散傅立葉轉換來展示。範例 4.4 展示(4-5-1)到(4-5-4)式，(4-5-5)到(4-5-6)式的展示當成習題。

範例 4.4

驗證一維 DFT 的轉換基底滿足單範正交性與完整性。

$$F(k)=\sum_{m=0}^{N-1}f(m)a_{k}(m),\ \ k=0,1,\cdots,N-1 \tag{4-5-7}$$

$$f(m)=\sum_{k=0}^{N-1}F(k)a_{k}^{*}(m)\ \ ,m=0,1,\cdots,N-1 \tag{4-5-8}$$

其中

$$a_{k}(m)=\frac{1}{\sqrt{N}}e^{-j\left(\frac{2\pi}{N}\right)mk}\ \ ,m=0,1,\cdots,N-1 \tag{4-5-9}$$

檢驗單範正交性：

$$\sum_{m=0}^{N-1} a_k(m) \cdot a_{k'}^*(m) = \sum_{m=0}^{N-1}\left[\frac{1}{\sqrt{N}}e^{-j\left(\frac{2\pi}{N}\right)mk}\right]\left[\frac{1}{\sqrt{N}}e^{j\left(\frac{2\pi}{N}\right)mk'}\right]$$

$$= \frac{1}{N}\sum_{m=0}^{N-1}e^{-j\left(\frac{2\pi}{N}\right)m(k-k')} = \begin{cases}1, k=k'\\ 0,\text{其他情況}\end{cases} = \delta(k-k')$$

檢驗完整性：

$$\sum_{k=0}^{N-1} a_k(m) \cdot a_k^*(m') = \sum_{m=0}^{N-1}\left[\frac{1}{\sqrt{N}}e^{-j\left(\frac{2\pi}{N}\right)mk}\right]\left[\frac{1}{\sqrt{N}}e^{j\left(\frac{2\pi}{N}\right)m'k}\right]$$

$$= \frac{1}{N}\sum_{m=0}^{N-1}e^{-j\left(\frac{2\pi}{N}\right)k(m-m')} = \begin{cases}1, m=m'\\ 0,\text{其他情況}\end{cases} = \delta(m-m')$$

這兩個特性確保 $f(m)$ 與 $F(k)$ 是傅立葉轉換對。由(4-5-7)式：

$$F(k) = \sum_{m=0}^{N-1} f(m)a_k(m), \quad k=0,1,\cdots,N-1$$

將(4-5-8)的 $f(m)$ 代入上式得

$$F(k) = \sum_{m=0}^{N-1}\left[\sum_{k'=0}^{N-1}F(k')a_{k'}^*(m)\right]a_k(m)$$
$$= \sum_{k'=0}^{N-1}F(k')\sum_{m=0}^{N-1}a_{k'}^*(m)a_k(m)$$
$$= \sum_{k'=0}^{N-1}F(k')\delta(k-k') = F(k)$$

當中用到了單範正交性。由(4-5-8)式：

$$f(m) = \sum_{k=0}^{N-1}F(k)a_k^*(m), \quad m=0,1,\cdots,N-1$$

將(4-5-7)的 $F(k)$ 代入上式得

$$f(m) = \sum_{k=0}^{N-1}\left[\sum_{m'=0}^{N-1}f(m')a_k(m')\right]a_k^*(m)$$
$$= \sum_{m'=0}^{N-1}f(m')\sum_{k=0}^{N-1}a_k(m')a_k^*(m)$$
$$= \sum_{m'=0}^{N-1}f(m')\delta(m-m') = f(m)$$

當中用到了完整性。

可分離么正轉換(Separable Unitary Transforms)

一個可分離轉換的條件為

$$a_{k,l}(m,n) = a_k(m)b_l(n) \equiv a(k,m)b(l,n) \tag{4-5-10}$$

其中 $\{a_k(m), k = 0,....,N-1\}$，$\{b_l(n), l = 0,....,N-1\}$ 是一維基底向量所組成的正交集合。並以 $\mathbf{A} \equiv \{a(k,m)\}$ 和 $\mathbf{B} \equiv \{b(l,n)\}$ 表示，則由(4-5-3)及(4-5-4)式可知它們本身必為么正矩陣，亦即

$$\mathbf{A}\mathbf{A}^{*T} = \mathbf{A}^T\mathbf{A}^* = \mathbf{I}, \quad \mathbf{B}\mathbf{B}^{*T} = \mathbf{B}^T\mathbf{B}^* = \mathbf{I} \tag{4-5-11}$$

通常 $\mathbf{B}$ 和 $\mathbf{A}$ 相同，所以(4-5-1)和(4-5-2)式分別變成

$$F(k,l) = \sum_{m=0}^{N-1}\sum_{n=0}^{N-1} a(k,m)f(m,n)a(l,n) \leftrightarrow \mathbf{F} = \mathbf{A}\mathbf{f}\mathbf{A}^T \tag{4-5-12}$$

$$f(m,n) = \sum_{k=0}^{N-1}\sum_{l=0}^{N-1} a^*(k,m)F(k,l)a^*(l,n) \leftrightarrow \mathbf{f} = \mathbf{A}^{*T}\mathbf{F}\mathbf{A}^* \tag{4-5-13}$$

對於一 $N \times N$ 大小之影像，其轉換係數 $F(k, l)$，使用(4-5-1)式所需的加法和乘法約為 $O(N^4)$，這樣的計算量實在太大。對可分離轉換而言，由(4-5-12)式中矩陣相乘的計算複雜度可知，其計算量減少為 $O(N^3)$。

範例 4.5

考慮二維離散傅立葉轉換(DFT)：

$$F(k,l) = \sum_{m=0}^{N-1}\sum_{n=0}^{N-1} f(m,n)a_{k,l}(m,n), \quad 0 \le k, l \le N-1$$

$$a_{k,l}(m,n) = \frac{1}{N}e^{-j\left(\frac{2\pi}{N}\right)(mk+ln)} = a_k(m)a_l(n)$$

其中

$$a_k(m) = \frac{1}{\sqrt{N}}e^{-j\left(\frac{2\pi}{N}\right)mk}, \quad m = 0, 1, \cdots, N-1$$

$$a_l(n) = \frac{1}{\sqrt{N}} e^{-j\left(\frac{2\pi}{N}\right)ln} \ , \ \ n = 0, 1, \cdots, N-1$$

所以二維 DFT 是可分離的。轉換的可分離性使我們可用 2N 個一維 N 點轉換實現 N × N 的二維轉換：

$$F(k,l) = \sum_{m=0}^{N-1}\sum_{n=0}^{N-1} f(m,n)a_{k,l}(m,n) = \sum_{m=0}^{N-1}\sum_{n=0}^{N-1} f(m,n)a_k(m)a_l(n)$$

$$= \sum_{m=0}^{N-1} a_k(m) \sum_{n=0}^{N-1} f(m,n)a_l(n) = \sum_{m=0}^{N-1} a_k(m)F(m,l)$$

其中

$$F(m,l) = \sum_{n=0}^{N-1} f(m,n)a_l(n)$$

是對 $f(m, n)$ 沿著列方向進行 N 點 DFT(共有 N 列要執行)。

$$F(k,l) = \sum_{m=0}^{N-1} a_k(m)F(m,l)$$

則是對 $F(m, l)$ 沿著行方向進行 N 點 DFT(共有 N 行要執行)。所以總共有 2N 個一維的 N 點 DFT 要執行，而一個 N 點 DFT 的計算複雜度為 $O(N^2)$，所以這裡所需的複雜度為 $O(N^3)$。因此用 DFT 的可分離性將二維 DFT 的計算複雜度從 $O(N^4)$ 變為 $O(N^3)$。圖 4-5-1 顯示以一維 DFT 轉換執行二維 DFT 轉換的示意圖。

　　除了二維 DFT 為可分離外，二維反 DFT 也是可分離的：

$$f(m,n) = \sum_{k=0}^{N-1}\sum_{l=0}^{N-1} F(k,l)a_{k,l}^*(m,n), \ \ 0 \le m,n \le N-1$$

$$a_{k,l}^*(m,n) = \frac{1}{N} e^{j\left(\frac{2\pi}{N}\right)(mk+ln)} = a_k^*(m)a_l^*(n)$$

其中

$$a_k^*(m) = \frac{1}{\sqrt{N}} e^{j\left(\frac{2\pi}{N}\right)mk} \ , \ m = 0, 1, \cdots, N-1$$

$$a_l^*(n) = \frac{1}{\sqrt{N}} e^{j\left(\frac{2\pi}{N}\right)ln} \ , \ n = 0, 1, \cdots, N-1$$

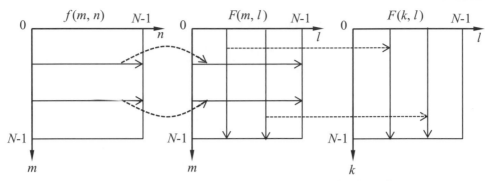

圖 4-5-1　以一維 DFT 轉換執行二維 DFT 轉換的示意圖

基底影像(Basis Image)

令 $\mathbf{a}_k^*$ 表示矩陣 $\mathbf{A}^{*T}$ 的第 k 行：

$$\mathbf{a}_k^* = \begin{bmatrix} a_k^*(0) & a_k^*(1) & \cdots & a_k^*(N-1) \end{bmatrix}^T \tag{4-5-14}$$

並定義矩陣

$$\mathbf{A}_{k,l}^* = \mathbf{a}_k^* \mathbf{a}_l^{*T} = \begin{bmatrix} a_k^*(0)a_l^*(0) & \cdots & a_k^*(0)a_l^*(N-1) \\ \vdots & \ddots & \vdots \\ a_k^*(N-1)a_l^*(0) & \cdots & a_k^*(N-1)a_l^*(N-1) \end{bmatrix} \tag{4-5-15}$$

亦即每一對(k, l)都有一個對應的矩陣 $\mathbf{A}_{k,l}^*$。將(4-5-13)式重寫成

$$f(m,n) = \sum_{k=0}^{N-1}\sum_{l=0}^{N-1} F(k,l)a_k^*(m)a_l^*(n), \ \ 0 \le m, n \le N-1 \tag{4-5-16}$$

運用(4-5-16)式再加上(4-5-15)式的符號標示可寫出

$$\mathbf{f} = \sum_{k=0}^{N-1}\sum_{l=0}^{N-1} F(k,l)\mathbf{A}_{k,l}^* \tag{4-5-17}$$

(4-5-17)式的意義是，一個 $N \times N$ 的影像 $\mathbf{f}$ 可以用基底影像 $\mathbf{A}_{k,l}^*$ 做級數展開，其中 $F(k, l)$ 為展開式的係數。有這個結果自然進一步想，在基底影像 $\mathbf{A}_{k,l}^*$ 下，如何求出此係數。

首先定義兩個 $N \times N$ 矩陣 $\mathbf{F}$ 和 $\mathbf{G}$ 的內積為

$$\langle \mathbf{F}, \mathbf{G} \rangle = \sum_{m=0}^{N-1} \sum_{n=0}^{N-1} f(m,n) g^*(m,n) \qquad (4\text{-}5\text{-}18)$$

其中

$$\mathbf{F} = \left\{ f(m,n) \middle| 0 \le m, n \le N-1 \right\} \qquad (4\text{-}5\text{-}19)$$

$$\mathbf{G} = \left\{ g(m,n) \middle| 0 \le m, n \le N-1 \right\} \qquad (4\text{-}5\text{-}20)$$

此定義簡單來說就是將對應項逐項相乘的和(後者相乘前先取共軛複數)。將(4-5-12)式重寫成

$$F(k,l) = \sum_{m=0}^{N-1} \sum_{n=0}^{N-1} f(m,n) a_k(m) a_l(n) , \, 0 \le k, l \le N-1 \qquad (4\text{-}5\text{-}21)$$

運用(4-5-21)式再加上(4-5-18)式的符號標示可寫出

$$F(k,l) = \left\langle \mathbf{f}, \mathbf{A}_{k,l}^* \right\rangle \qquad (4\text{-}5\text{-}22)$$

從(4-5-17)式可知任何影像 $\mathbf{f}$ 都是 N^2 個矩陣 $\mathbf{A}_{k,l}^*$, $k,l = 0,1,\cdots,N-1$ 的線性組合，因此 $\mathbf{A}_{k,l}^*$ 稱為基底影像(basis image)。從(4-5-22)式可知轉換係數 $F(k,\,l)$ 是影像 $\mathbf{f}$ 與基底影像 $\mathbf{A}_{k,l}^*$ 之內積，所以又稱為該基底影像的投影。

範例 4.6

再度考慮範例 4.1 中的矩陣

$$\mathbf{A} = \begin{bmatrix} a_0(0) & a_0(1) \\ a_1(0) & a_1(1) \end{bmatrix} = \frac{1}{\sqrt{2}} \begin{bmatrix} 1 & 1 \\ 1 & -1 \end{bmatrix}$$

求伴隨此矩陣的基底影像及影像 $\mathbf{f} = \begin{bmatrix} 1 & 2 \\ 3 & 4 \end{bmatrix}$ 在此基底影像下的投影。

解

由於 $\mathbf{A}$ 為實數矩陣，因此所有共軛複數部分都可忽略。

$$\mathbf{a}_0 = \begin{bmatrix} a_0(0) & a_0(1) \end{bmatrix}^T = \frac{1}{\sqrt{2}}\begin{bmatrix} 1 & 1 \end{bmatrix}^T$$

$$\mathbf{a}_1 = \begin{bmatrix} a_1(0) & a_1(1) \end{bmatrix}^T = \frac{1}{\sqrt{2}}\begin{bmatrix} 1 & -1 \end{bmatrix}^T$$

基底影像：

$$\mathbf{A}_{0,0} = \mathbf{a}_0\mathbf{a}_0^T = \frac{1}{2}\begin{bmatrix} 1 & 1 \\ 1 & 1 \end{bmatrix}$$

$$\mathbf{A}_{0,1} = \mathbf{a}_0\mathbf{a}_1^T = \frac{1}{2}\begin{bmatrix} 1 & -1 \\ 1 & -1 \end{bmatrix}$$

$$\mathbf{A}_{1,0} = \mathbf{a}_1\mathbf{a}_0^T = \frac{1}{2}\begin{bmatrix} 1 & 1 \\ -1 & -1 \end{bmatrix}$$

$$\mathbf{A}_{1,1} = \mathbf{a}_1\mathbf{a}_1^T = \frac{1}{2}\begin{bmatrix} 1 & -1 \\ -1 & 1 \end{bmatrix}$$

投影：

$$F(0,0) = \langle \mathbf{f}, \mathbf{A}_{0,0} \rangle = 5, F(0,1) = \langle \mathbf{f}, \mathbf{A}_{0,1} \rangle = -1$$

$$F(1,0) = \langle \mathbf{f}, \mathbf{A}_{1,0} \rangle = -2, F(1,1) = \langle \mathbf{f}, \mathbf{A}_{1,1} \rangle = 0$$

驗證：

$$\mathbf{f} = \begin{bmatrix} 1 & 2 \\ 3 & 4 \end{bmatrix} = \frac{5}{2}\begin{bmatrix} 1 & 1 \\ 1 & 1 \end{bmatrix} - \frac{1}{2}\begin{bmatrix} 1 & -1 \\ 1 & -1 \end{bmatrix} - \begin{bmatrix} 1 & 1 \\ -1 & -1 \end{bmatrix}$$

亦即

$$\mathbf{f} = \sum_{k=0}^{1}\sum_{l=0}^{1} F(k,l)\mathbf{A}_{k,l}$$

以下將介紹幾種較常被採用的正交影像轉換，包括離散傅立葉、離散餘弦、Walsh-Hadamard、Haar、SVD 與小波轉換。

4-6 　傅立葉轉換

▌ 4-6-1 　離散傅立葉轉換

先前我們已多次以一維或二維離散傅立葉轉換(discrete Fourier transform, DFT)來說明一般轉換的特性，主要是因為 DFT 非常有代表性又廣為熟知。這裡才開始正式定義 DFT 並說明其性質。

一個離散訊號 $f(n)$ 的一維 N 點 DFT 如下所示：

$$F(k) = \sum_{n=0}^{N-1} f(n)e^{-j\left(\frac{2\pi}{N}\right)nk} , \quad k = 0, 1, \cdots, N-1 \tag{4-6-1}$$

也可寫成

$$F(k) = \sum_{n=0}^{N-1} f(n)W_N^{nk} \tag{4-6-2}$$

其中 $W_N = e^{-j\frac{2\pi}{N}}$ 。 W_N^{nk} 通常被稱為轉換核(kernel)。而 $F(k)$ 的反離散傅立葉轉換(IDFT)則如下所示：

$$f(n) = \frac{1}{N}\sum_{k=0}^{N-1} F(k)e^{j\left(\frac{2\pi}{N}\right)nk} , \quad n = 0, 1, \cdots, N-1 \tag{4-6-3}$$

也可寫成

$$f(n) = \frac{1}{N}\sum_{k=0}^{N-1} F(k)W_N^{-nk} , \quad n = 0, 1, \cdots, N-1 \tag{4-6-4a}$$

因此，形成下面的轉換對：

$$f(n) \Leftrightarrow F(k) \tag{4-6-4b}$$

　　眼尖的讀者可能注意到，(4-6-1)與(4-6-3)式對 DFT 與 IDFT 的定義與先前不太一樣，先前正反轉換前都有一個因子 $\dfrac{1}{\sqrt{N}}$ ，這裡的因子卻是 1 與 $\dfrac{1}{N}$ 。主要是用 DFT 來展示一般轉換的特性，而一般轉換的基底有單範正交性，因此加入因子 $\dfrac{1}{\sqrt{N}}$ 是為了確保正反轉換的基底都具備此性質，這在許多轉換中是很普遍的性質。但這裡將兩個 $\dfrac{1}{\sqrt{N}}$ 因子都集中到反轉換變成 $\dfrac{1}{\sqrt{N}} \cdot \dfrac{1}{\sqrt{N}} = \dfrac{1}{N}$ ，另一邊的正轉換只剩 1 的因子，這不會破壞兩者仍互為轉換對的事實。好處是避開相對較昂貴的開根號運算，此外，如果某個應用只需做正轉換而不需做反轉換時，這樣可完全省去因子的運算，達到節省運算量的目的。

　　導入表示式 $W_N = e^{-j\frac{2\pi}{N}}$ 後，二維 $M \times N$ 的 DFT 與 IDFT 的轉換對可寫成

$$F(k,l) = \sum_{m=0}^{M-1} \sum_{n=0}^{N-1} f(m,n) W_M^{mk} W_N^{ln} \tag{4-6-5a}$$

$$0 \le k \le M-1, \ 0 \le l \le N-1 \tag{4-6-5b}$$

$$f(m,n) = \frac{1}{MN} \sum_{k=0}^{M-1} \sum_{l=0}^{N-1} F(k,l) W_M^{-mk} W_N^{-ln} \tag{4-6-6a}$$

$$0 \le m \le M-1, \ 0 \le n \le N-1 \tag{4-6-6b}$$

$$f(m,n) \Leftrightarrow F(k,l) \tag{4-6-7}$$

一維與二維離散傅立葉轉換有以下的性質：

1. 線性(Linearity)

一維：

$$f_3(n) = af_1(n) + bf_2(n) \Leftrightarrow F_3(k) = aF_1(k) + F_2(k) \tag{4-6-8}$$

二維：

$$f_3(m,n) = af_1(m,n) + bf_2(m,n) \Leftrightarrow F_3(k,l) = aF_1(k,l) + bF_2(k,l) \tag{4-6-9}$$

其中 a 和 b 為常數。

2. **對稱性(Symmetry)**

若 $f(n)$ 為實數，則 $F(k)$ 具備共軛對稱性：

$$F(N-k) = F^*(k) \quad 或 \quad F(-k) = F^*(k) \tag{4-6-10}$$

若 $f(m,n)$ 為實數，則 $F(k)$ 具備共軛對稱性：

$$F(M-k, N-l) = F^*(k,l) \quad 或 \quad F(-k,-l) = F^*(k,l) \tag{4-6-11}$$

3. **週期性**

一維：

$$F(k+M) = F(k) \tag{4-6-12a}$$

二維：

$$F(k+M,l) = F(k,l+N) = F(k+M,l+N) = F(k,l) \tag{4-6-12b}$$

4. **空間平移性**

一維：

$$f(n-n_0) \Leftrightarrow F(k)W_N^{kn_0} \tag{4-6-13a}$$

二維：

$$f(m-m_0, n-n_0) \Leftrightarrow F(k,l)W_M^{km_0}W_N^{ln_0} \tag{4-6-13b}$$

5. **頻率平移性**

一維：

$$f(n)W_N^{-k_0 n} \Leftrightarrow F(k-k_0) \tag{4-6-14}$$

特例：當 $k_0 = \dfrac{N}{2}$ 時，

$$f(n)W_N^{-\frac{nN}{2}} \Leftrightarrow F\left(k - \frac{N}{2}\right)$$

或

$$f(n)(-1)^n \Leftrightarrow F\left(k - \frac{N}{2}\right) \qquad (4\text{-}6\text{-}15)$$

(4-6-15)式顯示只要將原訊號乘上$(-1)^n$(正負相間)，就可將頻譜向右移$\frac{N}{2}$個位置。這是一個將頻譜置中的顯示技巧，圖 4-6-1 顯示這個技巧的作用，信號 $f(n)$ 的原始頻譜 $F(k)$ 有一個三角形的外形，取 DFT 後形成週期為 N 的頻譜複製品，但只呈現主週期從 $k = 0$ 到 $N - 1$ 那一段，顯然這一段看不出三角形的頻譜特性。經過(4-6-15)式的變換後，頻譜向右偏移 $\frac{N}{2}$ 的位置，將三角形的尖峰從最旁邊移到中央，這次主週期呈現出正確的三角形頻譜。

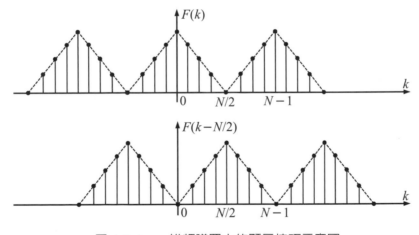

圖 4-6-1　一維頻譜置中的顯示技巧示意圖

同理二維時：

$$f(m,n)(-1)^{m+n} \Leftrightarrow F\left(k - \frac{M}{2}, l - \frac{N}{2}\right) \qquad (4\text{-}6\text{-}16)$$

圖 4-6-2 顯示(4-6-16)式的作用，信號 $f(m, n)$ 的原始頻譜 $F(k, l)$ 有一個投影到 kl 平面的圓形投影，取 DFT 後形成週期為 (M, N) 的頻譜複製品(所有實線表示的圓)，但只呈現主週期從 $k = 0$ 到 $M - 1$ 且 $l = 0$ 到 $N - 1$ 範圍內的頻譜(kl 平面右下角虛線框內的範圍)。顯然這範圍內看不出一個完整圓形的頻譜特性，而是被切割成出現在虛線框內四個角落的四分之一圓。經過(4-6-16)式的變換後，得到所有虛線圓所構成的頻譜，且主週期的虛線框內的頻譜已從四個角落移到該範圍的中間(頻譜置中)，呈現出正確的圓形頻譜。

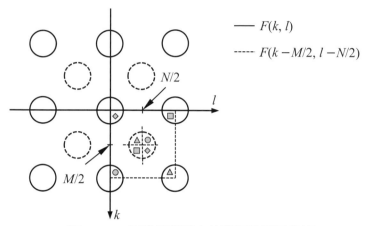

圖 4-6-2　二維頻譜置中的顯示技巧示意圖

6. 平均值特性

一維：

由(4-6-2)式可得平均值 $\overline{f}$：

$$\frac{1}{N} F(0) = \frac{1}{N} \sum_{n=0}^{N-1} f(n) = \overline{f}$$

二維：

由(4-6-5a)式可得平均值 $\overline{f}$：

$$\frac{1}{MN} F(0,0) = \frac{1}{MN} \sum_{m=0}^{M-1} \sum_{n=0}^{N-1} f(m,n) = \overline{f}$$

所以在原點的 DFT 係數值與訊號平均值成正比，其中比例常數為訊號點數。依不同的 DFT 定義(只有比例因子的差別)，此比例常數也可以恰為 1，此時 $F(0)$ 和 $F(0, 0)$ 就正好是平均值。

7. 卷積定理

$$f_1(n)*f_2(n) \Leftrightarrow F_1(k)F_2(k)$$

$$f_1(m,n)*f_2(m,n) \Leftrightarrow F_1(k,l)F_2(k,l)$$

8. **利用卷積定理以 DFT 間接計算卷積**

對於兩個長度分別為 N_1 及 N_2 的離散訊號 $f_1(n)$ 與 $f_2(n)$，執行本書附錄 A 中所定義的卷積 $f_3(n) = f_1(n) * f_2(n)$ 後，$f_3(n)$ 之長度可達 $N = N_1 + N_2 - 1$。現在將 $f_1(n)$ 與 $f_2(n)$ 分別添補 $N_2 - 1$ 及 $N_1 - 1$ 個零後，將其視為長度為 N 的兩個新序列 $f_{1,N}(n)$ 與 $f_{2,N}(n)$，且其 N 點的 DFT 分別為 $F_1(k)$ 及 $F_2(k)$。則

$$f_3(n) = \text{IDFT}\big[F_1(k)F_2(k)\big] \tag{4-6-17}$$

換言之，這是透過 DFT 執行卷積的間接方法。配合下一節所討論的快速傅立葉轉換，當所考慮訊號的長度大到一個程度以後，以(4-6-17)式執行卷積會比用定義直接計算快，而且訊號長度愈長，所節省的時間愈多。

二維的情況直接從一維延伸而來。考慮兩個大小為 $M_1 \times N_1$ 與 $M_2 \times N_2$ 的離散訊號 $f_1(m, n)$ 與 $f_2(m, n)$ 的卷積 $f_3(m,n) = f_1(m,n) * f_2(m,n)$。將兩個訊號都補零到 $M \times N$ 的大小，其中 $M = M_1 + M_2 - 1$ 且 $N = N_1 + N_2 - 1$，所得訊號分別稱為 $\tilde{f}_1(m,n)$ 與 $\tilde{f}_2(m,n)$，且其 $M \times N$ 點 DFT 分別為 $\tilde{F}_1(k,l)$ 與 $\tilde{F}_2(k,l)$。則

$$f_3(m,n) = \text{IDFT}\big[\tilde{F}_1(k,l)\tilde{F}_2(k,l)\big]$$

4-6-2 快速傅立葉轉換

快速傅立葉轉換(fast Fourier transform, FFT)的演算法，可分為時間端分組(decomposition-或 decimation-in-time, DIT)和頻率端分組(decomposition-或 decimation-in-frequency, DIF)兩種。時間端泛指原始輸入信號尚未轉換的那一端，例如就靜態影像而言，輸入端是在空間域。頻率端就是指轉換後的結果那一端。分組就是將資料分成較小筆的資料。事實上，FFT 用的就是演算法中非常知名又有效的分治法(divide & conquer)，基本上就是把大問題逐漸拆解成較小的問題，小到可以解決之後，整個大問題就解決了。

DIT 的演算法

茲以 $N = 16$ 的離散函數 $f(n)$ 為例說明之。因為 $N = 16$，所以

$$F(k) = \sum_{n=0}^{15} f(n) W_{16}^{nk} , \ k = 0, 1, \cdots, 15 \tag{4-6-18}$$

依偶數位置和奇數位置，將序列 $f(n)$ 分成兩個序列可得

$$F(k) = \sum_{\substack{n=0 \\ n=even}}^{15} f(n) W_{16}^{nk} + \sum_{\substack{n=0 \\ n=odd}}^{15} f(n) W_{16}^{nk} , \ k = 0, 1, \cdots, 15 \tag{4-6-19}$$

因為

$$W_{16}^{k(2n)} = e^{\left(-j\frac{2\pi}{16}\right)2nk} = e^{\left(-j\frac{2\pi}{8}\right)nk} = W_8^{nk} \tag{4-6-20}$$

所以

$$F(k) = \sum_{n=0}^{7} f(2n) W_8^{nk} + W_{16}^{k} \sum_{n=0}^{7} f(2n+1) W_8^{nk} , \ k = 0, 1, \cdots, 15 \tag{4-6-21}$$

若令

$$f_{10}(n) = f(2n) \tag{4-6-22}$$

$$f_{11}(n) = f(2n+1) \tag{4-6-23}$$

則

$$F(k) = \sum_{n=0}^{7} f_{10}(n) W_8^{nk} + W_{16}^{k} \sum_{n=0}^{7} f_{11}(n) W_8^{nk} , \ k = 0, 1, \cdots, 15 \tag{4-6-24}$$

令

$$F_{10}(r) = \sum_{n=0}^{7} f_{10}(n) W_8^{nr} , \ r = 0, 1, \cdots, 7 \tag{4-6-25}$$

和

$$F_{11}(r) = \sum_{n=0}^{7} f_{11}(n)W_8^{nr} , \ r = 0, 1,\cdots, 7 \tag{4-6-26}$$

分別為 $f_{10}(n)$ 及 $f_{11}(n)f_{11}(n)$ 的 8 點 DFT。重寫(4-6-24)式中 $k = 0, 1,\cdots, 7$ 的結果可得

$$F(r) = F_{10}(r) + W_{16}^{r}F_{11}(r) , \ r = 0, 1,\cdots, 7 \tag{4-6-27}$$

至於(4-6-24)式中 $k = 8, 9,\cdots, 15$ 的結果則考慮如下。當 $r = 0, 1,\cdots, 7$ 時，

$$F(r+8) = F_{10}(r+8) + W_{16}^{r+8}F_{11}(r+8)$$

由 $W_8^{n(r+8)} = W_8^{nr}$ 且 $W_{16}^8 = e^{\left(-j\frac{2\pi}{16}\right)8} = -1$ 可將上式改寫成

$$F(r+8) = F_{10}(r) - W_{16}^{r}F_{11}(r) , \ r = 0, 1,\cdots, 7 \tag{4-6-28}$$

(4-6-27)及(4-6-28)式形成一個運算單元，即所謂的蝶形(butterfly)運算單元。圖 4-6-3 中，用圖形來代表一個蝶形運算單元，其中 W_{16}^r 這一項通常稱為權重(weight)或變動因子(twiddle factor)。整個 FFT 的運算就由這樣的蝶型運算單元所構成。注意到一個蝶型運算需 1 個複數乘法與 2 個複數加法。

(4-6-27)及(4-6-28)式代表整個 FFT 的最後一級，而前三級可依此類推。亦即一個 16 點的 DFT 可由 2 個 8 點 DFT 的蝶形組合而成；各 8 點的 DFT 可由 2 個 4 點 DFT 的蝶形組合而成；各 4 點的 DFT 可由 2 個 2 點 DFT 的蝶形組合而成。前三級的推導可參考第四級的推導過程，在此省略推導細節，整個 DIT 演算法的流程圖如圖 4-6-4 所示。

圖中輸出入序列的序號間恰有位元倒置的關係。所謂位元倒置就是將一序列之序號的二進位碼反序後作為新的序號。下面舉例說明。

序號	0	1	2	3	4	5	6	7
二進位	000	001	010	011	100	101	110	111
反序	000	100	010	110	001	101	011	111
新序	0	4	2	6	1	5	3	7

這個關係方便輸入資料的重新排序與分組，為 FFT 的運算做準備。

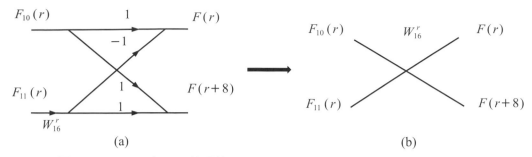

圖 4-6-3　FFT 之 DIT 的運算單元。(a)蝶形運算單元；(b)為(a)之簡圖。

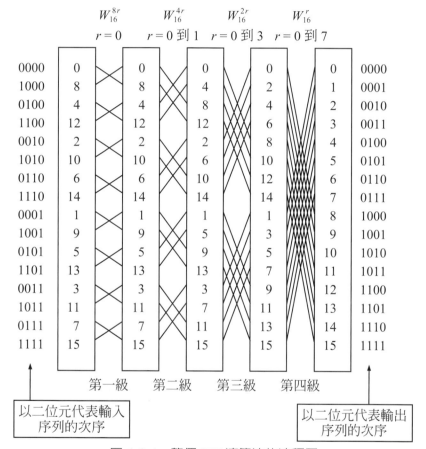

圖 4-6-4　整個 DIT 演算法的流程圖

DIF 的演算法

前面的 DIT 是將輸入序列分奇偶位置打散，但在 DIF 的演算法則改成將輸出序列打散，而其他過程則非常類似。

我們再度以 $N = 16$ 的離散函數 $f(n)$ 為例說明之。因為 $N = 16$，所以

$$F(k) = \sum_{n=0}^{15} f(n) W_{16}^{nk}, \, k = 0, 1, \cdots, 15 \tag{4-6-29}$$

將上式依 $f(n)$ 拆成兩部份，即

$$F(k) = \sum_{n=0}^{7} f(n) W_{16}^{nk} + \sum_{n=8}^{15} f(n) W_{16}^{nk} \tag{4-6-30}$$

其中第二個和可寫成

$$\sum_{n=8}^{15} f(n) W_{16}^{nk} = \sum_{n=0}^{7} f(n+8) W_{16}^{(n+8)k} = (-1)^k \sum_{n=0}^{7} f(n+8) W_{16}^{nk} \tag{4-6-31}$$

將此結果代回(4-6-30)式可得

$$F(k) = \sum_{n=0}^{7} [f(n) + (-1)^k f(n+8)] W_{16}^{nk} \tag{4-6-32}$$

由此得

$$F(2k) = \sum_{n=0}^{7} [f(n) + f(n+8)] W_{16}^{2kn}, \, k = 0, 1, \cdots, 7$$
$$F(2k+1) = \sum_{n=0}^{7} [f(n) - f(n+8)] W_{16}^{(2k+1)n}, \, k = 0, 1, \cdots, 7 \tag{4-6-33}$$

利用

$$W_{16}^{2kn} = e^{-j\left(\frac{2\pi}{16}\right)2nk} = e^{-j\left(\frac{2\pi}{8}\right)nk} = W_8^{kn} \tag{4-6-34}$$

以及

$$W_{16}^{(2k+1)n} = e^{-j\left(\frac{2\pi}{16}\right)(2k+1)n} = e^{-j\frac{2\pi}{16}n} \cdot e^{-j\left(\frac{2\pi}{16}\right)2kn} = W_{16}^{n} W_8^{kn} \tag{4-6-35}$$

可將(4-6-33)式改寫為

$$F(2k) = \sum_{n=0}^{7} [f(n) + f(n+8)] W_8^{kn}, \, k = 0, 1, \cdots, 7$$

$$F(2k+1) = \sum_{n=0}^{7} [f(n) - f(n+8)] W_{16}^{n} W_8^{kn}, \, k = 0, 1, \cdots, 7$$

(4-6-36)

若令

$$f_{10}(r) = f(r) + f(r+8) \, \text{且} \, f_{11}(r) = [f(r) - f(r+8)] W_{16}^{r} \qquad \text{(4-6-37)}$$

則

$$F(2k) = \sum_{r=0}^{7} f_{10}(r) W_8^{kr}, \, k = 0, 1, \cdots, 7$$

$$F(2k+1) = \sum_{r=0}^{7} f_{11}(r) W_8^{kr}, \, k = 0, 1, \cdots, 7$$

(4-6-38)

亦即 $F(2k)$ 是 $f_{10}(r)$ 的 8 點 DFT，$F(2k+1)$ 則是 $f_{11}(r)$ 的 8 點 DFT。8 點 DFT 又可拆成 2 個 4 點 DFT，依此類推。將(4-6-37)式以蝶形運算單元的形式呈現如圖 4-6-5 所示的結果。整個 DIF 演算法的流程圖則如圖 4-6-6 所示。

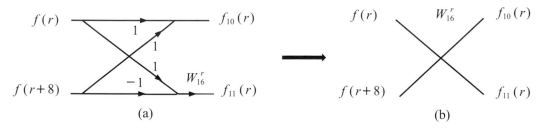

圖 4-6-5　FFT 之 DIF 的運算單元。(a)蝶形運算單元；(b)為(a)之簡圖。

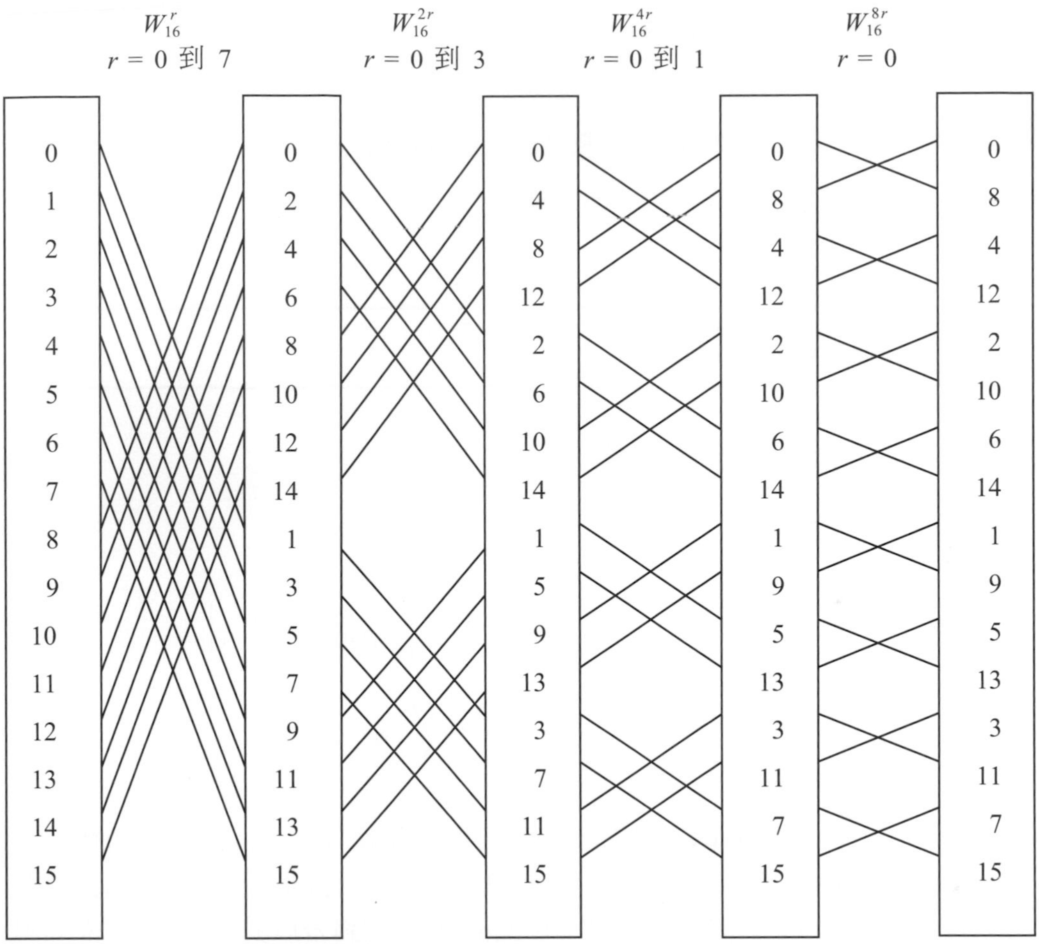

$$W_{16}^{r} \qquad W_{16}^{2r} \qquad W_{16}^{4r} \qquad W_{16}^{8r}$$
$$r = 0\ 到\ 7 \qquad r = 0\ 到\ 3 \qquad r = 0\ 到\ 1 \qquad r = 0$$

圖 4-6-6　16 點 FFT 之 DIF 的流程圖

　　由 FFT 演算法的流程圖可推估其計算複雜度。對於 N 點的 FFT，級數等於 $\log_2 N$，每一級有 $N/2$ 個蝶形單元，而每個蝶形單元需 1 個複數乘法與 2 個複數加法，因此共需 $(\log_2 N)(N/2)(1) = (N/2)\log_2 N$ 個複數乘法以及 $(\log_2 N)(N/2)(2) = N\log_2 N$ 個複數加法，因此計算複雜度為 $O(N\log_2 N)$，這遠小於 DFT 的 $O(N^2)$。N 越大，FFT 與 DFT 的運算量差距也越大，FFT 的計算效益就越顯著。

註▶以上的 FFT 是對 DFT 的正轉換，有時也需要反轉換的快速計算。由於 DFT 與 IDFT 的轉換基底只差指數中的一個正負號，所以可以將 IDFT 改寫成 DFT 的形式，再藉由 FFT 來執行。具體做法如下：

$$f(n) = \frac{1}{N}\sum_{k=0}^{N-1} F(k)W_N^{-nk} \Rightarrow Nf^*(n) = \sum_{k=0}^{N-1} F^*(k)W_N^{nk}$$

步驟 ① 將 $F(k)$ 取共軛複數得 $F^*(k)$。

步驟 ② 將 N 點的 $F^*(k)$ 送進 FFT，得到的結果相當於 $Nf^*(n)$。

步驟 ③ 將步驟 2 所得得結果取共軛複數再除以 N 即為所求。

以上是一維的情況，二維情況可依此方式類推。

4-7 離散餘弦轉換

4-7-1 一維離散餘弦轉換

一維 DFT 的轉換可寫成

$$F(k) = \sum_{n=0}^{N-1} f(n)e^{-j\left(\frac{2\pi}{N}\right)nk} = \sum_{n=0}^{N-1} f(n)\left[\cos\left(\frac{2\pi nk}{N}\right) - j\sin\left(\frac{2\pi nk}{N}\right)\right]$$

$$= \sum_{n=0}^{N-1} f(n)\cos\left(\frac{2\pi nk}{N}\right) - j\sum_{n=0}^{N-1} f(n)\sin\left(\frac{2\pi nk}{N}\right)$$

$k = 0, 1, \cdots, N - 1$。所以整個 DFT 可拆解成餘弦與正弦兩部分，且一般而言，輸入實數值信號 $f(n)$ 得到複數值輸出 $F(k)$。這對像是資料壓縮的應用而言非常不理想，因為這相當於一個實數值產生兩個實數值(複數的實部與虛部)的 1：2 資料量放大——資料非但沒減少，反而還膨脹。因此一個相對比較理想的轉換應該是一組實數值輸入對應一組相同長度的實數值輸出。

離散餘弦轉換(discrete cosine transform, DCT)的想法就是如何組合出 $f(n)$，讓它具備某種對稱性，使 DFT 的虛部(正弦部分)抵銷不見，只留下實部(餘弦部分)。

從以上分析看出，離散餘弦轉換是離散傅立葉轉換家族的一員；與 DFT 相同的是，離散餘弦轉換提供了有關信號在頻域的資訊；與 DFT 不同的是，一個實數信號的離散餘弦轉換具有實數值。因 DCT 轉換為線性，故可表示成如下的矩陣向量形式：

$$\mathbf{F} = \mathbf{Cf} \tag{4-7-1}$$

此處 $\mathbf{f}$ 是描述信號的 N 維向量，$\mathbf{F}$ 是描述轉換結果的 N 維向量，$\mathbf{C}$ 是描述轉換的 $N \times N$ 非奇異實數矩陣且其元素都與餘弦函數的值有關。若 $\mathbf{f}$ 為 $N \times N$ 的影像矩陣，則其 DCT 的矩陣形式為

$$\mathbf{F} = \mathbf{C}\mathbf{f}\mathbf{C}^T \tag{4-7-2}$$

不同的 $f(n)$ 組合可從 DFT 產生不同的 DCT，文獻(例如維基百科)顯示共有八種，不過其中有四種鮮少被使用，因此本書只討論其餘的四種，分別是第一到第四類的離散餘弦轉換，可稱為 DCT-I、DCT-II、DCT-III 以及 DCT-IV。各類 DCT 轉換都有其對應且不同的矩陣 $\mathbf{C}$。產生這四類 DCT 的細節在本書末的附錄 B 中。以下只詳細探討第二類 DCT 的性質，因為一般講到的 DCT，包括影音壓縮標準所用的 DCT 指的就是第二類 DCT，它也是目前最廣被採用的 DCT。

第二類 DCT 的正反轉換：

$$F(k) = \sqrt{\frac{2}{N}} \sum_{n=0}^{N-1} b(k) f(n) \cos\left[\frac{\pi(n+0.5)k}{N}\right], \, k = 0, 1, \cdots, N-1 \tag{4-7-3}$$

$$f(n) = \sqrt{\frac{2}{N}} \sum_{k=0}^{N-1} b(k) F(k) \cos\left[\frac{\pi(n+0.5)k}{N}\right], \, n = 0, 1, \cdots, N-1 \tag{4-7-4}$$

其中

$$b(k) = \begin{cases} \dfrac{1}{\sqrt{2}}, & k = 0 \\ 1, & k \neq 0 \end{cases} \tag{4-7-5}$$

習慣上，通常會將 DCT 或 IDCT 定義中的餘弦項分子與分母都乘上 2，把 0.5 變成 1，亦即

$$\cos\left[\frac{\pi(n+0.5)k}{N}\right] = \cos\left[\frac{(2n+1)k\pi}{2N}\right]$$

於是(4-7-3)與(4-7-4)式變成

$$F(k) = \sqrt{\frac{2}{N}} \sum_{n=0}^{N-1} b(k) f(n) \cos\left[\frac{(2n+1)k\pi}{2N}\right], \, k = 0, 1, \cdots, N-1 \tag{4-7-6}$$

$$f(n) = \sqrt{\frac{2}{N}} \sum_{k=0}^{N-1} b(k) F(k) \cos\left[\frac{(2n+1)k\pi}{2N}\right], \, n = 0, 1, \cdots, N-1 \tag{4-7-7}$$

(4-7-6)式及(4-7-7)式為 DCT-II 轉換對，其矩陣向量表示式為

$$\mathbf{F} = \mathbf{C}_{\mathrm{II}}\mathbf{f}, \quad \mathbf{f} = (\mathbf{C}_{\mathrm{II}})^T \mathbf{F} \tag{4-7-8}$$

此處

$$\left[\mathbf{C}_{\mathrm{II}}\right]_{k,n} = \sqrt{\frac{2}{N}}\, b(k)\cos\left[\frac{(2n+1)k\pi}{2N}\right], \; 0 \le k, n \le N-1 \tag{4-7-9}$$

根據(4-7-8)式可知 $\mathbf{C}_{\mathrm{II}}$ 為一實數單範正交矩陣，也就是它滿足：

$$(\mathbf{C}_{\mathrm{II}})^{-1} = (\mathbf{C}_{\mathrm{II}})^T \tag{4-7-10}$$

範例 4.7

寫出 $N = 2$ 和 3 時的 DCT 轉換矩陣 $\mathbf{C}_{\mathrm{II}}$ 並驗證其為單範正交矩陣。

解

$N = 2$ 時，從(4-7-9)式可得 $\mathbf{C}_{\mathrm{II}}$ 的元素 $c_{k,n}$ 為

$$c_{k,n} = b(k)\cos\left[\frac{(2n+1)k\pi}{4}\right], \; 0 \le k, \; n \le 1$$

$$\mathbf{C}_{\mathrm{II}} = \begin{bmatrix} \dfrac{1}{\sqrt{2}} & \dfrac{1}{\sqrt{2}} \\ \dfrac{1}{\sqrt{2}} & -\dfrac{1}{\sqrt{2}} \end{bmatrix}$$

$$(\mathbf{C}_{\mathrm{II}})^{-1} = \frac{-1}{1}\begin{bmatrix} -\dfrac{1}{\sqrt{2}} & -\dfrac{1}{\sqrt{2}} \\ -\dfrac{1}{\sqrt{2}} & \dfrac{1}{\sqrt{2}} \end{bmatrix} = \begin{bmatrix} \dfrac{1}{\sqrt{2}} & \dfrac{1}{\sqrt{2}} \\ \dfrac{1}{\sqrt{2}} & -\dfrac{1}{\sqrt{2}} \end{bmatrix} = (\mathbf{C}_{\mathrm{II}})^T$$

$N = 3$ 時，從(4-7-9)式可得 $\mathbf{C}_{\mathrm{II}}$ 的元素 $c_{k,n}$ 為

$$c_{k,n} = \sqrt{\frac{2}{3}}\, b(k)\cos\left[\frac{(2n+1)k\pi}{6}\right], \; 0 \le k, n \le 2$$

$$\mathbf{C}_{\mathrm{II}} = \begin{bmatrix} \dfrac{1}{\sqrt{3}} & \dfrac{1}{\sqrt{3}} & \dfrac{1}{\sqrt{3}} \\ \sqrt{\dfrac{2}{3}}\cos\left(\dfrac{\pi}{6}\right) & \sqrt{\dfrac{2}{3}}\cos\left(\dfrac{\pi}{2}\right) & \sqrt{\dfrac{2}{3}}\cos\left(\dfrac{5\pi}{6}\right) \\ \sqrt{\dfrac{2}{3}}\cos\left(\dfrac{\pi}{3}\right) & \sqrt{\dfrac{2}{3}}\cos\left(\pi\right) & \sqrt{\dfrac{2}{3}}\cos\left(\dfrac{5\pi}{3}\right) \end{bmatrix} = \begin{bmatrix} \dfrac{1}{\sqrt{3}} & \dfrac{1}{\sqrt{3}} & \dfrac{1}{\sqrt{3}} \\ \dfrac{1}{\sqrt{2}} & 0 & -\dfrac{1}{\sqrt{2}} \\ \dfrac{1}{\sqrt{6}} & -\sqrt{\dfrac{2}{3}} & \dfrac{1}{\sqrt{6}} \end{bmatrix}$$

$$\left(\mathbf{C}_{\mathrm{II}}\right)^{-1} = \dfrac{-1}{1}\begin{bmatrix} \dfrac{-1}{\sqrt{3}} & \dfrac{-1}{\sqrt{2}} & \dfrac{-1}{\sqrt{6}} \\ \dfrac{-1}{\sqrt{3}} & 0 & \sqrt{\dfrac{2}{3}} \\ \dfrac{-1}{\sqrt{3}} & \dfrac{1}{\sqrt{2}} & \dfrac{-1}{\sqrt{6}} \end{bmatrix} = \begin{bmatrix} \dfrac{1}{\sqrt{3}} & \dfrac{1}{\sqrt{2}} & \dfrac{1}{\sqrt{6}} \\ \dfrac{1}{\sqrt{3}} & 0 & -\sqrt{\dfrac{2}{3}} \\ \dfrac{1}{\sqrt{3}} & -\dfrac{1}{\sqrt{2}} & \dfrac{1}{\sqrt{6}} \end{bmatrix} = \left(\mathbf{C}_{\mathrm{II}}\right)^{T}$$

4-7-2 二維離散餘弦轉換

對於 $m, n, k, l = 0, 1, \cdots, N-1$，二維 DCT 的正反轉換分別爲

$$F(k,l) = \frac{2}{N}\sum_{m=0}^{N-1}\sum_{n=0}^{N-1}b(k)b(l)f(m,n)\cos\left[\frac{(2m+1)k\pi}{2N}\right]\cos\left[\frac{(2n+1)l\pi}{2N}\right]$$

$N = 8$ 時的二維 DCT 普遍用於 JPEG 與 MPEG 等影像壓縮標準中。4-5 節中伴隨(4-5-17)式的討論提及，一個 $N \times N$ 的影像 $\mathbf{f}$ 可以用基底影像 $\mathbf{A}_{k,l}^{*}$ 做級數展開，其中 $F(k, l)$ 爲展開式的係數：

$$\mathbf{f} = \sum_{k=0}^{N-1}\sum_{l=0}^{N-1}F(k,l)\mathbf{A}_{k,l}^{*}$$

這裡是實數基底，所以忽略 $\mathbf{A}_{k,l}^{*}$ 的共軛複數部分。$N = 8$ 時，對特定 k 與 l 的每一個基底影像矩陣中的元素爲

$$\left[\mathbf{A}_{k,l}\right]_{m,n} = \frac{1}{4}b(k)b(l)\cos\left[\frac{(2m+1)k\pi}{16}\right]\cos\left[\frac{(2n+1)l\pi}{16}\right]$$

圖 4-7-1 顯示所有的基底影像矩陣。例如，$F(0, 0)$習慣稱爲直流係數(DC coefficient)，其他則稱爲交流係數(AC coefficients)。顧名思義，對應直流係數的基底影像是一個均勻的影像，因爲

$$[\mathbf{A}_{0,0}]_{m,n} = \frac{1}{4} b(0)b(0)\cos\left[\frac{(2m+1)0\pi}{16}\right]\cos\left[\frac{(2n+1)0\pi}{16}\right] = \frac{1}{8}$$

這是頻率最低的基底影像。隨著 k 與 l 的增加，水平頻率從左到右增加，垂直頻率從上到下增加。$\mathbf{A}_{7,7}$ 是水平與垂直頻率都最高的基底影像。

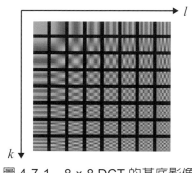

圖 4-7-1　8 × 8 DCT 的基底影像

4-8　Walsh-Hadamard 轉換

　　Walsh 函數是一組定義在[0,1]上的完備正交矩形函數。離散 Walsh 函數是在[0,1]區間上對連續 Walsh 函數等間隔取樣的結果。在影像處理中，取樣點數 N 常取 2 的正整數乘冪，此時 Hadamard 轉換矩陣與 Walsh 轉換矩陣祇在行(或列)的次序上不同，因此 Walsh 轉換與 Hadamard 轉換常統稱爲"Walsh-Hadamard"轉換。對任意的正整數 N，Walsh 轉換都可形成，但對於不爲 2 的正整數乘冪的 N 值，Hadamard 轉換不一定可形成。

　　此處祇考慮 N 爲 2 的正整數乘冪的狀況，此時 Hadamard 與 Walsh 的轉換矩陣祇有排列順序不同。爲了呈現此種差別，首先我們介紹列率(sequency)的觀念，再分別探討 Walsh 版以及 Hadamard 版的 Walsh-Hadamard 轉換。

4-8-1　列率

　　頻率可定義爲一個正弦函數在每單位時間內所經歷的週期數，它正好是函數值越零(zero crossing)次數的一半，如圖 4-8-1 所示。

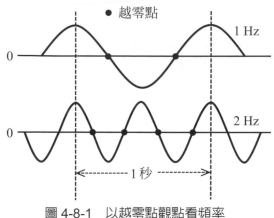

圖 4-8-1 以越零點觀點看頻率

頻率的概念可以推廣至稱為列率的廣義頻率，列率可定義為函數在單位時間內其值越零點之平均次數的一半。列率可用來描述在一個區間內有不等間隔之越零點的非週期性函數。對於週期性的正弦函數，列率與頻率的定義相當。

圖 4-8-2 顯示在一個區間[0, 1)上的一個連續函數 $f(x)$。由於該區間上函數有四個越零點，所以列率等於 2。

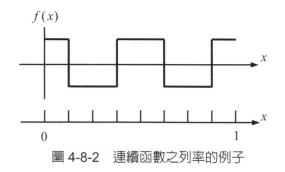

圖 4-8-2 連續函數之列率的例子

對於離散函數 $f(n)$，列率 S 可定義為

$$S = \begin{cases} \dfrac{r}{2}, & r為偶數 \\ \dfrac{r+1}{2}, & r為奇數 \end{cases} \qquad (4\text{-}8\text{-}1)$$

其中 r 為在單位時間內 $f(n)$ 的符號變更次數。對圖 4-8-2 中的 $f(x)$ 做等間隔取樣，得到一個離散函數 $f(n)$，如圖 4-8-3 中所示。從圖中可看出其符號變更次數為 $r = 4$，故其列率為 2。

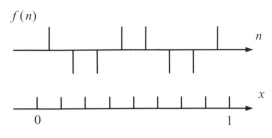

圖 4-8-3　離散函數之列率的例子

4-8-2　Walsh 版的 Walsh-Hadamard 轉換

以 $N = 8$ 為例，Walsh 版之 Walsh-Hadamard 轉換(記為 WWHT)的轉換矩陣 $\mathbf{H}_8$ 為

$$
\mathbf{H}_8 = \frac{1}{2\sqrt{2}}
\begin{bmatrix}
1 & 1 & 1 & 1 & 1 & 1 & 1 & 1 \\
1 & 1 & 1 & 1 & -1 & -1 & -1 & -1 \\
1 & 1 & -1 & -1 & -1 & -1 & 1 & 1 \\
1 & 1 & -1 & -1 & 1 & 1 & -1 & -1 \\
1 & -1 & -1 & 1 & 1 & -1 & -1 & 1 \\
1 & -1 & -1 & 1 & -1 & 1 & 1 & -1 \\
1 & -1 & 1 & -1 & -1 & 1 & -1 & 1 \\
1 & -1n & 1 & -1 & 1 & -1 & 1 & -1
\end{bmatrix}
\begin{matrix}
\text{變號次數} \\
0 \\ 1 \\ 2 \\ 3 \\ 4 \\ 5 \\ 6 \\ 7
\end{matrix}
\tag{4-8-2}
$$

其轉換係數指標 k、變號次數 r 及列率 S 的關係如表 4-8-1 所示。

表 4-8-1　WWHT 之 $\mathbf{H}_8$ 的列率

轉換係數指標 k	0	1	2	3	4	5	6	7
變號次數 r	0	1	2	3	4	5	6	7
列率 S	0	1	1	2	2	3	3	4

在正規化後，可輕易驗證出 $\mathbf{H}_N$ 為一對稱的正交矩陣，因此

$$
\mathbf{H}_N^{-1} = \mathbf{H}_N \tag{4-8-3}
$$

由此可知 WWHT 的正反轉換有相同的轉換矩陣。其一維正反轉換核 $h(k, n)$ 為

$$
h(k,n) = \frac{1}{\sqrt{N}} (-1)^{p(k,n)} k, \quad n = 0, 1, \cdots, N-1 \tag{4-8-4}
$$

$$p(k,n) = \sum_{i=0}^{l-1} t_i(k) b_i(n) \tag{4-8-5}$$

其中 $b_i(n)$ 為以二進位數代表整數 n 時，第 i 位碼的值，l 是使 $N = 2^l$ 的值。另外，若以符號⊕表示 "XOR"(2 餘數加法)運算，則 $t_i(k)$ 的定義為

$$\begin{cases} t_0(k) = b_{l-1}(k) \\ t_1(k) = b_{l-1}(k) \oplus b_{l-2}(k) \\ t_2(k) = b_{l-2}(k) \oplus b_{l-3}(k) \\ \quad\vdots \\ t_{l-1}(k) = b_1(k) \oplus b_0(k) \end{cases} \tag{4-8-6}$$

以 $(n, k) = (1, 1)$ 與 $(3, 6)$ 為例，(4-8-4)到(4-8-6)式的計算結果，如表 4-8-2 中所示。

表 4-8-2　(4-8-4)到(4-8-6)式的計算實例

n	$b_2(n)$	$b_1(n)$	$b_0(n)$	k	$b_2(k)$	$b_1(k)$	$b_0(k)$	$t_2(k)$	$t_1(k)$	$t_0(k)$	$p(k,n)$	$h(k,n)$
1	0	0	1	1	0	0	1	1	0	0	0	$\dfrac{1}{2\sqrt{2}}$
3	0	1	1	6	1	1	0	1	0	1	1	$-\dfrac{1}{2\sqrt{2}}$

一維 WWHT 的正反轉換為

$$F(k) = \sum_{n=0}^{N-1} f(n) h(k,n) = \frac{1}{\sqrt{N}} \sum_{n=0}^{N-1} f(n)(-1)^{\sum_{i=0}^{l-1} t_i(k) b_i(n)} \tag{4-8-7}$$

$$f(n) = \sum_{k=0}^{N-1} F(k) h(k,n) = \frac{1}{\sqrt{N}} \sum_{k=0}^{N-1} F(k)(-1)^{\sum_{i=0}^{l-1} t_i(k) b_i(n)} \tag{4-8-8}$$

表成矩陣形式分別可得

$$\mathbf{F} = \mathbf{H}_N \mathbf{f} \tag{4-8-9}$$

$$\mathbf{f} = \mathbf{H}_N \mathbf{F} \tag{4-8-10}$$

對一 $M \times N$ 影像，其二維 WWHT 的正反轉換核為

$$h(j,k;m,n) = \frac{1}{\sqrt{MN}}(-1)^{p(j,m)+p(k,n)} \tag{4-8-11}$$

$$p(j,m) + p(k,n) = \sum_{i=0}^{l-1}[t_i(j)b_i(m) + t_i(k)b_i(n)] \tag{4-8-12}$$

由於 $h(j,k;m,n)$ 是可分離的，即

$$h(j,k;m,n) = h_1(j,m)h_2(k,n) \tag{4-8-13}$$

故二維 WWHT 轉換的矩陣形式為

$$\mathbf{F} = \mathbf{H}_M\mathbf{f}\mathbf{H}_N \tag{4-8-14}$$

$$\mathbf{f} = \mathbf{H}_M\mathbf{F}\mathbf{H}_N \tag{4-8-15}$$

相對應的轉換式為

$$F(j,k) = \frac{1}{\sqrt{MN}}\sum_{m=0}^{M-1}\sum_{n=0}^{N-1}f(m,n)(-1)^{\sum_{i=0}^{l-1}[t_i(j)b_i(m)+t_i(k)b_i(n)]} \tag{4-8-16}$$

$$f(m,n) = \frac{1}{\sqrt{MN}}\sum_{j=0}^{M-1}\sum_{k=0}^{N-1}F(j,k)(-1)^{\sum_{i=0}^{l-1}[t_i(j)b_i(m)+t_i(k)b_i(n)]} \tag{4-8-17}$$

參考(4-8-2)式可得 8 × 8 的 WWHT 的基底影像，如圖 4-8-4 所示。與 DCT 一樣，隨著 j 與 k 的增加，水平頻率從左到右增加，垂直頻率從上到下增加。

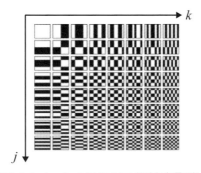

圖 4-8-4　8×8 WWHT 的基底影像

4-8-3 Hadamard 版的 Walsh-Hadamard 轉換

以 $N = 4$ 和 $N = 8$ 為例，Hadamard 版之 Walsh-Hadamard 轉換(記為 HWHT)的兩個轉換矩陣為：

$$\mathbf{H}_4 = \frac{1}{2}\begin{bmatrix} 1 & 1 & 1 & 1 \\ 1 & -1 & 1 & -1 \\ 1 & 1 & -1 & -1 \\ 1 & -1 & -1 & 1 \end{bmatrix} \begin{matrix} \text{變號次數} \\ 0 \\ 3 \\ 1 \\ 2 \end{matrix} \tag{4-8-18}$$

$$\mathbf{H}_8 = \frac{1}{2\sqrt{2}}\begin{bmatrix} 1 & 1 & 1 & 1 & 1 & 1 & 1 & 1 \\ 1 & -1 & 1 & -1 & 1 & -1 & 1 & -1 \\ 1 & 1 & -1 & -1 & 1 & 1 & -1 & -1 \\ 1 & -1 & -1 & 1 & 1 & -1 & -1 & 1 \\ 1 & 1 & 1 & 1 & -1 & -1 & -1 & -1 \\ 1 & -1 & 1 & -1 & -1 & 1 & -1 & 1 \\ 1 & 1 & -1 & -1 & -1 & -1 & 1 & 1 \\ 1 & -1 & -1 & 1 & -1 & 1 & 1 & -1 \end{bmatrix} \begin{matrix} \text{變號次數} \\ 0 \\ 7 \\ 3 \\ 4 \\ 1 \\ 6 \\ 2 \\ 5 \end{matrix} \tag{4-8-19}$$

其中 $\mathbf{H}_8$ 之轉換係數指標 k，變號次數 r 及列序 S 的關係如表 4-8-3 所示。

表 4-8-3　$\mathbf{H}_8$ 的列率

轉換係數 k	0	1	2	3	4	5	6	7
變號次數 r	0	7	3	4	1	6	2	5
列率 S	0	4	2	2	1	3	1	3

由表 4-8-3 可知，其列率的順序並不像 WWHT 一樣是遞增的，但是這樣的好處是其轉換矩陣可由遞迴關係得到，它是由+1 和−1 的元素構成的 $N = 2^l$ 階方陣。在 $N = 2^l$ 時，形成該矩陣的遞迴關係為

$$\mathbf{H}_2 = \frac{1}{\sqrt{2}}\begin{bmatrix} 1 & 1 \\ 1 & -1 \end{bmatrix} \tag{4-8-20}$$

$$\mathbf{H}_{2^l} = \frac{1}{\sqrt{2}}\begin{bmatrix} \mathbf{H}_{2^{l-1}} & \mathbf{H}_{2^{l-1}} \\ \mathbf{H}_{2^{l-1}} & -\mathbf{H}_{2^{l-1}} \end{bmatrix} = \mathbf{H}_2 \otimes \mathbf{H}_{2^{l-1}} \tag{4-8-21}$$

讀者可以此式驗證(4-8-18)及(4-8-19)兩式中的 $\mathbf{H}_4$ 與 $\mathbf{H}_8$。

經過正規化後，矩陣 $\mathbf{H}_N$ 有下列性質：

(1) $\mathbf{H}_N$ 是一對稱矩陣，即

$$\mathbf{H}_N^T = \mathbf{H}_N \qquad (4\text{-}8\text{-}22)$$

(2) $\mathbf{H}_N$ 是一正交矩陣，即

$$\mathbf{H}_N^T \mathbf{H}_N = \mathbf{H}_N \mathbf{H}_N^T = \mathbf{I}_N \qquad (4\text{-}8\text{-}23)$$

由上兩式可得 $\mathbf{H}_N^{-1} = \mathbf{H}_N$，這說明 HWHT 的正轉換矩陣與反轉換矩陣完全相同，即它們的正反轉換核相同，因此其正、反轉換的求和表示式也一致。

一維 HWHT 的轉換核 $h(k, n)$ 為

$$h(k,n) = \frac{1}{\sqrt{N}} (-1)^{p(k,n)} \ k \ , \quad n = 0,1,\cdots,N-1 \qquad (4\text{-}8\text{-}24)$$

$$p(k,n) = \sum_{i=0}^{l-1} b_i(k) b_i(n) \qquad (4\text{-}8\text{-}25)$$

其中 $b_i(k)$ 為以二進位數代表整數 k 時，第 i 位碼的值，參見表 4-8-4。

表 4-8-4　二進位編碼

k	$b_3(k)$	$b_2(k)$	$b_1(k)$	$b_0(k)$
14	1	1	1	0
10	1	0	1	0
7	0	1	1	1

在上述定義之下，一維 HWHT 之正、反轉換的求和式分別為

$$F(k) = \sum_{n=0}^{N-1} f(n)h(k,n) = \frac{1}{\sqrt{N}} \sum_{n=0}^{N-1} f(n)(-1)^{\sum_{i=0}^{l-1} b_i(k)b_i(n)} \qquad (4\text{-}8\text{-}26)$$

$$f(n) = \sum_{k=0}^{N-1} F(k)h(k,n) = \frac{1}{\sqrt{N}} \sum_{k=0}^{N-1} F(k)(-1)^{\sum_{i=0}^{l-1} b_i(k)b_i(n)} \qquad (4\text{-}8\text{-}27)$$

以矩陣形式寫出的 HWHT 正、反轉換式分別爲

$$\mathbf{F} = \mathbf{H}_N \mathbf{f} \tag{4-8-28}$$

和

$$\mathbf{f} = \mathbf{H}_N \mathbf{F} \tag{4-8-29}$$

對一 $M \times N$ 的影像,其二維 HWHT 的正、反轉換核爲

$$h(j,k;m,n) = \frac{1}{\sqrt{MN}}(-1)^{p(j,m)+p(k,n)} \tag{4-8-30}$$

其中

$$p(j,m) + p(k,n) = \sum_{i=0}^{l-1}\left[b_i(j)b_i(m) + b_i(k)b_i(n)\right] \tag{4-8-31}$$

顯然這個轉換核是可分離的,即

$$h(j,k;m,n) = h_1(j,m)h_2(k,n) \tag{4-8-32}$$

二維 HWHT 正、反轉換表示式分別爲

$$F(j,k) = \frac{1}{\sqrt{MN}}\sum_{m=0}^{M-1}\sum_{n=0}^{N-1}f(m,n)(-1)^{\sum_{i=0}^{l-1}[b_i(j)b_i(m)+b_i(k)b_i(n)]} \tag{4-8-33}$$

和

$$f(m,n) = \frac{1}{\sqrt{MN}}\sum_{j=0}^{M-1}\sum_{k=0}^{N-1}F(j,k)(-1)^{\sum_{i=0}^{l-1}[b_i(j)b_i(m)+b_i(k)b_i(n)]} \tag{4-8-34}$$

由於轉換核可分離,又由於 $\mathbf{H}_N$ 的對稱性,二維轉換的矩陣形式是

$$\mathbf{F} = \mathbf{H}_M \mathbf{f} \mathbf{H}_N \tag{4-8-35}$$

$$\mathbf{f} = \mathbf{H}_M \mathbf{F} \mathbf{H}_N \tag{4-8-36}$$

可見正反轉換不僅相同,而且有十分簡單的形式。

4-8-4　快速 Walsh-Hadamard 轉換

Walsh-Hadamard 轉換也可以用快速演算法來實現。其中一種演算法的基礎與快速傳立轉換的蝶形運算雷同。由於 Walsh-Hadamard 的轉換核是可分離的，二維的轉換可以由二次一維轉換來實現，所以下面只討論一維的快速演算法。

1.　快速 WWHT 轉換

下面以四點的轉換來說明快速演算法。此時 $N = 4$，故由(4-8-7)式可得

$$F(k) = \frac{1}{2}\sum_{n=0}^{3} f(n)(-1)^{\sum_{i=0}^{1} t_i(k)b_i(n)} \tag{4-8-37}$$

$$F(0) = \frac{1}{2}[f(0) + f(1) + f(2) + f(3)] \tag{4-8-38a}$$

$$F(1) = \frac{1}{2}[f(0) + f(1) - f(2) - f(3)] \tag{4-8-38b}$$

$$F(2) = \frac{1}{2}[f(0) - f(1) + f(2) - f(3)] \tag{4-8-38c}$$

$$F(3) = \frac{1}{2}[f(0) - f(1) - f(2) + f(3)] \tag{4-8-38d}$$

若定義

$$F_0 = \frac{1}{2}[f(0) + f(2)], F_1 = \frac{1}{2}[f(1) + f(3)] \tag{4-8-39a}$$

$$F_2 = \frac{1}{2}[f(0) - f(2)], \quad F_3 = \frac{1}{2}[f(1) - f(3)] \tag{4-8-39b}$$

則(4-8-38)式可改寫成

$$F(0) = F_0 + F_1, \quad F(1) = F_2 + F_3 \tag{4-8-40a}$$

$$F(2) = F_0 - F_1, \quad F(3) = F_2 - F_3 \tag{4-8-40b}$$

因此整個演算過程由圖 4-8-5 所示的信號流程圖來表示。由圖中可看出與快速傳立葉轉換一樣，具有蝶形運算的基本結構。

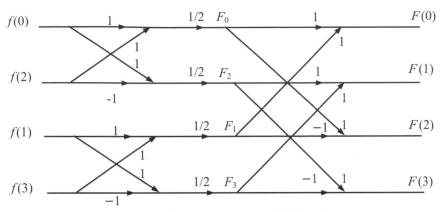

圖 4-8-5　四點快速 WWHT 轉換信號流程圖

2. 快速 HWHT 轉換

因為 HWHT 轉換與 WWHT 轉換的不同僅在轉換矩陣中元素的順序不同，因此這種快速演算法只需對上一小節討論的快速演算法稍加修改就可得到。最簡單的方法就是將圖 4-8-5 輸出端的結果拉出，改變成 HWHT 所需的順序即可。

4-9　Haar 轉換

Haar 轉換是以 Haar 函數為其基底的對稱可分離么正轉換。它的大小限制為 $N = 2^l$，其中 l 為正整數。傅立葉轉換的基底函數僅在頻率域上不同，而 Haar 轉換卻在位置(position)及尺度(scale)上產生不同，這樣的特徵使 Haar 轉換與先前介紹過的其他轉換法有所區別。事實上，Haar 轉換被視為 4-11 節要介紹之小波轉換(wavelet transform)的簡單例子。

因為 Haar 函數在尺度及位置上產生變化，所以必須用一對偶指標技術來表示。令整數 k，$0 \le k \le N-1$，以另兩個整數 p 與 q 來表示

$$k = 2^p + q - 1 \tag{4-9-1}$$

值得注意的是：不僅 k 為 p 與 q 的函數，p 與 q 亦為 k 的函數。對任意 $k > 0$，2^p 為 $2^p \le k$ 之 2 的最大乘冪，而 $q - 1$ 為餘數。例如 $N = 8$ 時 p 與 q 的值如下：

k	0	1	2	3	4	5	6	7
p	0	0	1	1	2	2	2	2
q	0	1	1	2	1	2	3	4

在[0, 1]區間中，Haar 函數定義為：

$$h_0(x) = \frac{1}{\sqrt{N}} \tag{4-9-2}$$

$$h_k(x) = \frac{1}{\sqrt{N}} \begin{cases} 2^{\frac{p}{2}}, & \dfrac{q-1}{2^p} \le x < \dfrac{q-1/2}{2^p} \\[2ex] -2^{\frac{p}{2}}, & \dfrac{q-1/2}{2^p} \le x < \dfrac{q}{2^p} \\[2ex] 0, & \text{其他情況} \end{cases} \tag{4-9-3}$$

$N = 8$ 時，前三個 $h_k(x)$ 如下：

$$h_0(x) = \frac{1}{\sqrt{8}}, \quad h_1(x) = \begin{cases} \dfrac{1}{\sqrt{8}}, & 0 \le x < \dfrac{1}{2} \\[2ex] -\dfrac{1}{\sqrt{8}}, & \dfrac{1}{2} \le x < 1 \\[2ex] 0, & \text{其他情況} \end{cases}, \quad h_2(x) = \begin{cases} \dfrac{\sqrt{2}}{\sqrt{8}}, & 0 \le x < \dfrac{1}{4} \\[2ex] -\dfrac{\sqrt{2}}{\sqrt{8}}, & \dfrac{1}{4} \le x < \dfrac{1}{2} \\[2ex] 0, & \text{其他情況} \end{cases}$$

其他依此類推。圖 4-9-1 顯示這八個函數。從 Haar 函數的定義可以看出，p 決定了函數非零部分的振幅和寬度或尺度，而 q 決定了函數非零部分的位置或位移(shift)。此外，從圖 4-9-1 看出，圖中的函數都由一個原型方波函數依不同的振幅比例大小與位移調整所組成。

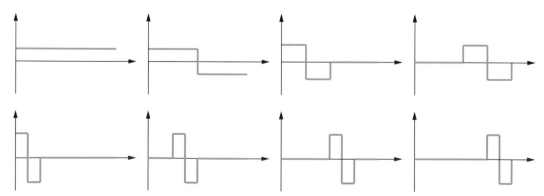

圖 4-9-1　$N = 8$ 時的 Haar 函數。從左上到右下分別為 $h_k(x)$, $k = 0, 1, \cdots, 7$。

若令 $x = \dfrac{i}{N}$, $i = 0, 1, \cdots, N-1$，則可造出一組基底函數。例如 8×8 的 Haar 么正轉換核的矩陣如(4-9-4)式所示。

$$\mathbf{Hr}_8 = \frac{1}{\sqrt{8}} \begin{bmatrix} 1 & 1 & 1 & 1 & 1 & 1 & 1 & 1 \\ 1 & 1 & 1 & 1 & -1 & -1 & -1 & -1 \\ \sqrt{2} & \sqrt{2} & -\sqrt{2} & -\sqrt{2} & 0 & 0 & 0 & 0 \\ 0 & 0 & 0 & 0 & \sqrt{2} & \sqrt{2} & -\sqrt{2} & -\sqrt{2} \\ 2 & -2 & 0 & 0 & 0 & 0 & 0 & 0 \\ 0 & 0 & 2 & -2 & 0 & 0 & 0 & 0 \\ 0 & 0 & 0 & 0 & 2 & -2 & 0 & 0 \\ 0 & 0 & 0 & 0 & 0 & 0 & 2 & -2 \end{bmatrix} \qquad (4\text{-}9\text{-}4)$$

由於矩陣中存在許多常數與零值,所以 Haar 轉換的運算非常快速。由轉換矩陣的列中可看出,處理輸入資料的解析度可由粗到細,每次以 2 的乘冪變化。在影像處理的應用中,Haar 轉換適合用來找邊緣之類的特徵,這是因為其轉換基底函數中就存在粗細不同的特徵,對輸入資料作轉換,相當於找出其與基底函數間的相似性。

範例 4.8

寫出 $N=4$ 時的 Haar 轉換矩陣 $\mathbf{Hr}_4$ 並驗證其為單範正交矩陣。

解

由(4-9-1)到(4-9-3)式可得

$$\mathbf{Hr}_4 = \frac{1}{2} \begin{bmatrix} 1 & 1 & 1 & 1 \\ 1 & 1 & -1 & -1 \\ \sqrt{2} & -\sqrt{2} & 0 & 0 \\ 0 & 0 & \sqrt{2} & -\sqrt{2} \end{bmatrix}$$

$$\mathbf{Hr}_4^{-1} = \frac{1}{2} \begin{bmatrix} 1 & 1 & \sqrt{2} & 0 \\ 1 & 1 & -\sqrt{2} & 0 \\ 1 & -1 & 0 & \sqrt{2} \\ 1 & -1 & 0 & -\sqrt{2} \end{bmatrix} = \mathbf{Hr}_4^{T}$$

所以 $\mathbf{Hr}_4$ 為單範正交矩陣。

4-10　SVD 轉換

在線性代數中，矩陣分解(matrix decomposition)或矩陣因式分解(matrix factorization)是將矩陣分解為矩陣的乘積。有許多不同的矩陣分解，包括許多人較熟悉的 **LU** 分解(Lower-Upper decomposition)，它是將一矩陣 **A** 分解成下三角矩陣 **L** 與上三角矩陣 **U** 的乘積，例如

$$\mathbf{A} = \begin{bmatrix} 3 & 2 & 1 \\ 6 & 2 & 8 \\ -3 & -4 & 7 \end{bmatrix} = \begin{bmatrix} 1 & 0 & 0 \\ 2 & 2 & 0 \\ -1 & 2 & 1 \end{bmatrix} \begin{bmatrix} 3 & 2 & 1 \\ 0 & -1 & 3 \\ 0 & 0 & 2 \end{bmatrix} = \mathbf{LU}$$

它可以用來解線性聯立方程式，求反矩陣和計算行列式。奇異值分解(singular value decomposition, SVD)是另一個常用的矩陣分解。SVD 的主要功能是拆解以矩陣表達的資料集合，以便找到相對資料量較低但卻保有原集合中重要資訊的新集合，並以此新集合近似原集合。它可用於例如擬反矩陣(pseudoinverse)的計算、特徵抽取、雜訊消除、(商品)推薦系統、(影像)資料壓縮以及資料檢索等應用中。

設 **A** 為一個 $m \times n$ 的矩陣且 $rank(\mathbf{A}) = r$。SVD 的分解形式為

$$\mathbf{A} = \mathbf{U}\boldsymbol{\Lambda}\mathbf{V}^{*T} \tag{4-10-1}$$

其中 **U** 與 **V** 分別為 $m \times m$ 與 $n \times n$ 的么正矩陣，即 $\mathbf{U}^{*T} = \mathbf{U}^{-1}$，$\mathbf{V}^{*T} = \mathbf{V}^{-1}$，$\boldsymbol{\Lambda}$ 是形式如下的 $m \times n$ 對角矩陣：

$$\boldsymbol{\Lambda} = \begin{bmatrix} \sqrt{\lambda_1} & \cdots & 0 & 0 & \cdots & 0 \\ \vdots & \ddots & \vdots & \vdots & \ddots & \vdots \\ 0 & \cdots & \sqrt{\lambda_r} & 0 & \cdots & 0 \\ 0 & \cdots & 0 & 0 & \cdots & 0 \\ \vdots & \ddots & \vdots & \vdots & \ddots & \vdots \\ 0 & \cdots & 0 & 0 & \cdots & 0 \end{bmatrix} \tag{4-10-2}$$

主對角元素 $\sqrt{\lambda_i}$ 稱為奇異值(singular values)，其中 $\lambda_i > 0, i = 0, 1, \cdots, r$ 且 $\lambda_i = 0, i = r+1, \cdots, p$，$p = \min(m, n)$。一般而言，我們會將奇異值由大至小排序：$\sqrt{\lambda_1} \geq \sqrt{\lambda_2} \geq \cdots \geq \lambda_r > 0$。

由於(4-10-2)式的 $\mathbf{\Lambda}$ 只有左上角 $r \times r$ 的非零值，所以對(4-10-1)式的乘積有貢獻的 $\mathbf{U}$ 與 $\mathbf{V}$ 中的元素個數分別為 mr 與 nr，加上$\mathbf{\Lambda}$中的 r 個非零值，所以要儲存的元素個數為 $mr + nr + r = (m + n + 1)r$，而 $\mathbf{A}$ 有 mn 個元素。所以當 r 遠比 m 和 n 小時，以 SVD 的形式儲存 $\mathbf{A}$ 可節省很多儲存空間。

SVD 中求 $\mathbf{U}$ 與 $\mathbf{V}$ 的方法仰賴以下性質：

(1) $\mathbf{U}$ 與 $\mathbf{V}$ 的單範正交行向量分別為 $\mathbf{AA}^{*T}$ 與 $\mathbf{A}^{*T}\mathbf{A}$ 的特徵向量。

(2) $\mathbf{AA}^{*T}$ 和 $\mathbf{A}^{*T}\mathbf{A}$ 都是半正定的，所以 $\mathbf{AA}^{*T}$ 或 $\mathbf{A}^{*T}\mathbf{A}$ 的非零特徵值為 $\lambda_i > 0$，$i = 0$, $1, \cdots, r$。

因 $\mathbf{U}$ 與 $\mathbf{V}$ 為么正矩陣，故可推得

$$\mathbf{\Lambda} = \mathbf{U}^{*T} \mathbf{A} \mathbf{V} \tag{4-10-3}$$

上式為正轉換，(4-10-1)式為反轉換，二者為轉換對，此轉換稱為**奇異值分解轉換**(SVD transform)。如果 $\mathbf{A}$ 為共軛對稱矩陣，則 $\mathbf{U}$ 就等於 $\mathbf{V}$。

以上的討論主要是在複數域，由於影像本身是實數，因此接下來的討論就回歸到實數域並針對影像壓縮的應用進一步說明。以上對複數域的 SVD 定義與各種事實對實數域都適用，只要把共軛複數的符號(*)拿掉就大功告成。首先，如果 $\mathbf{A}$ 為實數，則 $\mathbf{U}$ 與 $\mathbf{V}$ 就從複數的么正矩陣變成實數的正交矩陣。此外，$\mathbf{U}$ 與 $\mathbf{V}$ 視轉換影像 $\mathbf{A}$ 而定，一般來說在轉換過程中必需計算每一影像的 $\mathbf{AA}^T$ 與 $\mathbf{A}^T\mathbf{A}$ 的特徵向量。另外值得注意的是：因為$\mathbf{\Lambda}$為一對角矩陣，它至多有 r 個非零元素，由此可得至少 mn/r 倍的無失真壓縮。通常，部份奇異值都小到可以忽略，因此失真壓縮可藉由忽略較小奇異值來達成，此時誤差的平方總和就是所忽略之奇異值的平方總和。

SVD 轉換看似不可思議的壓縮功能可能會產生誤解，雖然全幅影像可以壓縮成$\mathbf{\Lambda}$的對角元素，但影像的核心矩陣 $\mathbf{U}$ 和 $\mathbf{V}$ 必須由原影像計算取得，而且它們必需在接收端重建影像前送達。

範例 4.9

在此舉一數值範例說明 SVD 轉換。考慮矩陣 $\mathbf{A}$ 如下：

$$\mathbf{A} = \begin{bmatrix} 1 & 2 & 1 \\ 2 & 3 & 2 \\ 1 & 2 & 1 \end{bmatrix} \tag{4-10-4}$$

此矩陣的行列式 $\det(\mathbf{A}) = 3 + 4 + 4 - 3 - 4 - 4 = 0$，但去掉最後一列與最後一行的矩陣 $\widetilde{\mathbf{A}}$ 的行列式則為 $\det(\widetilde{\mathbf{A}}) = 3 - 4 = -1 \neq 0$，所以 $rank(\mathbf{A}) = r = 2$。此外，因為 $\mathbf{A}$ 為對稱矩陣，故可知 $\mathbf{U} = \mathbf{V}$，因此

$$\mathbf{A}\mathbf{A}^T = \mathbf{A}^T\mathbf{A} = \begin{bmatrix} 6 & 10 & 6 \\ 10 & 17 & 10 \\ 6 & 10 & 6 \end{bmatrix} \tag{4-10-5}$$

求特徵值：

$$\begin{vmatrix} \lambda-6 & -10 & -6 \\ -10 & \lambda-17 & -10 \\ -6 & -10 & \lambda-6 \end{vmatrix} = 0 \tag{4-10-6}$$

化簡後推得

$$\lambda(\lambda^2 - 29\lambda + 4) = 0$$

求得特徵值並依大小排序為

$$\begin{bmatrix} \lambda_1 \\ \lambda_2 \\ \lambda_3 \end{bmatrix} = \begin{bmatrix} 28.86 \\ 0.14 \\ 0 \end{bmatrix} \tag{4-10-7}$$

對應的單位特徵向量則為

$$\mathbf{U}_1 = \mathbf{V}_1 = \begin{bmatrix} 0.454 \\ 0.766 \\ 0.454 \end{bmatrix}, \quad \mathbf{U}_2 = \mathbf{V}_2 = \begin{bmatrix} 0.542 \\ -0.643 \\ 0.542 \end{bmatrix}, \quad \mathbf{U}_3 = \mathbf{V}_3 = \begin{bmatrix} 0.707 \\ 0 \\ -0.707 \end{bmatrix} \tag{4-10-8}$$

奇異值在下列矩陣的主對角線上：

$$\mathbf{\Lambda} = \mathbf{U}^T\mathbf{A}\mathbf{V} = \begin{bmatrix} 5.37 & 0 & 0 \\ 0 & 0.372 & 0 \\ 0 & 0 & 0 \end{bmatrix} \tag{4-10-9}$$

矩陣 $\mathbf{A}$ 分解成 $\mathbf{U}\mathbf{\Lambda}\mathbf{V}^T$：

$$\begin{bmatrix} 1 & 2 & 1 \\ 2 & 3 & 2 \\ 1 & 2 & 1 \end{bmatrix} = \begin{bmatrix} 0.454 & 0.542 & 0.707 \\ 0.766 & -0.643 & 0 \\ 0.454 & 0.542 & -0.707 \end{bmatrix} \begin{bmatrix} 5.37 & 0 & 0 \\ 0 & 0.372 & 0 \\ 0 & 0 & 0 \end{bmatrix} \begin{bmatrix} 0.454 & 0.766 & 0.454 \\ 0.542 & -0.643 & 0.542 \\ 0.707 & 0 & -0.707 \end{bmatrix}$$

以上 SVD 的展開式還可寫成

$$\mathbf{A} = \sum_{j=1}^{3} \Lambda_{j,j} \mathbf{U}_j \mathbf{V}_j^{T} \tag{4-10-10}$$

其中 $\Lambda_{1,1} = 5.37$ ， $\Lambda_{2,2} = 0.372$ ， $\Lambda_{3,3} = 0$ 。注意到第二個奇異值遠小於第一個，因此可忽略 (4-10-10)式中的 $\Lambda_{2,2}$ ，而得 $\mathbf{A}$ 的近似矩陣 $\widehat{\mathbf{A}}$ 如下

$$\widehat{\mathbf{A}} = \Lambda_{1,1} \mathbf{U}_1 \mathbf{V}_1^{T} = \begin{bmatrix} 1.11 & 1.87 & 1.11 \\ 1.87 & 3.15 & 1.87 \\ 1.11 & 1.87 & 1.11 \end{bmatrix} \tag{4-10-11}$$

$\mathbf{A}$ 與 $\widehat{\mathbf{A}}$ 的誤差 $\left\| \mathbf{A} - \widehat{\mathbf{A}} \right\|^2$ 等於兩者各元素差異的平方總和：

$$4(1.11-1)^2 + 4(2-1.87)^2 + (3.15-3)^2 = 0.1385 \approx (0.372)^2 \tag{4-10-12}$$

其中 0.372 爲捨棄掉的第二個奇異值。

圖 4-10-1 顯示一個小影像在捨棄(或保留)不同數量的奇異值後的近似影像。發現在保留 5%的奇異值下(捨棄絕大多數的奇異值)，就可約略顯現影像的主要特徵，而在保留 20% 的奇異值後就可有非常接近原始影像的品質。圖中(b)～(d)每個像素的均方根誤差(root mean square error)分別約為 12.60、8.96 和 4.52，顯然有逐漸減少的近似誤差。這個 SVD 轉換的特質，很適合用於影像漸進傳輸(progressive image transmission, PIT)的應用中。在 PIT 中，隨著傳輸的資料漸增，影像品質也逐漸改善。

(a)　　　　　　　　(b)　　　　　　　　(c)　　　　　　　　(d)

圖 4-10-1　SVD 在影像資料壓縮與傳輸的應用。(a)原始影像；保留(b) 5%；(c) 10%；(d) 20%之 奇異值後重建影像的結果。

註 眼尖的讀者可能發現，SVD 好像和之前介紹的 KLT 或 PCA 很像。沒錯，但它們還是有些許的不同。有興趣的讀者可參考 Gerbrands (1981)的文章。文中結論的重點如下：

1. 對於單個向量，由 Ahmed 和 Rao (1975)定義的 KLT 和由 Anderson (1958)定義的 PCA 是相同的，除了可能有座標系統原點的偏移外。

2. 對於在多變量統計分析或統計圖樣識別中的 $m \times n$ 矩陣，矩陣的 n 行被視為隨機過程的 n 個實現(realization)，且 KLT 和 PCA 之間的相似性仍然成立。如果從 n 個實現中估測行的共變異數矩陣，則矩陣 $\mathbf{X}$ 的 KLT 和 PCA 變得與 $(\mathbf{X} - \overline{\mathbf{X}})$ 的 SVD 相同，其中矩陣 $\overline{\mathbf{X}}$ 是每行都一樣且都來自 $\mathbf{X}$ 的 n 個行向量的平均向量。在二維影像處理上，這種相似性僅在考慮單個矩陣 $\mathbf{X}$ 的情況下適用；為避免混淆，在這種情況下不應使用 KLT 或 PCA 之類的統計術語，而是用僅在定型(deterministic)情況(非隨機)中定義的正確術語 SVD。

3. 如果將影像 $\mathbf{X}$ 視為二維隨機過程的實現，則應從該過程的多個實現(亦即多個影像)估測KLT 和 PCA 的共變異數矩陣，此時統計上定義的轉換和 SVD 之間有很大的差異。對於所考慮的影像類型中的所有實現(由同一個隨機程序產生的所有影像)，統計轉換都是相同的，而定型的 SVD 轉換則由每個影像矩陣本身所定義出，因而隨影像的不同而可以有不同。在均方(mean-square)意義上，統計轉換的近似或截斷誤差最小，而在最小平方(least-square)意義上，SVD 的截斷誤差最小。因此，就二維統計信號處理而言，無論是在理論還是實務上，KLT 和 SVD 都大不相同。

4-11　小波轉換

　　1990 年代起有一個相對較新的轉換常用在影像壓縮、邊緣與特徵檢測以及紋理(texture)分析等問題上，這個轉換就是小波轉換(wavelet transform, WT)。相較於傅立葉系列的轉換所採用的弦式波基底而言，小波轉換的基底有較短的持續時間(time duration)，因而得名。圖 4-11-1 顯示二個頻率不同的餘弦波形及二個位置與頻率皆不同的典型小波圖形。

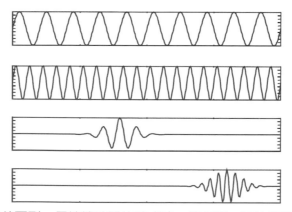

圖 4-11-1　前兩列：長持續時間的弦式波；後兩列：短持續時間的小波。

一個暫態(transient)信號的分量通常祇在很短的時間區間內不為零,同理許多影像的重要特徵(如邊緣等)也祇出現在局部的小空間上。這些分量與任何傅立葉系列的基底函數都不像,因此表達這些信號分量時顯得非常沒有效率。小波的出現正是針對這個缺點而來。

▌ 4-11-1　時頻分解(Time-Frequency Decomposition)

假想有一個合成信號 $f(t)$,它是由較平滑(頻率較低)的弦式波信號加上在某個時間所產生短而快速的暫態信號所組成。以傳統傅立葉分析:

$$F(\Omega) = \int_{-\infty}^{\infty} f(t) e^{-j\Omega t} dt \tag{4-11-1}$$

預期頻譜中在弦式波對應的較低頻率處會有較顯著的成分,外加暫態信號對應的大範圍頻譜。我們從頻域上可知有暫態信號出現,但卻不知在何時出現,因為(4-11-1)式對所有時間區間積分,所以傅立葉轉換的結果只剩頻率資訊,完全沒有時間資訊。如果在取傅立葉轉換前先乘上一個視窗,則至少可知暫態發生在哪一個視窗範圍內。設此視窗函數為 $g(t)$,則加上此視窗函數的傅立葉轉換稱為短時距傅立葉轉換(short time Fourier transform, STFT),可寫成

$$F(\Omega, \tau) = \int_{-\infty}^{\infty} f(t) g^*(t - \tau) e^{-j\Omega t} dt \tag{4-11-2}$$

其中新增的時間位移參數 τ 控制視窗 $g(t)$ 在時間上的位置;視窗函數上的共軛複數符號代表允許複數形式的視窗函數,如果視窗函數本身是實數,則該符號可忽略。當視窗 $g(t)$ 為高斯函數時,STFT 就稱為蓋博轉換(Gabor transform)。

STFT 有固定持續時間的視窗 $g(t)$,而視窗越小,時域的解析度就越高,代表觀看信號隨時間變化之細節的能力越高。設 $g(t)$ 的傅立葉轉換為 $G(\Omega)$,則 $G(\Omega)$ 相當於頻域的視窗,與時域的情況一樣,視窗越小,頻域的解析度就越高,代表觀看信號隨頻率變化之細節的能力越高。既然 STFT 有固定持續時間的視窗 $g(t)$ 與時域解析度,在傅立葉轉換下,自然 STFT 也就有固定的頻率解析度。對任何轉換對 $g(t) \leftrightarrow G(\Omega)$,一個常用的視窗大小度量方式是源自於以下方程式:

$$\sigma_T^2 = \frac{\int_{-\infty}^{\infty} t^2 |g(t)|^2 dt}{\int_{-\infty}^{\infty} |g(t)|^2 dt}, \quad \sigma_\Omega^2 = \frac{\int_{-\infty}^{\infty} \Omega^2 |G(\Omega)|^2 d\Omega}{\int_{-\infty}^{\infty} |G(\Omega)|^2 d\Omega} \tag{4-11-3}$$

其中 σ_T 與 σ_Ω 分別為度量 $g(t)$ 及 $G(\Omega)$ 的均方根(root mean square, RMS)散開程度，相當於視窗大小。(4-11-3)式中 σ_T^2 與 σ_Ω^2 兩者都有一個共同的形式：$\dfrac{|x(\eta)|^2}{\int |x(\eta)|^2 \, d\eta}$，將此式視為機率密度函數，則(4-11-3)式中的 σ_T^2 與 σ_Ω^2 相當於是有零平均值的變異數，而 σ_T 與 σ_Ω 就相當於對應的標準差。圖 4-11-2 顯示 STFT 在時頻域平面上的解析度。

σ_T 與 σ_Ω 的形式相同，中間有轉換對 $g(t) \leftrightarrow G(\Omega)$ 的連結，可以推測兩者並不互相獨立，而是有依存關係。考慮引入一個控制視窗大小的參數 $a > 0$，使得視窗成為 $g(at)$：當 $a > 1$ 時，比起 $g(t)$，視窗縮小成原來的 $\dfrac{1}{a}$；當 $a < 1$ 時，比起 $g(t)$，視窗放大成原來的 $\dfrac{1}{a}$ 倍；當 $a = 1$ 時，就是原來的視窗大小。令 $\sigma_T(a)$ 代表 $g(at)$ 的時域 RMS 值，則 $\sigma_\Omega(a)$ 是其對應的頻域 RMS 值。經由簡單的變數代換可輕易證明

$$\sigma_T(a)\sigma_\Omega(a) = \left[\frac{1}{a}\sigma_T(1)\right]\left[a\sigma_\Omega(1)\right] = \sigma_T(1)\sigma_\Omega(1) = \sigma_T\sigma_\Omega \qquad (4\text{-}11\text{-}4)$$

這代表兩個視窗大小的乘積會是一個定值，因此一邊視窗大，另一邊自然就會小，反之亦然。

此外，此視窗大小的乘積還有一個下限(lower bound)，這限制與量子力學(quantum mechanics)中海森堡測不準原理(Heisenberg uncertainty principle)有關。該原理是說，對任何轉換對 $g(t) \leftrightarrow G(\Omega)$，

$$\sigma_T\sigma_\Omega \geq \frac{1}{2} \qquad (4\text{-}11\text{-}5)$$

其中只有當 $g(t)$ 為高斯函數時等號才成立。σ_T 與 σ_Ω 分別為度量 $g(t)$ 及 $G(\Omega)$ 的均方根散開程度，這相當於是分別從時域與頻域觀測信號所能達到的解析度，數字越小代表越精細。(4-11-5)式的意義是說，受到測不準原理的限制，時域與頻域的均方根散開度不可同時任意小(解析度不可同時任意高)。想像有一個放大鏡可同時觀測時域與頻域信號，當時域的放大倍率高時(拉近看細節)，頻域的放大倍率就會低(細節看不清楚)，反之亦然，所以無法從時頻域都同時很細緻的來觀察信號。

　　小波轉換的基底是由一個原型(prototype)函數的縮張(dilation)與平移(translation)所形成的。這些基底函數具有短持續時間且高頻率，以及長持續時間且低頻率的特性，因此相當適合表達高頻的突發暫態信號或是長時間緩慢變化的信號。其時頻域上的解析度如圖 4-11-3 所示。比較圖 4-11-2 與 4-11-3 可看出，小波轉換提供一個很有彈性的時頻解析度。這也是小波轉換在很多訊號處理問題上較傳統傳立葉系列方法表現來的優異的根本原因之一。

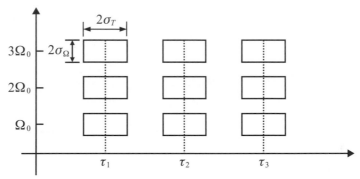

圖 4-11-2　STFT 在時頻域平面上的解析度

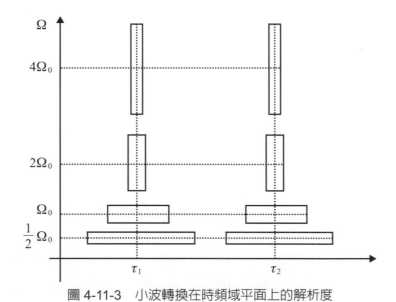

圖 4-11-3　小波轉換在時頻域平面上的解析度

4-11-2 連續小波轉換

與短時距傅立葉轉換相似的是：小波轉換將一個時間函數映射至一個 a 和 τ 的二維函數。此處參數 $a > 0$ 稱為尺度(scale)參數，作用是將函數做壓縮或伸展；而 τ 為沿著時間軸的小波函數的移動。設信號 $f(t)$ 為平方可積(square integrable)，表為 $f(t) \in L^2(R)$，也就是

$$\int f^2(t)dt < \infty \qquad (4\text{-}11\text{-}6)$$

則 $f(t)$ 的連續小波轉換(continuous WT, CWT)為

$$CWT(a,\tau) = \frac{1}{\sqrt{a}} \int f(t)\psi\left(\frac{t-\tau}{a}\right)dt \qquad (4\text{-}11\text{-}7)$$

此處 $\psi(t)$ 為基本小波(basic wavelet)或母小波(mother wavelet)且 $\psi[(t-\tau)/a]/\sqrt{a}$ 為小波基底函數，有時也稱子小波(baby wavelet)。子小波中的因子 $1/\sqrt{a}$ 是為了維持與母小波有相同的範數(norm)，其中任意函數 $x(t)$ 在 L^2 空間的範數定義成

$$\|x(t)\|_{L_2} = \left(\int |x(t)|^2 dt\right)^{1/2} \qquad (4\text{-}11\text{-}8)$$

可證明 $\psi(t)$ 與 $\psi[(t-\tau)/a]/\sqrt{a}$ 有相同的範數(當成習題)。

可證明，若滿足下列許可條件(admissibility condition)

$$\int_{-\infty}^{\infty} \frac{|\Psi(\omega)|^2}{|\omega|} d\omega < \infty \qquad (4\text{-}11\text{-}9)$$

其中 $\Psi(\omega)$ 為 $\psi(t)$ 的傅立葉轉換，則小波轉換為可逆的(invertible)，亦即可從 $CWT(a,\tau)$ 重建出 $f(t)$。(4-11-9)式的有限值條件顯示被積分式中，分母 $|\omega|$ 大到一個程度後，分子 $|\Psi(\omega)|^2$ 必須趨近於零，這代表小波函數不可能為高通信號；再來，當分母 $|\omega|$ 趨近於零時，分子 $|\Psi(\omega)|^2$ 必須為零，這代表小波函數不可能為低通信號。下面舉幾個實際的小波函數可驗證以上的推論。

基本小波可以為實數或複數，這也會導致轉換的結果對應為實數或複數。當 $\psi(t)$ 為複數時，(4-11-7)式中將改採用其共軛複數。在某些應用中，由於小波轉換的相角含有許多有用的資訊，所以使用複數小波會較有益處。以下是一些 $\psi(t)$ 及其傅立葉轉換的例子，其中 Morlet 小波函數是複數，其餘三個為實數，而在小波函數的傅立葉轉換中，只有 Haar 的為複數，其餘皆為實數。

(1) Morlet

$$\psi(t) = e^{j\omega_0 t} e^{-\frac{t^2}{2}}, \quad \Psi(\omega) = \sqrt{2\pi}\, e^{-\frac{(\omega-\omega_0)^2}{2}} \tag{4-11-10}$$

(2) 高斯二次導數

$$\psi(t) = (1 - t^2) e^{-\frac{t^2}{2}}, \quad \Psi(\omega) = \sqrt{2\pi}\, \omega^2 e^{-\frac{\omega^2}{2}} \tag{4-11-11}$$

(3) Haar

$$\psi(t) = \begin{cases} 1, & 0 \le t \le \dfrac{1}{2} \\ -1, & \dfrac{1}{2} \le t < 1 \\ 0, & \text{其他情況} \end{cases}, \quad \Psi(\omega) = je^{-j\frac{\omega}{2}} \frac{\sin^2(\omega/4)}{\omega/4} \tag{4-11-12}$$

(4) Shannon

$$\psi(t) = \frac{\sin(\pi t/2)}{\pi t/2} \cos(3\pi t/2), \quad \Psi(\omega) = \begin{cases} 1, & \pi < |\omega| < 2\pi \\ 0, & \text{其他情況} \end{cases} \tag{4-11-13}$$

圖 4-11-4 顯示上述小波及其傅立葉轉換。圖 4-11-5 則為 Haar 小波及其子小波。從圖 4-11-4 及 4-11-5 我們可以推論出下列小波函數的特性：

(1) 當 $\omega = 0$ 時 $\Psi(\omega) = 0$，也就是 $\int \psi(t)dt = 0$，換句話說：它們具備零 DC 值。這也可從(4-11-9)式的許可條件看出。

(2) 它們皆為帶通信號(先前已從許可條件推論出非低通或高通信號)。

(3) 它們隨時間迅速朝零衰減。

4-11-3 離散小波轉換

在(4-11-7)式中，(a, τ) 皆為連續變數且在 $f(t)$ 的 CWT 描述中具有冗餘性(redundancy)。因此沒有必要對所有可能的 (a, τ) 值去計算 $CWT(a, \tau)$，而對有限 (a, τ) 值的計算就有實際上的必要。

當 (a, τ) 為離散值時，若令 $a = a_0{}^m$ 和 $\tau = n\tau_0 a_0{}^m$，其中 m 與 n 為整數，則此時離散小波轉換(discrete WT, DWT)為

$$DWT(m,n) = \int f(t)\psi_{mn}(t)dt \tag{4-11-14}$$

此處

$$\psi_{mn}(t) = a_0^{-\frac{m}{2}} \psi(a_0^{-m}t - n\tau_0) , \ \ \psi_{00}(t) = \psi(t) \tag{4-11-15}$$

以上的 $\psi_{mn}(t)$ 可從將 $a = a_0{}^m$ 和 $\tau = n\tau_0 a_0{}^m$ 代入 $\psi[(t-\tau)/a]/\sqrt{a}$ 中獲得。

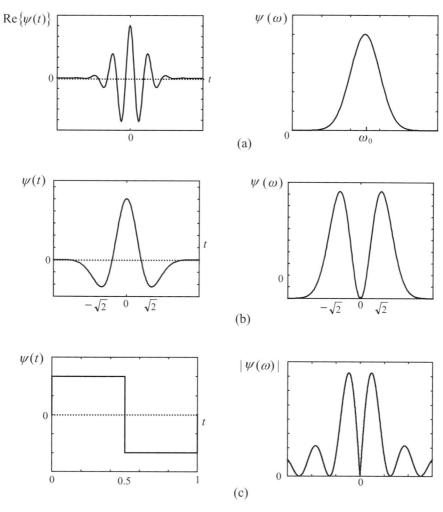

圖 4-11-4　一些小波及其傅立葉轉換。(a) Morlet；(b)高斯二次導數；(c) Haar；(d) Shannon。

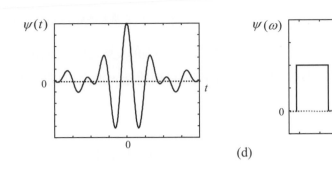

(d)

圖 4-11-4　一些小波及其傅立葉轉換。(a) Morlet；(b)高斯二次導數；(c) Haar；(d) Shannon。(續)

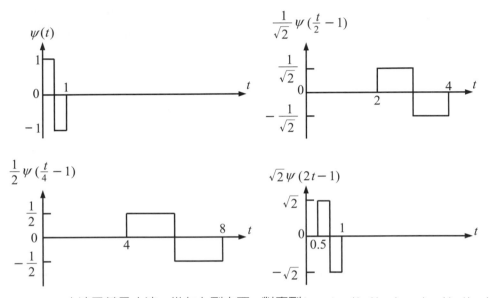

圖 4-11-5　Haar 小波及其子小波，從左上到右下，對應到$(m, n) = (0, 0)$，$(m, n) = (1, 1)$，$(m, n) = (2, 1)$，$(m, n) = (-1, 1)$。

對於一個單範正交的小波 $\{\psi_{mn}(t)\}$ 而言，它必須滿足

$$\int \psi_{mn}(t)\psi_{m'n'}(t)dt = \begin{cases} 1, & m = m', n = n' \\ 0, & \text{其他情況} \end{cases} \tag{4-11-16}$$

這表示在同一個尺度 m 或跨尺度下，它都是單範正交的。

函數 $f(t)$ 可以從 $\text{DWT}(m, n)$ 重建回來：

$$f(t) = \sum_m \sum_n \text{DWT}(m, n)\psi_{mn}(t) \tag{4-11-17}$$

在許多工程應用上，常採用 $a_0 = 2$ 和 $\tau_0 = 1$，亦即用 2 次冪格點(dyadic grid)取樣。此時，$\psi_{mn}(t) = 2^{-\frac{m}{2}} \psi(2^{-m}t - n)$。針對此狀況，接下來我們將以多重解析度(multiresolution)的觀點將小波轉換與分頻濾波器組(subband filter bank)相連結，進而可以用濾波器來實現小波轉換。

4-11-4 多解析度分析(Multiresolution Analysis, MRA)

設 $f(t)$ 是一個連續的實數值有限能量信號。考慮用逐段常數(piecewise constant)的函數在不同的解析度下對此函數的近似問題。解析度反映在片段的長度上，片段越短，解析度越高，反之則越低。設片段區間長度以 2 的整數乘冪 m 變長或變短。當片段區間長度為 2^m 時，此近似函數為 $f_m(t)$：

$$f_m(t) = \frac{1}{2^m} \int_{2^m n}^{2^m (n+1)} f(t)dt, \quad 2^m n \le t < 2^m (n+1) \tag{4-11-18}$$

其中 n 亦為整數。此近似來自於積分的均值定理：若函數 $f(x)$ 在區間$[a, b]$上連續，則我們在 a 與 b 間至少可以找到一個數 c，使得 $\int_a^b f(x)dx = f(c)(b-a)$。亦即用單一常數值 $f(c)$ 代表在區間$[a, b]$內的 $f(x)$。

範例 4.10

考慮函數

$$f(t) = \exp\left(-\frac{t}{4}\right)u(t)$$

其中 $u(t)$ 是單位步階函數(unit step function)

$$u(t) = \begin{cases} 1, & t \ge 0 \\ 0, & \text{其他情況} \end{cases}$$

圖 4-11-6 顯示 $f(t)$ 及其近似函數 $f_m(t)$，其中 $m = -2, -1, 0, 1$ 和 2。

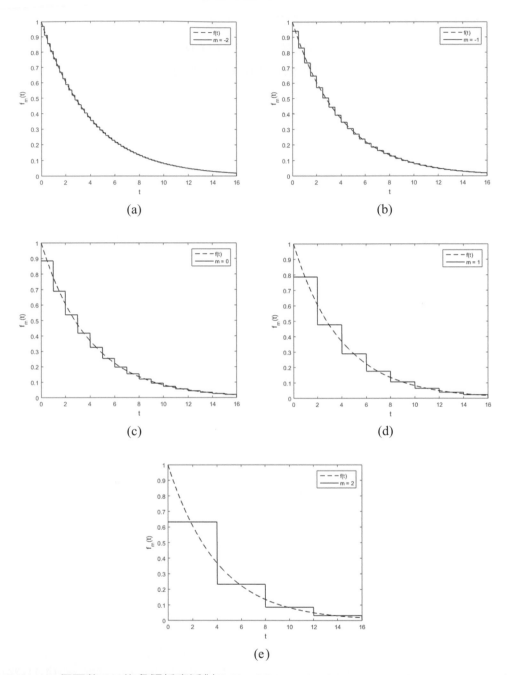

圖 4-11-6 一個函數 $f(t)$ 的多解析度近似 $f_m(t)$。(a)$m = -2$；(b)$m = -1$；(c)$m = 0$；(d)$m = 1$；
(e)$m = 2$。

在以上的近似函數中，一個 m 的值對應到一個解析度。m 的值可從 $-\infty$ 到 ∞，對應的解析度從最高(最細緻)到最低(最粗略)。當 $m = -\infty$ 時，$f_m(t) = f(t)$，亦即信號本身；當 $m = \infty$ 時，由於 $f(t)$ 平方可積的有限值特性，所以 $f_m(t) = 0$。若將含有在同一個解析度 m 下之所有函數的空間稱爲子空間 V_m(由某種之後會定義的基底構成)，則所有子空間將形成一個巢狀化的隸屬結構：

$$\{0\} \subset \cdots \subset V_2 \subset V_1 \subset V_0 \subset V_{-1} \subset V_{-2} \subset \cdots \subset V_{-\infty} \subset L^2(R) \tag{4-11-19}$$

接著我們將證明：子空間 V_m 的基底是由以下的單一個函數的縮張與平移而來：

$$\phi(t) = \begin{cases} 1, & 0 \le t < 1 \\ 0, & \text{其他情況} \end{cases} \tag{4-11-20}$$

此函數稱爲 **Haar** 尺度函數(Haar scaling function)。由此式推得

$$\phi(2^{-m}t - n) = \begin{cases} 1, & 0 \le 2^{-m}t - n < 1 \\ 0, & \text{其他情況} \end{cases} \tag{4-11-21}$$

(4-11-21)式可改寫成

$$\phi(2^{-m}t - n) = \begin{cases} 1, & 2^m n \le t < 2^m(n+1) \\ 0, & \text{其他情況} \end{cases} \tag{4-11-22}$$

由(4-11-18)式與(4-11-22)式可知 $f_m(t)$ 可寫成

$$f_m(t) = \sum_{n=-\infty}^{\infty} c_{m,n} \phi(2^{-m}t - n) \tag{4-11-23}$$

其中

$$c_{m,n} = \frac{1}{2^m} \int_{2^m n}^{2^m(n+1)} f(t) dt \tag{4-11-24}$$

相當於是函數 $f(t)$ 在區間 $2^m n \le t < 2^m(n+1)$ 中的均值。(4-11-23)式顯示子空間 V_m 的任一函數 $f_m(t)$ 都是 $\phi(t)$ 的縮張與平移函數，即 $\phi(2^{-m}t - n)$ 的線性組合。此外，

$$\langle \phi(2^{-m}t - n), \phi(2^{-m}t - n') \rangle = 2^m \delta(n - n') \tag{4-11-25}$$

因為當 $n \neq n'$ 時，$\phi(2^{-m}t-n)$ 和 $\phi(2^{-m}t-n')$，分屬不同區間而不會重疊；而當 $n = n'$ 時

$$\int_{2^m n}^{2^m (n+1)} \left\| \phi(2^{-m}t-n) \right\|^2 dt = 2^m \int_0^1 \phi(t)^2 \, dt = 2^m \qquad (4\text{-}11\text{-}26)$$

以上對所有整數 n 均成立。因此，$\phi(2^{-m}t-n)$ 是子空間 V_m 的一個基底。

接下來我們考慮兩個相鄰近似函數的差值所構成的細節(detail)函數 $g_m(t)$：

$$g_m(t) = f_{m-1}(t) - f_m(t) \qquad (4\text{-}11\text{-}27)$$

對近似函數的集合，尺度函數 $\phi(t)$ 的縮張與平移構成子空間 V_m 的一個基底，我們想知道細節函數集合是否有對應的子空間以及對應於 $\phi(t)$ 的一個主要基底函數。圖 4-11-7 顯示由範例 4.10 中之近似函數所產生的細節函數 $g_m(t)$，其中 $m = -1, 0, 1, 2$。我們可發現，對每一個 m 值的細節函數 $g_m(t)$，在一個固定範圍的區間內，一直有個振幅從 $+A$ 到 $-A$ 且各佔據區間一半的脈波。在 0 到 1 之單位區間內振幅為 ± 1 時的這個脈波可用 Haar 尺度函數表示成

$$\psi(t) = \phi(2t) - \phi(2t-1) = \begin{cases} 1, & 0 \leq t < 1/2 \\ -1, & 1/2 \leq t < 1 \\ 0, & \text{其他情況} \end{cases} \qquad (4\text{-}11\text{-}28)$$

這就是在圖 4-11-4 與 4-11-5 中都有顯示的 Haar 小波。

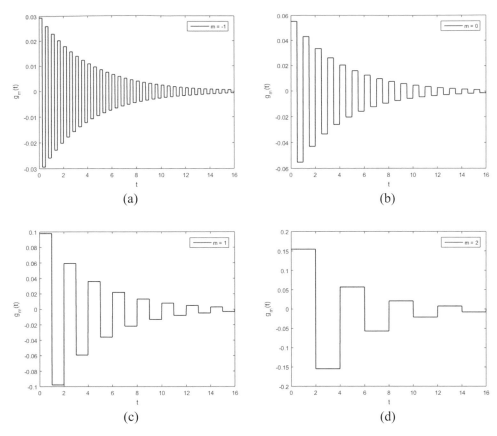

圖 4-11-7 範例 4.10 中相鄰之近似函數所產生的細節函數 $g_m(t)$，其中(a)$m = -1$；(b)$m = 0$；
(c)$m = 1$；(d)$m = 2$。

　　從圖 4-11-7 中可看出，對 $g_m(t)$，每個從$+A$ 到$-A$ 的區間長度是 2^m，且對應到 n 的區間可寫成 $2^m n \le t < 2^m(n+1)$。由(4-11-27)式的定義可知，$g_m(t)$是 $f_{m-1}(t)$在這個區間的均值減掉 $f_m(t)$在相同區間的均值，而後者即為(4-11-24)式中的 $c_{m,n}$。這個區間又可均分成長度皆為 2^{m-1} 的兩個子區間：I：$2^m n \le t < 2^m\left(n+\dfrac{1}{2}\right)$ 以及 II：$2^m\left(n+\dfrac{1}{2}\right) \le t < 2^m(n+1)$。

在 I 中，

$$
\begin{aligned}
g_m(t) &= \frac{1}{2^{m-1}} \int_{2^m n}^{2^m(n+1/2)} f(t)dt - c_{m,n} \\
&= \frac{1}{2^{m-1}} \int_{2^{m-1}(2n)}^{2^{m-1}(2n+1)} f(t)dt - c_{m,n} \\
&= c_{m-1,2n} - c_{m,n} = A
\end{aligned}
$$

在 II 中，

$$g_m(t) = \frac{1}{2^{m-1}} \int_{2^m(n+1/2)}^{2^m(n+1)} f(t)dt - c_{m,n}$$
$$= \frac{1}{2^{m-1}} \int_{2^{m-1}(2n+1)}^{2^{m-1}(2n+2)} f(t)dt - c_{m,n}$$
$$= c_{m-1,2n+1} - c_{m,n} = -A$$

將以上關於 $g_m(t)$ 的兩個結果相減可推得

$$A = \frac{1}{2}\left(c_{m-1,2n} - c_{m-1,2n+1}\right) \tag{4-11-29}$$

接著考慮對應到 n 之特定區間中的小波函數：

$$\psi(2^{-m}t-n) = \begin{cases} 1, & 0 \le 2^{-m}t-n < 1/2 \\ -1, & 1/2 \le 2^{-m}t-n < 1 \\ 0, & \text{其他情況} \end{cases} = \begin{cases} 1, & 2^m n \le t < 2^m(n+1/2) \\ -1, & 2^m(n+1/2) \le t < 2^m(n+1) \\ 0, & \text{其他情況} \end{cases}$$

整個 $g_m(t)$ 就是所有 $\psi(2^{-m}t-n)$ 的線性組合：

$$g_m(t) = \sum_{n=-\infty}^{\infty} d_{m,n}\psi(2^{-m}t-n) \tag{4-11-30}$$

其中 $d_{m,n}$ 就是 (4-11-29) 式中的振幅 A，即

$$d_{m,n} = \frac{1}{2}\left(c_{m-1,2n} - c_{m-1,2n+1}\right) \tag{4-11-31}$$

此外，

$$\langle \psi(2^{-m}t-n), \psi(2^{-m}t-n') \rangle = 2^m \delta(n-n') \tag{4-11-32}$$

因為當 $n \ne n'$ 時，$\psi(2^{-m}t-n)$ 和 $\psi(2^{-m}t-n')$，分屬不同區間而不會重疊；而當 $n = n'$ 時

$$\int_{2^m n}^{2^m(n+1)} \left\|\psi(2^{-m}t-n)\right\|^2 dt = 2^m \int_0^1 \left\|\psi(t)\right\|^2 dt = 2^m \tag{4-11-33}$$

以上對所有整數 n 均成立。因此，$\psi(2^{-m}t-n)$ 是某個子空間的一個基底，我們稱此空間為 W_m。因為 W_m 含有從 V_{m-1} 和 V_m 子空間中之函數的差值，所以我們以符號表示成

$$W_m = V_{m-1} \ominus V_m \tag{4-11-34}$$

或者是

$$V_{m-1} = V_m \oplus W_m \tag{4-11-35}$$

對此式，我們稱 V_m 與 W_m 在 V_{m-1} 中彼此是正交補集(orthogonal complement)，其中符號$\ominus$與$\oplus$可分別稱為正交差(orthogonal difference)與正交和(orthogonal sum)，可想成是函數空間的差集與聯集(把函數空間的函數當成集合的元素看待)。

接下來我們證明 V_m 與 W_m 中的函數為正交。已知$\phi(2^{-m}t-n)$ 是子空間 V_m 的一個基底，而$\psi(2^{-m}t-n)$ 是子空間 W_m 的一個基底。又

$$\begin{aligned}
\langle \phi(2^{-m}t-n), \psi(2^{-m}t-n) \rangle &= \int_{-\infty}^{\infty} \phi(2^{-m}t-n) \cdot \psi^*(2^{-m}t-n) dt \\
&= \sum_n \int_{2^m n}^{2^m(n+1)} \phi(2^{-m}t-n) \cdot \psi^*(2^{-m}t-n) dt \\
&= \sum_n \int_0^1 \phi(t) \cdot \psi^*(t) dt = \sum_n \left(\frac{1}{2} - \frac{1}{2} \right) = 0
\end{aligned}$$

$$\begin{aligned}
\langle f_m(t), g_m(t) \rangle &= \left\langle \sum_n c_{m,n}\phi(2^{-m}t-n), \sum_{n'} d_{m,n'}\psi(2^{-m}t-n') \right\rangle \\
&= \sum_n \sum_{n'} c_{m,n} d_{m,n'} \left\langle \phi(2^{-m}t-n), \psi(2^{-m}t-n') \right\rangle
\end{aligned}$$

當 $n \neq n'$ 時，$\phi(2^{-m}t-n)$ 和 $\psi(2^{-m}t-n')$，分屬不同區間而不會重疊，因此內積恆為零。所以，

$$\langle f_m(t), g_m(t) \rangle = \sum_n c_{m,n} d_{m,n} \left\langle \phi(2^{-m}t-n), \psi(2^{-m}t-n) \right\rangle = 0$$

因此證明了 V_m 與 W_m 中的函數為正交，記為 $V_m \perp W_m$。圖 4-11-8 的示意圖顯示巢狀子空間(nested subspaces)的包含性與正交性。

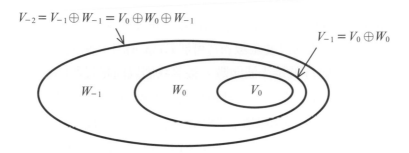

圖 4-11-8　巢狀子空間的包含性與正交性的示意圖(注意：V_0、W_0 和 W_1 各自獨立，彼此沒有包含或隸屬關係)

註▶ 雖然我們是從函數近似的例子以及單一小波(Haar)的尺度函數 $\phi(t)$ 與小波函數 $\psi(t)$ 出發介紹 MRA，但結果不失一般性。例如粗略(coarse)子空間 V_m 彼此的巢狀包含性($m = \dots 2, 1, 0, -1,$ $-2, \dots$)，$\phi(2^{-m}t-n)$ 是子空間 V_m 的一個基底，子空間 W_m 含有對應於 V_m 的細節函數，$\psi(2^{-m}t-n)$ 是子空間 W_m 的一個基底且 $W_m = V_{m-1} \ominus V_m$ 以及 $V_m \perp W_m$。

注意：$\phi(2^{-m}t-n)$ 是子空間 V_m 的一個正交基底，$\phi_{m,n}(t) = 2^{-\frac{m}{2}}\phi(2^{-m}t-n)$ 才是子空間 V_m 的一個單範正交基底；同理 $\psi(2^{-m}t-n)$ 是子空間 W_m 的一個正交基底，$\psi_{m,n}(t) = 2^{-\frac{m}{2}}\psi(2^{-m}t-n)$ 才是子空間 W_m 的一個單範正交基底。

▌ 4-11-5　小波轉換與濾波器組的連結

當函數 f 屬於一個空間 $L^2(R)$，則有一尺度函數(scaling function) $\phi(t)$ 使得 f 從 $L^2(R)$ 空間濾得較為平滑的子訊號。所謂尺度函數可視為低通濾波器，而同一層的高通濾波器即為小波函數(wavelet function) $\psi(t)$。前述的平滑子訊號再經由縮張和位移後的尺度函數進一步解析出細節部份而逐漸平滑化，依序進行使原始訊號被映射到一連串的子空間。設此一連串的子空間以 $V_m, m \in Z$(整數)表示且此子空間滿足下列性質：

(1)　包含性：$\cdots V_2 \subset V_1 \subset V_0 \subset V_{-1} \subset V_{-2} \cdots$
　　　　　　$\underset{\leftarrow 粗(解析度低)}{} \quad \underset{細(解析度高)\rightarrow}{}$

(2)　完整性：$\bigcap_{m \in Z} V_m = \{0\}, \bigcup_{m \in Z} V_m = L^2(R)$

(3)　尺度性：$f(t) \in V_m \Leftrightarrow f(2t) \in V_{m-1}$

(4)　基底性質：對於一個尺度函數 $\phi(t) \in V_0$ 使得 $\phi_{m,n}(t) = 2^{-\frac{m}{2}}\phi(2^{-m}t-n)$ 所構成的集合是 V_m 的一個單範正交基底，也就是 $\int_{-\infty}^{\infty} \phi_{m,n}(t)\phi_{m,n'}(t) = \delta(n-n')$。

設 W_{m-1} 空間經由 $\phi(t)$ 濾除的訊號存在另一正交基底組成的子空間 W_m 中使得 $V_{m-1} = V_m \oplus W_m, V_m \perp W_m$。如同尺度函數 $\phi(t)$ 可展延(span)出 V 訊號空間，另一函數 $\psi(t)$ 則展延出 W 訊號空間，而 $\psi(t)$ 就是小波函數。接著我們以向量投影的觀念討論訊號空間的分解。設投影運算子 P_m 及 Q_m 將 $P_{m-1}f$ 分別投影到 V_m 與 W_m 空間，即 $P_{m-1}f = P_m f + Q_m f$，其中 $P_m f$ 為低通部分而 $Q_m f$ 為高頻細微訊號部份且 $P_m f \in V_m, Q_m f \in W_m$。

設尺度函數 $\phi(t)$ 的位移集合 $\{\phi(t-n)\}$ 展延出 V_0 空間，則由尺度性可知集合 $\{\phi(2t-n)\}$ 展延出 V_{-1} 空間。由包含性 $(V_0 \subset V_{-1})$ 知 $\phi(t)$ 也包含在 V_{-1} 中，因此 $\phi(t)$ 可表示成 $\phi(2t-n)$ 的線性組合，或

$$\phi(t) = 2\sum_n h_0(n)\phi(2t-n) \tag{4-11-36}$$

同理小波函數也可寫成

$$\psi(t) = 2\sum_n h_1(n)\phi(2t-n) \tag{4-11-37}$$

這裡都取 2 當成展開係數的一部分是為了之後推導結果的簡潔性。其中 $h_0(n)$ 與 $h_1(n)$ 為內部尺度基底係數(interscale basis coefficients)：

$$h_0(n) = \frac{1}{2}\int \phi\left(\frac{t}{2}\right)\phi(t-n)dt \tag{4-11-38a}$$

$$h_1(n) = \frac{1}{2}\int \psi\left(\frac{1}{2}\right)\phi(t-n)dt \tag{4-11-38b}$$

當訊號 f 在 V_0 空間上，且集合 $\{\phi(t-n)\}$ 展延出 V_0 空間，則 f 可表示為

$$f(t) = \sum_n c_{0,n}\phi(t-n) = \sum_n c_{0,n}\phi_{0,n}(t) \tag{4-11-39}$$

其中

$$c_{0,n} = \langle f, \phi_{0,n}\rangle = \int f(t)\phi(t-n)dt \tag{4-11-40}$$

而 n 為訊號序列數。訊號投影可用子空間基底的線性組合表示：

$$f(t) = P_1 f + Q_1 f = f_v^1 + f_w^1 = \sum_n c_{1,n}\phi_{1,n}(t) + \sum_n d_{1,n}\psi_{1,n}(t) \tag{4-11-41}$$

其中 $\psi_{mn}(t) = 2^{-\frac{m}{2}} \psi(2^{-m}t - n)$。因此尺度係數 $c_{1,n}$ 和小波係數 $d_{1,n}$ 為

$$c_{1,n} = \left\langle f_v^1, \phi_{1,n} \right\rangle = \frac{1}{\sqrt{2}} \int f_v^1 \phi\left(\frac{t}{2} - n\right) dt \tag{4-11-42}$$

$$d_{1,n} = \left\langle f_w^1, \psi_{1,n} \right\rangle = \frac{1}{\sqrt{2}} \int f_w^1(t) \psi\left(\frac{t}{2} - n\right) dt \tag{4-11-43}$$

因為 $f(t) = f_v^1(t) + f_w^1(t)$，所以 $\left\langle f, \phi_{1,n} \right\rangle = \left\langle f_v^1, \phi_{1,n} \right\rangle + \left\langle f_w^1, \phi_{1,n} \right\rangle$，又 f_w^1 與 $\phi_{1,n}$ 正交，故 $\left\langle f_w^1, \phi_{1,n} \right\rangle = 0$，因此 $\left\langle f, \phi_{1,n} \right\rangle = \left\langle f_v^1, \phi_{1,n} \right\rangle = c_{1,n}$，亦即 $c_{1,n} = \left\langle f, \phi_{1,n} \right\rangle$。由(4-11-42)式可得

$$c_{1,n} = \left\langle f, \phi_{1,n} \right\rangle = \frac{1}{\sqrt{2}} \int f(t) \phi\left(\frac{t}{2} - n\right) dt \tag{4-11-44}$$

由(4-11-36)式可得

$$\phi(t) = 2\sum_n h_0(n) \phi(2t - n) \tag{4-11-45}$$

此式可改寫成

$$\phi(t) = 2\sum_k h_0(k) \phi(2t - k) \tag{4-11-46}$$

將(4-11-46)式帶入(4-11-44)式中得到

$$
\begin{aligned}
c_{1,n} &= \sqrt{2} \int f(t) \sum_k h_0(k) \phi(t - 2n - k) dt \\
&= \sqrt{2} \sum_k h_0(k) \int f(t) \phi(t - 2n - k) dt \\
&= \sqrt{2} \sum_k h_0(k) \cdot c_{0,2n+k} \\
&= \sqrt{2} \sum_k h_0(k - 2n) \cdot c_{0,k}
\end{aligned}
\tag{4-11-47}
$$

同理可得

$$d_{1,n} = \sqrt{2} \sum_k h_1(k - 2n) \cdot c_{0,k} \tag{4-11-48}$$

$c_{1,n}$ 與 $d_{1,n}$ 爲訊號 f(可視爲 $c_{0,n}$)做小波轉換的第一層係數,爾後再以 $c_{1,n}$ 爲下一層的訊號輸入再進行小波轉換,依此類推即可得小波轉換多重分解。由(4-11-47)及(4-11-48)式可知實現小波轉換的演算方式應如圖 4-11-9 所示,其中 $\tilde{h}_0(n)$ 和 $\tilde{h}_1(n)$ 即是分頻濾波器組的係數。

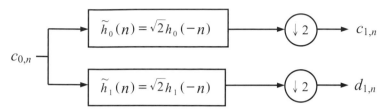

圖 4-11-9　第一層多解析信號分解。圓形符號代表縮減取樣,即每兩點輸入保留一個點當輸出。

範例 4.11

驗證圖 4-11-9 的上分支確實等於(4-11-47)式。

解

令 $c'_{1,n}$ 爲 $c_{0,n}$ 與 $\tilde{h}_0(n)$ 的卷積:

$$c'_{1,n} = \sum_k c_{0,k}\tilde{h}_0(n-k) = \sqrt{2}\sum_k c_{0,k}h_0(k-n)$$

經 2 倍縮減取樣後得

$$c_{1,n} = c'_{1,2n} = \sqrt{2}\sum_k c_{0,k}h_0(k-2n)$$

得證。

現在考慮合成的部份。(4-11-38a)式的內部尺度基底係數可推得如下。由(4-11-36)式可得

$$\phi\left(\frac{t}{2}\right) = 2\sum_k h_0(k)\phi(t-k) \tag{4-11-49}$$

故

$$\int \phi\left(\frac{t}{2}\right)\phi(t-n)dt = 2\int \sum_k h_0(k)\phi(t-k)\phi(t-n)dt$$
$$= \sum_k 2h_0(k)\int \phi(t-k)\phi(t-n)dt \qquad (4\text{-}11\text{-}50)$$
$$= \sum_k 2h_0(k)\delta_{k-n} = 2h_0(n)$$

因此

$$h_0(n) = \frac{1}{2}\int \phi\left(\frac{t}{2}\right)\phi(t-n)dt \qquad (4\text{-}11\text{-}51)$$

同理由(4-11-37)式開始亦可得

$$h_1(n) = \frac{1}{2}\int \psi\left(\frac{t}{2}\right)\phi(t-n)dt \qquad (4\text{-}11\text{-}52)$$

係數 $c_{0,n}$ 可寫成

$$c_{0,n} = \left\langle f, \phi_{0,n} \right\rangle = \left\langle f_v^1, \phi_{0,n} \right\rangle + \left\langle f_w^1, \phi_{0,n} \right\rangle \qquad (4\text{-}11\text{-}53)$$

其中

$$\left\langle f_v^1, \phi_{0,n} \right\rangle = \int f_v^1(t)\phi_{0,n}(t)dt$$
$$= \int \phi_{0,n}(t)\sum_k c_{1,k}\phi_{1,k}(t)dt \qquad (4\text{-}11\text{-}54)$$
$$= \sum_k c_{1,k}\frac{1}{\sqrt{2}}\int \phi(t-n)\phi(\tfrac{t}{2}-k)dt$$

由(4-11-51)式的 $h_0(n)$，再經適當的變數代換後可推得上式中的積分等於 $2h_0(n-2k)$。因此，

$$\left\langle f_v^1, \phi_{0,n} \right\rangle = \sqrt{2}\sum_k c_{1,k}h_0(n-2k) \qquad (4\text{-}11\text{-}55)$$

同理可證

$$\left\langle f_w^1, \phi_{0,n} \right\rangle = \sqrt{2}\sum_k d_{1,k}h_1(n-2k) \qquad (4\text{-}11\text{-}56)$$

結合(4-11-53)、(4-11-55)及(4-11-56)式可得如圖 4-11-10 的信號重建方式。

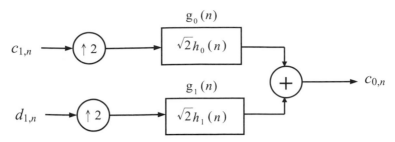

圖 4-11-10　第一層多解析信號之重建。圓形符號代表擴增取樣，即每兩點中添一個零進去。

範例 4.12

驗證圖 4-11-10 的上分支確實等於(4-11-55)式。

解

定義

$$c'_{1,n} = \begin{cases} c_{1,n/2}, & n\text{為偶數} \\ 0, & n\text{為奇數} \end{cases}$$

這是以 $c_{1,n}$ 為輸入經過 2 倍擴張取樣的輸出。接著以 $c'_{1,n}$ 當輸入，送進脈衝響應為 $\sqrt{2}\,h_0(n)$ 的濾波器中，其輸出為兩者的卷積：

$$\begin{aligned}
\sqrt{2}\sum_k c'_{1,k}h_0(n-k) &= \sqrt{2}\sum_j c'_{1,2j}h_0(n-2j) + \sqrt{2}\sum_j c'_{1,2j+1}h_0[n-(2j+1)] \\
&= \sqrt{2}\sum_j c'_{1,2j}h_0(n-2j) = \sqrt{2}\sum_j c_{1,j}h_0(n-2j) \\
&= \sqrt{2}\sum_k c_{1,k}h_0(n-2k)
\end{aligned}$$

得證。

註 將圖 4-11-9 與圖 4-11-10 一起檢視，前者將輸入訊號拆解成粗略訊號與細節訊號，這是一個分析(analysis)過程，後者則將兩者結合還原成原訊號，這是一個合成(synthesis)或重建(reconstruction)過程。此外，分析程序中的低通濾波器與合成程序中的低通濾波器之間的脈衝響應有時間倒轉關係，即 $g_0(n) = \tilde{h}_0(-n)$ ，高通濾波器也是如此： $g_1(n) = \tilde{h}_1(-n)$ 。

範例 4.13

試推導對應於 Haar 小波的分析與合成濾波器組。

 解

從(4-11-51)式可知

$$h_0(n) = \frac{1}{2} \int \phi\left(\frac{t}{2}\right) \phi(t-n) dt$$

因為

$$\phi(t) = \begin{cases} 1, & 0 \le t < 1 \\ 0, & \text{其他情況} \end{cases}$$

所以

$$\phi\left(\frac{t}{2}\right) = \begin{cases} 1, & 0 \le t < 2 \\ 0, & \text{其他情況} \end{cases}$$

因此，將不同 n 值帶入 $h_0(n)$ 的積分式中可輕易得到

$$h_0(n) = \begin{cases} \dfrac{1}{2}, & n = 0, 1 \\ 0, & \text{其他情況} \end{cases}$$

從(4-11-52)式可知

$$h_1(n) = \frac{1}{2} \int \psi\left(\frac{t}{2}\right) \phi(t-n) dt$$

因為

$$\psi(t) = \begin{cases} 1, & 0 \le t < \dfrac{1}{2} \\ -1, & \dfrac{1}{2} \le t < 1 \\ 0, & \text{其他情況} \end{cases}$$

所以

$$\psi\left(\frac{t}{2}\right)=\begin{cases}1, 0 \le t < 1 \\ -1, 1 \le t < 2 \\ 0, 其他情況\end{cases}$$

將不同 n 值帶入 $h_1(n)$ 的積分式中可輕易得到

$$h_1(n)=\begin{cases}\dfrac{1}{2}, n = 0 \\ -\dfrac{1}{2}, n = 1 \\ 0, 其他情況\end{cases}$$

最終四個濾波器的脈衝響應分別為

$$\tilde{h}_0(n) = \sqrt{2}\,h_0(-n) = \begin{cases}\dfrac{1}{\sqrt{2}}, n = 0,-1 \\ 0, 其他情況\end{cases}, \quad \tilde{h}_1(n) = \sqrt{2}\,h_1(-n) = \begin{cases}\dfrac{1}{\sqrt{2}}, n = 0 \\ -\dfrac{1}{\sqrt{2}}, n = -1 \\ 0, 其他情況\end{cases}$$

$$g_0(n) = \sqrt{2}\,h_0(n) = \begin{cases}\dfrac{1}{\sqrt{2}}, n = 0,1 \\ 0, 其他情況\end{cases}, \quad g_1(n) = \sqrt{2}\,h_1(n) = \begin{cases}\dfrac{1}{\sqrt{2}}, n = 0 \\ -\dfrac{1}{\sqrt{2}}, n = 1 \\ 0, 其他情況\end{cases}$$

回顧：當脈衝響應對輸入信號進行卷積時，我們先將脈衝響應對原點翻轉，之後就是移位的乘加動作，而移位的乘加動作可用一個鄰域處理的遮罩來達成。因此我們將上述的脈衝響應對原點翻轉就可得所需的計算遮罩。四個脈衝響應的對應遮罩如下：

$$\tilde{h}_0 = \left\{\frac{1}{\sqrt{2}}, \frac{1}{\sqrt{2}}\right\}, \quad \tilde{h}_1 = \left\{\frac{1}{\sqrt{2}}, -\frac{1}{\sqrt{2}}\right\}$$

$$g_0 = \left\{\frac{1}{\sqrt{2}}, \frac{1}{\sqrt{2}}\right\}, \quad g_1 = \left\{-\frac{1}{\sqrt{2}}, \frac{1}{\sqrt{2}}\right\}$$

在數位信號處理中，像圖 4-11-9 和 4-11-10 中的濾波器稱爲有限脈衝響應(finite impulse response, FIR)濾波器。我們把這兩個圖結合在一起做進一步探討，如圖 4-11-11 所示，這樣的結構在數位信號處理的領域中稱爲雙通道濾波器組(two-channel filter bank)。主要目的是在完美重建下($\hat{f}[n] = f[n]$)，建構出四個濾波器之間的關係。實際上，眞正的完美重建並不可得，實務操作上的結果是 $\hat{f}[n] = Cf[n-k]$)，其中 C 爲比例常數(包括 1 在內)，而 k 爲整數的時間延遲。但文獻上把這樣的結果仍然稱爲是完美重建(perfect reconstruction)，這裡將遵循此慣用定義。

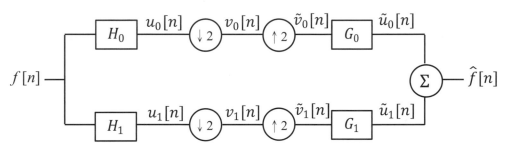

圖 4-11-11　數位信號處理中的雙通道濾波器組，其中左半邊爲分析階段，右半邊則爲合成階段。

我們將用 z 轉換來探討：$x[n]$的 z 轉換定義爲

$$X(z) = \sum_n x[n]z^{-n}$$

當中會用到以下縮減取樣與擴張取樣之 z 轉換的性質如下：

M 倍縮減取樣：$\tilde{x}[n] = x[nM] \Leftrightarrow \tilde{X}(z) = \frac{1}{M}\sum_{r=0}^{M-1} X\left(z^{1/M}e^{-j2\pi r/M}\right)$

M 倍擴張取樣：$\tilde{x}[n] = \begin{cases} x\left[\dfrac{n}{M}\right], n/M 爲整數 \\ 0, 其他情況 \end{cases} \Leftrightarrow \tilde{X}(z) = X(z^M)$

依慣例用大寫代表用小寫表示之訊號的 z 轉換。以下 $k = 0$ 或 1。輸入 $f[n]$經分析濾波器 $H_k(z)$後得輸出

$$U_k(z) = F(z)H_k(z)$$

再經 2 倍縮減取樣後得

$$V_k(z) = \frac{1}{2}\sum_{r=0}^{1} U_k\left(z^{1/2}e^{-j2\pi r/2}\right) = \frac{1}{2}\left[U_k\left(z^{1/2}\right) + U_k\left(-z^{1/2}\right)\right]$$

再經 2 倍擴張取樣後得

$$\widetilde{V}_k(z) = V_k(z^2) = \frac{1}{2}\left[U_k(z) + U_k(-z)\right] = \frac{1}{2}\left[F(z)H_k(z) + F(-z)H_k(-z)\right]$$

再經合成濾波器後得

$$\widetilde{U}_k(z) = \frac{1}{2}\left[F(z)H_k(z) + F(-z)H_k(-z)\right]G_k(z)$$

最後加總 $\widetilde{U}_0(z)$ 和 $\widetilde{U}_1(z)$ 得最後輸出

$$\begin{aligned}
\widehat{F}(z) &= \frac{1}{2}\left[F(z)H_0(z) + F(-z)H_0(-z)\right]G_0(z) + \frac{1}{2}\left[F(z)H_1(z) + F(-z)H_1(-z)\right]G_1(z) \\
&= \frac{1}{2}\left[H_0(z)G_0(z) + H_1(z)G_1(z)\right]F(z) + \frac{1}{2}\left[H_0(-z)G_0(z) + H_1(-z)G_1(z)\right]F(-z) \\
&= T(z)F(z) + A(z)F(-z)
\end{aligned}$$

其中涉及 $F(z)$ 的部分是**轉移**(transfer)項 $T(z)$，涉及 $F(-z)$ 的部分是**混疊**(aliasing)項 $A(z)$：

$$T(z) = \frac{1}{2}\left[H_0(z)G_0(z) + H_1(z)G_1(z)\right]$$

$$A(z) = \frac{1}{2}\left[H_0(-z)G_0(z) + H_1(-z)G_1(z)\right]$$

要消除混疊成分必須讓

$$A(z) = \frac{1}{2}\left[H_0(-z)G_0(z) + H_1(z)G_1(z)\right] = 0$$

相當於

$$H_0(-z)G_0(z) = -H_1(-z)G_1(z)$$

藉由選取合成濾波器

$$G_0(z) = -H_1(-z) , \quad G_1(z) = H_0(-z)$$

可使

$$A(z) = \frac{1}{2}\big[-H_0(-z)H_1(-z) + H_1(-z)H_0(-z)\big] = 0$$

而完全消除混疊成分。但仍還有振幅與相位的失真要考慮，因為此時

$$T(z) = \frac{1}{2}\big[-H_0(z)H_1(-z) + H_1(z)H_0(-z)\big]$$

必須加上 $T(z) = Cz^{-k}$ 的條件才能確保無振幅與相位失真，其中 C 為常數，k 為整數延遲時間，亦即 $\hat{F}(z) = Cz^{-k}F(z)$，取 z 的反轉換後得 $\hat{f}[n] = Cf[n-k]$，代表輸出只是輸入的一個比例縮放與時間延遲版本，我們說這是完美重建(perfect reconstruction)。結論：選取合成濾波器來配合分析濾波器可完全消除混疊成分，但需要分析濾波器的設計才能達到完美重建。

正交鏡像濾波器組(Quadrature Mirror Filter (QMF) Bank)

達成完美重建的一個常見的濾波器選擇是使分析階段的兩個濾波器之間有 $H_1(z) = H_0(-z)$ 的關係。我們從頻率響應來解析這個關係。因為 $H_1(z) = H_0(-z)$，所以 $H_1(e^{j\omega}) = H_0(e^{\pm j\pi}e^{j\omega}) = H_0[e^{j(\omega \pm \pi)}]$，代表高通濾波器 $H_1(z)$ 是將低通濾波器 $H_0(z)$ 的頻率響應向右或向左移 π 弧度，而因為頻率響應有 2π 的週期性，所以向左移 π 弧度與向右移 π 弧度結果完全相同。考慮頻率響應的振幅：

$$\left| H_1\!\left(e^{j(\omega + \frac{\pi}{2})}\right) \right| = \left| H_0\!\left(e^{j(\omega - \frac{\pi}{2})}\right) \right| = \left| H_0\!\left(e^{j(\frac{\pi}{2} - \omega)}\right) \right|$$

其中第二個等號是假設濾波器的脈衝響應為實數，因而頻率響應的振幅為 ω 的偶函數。這代表 $H_0(z)$ 和 $H_1(z) = H_0(-z)$ 兩者頻率響應的振幅在頻率 $\omega = \dfrac{\pi}{2}$ 處為對稱，如圖 4-11-12 所示。這就是著名的正交鏡像濾波器組(quadrature mirror filter (QMF) bank)，其中一個濾波器的頻率響應對正交頻率 $\omega = \dfrac{\pi}{2}$ 而言是另一個濾波器的鏡像(mirror image)。由於 QMF 的 $H_1(z) = H_0(-z)$，所以原本使 $A(z) = 0$ 的條件之一的 $G_0(z) = -H_1(-z)$ 變成了 $G_0(z) = -H_0(z)$。至此消除混疊失真的 QMF 濾波器組有關係式：

$$H_1(z) = H_0(-z), \quad G_0(z) = -H_0(z), \quad G_1(z) = H_0(-z)$$

只要知道 $H_0(z)$，其他三個濾波器就可推導出。由上式取反 z 轉換得

$$h_1(n) = (-1)^n h_0(n), \quad g_0(n) = -h_0(n), \quad g_1(n) = (-1)^n h_0(n)$$

因此設計四個濾波器的問題簡化成設計一個原型濾波器 $H_0(z)$的問題。此時，

$$T(z) = \frac{1}{2}\left[H_0^2(-z) - H_0^2(z) \right]$$

為了進一步消除振幅與相位失眞，$H_0(z)$必須滿足

$$T(z) = \frac{1}{2}\left[H_0^2(-z) - H_0^2(z) \right] = Cz^{-k}$$

首先看相位失眞。要消除相位失眞，$T(z)$的頻率響應必須有

$$T(e^{j\omega}) = Ce^{-j\omega k} = Ce^{j\theta}$$

其中

$$\theta = -\omega k$$

代表 $T(z)$要具備線性相位。如果選取 $H_0(z)$為一個具有線性相位的 FIR 低通濾波器，則 $T(z)$也會具有 FIR 的線性相位。為了確保線性相位 FIR，原型濾波器的脈衝響應 $h_0(n)$必須是對稱的：$h_0(n) = h_0(N-1-n)$，其中 N 為濾波器長度。在此對稱性下，可證明其頻率響應為

$$H_0(e^{j\omega}) = \left| H_0(e^{j\omega}) \right| e^{-j\omega(N-1)/2}$$

將此式代入 $T(z)$可得

$$T(e^{j\omega}) = \frac{1}{2}e^{-j\omega(N-1)}\left[(-1)^{N-1}\left| H_0(e^{j(\pi-\omega)}) \right|^2 - \left| H_0(e^{j\omega}) \right|^2 \right]$$

當 N 為奇數時，在 $\omega = \dfrac{\pi}{2}$ 處，$T(e^{j\omega}) = 0$，這是嚴重失眞，因此 N 必須為偶數，在此情形下

$$T(e^{j\omega}) = -\frac{1}{2}e^{-j\omega(N-1)}\left[\left|H_0(e^{j(\pi-\omega)})\right|^2 + \left|H_0(e^{j\omega})\right|^2\right]$$

其相位 $\theta(\omega) = \pm\pi - \omega(N-1)$，群組延遲(group delay) $k = -\dfrac{d\theta(\omega)}{d\omega} = N-1$。因此選取 $H_0(z)$ 為一個具有線性相位的 FIR 低通濾波器可消除相位失真，但濾波器長度受限制必須為偶數。

最後探討振幅失真。要消除振幅失真，必須有

$$\left|T(e^{j\omega})\right| = C$$

亦即

$$\left|H_0(e^{j\omega})\right|^2 + \left|H_0(e^{j(\pi-\omega)})\right|^2 = 2C, \ \forall\omega$$

或是

$$\left|H_0(e^{j\omega})\right|^2 + \left|H_1(e^{j\omega})\right|^2 = 2C, \ \forall\omega$$

經研究此振幅響應只能近似達到，例如參閱 Johnston (1980)。Smith 和 Barnwell (1984)(1986) 以及 Mintzer (1985)證明兩個線性相位 FIR 轉移函數 $H_0(z)$ 和 $H_1(z)$ 一般無法滿足上述的振幅響應，只有在一些無實際用處下的延遲組合(例如只能有兩個不為零的濾波器係數)才能成立。換言之，選取

$$h_1(n) = (-1)^n h_0(n), \ g_0(n) = -h_0(n), \ g_1(n) = (-1)^n h_0(n)$$

在一般情況下無法同時消除相位失真與振幅失真。

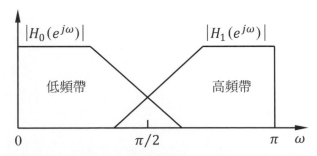

圖 4-11-12　QMF 分析濾波器 $H_0(z)$ 和 $H_1(z)$ 的頻率響應。注意到其振幅在鏡像頻率 $\omega = \pi/2$ 處為對稱。

功率對稱濾波器(Power Symmetric Filters)

之前的 QMF 方法一般而言無法完全消除振幅失真，這裡的功率對稱濾波器則可做到。功率對稱濾波器亦稱為共軛鏡像濾波器(conjugate mirror filters, CMF)。先前在 QMF 中是設定 $H_1(z) = H_0(-z)$，在 CMF 中則是假設 $H_0(z)$ 與 $H_1(z)$ 均為長度是 N 的 FIR 濾波器且設定

$$H_1(z) = z^{-(N-1)} H_0(-z^{-1})$$

其中 N 為偶數。注意到：

$$H_1(-z) = (-z)^{-(N-1)} H_0(z^{-1})$$

將上兩式帶入 $T(z)$ 中得到

$$
\begin{aligned}
T(z) &= \frac{1}{2}\left[-H_0(z)H_1(-z) + H_1(z)H_0(-z)\right] \\
&= \frac{1}{2}\left[H_0(z)z^{-(N-1)}H_0(z^{-1}) + z^{-(N-1)}H_0(-z^{-1})H_0(-z)\right] \\
&= \frac{1}{2}z^{-(N-1)}\left[H_0(z)H_0(z^{-1}) + H_0(-z^{-1})H_0(-z)\right] \\
&= \frac{1}{2}z^{-(N-1)}\left[R(z) + R(-z)\right]
\end{aligned}
$$

其中

$$R(z) = H_0(z)H_0(z^{-1})$$

要完美重建需有 $T(z) = Cz^{-k}$，所以

$$R(z) + R(-z) = 2C$$

因為

$$R(z) = H_0(z)H_0(z^{-1})$$

所以

$$R(e^{j\omega}) = H_0(e^{j\omega})H_0(e^{-j\omega}) = H_0(e^{j\omega})H_0^*(e^{j\omega}) = \left|H_0(e^{j\omega})\right|^2$$

$R(-z)$的頻率響應是將 $R(z)$的頻率響應向右(或向左)移 π 強度，因此

$$\left|H_0(e^{j\omega})\right|^2 + \left|H_0(e^{j(\omega-\pi)})\right|^2 = 2C$$

滿足這個條件的濾波器就稱為功率對稱濾波器或共軛鏡像濾波器，圖 4-11-13 顯示此種濾波器的特性，注意到在 $\dfrac{\pi}{2}$ 處的對稱性。

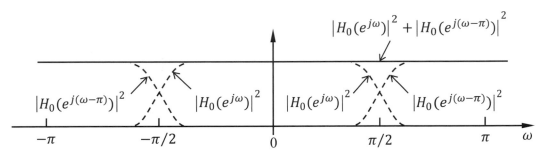

圖 4-11-13　功率對稱濾波器或共軛鏡像濾波器的特性

$R(z)$的反轉換為

$$r(n) = h_0(n) * h_0(-n) = \sum_k h_0(k)h_0(k-n) = \sum_{k=0}^{N-1} h_0(k)h_0(k-n)$$

$$r(n) = h_0(-n) * h_0(n) = r(-n) = \sum_{k=0}^{N-1} h_0(k)h_0(k+n)$$

顯然 $r(n)$是 $h_0(n)$的自相關函數。注意到 $r(n) = r(-n)$且當 $|n| > N-1$ 時，$r(n) = 0$。所以

$$R(z) = r(N-1)z^{-(N-1)} + r(N-2)z^{-(N-2)} + \cdots + r(0) + \cdots + r(N-1)z^{(N-1)}$$

$$R(-z) = -r(N-1)z^{-(N-1)} + r(N-2)z^{-(N-2)} + \cdots + r(0) + \cdots - r(N-1)z^{(N-1)}$$

當 $R(z)$與 $R(-z)$相加時，奇數項抵銷掉，只剩偶數項。因此，

$$R(z) + R(-z) = 2r(0) + \sum_{n=2,4,\cdots,N-2} r(n)(z^n + z^{-n})$$

我們需要

$$R(z) + R(-z) = 2C$$

因此必須有如下的 $r(n)$：

$$r(n) = \begin{cases} C, n = 0 \\ 0, n \text{為偶數且} n \neq 0 \\ \text{任意值, 其他情況} \end{cases}$$

這等同於

$$r(2n) = C\delta(n)$$

換言之，

$$r(2n) = \sum_{k=0}^{N-1} h_0(k)h_0(k+2n) = C\delta(n)$$

這是完美重建在時間域(或空間域)的條件，也是對應先前完美重建在頻率域的對應條件：

$$\left| H_0(e^{j\omega}) \right|^2 + \left| H_0(e^{j(\omega-\pi)}) \right|^2 = 2C$$

　　如何設計滿足(或接近滿足)上述條件的濾波器屬於數位信號處理的進階領域，已超出本書探討的範圍。有興趣的讀者可參閱文獻，例如 Agrawal 和 Sahu (2013)。

　　一旦設計出 $h_0(n)$，其他三個濾波器分別為

$$h_1(n) = (-1)^{n+1} h_0(N-1-n)$$

$$g_0(n) = h_0(N-1-n)$$

$$g_1(n) = (-1)^n h_0(n)$$

範例 **4.14**

考慮 $N = 5$ 的 FIR 對稱濾波器，求其頻率響應的振幅與相位。

解

$$
\begin{aligned}
H(e^{j\omega}) &= \sum_{n=0}^{4} h(n)e^{-j\omega n} \\
&= h(0) + h(1)e^{-j\omega} + h(2)e^{-j2\omega} + h(3)e^{-j3\omega} + h(4)e^{-j4\omega} \\
&= e^{-j2\omega}\left[h(0)e^{j2\omega} + h(1)e^{j\omega} + h(2) + h(3)e^{-j\omega} + h(4)e^{-j2\omega} \right] \\
&= e^{-j2\omega}\left[h(0)(e^{j2\omega} + e^{-j2\omega}) + h(1)(e^{j\omega} + e^{-j\omega}) + h(2) \right] \\
&= e^{-j2\omega}\left[2h(0)\cos(2\omega) + 2h(1)\cos(\omega) + h(2) \right]
\end{aligned}
$$

相位角 $\theta(\omega) = -2\omega$，振幅為 $2h(0)\cos(2\omega) + 2h(1)\cos(\omega) + h(2)$。

範例 **4.15**

證明

$$
h_1(n) = (-1)^{n+1} h_0(N-1-n)
$$

的 z 轉換就是功率對稱濾波器設定的結果：

$$
H_1(z) = z^{-(N-1)} H_0(-z^{-1})
$$

其中 N 為偶數。

解

$$
\begin{aligned}
H_1(z) &= \sum_n (-1)^{n+1} h_0(N-1-n)z^{-n} \\
&= \sum_k (-1)^{N-k} h_0(k)z^{-(N-1-k)} \\
&= z^{-(N-1)} \sum_k (-1)^{-k} h_0(k)z^{k} \\
&= z^{-(N-1)} \sum_k h_0(k)(-z^{-1})^{-k} \\
&= z^{-(N-1)} H_0(-z^{-1})
\end{aligned}
$$

得證。

範例 4.16

證明

$$g_0(n) = h_0(N-1-n) , \quad g_1(n) = (-1)^n h_0(n)$$

的 z 轉換就是使混疊失真消失的合成濾波器設定的結果：

$$G_0(z) = -H_1(-z) , \quad G_1(z) = H_0(-z)$$

解

$$
\begin{aligned}
G_0(z) &= \sum_n h_0(N-1-n)z^{-n} \\
&= \sum_k h_0(k)z^{-(N-1-k)} \\
&= z^{-(N-1)} \sum_k h_0(k)z^k \\
&= z^{-(N-1)} \sum_k h_0(k)(z^{-1})^{-k} \\
&= z^{-(N-1)} H_0(z^{-1}) = -H_1(-z)
\end{aligned}
$$

得證。

$$
\begin{aligned}
G_1(z) &= \sum_n (-1)^n h_0(n)z^{-n} \\
&= \sum_n (-1)^{-n} h_0(n)z^{-n} \\
&= \sum_n h_0(n)(-z)^{-n} = H_0(-z)
\end{aligned}
$$

得證。

範例 4.17

已知一 Daubechies 小波家族中長度為 4 的濾波器：

$$h_0(n) = [-0.129410 \quad 0.224144 \quad 0.836516 \quad 0.482963]$$

求另三個濾波器的脈衝響應。

解

$$g_0(n) = h_0(3-n) = [0.482963 \quad 0.836516 \quad 0.224144 \quad -0.129410]$$

$$h_1(n) = (-1)^{n+1} h_0(3-n) = [-0.482963 \quad 0.836516 \quad -0.224144 \quad -0.129410]$$

$$g_1(n) = (-1)^n h_0(n) = [-0.129410 \quad -0.224144 \quad 0.836516 \quad -0.482963]$$

註 網路上有許多可實現多解析度分析之濾波器組的脈衝響應可查閱，例如：

http://wavelets.pybytes.com/wavelet/db2/

列出的小波家族，包括：Haar、Daubechies、Symlets、Coiflets、Biorthogonal、Reverse Biorthogonal、"Discrete" Meyer 等。裡面還有對應的尺度函數與小波函數。

4-11-6 二維離散小波轉換

由於靜態影像為二維的訊號，故有必要將前一節的一維狀況推廣至二維。最常採用的方式是二維可分離小波轉換，亦即將二維小波轉換以二個一維的小波轉換來實現。相關的小波母函數變成

$$\phi(x,y) = \phi(x)\phi(y)$$
$$\psi^1(x,y) = \phi(x)\psi(y)$$
$$\psi^2(x,y) = \psi(x)\phi(y) \tag{4-11-57}$$
$$\psi^3(x,y) = \psi(x)\psi(y)$$

其中 $\phi(x)$ 與 $\psi(x)$ 分別為一維的尺度與小波函數。此時，

$$\left\{ \psi_{mnk}^l(x,y) \right\} = \left\{ 2^{-\frac{m}{2}} \psi^l(2^{-m}x-n, 2^{-m}y-k) \right\}, l = 1, 2, 3 \tag{4-11-58}$$

為單範正交基底。

同上一節，實現離散小波轉換比較簡單又有效率的方式是透過相對應的濾波器來達成。將原先對一維信號所用的濾波器分別對用在二維信號的列與行，可達成二維離散小波轉換的效果。整個第一層分解與重建過程分別如圖 4-11-14 與 4-11-15 所示。注意到列與行交錯實施的部份，否則影像無法重建成功。

影像經過圖 4-11-14 所示的分解後得到四個子影像 $f_j^1(x,y), j = 1, 2, 3, 4$，每個子影像都可再繼續做第二層的分解，因而得到如圖 4-11-16 所示的分解結果。

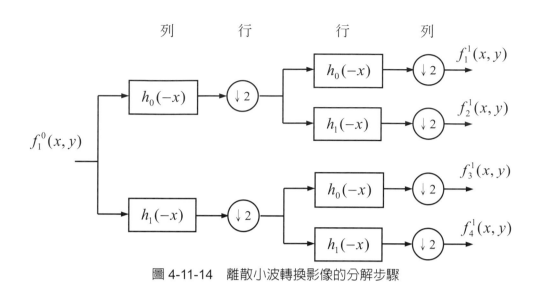

圖 4-11-14　離散小波轉換影像的分解步驟

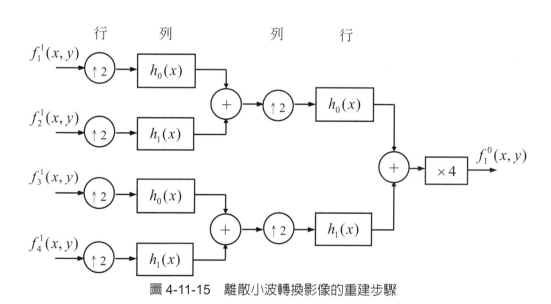

圖 4-11-15　離散小波轉換影像的重建步驟

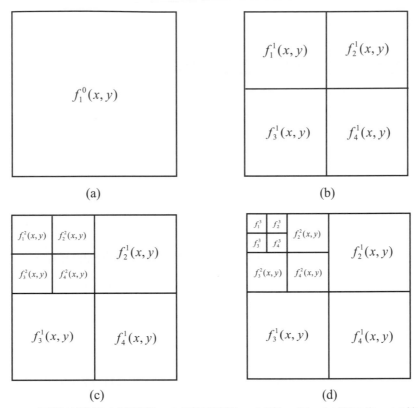

圖 4-11-16　二維的離散小波轉換。(a)原始影像；(b)第一步；(c)第二步；(d)第三步。

█ 4-11-7　雙正交小波轉換

　　具有精簡支持(compact support)的單範正交小波轉換函數缺乏對稱特性。我們希望 $\psi(t)$ 爲偶或奇函數。根據研究發現，如果採用二組小波基底 $\psi(t)$ 與 $\widetilde{\psi}(t)$，前者用來做分解(或分析)，後者用來坐重建(或合成)，則我們可有具精簡支持的對稱小波。兩組小波互爲對偶(dual)，且其小波族群 $\{\psi_{mn}(t)\}$ 與 $\{\widetilde{\psi}_{mn}(t)\}$ 爲雙正交(biorthogonal)，亦即

$$\left\langle \psi_{mn}, \widetilde{\psi}_{jk} \right\rangle = \delta_{m-j}\delta_{n-k} \tag{4-11-59}$$

雙正交轉換的分解可寫成

$$c_{mn} = \left\langle f(t), \widetilde{\psi}_{mn}(t) \right\rangle \text{ 或 } d_{mn} = \left\langle f(t), \psi_{mn}(t) \right\rangle \tag{4-11-60}$$

而重建可寫成

$$f(t) = \sum_m \sum_n c_{mn}\psi_{mn}(t) \ \text{或} \ f(t) = \sum_m \sum_n d_{mn}\widetilde{\psi}_{mn}(t) \tag{4-11-61}$$

兩個小波都可做重建或分解，但其中有一個用在分解時，另一個一定要用在重建。

雙正交轉換也有相對應的濾波器來實現。例如有人選擇 B-Spline 函數(例如三角函數)為 $\phi(t)$ 而發展出 $\cos(z)$ 之多項式函數的 $H_0(z)$，其中 $H_0(z)$ 是濾波器脈衝響應 $h_0(n)$ 的 z 轉換。

4-11-8　小波包

在多解析度分析當中，每次輸入信號的頻譜都被分成低或高的頻帶，其中高頻帶直接變成輸出，低頻帶則繼續再分解成兩個子頻帶，依此類推。如果每次頻帶分解不一定祇能有兩個頻帶，而且不一定只有低頻帶被分解，高頻帶也可繼續分解，則由此觀念所獲得的輸出結果就稱為小波包(wavelet packet)。

從資料結構的眼光來看，原始多解析度的分析對應到一個極不平衡的二元樹(binary tree)，小波包則可以是平衡且完滿(complete)的二元樹。圖 4-11-17 的(a)與(b)分別顯示這兩種樹狀結構。

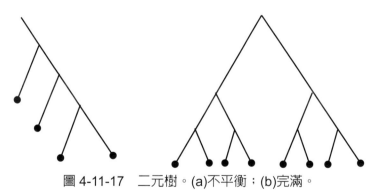

圖 4-11-17　二元樹。(a)不平衡；(b)完滿。

小波包的好處在於透過任意頻帶的分割達到任意頻率解析度的效果。通常伴隨小波包的是一個最佳基底選擇(best bases selection)的自適性演算法，以便對某一個特定信號找出若干小波包的組合使其有最適當的解析度。換言之則是保留(或去掉)如圖 4-11-17(b)之完滿二元樹的一部分，結果變成不完滿的樹狀結構。常採用的選取方式則是以熵(entropy)為頻帶分割時的準則。

以下列舉幾個熵的準則。在下列敘述中 f 為訊號，f_i 則表 f 在一單範正交基底的係數。任何熵的表示式 E 都必須是一個加成性的成本函數(additive cost function)使得 $E(0) = 0$ 且 $E(f) = \sum_i E(f_i)$。

(1) Shannon 熵：

$$E(f_i) = -f_i{}^2 \log(f_i{}^2) \Rightarrow E(f) = -\sum_i f_i{}^2 \log(f_i{}^2) \tag{4-11-62}$$

並定義 $0\log(0) = 0$。

(2) 範數乘冪熵 l^p, $1 \le p \le 2$：

$$E(f_i) = |f_i|^p \Rightarrow E(f) = \sum_i |f_i|^p \tag{4-11-63}$$

(3) 能量對數熵：

$$E(f_i) = \log(f_i{}^2) \Rightarrow E(f) = \sum_i \log(f_i{}^2) \tag{4-11-64}$$

並定義 $\log(0) = 0$。

(4) 門檻熵：

$$E(f_i) = \begin{cases} 1, |f_i| > \varepsilon \\ 0, |f_i| \le \varepsilon \end{cases} \Rightarrow E(f) = \#\{|f_i| > \varepsilon\} \tag{4-11-65}$$

亦即信號大於某個門檻值 ε 的次數。

上述熵函數在 Matlab 的小波工具箱(wavelet toolbox)中都有現成的函數庫可供使用。事實上小波工具箱有使用小波轉換所需的各種軟體函式庫，包括各種小波轉換之濾波器係數的產生、多維小波轉換的實現、小波轉換結果的顯示、以及許多小波在信號處理上的應用實例等，頗有參考價值。Python 使用者也有對應的小波轉換工具。PyWavelets 是一個 Python 函式庫，它提供了可處理各種小波轉換的實用程式。它支持一維(1D)和二維(2D)信號的離散小波轉換(DWT)和連續小波轉換(CWT)。該函式庫提供了一個簡單的介面，可將各種小波轉換應用於資料上，包括正向和反向轉換、分解為小波係數以及從其係數重建信號。PyWavelets 還包括許多預先定義的小波函數，包括 Daubechies、Coiflets、Symlets 等。

習題

1. 設 P 與 Q 為已知，試證明當序列係數 $F(k, l)$ 如(4-5-1)式所示時，(4-5-6)式中的誤差 σ_e^2 為最小。

2. 續上題，證明基底影像必形成一 $P = Q = N$ 且 σ_e^2 為零的完全集。

3. 給一個 2×2 轉換矩陣 $\mathbf{A}$ 及影像 $\mathbf{f}$：
    $$\mathbf{A} = \frac{1}{2}\begin{bmatrix} \sqrt{3} & 1 \\ -1 & \sqrt{3} \end{bmatrix}, \quad \mathbf{f} = \begin{bmatrix} 2 & 3 \\ 1 & 2 \end{bmatrix}$$
    試計算轉換後影像 $\mathbf{F}$ 及基底影像。

4. 證明兩個函數卷積的傅立葉轉換是它們的傅立葉轉換的乘積。為簡單起見，假設所討論的為單一變數函數。

5. 試推導並繪出 8 點 FFT 之 DIT 信號流程圖。

6. 推導出附錄(B-4-2)式及(B-4-3)式。

7. 試求下列兩函數，即 $f(x)$ 與 $f(n)$，在 $[\,0\,,\,1\,)$ 上的列率。

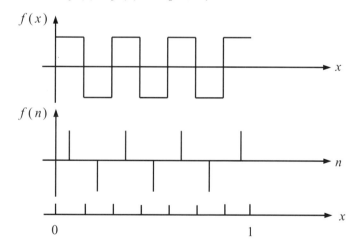

8. 試求 $N = 4$ 時的 Haar 轉換矩陣。

9. 給一序列 $\mathbf{f} = [1 \quad 2 \quad 3 \quad 4]^T$。試求 Walsh 版的 Walsh-Hadamard 轉換。並驗證反轉換的結果為原序列。

10. 對下列矩陣進行 SVD 轉換：

$$\mathbf{A} = \begin{bmatrix} 0 & 1 & 2 & 1 & 0 \\ 1 & 3 & 4 & 3 & 1 \\ 2 & 4 & 5 & 4 & 2 \\ 1 & 3 & 4 & 3 & 1 \\ 0 & 1 & 2 & 1 & 0 \end{bmatrix}$$

11. 試選一幅大小為 128 × 128 之 8 位元灰階影像作 DFT 轉換、DCT 轉換、一層小波轉換。其小波轉換之濾波器係數分別為：

    高通分解係數

    [−0.2304　0.7148　−0.6309　−0.0280　0.1870　0.0308　−0.0329　−0.0106]

    低通分解係數

    [−0.0106　0.0329　0.0308　−0.1870　−0.0280　0.6309　0.7148　0.2304]

    高通重建係數

    [−0.0106　−0.0329　0.0308　0.1870　−0.0280　−0.6309　0.7148　−0.2304]

    低通重建係數

    [0.2304　0.7148　0.6309　−0.0280　−0.1870　0.0308　0.0329　−0.0106]

    (a) 分別顯示其轉換係數大小的圖，並列印之。

    (b) 分別顯示其反轉換(還原)圖形，並列印之。

    (c) 假設 DFT、DCT 和小波轉換係數由低頻往高頻排列，保留前 25% 低頻部分，其餘補零，將影像還原，分別顯示其圖形，並列印之。

    (d) 計算(c)中還原影像與原影像之 PSNR，其中 PSNR 之定義為

    峰值訊雜比：$\text{PSNR} = 20\log_{10}\dfrac{255}{\text{RMSE}}$

    均方根誤差：$\text{RMSE} = \sqrt{\dfrac{1}{MN}\sum_{m=1}^{M}\sum_{n=1}^{N}\left[f(m,n) - \widehat{f}(m,n)\right]^2}$

    其中 $f(m,n)$ 為原始影像，$\widehat{f}(m,n)$ 為重建影像。

12. 證明 $\psi(t)$ 與 $\dfrac{\psi\left(\dfrac{t-\tau}{a}\right)}{\sqrt{a}}$ 有相同的範數。

13. 假設 $g(t)$ 可微分，$\dfrac{dg}{dt}$ 具備有限能量且 $\lim\limits_{t\to\pm\infty} t|g(t)|^2 = 0$，證明測不準原理如(4-11-5)式所示。

14. 參考範例 4.1，以一維轉換展示(4-5-5)到(4-5-6)式。

15. 有 5 筆二維的資料如下：

$$\mathbf{x}_1 = \begin{bmatrix} 1 \\ 2 \end{bmatrix}, \quad \mathbf{x}_2 = \begin{bmatrix} 3 \\ 4 \end{bmatrix}, \quad \mathbf{x}_3 = \begin{bmatrix} 5 \\ 6 \end{bmatrix}, \quad \mathbf{x}_4 = \begin{bmatrix} 7 \\ 8 \end{bmatrix}, \quad \mathbf{x}_5 = \begin{bmatrix} 9 \\ 10 \end{bmatrix}$$

    以 PCA 降維成一維的資料。

16. 以 MATLAB、Python 或任何熟悉的程式實現一灰階影像的 DFT。分別顯示轉換係數的大小和相位頻譜。

17. 考慮一個 512 × 512 的灰階影像。以一維 DFT 實現二維 DFT。比較用 FFT 與用 DFT 定義兩者實現 DFT 的計算複雜度。

Chapter **5**

影像增強

影像增強是指增加影像傳遞資訊的視覺效果，讓影像中感興趣的資訊更容易被人眼感受到或被機器判讀。例如原本影像中有某個物件的特徵不顯著，讓人眼或電腦視覺系統無法或難以辨認，經過影像增強後特徵更顯著，就可辨認出該物件。

影像增強的處理技術是指處理一幅影像，使其結果對特定的應用來說比原始影像更合用。例如一張可能含有細小腫瘤的影像，原本腫瘤的輪廓不清，利用高通濾波的技術可強化影像中腫瘤的邊緣，凸顯出腫瘤的形體，使醫師可更精準判斷出腫瘤的位置與大小。但高通濾波技術對取像時由於光源不足導致對比度偏低的昏暗影像就顯得沒有太大用處，此時運用可拉抬整體影像暗亮對比度的技術可能更有用。此外，有的影像增強技術效果很好，但其結構卻非常的複雜，以致於硬體難以實現。有的則效果略差一點，但結構簡單。因此，就像許多其他影像處理的方法一樣，影像增強技術沒有所謂必然最佳的方法，而是有各種方法，其中的取捨全視應用的需求以及影像本身的特性而定。

本章將介紹多種影像增強的方法。有些影像增強方法在空間域中運作，直接處理像素資料，有些方法則在頻率域中運作，藉由改變頻譜成分達成增強目的，當然也有混和運用空間與頻率域的影像增強演算法。就方法本質上每次使用所涉及像素數量的多寡，影像增強方法可分為點處理(point processing)、局部處理(local processing)以及全域處理(global processing)。點處理是指每個待處理的像素只靠其本身的像素值被獨立處理而不涉及其他像素；局部處理則是指以待處理像素之某個鄰域內的像素為依據來處理；全域處裡法則涉及整張影像的像素。

5-1 點處理增強

所謂點處理係指針對單一個像素強度的改變而言，這是最簡單的一種影像增強技術。以下均假設輸入影像點像素之強度為 f，經點處理 T 後之輸出強度為 g，即 $g = T[f]$。不同影像中 f 的數值範圍可能不同，例如 8 位元影像的數值範圍從 0 到 255，10 位元的影像則從 0 到 1023。為了方便，不管 f 的實際範圍為何，我們常將此範圍「正規化」為 0 到 1 的數值。

在點處理下，根據不同需要，我們用轉換曲線或函數定義適當的轉換 T，不同的 T 對應不同的點處理。圖 5-1-1 顯示一個代表性的轉換曲線 T。此轉換可將原本較窄輸入範圍的像素分佈(偏亮)，變成較寬的範圍(亮暗適中)，進而提高影像的對比度。這個增強方式適合用於偏亮的低對比度影像，此影像可能是在影像擷取時因為環境照明太強或光圈設定不當導致影像感應器過飽和所造成。同樣是對比度增強的目的，若是因為環境光源強度太低或是影像感應器的感光能力或動態範圍不足造成偏暗的低對比度影像，就必須另外設計一個不同於圖 5-1-1 的轉換。這個例子再次說明，好的轉換設計是非常應用導向的。

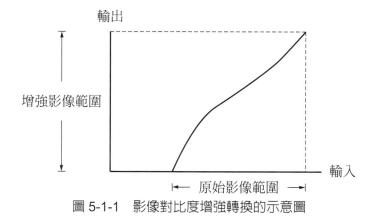

圖 5-1-1　影像對比度增強轉換的示意圖

▌ 5-1-1　振幅重新調節(Amplitude Rescaling)

在處理數位影像時，有時候可能發生處理後影像的像素值超過原始影像的數值範圍(例如 8 位元影像超過 255)，甚至在數學運算上產生含有負數的矩陣。顯然，影像強度函數(intensity function)必須為正數，此時無法將矩陣直接映射(mapping)至影像函數的範圍上。圖 5-1-2 顯示以重新調整振幅來解決此問題的一些方式。

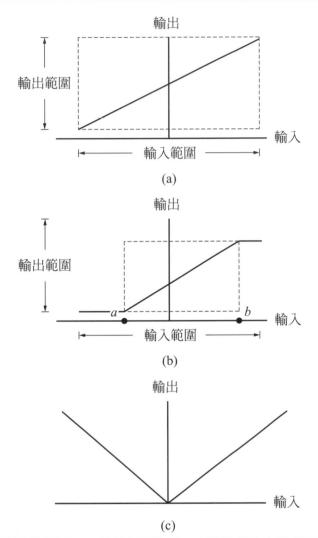

圖 5-1-2　影像振幅調整的例子。(a)線性影像比例；(b)線性影像比例(剪平)；(c)絕對值比例。

　　第一種方法採取線性轉換，並將最負的點令為零，於是輸出後就沒有小於零的點。然後可以將輸出在 0 到 1 之間做正規化。第二種方法類似第一種，但是它設了兩個極限，輸入小於極小值 a 與輸入超過極大值 b 以後都剪平(clip)，正規化後分別是極小值 0 與極大值 1，而中間部份仍是線性運作。第三種方法則是將輸入值取絕對值，如此一來也能避免負數的產生。

　　一般來說，最受歡迎的是第二種方法，它的效果會比第一種好很多，尤其是當影像中的像素都介於線性 a 至 b 的區段內時。之前已經提過，對比度不足是影像常見的問題之一，而對比度不足表示影像的直方圖(histogram)集中在小範圍內，正符合第二種方法的特性。若此時採用第一或是第三種方法只能將負的值變成正值，對於影像的清晰度並沒有幫助，這應是第二種方法受歡迎的原因。

第二種方法的轉換函數可表示成：

$$g = \begin{cases} 0, & 0 \leq f < a \\ \dfrac{f-a}{b-a}, & a \leq f < b \\ 1, & b \leq f \leq 1 \end{cases}$$ (5-1-1)

給一組(a, b)的值，每個原始影像的像素值f都可依(5-1-1)式轉換成對應的值g。

　　下面舉一個第二種方法的實例，直接以影像的直方圖來比較。我們知道影像對比度越高，其影像函數的直方圖分佈越廣。圖 5-1-3(a)是某個原始影像的直方圖，其分佈約在 0.20～0.40 之間，其餘的地方亮度都為零。這是對比度很差的一幅影像。圖 5-1-3(b)則取最小值 a 為 0.17 且最大值 b 為 0.64 做處理，並重新調整比例至 0 與 1 之間，但是效果仍然不顯著，因為原始影像在 0.40 至 0.64 之間亮度全是零，在重新調整比例後亮度為零的區域仍然很大，也就是說對比度沒有提高多少。可以發現(c)的效果最好，它取最小值 a 為 0.24 且最大值 b 為 0.35，這相當於上下切去百分之五的比例，因此所有的點都在線性範圍內。至於切除的百分之五，人眼根本觀察不出來。這個例子說明，對比度不足的影像，用帶剪平之線性影像比例重新調整可以非常有效。

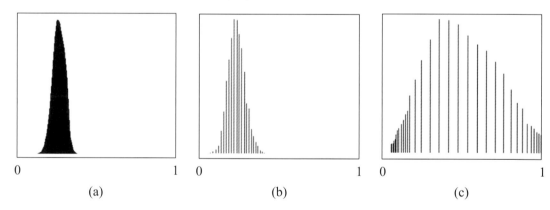

圖 5-1-3　線性影像調整(剪平)之實例。(a)原始直方圖；(b)以(a, b) = (0.17, 0.64)線性比例調整後的直方圖；(c)以(a, b) = (0.24, 0.35)線性比例調整後的直方圖。

範例　5.1

圖 5-1-4(a)顯示一張低對比度的原圖及其直方圖，原影像的直方圖分佈約在 55 到 190 之間(約相當於正規化後的 0.22 到 0.75 之間)。圖 5-1-4(b)則是以 $a = 0.31$ 和 $b = 0.51$ 做線性影像比例(剪平)(約相當於實際像素值的 78 和 129)，其對比度比起圖 5-1-4(a)略有改善。圖 5-1-4(c)則是以 $a = 0.20$ 和 $b = 0.78$ 做線性影像比例(剪平)的結果(約相當於實際像素值的 50 和 200)，比起圖 5-1-4(a)，對比度改善許多。

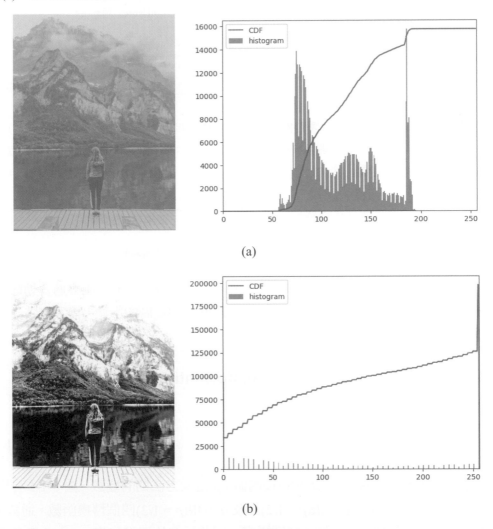

(a)

(b)

圖 5-1-4　線性影像調整(剪平)的影像實例。(a)原始影像及其直方圖(約分佈在 55 到 190 之間)；(b)以 $a = 78$ 和 $b = 129$ 調整後的影像及其直方圖；(c)以 $a = 50$ 和 $b = 200$ 調整後的影像及其直方圖。

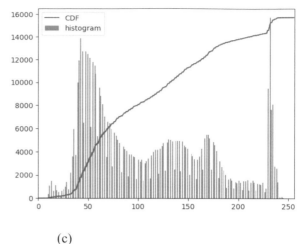

(c)

圖 5-1-4　線性影像調整(剪平)的影像實例。(a)原始影像及其直方圖(約分佈在 55 到 190 之間)；
　　　　(b)以 *a* = 78 和 *b* = 129 調整後的影像及其直方圖；(c)以 *a* = 50 和 *b* = 200 調整後的影
　　　　像及其直方圖。(續)

▌ 5-1-2　對比度修正(Contrast Modification)

　　上一小節振幅重新調整只適用於對比度集中在一小範圍的影像，並不適合動態範圍大
的影像，此處所需討論的對比修正則專門處理對比度範圍寬廣的影像。接下來將介紹幾種
方法並比較其優缺點及適用場合。

冪次律點轉換(Power Law Point Transformations)

　　這種方法的數學定義為

$$g = f^p \tag{5-1-2}$$

其中 *f* 指原始影像的像素值，*g* 是經轉換後的值，*p* 是次方法則的變數。圖 5-1-5 分別顯示
出平方(*p* = 2)、立方(*p* = 3)、平方根(*p* = 1/2)以及立方根(*p* = 1/3)四個轉換函數。通常來說，
p 大於 1 時，影像會變暗，*p* 小於 1 時則變亮，因此偏亮的影像可取 *p* > 1，反之則可取
p < 1。此外，*p* 值偏離 1 越遠，調整的效果越強。一般的經驗是取略大於 1 的 *p* 值(例如
1.5)可有不錯的效果，不過實際上還是要根據輸入影像特性去調整才會有最好的效果。

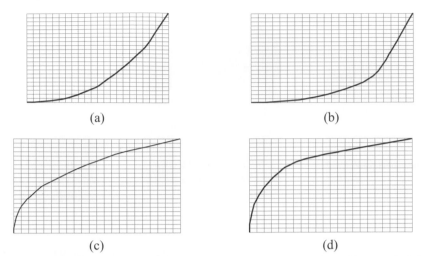

(a)　　　　　　　　　　　　(b)

(c)　　　　　　　　　　　　(d)

圖 5-1-5　次方函數實例。(a)平方函數；(b)立方函數；(c)平方根函數；(d)立方根函數。

註▶ 採用(5-1-2)式時假設像素值已正規化成[0, 1]，否則 g 的值很輕易就超出正常像素值的範圍。例如，有 8 位元影像，先將原像素值除以 255，再用(5-1-2)式，之後再將 g 的值乘回 255，即可得增強後的影像。

範例　5.2

圖 5-1-6(a)為一對比度低的原影像；圖 5-1-6(b)～(f)分別是以立方根函數($p = 1/3$)、平方根函數($p = 1/2$)、$p = 1.5$、平方函數($p = 2$)以及立方函數($p = 3$)轉換的結果。當 $p < 1$ 時，影像變亮；當 $p > 1$ 時，影像變暗。此外，p 值越大，影像越暗。依此特定影像，除了用平方和立方函數使得影像似乎過暗外，其他結果都還可以。

(a)　　　　　　　　　　(b)　　　　　　　　　　(c)

圖 5-1-6　以冪次函數轉換的影像增強實例。(a)原影像；分別以(b)立方根函數($p = 1/3$)；(c)平方根函數($p = 1/2$)；(d) $p = 1.5$；(e)平方函數($p = 2$)；(f)立方函數($p = 3$)轉換的結果。

(d)   (e)   (f)

圖 5-1-6　以冪次函數轉換的影像增強實例。(a)原影像；分別以(b)立方根函數($p = 1/3$)；(c)平方根函數($p = 1/2$)；(d) $p = 1.5$；(e)平方函數($p = 2$)；(f)立方函數($p = 3$)轉換的結果。(續)

橡皮帶函數(Rubber Band Function)

　　次方函數雖然增強的效果不錯，但它們是計算複雜度相對高的非線性運算。我們希望能有一種線性且容易實現的方法以降低計算成本，可是效果又不能太差。圖 5-1-7 顯示一個這樣的函數，稱為橡皮帶函數。想像一個木板上釘了三根釘子，其中兩個釘子對應於函數的兩個端點，另一個中間的釘子對應於函數的轉折點，套用一條拉緊的橡皮筋在三個釘子上，則橡皮筋延展開來就是函數的曲線，因此該函數稱為像皮帶函數。此逐段線性(piecewise linear)函數是平方函數的近似函數，可預期增強效果會接近平反函數，但計算複雜度顯然降低很多。

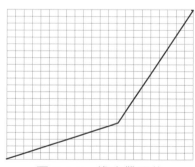

圖 5-1-7　橡皮帶函數

範例　5.3

圖 5-1-8(a)為一對比度低的原影像，圖 5-1-8(b)和(c)則是以橡皮帶函數轉換的結果。與圖 5-1-6 的結果相比，圖 5-1-8(b)的作用接近平方函數的結果，圖 5-1-8(c)的作用接近立方根函數的結果。由圖中可看出不同的轉折點座標可得到不同的結果，因為兩個轉換線段的斜率會隨轉折點的位置而改變，因而改變了影像增強的效果。因此，像皮帶函數很適合用於互動式影像增強(interactive image enhancement)，其中轉折點的位置，甚至轉折點的數目都可依需要自行設定。

(a)　　　　　　　　　　　(b)　　　　　　　　　　　(c)

圖 5-1-8　以橡皮帶函數轉換的影像增強實例。(a)原影像；(b)以橡皮帶函數轉換的結果 1，其中轉折點座標為(128, 64)，兩線段斜率約分別為 0.5 和 1.5；(c)以橡皮帶函數轉換的結果 2，其中轉折點座標為(128, 192)，兩線段斜率約分別為 1.5 和 0.5。

高斯誤差函數(Gaussian Error Function)

圖 5-1-9 表示高斯誤差函數，在 f 小的時候(圖形前端)它的表現像平方函數，在 f 大的時候(圖形後端)它的表現像平方根函數。其數學定義為：

$$g = \frac{erf\left(\dfrac{f-0.5}{\sqrt{2}\,\sigma}\right) + \dfrac{0.5}{\sqrt{2}\,\sigma}}{erf\left(\dfrac{0.5}{\sqrt{2}\,\sigma}\right)} \tag{5-1-3}$$

其中

$$erf(x) = \frac{2}{\sqrt{\pi}} \int_0^x \exp(-y)^2 \, dy \tag{5-1-4}$$

σ則爲高斯分佈之標準差。此函數雖有綜合兩種次方函數的增強效果，但很顯著的缺點是運算相當複雜。

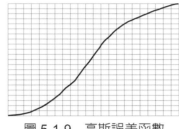

圖 5-1-9　高斯誤差函數

倒函數(Reverse Function)與反函數(Inverse Function)

　　倒函數或反函數都可以將明暗度反轉，也就是原本最暗的地方轉換後變成最亮，最亮的地方轉換後變成最暗。其數學定義分別如(5-1-5)與(5-1-6)式所示，其圖形則如圖 5-1-10 所示。很容易看出倒函數是線性的，而反函數則是非線性。這種亮暗交換的功能形成影像底片的效果，可用在醫學影像的顯示與幻燈片的製作等。

倒函數：　　　$g = 1.0 - f$ 　　　　　　　　　　　　　　　　　　　　(5-1-5)

反函數：　　　$g = \begin{cases} 1.0, & 0.0 \le f \le 0.1 \\ \dfrac{0.1}{f}, & 0.1 \le f < 1.0 \end{cases}$ 　　　　　　　　　(5-1-6)

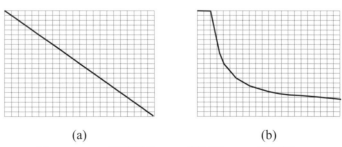

(a)　　　　　　　　　　　　　(b)

圖 5-1-10　亮暗函數。(a)倒函數；(b)反函數。

圖 5-1-11 顯示經由倒函數和反函數轉換的結果。由圖中可明顯看出亮暗反轉的現像,確實有底片的效果。

(a)

(b)

(c)

圖 5-1-11 展示倒函數和反函數轉換的效果。(a)原圖;(b)用倒函數的結果;(c)用反函數的結果。

5-1-3 動態範圍壓縮

有時候經處理後之影像的動態範圍變得很大,例如對影像取傅立葉轉換後的係數,其範圍可從原影像的[0, 255]變成轉換係數的$[0, 5 \times 10^6]$,甚至更大。如果以線性調整大小,硬把$[0, 5 \times 10^6]$線性映射到[0, 255]來顯示轉換的係數(每個係數值都必須除以$5 \times 10^6/255 \approx 19608$),其結果是只有接近最大的係數值才能顯現,其他值都因為太小而顯示不出來。針對這個問題,通常我們採用以下的強度轉換函數。

$$g = c \log_{10}(1 + |f|) \tag{5-1-7}$$

其中 c 為一常數。假設傅立葉頻譜的範圍為$[0, 5 \times 10^6]$,則 $\log_{10}(1 + |f|)$的範圍為 0 到約 6.7。假設我們有一個 8 位元的顯示系統,即顯示範圍為 0 到 255,因此常數 c 的選擇是$\frac{255}{6.7} \approx 38$。

圖 5-1-12 顯示傅立葉頻譜的顯示技巧。其中傅立葉頻譜的數值範圍為[0, 32517000],因此 $\log_{10}(1 + |f|)$的範圍為 0 到約 7.5121。在 8 位元顯示系統的假設下,常數 c 的選擇是$\frac{255}{7.5121} \approx 33.9452$。

在未經 log 轉換並只以線性轉換下,幾乎只能呈現最大的頻譜值,其他頻譜相對小到無法呈現出來。經過 log 轉換再比例調整到[0, 255]的範圍後,剛剛未顯現的頻譜現在就呈現出來了,這對確切了解該影像的頻譜很有幫助。

(a) (b) (c)

圖 5-1-12　傅立葉頻譜的顯示技巧。(a)影像；(b)未經 log 轉換時(a)的原始頻譜；(c)經 log 轉換再比例調整後(a)的頻譜。為方便呈現，本頻譜有置中(亦即零頻率在正中央)。

5-1-4　灰階度切割(Gray-Level Slicing)

此方法的目的是只強調某範圍的灰階度，可用來加強影像中某些特定物體的特徵，例如將衛星照片中的海水部份或雲的部份凸顯出來。所採用的基本轉換函數為

$$g = \begin{cases} L, & a \le f \le b \\ k, & \text{其他情況} \end{cases} \tag{5-1-8}$$

或

$$g = \begin{cases} L, & a \le f \le b \\ f, & \text{其他情況} \end{cases} \tag{5-1-9}$$

此轉換函數之曲線分別如圖 5-1-13 的(a)與(b)所示。

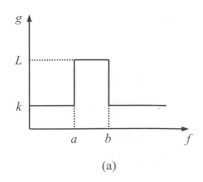 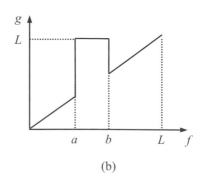

(a) (b)

圖 5-1-13　灰階度切割。(a)加強在[a, b]內強度之像素，並把其他像素的強度定為較低的常數值；(b)加強在[a, b]內強度之像素，其他像素不變。

範例 5.6

圖 5-1-14 顯示一個影像經由灰階度切割法所得的結果。圖中 a、b、k 和 L 分別為 140、200、0 和 255。(b)圖相當於是實現了影像二值化：落在[140, 200]內的為 1 (以 255 的值呈現亮點)，其他 為 0 (以 0 的值呈現暗點)。天空部分有不少像素的值是落在[140, 200]中，因此以亮點呈現，這 在圖(b)和圖(c)都可觀察到。此外，由圖中看出十字架鐘塔主結構的像素值絕大部分都不在[140, 200]內，故呈現黑色。因此，在(c)圖中的十字架鐘塔主結構的像素絕大部分都維持原來的值， 由此可看出(5-1-8)與(5-1-9)式兩者處理結果的不同。

(a)   (b)   (c)

圖 5-1-14 一個影像經由灰階度切割法所得的結果。(a)原影像；(b)以(5-1-8)式處理的效果； (c)以(5-1-9)式處理的效果。

5-1-5 位元平面切割(Bit-Plane Slicing)

假設影像的每一個像素都均勻量化成 B 位元，則從最低有效位元(Least Significant Bit, LSB)到最高有效位元(Most Significant Bit, MSB)，所切割的位元平面可想成如圖 5-1-15 所 示的情況。

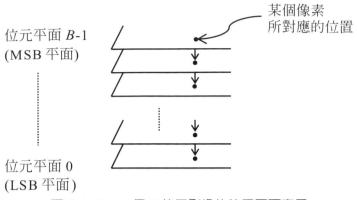

某個像素
所對應的位置

位元平面 B-1
(MSB 平面)

位元平面 0
(LSB 平面)

圖 5-1-15　一個 B 位元影像的位元平面表示

令一 B 位元影像表示成

$$f = \sum_{i=1}^{B} k_i 2^{B-i} \tag{5-1-10}$$

則從 MSB 平面起算的第 n 個位元平面可由下式獲得

$$g = \begin{cases} L, & 若 k_n = 1 \\ 0, & 其他情況 \end{cases} \tag{5-1-11}$$

例如當 $f = 255$ 時，

$$f = (1)2^7 + (1)2^6 + (1)2^5 + (1)2^4 + (1)2^3 + (1)2^2 + (1)2^1 + (1)2^0$$

代表 $k_i = 1$, $i = 1, 2, \cdots, 8$。同理，當 $f = 128$ 時，

$$f = (1)2^7 + (0)2^6 + (0)2^5 + (0)2^4 + (0)2^3 + (0)2^2 + (0)2^1 + (0)2^0$$

代表 $k_1 = 1$; $k_i = 0$, $i = 2, 3, \cdots, 8$。再來，當 $f = 64$ 時，

$$f = (0)2^7 + (1)2^6 + (0)2^5 + (0)2^4 + (0)2^3 + (0)2^2 + (0)2^1 + (0)2^0$$

代表 $k_2 = 1$; $k_i = 0$, $i = 1, 3, 4, \cdots, 8$。

在(5-1-11)式中，若 $n = 1$ (即 MSB 平面)，則

$$g = \begin{cases} L, & \text{若} k_1 = 1 \\ 0, & \text{其他情況} \end{cases}$$

由前面的例子輕易看出 $k_1 = 1$ 等同於 $f \geq 128$，因此以 128 為界，將影像變成二值影像(一個值為 L，另一個為 0)，以突顯出像素值大於或等於 128 的像素。同理，若 $n = 2$ (即 MSB 平面的下個平面)，則

$$g = \begin{cases} L, & k_2 = 1 \\ 0, & \text{其他情況} \end{cases}$$

由前面的例子輕易看出 $k_2 = 1$ 等同於 $f \geq 64$，因此以 64 為界，將影像變成二值影像(一個值為 L，另一個為 0)，以突顯出像素值大於或等於 64 的像素。其他 n 的值就依此類推。

　　圖 5-1-16 顯示一影像的 8 個位元切割平面。從圖中可看出越高乘冪位元平面含有越多影像的資訊，越低者資訊含量越少，甚至到最低乘冪位元平面時，基本上只剩一堆雜訊，從視覺上看不出任何原影像的資訊。

　　位平面切割通常用於分析和操作構成影像的各個位元，可應用於影像壓縮、影像增強和影像分割等任務。藉由隔離特定的位元平面，可以強調或抑制不同程度的細節和對比度，以便可更精確地控制影像的外觀。例如，最高次乘冪位元平面包含有關影像的最重要信息，操縱該平面會對影像的整體外觀產生重大影響。反之，最低次乘冪位元平面包含最不重要的信息，通常可以丟棄或壓縮而不影響影像的整體品質。

(a) (b) (c)

圖 5-1-16　一影像的 8 個位元切割平面。(a)原影像；(b) $n = 1$：位元 7 (MSB)；(c) $n = 2$：位元 6；
(d) $n = 3$：位元 5；(e) $n = 4$：位元 4；(f) $n = 5$：位元 3；(g) $n = 6$：位元 2；(h) $n = 7$：
位元 1；(i) $n = 8$：位元 0 (LSB)。

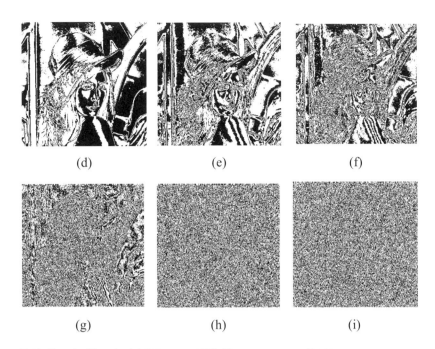

圖 5-1-16　一影像的 8 個位元切割平面。(a)原影像；(b) $n = 1$：位元 7 (MSB)；(c) $n = 2$：位元 6；
(d) $n = 3$：位元 5；(e) $n = 4$：位元 4；(f) $n = 5$：位元 3；(g) $n = 6$：位元 2；(h) $n = 7$：
位元 1；(i) $n = 8$：位元 0 (LSB)。(續)

5-1-6　影像相減

設有兩張影像 $f_1(x, y)$ 與 $f_2(x, y)$。將這兩張對應的影像逐點相減可表示成

$$g(x, y) = f_1(x, y) - f_2(x, y) \tag{5-1-12}$$

處理結果的數值範圍可達原始影像的兩倍且很有可能含有負值的像素，例如 f_1 和 f_2 都是 8
位元影像，則影像 g 的範圍有可能將變成[-255, 255]，這是原來[0, 255]的兩倍寬。要把 g
當成 8 位元影像顯示出來，可採用 5-1-1 節的振幅調節方法。

將兩張對應的影像逐點相減也是一種影像增強的方式。例如，以身體某部分的醫學影
像為對象，再注入特殊感光化學液體至血管中所得的畫面與其相減，將相減過的畫面連續
播放，就可看出這些化學液體是如何在血管中流動，藉此找到血管可能阻塞之處及阻塞的
程度。

　　影像相減常用於偵測連續畫面中是否有移動的物件，例如偵測肢體的動作或移動中的汽車。將時間上相鄰的兩個畫面逐點相減，則在理想狀況下，不動的部分會得到幾乎是零的像素差值，移動物件的部分則不為零，利用此原理，選取適當的門檻值即可將移動的物件與不動的背景分離，如此即可凸顯出移動的物件。監視系統常利用這個特性減少視訊資料儲存量，其作法是只儲存有移動物件的影像畫面。在真實環境中，由於取像裝置本身的雜訊以及環境光源的瞬間變化(例如有自然閃爍特性的日光燈)，將時間相鄰畫面相減時，即便不移動的部分也存在不為零的像素差值，因而產生零碎的假物件。因此，影像相減完後，通常根據應用還需再進一步處理，例如以濾波方式刪去過小的假物件等。

　　影像相減法包括以下步驟：

步驟 1　獲取背景影像：第一步是獲取沒有前景物體之場景的背景影像。此影像將作為與後續影像進行比較的參考。

步驟 2　獲取目前畫面的影像：下一步是獲取場景的目前畫面影像，其中將包含背景和前景物體。

步驟 3　將影像轉成灰階影像：要執行影像相減法，背景和目前畫面影像都應轉換為灰階影像。

步驟 4　影像相減：從目前畫面影像中減去背景影像以產生差值影像。差值影像中的每個像素對應於兩個影像之間的強度差異。

步驟 5　進行門檻值處理：對差值影像進行門檻值處理，將其轉換為二值影像，其中強度高於某個門檻值的像素被視為前景物體，低於門檻值的像素被視為背景。

步驟 6　進行後處理：可以對二值影像運用形態學操作等後處理步驟，以再精煉前景和背景區域，提高分割的準確性。

　　圖 5-1-17 顯示一個運用影像相減技巧的例子。

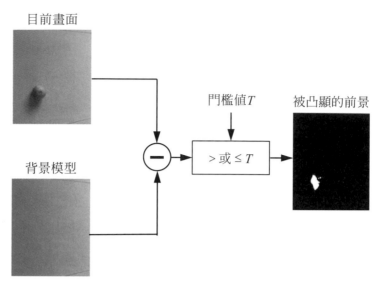

圖 5-1-17　運用影像相減法的例子。以目前畫面影像減去背景模型影像後，將差值的絕對值以一
個門檻值轉換成一個二值影像，其中大於門檻值的為 255，小於或等於者為 0。

5-1-7　影像平均

假設一個影像感應器受到平均值為零之高斯雜訊的影響，因此得到的是帶雜訊的影
像。有一個消除此雜訊的方法就是對同一畫面多取幾張影像，再取這些影像的平均影像。
理論上，由於所受到的是平均值為零的高斯雜訊，求平均的作用可抵消雜訊的效應，而且
用的影像愈多效果愈好。

假設對同一畫面取出 N 張影像：$\mathbf{f}_1, \mathbf{f}_2, \cdots, \mathbf{f}_N$，並假設每張影像都是原始的「乾淨」影
像 $\tilde{\mathbf{f}}$ 加上零平均且變異數為 σ^2 的高斯雜訊 $\mathbf{n}$，即 $\mathbf{f}_i = \tilde{\mathbf{f}} + \mathbf{n}$，$i = 1, 2, \cdots, N$。則取平均的結果
為

$$\frac{1}{N}\sum_{i=1}^{N}\mathbf{f}_i = \frac{1}{N}\sum_{i=1}^{N}(\tilde{\mathbf{f}}+\mathbf{n}) = \tilde{\mathbf{f}} + \frac{1}{N}\sum_{i=1}^{N}\mathbf{n} = \tilde{\mathbf{f}} + \mathbf{n}'$$

其中

$$\mathbf{n}' = \frac{1}{N}\sum_{i=1}^{N}\mathbf{n}$$

由基本機率理論可知，$\mathbf{n}'$ 仍為零平均的高斯雜訊，但變異數只有原來 $\mathbf{n}$ 的 $\frac{1}{N}$ 倍，即 $\frac{\sigma^2}{N}$。
因此取越多張影像的平均，所得影像越接近原始「乾淨」的影像 $\tilde{\mathbf{f}}$。

此方法常用於觀察天文影像中，這是由於來自天體的訊號多半微弱，使得攝影機(例如 CCD)在取像時雜訊相對大，適當運用此方法可濾去可觀的雜訊。另一個常用的地方是建立較為穩定的背景影像(去除掉雜訊因素的影響)，再用先前提到的影像相減法凸顯出移動物件，這樣做，取出的物件通常較完整而不會破碎。

註 影像平均的關鍵優勢在於它可以有效地減少影像中的隨機雜訊。理論上，獲取的影像越多，降低雜訊的效果就越好。然而，影像平均可能無法有效地減少在所有影像中都一致存在的系統性雜訊或非隨機雜訊模式。此外，影像平均可能不適用於所有類型的影像，因為它可能使移動物體或具有不同照明的區域變模糊。另外，如果場景包含在所有影像中都存在的任何靜態物體(例如，樹、建築物等)，則生成的平均影像將具有該物體的鬼影影像(ghosted image)。

註 當影像被平均時，物體對應的像素值將被加在一起並除以影像的數量。但是，由於相機雜訊或其他因素，背景中的像素會因影像而異。因此，背景的平均像素值將低於前景中物體的像素值，導致最終平均影像中的物體出現鬼影。為了避免這種鬼影效應，可以使用一種稱為中值疊加(median stacking)的方法來代替影像平均。中值疊加涉及獲取所有影像中每個像素的中值，而不是將像素值相加後取平均值。該方法可以有效去除雜訊，同時避免場景中靜止物體造成的鬼影效應。然而，中值疊加也會導致最終影像中的細節丟失，尤其是在低對比度或低訊雜比的區域。

5-2　直方圖修整(Histogram Modification)

一個影像的直方圖 $p(f)$ 代表灰階度為 f 之像素的個數除以總像素的個數所形成的函數，可視為機率密度函數(probability density function, PDF)的一個估測。直方圖修整的目的是將原影像的直方圖修整成某個所要的形式。例如可將具有狹窄直方圖的低對比度影像延展其直方圖變成對比度較高的影像而達到影像增強的目的。由於直方圖函數可視為機率密度函數的一個估測，因此直方圖修整的問題可用機率論的觀點來探討。

5-2-1　直方圖等化

直方圖等化(直方圖均衡化)(histogram equalization, HE)的目的是希望獲得一個均勻分佈直方圖的輸出影像。設變數 f 代表像素灰階度大小在 $[f_{min}, f_{max}]$ 區間的一個變數。考慮如下的轉換：

$$g = T(f) \tag{5-2-1}$$

此轉換必須滿足下列兩個條件：

(1) $T(f)$在$f_{\min} \leq f \leq f_{\max}$的區間上是單調遞增的。

(2) 對於 $f_{\min} \leq f \leq f_{\max}$，$g_{\min} \leq T(f) \leq g_{\max}$。

第一個條件是要維持小者恆小，大者恆大的基本要求，避免原本小的值變大，大的值變小，破壞了原本大小的順序關係，造成影像失真。第二個條件是根據使用者需要界定適當的輸出範圍，例如對於 8 位元影像，我們可能會選取 $g_{\min} = 0$ 和 $g_{\max} = 255$。

將 f 與 g 視為隨機變數，其機率密度函數分別為 $p_f(f)$ 與 $p_g(g)$。由基本的機率理論可知

$$\int_{g_{\min}}^{g} p_g(\zeta)d\zeta = \int_{f_{\min}}^{f} p_f(\zeta)d\zeta \tag{5-2-2}$$

即兩邊的累積分佈函數(cumulative distribution function, CDF)相等，記為 $P_g(g) = P_f(f)$。考慮如下的轉換

$$T(f) = P_f(f) = \int_{f_{\min}}^{f} p_f(\zeta)d\zeta \tag{5-2-3}$$

顯然此函數滿足上述(1)和(2)之條件。

假設所要的輸出是機率密度函數如下的均勻分佈：

$$p_g(g) = \frac{1}{g_{\max} - g_{\min}}, \quad g_{\min} \leq g \leq g_{\max} \tag{5-2-4}$$

則將此式帶入到(5-2-2)式中等號的左邊並認知(5-2-2)式中等號的右邊即為(5-2-3)式中的 CDF 或 $P_f(f)$，即可輕易推得如下的轉換函數：

$$g = (g_{\max} - g_{\min})P_f(f) + g_{\min} \tag{5-2-5}$$

現在將上述觀念延伸到灰階度在$[f_{\min}, f_{\max}]$的真實影像來。f 現在是有限個離散值，原先機率密度函數變成下列機率的估測[類似於機率質量函數(probability mass function, PMF)]：

$$p_f(f) = \frac{n_f}{n}, \quad f_{\min} \leq f \leq f_{\max} \tag{5-2-6}$$

其中 n_f 表示灰階度 f 出現的像素個數，n 則為所有像素的個數。因此(5-2-3)式的離散形式為

$$T(f) = P_f(f) = \sum_{i=f_{\min}}^{f} \frac{n_i}{n} , \quad f_{\min} \le f \le f_{\max} \tag{5-2-7}$$

將此結果代入(5-2-5)式即得等化轉換後的輸出為

$$g = (g_{\max} - g_{\min}) \sum_{i=f_{\min}}^{f} \frac{n_i}{n} + g_{\min} , \quad f_{\min} \le f \le f_{\max} \tag{5-2-8}$$

給一個 f，從(5-2-8)式可推得對應的 g。一般而言，g 不會恰好是整數，所以會以四捨五入取整數。所有可能的 f 所對應的 g 都列出可形成一個表，再利用查表的方式就可將一張影像中的每個像素的值逐一轉成對應的像素值，而完成轉換。

範例 5.7

考慮對一個 3 位元且大小為 32×32 之影像的直方圖等化。像素總數 $n = 1024$。表 5-2-1 的第一列是從 0 到 7 的 8 個像素值，假設輸出值也是相同範圍，亦即 $g_{\min} = 0$ 且 $g_{\max} = 7$；第二列是假設的像素個數直方圖統計；第三列是正規化(除以總數 1024)的直方圖或 PMF；第四列是累積分布函數的離散形式[(5-2-7)式]；第五列是對應的像素值 g [經(5-2-8)式再四捨五入]。給第一列的一個 f 值，就可到第五列的相同欄位找到對應的 g 值，亦即 $f = 0$ 對應 $g = 2$；$f = 1$ 對應 $g = 3$；依此類推。

表 5-2-2 是直方圖等化後之影像的統計結果，其中第三列呈現其正規化(除以總數 1024)的直方圖或 PMF。比較表 5-2-1 和表 5-2-2 中的兩個 PMF 可發現，原本集中在較小像素值的直方圖分佈(對比度不足偏暗的影像)，現在分佈的比較均勻。

表 5-2-1 範例 5.7 的相關資料表之一

數值 $f = i$	0	1	2	3	4	5	6	7
個數 n_i	285	215	210	190	60	40	20	4
PMF $\left(\dfrac{n_i}{n}\right)$	0.278	0.210	0.205	0.186	0.059	0.039	0.019	0.004
$T(f)$	0.278	0.488	0.693	0.879	0.938	0.977	0.996	1.000
數值 g	2	3	5	6	7	7	7	7

表 5-2-2　範例 5.7 的相關資料表之二

數值 $g = i$	0	1	2	3	4	5	6	7
個數 n_i	0	0	285	215	0	210	190	124
PMF $\left(\dfrac{n_i}{n}\right)$	0	0	0.278	0.210	0	0.205	0.186	0.121

　　圖 5-2-1 顯示對眞實影像進行直方圖等化的結果。由圖中可看出等化後影像的對比度確實有顯著的提升，影像細節的呈現更加清楚。

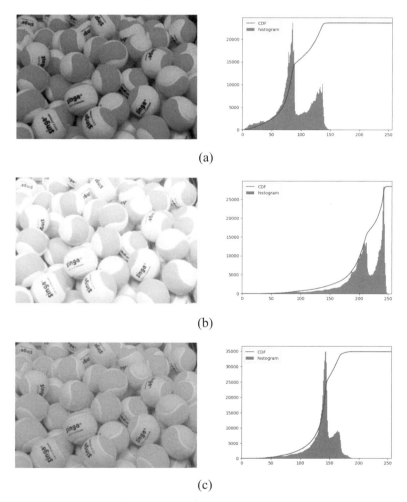

圖 5-2-1　對真實影像進行直方圖等化的結果。(a)偏暗的影像及其直方圖；(b)偏亮的影像及其直方圖；(c)低對比度的影像及其直方圖；(d)高對比度的影像及其直方圖。

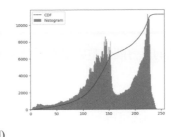

(d)

圖 5-2-1　對真實影像進行直方圖等化的結果。(a)偏暗的影像及其直方圖；(b)偏亮的影像及其直方圖；(c)低對比度的影像及其直方圖；(d)高對比度的影像及其直方圖。(續)

5-2-2　直方圖修整(Histogram Modification)

在直方圖等化中，我們希望輸出的機率密度函數為 $p_g(g) = \dfrac{1}{g_{\max} - g_{\min}}$ ，$g_{\min} \le g \le g_{\max}$，所以從(5-2-2)和(5-2-3)式推導出 g 對 f 的轉換函數[即(5-2-5)式]。通常輸出分佈會趨近於均勻的直方圖等化法，對多數影像增強的應用都有不錯的效果，然而在一些較特殊的情況下，輸出機率密度均勻的分佈未必是最佳的，反倒是產生具有其他分佈的輸出可能更好。對於此情況，我們遵循推導出(5-2-5)式的過程，推導出有各種預期輸出機率密度之下所需的轉換函數。我們稱此法為直方圖修整，當中包含直方圖等化法，所以直方圖等化法可視為直方圖修整法的一個特例。表 5-2-3 中列出幾種所要的輸出機率模型及其對應的轉換函數，當中就包括均勻分佈的情況。

表 5-2-3　直方圖的輸出機率密度及其相對應的轉換函數

輸出機率密度模型	轉換函數
均勻型(Uniform) $p_g(g) = \dfrac{1}{g_{\max} - g_{\min}}$	$g = (g_{\max} - g_{\min})P_f(f) + g_{\min}$
指數型(Exponential) $p_g(g) = \alpha \exp\left[-\alpha(g - g_{\min})\right]$	$g = g_{\min} - \dfrac{1}{\alpha}\ln\left[1 - P_f(f)\right]$
雷利型(Rayleigh) $p_g(g) = \dfrac{g - g_{\min}}{\alpha^2}\exp\left[-\dfrac{(g - g_{\min})^2}{2\alpha^2}\right]$	$g = g_{\min} + \left[2\alpha^2 \ln\left(\dfrac{1}{1 - P_f(f)}\right)\right]^{1/2}$
立方根型(Cube Root) $p_g(g) = \dfrac{1}{3}\dfrac{g^{-2/3}}{g_{\max}^{1/3} - g_{\min}^{1/3}}$	$g = \left[\left(g_{\max}^{1/3} - g_{\min}^{1/3}\right)P_f(f) + g_{\min}^{1/3}\right]^3$
對數型(Logarithmic) $p_g(g) = \dfrac{1}{g\left[\ln(g_{\max}) - \ln(g_{\min})\right]}$	$g = g_{\min}\left[\dfrac{g_{\max}}{g_{\min}}\right]^{P_f(f)}$

範例 5.8

如果要將輸出影樣的直方圖修整成指數型分佈，則輸入值 f 與輸出值 g 該有何轉換關係？

解

結合(5-2-2)式和(5-2-3)式可得

$$\int_{g_{\min}}^{g} p_g(\xi)d\xi = \int_{f_{\min}}^{f} p_f(\xi)d\xi = P_f(f)$$

其中的 $p_g(\xi)$ 以表 5-2-3 的指數型機率分佈帶入得到

$$\int_{g_{\min}}^{g} \alpha\exp[-\alpha(\xi - g_{\min})]d\xi = P_f(f)$$

對等式左邊積分得

$$1 - \exp[-\alpha(g - g_{min})] = P_f(f)$$

經移項、對等式兩邊取自然對數，再簡單整理後就可得表 5-2-3 所示的結果：

$$g = g_{\min} - \frac{1}{\alpha}\ln[1 - P_f(f)]$$

表 5-2-3 所示的其他結果都可依此範例的運算程序獲得。

5-2-3　指定直方圖(Histogram Specification)

　　表 5-2-3 中列出的所有直方圖修整的轉換式都來自於對(5-2-2)式左邊的積分，即 $\int_{g_{\min}}^{g} p_g(\xi)d\xi$。雖然直方圖修整(包括直方圖等化)是很有用的方法，但是因為必須得到 $\int_{g_{\min}}^{g} p_g(\xi)d\xi$ 的封閉形式解(closed-form solution)，所以只能產生具有近似幾個特定機率密度的結果。對於互動式(interactive)的影像增強，有時我們需要有任意特定形式的直方圖，以便凸顯某段灰階度值的範圍，因此需要更通用的解決方案，這個方案稱為(任意)指定直方圖。

　　同(5-2-3)式，假設所需的輸出機率密度函數為 $p_g(g)$，定義其累積分佈函數所構成之轉換如下：

$$R(g) = P_g(g) = \int_{g_{\min}}^{g} p_g(\zeta)d\zeta \tag{5-2-9}$$

由(5-2-2)、(5-2-3)與(5-2-9)式可得

$$R(g) = T(f) \tag{5-2-10}$$

因而待求之灰階度 g 可寫成

$$g = R^{-1}[T(f)] \tag{5-2-11}$$

接著討論上述觀念的離散版本。首先定義

$$T(f) = \sum_{i=f_{\min}}^{f} \frac{n_i}{n}, \ \ f_{\min} \le f \le f_{\max} \tag{5-2-12}$$

$$R(g) = \sum_{i=g_{\min}}^{g} \frac{n_i}{n}, \ \ g_{\min} \le g \le g_{\max} \tag{5-2-13}$$

我們要決定的是 f 到 g 之間的對應。給一 f 值，由(5-2-12)式可得 $T[f]$，然後由(5-2-13)式找到一最小的 g 值使得 $R(g) \ge T(f)$，此 g 值即爲 f 的對應值。

5-3 局部增強(Local Enhancement)

5-3-1 自適應直方圖等化

一個影像的直方圖是影像總體的統計特性，依此特性所得的影像增強效果，對整體而言或許有不錯的平均表現，但是對影像的某些部份未必最佳，由此衍生出依局部區域特性去增強的概念，這個局部增強的方法稱爲自適應直方圖等化(Adaptive Histogram Equalization, AHE)。

一般局部增強的做法是以待處理像素爲中心的鄰域(neighborhood)形成局部區域(或局部影像)，獲取此局部區域的直方圖，再採用先前所述用於全域增強(Global Enhancement)的直方圖等化或指定直方圖等方法對此區域進行像素值轉換。局部直方圖等化對於增強光照不均勻的影像特別有用，例如在低光照條件下拍攝的影像或帶有陰影的影像。它還可用於增強醫學影像的細節，例如 X 光或 MRI 影像。

相對於全域方法，局部區域法有兩個特別要考量的問題：

1. **相鄰區域的重疊性**：可選擇完全不重疊、部分重疊或是最大重疊。所謂最大重疊是指區域視窗每次只移動一個像素。選擇用不重疊區域，有相鄰區域間呈現方塊效應(blocking effect)的可能性，因為兩個相鄰區塊個別用獨立的統計量去進行增強。用重疊的區域雖比較可避免方塊效應，但計算量顯著變大。好在，新區域統計特性的計算可從前一相鄰區域的統計特性中快速獲得，方法是刪去已不在新區域內的數據並添加新區域剛納入的數據，就可大幅降低統計的運算量。

2. **區域大小的選擇**：區域越小，區域內像素值彼此接近的機會就越大，對比度增強幅度就越大，也越有可能產生過多的增強效果造成雜訊或是輪廓的偽影。

註▶ 為了避免 AHE 可能的過度增強問題，有人提出限制對比度自適應直方圖等化(Contrast Limited AHE, CLAHE)(Zuiderveld [1994])。在 CLAHE 中，各個局部區域都必須限制對比度的增長幅度，以避免像 AHE 發生雜訊過度放大的問題。CLAHE 在計算 CDF 前先利用預先定義的門檻值來裁剪直方圖，將超過設定的高度的直方圖均勻地分佈到直方圖的其他部分，這樣可以降低CDF 和轉換函數的斜率，間接降低對比度的增幅。

5-3-2 自適應對比度增強

上一小節的自適應直方圖等化(AHE)利用局部直方圖的改變間接達成可變對比度調整的目的，這裡的自適應對比度增強(Adaptive Contrast Enhancement, ACE)則是直接依據各區域不同的統計特性直接調整對比度。

考慮一中心為 $f(x, y)$ 的局部影像。設 $f(x, y)$ 所對應的轉換點為 $g(x, y)$，則

$$g(x, y) = \frac{kM}{\sigma(x, y)}[f(x, y) - m(x, y)] + m(x, y) \qquad (5\text{-}2\text{-}14)$$

其中 k 是在 0 與 1 之間的調整參數，$m(x, y)$ 與 M 分別是此局部影像與整幅影像的灰階度平均值，而 $\sigma(x, y)$ 為此局部影像的灰階度標準差：

$$\sigma(x, y) = \sqrt{\frac{1}{n^2 - 1} \sum_{i, j \in W} [f(i, j) - m(x, y)]^2} \qquad (5\text{-}2\text{-}15)$$

其中假設定義局部區域的視窗 W 為 $n \times n$ 的大小。(5-2-14)式可分析如下：首先令 $\alpha(x,y) = \dfrac{kM}{\sigma(x,y)}$ 代表一個可控制的正數倍率[因為 k、M 和 $\sigma(x,y)$ 均為正數]，則(5-2-14)式可改寫成

$$g(x,y) = \alpha(x,y)[f(x,y) - m(x,y)] + m(x,y) \qquad (5\text{-}2\text{-}16)$$

其中 $m(x,y)$ 對應低頻成分，$[f(x,y) - m(x,y)]$ 則對應高頻成分，所以(5-2-16)式相當於控制高頻增量再將此增量加回低頻成分。通常高頻增量的放大倍率 $\alpha(x,y) > 1$，所以回顧 3-2 節可知，這相當於是一個高通濾波器。

將(5-2-16)式進一步改寫成

$$g(x,y) - m(x,y) = \alpha(x,y)[f(x,y) - m(x,y)] \qquad (5\text{-}2\text{-}17)$$

由(5-2-17)式看出轉換後與區域均值的差值被放大 $\alpha(x,y)$ 倍。

(1) 當 $\alpha(x,y) = 1$ 時，$g(x,y) = f(x,y)$，代表沒有變動；

(2) 當 $\alpha(x,y) > 1$ 時(這是典型的狀況)，代表擴大與均值的差異，這間接代表提高變異量；

(3) 當 $\alpha(x,y) < 1$ 時，結果相反：代表縮小與均值的差異，這間接代表降低變異量。

因此，在固定選取的適當 k 值參數下(配合 M 值)，在原本變異量小的區域[即 σ 較小]，α 值較大，傾向於提高變異量；相對而言，在原本變異量大的區域[即 σ 較大]，α 值較小，傾向於減小變異量。綜效就是將較大變異量減小，並將小變異量加大達到均衡的作用。因此，類比於直方圖等化，可把 ACE 想成有變異量等化的作用。

我們特別關注當標準差 $\sigma(x,y)$ 非常小的狀況，這通常代表接近平坦的區域或只有微弱的邊緣，此時 $f(x,y)$ 與 $m(x,y)$ 的差異量可獲得很大的放大倍率，而達到加大對比度的效果。

範例 5.9

假設一影像中的兩個子影像區域如以下所示，其中圖(a)是變異量較小的區域，相對而言，圖(b)則是變異量較大的區域。設定義局部區域的視窗大小為 3×3，參數 $kM = 2$。檢視 ACE 對這兩個區域之對比度改變的效果。

1	1	1	1	1	1
1	1	1	1	1	1
2	2	2	2	2	2
2	2	2	2	2	2

1	1	1	1	1	1
1	1	1	1	1	1
7	7	7	7	7	7
7	7	7	7	7	7

(a)   (b)

解

(a) 3×3 視窗下的像素組合只有兩種：組合 1 有六個 1 和三個 2，組合 2 有六個 2 和三個 1，分別有不同的平均值 $m_1 = \dfrac{4}{3}$ 和 $m_2 = \dfrac{5}{3}$。但兩個組合有相同的標準差：

$$\sigma(x,y) = \sqrt{\frac{1}{8}\left[6\left(\frac{1}{3}\right)^2 + 3\left(\frac{2}{3}\right)^2\right]} = \frac{1}{2}$$

所以放大倍率

$$\alpha(x,y) = \frac{kM}{\sigma(x,y)} = \frac{2}{\frac{1}{2}} = 4$$

組合 1 (中心像素為 1)：

$$g(x,y) = \alpha(x,y)\left[f(x,y) - m(x,y)\right] + m(x,y) = 4\left(1 - \frac{4}{3}\right) + \frac{4}{3} = 0$$

組合 2 (中心像素為 2)：

$$g(x,y) = \alpha(x,y)\left[f(x,y) - m(x,y)\right] + m(x,y) = 4\left(2 - \frac{5}{3}\right) + \frac{5}{3} = 3$$

對比度從 $(2 - 1) = 1$ 提升到 $(3 - 0) = 3$，提升幅度為 $\dfrac{3-1}{1} = 2 = 200\%$。

(b) 3×3 視窗下的像素組合只有兩種：組合 1 有六個 1 和三個 7，組合 2 有六個 7 和三個 1，分別有不同的平均值 $m_1 = 3$ 和 $m_2 = 5$。但兩個組合有相同的標準差：

$$\sigma(x,y) = \sqrt{\frac{1}{8}\left[6(2)^2 + 3(4)^2\right]} = 3$$

所以放大倍率

$$\alpha(x,y) = \frac{kM}{\sigma(x,y)} = \frac{2}{3}$$

組合 1 (中心像素為 1)：

$$g(x,y) = \alpha(x,y)\left[f(x,y) - m(x,y)\right] + m(x,y) = \frac{2}{3}(1-3) + 3 = \frac{5}{3}$$

四捨五入取整數後 $g(x,y) = 2$。

組合 2 (中心像素為 7)：

$$g(x,y) = \alpha(x,y)\big[f(x,y) - m(x,y)\big] + m(x,y) = \frac{2}{3}(7-5) + 5 = \frac{19}{3}$$

四捨五入取整數後 $g(x,y) = 6$。

對比度從 $(7-1) = 6$ 下降到 $(6-2) = 4$，下降幅度為 $\dfrac{6-4}{6} = \dfrac{1}{3} = 33.33\%$。

(a)和(b)的結果完全符合先前對變異量改變的分析，亦即小變異量區域的對比度會提升，對大變異量者則相對提升的幅度較小，甚至如本例所示對比度還減小(視所選的參數 k 與實際的全域平均值 M 而定)。

5-4　空間濾波

採用遮罩(mask)逐點對影像做處理的方法稱為空間濾波(spatial filtering)，其實這就是第四章的鄰域處理。這裏採用空間濾波這個名詞是要特別凸顯出另一類的濾波器設計方法：頻域濾波(frequency domain filtering)。如其名，預期會用到像是傅立葉等轉換將原始影像所在的空間域轉換到頻率域。本節將探討空間濾波，下一節則討論頻域濾波。

5-4-1　平滑濾波

要使影像平滑(smooth)的意思是指讓鄰近的像素之間的像素值不要有太大的差距。從第四章鄰域處理的概念可知，這相當於要抑制影像中高頻的成分；換言之，我們可藉由低通濾波達成此目的。因此，平滑濾波器(smoothing filter)本質上是一個低通濾波器，它主要用來使影像模糊或降低雜訊。對影像辨識的目的而言，影像模糊可去除妨礙重要特徵抽取的小細節並使斷線相連。對於脈衝型的高頻雜訊，平滑濾波將可減輕此雜訊的效應，提升影像的視覺品質。

由於平滑濾波器是一個低通濾波器，所以第三章中提及的低通濾波器都可當成平滑濾波器，例如平均濾波器、加權平均濾波器、中值濾波、高斯濾波器以及雙邊濾波器。一般而言，濾波器的遮罩越大，模糊效果愈強，相當於此濾波器的截止頻率愈來愈低，高頻部份被濾去愈多。關於截止頻率我們在 5-5 節中會有正式的定義與詳細說明。圖 5-4-1 顯示平滑濾波對影像產生的典型效果。

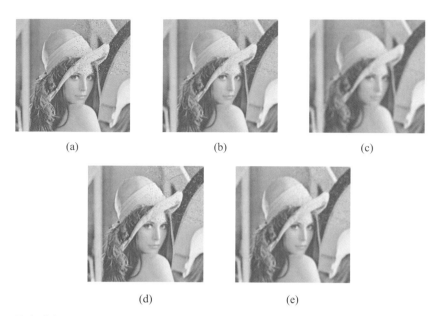

(a)　　　　　　　　(b)　　　　　　　　(c)

(d)　　　　　　　　(e)

圖 5-4-1　平滑濾波對影像產生的典型效果。(a)原影像；(b) 3×3 平均濾波器；(c) 7×7 平均濾波器；
(d) 3×3 高斯濾波器；(e) 7×7 高斯濾波器。

5-4-2　增強濾波

　　銳化(sharpening)濾波本質上是一個高通濾波，它主要用來使影像的細節(detail)或邊緣更突顯，而達到影像增強的目的。因此，如(3-2-2)式所示的基本高通濾波器或是(3-2-3)式所示更一般化的高頻加強濾波器都可用來作影像增強濾波。此外，像是第三章的 3-6 節提及的各種以差分為基礎的濾波器也都可以用來做影像增強濾波。圖 5-4-2 顯示增強濾波對影像產生的典型效果。

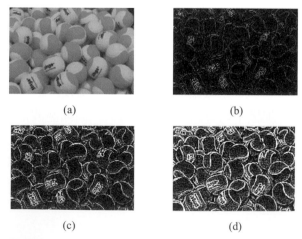

(a)　　　　　　　　(b)

(c)　　　　　　　　(d)

圖 5-4-2　增強濾波對影像產生的典型效果。(a)原影像；(b) 3×3 高通濾波器；(b) 5×5 高通濾波器；
(d) 7×7 高通濾波器。

5-5　頻域的影像增強法

對一影像進行傅立葉轉換後，物體邊緣或灰階度變動較劇烈的部分反應在傅立葉係數中的「高頻部分」(即係數指標較大者)，平滑的部分則反應在傅立葉係數中的「低頻部分」(即係數指標較小者)。依此原理，若要取低通濾波的效果，可將較高頻部份的係數衰減其大小，甚至全部爲零，再對所有處理過的轉換係數取反傅立葉轉換即可得到低通濾波的效果。反之，若要有高通濾波的效果，則將較低頻係數衰減。

5-5-1　由頻域指定濾波器特性

設 $f(m, n)$ 爲原影像，$h(m, n)$ 爲濾波器之脈衝響應，$g(m, n)$ 爲影像濾波後的結果，則

$$g(m,n) = f(m,n) * h(m,n) \qquad (5\text{-}5\text{-}1)$$

其中*代表卷積。對(5-5-1)式取傅立葉轉換可得

$$G(k,l) = F(k,l)H(k,l) \qquad (5\text{-}5\text{-}2)$$

因此在頻域中，我們可依不同 $H(k, l)$ 的選擇來達到低或高通濾波的效果。例如

$$H(k,l) = \begin{cases} 1, & D(k,l) \le D_0 \\ 0, & D(k,l) > D_0 \end{cases} \qquad (5\text{-}5\text{-}3)$$

代表一個理想的低通濾波器，其中 D_0 稱爲截止頻率(cutoff frequency)，而

$$D(k,l) = (k^2 + l^2)^{1/2} \qquad (5\text{-}5\text{-}4)$$

代表點(k, l)到原點間的歐基里德距離。同理，理想的高通濾波器爲

$$H(k,l) = \begin{cases} 0, & D(k,l) \le D_0 \\ 1, & D(k,l) > D_0 \end{cases} \qquad (5\text{-}5\text{-}5)$$

(5-5-4)顯示 $D(k, l) = r$ 的軌跡是以零爲中心且半徑爲 r 的圓，因此(5-5-3)與(5-5-5)可分別以圖 5-5-1(a)與(b)示意。

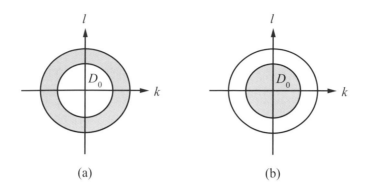

(a)   (b)

圖 5-5-1 $D(k, l)$的示意圖。$H(k, l)$在陰影部分的值為 0；在非陰影部分則為 1。(a)理想低通濾波器；
            (b)理想高通濾波器。

由連續函數的傅立葉轉換對

$$f(t) = \frac{\sin(t)}{\pi t} \Leftrightarrow F(\omega) = \begin{cases} 1, & |\omega| < 1 \\ 0, & |\omega| > 1 \end{cases}$$

我們可以推測 $H(k, l)$的反轉換 $h(m, n)$必然是一個如 $\frac{\sin(t)}{t}$ 的取樣(sampling)函數，由(5-5-1)
式可推測出所得的結果會有所謂的振鈴(ringing)效應，因此我們摒棄理想濾波器而採用實
際濾波器，例如低通與高通巴特沃斯(Butterworth)濾波器分別為

$$H(k,l) = \frac{1}{1 + \left[D(k,l) / D_0 \right]^{2n}} \tag{5-5-6}$$

與

$$H(k,l) = \frac{1}{1 + \left[D_0 / D(k,l) \right]^{2n}} \tag{5-5-7}$$

其中 n 代表階數，n 愈大，濾波器響應變化愈快速；反之則愈慢，如圖 5-5-2 所示，其中
顯示了 $n = 2$ 時的低通巴特沃斯濾波器的頻率響應以及 $n = 2, 4, 6$ 時頻率響應的徑向剖面
曲線。

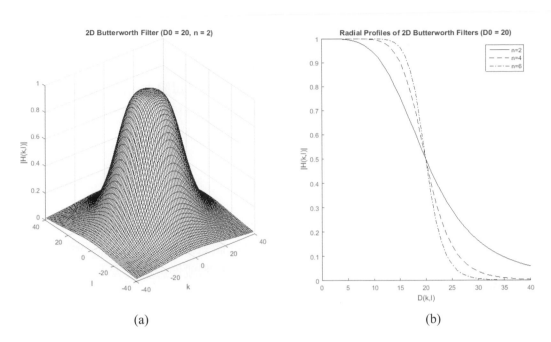

(a)　　　　　　　　　　　　　　　　　(b)

圖 5-5-2　低通巴特沃斯濾波器的頻率響應。(a)某個 n 值下的頻率響應示意圖；(b)圖(a)的徑向橫
　　　　　剖面，其中 n = 2, 4, 6。

　　圖 5-5-3 顯示低通巴特沃斯濾波器的效果。圖(b)和(c)的截止頻率均為 50，但濾波器
階數分別為 2 和 6，圖(d)和圖(e)的階數也是如此，但截止頻率均為 20。如所預期的，在
相同截止頻率下，濾波器階數越高，代表濾波器頻率的陡落越快，因而略掉更多高頻成分，
使影像傾向於更模糊。同理，在相同濾波器階數下，截止頻率越低，代表會濾除掉越多高
頻成分，使影像更模糊。

圖 5-5-3　低通巴特沃斯濾波器的效果。(a)原影像；(b) D_0 = 50，n = 2；(c) D_0 = 50，n = 6；
　　　　　(d) D_0 = 20，n = 2；(e) D_0 = 20，n = 6。

(5-5-6)與(5-5-7)式雖然很相像，但要區分何者為低通，又何者為高通，並不困難。在 D_0 固定的情況下，當 $D(k, l)$ 變小時(低頻範圍)，(5-5-6)式整體的分母變小，因而 $H(k, l)$ 變大；反之，當 $D(k, l)$ 變大時(高頻範圍)，(5-5-6)式整體的分母變大，因而 $H(k, l)$ 變小，可見(5-5-6)式呈現低通濾波器的特性。對(5-5-7)式做類似的分析，結果會剛好相反，因而得到高通濾波器的特性。

▌ 5-5-2 同形(Homomorphic)濾波

在日正當中的大太陽下，往室內看時，感覺室內陰暗，很難看出室內有何物，但是同樣場景在陰天時卻能夠輕易看到室內的物體，這樣的體驗應該對許多人都不陌生。而這樣的現象，使我們想到，如果能控制或調整光源強度對物體成像影響的大小，或許可以有影像增強的效果。這其實就是同形濾波背後的原理。

假設一個影像 $f(m, n)$ 可由光強度 $i(m, n)$ 與物體反射光強度 $r(m, n)$ 的分量乘積來決定，即

$$f(m,n) = i(m,n) \cdot r(m,n) \tag{5-5-8}$$

將(5-5-8)式取對數可得

$$\ln[f(m,n)] = \ln[i(m,n)] + \ln[r(m,n)] \tag{5-5-9}$$

一般而言，光的強度分量 $i(m, n)$ 對所有 (m, n) 而言均為定值或變化很緩慢，而反射光的強度分量 $r(m, n)$ 則變化較大，特別是在不同物體間的交接處。因此若對(5-5-9)式取傅立葉轉換，則低頻傅立葉係數反應在 $\ln[i(m, n)]$ 上，高頻傅立葉係數則反應在 $\ln[r(m, n)]$ 上。

接下來我們可依照上一節的觀念，指定所需要的濾波器特性，設為 $H(k, l)$。則由(5-5-9)式可得

$$H(k,l) \cdot \mathfrak{I}\{\ln[f(m,n)]\} = H(k,l) \cdot \mathfrak{I}\{\ln[i(m,n)]\} + H(k,l) \cdot \mathfrak{I}\{\ln[r(m,n)]\} \tag{5-5-10}$$

這表示我們所取的濾波器 $H(k, l)$ 可分別改變光強度與反射光強度的特性，因此我們可以做到同時降低影像動態範圍(低頻處 $H(k, l) < 1$)，又增加對比度(高頻處 $H(k, l) > 1$)的結果。

最後的程序是要將(5-5-10)式取反傅立葉轉換後再取指數函數，才得到影像增強後的結果 $g(m, n)$。整個流程圖顯示於圖 5-5-4 中。

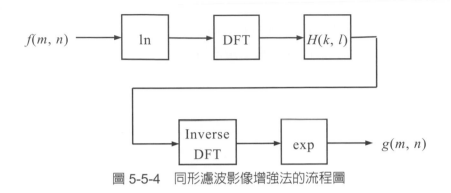

圖 5-5-4　同形濾波影像增強法的流程圖

範例 5.10

圖 5-5-5 顯示同形濾波的效果。從圖 5-5-5(b)可以看出，經過同形濾波後，整張影像較之前的影像更清楚且較暗的地方也變的更明亮清晰。圖 5-5-5(c)顯示將原影像以直方圖等化法處理的結果，與圖 5-5-5(b)比較可發現，雖然兩者都可將影像變得更清楚，但是在仔細觀察後仍可發現，就此影像的對比度改善而言，同形濾波還是比直方圖等化法略爲優異。

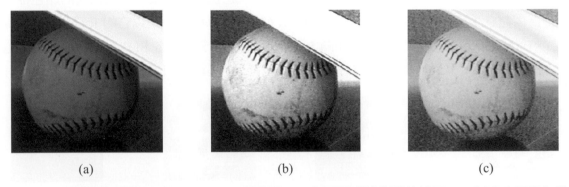

(a)　　　　　　　　　　　　(b)　　　　　　　　　　　　(c)

圖 5-5-5　同形濾波的影像增強效果。(a)原影像；(b)以同形濾波增強的結果；(c)以直方圖等化增強的結果。

5-6　色彩模型

　　先前我們對影像的討論都侷限在灰階影像，對更常見的彩色影像卻著墨甚少，原因之一是彩色影像可視爲多個色彩通道的組合，且每個通道的影像均可視爲一個灰階影像。所以先了解灰階影像，再了解彩色影像是較佳的學習順序。此外，對灰階影像處理的原理，多半也適用於彩色影像。不過彩色影像還是有很多灰階影像所沒有的特性，因此彩色影像值得特別去探討。基本上將色彩用到影像處理中有兩個主要原因：

1. 在自動化影像分析中，色彩是一種有效的描述，這種色彩描述常常可簡化目標識別以及從背景中抽取目標的工作。例如膚色是常被用於從背景中自動擷取出人臉與手部的重要依據。

2. 以人眼判斷做影像分析時，一般人眼只能分辨約 30 個灰階度，但相對而言，人眼識別和區分色彩的能力卻大得多，可達數百甚至上千種色調和強度所構成的顏色組合。

要了解彩色影像的第一步通常是從色彩模型著手。色彩模型的用途是便於以某種標準來指定顏色。事實上，一種色彩模型是指規定一個三維座標系統和一個子空間，在此子空間內每種色彩用一個點來表示。現今使用的大多數色彩模型有兩種，一種是硬體導向(如顯示器和印表機)，另一種是應用導向(如動畫彩色圖形製作)。本小節將介紹幾種常見的色彩模型。

5-6-1　RGB 色彩模型

實際常用又較為簡單的色彩模型是 RGB 模型，它也是目前業界運用最廣的顏色標準之一，因此它是第一個要介紹的模型。在 RGB 模型中，每種顏色是以它的 R (紅色)、G (綠色)、B (藍色)的頻譜分量來表現，如圖 5-6-1 所示。透過對 R、G 和 B 三原色在顏色通道上的變化可組合出各種不同的顏色，其中幾乎包括了人類視覺所能感知的所有顏色。

 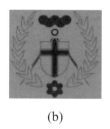  

(a)　　　　　　　　　(b)　　　　　　　　　(c)　　　　　　　　　(d)

圖 5-6-1　RGB 分離通道(各通道均以彩色影像顯示)。(a)範例影像；(b) R 分量(G = B = 0)；(c) G 分量(R = B = 0)；(d) B 分量(R = G = 0)。

RGB 模型是建立在直角座標的基礎上。為了方便起見，我們假設所有彩色的數值已經過正規化，也就是說，所有 RGB 的值都在[0, 1]範圍內，如圖 5-6-2(a)所示，其中 RGB 值是在三個頂點上；青、紫紅和黃色在另外三個頂點上；黑色在原點(0, 0, 0)上，白色是在離原點最遠的頂點(1,1,1)上，而灰色(有相同 RGB 值)的點則是位於黑色點連線到白色點之間的線段上。所有的色彩都在立方體的表面及內部中，且由從原點出發的 RGB 三維向量所定義。圖 5-6-2(b)顯示立方體所呈現的顏色分佈。

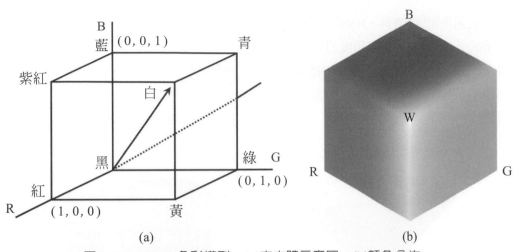

圖 5-6-2　RGB 色彩模型。(a)立方體示意圖；(b)顏色分佈。

　　RGB 色彩模型下的影像是由三個獨立的影像平面所組成，每個顏色通道對應一個平面。當這三個影像平面傳給 RGB 顯示器時，這三幅影像組合起來便成為一幅彩色影像。所以當影像本身本來就是用三個彩色平面所表示時，將 RGB 模型用於影像處理是有意義的。另一方面，用於獲取數位影像的大多數彩色攝影機使用的就是 RGB 方式，所以 RGB 模型在影像處理中是一個重要的模型。

　　用來表示在 RGB 空間每個像素點所用的位元數稱為像素深度(pixel depth)。考慮一幅 RGB 影像，假設其中紅色、綠色及藍色影像都是一個 8 位元影像，在這種情況下，每個 RGB 彩色像素[意即三個為一組的(R,G,B)值]有 24 位元的深度(每個平面的位元深度 8 乘以 3 個影像平面)。全彩(full-color)影像用來表示 24 位元的 RGB 彩色影像，影像總色彩數是 $(2^8)^3 = 16,777,216$。

▌ 5-6-2　HSV 色彩模型

　　相較於 RGB 模型，HSV 模型比較類似於人類感覺顏色的方式，具有較強的感知度，其中 H 代表色調(hue)、S 代表飽和度(saturation)、V 代表明度值(value)。HSV 有時亦稱 HSB，其中 B 為亮度(brightness)與 HSV 中的 V 相同(兩者只有名稱上的差異)。HSV 的顏色可用圓錐體內的一個點來表示，如圖 5-6-3(a)所示，其中 H 被表示為在圓剖面上環繞圓錐體中心軸的角度，因而有 0 度到 360 度的值；S 被表示為在圓剖面上由圓心點起算到圓本身，故有 0 到 1 之間的值；V 沿著底部圓剖面到頂部圓剖面的垂直方向變化，也有從 0 到 1 的值。

　　除了上述的圓錐體外，HSV 模型還能以圓柱體呈現，如圖 5-6-3(b)所示，其中色調沿著圓柱體的外圓周變化，飽和度沿著從圓剖面上之圓心的距離變化，亮度沿著圓剖面到底面和頂面的距離而變化。雖然這可能是更精確的 HSV 色彩模型，但是在實際中可區分出的飽和度和色調的準位數隨著亮度接近黑色而減少，這個人類對顏色感受的先天限制，使太過精確的色彩表達變得沒有必要，因此當使用相同的位元精度來存儲色彩值時，圓錐體的表示比圓柱體的表示在多數情況下更實用。

(a)　　　　　　　　　　　　　　　(b)

圖 5-6-3　HSV 色彩模型。(a)圓錐體；(b)圓柱體。(圖片來源：維基百科
https：//de.wikipedia.org/wiki/HSV-Farbraum)

　　圓錐的頂面對應於 V = 1，它包含 RGB 色彩模型中的 R = 1，G = 1，B = 1 三個面，所代表的顏色較亮。H 由繞 V 軸的旋轉角定義。紅色對應於角度 0°，綠色對應於角度 120°，藍色對應於角度 240°。在 HSV 色彩模型中，任一種顏色和它的互補色相差 180°。S 取值從 0 到 1，所以圓錐頂面的半徑爲 1。在圓錐的頂點(即原點)處，V = 0，H 和 S 無定義，代表黑色。圓錐的頂面中心處 S = 0，V = 1，H 無定義，代表白色。從該點到原點具有不同灰度的灰色，換句話說，HSV 色彩模型中的 V 軸對應於 RGB 色彩模型中的主對角線。在圓錐頂面的圓周上的顏色，V = 1，S = 1，這種顏色是純色。

　　(5-6-1)～(5-6-3)式爲 RGB 色彩模型轉換至 HSV 色彩模型的公式，其中 min = min(R, G, B)；max = max(R, G, B)。

$$H = \begin{cases} 0°, & \text{if } max = min \\ 60° \cdot \dfrac{(G-B)}{max-min} + 0°, & \text{if } max = R \text{ and } G \geq B \\ 60° \cdot \dfrac{(G-B)}{max-min} + 360°, & \text{if } max = R \text{ and } G < B \\ 60° \cdot \dfrac{(B-R)}{max-min} + 120°, & \text{if } max = G \\ 60° \cdot \dfrac{(R-G)}{max-min} + 240°, & \text{if } max = B \end{cases} \qquad (5\text{-}6\text{-}1)$$

$$S = \begin{cases} 0, & \text{if } max = 0 \\ 1 - \dfrac{min}{max}, & \text{otherwise} \end{cases} \qquad (5\text{-}6\text{-}2)$$

$$V = max \qquad (5\text{-}6\text{-}3)$$

範例影像如圖 5-6-4 所示，其中各分量都當成是一張灰階影像呈現，所以越亮的像素代表那個分量的強度越大，反之則越小。分析 H 分量：(1)如前所述，白色部分，H 無定義，因此可看到隨機亂數的雜訊；(2)紅色部分對應於角度 0°，所以有最低的灰階強度，因而呈現黑色；綠色對應於角度 120°，此部分呈現較暗的灰色；藍色對應於角度 240°，相對於綠色，此部分呈現較亮的灰色。分析 S 分量：幾個主要顏色的飽和度都很高，所以呈現很亮的灰色(幾乎就是最亮的白色)，而白色部分的飽和度為 0，因此對應最暗的黑色。分析 V 分量：白色對應最大的 V 值，其他顏色的飽和度都很高，代表這些很純的顏色分布在圓錐的周邊，因此當中摻雜的白色成分較低，這一高一低的 V 值凸顯出了各個物件的輪廓。

(a)　　　　　　　(b)　　　　　　　(c)　　　　　　　(d)

圖 5-6-4　HSV 分離通道(各通道均以灰階影像顯示)。(a)範例影像；(b) H 分量；(c) S 分量；
　　　　　(d) V 分量。

一個 HSV 轉回 RGB 的公式如下：

$$c = VS \qquad (5\text{-}6\text{-}4)$$

$$x = c\left(1 - \left|\left(\frac{H}{60} \bmod 2\right) - 1\right|\right) \qquad (5\text{-}6\text{-}5)$$

$$m = V - c \qquad (5\text{-}6\text{-}6)$$

$$(R', G', B') = (c, x, 0) \quad \text{if } 0 \le H < 60 \qquad (5\text{-}6\text{-}7)$$

$$(R', G', B') = (x, c, 0) \quad \text{if } 60 \le H < 120 \qquad (5\text{-}6\text{-}8)$$

$$(R', G', B') = (0, c, x) \quad \text{if } 120 \le H < 180 \qquad (5\text{-}6\text{-}9)$$

$$(R', G', B') = (0, x, c) \quad \text{if } 180 \le H < 240 \qquad (5\text{-}6\text{-}10)$$

$$(R',G',B') = (x,0,c) \quad \text{if} \quad 240 \leq H < 300 \tag{5-6-11}$$

$$(R',G',B') = (c,0,x) \quad \text{if} \quad 300 \leq H < 360 \tag{5-6-12}$$

$$(R,G,B) = (R'+m,G'+m,B'+m) \tag{5-6-13}$$

註 與 HSV 相近的一種色彩模型稱為 HSL (Hue, Saturation, Lightness)，其中 L 對應 HSV 的 V，也是有亮度或明暗度的涵義，數值範圍也是從 0 到 1。HSV 與 HSL 兩者在色調 H 的部分完全相同，但飽和度 S 部分與亮度(V 和 L)部分不同。以下是 RGB 轉換成 HSL 中的 L 與 S 的公式：

$$L = \frac{(max + min)}{2} \tag{5-6-14}$$

$$S = \begin{cases} 0, & \text{if } L = 0 \text{ or } max = min \\ \dfrac{max - min}{2L}, & \text{if } 0 < L \leq \dfrac{1}{2} \\ \dfrac{max - min}{2 - 2L}, & \text{if } L > \dfrac{1}{2} \end{cases} \tag{5-6-15}$$

註 與 HSV 相近的另一種色彩模型稱為 HSI (Hue, Saturation, Intensity)，其中 I 對應 HSV 的 V，也是有亮度或明暗度的涵義，數值範圍也是從 0 到 1。HSV 與 HSI 兩者在色調 H 的部分完全相同，但飽和度 S 部分與亮度(V 和 I)部分不同。以下是 RGB 轉換成 HSI 中的 I 與 S 的公式：

$$I = \frac{R + G + B}{3} \tag{5-6-16}$$

$$S = \begin{cases} 0, & \text{if } I = 0 \\ 1 - \dfrac{min}{I}, & \text{if } I \neq 0 \end{cases} \tag{5-6-17}$$

　　為了使用人的視覺特性以降低資料量，通常把 RGB 空間表示的彩色影像變換到其他色彩空間。目前採用的彩色空間變換主要有三種：YUV、YCrCb 和 YIQ。每一種色彩空間都產生一種亮度分量訊號和兩種色度分量訊號，且每一種變換使用的色彩模型都是為了適應某種特定的顯示裝置，例如 YUV 適用於 PAL 和 SECAM 的彩色電視格式(參看下一小節)，YCrCb 適用於計算機用的顯示器，而 YIQ 適用於 NTSC 彩色電視格式。以下介紹這三種色彩模型。

5-6-3 YUV 色彩模型

YUV 色彩模型雖也來自於 RGB 色彩模型，但與原模型最大不同之處是 YUV 色彩模型將亮度和色度分離開來，以便用於許多的影像處理領域。相對於在北美與部分東亞地區(包括台灣)使用的 NTSC 電視系統標準，PAL (Phase Alternating Line)電視系統標準則是在其他世界中最常用的標準之一(另外還有一種稱為 SECAM 的格式)。其中 PAL 和 SECAM 系統都使用 YUV 的色彩模型，由此可知 YUV 常用於視訊處理。要注意：YUV 並不是一種絕對的色彩空間，而是一種針對 RGB 資訊所做的編碼，真正的顏色顯示是根據實際 RGB 色盤(colorant)來決定的。

在 YUV 的三個分量中，Y (Luminance 或 Luma)為亮度信號，U、V (Chrominance 或 Chroma)為色度信號，它的特性在於亮度和色度是可分離的，其中色度信號的作用是描述影像色調和飽和度，用於指定像素的顏色。如果只有 Y 信號分量而沒有 U、V 信號分量，那麼所呈現的影像就是俗稱的灰階影像。相較於 RGB 視訊信號的傳輸過程，它最大的優點在於經過編碼壓縮後的 YUV 佔用較少的頻寬(RGB 必需三個獨立的視訊信號同時傳輸)。

圖 5-6-5 顯示從 RGB 轉換成 YUV 的示意圖。Y 是從 RGB 中依不同的權重比例混合所獲得，亦即

$$Y = \alpha R + \beta G + (1 - \alpha - \beta) B \tag{5-6-18}$$

其中權重 α 和 β 都是介於 0 到 1 之間的值。U 主要來自於色差 B-Y，V 則來自於另一個色差 R-Y。Y 是亮度值，不是直接的 RGB 顏色，為何稱 B-Y 或 R-Y 是色差呢？由以下的分析可看出，兩者確實都是兩個色差的線性組合。

$$\begin{aligned}
B - Y &= B - [\alpha R + \beta G + (1 - \alpha - \beta)B] \\
&= \alpha(B - R) + \beta(B - G)
\end{aligned}$$

$$\begin{aligned}
R - Y &= R - [\alpha R + \beta G + (1 - \alpha - \beta)B] \\
&= (1 - \alpha)(R - B) + \beta(B - G)
\end{aligned}$$

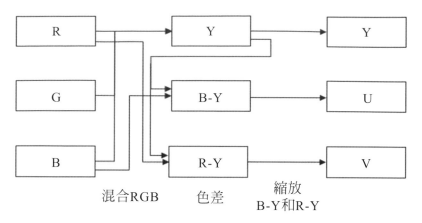

混合RGB　　　色差　　　縮放
　　　　　　　　　　　　B-Y和R-Y

圖 5-6-5　RGB 轉換成 YUV 的示意圖。

5-6-4　YCbCr 色彩模型

　　YCbCr 是 ITU-R Recommendation BT.601 發布的一個標準,實質上是 YUV 經過縮放 (scaled)和偏移(offset)的版本。其中 Y (Luminance)是指亮度分量,與 YUV 中的 Y 含義一致,Cb (Chrominance blue)指藍色色度分量,而 Cr (Chrominance red)指紅色色度分量。在 YUV 家族中,YCbCr 是在計算機系統中應用最多的成員,包括 JPEG、MPEG、DVD、攝影機、數位電視等均採用此格式。一般人們所講的 YUV 大多是指 YCbCr。

　　人的肉眼對視頻的 Y 分量更敏感,因此將色度分量進行子採樣來減少色度分量後, 肉眼將不易察覺到影像品質的變化。(5-6-19)式和(5-6-20)式為 RGB 色彩模型和 YCbCr 色彩模型的相互轉換公式。注意此處的 RGB 值沒有經過正規化成 0 到 1 之間的範圍且假設 R、G、B 都各以 8 位元表示。範例影像如圖 5-6-6 所示。由(5-6-20)式可知,要使 Cb 分量對 RGB 影像重建沒有貢獻,必須設定 Cb = 128,而不是 0;同理對 Cr 也是如此。圖 5-6-6(b)、 (c)和(d)分別顯示 Y、Cb 和 Cr 分量對重建出 RGB 影像的貢獻。如所預期,Y 呈現灰階影像(沒有 Cb 和 Cr 的色彩成分),Cb 呈現偏藍的成分,Cr 則呈現偏紅的成分。

$$\begin{bmatrix} Y \\ C_b \\ C_r \end{bmatrix} = \begin{bmatrix} 0.299 & 0.587 & 0.114 \\ -0.16874 & -0.3313 & 0.500 \\ 0.500 & -0.4187 & -0.0813 \end{bmatrix} \begin{bmatrix} R \\ G \\ B \end{bmatrix} + \begin{bmatrix} 0 \\ 128 \\ 128 \end{bmatrix} \qquad (5\text{-}6\text{-}19)$$

$$\begin{bmatrix} R \\ G \\ B \end{bmatrix} = \begin{bmatrix} 1 & 0 & 1.402 \\ 1 & -0.34414 & -0.71414 \\ 1 & 1.772 & 0 \end{bmatrix} \begin{bmatrix} Y \\ C_b - 128 \\ C_r - 128 \end{bmatrix} \qquad (5\text{-}6\text{-}20)$$

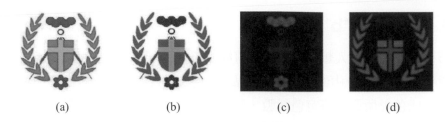

(a)　　　　　　(b)　　　　　　(c)　　　　　　(d)

圖 5-6-6　YCbCr 分離通道。(a)範例影像；(b) Y 分量(Cb = 128, Cr = 128)；(c) Cb 分量(Y = 0, Cr = 128)；(d) Cr 分量(Y = 0, Cb = 128)。

(5-6-19)式的另一種表達方式是：

$$Y = 0.299R + 0.587G + 0.114B$$
$$Cb = 0.564(B - Y) + 128$$
$$Cr = 0.713(R - Y) + 128$$

可驗證這裡的 Cb 和 Cr 表示式確實與(5-6-19)式相同(除小數點以下可忽略的精度差距外)。注意到 Cb 是色差(B-Y)的縮放加偏移，Cr 是色差(R-Y)的縮放加偏移，而我們知道 YUV 中的 U 也是色差(B-Y)的縮放，V 則是色差(R-Y)的縮放。這解釋了為什麼我們說 YCbCr 實質上是 YUV 經過縮放和偏移的版本。

5-6-5 YIQ 色彩模型

　　YIQ 是 NTSC (National Television Standards Committee)電視系統標準，其中 Y 是提供黑白電視及彩色電視的亮度信號(Luminance)，即亮度(Brightness)，I 代表 In-phase，色彩從橙色到青色，Q 代表 Quadrature-phase，色彩從紫色到黃綠色。這種模型的主要優點之一是灰階資訊與色彩資料是分開的，因此同一信號可同時用於彩色和黑白的電視中。

　　在 NTSC 編碼器中使用 RGB 到 YIQ 的轉換，其中攝影機的 RGB 輸入被轉換為亮度(Y)和兩個色度資訊(I 和 Q)。在 NTSC 編碼器中，這些 I 和 Q 的信號由子載波調制並添加到 Y 信號中。回顧歷史，當彩色電視問市時，為了與當時已有的單色電視共存，必須有一種亮度與色度分離的信號結構，於是 NTSC 編碼器應運而生。

　　RGB 到 YIQ 的轉換如下：

$$\begin{bmatrix} Y \\ I \\ Q \end{bmatrix} = \begin{bmatrix} 0.299 & 0.587 & 0.114 \\ 0.596 & -0.275 & -0.321 \\ 0.212 & -0.523 & 0.311 \end{bmatrix} \begin{bmatrix} R \\ G \\ B \end{bmatrix} \qquad (5\text{-}6\text{-}21)$$

5-6-6 CIE L*a*b*色彩模型

此色彩模型是建立在人類對於色彩的直觀視覺上。人類在正常視力下所可以看到的所有顏色都能夠使用 L*a*b*中的數值來進行表達。色彩的表現方式是 L*a*b*的核心，而不是爲了裝置生成色彩所要的特定色料數，所以 L*a*b*顏色模型的表現方式是跟裝置無關的。L*a*b*顏色空間中的 L*分量用於表示像素的亮度，範圍是落在 0～100，表示從純黑到純白；a*表示從紅色到綠色的範圍，範圍是落在 127～−128；b*表示從黃色到藍色的範圍，範圍是落在 127～−128，如圖 5-6-7 所示。

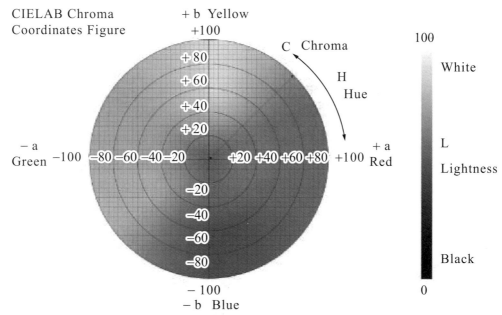

圖 5-6-7　L*a*b*色彩模型。(圖片來源：http：//meterglobal.com/info-1.html)

L*a*b*色彩模型除了有不依賴於裝置的優點外，它自身還具有色域寬闊的優勢。它不僅包含了 RGB 以及 CMYK 的所有色域，還能呈現這兩種色彩模型表現不出來的顏色，包含人眼所能看見的整個色域。

RGB 色彩空間不能夠直接轉換爲 L*a*b* 色彩空間，需要藉助 CIE XYZ 色彩空間，將 RGB 色彩空間轉換到 XYZ 色彩空間，之後再從 XYZ 色彩空間轉成 L*a*b*色彩空間。RGB 色彩空間與 XYZ 色彩空間的關係如(5-6-22)式與(5-6-23)式所表示(Kekre 和 Sonawane [2014])：

$$\begin{bmatrix} X \\ Y \\ Z \end{bmatrix} = \begin{bmatrix} 0.412 & 0.358 & 0.180 \\ 0.213 & 0.715 & 0.072 \\ 0.019 & 0.119 & 0.950 \end{bmatrix} \begin{bmatrix} R \\ G \\ B \end{bmatrix}$$

(5-6-22)

$$\begin{bmatrix} R \\ G \\ B \end{bmatrix} = \begin{bmatrix} 3.240 & -1.537 & -0.498 \\ -0.969 & 1.876 & 0.041 \\ 0.056 & -0.204 & 1.057 \end{bmatrix} \begin{bmatrix} X \\ Y \\ Z \end{bmatrix} \tag{5-6-23}$$

透過(5-6-22)式，我們可以將 RGB 色彩空間轉換到 XYZ 色彩空間，接著通過(5-6-24)式和(5-6-25)式，我們可以再將 XYZ 色彩空間轉換到 L*a*b*色彩空間，關係如下(Tkalcic 和 Tasic [2003])：

$$L^* = 116 f\left(\frac{Y}{Y_n}\right) - 16 \tag{5-6-24a}$$

$$a^* = 500 \left[f\left(\frac{X}{X_n}\right) - f\left(\frac{Y}{Y_n}\right) \right] \tag{5-6-24b}$$

$$b^* = 200 \left[f\left(\frac{Y}{Y_n}\right) - f\left(\frac{Z}{Z_n}\right) \right] \tag{5-6-24c}$$

$$f(t) = \begin{cases} t^{\frac{1}{3}}, & \text{若 } t > \left(\frac{6}{29}\right)^3 \\ \frac{1}{3}\left(\frac{29}{6}\right)^2 t + \frac{4}{29}, & \text{其他情況} \end{cases} \tag{5-6-25}$$

在(5-6-24)式中，L^*、a^*、b^* 代表 L*a*b*色彩空間三個通道的值；X、Y、Z 是 RGB 轉換成 XYZ 後所計算出來的值，而 X_n、Y_n 和 Z_n 一般默認值是分別設為 95.047、100.0 和 108.883。

5-7 彩色影像增強

彩色影像處理分為兩個主要領域：全色彩(full color)和虛擬色彩(pseudo color)處理，其中虛擬色彩又稱為假色彩(false color)。在第一類處理中，待處理的影像是用全色彩感應器，例如彩色攝影機以及彩色掃描機所獲取。在第二類彩色處理中，對於每一個色調給一個特定的單色強度或強度範圍。80 年代彩色處理技術獲得很大的發展，因為當時已經製造出色彩感應器，而且用彩色影像處理的硬體價格也趨於合理。因為這些發展的結果，使得全色彩影像處理技術獲得了廣泛應用。

▌5-7-1　灰階轉換

　　上一節介紹了許多常用的影像色彩模型。各種色彩模型在不同的應用中會有不同的效果表現。在某些應用上通常會針對使用灰階(gray level)影像做處理，而非原本的色階(color level)影像來進行，主要是因為可有效地避免對色彩造成的影響，並且在計算的效能上可節省相當程度的時間。從 5-6-3～5-6-5 節可看到：在 YUV、YCbCr 和 YIQ 這三個色彩模型中，雖然色度計算不同，但這三個色彩模型都共享相同的亮度信號 Y，所以當前業界所用的灰階影像轉換方法是根據 RGB 色彩模型轉換成 YCbCr 色彩模型的公式中的 Y(或另兩個色彩模型的 Y)所提供：

$$Y = 0.299 \cdot R + 0.587 \cdot G + 0.114 \cdot B \qquad\qquad (5\text{-}7\text{-}1)$$

　　採用亮度分量與色彩相關分量模型的好處是亮度分量以及與色彩相關的分量被單獨分離開，因此許多以前所說的灰階影像處理法，例如直方圖影像增強法等都可以針對亮度分量來進行而不會影響原影像的色彩。

範例　5.11

擬對圖 5-7-1(a)中的彩色影像以直方圖等化進行影像增強。方式一是把 RGB 各分量都當成是灰階影像並個別進行直方圖等化，方式二是先將 RGB 彩色影像轉換到 YCbCr 色彩空間，並只對 Y 分量進行直方圖等化，再把等化後的結果 Y′，連同原來的 CbCr 分量轉換回 RGB 色彩空間。比較兩個方式的結果可明顯看出，方式一雖有增強效果，但產生了色彩失真，方式二則也有增強效果，但避免了色彩失真。

(a)　　　　　　　　　(b)　　　　　　　　　(c)

圖 5-7-1　彩色影像增強的例子。(a)原影像；(b) RGB 各分量都進行直方圖等化的結果；(c)只對亮度灰階影像進行直方圖等化的結果。

5-7-2 假色彩

假色彩(false or pseudo color)也是一種彩色影像處理的方法，它也是點對點轉換。要談假色彩就得先談何謂真色彩(true color)。所謂真色彩的影像是指影像中的物件透過自然的色彩生成並與人眼對物件的感受一致，例如醫師的白袍應該是白色的，正常的血應該是紅色的，晴天下的天空應該是藍色的，春天的綠樹應該是綠色的。如果是黑白或灰階影像，真色彩是指物體的明亮度與人眼感受一致，例如一個正常運作且被開啟的燈泡應該是亮的或是夜晚的森林應該是暗的。嚴格說來，我們只能有近似於絕對的「真色彩」影像，因為我們每個人的視覺感受不會完全一樣，影像的取像(例如照相機)或顯像裝置(印表機與顯示器等)也都有不同呈現各種顏色或明暗度的能力，所以例如綠樹要「多麼的綠」或「怎樣的綠」才是真的綠樹就沒人說得準了，另外天空也有各種「不同程度的藍」。因此，以下我們講的「真色彩」也納入剛剛提到的近似「真色彩」。

基本上，只要違反「真色彩」的認知，那就是「假色彩」。在這麼寬廣的定義下，我們可以有非常多的假色彩影像案例。例如，把一個地球表面溫度分布的資料以不同顏色呈現，這些顏色顯然是假色彩；雖是假色彩，但對我們理解地表各地溫度差異與變化很有助益。又如把一個影像中含有特定特徵的物體都用一個特別顏色著色以凸顯其在影像上的分佈，這個顏色並不是原來該物體的顏色，只是換一個更醒目的顏色，所以是假色彩；雖是假色彩，但增進了影像中所含資訊的傳遞功能。再舉一例，把一個從不可見光頻譜(例如紅外線、紫外線、微波或 X 光等)取得的影像資料以可見光的頻譜呈現，這些可見光呈現的顏色顯然不會是原來的「真色彩」；雖然是假色彩，但是透過可視化對我們理解要觀察的對象有助益。這些對影像理解的助益，與影像增強的目的不謀而合，因此，我們把假色彩的方法也列入影像增強法中。

範例 5.12

光達(Light Detection And Ranging, LiDAR)是一種主動式感測器。它的工作原理是發射短脈衝雷射，雷射從表面反彈並返回感測器。藉由測量光返回所需的時間，LiDAR 可以很精準地量測出攝影機到物體之間的距離並創建周圍環境的 3D 地圖。該技術廣泛用於各種應用，例如自駕車、機器人、測繪、測量和考古等。光達和可見光相機的融合具有互補性，其中 RGB 影像提供在場景中物體和表面外觀的視覺資訊，而光達產生的點雲提供在場景中物體的 3D 結構和陳列方式的資訊，如圖 5-7-2 所示，其中光達的點雲就是以不同顏色的假色彩呈現出攝影機與物體間的不同距離。

(a)

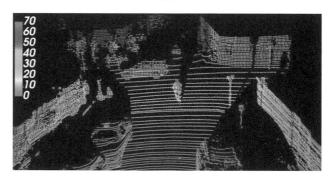

(b)

圖 5-7-2　可見光影像(圖(a))與點雲(圖(b))之間的差異。點雲是一堆點的集合,具有 3D 的資訊。

對灰階影像假色彩的數學模型

當輸入影像本身具灰階值時適用此數學模型。此模型亦適用於非影像屬性資料的視覺化資訊展示,例如地勢圖的海拔高度(elevation in relief maps),不同高度給予不同的代表性顏色;通常以藍色陰影顯示海床,以綠色和棕色顯示土地。

假色彩處理主要的效果是將原本是灰階的影像,經由線性或非線性轉換成彩色影像。一個典型的應用就是將古老的黑白影像上顏色使其看來更生動活潑。其數學定義為

$$
\begin{aligned}
R(x,y) &= Q_R\{f(x,y)\} \\
G(x,y) &= Q_G\{f(x,y)\} \\
B(x,y) &= Q_B\{f(x,y)\}
\end{aligned}
\tag{5-7-2}
$$

其中 Q_R、Q_G 和 Q_B 是線性或非線性操作。$f(x, y)$可以是二維的類比訊號,其中 x、y 與 f 都可以是連續的實數值。為了方便起見,以下只考量離散的座標或整數型的座標位置。如圖 5-7-3 所示,圖中紅色轉換、綠色轉換和藍色轉換分別代表(5-7-2)式中的 Q_R、Q_G 和 Q_B。而 $f(m, n)$原本是灰階影像,經過三個獨立轉換(或是映射方程式)後,形成紅、綠、藍個別分量。然後把這三個結果單獨送到彩色顯示器的紅、綠、藍三個電子槍上,這樣就產生一幅彩色合成影像。

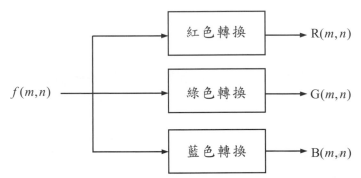

圖 5-7-3　當輸入為灰階影像時假色彩影像處理的基本方塊圖

　　接著談如何進行圖 5-7-3 中 RGB 三色的轉換或是如何建立對應的映射方程式。一個常用的方法稱為強度切割(intensity slicing)或密度切割(density slicing)。做法是將灰階度的範圍劃分為多個間隔,每個間隔分配一個顏色或一個 RGB 的組合。例如,在檢測人體體溫的灰度熱圖像中,從 36°C 到 40°C 可以每 1°C 為一個間隔,每個間隔內的溫度都對應一個顏色;通常低溫用藍色系,高溫則偏紅色系。圖 5-7-4 顯示這樣的強度切割範例,其中的轉換都是非線性的。這樣做的好處是:使用者可以更輕易地感受到熱成像圖中各點溫度的差異,因為離散顏色之間的可識別性大於對應的連續灰階之間的可識別性。

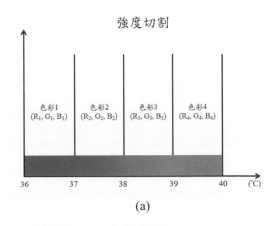

(a)

圖 5-7-4　以強度切割進行假色彩的例子。(a)將強度均勻切割,每個強度範圍都映射到一個指定的顏色;(b)以 RGB 三分量的組合來指定顏色的一個例子。

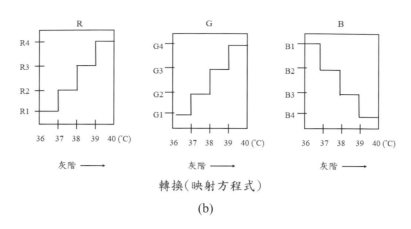

(b)

圖 5-7-4　以強度切割進行假色彩的例子。(a)將強度均勻切割，每個強度範圍都映射到一個指定的
顏色；(b)以 RGB 三分量的組合來指定顏色的一個例子。(續)

　　另外一個強度或密度切割的更極端例子是分級著色圖(choropleth map)，這在日常生活
中很常見。所謂分級著色圖是一張圖像或地圖，其中區域的顏色(或圖案)由一個或多個變
量的類別或數值來決定。此處的變量用來代表每個區域的地理特徵(例如人口密度或人均
收入)，這些統計量的數值以選定的幾種顏色(假色彩)來表示，這就是分級著色圖的概念。
分級著色圖讓所感興趣的變量在整個地理區域內的變化一目了然。圖 5-7-5 是分級著色圖
的一個實例。

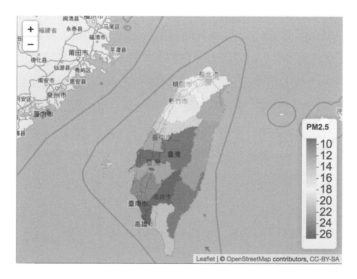

圖 5-7-5　以分級著色圖展現 2017 年 1 至 11 月台灣各縣市平均空氣中細懸浮微粒(PM 2.5)濃度。
資料來源：https：//medium.com/datainpoint/eda-other-viz-a87dd52e7905

對多波段影像假色彩的數學模型

對比於單波道灰階影像的假色彩處理，這裡的來源影像是多波道的影像。當然，這裡面包括熟悉的 RGB 三波道的彩色影像，也包括遙測應用所需的無數個波道。經過其特殊的線性或非線性轉換，可以將原本各波道取得的影像資料賦予對應的 RGB 顏色。其數學定義為

$$
\begin{aligned}
R_D &= Q_R\{F_1, F_2, \cdots\} \\
G_D &= Q_G\{F_1, F_2, \cdots\} \\
B_D &= Q_B\{F_1, F_2, \cdots\}
\end{aligned}
\tag{5-7-3}
$$

其中 F_i, $i = 1, 2, \cdots$，代表透過第 i 個波道取得的資料，RGB 的下標 D 是要強調不是原始的 RGB，而是衍生(derived)出來的 RGB，避免兩者之間的混淆。與(5-7-2)式一樣，Q_R、Q_G 和 Q_B 可以是線性或非線性操作。如果都是線性操作，我們可用以下的矩陣表示：

$$
\begin{bmatrix} R_D \\ G_D \\ B_D \end{bmatrix} = \begin{bmatrix} m_{11} & m_{12} & m_{13} & \cdots \\ m_{21} & m_{22} & m_{23} & \cdots \\ m_{31} & m_{32} & m_{33} & \cdots \end{bmatrix} \begin{bmatrix} F_1 \\ F_2 \\ \vdots \end{bmatrix} = \mathbf{MF}
\tag{5-7-4}
$$

其中 $\mathbf{M}$ 是由線性組合的係數 m_{ij} 所構成，$\mathbf{F}$ 則是 F_i 所構成的行向量。

範例 5.13

考慮(5-7-4)式的一個線性操作形式：$F_1 = R$；$F_2 = G$；$F_3 = B$，亦即三個來源波道本身就是傳統的 RGB 色彩。於是(5-7-4)式變成

$$
\begin{bmatrix} R_D \\ G_D \\ B_D \end{bmatrix} = \begin{bmatrix} m_{11} & m_{12} & m_{13} \\ m_{21} & m_{22} & m_{23} \\ m_{31} & m_{32} & m_{33} \end{bmatrix} \begin{bmatrix} R_S \\ G_S \\ B_S \end{bmatrix}
\tag{5-7-5}
$$

若矩陣為

$$
\mathbf{M} = \begin{bmatrix} 0 & 1 & 0 \\ 0 & 0 & 1 \\ 1 & 0 & 0 \end{bmatrix}
\tag{5-7-6}
$$

經過計算可得

$$R_D = G_S$$
$$G_D = B_S \qquad (5\text{-}7\text{-}7)$$
$$B_D = R_S$$

則原本影像的變化如下：綠色變紅色；藍色變成綠色；紅色變藍色。由此例可知，經由假色彩處理，可以利用適當的轉換矩陣改變原始影像中的色彩。這種技術目前已廣泛被應用在製造特殊效果上。

範例 5.14

遙測影像中經常使用大量的假色彩，幫助我們理解透過大地衛星或其他飛行器所觀測到的地球。圖 5-7-6 顯示利用假色彩協助找出衛星影像中國土變異區域的例子。衛星影像具有多光譜的特性，因此可使用常態化差異植生指標(Normalized Difference Vegetation Index, NDVI)在衛星影像當中分析植生覆蓋量的資訊。NDVI 是一個經過正規化的植被指數，其公式如下：

$$NDVI = \frac{IR - R}{IR + R} \qquad (5\text{-}7\text{-}8)$$

其中 IR 為近紅外光輻射值，R 為紅光輻射值。NDVI 的數值範圍介於–1 到 1 之間。因為一般綠色植物會吸收紅光與藍光並反射近紅外光，所以 NDVI 值越大者代表綠色植被越豐富。使用 NDVI 能夠監測都市的綠地品質，也可進一步分析地區的植生覆蓋狀況，甚至可評估山區道路崩塌，有利於日後改善環境品質及水土保持工作。

為了找出國土變異的區域，我們運用 NDVI 指數分別對同一地區的前後期衛星影像分析，如圖 5-7-6(a)和(b)所示，其中分別顯示前後期的紅外線影像與近紅外光影像(以灰階影像顯示其強度)。然後藉由(5-7-8)式就可獲得對應的 NDVI 值。在圖 5-7-6(c)和(d)中，黃色區域為 NDVI 值較高的區域，藍色區域即為 NDVI 值較低的區域；接著進行兩個 NDVI 影像之間的差值運算[後期的(d)圖減掉前期的(c)圖]，即可產生出一張 NDVI 差值影像，如圖 5-7-6(e)所示。其中差值的絕對值越大的區域，代表該區域是變異點的機會越高，依此原理偵測出地表的變異。此外，差值是越小的負值(理論上最小的負值為–2)者代表該區域的植被減少越多。圖 5-7-6(f)顯示以適當的門檻值將圖 5-7-6(e)影像二值化以呈現出疑似國土變異區域的結果。

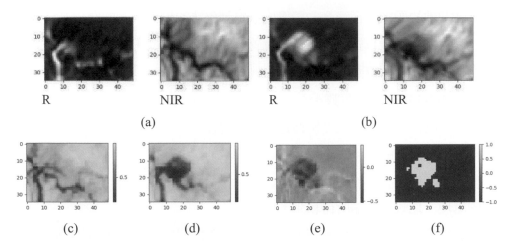

圖 5-7-6 運用 NDVI 指標分析變異點(Chen 等人[2022])。(a)原影像(前期)；(b)原影像(後期)；(c) NDVI 影像(前期)；(d) NDVI 影像(後期)；(e) NDVI 差值影像(原圖)；(f) NDVI 差值影像(二值化)。

對應到(5-7-3)式的數學模型，範例 5.14 中 $F_1 = IR$，$F_2 = R$，且由(5-7-8)式可看出 IR 與 R 之間是非線性操作。就實際運用而言，這裡的假色彩就是以 IR 與 R 波道衍生的 NDVI 數值為基礎，並把 NDVI 的數值當成灰階影像[圖 5-7-6(c)和(d)]，再採用類似強度切割方式指派對應的顏色。之後的 NDVI 差值影像(圖 5-7-6(e))，甚至最後的二值化影像[圖 5-7-6(f)]都以同樣的方式以指派的假色彩呈現，最後讓使用者可清楚的看出國土變異之處的大小與範圍，達成影像增強提升使用者理解度的目的。

習題

1. 你認為將影像放大是一種影像增強的處理嗎？為什麼？

2. 以軟體程式實現下列兩種簡單的影像放大方法：

   I. **零階保持(zero-order hold)**：每個影像先沿行(列)方向複製一次，完成後的影像再沿列(行)的次序再複製一次。

   II. **一階保持(first-order hold)**：先沿行(列)的方向，在兩像素間插一個像素，其灰階值為前後兩像素灰階值的平均，完成後的影像，將上述程序再沿列(行)的方向做一次。

   取一 64 × 64 的影像將其放大至接近 128 × 128 以及 256 × 256，並比較上述兩種方法在視覺上的效果。

3. 一個單調遞增的函數是否適合一般影像振幅調整法的輸出入間的關係？為什麼？

4. 試取一低對比度影像以對比度修正法改善其對比度。

5. 重複上題改以任一直方圖處理法進行。

6. 推導出表 5-2-3 中的轉換函數。

7. 以指定直方圖法對一低對比度影像進行影像增強。

8. 證明中值濾波不是線性運算。

9. 將影像加入胡椒粉式的脈衝雜訊，再以 3×3，5×5 及 7×7 的中值濾波器進行影像增強的處理。比較並討論所得結果。

10. 將圖 3-6-2 所示之梯度的遮罩運算作用在一影像上，顯示物體邊緣的效果並比較效果的好壞。

11. 對一帶胡椒粉式之雜訊的影像重複上題。比較這兩題結果的差異。

12. 設計一實驗，以驗證 5-5-1 節所提到的振鈴效應。

13. 討論用於從影像的背景中提取出前景物體的影像相減法。

14. 為何影像的直方圖是有用的？

15. 為什麼直方圖等化可以增強影像的對比度？在什麼情況下，這種技術可能會失敗(即沒有增強效果)？

16. 直方圖等化、修整和指定直方圖之間有什麼區別？

17. 直方圖的局部增強法有哪些要考慮的問題？

18. 自適應對比度增強是依據什麼決定放大倍率？

19. 什麼是振鈴效應(Ringing artifacts)？舉例哪種濾波器會有振鈴效應。

20. 請說明 RGB 色彩模型和 HSV 色彩模型的優點。

21. 請說明 YUV 色彩模型和 YCbCr 色彩模型的優點。

22. 舉幾個假色彩應用的例子並簡單說明之。

23. 驗證 RGB 與 YCbCr 色彩模型之轉換公式的正確性。

Chapter 6

影像復原

影像復原(image restoration)的主要目的是去改善一幅品質遭受惡化或退化 (degradation)的影像。影像復原的方法試圖利用對惡化現象發生之前的瞭解,建立影像遭 到惡化的模型,再運用相反的過程來重建或恢復影像。使影像品質惡化或退化的原因很 多,例如因為攝影機與拍攝物體間相對移動或是擷取影像時的焦距沒有調整好所造成的模 糊、或是部分像素在儲存或傳輸過程中遺失、或是取像時由於取樣與量化效應造成的資訊 損失,或是影像經壓縮與解壓縮後造成的方塊假輪廓,以及由取像設備本身或是外部環境 來的各種雜訊干擾等。有很多影像復原方法,大致上可分成以下幾類:

1. 濾波:濾波方法是將濾波器應用於影像以去除雜訊或模糊。常見的濾波方法包括高斯 濾波、中值濾波和雙邊濾波等。濾波方法簡單且快速,但對於高度損毀的影像可能不 太有效。

2. **解卷積(Deconvolution)或反卷積**:影像惡化被視為是一個品質良好的原始影像與一個 降質系統(例如產生模糊化作用)之間的卷積。解卷積方法旨在藉由反轉模糊過程來復 原原始影像。這些方法使用模糊過程的數學模型來估測原始影像。解卷積方法可以有 效地修復中度損毀的影像,但對於高度損毀的影像可能效果不佳。

3. **迭代方法(Iterative Methods)**:迭代方法通過比較修復後的影像與損毀影像,調整修復 參數,進行迭代修復。這些方法可以處理複雜的損毀類型並產生高品質的修復結果, 但需要較多的計算資源。

4. 統計方法:統計方法使用統計模型來估測原始影像。這些方法可以處理各種損毀類型 並產生高品質的修復結果,但可能需要關於影像和損毀過程的**先驗知識**(prior knowledge)。

5. 基於深度學習的方法:基於深度學習的方法使用**卷積神經網路**(Convolutional Neural Network, CNN)來學習修復影像的映射。這些方法可以處理各種損毀類型並產生高品 質的修復結果。但是,它們需要大量的訓練資料和計算資源。

這些只是復原方法的一些例子，還有許多其他變體和組合。選擇適當的修復方法取決於特定的影像修復任務以及影像中的損毀類型和嚴重程度。基於篇幅考量，本章無法涵蓋所有可能方法的探討，只會介紹較基本或較耳熟能詳的一些方法。

影像復原技術的應用範圍非常廣泛，從醫學、天文學、無人機、衛星、檢警執法調查、法醫科學等領域來的影像都有需求。一般而言，雖然影像復原演算法有一定的複雜度且要付出一定的運算成本，但復原使影像品質提升所帶來的好處往往超過這些成本，在許多應用上都是很值得的。

6-1　影像降質系統

6-1-1　基本定義

在瞭解影像復原前，要先瞭解影像降質系統。如圖 6-1-1 所示，假設輸入原始影像為 $f(m, n)$，經降質系統(或運算子)H 作用後，再加入雜訊干擾 $\eta(m, n)$，得到輸出的降質影像為 $g(m, n)$，其中 $\eta(m, n)$ 為隨機的加成性雜訊(additive noise)。如果不是加成性雜訊，而是相乘性雜訊(multiplicative noise)，可以用對數轉換方式轉化成加成性(兩函數相乘的對數是各別對數的和)，因此此處只考慮加成性雜訊。圖 6-1-1 的系統可表成

$$g(m, n) = H[f(m, n)] + \eta(m, n) \tag{6-1-1}$$

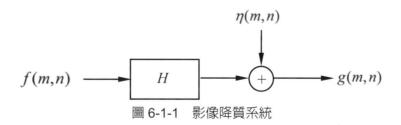

圖 6-1-1　影像降質系統

圖 6-1-2 顯示一個影像降質系統的實例，其中圖(a)是原始清晰且乾淨影像，對應 $f(m, n)$；圖(b)是用 $d = 6$ (即濾波器長度為 13)且與水平線呈現 45 度角的運動模糊所生成的影像，對應 $H[f(m, n)]$；圖(c)是零平均且標準差為 0.05 的高斯雜訊，對應 $\eta(m, n)$；圖(d)是將圖(c)的雜訊加到圖(b)的模糊影像所形成的降質影像，對應 $g(m, n)$。之後我們會從受汙染影像 $g(m, n)$，試圖復原出接近原影像 $f(m, n)$ 的結果。

(a)　　　　　　　　　　(b)　　　　　　　　　　(c)　　　　　　　　　　(d)

圖 6-1-2 影像降質系統的一個實例。(a)原始清晰且乾淨影像 $f(m, n)$；(b)運動模糊所生成的影像 $H[f(m, n)]$；(c)雜訊影像 $\eta(m, n)$；(d)受到運動模糊與雜訊污染的影像 $g(m, n)$。

在一般討論中均假設降質系統 H 是線性偏移不變的(linear shift invariant, LSI)：

(1) H 是線性的，即在 $\eta(m, n) = 0$ 時，滿足下式

$$H[k_1 f_1(m,n) + k_2 f_2(m,n)] = k_1 H[f_1(m,n)] + k_2 H[f_2(m,n)] \qquad (6\text{-}1\text{-}2)$$

其中 k_1 和 k_2 為常數。

(2) H 是空間(或偏移)不變的。意思是說如果系統的輸入輸出關係滿足 $g(m, n) = H[f(m, n)]$，則對於任一個 $f(m, n)$ 和任一個常數 α 和 β 都有關係 $H[f(m - \alpha, n - \beta)] = g(m - \alpha, n - \beta)$。

在上述影像降質系統的模型下，影像復原的問題變成是在已知 $g(m, n)$，H 及 $\eta(m, n)$ 的情形下，對原始影像 $f(m, n)$ 做估測。此外，一個 LSI 系統的特性可完全由其脈衝響應 $h(m, n)$ 來決定，亦即對任一輸入，系統的輸出等於此輸入與脈衝響應的卷積。

> **註** 此處的脈衝響應 $h(m, n)$有時稱為**點擴散函數**(point spread function, PSF)。點擴散函數把一個成像系統描述成對點光源或單點物件的響應。換言之，PSF 是對焦光學系統的脈衝響應。在許多情況下，PSF 可以想成是影像中用於表示單點物件的延展**斑點**(blob)。我們知道如果脈衝響應是一個單點脈衝，亦即 $h(m, n) = \delta(m, n)$，則對任一 LSI 系統的輸入，輸出會完全等於輸入，就降質系統而言，等同於完全沒有惡化或退化。成像系統的脈衝響應越接近單點脈衝越理想，但實務上則可想成是單點脈衝的擴散版本(斑點)。

> **註** 影像復原和**影像增強**(image enhancement)雖然在某些目的上是相同的，例如都要提升影像的視覺品質，凸顯影像的識別特徵等等，但前者一般而言會假定有惡化因子的模型並試圖移除此惡化因子，後者通常不涉及此模型。如果只考慮雜訊的惡化因素[亦即 $h(m, n) = \delta(m, n)$]，也不管雜訊的模型逕自去除雜訊，則我們傾向把這樣的工作說成是影像增強而非影像復原。另外，像電腦斷層掃描這種**影像重建**(image reconstruction)的工作也試圖從多張「投影 (projection)」影像中重建出原始影像，但一般而言這也不在影樣復原的討論範圍之列。

▌ 6-1-2 降質系統之脈衝響應的例子

對於降質系統的脈衝響應，本小節列舉幾個典型的例子。

1. **運動模糊(Motion Blur)：**這是由相機和拍攝對象之間的相對運動引起的。如果在拍攝照片時相機或拍攝對象處於運動狀態，則生成的影像可能會顯得模糊。因此，刻意對清晰的影像運用運動模糊的處理可產生運動感或速度感的特效。圖 6-1-3 顯示這樣的一個特效。

(a) (b)

圖 6-1-3　一個產生運動改或速度感的特效。(a)原始清晰影像；(b)以運動模糊處理產生的效果。

　　運動模糊代表相鄰像素的一維均勻局部平均，這是攝影機平移或物體快速運動的常見結果，此處只考慮水平運動(理論上其他方向的移動可用不同角度的旋轉來嘗試)。假設在曝光時間 t_{expose} 內相對等速度 v_{relative} 的水平移動，得到移動距離 $D = t_{\text{expose}}v_{\text{relative}}$。將 D 換算成以像素個數表示最接近的奇數長度 $L = 2d + 1$：

$$h(m,n) = \begin{cases} \dfrac{1}{2d+1}, & m=0 且 -d \le n \le d \\ 0, & 其他情況 \end{cases} \tag{6-1-3}$$

　　圖 6-1-4 顯示不同 d 值下的模糊程度，其中 d 值越大，模糊程度越高。此外可注意到，只有垂直邊緣變得模糊，對水平邊緣幾乎沒有影響，這是預期的結果，因為這是水平方向移動的模型。圖 6-1-3(b)是以(6-1-3)式中令 $d = 8$ 所獲得的結果。

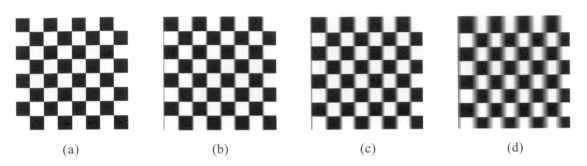

(a) (b) (c) (d)

圖 6-1-4 不同 d 值下運動模糊之模型的模糊程度。(a)原始清晰影像；(b) $d=2$；(c) $d=4$；(d) $d=8$。

2. **大氣擾流模糊(Atmospheric Turbulence Blur)**：此種模糊對遙測和航空成像是一種嚴重的性能限制。雖然由大氣擾流引起的模糊取決像是溫度、風速和曝光時間等因素，但對於較長期暴露在大氣中而導致的模糊可以適當地用高斯 PSF 來建立模型：

$$h(m,n) = Ke^{-\frac{(m^2+n^2)}{2\sigma^2}} \tag{6-1-4}$$

其中 K 是一個正規化常數，以確保 $\sum_m \sum_n h(m,n) = 1$，而 σ^2 是決定模糊嚴重性的變異數。

圖 6-1-5 顯示不同 σ 值下的模糊程度，其中 σ 值越大，模糊程度越高。

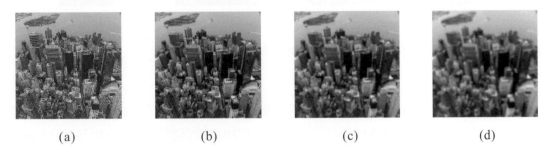

(a) (b) (c) (d)

圖 6-1-5 不同 σ 值下大氣擾流模糊之模型的模糊程度。(a)原始清晰影像；(b) $\sigma=1$；(c) $\sigma=2$；(d) $\sigma=3$。

在許多不同的成像系統中，都可能有攝影失焦(defocusing)造成的模糊。這種模糊可能來自於焦距、光圈大小等不當的調整或設定。此時常用以下兩種均勻模型來描述或模擬此種現象：

3. **均勻失焦模糊(Uniform Out-of-Focus Blur)**：這種類型的模糊是由於鏡頭失焦造成的，導致影像均勻模糊。當相機聚焦在影像的錯誤部分，或者景深太淺時，就會發生這種情況。

如果攝影機的光圈是圓形的，則任何點光源的影像都是一個小圓盤，稱爲混淆圓(circle of confusion, COC)。失焦的程度(COC 的直徑)取決於焦距、鏡頭光圈大小以及相機與物體之間的距離。準確的模型不僅可描述 COC 的直徑，還可描述 COC 內的強度分佈。但是，如果失焦程度相對於所考慮的波長較大，則可以採用幾何方法，並假設 COC 內的強度爲均勻分佈。對於有圓形光圈的未對焦鏡片系統，我們以圓盤內的均勻強度分佈來建立模型：

$$h(m,n) = \begin{cases} \dfrac{C}{\pi R^2}, & \sqrt{m^2+n^2} \leq R \\ 0, & \text{其他情況} \end{cases} \tag{6-1-5}$$

簡單取 $C = 1$ 或是精確些使 $\displaystyle\sum_m \sum_n h(m,n) = 1$ 的 C 值。

圖 6-1-6 顯示不同 R 值下的模糊程度，其中 R 值越大，模糊程度越高。

(a)　　　　　(b)　　　　　(c)　　　　　(d)

圖 6-1-6　不同 R 值下均勻失焦模糊之模型的模糊程度。(a)原始清晰影像；(b) $R = 2$；(c) $R = 4$；(d) $R = 8$。

4. **均勻二維模糊(Uniform 2-D Blur)**：這種類型的模糊是一種普遍的均勻模糊，可能由多種因素引起，例如相機抖動或鏡頭失眞。它的表現是整個影像的均勻柔化(uniform softening)。

這是一個用於失焦比較嚴重下的模型，此模型相當於是運動模糊的二維版本：

$$h(m,n) = \begin{cases} \dfrac{1}{(2d+1)^2}, & -d \leq m,n \leq d \\ 0, & \text{其他情況} \end{cases} \tag{6-1-6}$$

圖 6-1-7 顯示不同 d 值下的模糊程度，其中 d 值越大，模糊程度越高。此外可注意到，不只有垂直邊緣變得模糊，水平邊緣也有相同程度的模糊，這是預期的結果，因爲這是水平運動模型的二維版本。與圖 6-1-4 比較可發現，相同的參數 d 下，兩者有相同的模糊程度，只是一個作用於垂直邊緣，另一個作用於垂直以及水平邊緣。

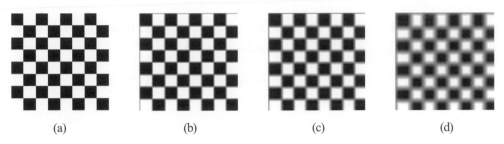

圖 6-1-7　不同 d 值下均勻二維模糊之模型的模糊程度。(a)原始清晰影像；(b) $d = 2$；(c) $d = 4$；(d) $d = 8$。

▌ 6-1-3　雜訊模型

　　數位影像中的雜訊主要來自於影像的擷取與傳輸過程。影像感測器在擷取影像過程受到外在多種環境因素以及其自身的影響而產生雜訊；例如無線網路傳輸中影像受到閃電與其他大氣現象的通道干擾而降低品質；又例如，如果外界光強度訊號相對感測元件本身自然產生的熱雜訊(thermal noise)不夠大，代表較低的訊雜比而使影像品質降低。

　　為了描述或探討這些雜訊，我們建立了雜訊的模型。一般而言，雜訊都具有隨機的特性，因此常會用機率的觀點來描述。本小節將回顧一些常用的影像雜訊模型。其中有的是自然產生的，例如高斯雜訊，有的是由影像感測器感應出的，例如光子計數雜訊(photon counting noise)和散斑雜訊(speckle noise)，還有一些是由各種處理(例如量化和傳輸)產生的。

散斑雜訊

　　當雷射或雷達發射器所發出的同調(coherent)光撞擊物體表面時，它會反射回來。由於一個像素觀察範圍內物體表面粗糙度的微觀變化，接收到的信號會發生相位和振幅的隨機變化。有些相位變化是建設性的，訊號強度會較高，有些則是破壞性的，訊號強度會變低，這種變化稱為斑點(speckle)。在相關同調影像中呈現出的顆粒狀胡椒鹽式的圖案稱為散斑雜訊。散斑雜訊是所有同調成像系統【例如雷射、醫療超音波、主動雷達、合成孔徑雷達(Synthetic Aperture Radar, SAR)和光學同調斷層掃描(optical coherence tomography)等影像】中的常見現象。

光子計數雜訊

　　基本上，大多數的影像擷取裝置都是光子計數器。令 X 表示在影像中某一個像素位置所計數出的光子數，則 X 的分佈通常模式化成瓦松(Poisson)分佈，因此光子計數雜訊(photon counting noise)也稱為瓦松雜訊(Poisson noise)或瓦松計數雜訊(Poisson counting noise)。

若一個隨機變數 X 有如下的機率質量函數(probability mass function)，則稱其為有正值實數參數 μ (> 0)的瓦松隨機變數(Poisson random variable)：

$$P_X(x) = \frac{\mu^x}{x!} e^{-\mu}, \quad x = 0, 1, 2, \cdots \tag{6-1-7}$$

以符號表示成 $X \sim PO(\mu)$。可證明對於 $X \sim PO(\mu)$，$E[X] = Var[X] = \mu$。亦即，期望值與變異數都恰好為其參數。

在光子計數器模型中，參數 μ 代表感測器每單位時間平均接收到的光子數量。考慮影像的兩個不同區域，一個區域比另一個區域亮，較亮者具有較高的 μ 值，因而也有較高的雜訊變異數。此外，在所有其他條件都相同的情況下，較慢的快門速度通常會產生較佳的影像，因為捕捉到的光子數量較多；例如，天文攝影師常使用較長時間的曝光，以擷取來自天體的微弱光源。

此外，在醫學應用中，X 射線和伽馬射線源每單位時間可發射出大量的光子注入病人體內。這些訊號源具有隨機的光子波動，因而透過感應器擷取出的影像具有時空的隨機性。

高斯雜訊

加成性高斯雜訊(Gaussian noise)可能是出現最頻繁的雜訊模型。它廣泛用於熱雜訊模型的建立，並且在某些合理的條件下，它呈現出其他雜訊的極限行為，例如光子數量趨近於無窮大時的光子計數雜訊。

如果一個連續隨機變數 X 有如下的機率密度函數，則稱其為有參數 μ 和 σ^2 (或 σ)的高斯或常態(normal)隨機變數：

$$f_X(x) = \frac{1}{\sqrt{2\pi}\,\sigma} e^{-\frac{(x-\mu)^2}{2\sigma^2}}, \quad -\infty < x < \infty \tag{6-1-8}$$

其中 μ 和 σ^2 是實數值常數且 $\sigma > 0$。這兩個參數實際上分別就是它的期望值與變異數。在符號標示上，我們寫成 $X \sim N(\mu, \sigma^2)$。

對於一常態隨機變數 X，其數值落於期望值的 1、2 和 3 個標準差內的機率約分別為 0.68、0.95 以及 0.99。亦即設 $X \sim N(\mu, \sigma^2)$，則

$$P[\mu - \sigma \leq X \leq \mu + \sigma] \approx 0.68 \tag{6-1-9a}$$

$$P[\mu - 2\sigma \leq X \leq \mu + 2\sigma] \approx 0.95 \tag{6-1-9b}$$

$$P[\mu - 3\sigma \leq X \leq \mu + 3\sigma] \approx 0.99 \tag{6-1-9c}$$

雜訊的大小正比於標準差。

中央極限定理(Central Limit Theorem)指出大量獨立的小隨機變數之和的分佈具有高斯分佈。熱雜訊是由大量電子的振動引起的，任何一個電子的振動都與另一個電子無關，且沒有一個電子的貢獻顯著高於其他電子。因此，在中央極限定理下，熱雜訊很適合套用高斯模型。一般操作在常溫下的電子裝置(包括影像感測系統)都免不了有熱雜訊，且溫度越高雜訊功率越高。

均勻雜訊

如果一個連續隨機變數 X 有如下的機率密度函數，則稱其為在區間(a, b)上是均勻分佈的：

$$f_X(x) = \begin{cases} \dfrac{1}{b-a}, & a < x < b \\ 0, & \text{其他情況} \end{cases} \tag{6-1-10}$$

其中 a 和 b 是兩個常數且 $b > a$，通常以符號表示成 $X \sim U(a, b)$。X 的期望值為 $\dfrac{1}{2}(a+b)$，變異數為 $\dfrac{1}{12}(b-a)^2$。量化處理過程中，影像實際強度值與其量化值之間的誤差常呈現均勻分布的狀態。

雷利雜訊

雷利雜訊(Rayleigh noise)的機率密度函數為

$$f_X(x) = \dfrac{x}{\sigma^2} e^{-\frac{x^2}{2\sigma^2}} \tag{6-1-11}$$

其中 σ 是尺度參數。平均值為 $\sigma\sqrt{\dfrac{\pi}{2}}$，變異數為 $\dfrac{4-\pi}{2}\sigma^2$。如果 $R = \sqrt{A^2 + B^2}$，其中 $A \sim N(0, \sigma^2)$ 和 $B \sim N(0, \sigma^2)$ 為獨立的高斯隨機變數，則 R 具有雷利分佈，因此一個標準複數值常態分佈隨機變數 $Z = A + iB$ 之大小 $|Z|$ 會具有雷利分佈。在磁共振成像(magnetic resonance imaging, MRI)中，MRI 影像是以同相位(in phase)和正交相位(quadrature)的複數值形式偵測並記錄，但大多數情況是直接以其振幅成像，因此其背景雜訊是雷利分佈的。此外，雷利機率密度還適用於對測距成像中雜訊的描述。

伽瑪與 Erlang 雜訊

如果一個連續隨機變數 X 有如下的機率密度函數，則稱其為有參數 α 和 β 的伽瑪隨機變數(gamma random variable)：

$$f_X(x) = \begin{cases} \dfrac{1}{\Gamma(\alpha)\beta^{\alpha}} x^{\alpha-1} e^{-x/\beta}, & x \geq 0 \\ 0, & \text{其他情況} \end{cases} \tag{6-1-12}$$

其中 $\alpha > 0$ 和 $\beta > 0$ 是兩個實數值參數，且 $\Gamma(\alpha)$ 是定義成 $\Gamma(\alpha) = \int_0^{\infty} x^{\alpha-1} e^{-x} dx$ 的伽瑪函數(gamma function)。以符號簡短表示成 $X \sim GAM(\alpha, \beta)$。伽瑪分佈用在只有正值實數的情況。參數 α 稱為形狀參數，參數 β 則稱為尺度參數。伽瑪密度的模型可用於雷射成像。

當 α 為正整數 k 時，伽瑪隨機變數變成 Erlang 隨機變數，表示成 $ERL(k, \beta)$。此時

$$f_X(x) = \begin{cases} \dfrac{1}{(k-1)!\,\beta^k} x^{k-1} e^{-x/\beta}, & x \geq 0 \\ 0, & \text{其他情況} \end{cases} \tag{6-1-13}$$

指數雜訊

如果一個連續隨機變數 X 有如下的機率密度函數，則稱其為有參數 a 的指數隨機變數：

$$f_X(x) = \begin{cases} ae^{-ax}, & x \geq 0 \\ 0, & \text{其他情況} \end{cases} \tag{6-1-14}$$

其中參數 $a > 0$。以符號簡短表示成 $X \sim EXP(a)$。事實上，比較(6-1-13)和(6-1-14)式可看出，$EXP(a) \sim ERL\left(1, \dfrac{1}{a}\right)$，亦即指數分佈是伽瑪分佈或 Erlang 分佈的一個特例。指數隨機變數 $EXP(a)$ 的期望值與變異數分別為 $\dfrac{1}{a}$ 和 $\dfrac{1}{a^2}$。指數機率密度模型可用於雷射成像或是像是在 SAR 系統中對散斑的描述與模擬。

拉普拉斯(雙指數)雜訊

拉普拉斯(Laplacian)或雙指數(double exponential)雜訊的機率密度函數為

$$f_X(x) = \frac{1}{2b} e^{-\frac{|x-\mu|}{b}} = \frac{1}{2b} \begin{cases} e^{-\frac{\mu-x}{b}}, & x < \mu \\ e^{-\frac{x-\mu}{b}}, & x \geq \mu \end{cases} \tag{6-1-15}$$

期望值為 μ，變異數為 $2b^2$。比較特別的是，對 μ 這個參數的最佳估測不是觀測值的平均值，而是中位數(median)。許多影像壓縮算法中的預測誤差都以拉普拉斯模型表達。此外，相鄰像素之間的差值亦被模式化成拉普拉斯機率密度函數。

鹽和胡椒粉雜訊

鹽和胡椒粉雜訊(salt-and-pepper noise)可簡稱為胡椒鹽雜訊，它的特性是雖只有幾個像素受到雜訊影響，但它們的影響非常大，效果類似於在影像上撒上白色和黑色的點(鹽和胡椒粉)，因而得名。胡椒鹽雜訊出現在例如成像期間有不當的電源開關時。

假設 $f(x, y)$ 為原始影像，而 $\eta(x, y)$ 為受到鹽和胡椒粉雜訊改變後的影像。則其機率質量函數為

$$P[\eta = f] = 1 - \alpha \tag{6-1-16a}$$

$$P[\eta = \text{MAX}] = \frac{\alpha}{2} \tag{6-1-16b}$$

$$P[\eta = \text{MIN}] = \frac{\alpha}{2} \tag{6-1-16c}$$

其中 MAX 和 MIN 分別是最大和最小的像素值。對於 8 位元影像，MIN = 0 且 MAX = 255。從機率質量函數可看出：有 $1 - \alpha$ 的機率，像素不變；有 α 的機率將像素更改為最大值或最小值。更改後的像素看起來像散落在影像上的黑白點。此雜訊有時亦稱為雙極脈衝雜訊(bipolar impulse noise)，如果只有胡椒或只有鹽的雜訊出現，則稱為是單極脈衝雜訊(unipolar impulse noise)。

一個像素會被鹽或胡椒鹽雜訊所汙染的機率為 α。常將 α 稱為雜訊密度(noise density)。例如如果雜訊密度 $\alpha = 0.01$，則我們說影像中約 1% 的像素被鹽或胡椒粉雜訊改變，雜訊中約一半是鹽雜訊，另一半是胡椒粉雜訊，各佔約 0.5%。當然這兩種雜訊也可以設定成比例不同，但總和還是 α。圖 6-1-8 顯示受幾個不同程度胡椒鹽雜訊污染的結果，圖包括影像及其直方圖。從影像可觀察到，當雜訊密度 α 越大時，汙染程度越高。此外，從直方圖可看出鹽和胡椒粉雜訊各占所有雜訊的一半。

結構性和週期性雜訊

　　有些雜訊在影像上具有明顯的結構或週期性，原因是來自於影像擷取期間受到電機或機電的干擾，特別是電源信號的干擾，產生例如弦式波的雜訊。這種雜訊通常可藉由頻域中看出特別的頻率特性而用窄帶抑制濾波器(narrow-band reject filter)或陷波濾波器(notch filter)予以消除。

雜訊參數估測

1.　如果手邊有成像系統，則用均勻的光源照射平緩(幾乎無變化)的背景取出多張影像來探討成像系統的雜訊特性。基本上可用直方圖統計的方式研判其適合的模型以及對應的模型參數。

2.　如果手邊沒有成像系統而只有一張由該系統生成的結果，建議避開影像中的邊緣區域，取出變化相對小的區域，再對此區域內的像素進行直方圖統計以判定可能適用的雜訊模型及其參數。

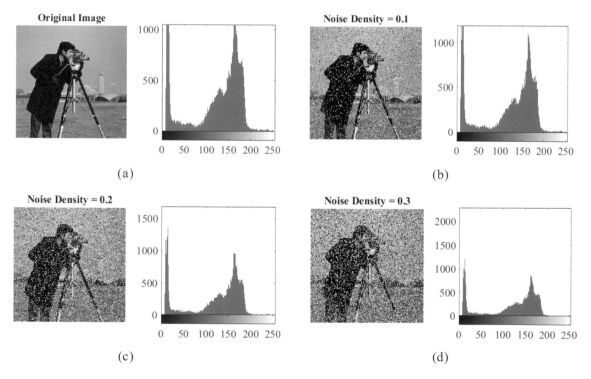

圖 6-1-8　胡椒鹽雜訊的展示。(a)乾淨的影像及其直方圖；(b)(c)(d)分別受雜訊密度 $\alpha = 0.1$、$\alpha = 0.2$ 和 $\alpha = 0.3$ 污染的結果，其中都包括影像及其直方圖。

6-2 降質系統的矩陣描述

為了以後方便描述，我們將降質系統以矩陣形式描述。首先考慮兩個大小分別為 $M_1 \times N_1$ 以及 $M_2 \times N_2$ 的離散二維信號 $f(m, n)$ 與 $h(m, n)$，這兩個信號之卷積所得之信號 $g'(m,n)$ 的大小為 $(M = M_1 + M_2 - 1) \times (N = N_1 + N_2 - 1)$。為了方便矩陣之形成，我們將 $f(m, n)$ 與 $h(m, n)$ 以補零的方式分別擴增成大小均為 $M \times N$ 的信號 $f'(m,n)$ 與 $h'(m,n)$，亦即

$$f'(m,n) = \begin{cases} f(m,n), & 0 \le m \le M_1 - 1 \text{ 且 } 0 \le n \le N_1 - 1 \\ 0, & M_1 \le m \le M - 1 \text{ 或 } N_1 \le n \le N - 1 \end{cases}$$

$$h'(m,n) = \begin{cases} h(m,n), & 0 \le m \le M_2 - 1 \text{ 且 } 0 \le n \le N_2 - 1 \\ 0, & M_2 \le m \le M - 1 \text{ 或 } N_2 \le n \le N - 1 \end{cases} \qquad (6\text{-}2\text{-}1)$$

因此，

$$g'(m,n) = \sum_{i=0}^{M-1} \sum_{j=0}^{N-1} f'(i,j) h'(m-i, n-j) \qquad (6\text{-}2\text{-}2)$$

其中 $m = 0, 1, 2, \cdots, M - 1, n = 0, 1, 2, \cdots, N - 1$。

註 當我們使用傅立葉轉換在頻域中執行二維離散卷積時，我們需要進行矩陣擴增，例如用零填補 (zero padding) 以防止輸出中出現混疊 (aliasing)。當輸入信號的高頻分量混入到輸出的低頻區域時會發生混疊，這會導致失真和資訊的丟失。關於混疊的成因可回顧第三章的內容，特別是探討對類比影像不足取樣時的情況。

註 要避免混疊所需零填補的最小數量取決於濾波器的大小和輸入信號的大小。為了填補最少數量的零，我們可以計算將信號與濾波器內核進行卷積所需的擴展矩陣的最小尺寸。此尺寸的計算公式如下：設 A 和 B 為輸入矩陣的維度，a 和 b 為濾波器內核的維度。則零填補後所需的矩陣大小為 $(A + a - 1) \times (B + b - 1)$。例如，如果我們有一個大小為 5×5 的輸入矩陣和一個大小為 3×3 的濾波器內核，則填補零後所需的矩陣大小為 $(5 + 3 - 1) \times (5 + 3 - 1) = 7 \times 7$。此外，實務上可以選擇大於或等於該尺寸的下一個 2 的乘冪。這是因為當輸入信號大小為 2 的乘冪時，快速傅立葉轉換 (FFT) 的演算法效率最高。

將 (6-2-2) 式以矩陣方式寫成

$$\mathbf{g} = \mathbf{H}\mathbf{f} \qquad (6\text{-}2\text{-}3)$$

其中

$$\mathbf{g} = \begin{bmatrix} g'(0,0) \\ g'(0,1) \\ \vdots \\ g'(M-1,N-1) \end{bmatrix}, \quad \mathbf{f} = \begin{bmatrix} f'(0,0) \\ f'(0,1) \\ \vdots \\ f'(M-1,N-1) \end{bmatrix} \tag{6-2-4}$$

$$\mathbf{H} = \begin{bmatrix} \mathbf{H}_0 & \mathbf{H}_{M-1} & \mathbf{H}_{M-2} & \cdots & \mathbf{H}_1 \\ \mathbf{H}_1 & \mathbf{H}_0 & \mathbf{H}_{M-1} & \cdots & \mathbf{H}_2 \\ \mathbf{H}_2 & \mathbf{H}_1 & \mathbf{H}_0 & \cdots & \mathbf{H}_3 \\ \vdots & \vdots & \vdots & \ddots & \vdots \\ \mathbf{H}_{M-1} & \mathbf{H}_{M-2} & \mathbf{H}_{M-3} & \cdots & \mathbf{H}_0 \end{bmatrix}$$

其中

$$\mathbf{H}_i = \begin{bmatrix} h'(i,0) & h'(i,N-1) & h'(i,N-2) & \cdots & h'(i,1) \\ h'(i,1) & h'(i,0) & h'(i,N-1) & \cdots & h'(i,2) \\ h'(i,2) & h'(i,1) & h'(i,0) & \cdots & h'(i,3) \\ \vdots & \vdots & \vdots & \ddots & \vdots \\ h'(i,N-1) & h'(i,N-2) & h'(i,N-3) & \cdots & h'(i,0) \end{bmatrix} \tag{6-2-5}$$

範例 6.1

這裡給一簡單數值範例說明(6-2-1)～(6-2-5)式。假設離散二維信號 $f(m,n)$ 與 $h(m,n)$ 的大小都是 2×2。所以我們將 $f(m,n)$ 與 $h(m,n)$ 以補零的方式分別擴增成大小均為 $(2+2-1) \times (2+2-1) = 3 \times 3$ 的信號 $f'(m,n)$ 與 $h'(m,n)$。代表各要填補一列和一行的零。假設填補後的信號如下：

$$\mathbf{f}' = \begin{bmatrix} 1 & 2 & 0 \\ 3 & 4 & 0 \\ 0 & 0 & 0 \end{bmatrix}, \quad \mathbf{h}' = \begin{bmatrix} a & b & 0 \\ c & d & 0 \\ 0 & 0 & 0 \end{bmatrix}$$

其中 a、b、c 和 d 代表某個數值，且 $f'(0,0) = 1$、$f'(0,1) = 2$、$h'(1,1) = d$ 等等，依此類推。依 (6-2-2) 式的計算以及 (6-2-3)～(6-2-5) 的表示式可得

$$\mathbf{f} = [1 \ \ 2 \ \ 0 \ \ 3 \ \ 4 \ \ 0 \ \ 0 \ \ 0 \ \ 0]^{\mathsf{T}}$$

$$\mathbf{g} = [a \ b+2a \ 2b \ c+2d+3c+4b \ d+2c+3b+4a \ 2d+4b \ 3c \ 3d+4c \ 4d]^{\mathsf{T}}$$

$$\mathbf{H} = \begin{bmatrix} \mathbf{H}_0 & \mathbf{H}_2 & \mathbf{H}_1 \\ \mathbf{H}_1 & \mathbf{H}_0 & \mathbf{H}_2 \\ \mathbf{H}_2 & \mathbf{H}_1 & \mathbf{H}_0 \end{bmatrix}$$

其中

$$\mathbf{H}_0 = \begin{bmatrix} a & 0 & b \\ b & a & 0 \\ 0 & b & a \end{bmatrix}, \quad \mathbf{H}_1 = \begin{bmatrix} c & 0 & d \\ d & c & 0 \\ 0 & d & c \end{bmatrix}, \quad \mathbf{H}_2 = \begin{bmatrix} 0 & 0 & 0 \\ 0 & 0 & 0 \\ 0 & 0 & 0 \end{bmatrix}$$

注意到各 $\mathbf{H}_i$, $i = 0, 1, 2$ 都是循換矩陣，而 $\mathbf{H}$ 是方塊循環矩陣，大小為 $(3)(3) \times (3)(3) = 9 \times 9$。

依類似的擴展矩陣形成程序，我們將雜訊 $\eta(m, n)$ 亦納入系統中，而形成完整之降質系統的矩陣描述：

$$\mathbf{g} = \mathbf{Hf} + \mathbf{n} \tag{6-2-6}$$

其中 $\mathbf{n}$ 代表由 $\eta(m, n)$ 的擴增信號 $\eta'(m,n)$ 所形成的雜訊矩陣，其中雜訊 $\{\eta(m, n)\}$ 的大小與影像 $\{f(m, n)\}$ 的大小相同，所以兩者補零擴增的程度完全相同。

由(6-2-5)式可看出，$\mathbf{H}_i$ 本身為循環矩陣，又由(6-2-4)式可進一步看出 $\mathbf{H}$ 為方塊循環矩陣。從實用的角度來看，矩陣 $\mathbf{H}$ 之小大為 $MN \times MN$，因此若 $M = N = 512$，則 $\mathbf{H}$ 之大小為 $262,144 \times 262,144$，這對一般電腦而言要直接從(6-2-6)式計算出 $\mathbf{f}$ 並不實際。所幸，由於 $\mathbf{H}$ 是循環矩陣，我們可證明(留做習題)，

$$\mathbf{H} = \mathbf{WDW}^{-1} \quad 或 \quad \mathbf{D} = \mathbf{W}^{-1}\mathbf{HW} \tag{6-2-7}$$

其中 $\mathbf{W}$ 為 $\mathbf{H}$ 的特徵向量所構成的矩陣，$\mathbf{D}$ 則為 $\mathbf{H}$ 之特徵值所構成的對角矩陣。此外 $\mathbf{W}$ 的元素基本上是離散傅立葉轉換的轉換基底，而 $\mathbf{D}$ 的元素則為 $h'(m,n)$ 之離散傅立葉轉換 $H(k, l)$。

設 $G(k, l)$ 為 $g'(m,n)$ 的傅立葉轉換，即

$$G(k,l) = \frac{1}{MN} \sum_{m=0}^{M-1} \sum_{n=0}^{N-1} g'(m,n) \exp\left[-j2\pi\left(\frac{mk}{M} + \frac{nl}{N} \right) \right] \tag{6-2-8}$$

則我們可證明 $\mathbf{W}^{-1}\mathbf{g}$ 相當於

$$\begin{bmatrix} G(0,0) \\ G(0,1) \\ \vdots \\ G(M-1,N-1) \end{bmatrix} \tag{6-2-9}$$

亦即 $\mathbf{W}^{-1}$ 相當於一運算作用子，對後面運算之所得的效果就是取其傅立葉轉換，並將其係數堆疊成矩陣。

範例 **6.2**

這裡給一簡單的數值範例，強化以上的論述。考慮三個矩陣：

$$\mathbf{H}_1 = \begin{bmatrix} 1 & 2 & 3 \\ 3 & 1 & 2 \\ 2 & 3 & 1 \end{bmatrix}, \quad \mathbf{H}_2 = \begin{bmatrix} 2 & 4 & 3 \\ 3 & 2 & 4 \\ 4 & 3 & 2 \end{bmatrix}, \quad \mathbf{H}_3 = \begin{bmatrix} 2 & 4 & 3 \\ 3 & 2 & 4 \\ 4 & 2 & 3 \end{bmatrix}$$

$\mathbf{H}_1$ 和 $\mathbf{H}_2$ 都是循環矩陣，但很明顯 $\mathbf{H}_1 \neq \mathbf{H}_2$。這裡刻意將 $\mathbf{H}_2$ 第三列最後兩個元素交換得到不再是循環矩陣的 $\mathbf{H}_3$。利用線上的計算器計算各矩陣的特徵值與特徵向量，結果整理如下：

	特徵多項式	特徵值	特徵向量
$\mathbf{H}_1$	$-\lambda^3 + 3\lambda^2 + 15\lambda + 18$	$\lambda_1 = 6$	$v_1 = (1,1,1)$
		$\lambda_2 = \frac{1}{2}(-3+\sqrt{3}\,i)$	$v_2 = \left(1, \frac{1}{2}(-1-\sqrt{3}\,i), \frac{1}{2}(-1+\sqrt{3}\,i)\right)$
		$\lambda_3 = \frac{1}{2}(-3-\sqrt{3}\,i)$	$v_3 = \left(1, \frac{1}{2}(-1+\sqrt{3}\,i), \frac{1}{2}(-1-\sqrt{3}\,i)\right)$
$\mathbf{H}_2$	$-\lambda^3 + 6\lambda^2 + 24\lambda + 27$	$\lambda_1 = 9$	$v_1 = (1,1,1)$
		$\lambda_2 = \frac{1}{2}(-3-\sqrt{3}\,i)$	$v_2 = \left(1, \frac{1}{2}(-1-\sqrt{3}\,i), \frac{1}{2}(-1+\sqrt{3}\,i)\right)$
		$\lambda_3 = \frac{1}{2}(-3+\sqrt{3}\,i)$	$v_3 = \left(1, \frac{1}{2}(-1+\sqrt{3}\,i), \frac{1}{2}(-1-\sqrt{3}\,i)\right)$
$\mathbf{H}_3$	$-\lambda^3 + 7\lambda^2 + 16\lambda + 18$	$\lambda_1 = 9$	$v_1 = (1,1,1)$
		$\lambda_2 = -1-i$	$v_2 = \left(1, \frac{1}{58}(-9-37i), \frac{1}{29}(-23+15i)\right)$
		$\lambda_3 = -1+i$	$v_3 = \left(1, \frac{1}{58}(-9+37i), \frac{1}{29}(-23-15i)\right)$

N 點 DFT 的轉換基底

$$B(n,k) = e^{-i(\frac{2\pi}{N})(nk)}, \quad n,k = 0,1,2,\cdots,N-1$$

3 點 DFT 的轉換基底

$$B(n,k) = e^{-i(\frac{2\pi}{3})(nk)}, \quad n,k = 0,1,2$$

對應矩陣

$$\mathbf{B} = \begin{bmatrix} 1 & 1 & 1 \\ 1 & e^{-i(\frac{2\pi}{3})} & e^{-i(\frac{4\pi}{3})} \\ 1 & e^{-i(\frac{4\pi}{3})} & e^{-i(\frac{8\pi}{3})} \end{bmatrix} = \begin{bmatrix} 1 & 1 & 1 \\ 1 & \frac{1}{2}(-1-\sqrt{3}\,i) & \frac{1}{2}(-1+\sqrt{3}\,i) \\ 1 & \frac{1}{2}(-1+\sqrt{3}\,i) & \frac{1}{2}(-1-\sqrt{3}\,i) \end{bmatrix}$$

注意到 $\mathbf{B}$ 的各行向量與 $\mathbf{H}_1$ 和 $\mathbf{H}_2$ 的特徵向量相同，由此可知循環矩陣的特徵向量確實是 DFT 的轉換基底，非循環矩陣(像是與 $\mathbf{H}_2$ 非常相似的 $\mathbf{H}_3$)則無此特性。

範例　6.3

延續範例 6.2。現在對範例 6.2 中的三個 $\mathbf{H}$ 矩陣進行 3×3 的二維 DFT 運算(總和前面乘上 $\frac{1}{3}$ 而不是 1 的比例因子)，結果如下：

$$\text{DFT}(\mathbf{H}_1) = \begin{bmatrix} 6 & 0 & 0 \\ 0 & 0 & -1.5-0.866i \\ 0 & -1.5+0.866i & 0 \end{bmatrix} \approx \begin{bmatrix} 6 & 0 & 0 \\ 0 & 0 & \frac{1}{2}(-3-\sqrt{3}\,i) \\ 0 & \frac{1}{2}(-3+\sqrt{3}\,i) & 0 \end{bmatrix}$$

$$\text{DFT}(\mathbf{H}_2) = \begin{bmatrix} 9 & 0 & 0 \\ 0 & 0 & -1.5+0.866i \\ 0 & -1.5-0.866i & 0 \end{bmatrix} \approx \begin{bmatrix} 9 & 0 & 0 \\ 0 & 0 & \frac{1}{2}(-3+\sqrt{3}\,i) \\ 0 & \frac{1}{2}(-3-\sqrt{3}\,i) & 0 \end{bmatrix}$$

$$DFT(\mathbf{H}_3) = \begin{bmatrix} 9 & 0.5774i & -0.5774i \\ 0 & -0.5-0.2887i & -1+1.1547i \\ 0 & -1-1.1547i & -0.5+0.2887i \end{bmatrix}$$

可看出 $\mathbf{H}_1$ 和 $\mathbf{H}_2$ 之 DFT 結果中不為零的個數都是三個，且這三個值就是兩個矩陣各自對應的特徵值。這印證了先前所述：$\mathbf{D}$ 的元素為 $h'(m,n)$ 之離散傅立葉轉換 $H(k, l)$。這個陳述不適用於 $\mathbf{H}_3$，因為 $\mathbf{H}_3$ 不是循環矩陣。

結合(6-2-6)與(6-2-7)式我們可得

$$\mathbf{W}^{-1}\mathbf{g} = \mathbf{DW}^{-1}\mathbf{f} + \mathbf{W}^{-1}\mathbf{n} \tag{6-2-10}$$

轉成相對應的離散傅立葉轉換，每個元素之間有如下關係：

$$G(k,l) = H(k,l)F(k,l) + N(k,l) \tag{6-2-11}$$

其中 $k = 0, 1, 2, \cdots, M-1$，$l = 0, 1, 2, \cdots, N-1$。

(6-2-10)式提供一個解(6-2-6)式的另一個好方法，即進行幾個 $M \times N$ 的離散傅立葉轉換就好，而不需要考慮 $MN \times MN$ 矩陣的計算問題。此外，若 M 與 N 為 2 的乘冪，則有很多現成的快速傅立葉計算法可進一步降低求離散傅立葉轉換的計算量。

6-3 代數復原方法

代數法的主要概念是在尋找一個 f 的估測 $\hat{f}$，使得事先定義的性能準則最小化。此處將採用簡單的最小平方準則函數，亦即試圖使估測誤差 $e^2 = E\{(f - \hat{f})^2\}$ 最小化，其中 $E\{\cdot\}$ 代表取期望值。做此選擇的主要優點是對於推導出若干熟知的復原法提供一個統一的架構。這些復原法可分為有條件限制性及無條件限制性兩類。

6-3-1 無條件限制性復原

由(6-2-8)式可知，降質模型中的雜訊項為

$$\mathbf{n} = \mathbf{g} - \mathbf{Hf} \tag{6-3-1}$$

此處 $\mathbf{n}$、$\mathbf{g}$、$\mathbf{f}$、$\mathbf{H}$ 均為矩陣向量形式，其維度分別為 $MN \times 1$、$MN \times 1$、$MN \times 1$ 與 $MN \times MN$。

　　當缺乏對於 $\mathbf{n}$ 的任何瞭解時，一個有意義的準則函數是尋找這樣一個 $\hat{\mathbf{f}}$：讓所假定雜訊項的範數儘可能地小，使得 $\mathbf{H}\hat{\mathbf{f}}$ 在最小平方意義下近似於 $\mathbf{g}$。換言之，我們想尋找一個 $\hat{\mathbf{f}}$，使得

$$\left\| \mathbf{n} \right\|^2 = \left\| \mathbf{g} - \mathbf{H}\hat{\mathbf{f}} \right\|^2 \tag{6-3-2}$$

為最小。上式中，按照定義，

$$\left\| \mathbf{n} \right\|^2 = \mathbf{n}^T \mathbf{n} \text{ 和 } \left\| \mathbf{g} - \mathbf{H}\hat{\mathbf{f}} \right\|^2 = (\mathbf{g} - \mathbf{H}\hat{\mathbf{f}})^T (\mathbf{g} - \mathbf{H}\hat{\mathbf{f}}) \tag{6-3-3}$$

分別為 $\mathbf{n}$ 和 $(\mathbf{g} - \mathbf{H}\hat{\mathbf{f}})$ 的範數的平方。由(6-3-2)式可知此一問題相當於準則函數

$$J(\hat{\mathbf{f}}) = \left\| \mathbf{g} - \mathbf{H}\hat{\mathbf{f}} \right\|^2 \tag{6-3-4}$$

對於 $\hat{\mathbf{f}}$ 的最小化問題。除了要求它使(6-3-4)式為最小外，沒有任何其他條件的限制。

　　使(6-3-4)式為最小很容易辦到，亦即只要將 J 對 $\hat{\mathbf{f}}$ 微分，並令其結果等於零向量即得：

$$\frac{\partial J(\hat{\mathbf{f}})}{\partial \hat{\mathbf{f}}} = \mathbf{0} = -2\mathbf{H}^T (\mathbf{g} - \mathbf{H}\hat{\mathbf{f}}) \tag{6-3-5}$$

對 $\hat{\mathbf{f}}$ 求解(6-3-5)式，得出

$$\hat{\mathbf{f}} = (\mathbf{H}^T \mathbf{H})^{-1} \mathbf{H}^T \mathbf{g} \tag{6-3-6}$$

假設 $\mathbf{H}^{-1}$ 存在，則(6-3-6)式簡化為

$$\hat{\mathbf{f}} = \mathbf{H}^{-1} (\mathbf{H}^T)^{-1} \mathbf{H}^T \mathbf{g} = \mathbf{H}^{-1} \mathbf{g} \tag{6-3-7}$$

6-3-2　有條件限制性復原

　　在本節裡，我們把最小平方復原問題看做是在條件 $\left\| \mathbf{n} \right\|^2 = \left\| \mathbf{g} - \mathbf{H}\hat{\mathbf{f}} \right\|^2$ 的限制下，範數 $\left\| \mathbf{Q}\hat{\mathbf{f}} \right\|^2$ 所構成之函數的最小化問題，其中 $\mathbf{Q}$ 是作用於 $\hat{\mathbf{f}}$ 的一個線性運算子。這種方法使復原過程變得比較複雜，因為對於 $\mathbf{Q}$ 的不同選擇會得到不同的解。

在最小化問題中，對於一個等式條件限制的加入，可以利用知名的拉搖朗日乘數法 (method of Lagrange multipliers) 加以處理。其步驟是把條件限制表示成 $\alpha(\|\mathbf{g}-\mathbf{H}\hat{\mathbf{f}}\|^2 - \|\mathbf{n}\|^2)$ 的形式，然後把它加到函數 $\|\mathbf{Q}\hat{\mathbf{f}}\|^2$ 上。換言之，我們尋找一個 $\hat{\mathbf{f}}$，使得準則函數

$$J(\hat{\mathbf{f}}) = \|\mathbf{Q}\hat{\mathbf{f}}\|^2 + \alpha\left(\|\mathbf{g}-\mathbf{H}\hat{\mathbf{f}}\|^2 - \|\mathbf{n}\|^2\right) \tag{6-3-8}$$

為最小。式中 α 是一個常數，稱為拉搖朗日乘數。一旦加上條件限制之後，最小化問題就可以用通常的方法來求解。

將(6-3-8)式對 $\hat{\mathbf{f}}$ 微分並令其結果等於零向量，得出

$$\frac{\partial J(\hat{\mathbf{f}})}{\partial \hat{\mathbf{f}}} = \mathbf{0} = 2\mathbf{Q}^T\mathbf{Q}\hat{\mathbf{f}} - 2\alpha\mathbf{H}^T(\mathbf{g}-\mathbf{H}\hat{\mathbf{f}}) \tag{6-3-9}$$

對(6-3-9)式求解 $\hat{\mathbf{f}}$，即得

$$\hat{\mathbf{f}} = (\mathbf{H}^T\mathbf{H} + \gamma\mathbf{Q}^T\mathbf{Q})^{-1}\mathbf{H}^T\mathbf{g} \tag{6-3-10}$$

其中 $\gamma = \dfrac{1}{\alpha}$。這個等式必須調整到滿足本問題的條件限制。

6-4　反濾波法

我們用(6-3-7)式的無條件限制結果開始推導影像復原技術。利用(6-2-7)式將(6-3-7)式改寫成

$$\hat{\mathbf{f}} = \mathbf{H}^{-1}\mathbf{g} = (\mathbf{WDW}^{-1})^{-1}\mathbf{g} = \mathbf{WD}^{-1}\mathbf{W}^{-1}\mathbf{g} \tag{6-4-1}$$

式中 $\mathbf{W}$ 為 $\mathbf{H}$ 的特徵向量所構成的矩陣，$\mathbf{D}$ 為 $\mathbf{H}$ 的特徵值所構成的對角矩陣。

將(6-4-1)式的兩邊乘以 $\mathbf{W}^{-1}$，得到

$$\mathbf{W}^{-1}\hat{\mathbf{f}} = \mathbf{D}^{-1}\mathbf{W}^{-1}\mathbf{g} \tag{6-4-2}$$

利用 6-2 節的結果，我們將組成(6-4-2)式的元素寫成下面形式：

$$\widehat{F}(k,l) = \frac{G(k,l)}{H(k,l)} \tag{6-4-3}$$

其中 $k = 0, 1, 2, \cdots, M-1$，$l = 0, 1, 2, \cdots, N-1$。

(6-4-3)式所表示的影像復原法通常稱為反濾波器(inverse filter)法。這個術語的由來是把 $H(k, l)$ 看做一個「濾波器」函數，它乘上 $\widehat{F}(k,l)$ 便會產生退化影像 $g(m, n)$ 的傅立葉轉換。在(6-4-3)式中，$G(k, l)$ 除以 $H(k, l)$ 形成了反濾波作用。當然，復原影像是利用下面的關係式得到的：

$$\widehat{f}(m,n) = \Im^{-1}[\widehat{F}(k,l)] = \Im^{-1}\left[\frac{G(k,l)}{H(k,l)}\right] \tag{6-4-4}$$

其中 $m = 0, 1, 2, \cdots, M-1$，$n = 0, 1, 2, \cdots, N-1$。(6-4-4)式可用 FFT 演算法來實現。

值得注意的是在(6-4-4)式中，如果 $H(k, l)$ 在 kl 平面上的任意區域內為零或變得非常小，那麼在復原過程中就會遇到計算上的困難。如果 $H(k, l)$ 的零點位於 kl 平面的少數幾個點上，則在計算 $\widehat{F}(k,l)$ 時一般可以忽略而對復原結果不會有明顯的影響。

6-5　最小平方濾波器

在最小平方濾波器影像復原法的推導過程中，我們首先定義 $\mathbf{R_f}$ 為 $\mathbf{f}$ 的相關矩陣(correlation matrix)，亦即

$$\mathbf{R_f} = E\{\mathbf{ff}^T\} \tag{6-5-1}$$

式中 E 表示代數期望值運算。$\mathbf{R_f}$ 的第 i 列與第 j 行的元素用 $E\{\mathbf{f}_i\mathbf{f}_j\}$ 表示，它是 $\mathbf{f}$ 的第 i 個和第 j 個元素之間的關係。因為 $\mathbf{f}$ 的元素為實數，所以

$$r_{ij} = E\{\mathbf{f}_i\mathbf{f}_j\} = E\{\mathbf{f}_j\mathbf{f}_i\} = r_{ji} \tag{6-5-2}$$

假設任意兩像素的相關性只與像素間的距離有關，而與它們所在的位置無關，則 $\mathbf{R_f}$ 可用方塊循環矩陣 $\mathbf{R}$ 來表示：

$$\mathbf{R} = \begin{bmatrix} \mathbf{R}_0 & \mathbf{R}_{M-1} & \cdots & \mathbf{R}_1 \\ \mathbf{R}_1 & \mathbf{R}_0 & \cdots & \mathbf{R}_2 \\ \mathbf{R}_2 & \mathbf{R}_1 & \cdots & \mathbf{R}_3 \\ \vdots & \vdots & & \vdots \\ \mathbf{R}_{M-1} & \mathbf{R}_{M-2} & \cdots & \mathbf{R}_0 \end{bmatrix} \tag{6-5-3}$$

其中

$$\mathbf{R}_i = \begin{bmatrix} r_{i,0} & r_{i,N-1} & \cdots & r_{i,1} \\ r_{i,1} & r_{i,0} & \cdots & r_{i,2} \\ r_{i,2} & r_{i,1} & \cdots & r_{i,3} \\ \vdots & \vdots & & \vdots \\ r_{i,N-1} & r_{i,N-2} & \cdots & r_{i,0} \end{bmatrix} \tag{6-5-4}$$

其中 $i = 0, 1, 2, \cdots, M - 1$。因而由 6-2 節對循環矩陣或方塊循環矩陣的討論可知，我們可利用 $\mathbf{R}$ 的特徵向量組成一個 $\mathbf{W}$ 矩陣對它們進行對角化，其中 $\mathbf{W}$ 的元素基本上是離散傅立葉轉換的轉換基底：

$$\mathbf{W} = \mathbf{W}_M \otimes \mathbf{W}_N = \left\{ W_M(i,m) \right\} \otimes \left\{ W_N(n,k) \right\} = \left\{ e^{-j\frac{2\pi}{M}im} \right\} \otimes \left\{ e^{-j\frac{2\pi}{N}nk} \right\} \tag{6-5-5}$$

式中 $\otimes$ 代表附錄 A 中介紹過的 Kronecker 乘積，且 $i, m = 0, 1, 2, \cdots, M - 1$，$n, k = 0, 1, 2, \cdots, N - 1$。於是方塊循環矩陣 $\mathbf{R_f}$ 可表示成 $\mathbf{R_f} = \mathbf{WAW}^{-1}$，其中對角矩陣 $\mathbf{A}$ 中的元素為相關矩陣 $\mathbf{R_f}$ 中諸元素的傅立葉轉換。接著，我們定義 $\mathbf{R_n}$ 為 $\mathbf{n}$ 的相關矩陣，亦即

$$\mathbf{R_n} = E\{\mathbf{nn}^T\} \tag{6-5-6}$$

則同理可得 $\mathbf{R_n} = \mathbf{WBW}^{-1}$，其中對角矩陣 $\mathbf{B}$ 的元素為相關矩陣 $\mathbf{R_n}$ 中諸元素的傅立葉轉換。

我們用 $S_f(k,l)$ 和 $S_\eta(k,l)$ 表示 $\mathbf{A}$ 和 $\mathbf{B}$ 矩陣中各元素。因為 $\mathbf{R_f}$ 和 $\mathbf{R_n}$ 中的各元素分別是 $\mathbf{f}$ 和 $\mathbf{n}$ 各元素之間的相關函數，且我們知道相關函數的傅立葉轉換為功率頻譜密度函數，因此 $S_f(k,l)$ 和 $S_\eta(k,l)$ 分別為 $f(m, n)$ 和 $\eta(m, n)$ 的功率頻譜密度函數。

我們選擇線性運算子 $\mathbf{Q}$ 滿足以下關係：

$$\mathbf{Q}^T\mathbf{Q} = \mathbf{R_f}^{-1}\mathbf{R_n} \tag{6-5-7}$$

代入(6-3-10)式得

$$\widehat{f} = (\mathbf{H}^T\mathbf{H} + \gamma \mathbf{R_f}^{-1}\mathbf{R_n})^{-1}\mathbf{H}^T\mathbf{g} \tag{6-5-8}$$

利用(6-2-7)式及 $\mathbf{R_f} = \mathbf{WAW}^{-1}$ 及 $\mathbf{R_n} = \mathbf{WBW}^{-1}$ 的結果可得

$$\widehat{\mathbf{f}} = (\mathbf{WD}^*\mathbf{DW}^{-1} + \gamma\mathbf{WA}^{-1}\mathbf{BW}^{-1})^{-1}\mathbf{WD}^*\mathbf{W}^{-1}\mathbf{g} \tag{6-5-9}$$

兩邊共乘 $\mathbf{W}^{-1}$，化簡後可得：

$$\mathbf{W}^{-1}\widehat{\mathbf{f}} = (\mathbf{D}^*\mathbf{D} + \gamma\mathbf{A}^{-1}\mathbf{B})^{-1}\mathbf{D}^*\mathbf{W}^{-1}\mathbf{g} \tag{6-5-10}$$

可以看出上式中，括號內的矩陣是對角矩陣。利用 6-2 節所發展出的觀念可將(6-5-10)式中各矩陣的元素寫成下列形式：

$$\widehat{F}(k,l) = \left[\frac{H^*(k,l)}{|H(k,l)|^2 + \gamma[S_\eta(k,l)/S_f(k,l)]}\right]G(k,l) \tag{6-5-11}$$

式中 $k = 0, 1, 2, \cdots, M-1$，$l = 0, 1, 2, \cdots, N-1$，$\gamma = \dfrac{1}{\alpha}$。

由(6-5-11)式可推演出幾個特別情況：

(1) 當 $\gamma = 1$ 時，式中較大括號內的項即為 Wiener 濾波器。若 γ 為可變則稱為參數 **Wiener 濾波器**(parametric Wiener filter)。

(2) 當無雜訊存在，即 $S_\eta(k,l) = 0$ 時，則(6-5-11)式變成

$$\widehat{F}(k,l) = \left[\frac{1}{H(k,l)}\right]G(k,l) \tag{6-5-12}$$

這就是 6-4 節所推導出的反濾波器。當完全沒雜訊時，反濾波器法在最小平方準則下有最佳解，但真實世界大多存在一定程度的雜訊，所以反濾波法比較適用於雜訊非常小的情況才會有較佳的表現。

(3) 當 $S_\eta(k,l)$ 和 $S_f(k,l)$ 為未知時(這是實際上常碰到的狀況)，我們假設這兩者之間有一個不隨 kl 位置改變的固定比值，則(6-5-11)式可表示為：

$$\widehat{F}(k,l) \approx \left[\frac{1}{H(k,l)}\frac{|H(k,l)|^2}{|H(k,l)|^2 + K}\right]G(k,l) \tag{6-5-13}$$

式中 K 是雜訊對影像訊號的頻譜密度之比，它近似爲一常數。比起反濾波法完全不考慮雜訊因子，這個頻譜密度常數比值法有列入雜訊因子，因此在有一定程度的雜訊下，它的表現通常優於反濾波器法。然而此方法雖可以使退化影像得到一定程度的復原，但未必是最佳復原，主要是忽略了雜訊在不同空間頻率(spatial frequency)處對影像污染的程度通常不會完全相同的事實。

圖 6-5-1 顯示一個影像復原的例子，其中圖(a)是受汙染影像，此影像就是圖 6-1-2(d)，它的汙染源是一個用 $d = 6$ (即濾波器長度爲 13)且與水平線呈現 45 度角的運動模糊以及一個是零平均且變異數爲 0.05 的高斯雜訊；圖(b)是用反濾波方法[(6-5-12)式]的復原結果；圖(c)是用雜訊與影像訊號頻譜密度的比值爲常數 K 之方法[(6-5-13)式]的復原結果，在本例中 K 取兩者平均功率的比值；圖(d)是用 Wiener 濾波器[(6-5-11)式($\gamma = 1$)]的復原結果。從此例可看出，反濾波法移除了運動模糊，使一些原本看不清楚的文字變得較爲清楚，但因完全不考慮雜訊因素，因此殘留不少雜訊。用固定頻譜密度比值的方法大幅改善了用反濾波法所殘留雜訊的問題，但仍比不上用 Wiener 濾波器[(6-5-11)式]的結果。與原本清晰乾淨的影像[圖 6-1-2(a)]相比，(b)(c)(d)子圖中之影像的均方根誤差(root mean square error, RMSE)分別約爲 32.4、8.5 以及 4.2。雖然選擇 $\gamma = 1$ 的 Wiener 濾波器在此例中的表現非常優異，但它仍非理論上的最佳解，因爲理論上，必須選取(調整)(6-3-10)式中的 γ 使得 $\hat{\mathbf{f}}$ 滿足 $\|\mathbf{n}\|^2 = \|\mathbf{g} - \mathbf{H}\hat{\mathbf{f}}\|^2$ 這個限制性條件，才是最佳解。下一節會探討 γ 調整的課題。

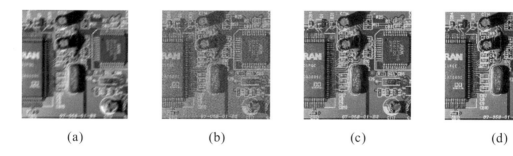

(a)　　　　　　　　(b)　　　　　　　　(c)　　　　　　　　(d)

圖 6-5-1　受汙染影像還原的例子。(a)受汙染影像；(b)用反濾波方法[(6-5-12)式]的復原結果；(c)用雜訊與影像訊號頻譜密度之比值為常數之方法[(6-5-13)式]的復原結果；(d)用 Wiener 濾波器[(6-5-11)式($\gamma = 1$)]的復原結果。

6-6 限制性最小平方復原

在上一節所列的最小平方法是一統計方法，因為其最佳化的準則是以影像和雜訊函數的相關矩陣為基礎。也就是說，用 Wiener 濾波器得到的結果在平均意義上是最佳的。但此處所探討的方法對每一幅所給的影像都是最佳的，並且只需要知道雜訊的平均值和變異數。本節的第一小節會推導影像復原方法，第二小節則說明雜訊量測與如何利用雜訊量測結果調整參數 γ 以滿足最佳化的條件限制。

▌ 6-6-1 復原方法的推導

要對每一幅影像找到對應的最佳方法，顯然就必須以該影像的某些特徵(特性)為處理基準，例如影像復原時我們要維持一個影像的平滑度，抑制過大的像素值變化。以下即以此觀點發展復原方法。為了方便討論，我們先考慮一維情況：對於一個離散函數 $f(m)$, $m = 0, 1, 2, \cdots$，在點 m 上的二階導數可以近似地表示成如下形式：

$$\frac{\partial^2 f(m)}{\partial m^2} \approx f(m+1) - 2f(m) + f(m-1) \tag{6-6-1}$$

故以該式為基礎的準則是使 $\left(\dfrac{\partial^2 f}{\partial m^2}\right)^2$ 在 m 上最小，亦即

$$\text{minimize}\left\{\sum_m [f(m+1) - 2f(m) + f(m-1)]^2\right\} \tag{6-6-2}$$

或者用矩陣符號表示為

$$\text{minimize}\left\{\mathbf{f}^T \mathbf{C}^T \mathbf{C} \mathbf{f}\right\} \tag{6-6-3}$$

其中

$$\mathbf{C} = \begin{bmatrix} 1 & & & & & & & \\ -2 & 1 & & & & & & \\ 1 & -2 & 1 & & & & & \\ & 1 & -2 & 1 & & & & \\ & & & \ddots & & & & \\ & & & & 1 & -2 & 1 & \\ & & & & & 1 & -2 & \\ & & & & & & 1 & \end{bmatrix} \qquad (6\text{-}6\text{-}4)$$

是一「平滑」矩陣，$\mathbf{f}$ 是 $f(m)$ 的取樣值所形成的一個向量。

在二維狀況下，我們考慮(6-6-1)式的直接推廣。在此情況下，準則為：

$$\text{minimize} \left[\frac{\partial^2 f(m,n)}{\partial m^2} + \frac{\partial^2 f(m,n)}{\partial n^2} \right]^2 \qquad (6\text{-}6\text{-}5)$$

其中導函數是用下式來近似：

$$\begin{aligned} \frac{\partial^2 f}{\partial m^2} + \frac{\partial^2 f}{\partial n^2} &\approx [2f(m,n) - f(m+1,n) - f(m-1,n)] \\ &\quad + [2f(m,n) - f(m,n+1) - f(m,n-1)] \\ &\approx 4f(m,n) - [f(m+1,n) + f(m-1,n) \\ &\quad + f(m,n+1) + f(m,n-1)] \end{aligned} \qquad (6\text{-}6\text{-}6)$$

上式可以直接用計算機來實現。但是，利用 $f(m, n)$ 和下面的運算子 $p(m, n)$ 的卷積亦可以完成同樣的運算：

$$p(m,n) = \begin{bmatrix} 0 & -1 & 0 \\ -1 & 4 & -1 \\ 0 & -1 & 0 \end{bmatrix} \qquad (6\text{-}6\text{-}7)$$

此處使用擴增的 $f'(m,n)$ 和 $p'(m,n)$ 可以避免離散卷積過程中的重疊誤差。我們以如下的方式構成 $p'(m,n)$：

$$p'(m,n) = \begin{cases} p(m,n), & 0 \le m \le 2 \text{ 且 } 0 \le n \le 2 \\ 0, & 3 \le m \le M-1 \text{ 或 } 3 \le n \le N-1 \end{cases} \qquad (6\text{-}6\text{-}8)$$

如果 $f(m, n)$ 的大小為 $A \times B$，則我們選擇 $M \geq A+3-1$ 和 $N \geq B+3-1$，因為 $p'(m,n)$ 的大小為 3×3。

於是擴增函數的乘積為

$$g'(m,n) = \sum_{x=0}^{M-1} \sum_{y=0}^{N-1} f'(x,y) p'(m-x,n-y) \tag{6-6-9}$$

我們在此將平滑準則表示為矩陣形式。首先我們建構一個如下形式的方塊循環矩陣：

$$\mathbf{C} = \begin{bmatrix} \mathbf{C}_0 & \mathbf{C}_{M-1} & \mathbf{C}_{M-2} & \cdots & \mathbf{C}_1 \\ \mathbf{C}_1 & \mathbf{C}_0 & \mathbf{C}_{M-1} & \cdots & \mathbf{C}_2 \\ \vdots & \vdots & \vdots & & \vdots \\ \mathbf{C}_{M-1} & \mathbf{C}_2 & \mathbf{C}_1 & \cdots & \mathbf{C}_0 \end{bmatrix} \tag{6-6-10}$$

式中每個子矩陣 $\mathbf{C}_j$ 是一個 $N \times N$ 循環矩陣($j = 0, 1, 2, \cdots, M-1$)，它是由 $p'(m,n)$ 的第 j 列所構成的。即

$$\mathbf{C}_j = \begin{bmatrix} p'(j,0) & p'(j,N-1) & \cdots & p'(j,1) \\ p'(j,1) & p'(j,0) & \cdots & p'(j,2) \\ \vdots & \vdots & & \vdots \\ p'(j,N-1) & p'(j,N-2) & \cdots & p'(j,0) \end{bmatrix} \tag{6-6-11}$$

因為 $\mathbf{C}$ 為方塊循環矩陣，故可用 6-2 節中所定義的矩陣 $\mathbf{W}$ 進行對角化。亦即，

$$\mathbf{E} = \mathbf{W}^{-1}\mathbf{C}\mathbf{W} \tag{6-6-12}$$

式中 $\mathbf{E}$ 是一個對角矩陣，它的元素為

$$E(k,i) = \begin{cases} P\left(\left[\dfrac{k}{N}\right], k \bmod N\right), & \text{若 } i = k \\ 0, & \text{若 } i \neq k \end{cases} \tag{6-6-13}$$

其中 $P(k,l)$ 是 $p'(m,n)$ 的二維傅立葉轉換乘以因子 MN。

上述卷積運算與實現(6-6-6)式是等效的，所以(6-6-6)式的平滑準則取和(6-6-3)式相同的形式：

$$\text{minimize}\left\{ \mathbf{f}^T \mathbf{C}^T \mathbf{C} \mathbf{f} \right\} \tag{6-6-14}$$

式中 $\mathbf{f}$ 是一個 MN 維的行向量，$\mathbf{C}$ 的大小為 $MN \times MN$。若令 $\mathbf{Q} = \mathbf{C}$，並利用 $\|\mathbf{Qf}\|^2 = (\mathbf{Qf})^T(\mathbf{Qf}) = \mathbf{f}^T\mathbf{Q}^T\mathbf{Qf}$，則這個準則可以表示為：

$$\text{minimize} \|\mathbf{Qf}\|^2 \tag{6-6-15}$$

事實上，如果我們要求滿足限制條件 $\|\mathbf{g} - \mathbf{Hf}\|^2 = \|\mathbf{n}\|^2$，則(6-3-10)式在 $\mathbf{Q} = \mathbf{C}$ 時得出最佳解：

$$\widehat{\mathbf{f}} = (\mathbf{H}^T\mathbf{H} + \gamma\mathbf{C}^T\mathbf{C})^{-1}\mathbf{H}^T\mathbf{g} \tag{6-6-16}$$

利用與前一節所述的相同方法，上式成為：

$$\widehat{\mathbf{f}} = (\mathbf{WD}^*\mathbf{DW}^{-1} + \gamma\mathbf{WE}^*\mathbf{EW}^{-1})^{-1}\mathbf{WD}^*\mathbf{W}^{-1}\mathbf{g} \tag{6-6-17}$$

兩邊都乘以 $\mathbf{W}^{-1}$ 並進行一些矩陣轉換，上式簡化為

$$\mathbf{W}^{-1}\widehat{\mathbf{f}} = (\mathbf{D}^*\mathbf{D} + \gamma\mathbf{E}^*\mathbf{E})^{-1}\mathbf{D}^*\mathbf{W}^{-1}\mathbf{g} \tag{6-6-18}$$

利用 6-2 節所發展出的觀念($\mathbf{W}^{-1}$ 是取傅立葉轉換的運算子)可將(6-6-18)式中各矩陣的元素寫成下列形式：

$$\widehat{F}(k,l) = \left[\frac{H^*(k,l)}{|H(k,l)|^2 + \gamma|P(k,l)|^2}\right]G(k,l) \tag{6-6-19}$$

其中 $k, l = 0, 1, 2, \cdots, N-1$，$|H(k,l)|^2 = H(k,l)^*H(k,l)$，並且已假設 $M = N$。這個影像復原方法的特性是在保持影像平滑度的要求下[反映在 $P(k, l)$ 中]，使經估測的還原影像與真實影像間有最小的均方誤差。注意到(6-6-19)式與 6-5 節討論的參數 Wiener 濾波器類似。(6-5-11)式與(6-6-19)式之間最主要的區別是後者只要估計雜訊的平均值和變異數而不要求確切知道其他統計參數，但前者就需要確切知道像是雜訊與影像的功率頻譜密度這種統計量。

6-6-2　雜訊量測與最佳化參數的估算

(6-3-10)式所列的通用公式要求調整 γ 使得限制條件 $\|\mathbf{g} - \mathbf{Hf}\|^2 = \|\mathbf{n}\|^2$ 得以滿足，同理(6-6-19)式所給的解也只有當 γ 滿足這一條件時才是最佳的。要估算此一參數，有一個可用的疊代程序如下所述。

首先定義殘餘向量 **r** 為

$$\mathbf{r} = \mathbf{g} - \mathbf{H}\widehat{\mathbf{f}} \tag{6-6-20}$$

用(6-6-16)式代替 $\widehat{\mathbf{f}}$，得到

$$\mathbf{r} = \mathbf{g} - \mathbf{H}(\mathbf{H}^T\mathbf{H} + \gamma\mathbf{C}^T\mathbf{C})^{-1}\mathbf{H}^T\mathbf{g} \tag{6-6-21}$$

(6-6-21)式指出，**r** 是 γ 的一個函數，可以證明

$$\phi(\gamma) = \mathbf{r}^T\mathbf{r} = \|\mathbf{r}\|^2 \tag{6-6-22}$$

是 γ 的一個單調遞增函數。我們調整 γ 使得

$$\|\mathbf{r}\| = \|\mathbf{n}\|^2 \pm \varepsilon \tag{6-6-23}$$

其中 ε 是一個準確度因子。可以很清楚地看出，如果 $\|\mathbf{r}\|^2 = \|\mathbf{n}\|^2$，則從(6-6-20)式來看，將完全得到滿足限制條件 $\|\mathbf{g} - \mathbf{H}\widehat{\mathbf{f}}\|^2 = \|\mathbf{n}\|^2$。

因為 $\phi(\gamma)$ 是單調的，找到一個滿足(6-6-23)式的 γ 並不困難。一個簡單的方法是：

(1) 指定 γ 的一個起始值；

(2) 計算 $\widehat{\mathbf{f}}$ 和 $\|\mathbf{r}\|^2$；

(3) 如果(6-6-23)式滿足則停止；否則，如果 $\|\mathbf{r}\|^2 < \|\mathbf{n}\|^2 - \varepsilon$，則在增加 γ 之後返回(2)，如果 $\|\mathbf{r}\|^2 > \|\mathbf{n}\|^2 + \varepsilon$，則在降低 γ 之後返回(2)。

其他方法，如 Newton-Raphson 演算法，可以用來改善收斂速度。

上述概念的實現必須對 $\|\mathbf{n}\|^2$ 有些瞭解。由於補零擴增對信號功率無影響，因此對 $\|\mathbf{n}\|^2$ 的估算只要考慮原始雜訊 $\eta(m,n)$，而不需要考慮擴增後的 $\eta'(m,n)$。η 的變異數為

$$\sigma_\eta^2 = E[(\eta - \mu_\eta)^2] = E[\eta^2] - \mu_\eta^2 \tag{6-6-24}$$

其中 μ_η 是 η 的期望值。如果用取樣平均來估測 $\eta^2(m,n)$ 的期望值，則(6-6-24)式變為

$$\sigma_\eta^2 = \frac{1}{(M_1-1)(N_1-1)}\sum_m\sum_n \eta^2(m,n) - \overline{\eta}^2 \tag{6-6-25}$$

其中

$$\overline{\eta} = \frac{1}{(M_1 - 1)(N_1 - 1)} \sum_m \sum_n \eta(m, n) \qquad (6\text{-}6\text{-}26)$$

是 η 的平均值。把陣列 $\{\eta'(m, n)\}$ 中所有的 $m = 0, 1, 2, \cdots, M-1$ 和 $n = 0, 1, 2, \cdots, N-1$ 的每一項進行平方相加,這種運算就是簡單的 $\mathbf{n}^T\mathbf{n}$ 乘積,根據定義它等於 $\|\mathbf{n}\|^2$。同理,把陣列 $\{\eta(m, n)\}$ 中所有的 $m = 0, 1, 2, \cdots, M_1 - 1$ 和 $n = 0, 1, 2, \cdots, N_1 - 1$ 的每一項進行平方相加就是 $\|\mathbf{n}\|^2$。所以(6-6-25)式化簡為

$$\sigma_\eta^2 = \frac{\|\mathbf{n}\|^2}{(M_1 - 1)(N_1 - 1)} - \overline{\eta}^2 \qquad (6\text{-}6\text{-}27)$$

$$\|\mathbf{n}\|^2 = (M_1 - 1)(N_1 - 1)(\sigma_\eta^2 + \overline{\eta}^2) \qquad (6\text{-}6\text{-}28)$$

此式顯示我們能利用雜訊平均值和變異數來確定限制值,而如果這些量是未知的,我們也可以實際估測出來。

　　限制最小平方復原法可以總結如下:

步驟 ① 選擇 γ 的一個初始值,並利用(6-6-28)式得到 $\|\mathbf{n}\|^2$ 的一個估計。

步驟 ② 利用(6-6-19)式計算 $\widehat{F}(k, l)$。取 $\widehat{F}(k, l)$ 的反傅立葉轉換得到 $\widehat{\mathbf{f}}$。

步驟 ③ 根據(6-6-20)式形成殘餘向量 $\mathbf{r}$,並計算 $\phi(\gamma) = \|\mathbf{r}\|^2$。

步驟 ④ 增加或減少 γ。

　　(a) $\phi(\gamma) < \|\mathbf{n}\|^2 - \varepsilon$,根據上面給出的演算法或其他近似方法(Newton-Raphson 法)增加 γ。

　　(b) $\phi(\gamma) > \|\mathbf{n}\|^2 + \varepsilon$,根據一個適當演算法減小 γ。

步驟 ⑤ 返回步驟 2 並按順序繼續下去,一直到步驟 6 為真。

步驟 ⑥ $\phi(\gamma) = \|\mathbf{n}\|^2 \pm \varepsilon$,這裡 ε 決定限制條件滿足的精確度。停止估測程序。對這時的 γ 求得的 $\widehat{\mathbf{f}}$ 便是復原影像。

　　形成圖 6-5-1(a)的汙染源中包括一個是零平均且變異數為 0.05 的高斯雜訊。因此雜訊平均值表示式[(6-6-26)式]的總和項中非補零的原始雜訊[即 η (m, n)]的總和在理論上為零或實務上很接近零，其他填補零的矩陣元素本身就是零，不改變總和項為零的結果，因此 $\bar{\eta} = 0$，將此結果帶入(6-6-28)式可將 $\|\mathbf{n}\|^2 = (M_1 - 1)(N_1 - 1)(\sigma_\eta^2 + \bar{\eta}^2)$ 簡化成 $\|\mathbf{n}\|^2 = (M_1 - 1)(N_1 - 1)\sigma_\eta^2$。所以一個雜訊功率的起始估測值可簡單設定為 $P_n = (480 \times 480)(0.05)$，其中 480×480 為原始影像大小，0.05 是高斯雜訊的變異數。圖 6-6-1 顯示輸入不同的雜訊功率初始估測值 P_n 時影像復原的例子，其中(a)是受汙染影像，此影像就是圖 6-1-2(d)或圖 6-5-1(a)；圖 6-6-1(b)(c)(d)分別是用 $P_n = (480 \times 480)(0.5)$、$P_n = (480 \times 480)(0.05)$和 $P_n = (480 \times 480)(0.005)$當雜訊功率初始值以遞迴估測求參數 γ 後的影像復原結果，各影像的 RMSE 約為 14.7、8.7 和 6.6。由此例可看出，最好的結果是圖 6-6-1(d)，就 RMSE 而言，此結果雖仍比圖 6-5-1(b)和(c)的結果好，但比圖 6-5-1(d)的結果略差。然而，要注意的是圖 6-5-1(d)的結果是對雜訊和影像的功率密度完全了解下才有的結果，如果沒有這些資訊，則兩種濾波方法可獲得的結果常常是在伯仲之間。

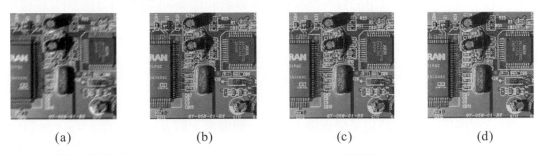

(a)　　　　　　　　(b)　　　　　　　　(c)　　　　　　　　(d)

圖 6-6-1　受汙染影像還原的例子。(a)受汙染影像；(b)(c)(d)分別是用 $P_n = (480 \times 480)(0.5)$、$P_n = (480 \times 480)(0.05)$和 $P_n = (480 \times 480)(0.005)$當雜訊功率初始值以遞迴估測求參數 γ 後的影像復原結果。

6-7　使用 Lucy-Richardson 算法的迭代非線性影像還原技術

　　先前討論的影像復原方法都是線性的，本節則介紹一個經典的非線性方法。Lucy-Richardson 算法(以下簡稱 LR 算法)是一種常用於影像復原的迭代算法(Richardson [1972])(Khetkeeree [2020])，特別適用於反卷積問題。它是一種非線性算法，藉由迭代更新對原始影像的估測直到獲得令人滿意的復原為止。該算法從對退化影像的估測開始，接著使用已知的退化函數來預測觀察到的影像應該是什麼樣子，然後將該預測影像與實際觀察到的影像進行比較，並更新對原始影像的估測值以使兩幅影像之間的差異最小化。迭代過程中不斷更新對原始影像的估測，直到滿足收斂條件，例如最大迭代次數或估測結果的最小變化。

LR 算法中使用的迭代方程式可以從最大可能性估測(maximum likelihood estimation)的架構中推導出。最大可能性估測是一種常用的統計推斷方法，用於從一組觀察數據中找到最可能產生這些數據的模型參數值。在這種情況下，設觀察到(退化)的影像為 g，可表示為

$$g = f * h + n \tag{6-7-1}$$

其中 f 為原始影像為，卷積核 h 代表退化函數，$*$ 表示卷積運算，n 為遵循瓦松分佈(Poisson distribution)的雜訊。目標是找到原始影像 f 的估測值，使觀察到退化影像 g 的可能性最大化。可能性函數(likelihood function)可以寫成：

$$L(f) = p(g \mid f) \tag{6-7-2}$$

其中 $p(g \mid f)$ 是給定 f 時，觀察到 g 的機率質量函數。由於 n 是瓦松隨機雜訊，因此 $p(g \mid f)$ 是一個瓦松分佈且此分佈適用於每一個視為隨機變數的像素。回顧(6-1-7)式的瓦松機率質量函數：

$$P_X(x) = \frac{\mu^x}{x!} e^{-\mu}, \quad x = 0, 1, \cdots \tag{6-7-3}$$

其中 μ 是 X 的期望值，同時也是變異數。對每一個像素，取 $\mu = f * h$ 且 $x = g$，我們會有

$$p(g_i \mid f_i) = (f * h)_i^{g_i} \exp[-(f * h)_i] / g_i! \tag{6-7-4}$$

其中 g_i 是在像素 i 處觀察到的退化影像的強度(整數)，$(f * h)_i$ 是原始影像和退化函數之間的卷積在像素 i 處的結果。因此，將一個影像的所有像素視為獨立的隨機變數，我們可以將整張影像的可能性函數表示為：

$$L(f) = \prod_i p(g_i \mid f_i) = \prod_i (f * h)_i^{g_i} \exp[-(f * h)_i] / g_i! \tag{6-7-5}$$

對於最大可能性估測，我們需要找到使 $L(f)$ 最大的 f 值，亦即

$$\hat{f} = \operatorname{argmax} L(f) \tag{6-7-6}$$

由於 $L(f)$ 是一個連乘積，可以使用對數函數將乘積轉成求總和，也可加上負號，使得找最大值的問題變成找最小值的問題。因此我們將對 $L(f)$ 求最大化的問題轉成對 $E(f)$ 求最小化的問題如下：

$$E(f) = -\log L(f) = -\sum_i \{g_i \log[(f*h)_i] - (f*h)_i - \log(g_i!)\} \tag{6-7-7}$$

其中 log 是取自然對數。我們可以使用這個目標函數來進行迭代優化，其中 $\log(g_i!)$ 這一項與 f 無關，所以在求極值過程中可以被忽略。LR 算法是一種基於迭代重投影的方法，其中每次迭代藉由將當前估計的影像進行卷積來估算觀測到的影像，然後根據觀測到的影像和原始影像之間的差異來更新估測的影像。藉由對 $E(f)$ 的微分，並令其結果等於 0，我們可以得到最大可能性估測的解。經過推導(細節已超出本書範圍，可參考例如維基百科)，我們可以得到 LR 算法中的更新公式，即：

$$\hat{f}(k) = \hat{f}(k-1) \circ \{h^T * g / [h * \hat{f}(k-1)]\} \tag{6-7-8}$$

其中 $\hat{f}(k)$ 和 $\hat{f}(k-1)$ 分別表示在第 k 次和第$(k-1)$次迭代時估測出的原始影像，「。」表示逐元素相乘，「/」代表逐元素相除，「*」代表卷積運算，h^T 是卷積核 h 的轉置。可以使用以下步驟迭代地完成 $E(f)$的最小化：

步驟 ① 給定原始影像估測的初始值，表示為 $\hat{f}(0)$。

步驟 ② 對於每次的迭代(設為第 k 次)，藉由將 $\hat{f}(k-1)$ 與內核 h 進行卷積來估算預測的影像：
$$\hat{g}(k) = h * \hat{f}(k-1)$$

步驟 ③ 計算預測影像和觀察影像之間的相對差異：
$$\rho(k) = g / \hat{g}(k)$$

步驟 ④ 使用以下等式更新原始影像的估測值：
$$\hat{f}(k) = \hat{f}(k-1) \circ [h^T * \rho(k)]$$

這些迭代方程用於在 LR 算法的每次迭代中更新原始影像的估測值。當滿足收斂標準時算法停止，例如達到最大迭代次數或估測的最小變化。

註 為什麼要用瓦松雜訊的假設呢？從影像感測器的原理我們知道，一個像素的像素值通常正比於在該像素位置上接收到光子的數量，所以瓦松雜訊假設經常用於影像復原問題，因為它是許多類型影像擷取過程的自然模型，例如數位成像中的光子計數或醫學成像中的放射性檢測。在影像復原問題中也經常遇到其他雜訊模型，例如高斯雜訊或脈衝雜訊(impulse noise)。不過，瓦松雜訊模型在其統計特性和數學易處理性方面具有一些優勢。例如，瓦松雜訊模型更適用於光子計數低且雜訊以散粒雜訊(shot noise)為主的低光成像條件。高斯雜訊通常用作加性雜訊的模型。不過，高斯雜訊不適用於光子計數成像。脈衝雜訊表示影像強度中的隨機尖峰(random spikes)，對於迭代影像復原算法(例如 LR 算法)也可能會有問題，因為它可能會導致更新方程式不穩定。

　　圖 6-7-1 顯示 RL 算法復原影像的例子。這裡用 11 × 11 的高斯卷積核當 PSF，其中標準差設定為 20，另外加入零平均且變異數為 0.0001 的高斯雜訊。圖 6-7-1(a)為降質影像，(b)、(c)和(d)分別為用 5、15 和 100 次迭代復原的結果，RMSE 從降質影像的 44.9 分別下降到 40、30.5.5 和 23.0。從視覺感受上可以發現迭代越多次，復原影像越好。圖 6-7-2 顯示 RMSE 隨迭代次數增加而下降的曲線，圖中證實此現象。此外，隨著迭代次數繼續增加，RMSE 不會一直下降，而是會趨近於一個飽和的常數，在此例中約為 23。

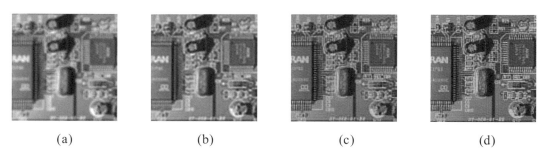

(a) (b) (c) (d)

圖 6-7-1　用 RL 算法復原影像的例子。(a)降質影像；(b)迭代 5 次；(c)迭代 15 次；(d)迭代 100 次。

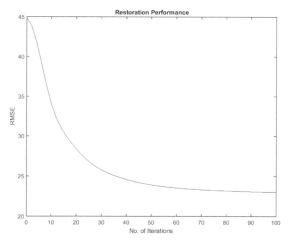

圖 6-7-2　RL 算法使復原影像之 RMSE 隨迭代次數增加而下降的曲線

6-8　盲目影像還原技術

6-8-1　簡介

　　假設一個受污染的影像 $g(m, n)$ 可用原始影像 $f(m, n)$ 與**點擴散函式**(point-spread function, PSF) $h(m, n)$ 之卷積表示如下：

$$g(m,n) = f(m,n) * h(m,n) \tag{6-8-1}$$

傳統的線性影像還原技術都是假設 PSF，即 $h(m, n)$ 是已知的，但在很多的實際情形中卻不是如此。換言之，我們對 $h(m, n)$ 是「盲目的(blind)」。這時，原始影像 $f(m, n)$ 必需直接藉由 $g(m, n)$ 來估測。這種情形通常出現在事前影像資訊取得有困難時，很可能是因為危險、花費龐大，或是根本無法取得。例如：首次拍攝之遙測影像或天文影像，其通道污染的過程難以即時得知；還有在太空探險的任務上，可能因體積及重量等限制，被迫只能使用較低解析度的攝影機而獲得有待影像還原的較差影像；另外在 X 光取像上，增強 X 光之強度對影像品質有助益，但可能對病人的健康有害，因而只能獲得並不是太理想的影像。

　　典型的盲目影像還原方塊圖如圖 6-8-1 所示。原始影像 $f(m, n)$ 經過惡化模型 $h(m, n)$ 後，實務上我們必須透過對 PSF 和原始影像的一點理解(近乎盲目)，即所謂的**先驗資訊** (prior information)來估測出真實的 PSF。最後，經過盲目還原的演算法估測出 $\hat{f}(m,n)$。最終目的當然是要使估測的影像 $\hat{f}(m,n)$ 趨近於原始的影像 $f(m, n)$。

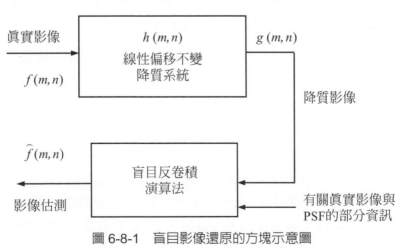

圖 6-8-1　盲目影像還原的方塊示意圖

6-8-2 方法

盲目影像反卷積是一種用於復原降質影像的技術，它不需要事先知道 PSF 核或降質過程的詳細資訊。盲目反卷積算法的一般程序如下：

步驟 ① (初始化)：

1-1 PSF 的初始估測，通常給定一個對真實 PSF 的合理猜測，例如決定 PSF 卷積核的大小和核係數。對問題的理解越好，初始的猜測可能就越接近真實答案，影像復原的效果和算法的執行效率都會更好。

1-2 $f(m, n)$的初始估測，通常就是待復原影像本身，即 $g(m, n)$。

1-3 選擇適當的參數，如迭代次數和正則化(regularization)參數。

步驟 ② (迭代估測)：

2-1 使用正則化方法更新 PSF 的估測。

2-2 藉由使得包含影像資料保真度項和正則化項的成本函數的最小化來估測原始影像。

2-3 使用最佳化算法(例如，梯度下降或共軛梯度等迭代方法)找到使成本函數最小化的解。

2-3 迭代重複上述步驟，直到收斂或達到最大迭代次數為止。

步驟 ③ (反卷積復原)：

使用反卷積技術(例如反濾波或 Wiener 濾波等方法)將估測的 PSF 運用於待復原的影像 $g(m, n)$，得到估測的原始影像 $\hat{f}(m,n)$。

在盲目反卷積的應用中，上述程序的步驟 2 中的正則化可以藉由使包含正則化項在內的成本函數的最小化來幫助同時估測原始影像和 PSF。正則方法的一般數學公式如下：

$$\min_{f,h}\left\{\frac{1}{2}\|g - f * h\|^2 + \lambda_f R_f(f) + \lambda_h R_h(h)\right\} \tag{6-8-2}$$

其中 g 是降質影像，f 是原始影像，又稱為潛在影像(latent image)，h 是 PSF，「*」是卷積運算子，$\|\cdot\|$ 是歐幾里德範數(Euclidean norm)，λ_f 和 λ_h 分別是 f 和 h 的正則化參數(regularization parameters)，而 $R_f(f)$ 和 $R_h(h)$ 分別是潛在影像和 PSF 的正則化項(regularization terms)。以下是正則化項的一些可能選擇，例如：

1. Tikhonov 正則化：$R_f(f) = \frac{1}{2}\|f\|^2$，$R_h(h) = \frac{1}{2}\|h\|^2$。這種方法使用一個二次懲罰項來正則化潛在影像和／或 PSF，它可以平滑雜訊和振鈴效應(ringing artifacts)，但也會變模糊而喪失影像細節。

2. 總變分(Total Variation)正則化：$R_f(f) = \|\nabla f\|_1$，$R_h(h) = \|\nabla h\|_1$。這種方法使用一個基於影像梯度的 L1 範數的懲罰項來正則化潛在影像，它可以保留邊緣和細節並減少雜訊，但也會引入階梯效應(staircase artifacts)。

3. **L0 範數梯度(L0-norm gradient)**正則化：$R_f(f) = \|\nabla f\|_0$，$R_h(h) = \|\nabla h\|_0$。這種方法使用一個基於影像梯度的 L0 範數的懲罰項來正則化潛在影像，它可以保留顯著邊緣並抑制紋理和雜訊。

4. 平均曲率(Mean curvature)正則化：$R_f(f) = \|C(f)\|_1$，其中 $C(f)$ 是 f 的平均曲率。這種方法使用一個基於影像的平均曲率的懲罰項來正則化潛在影像，它可以保留細微細節並減少雜訊和振鈴效應。

除了以上個別正則項的選擇，也有人組合幾個正則項來使用。究竟正則方式該如何選取或組合，目前還沒有放諸四海皆準的好準則，大多還是得根據手邊實際影像進行一定程度的實驗才能獲得較滿意的結果。

對一 N 維向量 $\mathbf{x}$，附錄 A 的(A-4-9)式的歐基里德 p 範數：

$$\|\mathbf{x}\|_p = \left(\sum_{n=1}^{N} |x_n|^p\right)^{1/p}$$

所以

$$\|\mathbf{x}\|_0 = \sum_{n=1}^{N} |x_n|^0 = 非零元素的數量$$

$$\|\mathbf{x}\|_1 = \sum_{n=1}^{N} |x_n| = 元素絕對值之和$$

$$\|\mathbf{x}\|_2 = \sqrt{\sum_{n=1}^{N} |x_n|^2} = 元素平方值之和的平方根$$

最後我們看一個盲目反卷積影像復原的例子。這個例子用到 MATLAB 中的 deconvblind 函式，此函式是一個用於盲目反卷積的函式，可以從一個降質影像和一個點擴散函數(PSF)的初始估測值復原一個清晰影像和一個還原的 PSF。圖 6-8-2～6-8~5 顯示用 deconvblind 函數復原影像的例子。這裡用 7×7 的高斯卷積核當 PSF，其中標準差設定為 10，另外加入零平均且變異數為 0.0001 的高斯雜訊。我們初始猜測的 PSF 是和真實高斯 PSF 一樣大小(即 7×7)，但由一個數值全部為 1 的係數組成。圖 6-8-2(a)為原始的棋盤影像；圖 6-8-2(b)為降質影像，這裡已看不出是棋盤格；圖 6-8-2(c)是用來產生降質影像的 PSF。圖 6-8-3 是分別為用 1、10 和 30 次迭代復原的結果，其中 RMSE 從降質影像本身的 0.3064，先增加到 0.3084 (可能一開始全是 1 構成的猜測 PSF 與實際 PSF 落差太大，所以 RMSE 反而增加)，再分別下降到 0.2429 和 0.1771。對應的猜測 PSF 則如圖 6-8-4 所示，可以看出迭代次數越高，猜測的 PSF 與真實的 PSF 就越靠近，所以從視覺感受上可以發現迭代越多次，復原影像越好。圖 6-8-5 顯示 RMSE 隨迭代次數增加而下降的曲線，圖中證實此現象。此外，隨著迭代次數繼續增加，RMSE 不會一直下降，而是會趨近於一個飽和的常數，在此例中約為 0.17；注意，這裡影像的像素值落在[0, 1]內，不是[0, 255]，可用(0.17) × (255) = 43.35 換算成約等同於 8 位元影像的 RMSE。

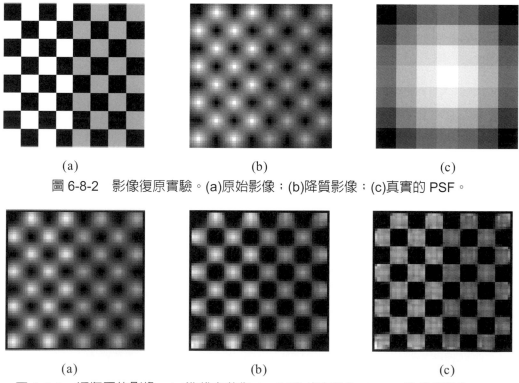

(a)   (b)   (c)

圖 6-8-2 影像復原實驗。(a)原始影像；(b)降質影像；(c)真實的 PSF。

(a)   (b)   (c)

圖 6-8-3 經復原的影像。(a)迭代次數為 1；(b)迭代次數為 10；(c)迭代次數為 30。

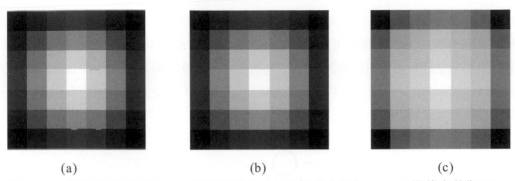

| (a) | (b) | (c) |

圖 6-8-4　所估測出的 PSF。(a)迭代次數為 1；(b)迭代次數為 10；(c)迭代次數為 30。

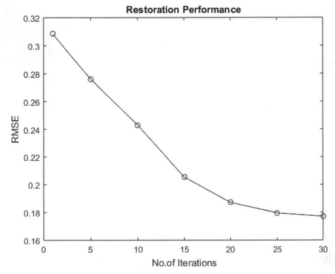

圖 6-8-5　用 MATLAB deconvblind 函式使復原影像之 RMSE 隨迭代次數增加而下降的曲線。

6-9　非線性偏移不變降質系統的一個實例(除霧)

到目前為止，我們都假設降質系統是 LSI，雖然這個假設已可適用於許多問題上，但在真實世界的應用中，有時還是會用到非 LSI 的系統模型，因此本節將展示一個非 LSI 降質系統的影像復原實例。此例是根據一個大氣散射模型，將有霧氣的干擾影像還原成沒有霧氣下的原始影像。

為了能更好地描述霧天時影像的降質過程，Howard (1977)提出一個影像降質的物理模型，Narasimhan 和 Nayar (2002, 2003)以該模型為基礎提出後來被廣泛使用的影像除霧模型，這一模型可以表示為

$$I(x) = J(x)t(x) + A[1 - t(x)] \tag{6-9-1}$$

其中 $I(x)$ 是攝相機所捕捉到的畫面(相當於本章慣用的符號標示 $g(m, n)$)，而 $J(x)$ 是我們所復原的無霧影像(相當於本章慣用的符號標示 $f(m, n)$)，$t(x)$ 即為光在大氣傳輸中未經過散射到攝相機的透射率，A 則是整體影像的大氣光。圖 6-9-1 簡單描述了相機在成像時所得到的光，包括物體直接反射並經過部分散射而減弱的光，以及來自其他方向散射而來所補強的光。

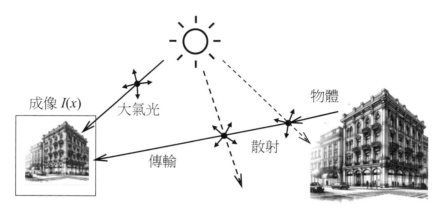

圖 6-9-1　相機成像示意圖(參考 Liu 等人[2016])。

將 $J(x)$ 視為系統輸入且 $I(x)$ 為系統輸出，則從(6-9-1)式可看出此系統具有偏移不變性，但不是線性的(如下所示)，所以整體而言不算是 LSI 系統。設有兩個輸入影像 $J_1(x)$ 和 $J_2(x)$，其對應的輸出分別為 $I_1(x)$ 和 $I_2(x)$，則

$$I_1(x) = J_1(x)t(x) + A[1 - t(x)] \tag{6-9-2a}$$

$$I_2(x) = J_2(x)t(x) + A[1 - t(x)] \tag{6-9-2b}$$

設有一新的輸入影像 $J'(x)$ 是兩個影像的和：$J'(x) = J_1(x) + J_2(x)$，則輸出影像為

$$\begin{aligned}
I'(x) &= J'(x)t(x) + A(1 - t(x)) \\
&= [J_1(x) + J_2(x)]t(x) + A[1 - t(x)] \\
&\neq I_1(x) + I_2(x) = [J_1(x) + J_2(x)]t(x) + 2A[1 - t(x)]
\end{aligned}$$

從(6-9-1)式可知，只要找到(估測的)A 與 $t(x)$ 就可從 $J(x)$ 求得對應的 $I(x)$。有許多估測這兩個參數的方法，這裡我們參考何凱明等人在 2009 年所提出的暗通道先驗(Dark Channel Prior)的方法(He 等人[2009])。

　　在作者提出暗通道先驗方法之前，都是用對比度的方法來做霧天影像復原的工作，但作者在透過觀察大量的影像後，認為我們的肉眼並不是以對比度來感受霧的存在，進而引起作者的興趣。在對無霧影像作大量的觀察與統計後，作者得出的結論為：每張無霧影像的局部區域皆會有一個特殊的像素點，這個像素點在顏色通道中，至少會有一通道的值接近於 0。而我們就可以透過有霧影像中，每塊局部區域中色彩通道值最低的地方與 0 去比較，進而取得此區域的霧霾濃度以求得透射率。只要有透射率即可透過(6-9-1)式的大氣散射光照模型，復原出霧天影像的原本樣貌。

　　整個影像復原的步驟如下：

步驟 1　找出暗通道值 $J^{dark}(x)$：在無霧影像的每個局部區域中，於 RGB 三通道中存在一個通道，它有值接近於 0 的像素，這個像素的值即為此局部區域的暗通道值。首先在不重疊的每個局部區域 $\Omega(x)$[以 x 為中心]中，依據 RGB 轉 YUV 中亮度 Y 的轉換公式[(6-9-3)式]，找到亮度最低的像素，而後在此像素的 RGB 三通道中找到其值最低的色彩通道，並令其值為整個 $\Omega(x)$ 區塊的 J^{dark}。以上的數學表示式如下：

$$Y = 0.30R + 0.59G + 0.11B \tag{6-9-3}$$

$$J^{dark}(x) = \min_{c \in \{r,\,g,\,b\}} \left\{ \min_{y \in \Omega(x)} [J^c(y)] \right\} \tag{6-9-4}$$

其中 J^c 為 $J(x)$ 的 RGB 三通道，$\Omega(x)$ 是中心像素為 x 的局部區域，且經實驗後令其大小為 7×7。

步驟 2　求得透射率 $t(x)$ 如下，其中 β 為大氣光散射係數，d 則為景深也可視為霧霾濃度。

$$t(x) = e^{-\beta d(x)} \tag{6-9-5}$$

步驟 3　估計大氣光 A：在整張影像中找出 J^{dark} 值最高的前 0.1% 像素，並在輸入影像中的這塊區域，以 YUV 的 Y 分量找到亮度最高的像素點做為大氣光 A。

步驟 4　復原乾淨影像 $J(x)$：將上述所有資訊代入最後的復原公式，即可取得復原影像。

$$J(x) = \frac{I(x) - A}{t(x)} + A \tag{6-9-6}$$

　　圖 6-9-2 顯示以此方法除霧的結果。為了顯現除霧的效果，我們將實驗影像透過 Canny 邊緣偵測，可見在影像除霧後，更加凸顯了車輛的邊緣輪廓特徵，其中 Canny 邊緣偵測雙門檻值各設為 40 與 80。

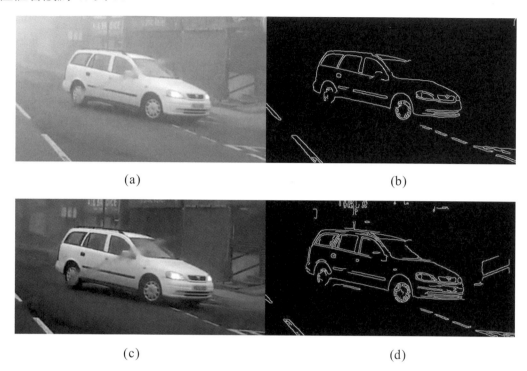

(a)　　　　　　　　　　　　　　　　　　(b)

(c)　　　　　　　　　　　　　　　　　　(d)

圖 6-9-2　除霧前後的比較。(a)除霧前；(b)除霧前邊緣偵測；(c)除霧後；(d)除霧後邊緣偵測。(圖片來源：陳莨謹[2019])

習題

1. 什麼是影像復原(image restoration)，它和影像增強(image enhancement)有什麼不同？

2. 列舉幾個影像復原方法的眞實應用案例。

3. 假設有如下的棋盤影像，則相對較不可能產生此影像的降質系統模型爲何？(選 2 個)

   (A)運動模糊；(B)大氣擾流模糊；(C)均勻失焦模糊；(D)均勻二維模糊；(E)鹽和胡椒粉雜訊。

4. 已知一影像大小爲 256×256，則在其伴隨的影像降質系統 $\mathbf{g} = \mathbf{Hf} + \mathbf{n}$ 中，各矩陣的大小爲何？

5. 考慮一線性偏移不變的影像降質系統，其脈衝響應爲：
   $$h(x-\alpha, y-\beta) = \exp\{-(x-\alpha)^2 + (y-\beta)^2\}$$
   假設系統的輸入影像是位於 $x = a$ 處，寬度無限小的一條線，其模型爲
   $$f(x,y) = \delta(x-a)$$
   假設沒有雜訊，試求輸出影像 $g(x, y)$。

6. 本題是有關互動式(interactive)影像復原的問題。首先將一幅影像加入一弦式干擾，顯示此幅干擾後之影像。看出弦式干擾的特徵了嗎？假設你不知道干擾之振幅及頻率，試以互動式的方式設計一帶拒濾波器將該干擾濾掉。顯示兩個不當的設計以及一正確設計的結果，以便加以比較。

7. 設一點擴散函數 PSF 所形成之矩陣爲 $\{h(m, n)\}$，其中
   $$h(m,n) = \begin{cases} \dfrac{1}{9}, & m,n = 0,1,2 \\ 0, & \text{其他情況} \end{cases}$$
   f 則在 $m, n = 0, 1, 2, 3$ 下有定義，試寫出如(6-2-1)式至(6-2-5)式的形式。

8. 證明(6-2-7)式成立。

9. 根據(6-2-7)式找出伴隨第 7 題之擴散矩陣 $\{h(m, n)\}$ 的矩陣 $\mathbf{W}$ 與 $\mathbf{D}$。

10. 以第 7 題爲例，驗證 $\mathbf{W}^{-1}$ 相當於一取傅立葉轉換的運算作用子。

11. 設計一簡單實驗，可看出對降質影像實現最小平方復原法的效果並實際實現之。

12. 有哪些常見的影像復原算法，它們各有什麼優缺點？

13. 影像模糊與去模糊：(a)對影像運用不同類型的模糊濾波器，例如高斯模糊和運動模糊；(b)實現去模糊演算法，例如 Wiener 濾波器和反濾波，並評估其在不同雜訊水平和模糊影像類型上的效能。

14. 影像去雜訊：(a)對影像運用不同的雜訊模型(例如高斯雜訊和椒鹽雜訊)加入雜訊；(b)比較中值濾波、雙邊濾波和小波去雜訊等去雜訊演算法，在不同雜訊程度和類型的影像中的去雜訊效果。

15. 頻域中的影像去模糊：(a)在頻域中對影像運用不同的模糊濾波器，例如運動模糊和高斯模糊，並進行反卷積以復原模糊影像。(b)使用頻域復原技術探討不同濾波器大小和雜訊程度對去模糊結果的影響。

16. 影像復原評估指標：(a)實現峰值訊雜比(PSNR)、結構相似性指數(SSIM)和均方根誤差(RMSE)等評估指標(本書第 11 章有這些指標的定義)，以量化影像復原演算法的效能。(b)比較使用這些評估指標的不同復原技術對各種退化影像類型的結果。

17. 運動去模糊：(a)模擬具有不同模糊方向和長度的影像中的運動模糊。實作可以處理運動模糊的去模糊演算法並評估其有效性。(b)研究不同運動模糊內核，例如均勻、線性和圓形，對運動去模糊演算法性能的影響。

18. 影像除霧：(a)實作除霧算法以復原受大氣霧霾或霧影響的影像。評估演算法在具有不同程度之霧的影像上的效能。(b)比較不同的除霧方法，例如暗通道先驗(dark channel prior)和顏色衰減(color attenuation)，在復原模糊影像和保留影像細節方面的能力。

Chapter 7

影像壓縮

　　許多問題產生的原因是資源有限。為了克服這些限制，人們就發展了各種解決方案，其中一個解決方案是資料壓縮，它主要是為了克服儲存和傳輸方面的限制。

　　對影像資料壓縮的研究可以追溯到數十年前。最初的研究著於減少視訊傳輸頻寬的類比方法，稱為頻寬壓縮(bandwidth compression)處理。隨著於數位計算機和積體電路的發展，研究的焦點從類比壓縮方法轉向數位壓縮方法。在 20 世紀的 40 年代，C. E. Shannon 等人率先從機率的觀點切入傳輸與壓縮的研究，奠定了影像壓縮的理論基礎。近年來，隨著一些重要的影像壓縮國際標準的通過，促進了理論的實際應用，使影像壓縮領域取得了重大進展。

　　影像壓縮的目的是減少數位影像的表示所需的資料量。基本的概念是藉由去除重複和多餘的資料來減少資料量，而這種資料的冗餘性又與資料間的相關性成正比。從數學角度來看，壓縮可視為是將高相關性的像素陣列轉變成統計上較為無關之資料集的一種轉換。這種轉換通常在影像儲存和傳輸之前進行。之後，經壓縮的影像可以藉由解壓縮重建出原始影像或其近似版本。本章將介紹影像資料的冗餘性、影像品質的評估以及常用的影像壓縮法。

7-1　資料編碼與資料壓縮

　　在資料大量流通的今天，壓縮所扮演的角色也日益重要。壓縮可使資料量減少，進而可降低資料傳輸時間，提高傳輸效率。在傳輸頻寬有限，擴充不易以及增加傳輸設備會提高成本的考量下，壓縮提供了另外一種解決方案。

　　此外，壓縮也有助於實現保密效果。由於壓縮過程對資料進行重新編碼，改變了原始資料的樣子，如果接收方沒有相對應的解壓縮程式，資料就很難還原。即使有意要破解，但由於原始資料的許多特性已經改變，因此較難揣測出原始資料。

一個資料壓縮系統會包含兩個搭配的子系統，一個是壓縮器(compressor)或編碼器(encoder)，另一個是解壓器(decompressor)或解碼器(decoder)。它們之間的關係如圖 7-1-1 所示，其中 A 代表壓縮前的資料，B 代表壓縮後的結果，A′則代表 B 經過解壓縮過程後得到的結果。一個理想的資料壓縮系統應該滿足下列兩個特性：

1.　$A \fallingdotseq A'$

2.　size (B) < size (A)

其中 $A \fallingdotseq A'$ 代表解壓縮後的資料和原始資料之間不能有太大的差距，size(B) < size(A)表示壓縮後的資料所需的儲存空間必須小於原始資料的儲存空間，以節省儲存空間或減少傳輸時間。size(A) / size(B)可以定義為壓縮率(compression ratio)，表示壓縮的程度。

圖 7-1-1 資料壓縮系統方塊圖

7-1-1　資料的重複性

資料壓縮一詞是指根據所要求的訊息品質去縮減資料量的一種處理程序。我們必須清楚區分資料與訊息之間的差異。資料是傳遞訊息的載體，同樣的訊息可以用不同量的資料來表示。例如我們有一個愛講話的人和一個講話總是簡短扼要的人來講同一個故事，這裡我們關注的是故事帶來的訊息，而言語便是用來表達訊息的資料。如果這兩個人分別用不同數量的語言來敘述同一個故事，就會產生不同的版本，其中至少一個版本含有不必要的資料。這些資料(或叫言語)不是提供一些無關緊要的訊息就是重複一些早已知道的東西。這就是所謂的資料冗餘性(redundancy)。

在數位影像壓縮中，有三種基本的資料冗餘性可以利用，分別是編碼(coding)冗餘性、像素間(interpixel)冗餘性和視覺(psychovisual)冗餘性。消除或減少上述三種冗餘性的一種或多種，就可以實現資料壓縮。以下分別介紹這三種冗餘性。

1.　編碼冗餘性

在一個影像中，不同灰階值的出現機率往往不相同。如果不考慮這個特性，一律採用固定的自然二進制碼來表示所有的灰階值，就會產生編碼冗餘性。為了使編碼更有效率，我們可以使用**可變長度編碼**(variable-length coding)，將出現機率較大的灰階值用較短的位元來編碼，而出現機率較小者，則用較長的位元來編碼，最終使平均碼長小於對應的自然碼長度，以達到資料壓縮的目的。

2.　像素間冗餘性

原始影像信號中像素的灰階值之間通常存在相關性，特別是鄰近的像素之間。透過某種轉換，可以消除或減少這種與像素間相關性直接有關的冗餘性。因為任何一個像素的灰階值都可由鄰近像素的適當預測來表示，所以各個像素所攜帶的資訊量相對減少。為了減少像素間的重複性，通常使用轉換或稱為**映射**(mapping)來處理，例如用第四章中討論過的 DCT、FFT 及 DWT 等轉換。對這些轉換後的資進行其反轉換可完全重建出原始影像，因此這種映射通常是可逆的。

3.　視覺冗餘性

所謂視覺冗餘性指的是可以被刪除而不會對影像的主觀品質造成太大影響的冗餘性。一般而言，我們不會對個別像素進行定量分析來獲取影像訊息，而是尋找一些特徵，像是邊界或紋理，並將它們組成可辨識的群體，以便大腦能理解影像。由於某些資料對正常視覺處理不是那麼重要，因此可以被刪除，這個過程稱為量化處理。刪除視覺冗餘性會造成某些訊息的損失，因此量化過程不是可逆的，而這就是7-5 節要討論的有損耗的資料壓縮。

▌ 7-1-2　保真度準則

如前所述，由於刪除視覺冗餘性會導致視覺訊息的損失，因而重要的訊息也可能被丟失。因此，我們需要一個能夠衡量訊息丟失程度的準則。這些準則通常可為分兩大類：**客觀保真度準則**(objective fidelity criterion)和**主觀保真度準則**(subjective fidelity criterion)。

客觀保真度準則

客觀保真度準則是一種可以定量描述訊息損失程度的方法，通常是以原始輸入影像與經過壓縮及解壓縮後之輸出影像的函數來表示，例如輸入與輸出影像間的均方根誤差。假設 $f(m, n)$ 表示輸入影像，則將此影像經過壓縮與解壓縮所得的影像 $\hat{f}(m, n)$ 代表 $f(m, n)$ 的估測值或近似值。對任意的 m 與 n 值，$f(m, n)$ 與 $\hat{f}(m, n)$ 之間的誤差 $e(m, n)$ 可以定義為

$$e(m,n) = \widehat{f}(m,n) - f(m,n) \tag{7-1-1}$$

故整幅影像誤差平方的總和可以表示為

$$\sum_{m=0}^{M-1} \sum_{n=0}^{N-1} [\widehat{f}(m,n) - f(m,n)]^2 \tag{7-1-2}$$

此處影像的大小為 $M \times N$。因此，$f(m,n)$ 與 $\widehat{f}(m,n)$ 之間的均方根誤差 e_{rms} 便是誤差的平方在 $M \times N$ 陣列內取平均值的平方根，即

$$e_{rms} = \left[\frac{1}{MN} \sum_{m=0}^{M-1} \sum_{n=0}^{N-1} [\widehat{f}(m,n) - f(m,n)]^2 \right]^{\frac{1}{2}} \tag{7-1-3}$$

與客觀保真度準則息息相關的是經過壓縮與解壓縮影像的均方訊雜比(mean-square signal-to-noise ratio)。如果把 $\widehat{f}(m,n)$ 看成原始影像 $f(m,n)$ 與雜訊訊號 $e(m,n)$ 之和，則輸出影像的均方訊雜比可用 SNR_{ms} 表示為

$$\text{SNR}_{ms} = \frac{\displaystyle\sum_{m=0}^{M-1} \sum_{n=0}^{N-1} \widehat{f}^{\,2}(m,n)}{\displaystyle\sum_{m=0}^{M-1} \sum_{n=0}^{N-1} [\widehat{f}(m,n) - f(m,n)]^2} \tag{7-1-4}$$

訊號雜訊比的均方根值(用 SNR_{rms} 表示)則可由上式取平方根而得。

另一種文獻上常採用的客觀保真度稱為尖峰訊雜比(peak SNR, PSNR)，它的定義是將 (7-1-4)式的分子替換成 I_{max}^2，亦即

$$\text{PSNR} = \frac{I_{max}^2}{\displaystyle\sum_{m=0}^{M-1} \sum_{n=0}^{N-1} [\widehat{f}(m,n) - f(m,n)]^2} \tag{7-1-5}$$

其中 I_{max} 是影像所容許的最大值(尖峰值)。例如對於一個 8 位元的影像，$I_{max} = 2^8 - 1 = 255$；對於一個 10 位元的影像，$I_{max} = 2^{10} - 1 = 1023$。此外，由於一般均以分貝(dB)來表示 PSNR，因此必須再取 10 為底的對數，並乘以 10 才是最後所求，即

$$\text{PSNR (dB)} = 10 \log_{10} \text{PSNR} \tag{7-1-6}$$

主觀保真度準則

　　雖然客觀保眞度準則提供了一種簡單且方便的方法來估算訊息損失，但大多數解壓縮後的影像最終還是由人觀看。因此，用觀看者的主觀評估來衡量影像品質往往更加適合。評估的方法是選擇適當的觀看者代表，讓他們對典型的解壓縮後的影像進行評分，然後取不均分數。評分可以用絕對等級尺度或用 $f(m, n)$ 與 $\hat{f}(m, n)$ 之間的對比。表 7-1-1 展示了兩種可用的絕對等級尺度，一種是正面欣賞的概念，另一種則是負面挑剔的概念。需注意的是，不論用哪一種等級尺度進行評分，都可以說是以主觀保眞度爲準則的。表 7-1-2 提供了一組用於評價時的考量準則範例，觀看者可根據這些準則進行評分。實際上，評估準則應根據不同的應用目的量身打造才是最佳的。

表 7-1-1　電視畫質的等級尺度

評分	品質等級	失真劣化等級
5	優	沒察覺
4	佳	有察覺但不討厭
3	尚可	稍有討厭
2	差	很厭惡
1	劣	劣

表 7-1-2　主觀評價時的一組考量範例(對解壓縮後的還原影像)(公共電視台[2010])

項次	名稱	說明
1	馬賽克效應	對於單色區域畫面的色塊呈現。
2	邊緣處理	物體邊界和線條(橫、豎、斜方向)還原的眞實程度，主要觀察邊界的對比度變化。
3	漸層顏色平滑度	對於單色區域畫面的顏色層次豐富程度。
4	畫面還原的眞實性	包括畫面的完整性、是否存在色差、對還原影像的整體接受程度。

範例　7.1

假設有 15 位受邀參與影像品質的評估，評估過程中向觀看者呈現了 m 對的影像，其中每一對影像都包括一幅原始的參考影像及其壓縮再解壓縮後還原的影像。假設對其中某一對影像，15 位評估者依據表 7-1-1 和 7-1-2 進行評分，結果得到以下 15 個分數：4, 4, 4, 5, 4, 5, 5, 4, 5, 4, 4, 3, 4, 5, 4。那麼該影像的整體品質表現如何？

解

最簡單的方式是計算平均值，即

$$\frac{1}{15}(4+4+4+5+4+5+5+4+5+4+4+3+4+5+4) \approx 4.27$$

這個分數介於「優」與「佳」之間，稍微偏向「佳」，表示整體表現良好。這個值通常稱為平均意見分數(mean opinion score, MOS)，代表平均表現。

註▶影像品質的評估過程可視為一個抽樣過程，目的是想要藉由抽樣推論出大多數觀看者對該影像品質的評價，這就跟想藉由抽樣了解產品的品質一樣。因此，評估過程也應符合抽樣的基本規範，例如參與者的選擇應具有普遍性和代表性，影像特性的選擇也應該要多元與多樣等等。

除了上述討論的影像品質評估方法外，本書的第 11 章還會討論更多與影像品質評估有關的方法，其中大多數的方法不限於與影像壓縮有關。

7-2　影像壓縮模型

在上一節中，我們討論了影像壓縮所需的三種資料冗餘性。利用這些冗餘性可建構一個實用的影像壓縮系統。本節將考慮此系統的所有特性並以一個通用模型來表示。

如圖 7-2-1 所示，一個壓縮系統由兩個主要部分組成，即編碼器與解碼器。將輸入影像 $f(m, n)$ 送進編碼器後，編碼器便根據輸入資料產生一組符號。這些符號經過通道(channel)傳輸後送到解碼器，由解碼器輸出重建影像 $\widehat{f}(m,n)$。一般說來，$\widehat{f}(m, n)$ 可以和 $f(m, n)$ 完全相同或略有不同。若完全相同，則該系統是無失真的或訊息保持的；反之，則重建影像會有一定程度的失真。

編碼器由訊源編碼器與通道編碼器所組成。前者用於消除輸入資料的冗餘性，後者則增強訊源編碼器輸出的抗雜訊能力。解碼器包括通道解碼器及與之相連接的訊源解碼器。如果編碼器與解碼器之間的通道是無雜訊(不容易發生錯誤)的，則可以省去通道編碼器與解碼器，此時編碼器與解碼器就簡化成為訊源編碼器與解碼器了。

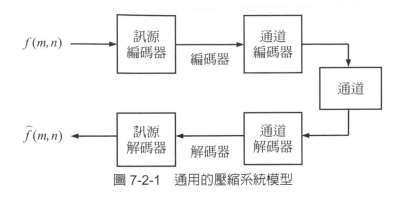

圖 7-2-1 通用的壓縮系統模型

7-3 訊息理論基礎

7-3-1 訊息量測

　　訊息理論的基本前提是能夠使用一種直觀的方法來量測訊息量，其中一種成功的度量方式是以機率模型來表示。假設有一個隨機事件 E，它的發生機率為 $P(E)$，則稱該事件包含有

$$I(E) = \log \frac{1}{P(E)} = -\log P(E) \qquad\qquad (7\text{-}3\text{-}1)$$

單位的訊息。$I(E)$這個量通常稱為 E 的自身訊息(self-information)，表示由事件 E 本身所帶來的訊息量。一般而言，事件 E 的自身訊息量與事件 E 的機率成反比。如果 $P(E) = 1$ (即事件總是發生)，則 $I(E) = 0$，即該事件的發生不提供任何訊息。這是因為該事件不帶有任何不確定性，當告知該事件已經發生時，並不提供額外訊息。但是，如果 $P(E) = 0.99$，當告知該事件已經發生時，還是傳遞了一點訊息；對比之下，若告知 E 並未發生，則傳遞的訊息量更大(讓人更驚訝或覺得意外)，因為這個結果是不大可能發生的。

　　上式中對數的基底決定了度量訊息的單位。如果對數的基底為 r，則訊息的度量單位為 r 進制。如果選擇 2 為基底，則訊息量的單位為位元(bit)。

▌ 7-3-2　訊息通道

考慮圖 7-3-1 所示的簡單資訊系統。設訊息源的可能字元符號爲 $A = \{a_1, a_2, \cdots, a_J\}$，對應的產生機率集爲向量 $\mathbf{z} = [P(a_1), P(a_2), \cdots, P(a_J)]^T$，其中 $P(a_j)$ 爲產生字元符號 a_j 的機率。假設有 k 個符號源產生，則由大數法則可知，若 k 夠大，a_j 平均會輸出 $kP(a_j)$ 次，因此由 k 個輸出所得的平均自身訊息爲

$$-\sum_{j=1}^{J} kP(a_j) \log P(a_j) \tag{7-3-2}$$

於是觀察每個訊息源輸出所得的平均訊息量 $H(\mathbf{z})$ 爲

$$H(\mathbf{z}) = -\sum_{j=1}^{J} P(a_j) \log P(a_j) \tag{7-3-3}$$

$H(\mathbf{z})$ 稱爲訊息源的不確定性(uncertainty)或熵(entropy)。

圖 7-3-1　一個簡單資訊系統的示意圖

接下來考慮通道的影響。設通道輸出的可能字元符號集爲 $B = \{b_1, b_2, \cdots, b_K\}$，對應的機率集爲 $\mathbf{v} = [P(b_1), P(b_2), \cdots, P(b_K)]^T$，其中 $P(b_k)$ 爲產生字元符號 b_k 的機率。由全機率(total probability)可知

$$P(b_k) = \sum_{j=1}^{J} P(b_k | a_j) P(a_j) \tag{7-3-4}$$

其中 $P(b_k | a_j)$ 代表條件機率。爲了方便，我們可以用通道(轉移)矩陣來表示所有的條件機率：

$$\mathbf{Q} = \begin{bmatrix} P(b_1 | a_1) & P(b_1 | a_2) & \cdots & P(b_1 | a_J) \\ P(b_2 | a_1) & P(b_2 | a_2) & \cdots & P(b_2 | a_J) \\ \vdots & \vdots & \cdots & \vdots \\ P(b_K | a_1) & P(b_K | a_2) & \cdots & P(b_K | a_J) \end{bmatrix} \tag{7-3-5}$$

因此，整個輸出字元符號的機率分佈為

$$\mathbf{v} = \mathbf{Qz} \tag{7-3-6}$$

現在我們想知道具有通道矩陣 $\mathbf{Q}$ 之資訊通道的容量(capacity)，亦即在該通道上能夠可靠傳輸的最大速率。基本想法是計算觀察到輸出符號之前與之後的兩個平均訊息量，再以其差值代表通道的傳輸速率；而在所有可能的速率中的最大值即為通道容量。首先，我們計算在訊息使用者觀察到某一個輸出 b_k 的情況下，資訊源的熵：以 $P(a_j \mid b_K)$ 取代 $P(a_j)$，由(7-3-3)式得到

$$H(\mathbf{z}|b_k) = -\sum_{j=1}^{J} P(a_j|b_k) \log P(a_j|b_k) \tag{7-3-7}$$

對上式中的所有 b_k 取期望值或平均值，得到

$$H(\mathbf{z}|\mathbf{v}) = \sum_{k=1}^{K} H(\mathbf{z}|b_k) P(b_k) \tag{7-3-8}$$

上式經簡化後，得到

$$H(\mathbf{z}|\mathbf{v}) = -\sum_{j=1}^{J} \sum_{k=1}^{K} P(a_j, b_k) \log P(a_j|b_k) \tag{7-3-9}$$

其中 $P(a_j, b_k)$ 為 a_j 與 b_k 的聯合機率。$H(\mathbf{z}|\mathbf{v})$ 表示在觀察到一個輸出字元符號時，一個訊息源字元符號的平均訊息量。因為 $H(\mathbf{z})$ 是在未觀察到輸出字元符號之前，一個訊息字元符號的平均訊息量，所以 $H(\mathbf{z})$ 與 $H(\mathbf{z}|\mathbf{v})$ 的差量代表觀察到一個輸出字元符號所獲得的平均訊息量。這個差量稱為 $\mathbf{z}$ 與 $|\mathbf{v}$ 的交互(mutual)訊息量，表示成 $I(\mathbf{z}, \mathbf{v})$：

$$I(\mathbf{z}, \mathbf{v}) = H(\mathbf{z}) - H(\mathbf{z}|\mathbf{v}) \tag{7-3-10}$$

將 $H(\mathbf{z})$ 與 $H(\mathbf{z}|\mathbf{v})$ 分別以(7-3-3)式及(7-3-9)式代入(7-3-10)式中，再利用 $P(a_j) = P(a_j, b_1) + P(a_j, b_2) + \cdots + P(a_j, b_K)$ 的事實，可以得到

$$I(\mathbf{z}, \mathbf{v}) = \sum_{j=1}^{J} \sum_{k=1}^{K} P(a_j, b_k) \log \frac{P(a_j, b_k)}{P(a_j) P(b_k)} \tag{7-3-11}$$

上式可進一步改寫成

$$I(\mathbf{z}, \mathbf{v}) = \sum_{j=1}^{J} \sum_{k=1}^{K} P(a_j) q_{kj} \log \frac{q_{kj}}{\sum_{i=1}^{J} P(a_i) q_{ki}} \qquad (7\text{-}3\text{-}12)$$

其中 $q_{kj} = P(b_k \mid a_j)$。由(7-3-12)式可看出，觀察到資訊通道的一個輸出所收到的平均訊息量與資訊源的機率分佈 $\mathbf{z}$ 以及通道矩陣 $\mathbf{Q}$ 有關。當輸入與輸出字元符號爲統計上獨立時，其 $I(\mathbf{z}, \mathbf{v}) = 0$ 爲最小值，因爲此時 $P(a_j, b_k) = P(a_j)P(b_k)$，使得(7-3-11)式中有 $\log(1) = 0$ 的結果。在所有可能的機率分佈 $\mathbf{z}$ 中，$I(\mathbf{z}, \mathbf{v})$ 的最大值即是通道矩陣 $\mathbf{Q}$ 所呈現的通道容量 C。亦即

$$C = \max_{\mathbf{z}} [I(\mathbf{z}, \mathbf{v})] \qquad (7\text{-}3\text{-}13)$$

此通道容量定義出可在該通道上可靠傳輸的最大速率。此外，通道容量只與定義通道的條件機率有關，而與訊息源的輸入機率無關。我們舉一個例子來說明以上所提到的觀念。

範例 7.2

考慮一個二元訊息源，其字元符號集 $A = \{a_1, a_2\} = \{0, 1\}$，對應的機率分別爲 $P(a_1) = p$ 及 $P(a_2) = 1 - p = \overline{p}$。由(7-3-3)式可得此訊息源的熵爲

$$H(\mathbf{z}) = -p \log_2 p - \overline{p} \log_2 \overline{p}$$

這個經常出現的平均訊息量 $H(\mathbf{z})$ 稱爲二元熵函數(binary entropy function)，表示爲 $H_b(\cdot)$。此函數只與 p 有關，亦即 $H_b(p) = -p \log_2 p - (1-p) \log_2(1-p)$。圖 7-3-2(a)顯示該函數的圖形，其中顯示：當 $p = 0$ 或 1 時，該函數有最小值 0；當 $p = 1/2$ 時，該函數有最大值(1 位元)。

設傳輸通道是錯誤機率爲 p_e 的二元對稱通道(binary symmetric channel, BSC)，其通道矩陣爲

$$\mathbf{Q} = \begin{bmatrix} 1 - p_e & p_e \\ p_e & 1 - p_e \end{bmatrix} = \begin{bmatrix} \overline{p}_e & p_e \\ p_e & \overline{p}_e \end{bmatrix}$$

換言之，傳輸 0 或 1 時在接收端被分別誤判成 1 或 0 的機率都是 p_e，當然 $1 - p_e$ 就是傳輸正確的機率。對於一個二元輸入，BSC 的輸出字元符號集 $B = \{b_1, b_2\} = \{0, 1\}$。由(7-3-6)式可知其對應的機率爲

$$\mathbf{v} = \mathbf{Qz} = \begin{bmatrix} \overline{p}_e & p_e \\ p_e & \overline{p}_e \end{bmatrix} \begin{bmatrix} p \\ \overline{p} \end{bmatrix} = \begin{bmatrix} \overline{p}_e p + p_e \overline{p} \\ p_e p + \overline{p}_e \overline{p} \end{bmatrix} = \begin{bmatrix} p(b_1) \\ p(b_2) \end{bmatrix}$$

現在，由(7-3-12)式計算 BSC 的交互訊息可得(此推導過程列為習題)

$$I(\mathbf{z}, \mathbf{v}) = H_b(p p_e + \overline{p}\ \overline{p}_e) - H_b(p_e)$$

圖 7-3-2(b)顯示在某個固定的 p_e 時，$I(\mathbf{z}, \mathbf{v})$對 p 的曲線圖形。由圖中可以看出，當 $p = 0$ 或 1 時，$I(\mathbf{z}, \mathbf{v}) = 0$，此結果也可從上式得到：

$$I(\mathbf{z}, \mathbf{v})\big|_{p=0} = H_b(\overline{p}_e) - H_b(p_e) = 0 \quad \text{或} \quad I(\mathbf{z}, \mathbf{v})\big|_{p=1} = H_b(p_e) - H_b(p_e) = 0$$

這與直覺相符，因為在這兩種情況下，我們只傳送固定的 0 或 1，所以在收到任何一個位元時，不會增加任何新訊息，即 $H(\mathbf{z}) = H(\mathbf{z}|\mathbf{v})$，因此 $I(\mathbf{z}, \mathbf{v}) = 0$。反之，$I(\mathbf{z}, \mathbf{v})$的最大值出現在當兩個位元具有同等機率時，此時所得的新資訊具有最大的不確定性，因而收到的訊息量最大。亦即，

$$I(\mathbf{z}, \mathbf{v})\big|_{p=\frac{1}{2}} = H_b\left[\frac{1}{2}(\overline{p}_e + p_e)\right] - H_b(p_e) = H_b\left(\frac{1}{2}\right) - H_b(p_e) = 1 - H_b(p_e)$$

由(7-3-13)式對通道容量的定義及圖 7-3-2(b)中對所有機率分佈 $\mathbf{z} = [p, 1-p]$ 所得到的 $I(\mathbf{z}, \mathbf{v})$圖中可知

$$C = 1 - H_b(p_e)$$

通道容量 C 隨 p_e 的變化如圖 7-3-2(c)所示。當 $p_e = 0$ 或 1 時，C 達到最大值，即 1 位元/字元符號，此時通道的輸出完全可以預期：(i) $p_e = 0$ 代表通道的輸出永遠等於通道的輸入；(ii) $p_e = 1$ 代表通道的輸出永遠與實際通道的輸入相反，所以只要收到 1，就可斷定輸入為 0，反之亦然。但是，當 $p_e = \frac{1}{2}$ 時，$C = 0$，此時通道無法可靠傳輸任何訊息。綜合以上討論可知，BSC 的容量介於 0 到 1 位元/字元符號之間。一般實際 BSC 通道的 p_e 都是一個遠小於 $\frac{1}{2}$ 的值，例如 $p_e = 10^{-4}$，此時 $C = 1 - H_b(p_e) \approx 0.9985$。

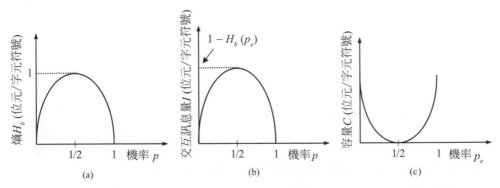

圖 7-3-2　三個二元訊息函數。(a)二元熵函數；(b)二元對稱通道(BSC)的交互訊息量；(c) BSC 的容量。

7-3-3　基本編碼定理

本節將介紹三個關於編碼的基本定理：(1)無雜訊(noiseless)下的編碼定理；(2)有雜訊(noisy)下的編碼定理；(3)訊源(source)編碼定理。在無雜訊影響下，一個通訊系統中資料傳送可以沒有任何錯誤，因此，此時編碼的重點在於如何以最短的平均碼長精簡地表示每個字元符號。在有雜訊影響下，一個通訊系統中資料傳送容易發生錯誤，因此，此時編碼的重點在於如何提供可靠的通訊，減少錯誤發生。訊源編碼定理是假設在無雜訊通道中，在某個失真範圍內如何以最小的位元率將資訊傳送給使用者；這個定理涉及位元率與失真程度之間的權衡取捨，是位元率-失真(rate-distortion)理論中的一個重要結果。

無雜訊下的編碼定理

此定理又稱爲仙農(Shannon)的第一定理。考慮一個零記憶訊息源，亦即其字元符號爲統計獨立。設 $A = \{a_1, a_2, \cdots, a_J\}$ 爲可能的字元符號集，其對應的機率爲 $P(a_1), P(a_2), \cdots, P(a_J)$。若以 n 個字元符號爲一個輸出單元，則共有 J^n 個可能的值，令此值的集合爲 $A' = \{\alpha_1, \alpha_2, \cdots, \alpha_{J^n}\}$，其中每個 α_i 是由 A 中的 n 個字元符號所組成，例如當 $J = 4$ 且 $n = 5$ 時，$\alpha_1 = (a_3, a_2, a_2, a_4, a_1)$ 和 $\alpha_2 = (a_2, a_2, a_2, a_3, a_1)$ 都是可能的 α_i。設 $p(\alpha_i)$ 爲伴隨 α_i 的機率，因此

$$P(\alpha_i) = P(a_{j1})P(a_{j2})\cdots\cdots P(a_{jn}) \tag{7-3-14}$$

其中 a_j 用來指明字元符號來自符號集合 A，額外的下標 k，$1 \le k \le n$，則用於指明形成 α_i 的第 k 個字元符號，例如承上例中的 α_1 和 α_2，我們有

$$P(\alpha_1) = P(a_3)P(a_2)P(a_2)P(a_4)P(a_1)$$

$$P(\alpha_2) = P(a_2)P(a_2)P(a_2)P(a_3)P(a_1)$$

設 $\mathbf{z}' = \{P(\alpha_1), P(\alpha_2), \cdots, P(\alpha_{J^n})\}$，則其熵爲

$$H(\mathbf{z}') = -\sum_{i=1}^{J^n} P(\alpha_i)\log P(\alpha_i)$$

將(7-3-14)式代入上式中並化簡後可得(此推導過程列爲習題)：

$$H(\mathbf{z}') = nH(\mathbf{z}) \tag{7-3-15}$$

其中 $H(\mathbf{z})$ 是訊息元的熵[(7-3-3)式]，亦即對於以 n 個彼此獨立的字符形成一個新字符所構成的新訊息源，其平均訊息量是原始平均訊息量的 n 倍。因 α_i 的自我訊息為 $\log\dfrac{1}{P(\alpha_i)}$，因此一個用來代表 α_i 之碼字的合理整數長度 $l(\alpha_i)$ 應為

$$\log\frac{1}{P(\alpha_i)} \le l(\alpha_i) \le \log\frac{1}{P(\alpha_i)}+1 \tag{7-3-16}$$

將上式乘上 $P(\alpha_i)$ 並對所有 i 求總和可得

$$\sum_{i=1}^{J^n} P(\alpha_i)\log\frac{1}{p(\alpha_i)} \le \sum_{i=1}^{J^n} P(\alpha_i)l(\alpha_i) < \sum_{i=1}^{J^n} P(\alpha_i)\log\frac{1}{p(\alpha_i)}+1$$

或可寫成

$$H(\mathbf{z}') \le L'_{\text{avg}} < H(\mathbf{z}')+1 \tag{7-3-17}$$

其中 L'_{avg} 代表碼字的平均長度。將上式除以 n 並利用(7-3-15)式可得

$$H(\mathbf{z}) \le \frac{L'_{\text{avg}}}{n} < H(\mathbf{z})+\frac{1}{n} \tag{7-3-18}$$

取其極限變成

$$\lim_{n\to\infty}\left[\frac{L'_{\text{avg}}}{n}\right] = H(\mathbf{z}) \tag{7-3-19}$$

(7-3-19)式是說：如果我們考慮取無限長字元符號來進行編碼，理論上此編碼結果可任意逼近 $H(\mathbf{z})$，而這正是 $\dfrac{L'_{\text{avg}}}{n}$ 的下界，因此，編碼效率(coding efficiency) η 可定義成

$$\eta = \frac{H(\mathbf{z})}{L'_{\text{avg}}/n} \quad 或 \quad \eta = n\frac{H(\mathbf{z})}{L'_{\text{avg}}} \tag{7-3-20}$$

一個編碼的 η 越接近最大值的 1，代表此編碼的效率越高。要注意，編碼效率 η 的分子 $H(\mathbf{z})$ 是平均一個符號所帶有的訊息量(以位元為單位)，分母 $\dfrac{L'_{\text{avg}}}{n}$ 則是對一個符號編碼所需的平均位元數，因此是以一個符號對一個符號的合理定義。

範例 7.3

考慮字元符號集 $A = \{a_1, a_2, a_3\}$，對應的產生機率集為 $\mathbf{z} = [0.5, 0.3, 0.2]^T$。分別求以下兩種編碼的編碼效率。(a)假設 a_1 用 00 編碼，a_2 用 01 編碼，a_3 用 10 編碼；(b)假設 a_1 用 0 編碼，a_2 用 10 編碼，a_3 用 11 編碼。

解

$$H(\mathbf{z}) = -(0.5)\log(0.5) - (0.3)\log(0.3) - (0.2)\log(0.2) \approx 1.485$$

(a) 平均每個符號的碼長 $= 0.5 \times 2 + 0.3 \times 2 + 0.2 \times 2 = 2.0$

因此編碼效率為 $\dfrac{1.485}{2} = 0.7425$。這個數值離最大值的 1 還有一段距離，所以表現不算是太優秀。

(b) 平均每個符號的碼長 $= 0.5 \times 1 + 0.3 \times 2 + 0.2 \times 2 = 1.5$

因此編碼效率為 $\dfrac{1.485}{1.5} = 0.99$。此數字極為接近 1，代表這是一個高效率的編碼。

有雜訊下的編碼定理

此定理又稱為仙農的第二定理。在有雜訊通道的情況下，我們比較關切的是訊息傳送的可靠度？該定理指出，已知一離散雜訊無記憶通道的容量為 C 且訊息源有一正速率 R，其中 $R < C$，則存在一種編碼方式，使得在該通道傳輸時，訊息源的輸出具有任意小的錯誤機率。換言之，在有雜訊存在的情況下，可以實現算是無錯誤的傳輸。不過，該定理只告訴我們存在這種編碼方式，但未提供具體的建構方法。如何建構這些碼的問題屬於通道編碼(channel coding)或錯誤更正碼(error correcting code)的領域，已超出本書的範圍，故不再進一步討論。有興趣的讀者可以在圖書館尋找專門討論此問題的參考書籍。

訊源編碼定理

先前曾以通道矩陣 $\mathbf{Q}$ 代表訊源輸出至接收端產生錯誤狀態的一種模型。現在假設通道傳輸不會再引入任何錯誤，此時接收端解碼所得的結果與訊源輸出之間的唯一誤差是來自資料壓縮與解壓縮之間的失真。此時，我們可沿用矩陣 $\mathbf{Q}$ 的概念，將其視為描述此失真情況的另一個模型。原本矩陣 $\mathbf{Q}$ 中的元素 q_{kj} 代表已知傳送符號 a_j，實際收到符號 b_k 的條件機率，現在矩陣 $\mathbf{Q}$ 中的元素 q_{kj} 則轉變成訊源符號 a_j 經過編碼與解碼的過程後得到輸出符號 b_k 的機率。若 $a_j = b_k$，代表無失真的壓縮或編碼，否則都是有失真，且失真程度通常與 a_j 和 b_k 之間的差異大小成正比。

令 $\rho(a_j, b_k)$ 代表上述的失眞量測，則對所有符號的平均失眞 $d(\mathbf{Q})$ 可寫成

$$d(\mathbf{Q}) = \sum_{j=1}^{J} \sum_{k=1}^{K} \rho(a_j, b_k) P(a_j, b_k) = \sum_{j=1}^{J} \sum_{k=1}^{K} \rho(a_j, b_k) P(a_j) q_{kj} \qquad (7\text{-}3\text{-}21)$$

令 $d(\mathbf{Q})$ 小於或等於 D 的所有編解碼程序的集合爲

$$\mathbf{Q}_D = \{ q_{kj} \mid d(\mathbf{Q}) \le D \} \qquad (7\text{-}3\text{-}22)$$

因爲每個編解碼程序都是由一個假想的通道矩陣 $\mathbf{Q}$ 所定義，所以觀察到一個解碼器的輸出所獲得的訊息可參照(7-3-12)式來計算。因此，我們可定義出一個位元失眞函數

$$R(D) = \min_{Q \in Q_D} [I(\mathbf{z}, \mathbf{v})] \qquad (7\text{-}3\text{-}23)$$

上式定義了在平均失眞小於或等於 D 的條件下，將訊息源傳送給使用者所需的最小位元率。要計算 $R(D)$，我們可在滿足以下條件的情況下選取適當的 $\mathbf{Q}$ 使 $I(\mathbf{z}, \mathbf{v})$ 最小化：

$$q_{kj} \ge 0 \qquad (7\text{-}3\text{-}24)$$

$$\sum_{k=1}^{K} q_{kj} = 1 \qquad (7\text{-}3\text{-}25)$$

以及

$$d(\mathbf{Q}) = D \qquad (7\text{-}3\text{-}26)$$

其中(7-3-24)與(7-3-25)式來自通道矩陣的基本性質，(7-3-26)式則表示最小的訊息失眞位元率出現在最大可能失眞時。

圖 7-3-3 展示了典型的位元率-失眞函數。通常，只有對於簡單的訊息源以及簡單的失眞測度，才有可能以解析的方式獲得位元率-失眞函數，因此大多數情況下需要使用適當的迭代演算法在電腦中跑出所需要的 $R(D)$ 函數。

這個函數對眞實編解碼器的發展提供一個學理上的指導，揭示了一個關於有損耗壓縮的核心原則：降低失眞往往需要以位元爲代價。這類似於購買更高品質商品時通常需要支付更多金錢的普遍現象。此外，該函數還能夠評估不同編解碼器的性能，類似於我們常用性價比來衡量商品的價值！

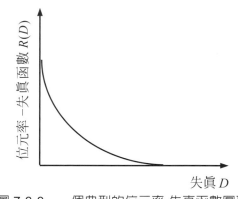

圖 7-3-3　一個典型的位元率-失真函數圖形

7-4　無失真壓縮

　　在某些數位應用中，無失真壓縮是一種相對可接受的資料減少方法。例如，在醫學影像或公務文件處理等領域中，基於法律因素，通常不適合採用有損耗的壓縮方法。又例如大地衛星影像的資料收集和處理都需較高成本，因此不希望訊息有損失而傾向於採用無失真壓縮。還有一個例子是對各種型態的醫學影像，任何訊息的損失都可能影響診斷結果的正確性，因此也都傾向於採用無失真壓縮。本節將討論目前通用的無失真壓縮方法。

可變長度編碼

　　假設有一組原始資料為

$$a_1a_4a_4a_1a_2a_1a_1a_4a_1a_3a_2a_1a_4a_1a_1$$

其中包含四個不同的資料元素：a_1、a_2、a_3、a_4，故可將其編碼為

a_1	00
a_2	01
a_3	10
a_4	11

於是我們可以把資料儲存為：

a_1	a_4	a_4	a_1	a_2	a_1	a_1	a_4	a_1	a_3	a_2	a_1	a_4	a_1	a_1
00	11	11	00	01	00	00	11	00	10	01	00	11	00	00

總共佔用 30 個位元。不過，我們觀察 a_1、a_2、a_3、a_4 出現的頻率並不相同，實際出現次數統計如下：a_1 出現 8 次，a_2 出現 2 次，a_3 出現 1 次，a_4 出現 4 次。於是我們把編碼的方式改為

a_1	0
a_2	110
a_3	111
a_4	10

其中越常出現的資料元素就以越短的碼來表示，如此可重新編碼成為：

a_1	a_4	a_4	a_1	a_2	a_1	a_1	a_4	a_1	a_3	a_2	a_1	a_4	a_1	a_1
0	10	10	0	110	0	0	10	0	111	110	0	10	0	0

只需使用 25 個位元來表示。以上就是可變長度編碼的基本概念。

霍夫曼編碼

霍夫曼(Huffman)編碼是由 D. A. Huffman 於 1952 年提出，發表於名為《A Method for the Construction of Minium Redundancy Codes》的論文中。當對訊息源符號一次一個個別編碼時，霍夫曼編碼對每個原始符號所產生的碼具有最短的平均碼長，因此是最佳的編碼方法。

在霍夫曼編碼的過程中，首先會根據所考慮的原始符號的機率大小順序產生一個原始碼序列，接著合併兩個最小機率的符號形成一個新符號，並持續進行下一輪縮減。圖 7-4-1 展示了霍夫曼編碼的過程。圖的最左邊顯示了一個虛構的原始符號及其機率集合，並按照機率的遞減順序排列。為了進行第一次原始碼的縮減，底部兩個機率分別為 0.06 與 0.04 的符號被合併成一個複合符號，其機率為 0.1。該符號被放置於第一次縮減行中並繼續按照機率遞減順序排列，這個過程一直重複，直到剩下兩個符號為止。

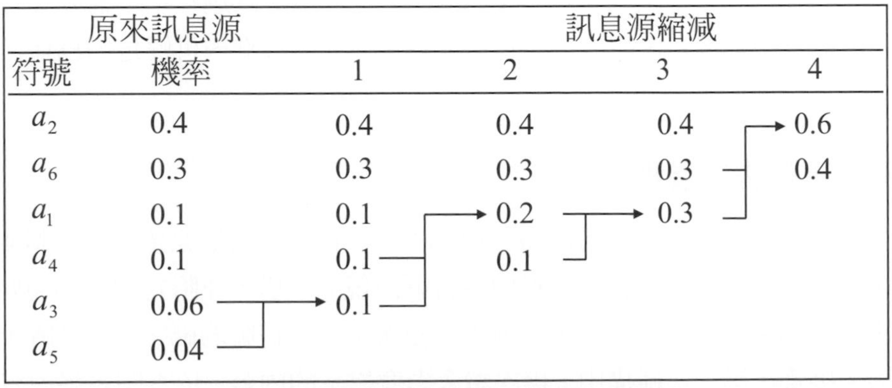

	原來訊息源		訊息源縮減			
符號	機率	1	2	3	4	
a_2	0.4	0.4	0.4	0.4	0.6	
a_6	0.3	0.3	0.3	0.3	0.4	
a_1	0.1	0.1	0.2	0.3		
a_4	0.1	0.1	0.1			
a_3	0.06	0.1				
a_5	0.04					

圖 7-4-1 霍夫曼編碼的符號縮減過程

最後，從剩下的兩個符號碼開始回溯到最初的原始碼進行編碼。首先，分配給兩個符號最短長度的碼字，分別為 0 與 1，如圖 7-4-2 所示(也可以分配成 1 與 0)。由於機率為 0.6 的縮減符號是由它左邊的的兩個縮減符號合併而成，所以它的碼字 0 也應該包含在前面兩個符號的碼字中，同時也依序附加上 0 與 1 (或 1 與 0，但需與前面一致)。以這樣的步驟對所有縮減符號進行迭代，直到回到最初的符號為止。最終生成的碼字顯示於圖 7-4-2 的左側。該編碼的平均長度為：

$$L_{\text{avg}} = (0.4)(1) + (0.3)(2) + (0.1)(3) + (0.1)(4) + (0.06)(5) + (0.04)(5)$$
$$= 2.2 \text{位元 / 符號}$$

(7-4-1)

該訊息源的熵為 2.14 位元/符號，因此霍夫曼碼的效率為 2.14/2.2 = 0.973。

原來訊息源			訊息源縮減			
符號	機率	碼字	1	2	3	4
a_2	0.4	1	0.4 1	0.4 1	0.4 1	0.6 0
a_6	0.3	00	0.3 00	0.3 00	0.3 00	0.4 1
a_1	0.1	011	0.1 011	0.2 010	0.3 01	
a_4	0.1	0100	0.1 0100	0.1 011		
a_3	0.06	01010	0.1 0101			
a_5	0.04	01011				

圖 7-4-2　霍夫曼編碼中碼字的形成過程

霍夫曼編碼過程為一組符號機率生成最佳編碼，但需滿足一次將一個符號編碼的限制條件。在生成碼字後，解碼時只需要藉由簡單的查表便可完成。該編碼本身是一個即時唯一可解(instantaneously and uniquely decodable)的區塊碼。稱為區塊碼是因為每一個原始符號都被映射為一個固定碼字的符號序列；稱為即時是因為解碼過程中不需要參考後續的碼字符號，就可以直接對現在面臨的碼字符號進行解碼；稱為唯一可解是因為任何碼字的符號序列都只有一種解碼結果。

霍夫曼編碼演算法的過程

霍夫曼編碼演算法是一種有效的資料壓縮方法。它必須掃描原始影像資料兩次。在第一次掃描中，讀入資料並統計原始資料中各符號出現的次數，並將其視為出現頻率。接著根據符號出現的頻率建立霍夫曼樹，再由霍夫曼樹生成各符號的碼字，最後將所有碼字彙集成查閱表。接著在第二次掃描中，再次讀入影像檔案的內容，依查閱表將內容中的各符號轉成對應的碼字，就形成最後的霍夫曼碼。

經過以上的編碼過程後，我們可以觀察到以下兩個特性：

1. 出現頻率較高的符號擁有較短的編碼，反之則有較長的編碼。

2. 編碼的結果具有唯一前置碼(unique prefix)的特性。

整個編碼的詳細實現過程如下：

步驟 1 首先，讀入整個影像檔案，並統計每個影像資料中各符號出現的次數，以作為建構霍夫曼樹的基礎。

步驟 2 建構霍夫曼樹。霍夫曼樹的一般型態如圖 7-4-3 所示，其中方塊為末端節點，代表原始影像檔案中出現過的符號，圓圈為內部節點，代表還有往下走的分支(branch)。每個分支都被賦予 0 或 1 的編碼，並且隨著樹的階層越多，該層的節點被編出的碼就越長。例如：階層 n 之節點 A 及 B 的碼長度均為 n，位於階層 $n-1$ 之節點 C 的編碼長度為 $n-1$，位於階層 1 之節點 X 的編碼長度為 1。建立霍夫曼樹是由底層向上層建立，霍夫曼樹底層的節點有最長的碼，越往上層的節點，它的碼越短，所以一開始必須找出現頻率較小的符號當成節點放入樹中。建立霍夫曼樹可以分為以下幾個子步驟來形成：

2-1：將原始影像資料內容中每個出現過的符號當成末端節點，形成節點集合，並將每個節點的出現頻率當成該節點的權重。

2-2：從節點集合中找出權重最小的兩個節點 X 與 Y。

2-3：將 X 與 Y 的權重相加，作為新節點 W 的權重，並在節點集合中移除 X 與 Y 節點，加入 W 節點。

2-4：重複 2-2 與 2-3 的子步驟，逐步合併節點，直到節點集合只剩下一個根節點為止。

步驟 3 建立查閱表，如圖 7-4-4 所示。在此係假設有 $a_1, a_2, \cdots, a_6$ 共六個 8 位元的像素(或先前所稱的符號)，且其出現的次數分別為 10、40、6、10、4 及 30，共計 100 次。

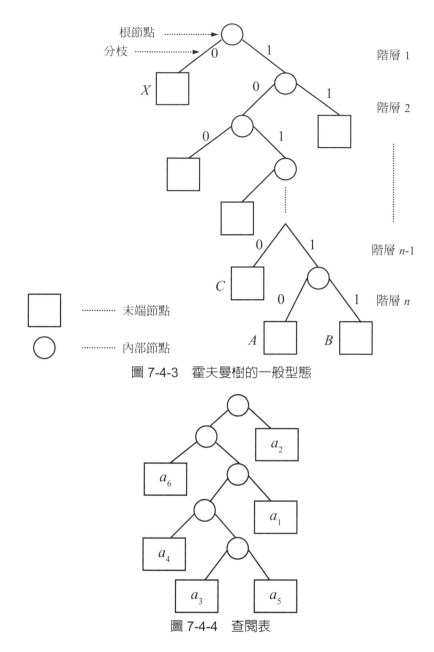

圖 7-4-3　霍夫曼樹的一般型態

圖 7-4-4　查閱表

接下來根據霍夫曼樹的結構，建立包含符號及其對應編碼的查閱表。先把圖中每一個末端節點改寫成對應的符號，每個非末端的節點有左右兩個節點分枝。編碼的原則是從根節點開始，向左填 0，向右填 1，一直填到末端節點為止，這個動作稱為樹的追蹤。每個符號的編碼就是根節點到對應該符號的末端節點之分枝上的編碼串接，如圖 7-4-5 所示。從圖中可以看出，出現頻率高的賦予較短的編碼，出現頻率低的則賦予較長的編碼。整個查閱表只有資料符號及其對應的編碼共兩個欄位，建立此表是為了給下一個步驟查表之用。

步驟 ④ 此步驟為透過查表寫入碼字。首先重新讀入原始資料內容，並依讀入資料的符號，依序查出其在查閱表中對應的編碼，並寫入輸出的檔案。重此過程，直到讀取到檔案結束符號(EOF)為止。

步驟 ⑤ 依步驟 3 所建立的查閱表對原始資料進行編碼，編碼後資料的長度為 $3 \times 10 + 1 \times 40 + 5 \times 6 + 4 \times 10 + 5 \times 4 + 2 \times 30 = 220$ 位元。原本 a_1 至 a_6 各要用 8 位元表示，故共需要 $8 \times 100 = 800$ 位元，由此可見所節省的位元數相當可觀。

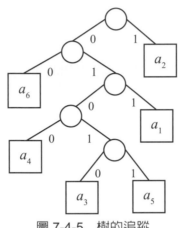

圖 7-4-5　樹的追蹤

同色長編碼

　　同色長編碼或串長編碼(run length encoding, RLE)是一種簡單且高效的壓縮方法，特別適用於小畫家等繪圖軟體所生成的圖形檔。通常可以實現 2 至 3 倍的壓縮率，因此許多繪圖軟體都採用此種方法。此外，RLE 也是傳真機壓縮編碼標準的核心方法。

　　同色長編碼的概念是將一連串重複的資料用兩個位元組(byte)表示。第一個位元組代表該字串的長度(重複次數)，而第二個位元組則是資料本身。如表 7-4-1 所示，原始資料佔用了 17 個位元組，經過壓縮編碼後僅占用 12 個位元組，因此節省了 5 個位元組的空間。

表 7-4-1　同色長編碼的例子

原始資料	$a_1a_1a_1a_1a_1$	a_2a_2	a_3	$a_4a_4a_4$	$a_5a_5a_5a_5$	a_6a_6
編碼	$5a_1$	$2a_2$	$1a_3$	$3a_4$	$4a_5$	$2a_6$

　　由上面的例子中可明顯看出，只有當重複的次數大於 2 時，才會有壓縮的效果，若重複次數恰好為 2，則無壓縮效果，但也沒有膨脹。比較不好的狀況是，當重複的次數為 1 (亦即沒有重複)時，試圖壓縮後反而會比原始的資料多出一個位元組，亦即有膨脹的現象。在最壞的情況下，原始資料中沒有任何相鄰的兩個位元組具有相同的值，此時以同色長編碼壓縮後的結果將使資料量膨脹成原來的兩倍！這是同色長編碼最大的缺點，因此有人提出了幾個改進的方法。

PCX 檔的壓縮法

PCX 檔是由 PC PaintBrush 軟體所產生的圖形檔，其圖形壓縮的方法就稱為 PCX 的 RLE，基本上它是由上述同色長編碼的概念改進而來。改進的重點在於編碼時，若遇到重複次數為 1 的資料，則直接輸出該位元組，而當重複次數大於 1 時，則以兩個位元組來表示，其中前一個位元組為重複次數加上 c0h (也就是 bit7 與 bit6 均設為 1)，後一個位元組才是資料本身，如表 7-4-2 所示。由表中可知，編碼後僅使用了 11 個位元組，比先前基本的 RLE 又再節省了一個位元組的空間。以上為壓縮的編碼程序，解壓縮的解碼程序則可參考圖 7-4-6 中的流程圖。

表 7-4-2　PCX 的 RLE 壓縮法

原始資料	$a_1a_1a_1a_1a_1$	a_2a_2	a_3	$a_4a_4a_4$	$a_5a_5a_5a_5$	a_6a_6
編碼	$\underline{c5}a_1$	$\underline{c2}a_2$	a_3	$\underline{c3}a_4$	$\underline{c4}a_5$	$\underline{c2}a_6$

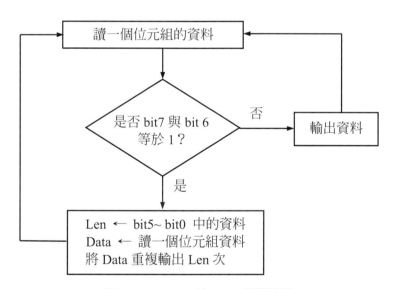

圖 7-4-6　PCX 的 RLE 解壓縮法

由於 PCX 的 RLE 使用 6 個位元來表示重複的次數，而 6 個位元能表示的最大值為 63，因此若重複次數超過 63，則該筆資料就必須用 4 個位元組或更多位元組來表示。例如有 128 個連續的 a，則需要用 6 個位元組表示成 $\underline{ff}$ a $\underline{ff}$ a $\underline{c2}$ a。

另外，還需要考慮一種情況，亦即當重複次數為 1，且該資料的值又大於 c0h 時。此時必需輸出兩個位元組，前一個為 c1h (表示重複一次)，第二個才是資料本身。這是 PCX 的 RLE 方法的一個缺點。

CUT 檔的壓縮法

Dr. Halo 繪圖軟體也是採用基於 RLE 的方法進行壓縮,因其圖形檔以 CUT 為副檔名,所以也稱為 CUT 檔。表 7-4-3 展示了一個 CUT 檔壓縮的例子。

此處連續出現的資料仍然使用兩個位元組來表示,其中前一個位元組代表重複次數加上 80h (亦即 bit7 設為 1),後一個位元組才是資料本身。對於不重複的資料,將其收集成一串,並在最前面加上一個位元組,此位元組記錄其後共有多少個位元組是不重複的資料。整個 CUT 檔解壓縮的程序如圖 7-4-7 所示。

表 7-4-3　CUT 檔壓縮的例子

原始資料	$a_1a_1a_1a_1a_1$	$a_2a_3a_4$	a_5a_5	$a_1a_2a_4a_6$
編碼	$\underline{85}a_1$	$\underline{03}a_2a_3a_4$	$\underline{82}a_5$	$\underline{04}a_1a_2a_4a_6$

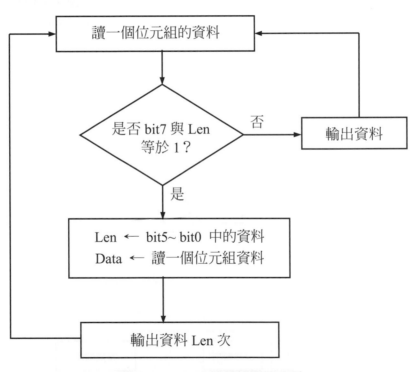

圖 7-4-7　CUT 檔的解壓縮流程

CUT 檔的 RLE 方法優於 PCX 檔的 RLE,因為前者只使用一個位元來判斷是否重複,而後者需要用兩個位元。

7-5　　有損耗壓縮

　　有損耗壓縮(lossy compression)是指帶有失真的壓縮方法。我們舉一個有損耗壓縮的簡單例子：在監測取樣值時，只有當取樣值超過某個預設的門檻值時才傳送或儲存資料，這樣資料量自然減少，就可達成壓縮的目的。門檻值越高，壓縮程度也愈大，但同時原始的取樣值就無法被精確地恢復，亦即資訊會有損耗。只要這個資訊的損耗對某個應用是在可接受的範圍內，這個有損耗壓縮對該應用就是有意義的。以下是有損耗壓縮的基本特性：

1. 只要有冗餘性就可以壓縮。

2. 解壓縮後只能使信號恢復到一定程度，無法完全或精準地恢復。

3. 恢復程度低到一個程度時必然帶來不可接受的失真。

4. 通常可允許的失真越大，壓縮的程度也可以越大。

　　實現有損耗壓縮主要有兩大方法：特徵抽取和量化方法，如圖 7-5-1 所示。特徵抽取的一個典型例子是指紋的模式識別：一旦抽取出足夠有效代表和區分不同人指紋的特徵參數，就可以使用這些特徵參數取代原始的指紋資料。關於特徵抽取，我們將在第十章進行討論。對於實際壓縮技術的應用而言，量化是一種更通用的有損耗壓縮技術。除了對於無記憶(memoryless)信號的單一樣本進行所謂的零記憶量化外，還可以將具有記憶特性的多個相關樣本映射到不同的空間中，在去除原始資料中的相關性後進行量化處理。本章後續均是以有記憶性樣本爲探討重點，並以國際影像壓縮標準 JPEG 與小波轉換作爲實例加以說明。

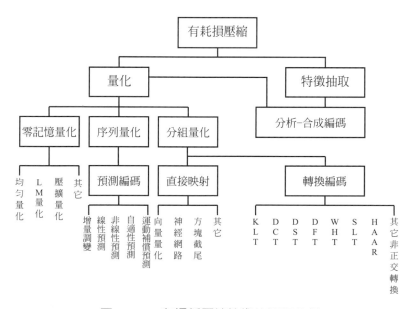

圖 7-5-1　有損耗壓縮技術的簡單分類

　　基於篇幅考量，圖 7-5-1 中有幾個名詞在整本書中不會被眞正討論到，而且本身較難從字面上揣測其眞正意思，因此附上其原文並簡略說明。

1. **壓擴量化(companding quantization)**：用壓擴器(compander)進行量化，其中壓擴器的名稱是由壓縮器(compressor)和擴展器(expander)兩個詞組合而成的。壓縮器可以減少信號的動態範圍，而擴展器可以增加信號的動態範圍。壓擴量化的目的是在保持信號品質的同時，減少量化誤差和量化階數。

2. **增量調變(delta modulation)**：基本想法是僅傳輸連續樣本之間的差異，而不是絕對樣本值。作法是根據前一個樣本和步長預測下一個樣本，透過尋找實際樣本和預測樣本之間的差異來計算誤差，再使用具有固定或自適應步長的量化器來量化誤差訊號。最後將量化誤差作爲增量調變系統的輸出進行儲存或傳輸。

3. **方塊截尾(block truncation)**：方塊截尾壓縮的正式名稱爲方塊截尾編碼(block truncation coding, BTC)是一種用於灰階影像的有損耗資料壓縮算法，它將影像切割爲方塊。對每一方塊，在保持其原有平均數和標準差(即保持二階矩)的同時，減少灰階數，以達到壓縮的目的。

4. **SLT**：代表斜轉換(slant transform)，它是一種可用於影像壓縮的正交轉換。它的特色包括具有離散的鋸齒狀或階梯狀基底向量，可以有效地表示沿著影像線條的線性亮度變化。

7-6　影像壓縮標準 JPEG

　　JPEG 的全名是 Joint Photographic Experts Group (聯合圖像專家小組)。它已幾乎成爲影像壓縮標準的代名詞。廣義的 JPEG 不是一個標準，而是一群標準。表 7-6-1 顯示其中幾個以 JPEG 爲名的壓縮標準。基於篇幅的考量，本章只介紹幾個代表性的標準，且著重編碼技術的探討，不談最終壓縮檔案的結構與格式。包括本節將介紹的 JPEG，7-7 節的 JPEG-LS 以及 7-10 節的 JPEG XS。

表 7-6-1　以 JPEG 為名的影像壓縮標準家族

名稱	制定單位	年份	特色
JPEG/JFIF (JPEG File Interchange Format)	C-Cube Microsystems 和 Independent JPEG Group	1991	規定如何在文件中儲存 JPEG 壓縮影像資料和附加信息，例如解析度和色彩空間。全球資訊網上用來儲存和傳輸相片最常用的格式。
JPEG/Exif (JPEG Exchangeable image file format)	日本電子工業發展協會(JEIDA)	1995	在 JPEG 影像中添加元資料(metadata)的格式，例如相機設定和位置訊息。通常使用於數位相機和其他影像擷取設備中。
JPEG-LS (JPEG Lossless and Near-Lossless Coding)	ISO/IEC JTC 1/SC 29/WG 1 和 ITU-T SG16/Q6 (VCEG)	1999	使用與 JPEG 不同的技術來對連續色調影像進行無損和近乎無損壓縮。基於 LOCO-I (LOw COmplexity LOssless COmpression for Images)演算法，使用預測、建模和基於上下文的殘差編碼。比 JPEG 無損模式提供了更好的壓縮性能和速度。
JPEG 2000 Image Coding System	ISO/IEC JTC 1/SC 29/WG 1 和 ITU-T SG16/Q6 (VCEG)	2000	JPEG 的繼任者。提供了更好的壓縮性能、漸進式編碼、無損壓縮、更高的動態範圍和感興趣區域編碼。
JPEG XR (JPEG extended range)	微軟公司和 ISO/IEC JTC 1/SC 29/WG 1	2009	支援更高壓縮率、無損壓縮、更高位元深度、透明通道和高動態範圍(high dynamic range, HDR)成像。與 JPEG/JFIF 相容。
JPEG XT (JPEG extended range with backward compatibility extensions)	ISO/IEC JTC 1/SC 29/WG 1 和 ITU-T SG16/Q6 (VCEG)	2015	擴展 JPEG，支援 HDR 成像、浮點編碼、原始傳感器資料的無損編碼和可逆色彩變換。與 JPEG/JFIF 相容。
JPEG XS Image Coding System	ISO/IEC JTC 1/SC 29/WG 1 和 ITU-T SG16/Q6 (VCEG)	2019 (v.1) 2022 (v.2)	互操作的、視覺上無損的、低延遲和輕量級的影像和視訊編碼系統，用在專業應用上。提供了幾行的端到端延遲，低實現複雜度，並支援多種影像格式，包括原始 Bayer、RGB 和 YUV 等。適用於需要傳輸未壓縮影像資料的應用，例如專業視訊鏈結、IP 傳輸、實時視訊儲存、全方位視訊擷取系統、虛擬或擴增實境的頭戴顯示器和影像傳感器壓縮等。
JPEG XL Image Coding System	ISO/IEC JTC 1/SC 29/WG 1 和谷歌公司	開發中	提供比現有影像格式更好的壓縮效率、品質和功能。支援有損和無損壓縮、漸進解碼、動畫、透明度、元資料和響應式影像(responsive image)。它與 JPEG/JFIF 相容。基於谷歌的 PIK 編解碼器和 Cloudinary 的 FUIF 編解碼器。

JPEG 是國際標準組織所制定的影像壓縮標準，它具有以下特性：

1. JPEG 基本上是一種有損耗的壓縮技術，但可以在有限的失真程度下使人眼難以辨認，同時實現極高的壓縮率。

2. JPEG 可以處理各種類型的影像內容，從照片到卡通圖畫，甚至是文字的掃瞄影像都能夠處理，但對於自然景物等較為真實的影像內容(如照片)，效果最好。同樣，對於影像的色彩也沒有限制，可處理一般的灰階影像和全彩影像。

3. 使用者可以在影像品質和壓縮率之間權衡取捨。影像品質和壓縮率大致上成反比，壓縮率越高，品質自然越差。對於一些僅供瀏覽用途的圖像，品質差一些無所謂，因此可以選擇較高的壓縮率。如果追求較好的品質，可以選擇較低的壓縮率。

4. JPEG 提供四種壓縮方式。最常用的是循序模式(sequential mode)，影像按從左至右、從上至下的順序對每個 8 × 8 的區塊獨立進行壓縮。第二種是漸進模式(progressive mode)，當影像資料處理速度較慢時(例如透過較低速的網路傳送)，可以先傳送一幅影像的低品質版本，再逐漸增加細節，使影像更清晰。第三種是無失真模式(lossless mode)，目的是實現壓縮而不損失任何影像資訊。由於相較於有損耗壓縮，無失真模式的壓縮能力有限，在實際應用中較少使用。無失真模式更適用於對每個細節都至關重要的影像，例如醫學或科學影像。第四種是階層式模式(hierarchical mode)，將影像以多個解析度進行壓縮，使其可以在較低解析度下使用而無需將整個影像解壓縮。也稱為金字塔編碼(pyramid coding)，該模式涉及在多個解析度或細節層次上進行影像壓縮。影像被分成多個層，每一層代表不同的細節層次。這樣可以在不需要將整個影像解壓縮的情況下，很有效率地擷取特定的解析度或縮放層級。以上這四種模式提供了在影像品質、壓縮率和傳輸效率之間平衡的彈性，以滿足廣泛的各種應用。

接下來我們將探討 JPEG 中循序模式的壓縮原理。

JPEG 的壓縮與解壓縮過程

圖 7-6-1 展示了 JPEG 的壓縮過程。在壓縮時，先將影像分割成 8×8 的區塊來處理。若輸入影像的寬或高不是 8 的倍數，通常會在影像的右邊和底部填補延伸的像素以滿足倍數 8 的要求。由於解壓縮只是壓縮的逆向過程，因此此處僅著重在壓縮部份的介紹。

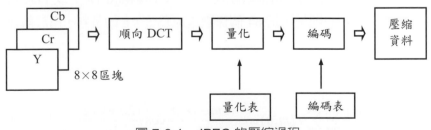

圖 7-6-1　JPEG 的壓縮過程

第四章中所提到的**離散餘弦轉換**(discret cosine transform, DCT)是整個 JPEG 壓縮技術的核心。一維 DCT 的定義如下：

$$F(k) = \frac{2c(k)}{N} \sum_{n=0}^{N-1} f(n) \cos\left[\frac{(2n+1)k\pi}{2N}\right], \quad c(k) = \begin{cases} 1/\sqrt{2}, & k = 0 \\ 1, & k \neq 0 \end{cases} \tag{7-6-1}$$

其中 $f(n)$ 為輸入資料，$F(k)$ 為轉換的輸出，$0 \leq n, k \leq N-1$。我們舉例說明 DCT 的效果。在表 7-6-2 中有三組資料，每組都有 8 筆資料($N = 8$)，表中還有各組資料經過 DCT 轉換後各頻率的係數。在第一組資料中，由於資料之間沒有變化，因此轉換後只有直流係數(DC)，其他交流係數(AC)全為 0。第二組資料之間的變化很小，振福不大，因此 AC 值也都很小。第三組資料變動比較大，所以有較大的 AC 值。

表 7-6-2　DCT 效果的例子

$f(n)$	6	6	6	6	6	6	6	6
$F(k)$	16.97	0.0	0.0	0.0	0.0	0.0	0.0	0.0
$f(n)$	6.1	6.4	5.6	6.2	5.2	5.8	6.0	6.5
$F(k)$	16.90	0.01	0.75	−0.39	0.07	0.09	−0.23	−0.72
$f(n)$	1.2	3.4	1.0	2.0	5.0	2.1	4.0	8.0
$F(k)$	9.44	−4.18	1.84	−1.40	2.02	−2.95	−1.57	0.52

DCT 在影像壓縮中扮演何種角色？首先，觀察一些具有**連續色調**(continuous tone)的自然影像(例如照片)，我們會發現大多數局部區域內的顏色或灰階變化都不大。由表 7-6-2 的例子可推斷，若對這些影像資料進行 DCT 分析，較高頻的 AC 值都很小。由於人眼對於高頻部份的敏感度較低，因此去除高頻部份時，在影像還原時只會產生一些微小而難以察覺的誤差。換言之，去掉視覺上較不重要的高頻部份對影像品質的影響不大，卻能提高壓縮率。

JPEG 使用二維的第二類 DCT，處理一個 8×8 的二維矩陣資料，因此轉換後會得到 64 個係數(1 個 DC 與 63 個 AC)，這稱為順向的 **DCT** (forward DCT 或 FDCT)；而逆向的 **DCT** (inverse DCT 或 IDCT)則是將這 64 個係數還原為 8×8 的資料，用於解壓縮過程。其公式如下：

FDCT：

$$F(k,l) = \frac{c(k)c(l)}{4} \sum_{m=0}^{7} \sum_{n=0}^{7} f(m,n) \cos\frac{(2m+1)k\pi}{16} \cos\frac{(2n+1)l\pi}{16} \tag{7-6-2}$$

IDCT：

$$f(m,n) = \frac{1}{4}\sum_{k=0}^{7}\sum_{l=0}^{7}c(k)c(l)F(k,l)\cos\frac{(2m+1)k\pi}{16}\cos\frac{(2n+1)l\pi}{16} \tag{7-6-3}$$

在 FDCT 產生 64 個係數後，它們按照圖 7-6-2 中所示的掃瞄順序進行掃瞄。由於掃瞄形狀呈鋸齒狀，因此稱為 Zigzag 掃瞄，其中第一個掃瞄的 DC 值位於左上角。

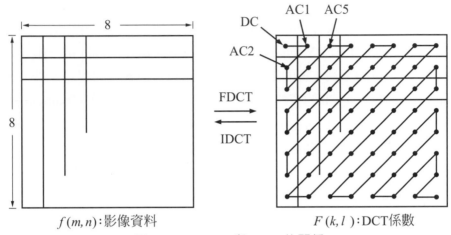

圖 7-6-2　FDCT 與 IDCT 的關係

彩色影像壓縮

JPEG 可以應用於不同類型的影像，包括灰階與全彩色影像。如 5-6-1 節所述，紅、綠、藍(RGB)是最簡易的色彩模型，適合用於顯示器的顏色顯示。然而，對我們的感官視覺而言，這種模型未必是最自然的呈現方式，這是因為我們的眼睛更關注色彩的亮度及鮮豔度等因素。因此 JPEG 捨棄了 RGB 模型而採取 YCrCb 的色彩模型，其中 Y 代表亮度(luminance)，而 Cr 與 Cb 則代表色度(chrominance)。一般電視訊號也是採用這種色彩模型，這可從電視上的控制鍵看出。RGB 與 YCrCb 這二種模型可依下面的方程式互相轉換：

$$Y = 0.299*R + 0.587*G + 0.114*B$$

$$Cr = (R-Y)/1.402$$
$$Cb = (B-Y)/1.772 \tag{7-6-4}$$

$$R = Y + 1.402*Cr$$
$$G = Y - 0.344*Cb - 0.714*Cr$$
$$B = Y + 1.772*Cb \tag{7-6-5}$$

　　一般而言，R、G、B 的值都是以 8 位元表示，亦即數值範圍在 0 到 255 之間。在轉換為 Y、Cr、Cb 之後，Y 的範圍仍然是 0 到 255，但 Cr 和 Cb 的範圍則是−128 到 127。因此，在進行 FDCT 之前，我們先將 Y 的值減去 128，使其範圍也落在−128 到 127 之間，這樣在後續處理中可以更方便地處理統一的動態範圍。一幅彩色影像有 Y、Cr、Cb 三個色彩成分，而灰階影像則只有亮度，即只有 Y 這個色彩成分。事實上，JPEG 並不限制影像具有多少個色彩成分，但在一般應用中，只使用這兩種色彩成分的組合。

　　由於 JPEG 是以一個 8 × 8 的區塊為單位進行處理，因此對於每個色彩成分，都需要將其切割成不重疊的 8 × 8 區塊，再分別進行 FDCT 處理。由於人眼對 Y、Cr、Cb 三種成分的敏感度不同，例如對亮度 Y 的感知比對 Cr 和 Cb 更敏銳，因此這三個成分在視覺上的重要性也不同。由於 Cr 與 Cb 的重要性較低且可以容忍較大的誤差，為了獲得更高的壓縮率，我們可以對 Cr 與 Cb 的資料進行每兩個點取一點的**縮減取樣(subsampling)**處理。如圖 7-6-3 所示，每一 16 × 8 的區塊就可以取其中一半成為一個 8 × 8 區塊；至於 Y 則不作縮減取樣，否則會影響影像的品質。有兩種形式的縮減取樣：對於一個 16 × 16 的區塊而言，Y 取四個 DCT 區塊，Cr 和 Cb 則各取兩個 DCT 區塊，這種格式稱為 YUV422；如果 Cr 和 Cb 每四個點才取樣一點，則稱為 YUV411 格式，因為每 16 × 16 的區塊才取樣成一個 DCT 區塊。

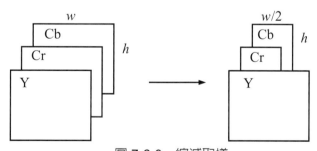

圖 7-6-3　縮減取樣

　　至於取樣方法則有縮減取樣及**擴增取樣(upsampling)**，如圖 7-6-4 所示。縮減取樣是指將要取樣的點及其左右 2 個點以 2：1：1 的比重相加。當資料要還原時，則在每兩個取樣點之間插入一個點，其值為兩個取樣點的中間值，這個過程稱為擴增取樣。縮減取樣可以大幅減少資料量，獲得更高的壓縮率。以 YUV422 而言，資料量就少了 1/3，而 YUV411 的方式則使資料量少一半。

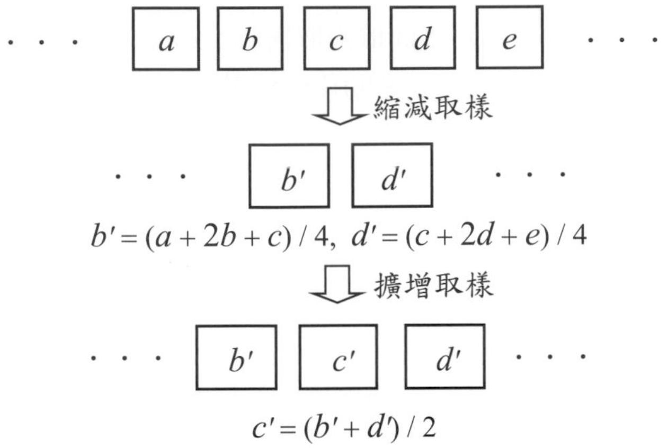

a b c d e
縮減取樣
b′ d′
b′ = (a + 2b + c) / 4, d′ = (c + 2d + e) / 4
擴增取樣
b′ c′ d′
c′ = (b′ + d′) / 2

圖 7-6-4 縮減取樣與擴增取樣的方法

量化是許多壓縮技術中不可或缺的一環。由於許多經過處理的資料是連續的，例如在 FDCT 之後所產生的係數值都是帶有小數點的浮點數，必須要量化才能有實質的壓縮效果。JPEG 提供了兩個 DCT 係數的量化表，一個供亮度使用，一個供色度使用，如表 7-6-3 所示，每個表都含 8 × 8 共 64 個值對應 64 個係數。量化的方式就是將每個係數除以表中相對應的值，然後取最接近的整數：

$$F_q(k,l) = \mathrm{round}\left(\frac{F(k,l)}{Q(k,l)}\right) \tag{7-6-6}$$

表 7-6-3 JPEG 提供的量化表

Luminance (亮度) Y								Chrominance (色度) Cb, Cr							
16	11	10	16	24	40	51	61	17	18	24	47	99	99	99	99
12	12	14	19	26	58	60	55	18	21	26	66	99	99	99	99
14	13	16	24	40	57	69	56	24	26	56	99	99	99	99	99
14	17	22	29	51	87	80	62	47	66	99	99	99	99	99	99
18	22	37	56	68	109	103	77	99	99	99	99	99	99	99	99
24	35	55	64	81	104	113	92	99	99	99	99	99	99	99	99
49	64	78	87	103	121	120	101	99	99	99	99	99	99	99	99
72	92	95	98	112	100	103	99	99	99	99	99	99	99	99	99

解壓縮時就將量化後的整數乘上量化表中對應的值。可想而知，這必定會產生誤差，因此量化表的值會影響影像的品質和壓縮率。由於亮度與色度的重要性不同，它們有不同的量化表。JPEG 提供的表是經過大量影像測試得出的實驗結果，對於大多數的影像都有良好的效果。從表中可以看出，高頻係數所對應的量化值較大，這是為了將高頻的部份盡量變成幾乎都是 0 或接近 0，這對量化之後基於 RLE 的編碼會有很大的幫助。

JPEG 可以在壓縮率與影像品質之間權衡取捨，方法之一就是改變量化表的值。例如，如果將量化表的值都放大一倍，將有更多的係數被量化成 0，如此可獲得更高的壓縮率，但相對影像品質也會下降。

編碼

DCT 係數經量化後，需要對這 64 個係數進行編碼。可以使用算術編碼法(arithmetic coding)或霍夫曼編碼法進行編碼，儘管前者的效果會好一點，但一般都採用較簡單的後者。對於每個 DCT 區塊，首先將 DC 的值減掉前一個 DCT 區塊的 DC 值，這個差值通常不大，因為相鄰 DCT 區塊的顏色或灰階度變化不大。以圖 7-6-5 為例，DC 差值為 5。這個數字將被表示為(SS)，VV，其中 VV 表示該差值，即 VV = 5，而 SS 則表示要用多少個位元來表示該值。VV 使用可變長度整數(variable length integer, VLI)來表示，由於 5 的二進制表示為 101，只需要用 3 個位元來表示，因此 SS = 3。表 7-6-4 列出不同範圍的整數所需的位元數，例如−3、−2、2、3 這四個數字都只需要用 2 個位元就可以表示，分別表示為 00、01、10、11。

註▶ 算術編碼是一種無失真的熵編碼方法，它可以把整個輸入的訊息編碼為一個滿足 $0.0 \leq n < 1.0$ 的小數字 n。它可以根據符號出現的機率動態地調整編碼長度，達到接近最佳的壓縮效果。

−45									
	−40	0	0	0	0	0	0	0	
	0	0	0	0	0	0	0	0	
	−2	0	0	0	0	0	0	0	
	0	0	0	0	0	0	0	0	
	0	0	0	0	0	0	0	0	
	0	0	0	0	0	0	0	0	
	1	0	0	0	0	0	0	0	
	0	0	0	0	0	0	0	0	

圖 7-6-5　DCT 係數編碼的例子，圖中顯示兩個相鄰的 8×8 DCT 區塊

表 7-6-4　VLI 的大小

大小	範圍	
1	-1	1
2	$-3, -2$	$2, 3$
3	$-7 \cdots -4$	$4 \cdots 7$
4	$-15 \cdots -8$	$8 \ldots 15$
5	$-31 \cdots -16$	$16 \ldots 31$
6	$-63 \cdots -32$	$32 \ldots 63$
7	$-127 \cdots -64$	$64 \ldots 127$
8	$-255 \cdots -128$	$128 \ldots 255$
9	$-511 \cdots -256$	$256 \ldots 511$
10	$-1023 \cdots -512$	$512 \ldots 1023$
11	$-2047 \cdots -1024$	$1024 \ldots 2047$

　　對於 AC 部分，則依照 Zigzag 順序從 AC1 到 AC63 找到每一個非零的 AC 值，並將其表示為(NN/SS),VV，其中 NN 表示該 AC 值前面 0 的個數，而 SS 和 VV 則與先前的定義相同，但這裡的 SS 不得為 0。例如，圖 7-6-5 中的 AC3 = −2，在其前面的 AC1 和 AC2 均為零，因此表示成(2/2), −2。當 NN 超過 15 時，使用(15/0)表示有 16 個連續的零，例如圖中的 AC21 = 1，原本應表示為(17/1),1，現在則表示成(15/0)再加上(1/1),1。此外，若有一串的零延伸到 AC63，則不論零的個數有多少，一律都用(0/0)表示區塊編碼結束。根據上述規則，圖 7-6-5 的係數可表示成：(3),5; (2/2), −2; (15/0); (1/1),1; (0/0)。

　　這些符號最後均以霍夫曼編碼得到實際的壓縮資料。JPEG 提供了多個霍夫曼編碼表，表 7-6-5 列出了其中一部份，這些表是根據許多影像測試得到的平均結果，對於大多數的影像而言都有不錯的效果。通常有四個編碼表，分別用於亮度的 DC 與 AC，以及色度的 DC 與 AC，這是因為量化後的亮度與色度係數的機率分佈不同，為了獲得更好的效果，因此使用不同的表。編碼時，表示 DC 的(SS)應該對照 DC 編碼表的(SS)以獲得對應的編碼；同理，表示 AC 的(NN/SS)則對照 AC 編碼表的(NN/SS)以獲得對應的編碼。由於 NN 與 SS 都不超過 15，所以可以各用 4 個位元來組成一個索引值。至於 VV 則是以 SS 個位元來表示，如果 VV 大於零，則直接取其最低的 SS 個位元；若小於零，則記錄 VV-1 的最低 SS 個位元；若是 VV 等於零，則不記錄。

　　以圖 7-6-5 的幾個值為例，假設該 DCT 區塊是亮度的色彩成分，那麼對照編碼表就可以獲得壓縮後的資料如下：

編碼資訊	(3),5	(2/2), −2	(15/0)	(1/1),1	(0/0)
實際編碼	100　101	11111000　01	111111110111	1100　1	1010
編碼長度	6	10	12	5	4

圖 7-6-5 中的例子顯示：原本一個 DCT 區塊對應 64 個像素，若假設每個像素都是由 8 個位元表示，則共需 512 個位元表示此區塊的影像，但壓縮後只需用 6 + 10 + 12 + 5 + 4 = 37 個位元來表示該區塊的影像，故有約 512/37 = 13.84 倍的壓縮率。事實上，許多 DCT 區塊在量化後幾乎只剩下 DC，而 AC 全部為零，此時壓縮率會更高。因此，如果一張影像中有很多區塊都是這種情形的話，可預期整張影像的壓縮率甚至會高於 13.84。

表 7-6-5　JPEG 提供的亮度與色度的霍夫曼編碼表(上：DC 值；下：AC 值)

(SS)	亮度碼	色度碼
0	00	00
1	010	01
2	011	10
3	100	110
4	101	1110
5	110	11110
6	1110	111110
7	11110	1111110
8	111110	11111110
9	1111110	111111110
10	11111110	1111111110
11	111111110	11111111110

(NN/SS)	亮度碼	色度碼
0/0	1010	00
0/1	00	01
0/2	01	100
0/3	100	1010
0/4	1011	1000
0/5	11010	11001
0/6	1111000	111000
0/7	11111000	1111000
0/8	1111110100	111110100
0/9	1111111110000010	1111110110
0/A	1111111110000011	111111110100
1/1	1100	1011
1/2	11011	111001
1/3	1111001	11110110
⋮	⋮	⋮
F/9	1111111111111101	1111111111111101
F/A	1111111111111110	1111111111111110

最後我們比較 RLE 與 JPEG 的壓縮效果,以及 JPEG 壓縮法在不同壓縮程度下影像還原後的差異程度。所使用的原始影像如圖 7-6-6 所示。這裡所使用的壓縮效率是指被壓縮掉的大小除以原始大小的百分比,因此百分比愈高代表壓縮效能愈好。表 7-6-6 顯示,RLE 壓縮法應用在手繪圖這種較簡單的影像上時,會有較佳的壓縮效率,而 JPEG 則在兩種影像上都有非常好的壓縮效果。圖 7-6-7 和 7-6-8 分別顯示了在設定壓縮參數 10 和 20 後的 JPEG 壓縮還原結果。在手繪圖影像中,由於有較清楚的邊緣存在,所以經過 JPEG 壓縮後,邊緣處會有模糊現象,這一現象在自然影像中不容易察覺。

表 7-6-6　比較 RLE 和 JPEG 的壓縮效率(表中單位是位元組,百分比指節省的比例)

影像	原圖	RLE	JPEG (10)	JPEG (20)
Sea	344,785	318,720 (7.5%)	39,819 (88%)	27,645 (92%)
Painting	128,592	23,380 (81%)	8,695 (91%)	6,751 (94%)

(a)　　　　　　　　　　　　　　　　　　　　(b)

圖 7-6-6　原始影像。(a)自然影像;(b)手繪圖。

(a)   (b)

圖 7-6-7　設定壓縮參數 10 的 JPEG 壓縮還原結果。(a)自然影像；(b)手繪圖。

(a)   (b)

圖 7-6-8　設定壓縮參數 20 的 JPEG 壓縮還原結果。(a)自然影像；(b)手繪圖。

7-7 JPEG-LS 簡介

JPEG-LS 的核心技術是由 HP 公司的研究團隊所提出的 LOCO-I (Low Complexity Lossless Compression for Image)演算法(Weinberger 等人[2000])(Weinberger 和 Seroussi [1999])，而 JPEG-LS 是由制定 JPEG 的同一個委員會【ISO/IEC 2000a】所制定的標準。與 Lossless JPEG 一樣，JPEG-LS 也利用差分預測編碼或差分脈衝編碼調變(Differential Pulse Code Modulation, DPCM)提高無失真壓縮效能，但其較特別之處在於將預測誤差影像的邊緣與平滑區域分開，使用不同的演算法進行壓縮。一般 DPCM 所使用的預測函數相當於低通濾波器。因此預測誤差影像相當於原始影像減去低通影像(low-passed image)。圖 7-7-1 展示了經由 DPCM 所產生的預測誤差影像，我們可以觀察到預測誤差影像在原始影像邊緣部分有較大的值，而其餘部分灰階度幾乎相同。因此，將邊緣與平滑區域分別使用不同的壓縮演算法進行處理是一種自然且有效的策略。

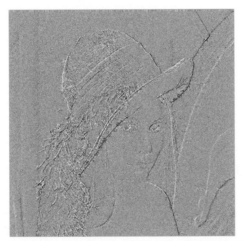

圖 7-7-1 由 DPCM 產生的預測誤差影像

目前文獻中應用 JPEG-LS 的例子並不多，但它的核心演算法 LOCO-I 已應用於 NASA 的火星探測器中。在面對有限運算資源的情況下，NASA 降低了 LOCO-I 演算法的計算複雜度以符合任務需求，並成功將火星上拍攝的珍貴影像傳回地球。雖然 JPEG-LS 並不是最新、最流行或是壓縮率表現最好的無失真壓縮方法，但方法當中的很多概念或做法對想開發無失真壓縮方法者仍頗有啓發作用。整個 JPEG-LS 編碼的實作有許多須注意的細節，這已超出本書設定的範圍，感興趣的讀者可參考 Weinberger 等人(2000)，在此只探討其中的幾個關鍵概念和做法。

7-7-1　編碼器基本架構

　　一般的無失真壓縮架構通常包含兩個獨立且特殊的部份：模式化器(modeler)和編碼器(coder)。模式化器根據先前編碼像素的統計特性，提供給編碼器目前要編碼的像素最短碼長的參數。如圖 7-7-2 所示，JPEG-LS 也分成模式化器與編碼器兩個部分，其中輸入影像取樣的像素值經過梯度計算，以判斷輸入影像取樣的像素是否處於平滑區，然後再送到相對應的編碼模式。如果處於平滑區，就進入串長模式(run mode)，計數器將開始計算相同像素的數量，並將該數量送入串長編碼器；如果不是處於平滑區(代表有某種邊緣存在)，則進入一般模式(regular mode)。在一般模式中，首先會將像素送入固定預測器進行最接近像素的預測，然後運用前文的資訊將預測偏移調整回正確值。接下來，將固定預測器和適應性修正所得的值與原始影像取樣值相減以獲得像素預測的誤差值，最後將此誤差值送入Golomb 編碼器進行編碼。JPEG-LS 的主要目標是以低複雜度的機制簡化模型和編碼的複雜度。後續章節會再詳細介紹圖 7-7-2 中各個重要方塊的內容。

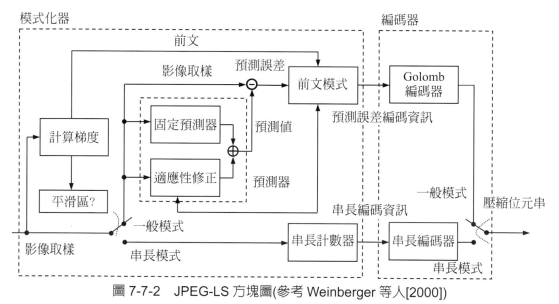

圖 7-7-2　JPEG-LS 方塊圖(參考 Weinberger 等人[2000])

7-7-2　前文(Context)

梯度

　　影像取樣送入模式化器後的首要工作是計算其梯度。令 x 表示目前像素值，a、b、c、d 表示先前編碼過的像素值[這些像素與 x 有上下文或前文(context)的關係]，q_1、q_2、q_3 表示梯度，如圖 7-7-3，其中 $q_1 = d - b$，$q_2 = b - c$，$q_3 = c - a$。當 $q_1 = q_2 = q_3 = 0$ 時，表示該區域是平滑區域，此時進入串長模式；反之，如果不全為零，則表示為邊緣部分，此時進入一般模式。

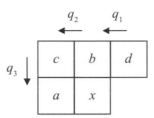

圖 7-7-3　JPEG-LS 中梯度的判別

用三個非負門檻值 T_1、T_2、T_3 將梯度 q_1、q_2、q_3 分別量化成 Q_1、Q_2、Q_3，其中三個門檻值的大小由像素的深度值決定。每個梯度可以被量化成九個可能值(見圖 7-7-4)，即從 -4 到 4 之間的 9 個整數值。可用三層從左到右的樹狀結構表列出所有可能的 (Q_1, Q_2, Q_3)，其中每一層的每個分支都有 9 個可能值(即 -4, -3, ..., 3, 4)的分支。若以 (0, 0, 0) 為界，可將整個結構分成對稱的上下兩半。這裡需要排除 $Q_1 = Q_2 = Q_3 = 0$ 的情況，因為所有梯度均為零的情況將由串長模式處理，因此 (Q_1, Q_2, Q_3) 總共定義出 $9^3 - 1 = 728$ 種前文，亦即從 (-4, -4, -4)、(-4, -4, -3)、…、(4, 4, 3)、(4, 4, 4) [當中不含 (0, 0, 0)] 共 728 個排列方式。由於對稱性，不同正負號的前文可以合併，做法是：若 (Q_1, Q_2, Q_3) 中第一個非零值為負，就將所有 (Q_1, Q_2, Q_3) 的正負號反轉成為 $(-Q_1, -Q_2, -Q_3)$。例如 (-4, -4, -4) 就變成 (4, 4, 4)；(0, -2, 3) 就變成 (0, 2, -3)，依此類推。因此，可能的前文數目減少一半，為 364 個，其中每個三維向量所構成的前文都一一對應 [1, 364] 中的一個索引，索引 0 則專門留給 (0, 0, 0) 的串長模式使用。圖 7-7-4 中的 δ 表示 JPEG-LS 在近乎無失真壓縮時可容忍的誤差，因而當 $\delta = 0$ 時代表要進行無失真壓縮。

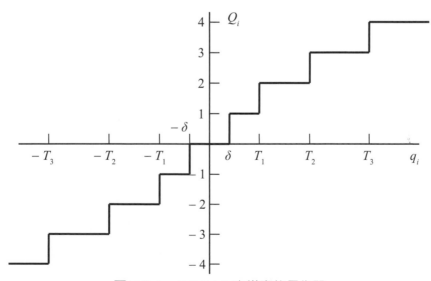

圖 7-7-4　JPEG-LS 中梯度的量化器

門檻值

JPEG-LS 可編碼的範圍從 0 到 2^P-1，P 為 2~16 位元，因此各個範圍的門檻值 T_1、T_2、T_3 都不相同。門檻值對於前文的轉換非常重要，它會影響 q 量化成 Q 的數值，進而影響編碼器的參數選擇。假設影像的像素深度為 8 位元/像素，即像素的最大值 MAXVAL = 255 時，JPEG-LS 預設的 T_1、T_2、T_3 值如表 7-7-1 所示。其中 NEAR 表示 JPEG-LS 在近乎無失真壓縮時可容忍的最大失真度，即圖 7-7-4 中的 δ。因此，在無失真的情況下，NEAR = 0，即 $\delta = 0$。不同的編碼範圍的門檻值計算方式，請參見附錄 C-1 門檻值的計算。

表 7-7-1　MAXVAL = 255，NEAR = 0 時的預設值

$BASIC\_T_1$	3
$BASIC\_T_2$	7
$BASIC\_T_3$	21

雙邊幾何分佈模型

根據文獻 Netravali 和 Limb (1980)的發現，一般影像的預測誤差值機率分佈通常遵循以 0 為中心的 Laplacian 分佈，或稱**雙邊幾何分佈**(Two-Sided Geometric Distribution, TSGD)。根據該文獻中的機率分佈，預測誤差值 ε 與 $\theta^{|\varepsilon|}$ 成正比，其中 $\theta \in (0,1)$ 控制雙邊的指數衰減率。然而，根據文獻 Langdon 和 Manohar (1993)的觀察，在有前文情況下 (context-conditioned)，預測誤差訊號通常存在一個 DC offset (直流偏移)。這個偏移是由於整數值以及在預測過程中可能產生的偏差(bias)所導致的。因此，在一般的機率模型中，需要包含一個額外的**偏移參數**(offset parameter) μ，其中 μ 被定義為非整數值。JPEG-LS 將固定的預測偏移分為兩部分，一個是整數部分 R (或稱"bias")，另一個是分數部分 s (或稱"shift")，並令 $\mu = R - s$，其中 $0 \leq s < 1$。因此，對於每個前文的預測誤差值，TSGD 可以定義如下：

$$P_{(\theta,\mu)}(\varepsilon) = C(\theta,s)\theta^{|\varepsilon - R + s|}, \quad \varepsilon = 0, \pm 1, \pm 2, \ldots, \tag{7-7-1}$$

其中 $C(\theta,s) = (1-\theta)/(\theta^{1-s} + \theta^s)$ 為一個正規化因子。偏差 R 在該預測器裡稱為整數適應性修正項，用來修正 TSGD 雙邊的衰減率。接下來，假設該偏差 R 在之後被修正而去除，因而在 0 到 -1 間產生平均誤差。因此，(7-7-1)式可修正如下：

$$P_{(\theta,s)}(\varepsilon) = C(\theta,s)\theta^{|\varepsilon + s|}, \quad \varepsilon = 0, \pm 1, \pm 2, \ldots, \tag{7-7-2}$$

其中 $0 < \theta < 1$，$0 \le s < 1$。(7-7-2)式的機率模型如圖 7-7-5 所示。當 TSGD 中心在 0 時，相當於 $s = 0$，而當 $s = 1/2$ 時，$P_{(\theta,s)}$ 為一個雙峰分佈(bi-modal distribution)，即在-1 與 0 處有相同的峰值。需要注意的是，該分佈的參數與前文有關。關於 TSGD 的深入探討，請參考文獻 Merhav 等人(1996, 1998, 2000)。

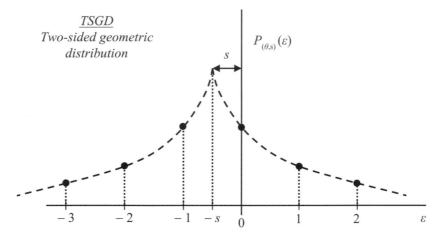

圖 7-7-5　影像預測信號的機率分佈：雙邊幾何分佈(Weinberger 等人[2000])

7-7-3　一般模式

固定預測器

當進入一般模式時，影像取樣會經過預測器的處理。固定預測器利用前文的像素值 a、b 和 c (如圖 7-7-3 所示)來預測當前像素的灰階值 x，如(7-7-3)式所示：

$$\hat{x}_{\text{MED}} = \begin{cases} \min(a,b), & c \ge \max(a,b) \\ \max(a,b), & c \le \min(a,b) \\ a+b-c, & \text{otherwise} \end{cases} \tag{7-7-3}$$

此固定預測器在三個簡單的預測器之間進行切換：如果在當前像素的左邊有垂直邊緣，則選擇 b；如果在當前像素的上方有水平邊緣，則選擇 a；如果偵測不到邊緣，則選擇 $a + b - c$，意味著可能存在一些梯度但沒有明顯的邊緣。預測值可視為三個固定預測器，即 a、b 和 $a + b - c$ 的中值(median)，因此 $\hat{x}$ 有下標 MED。例如$(a, b, c) = (4, 2, 5)$，則 $\hat{x}_{\text{MED}} = b = 2$，這也是 4、2 和 $a + b - c = 1$ 的中值；又例如$(a, b, c) = (5, 3, 2)$，則 $\hat{x}_{\text{MED}} = a = 5$，這也是 5、3 和 $a + b - c = 6$ 的中值；再例如$(a, b, c) = (5, 2, 3)$，則 $\hat{x}_{\text{MED}} = a + b - c = 4$，這也是 5、2 和 $a + b - c = 4$ 的中值。

適應性修正

根據對 TSGD 模型的討論，預測器的適應性部份是以前文爲基礎，且偏移(offset)的整數部份 R (或 bias)因預測器的緣故被去除。因此，在(7-7-2)式所示的分佈中，與前文相關的位移被限制在範圍 $0 \leq s < 1$ 中。接下來，我們將討論如何以低複雜度執行適應性修正[或偏差消除(bias cancellation)]，以去除偏移中的 R (或 bias)成分。

偏差估測(Bias estimation)

理論上，(7-7-1)式中 R 值的最大可能性估測(maximum-likelihood estimate)必須根據每個迄今爲止出現的前文與從固定預測器[(7-7-3)式]所得結果 $\hat{x}_{\text{MED}}$ 之間的預測誤差來進行 R 的移除。然而，因爲誤差的可能性太多，所以這種方法太耗費儲存資源而不予考慮。一個替代方案是根據迄今爲止前文出現的次數 N 和固定預測器累積的誤差總和 D 來獲得基於平均值的估測。於是，用一個寫成

$$C = \lceil D / N \rceil \qquad (7\text{-}7\text{-}4)$$

的修正值加到固定預測值 $\hat{x}_{\text{MED}}$ 來修正預測器的偏差。然而，這樣的處理方法有兩個問題。首先，它需要一般的除法運算，這違反了 LOCO-I/JPEG-LS 的低複雜度需求；其次，它對**離群值(outlier)**的影響非常敏感，亦即非典型的大誤差會影響 C 的估測，直到誤差值回復到一般範圍內，C 才會趨於穩定。

爲了解決上述問題，首先注意到(7-7-4)式的等效式如下：

$$D = N \cdot C + B \qquad (7\text{-}7\text{-}5)$$

其中整數 B 滿足$-N < B \leq 0$。我們透過一個簡單的遞迴程序，儲存 B 和 C 的值並利用各個發生的前文加以調整其值來實現修正值的計算。首先，將預測誤差 ε 加到 B 上得新的 B，然後 B 與 N 相加或相減(同時 C 減 1 或加 1)得新的 B，重複此程序直到產生的 B 落在範圍 $(-N, 0]$間。實務操作上，每次只進行加或減的更新一次，並不會進行多次的加減，所以通常只得到 C 的近似值。如何運用 C 程式語言解決修正問題的詳細方法，請參考附錄 C-2 中的偏差計算。

範例 7.4

假設某個前文固定預測器累積的誤差為 $D = 7$ 且到目前為止該前文出現 $N = 3$ 次,則由(7-7-4)式,$C = \lceil 7/3 \rceil = \left\lceil 2\frac{1}{3} \right\rceil = 3$。我們要如何由(7-7-5)式獲得這個結果?假設現在 $\varepsilon = 0$ 且 $B = C = 0$。

這顯然不符合(7-7-5)式,這時 C 要加 1 還是減 1 才能讓 B 往落入$(-N, 0] = (-3, 0]$的方向前進?顯然是加 1:當 $C = 1$ 時,$B = 4$;繼續將 C 加到 2,此時 $B = 1$;持續加到 $C = 3$ 時,$B = -2$ 才落入$(-3, 0]$中。實作上只更新一次,當 $C = 1$ 時,$B = 4$,參考附錄 C-2 中的偏差計算,由於 $B > 0$,所以被設定為 $B = 0$,又回到 B 的初始值。

7-7-4 串長模式

當梯度 $q_1 = q_2 = q_3 = 0$ 時,判斷為進入串長模式,串長計數器開始計算有多少個 $x = a$,直到 $x \neq a$ 為止,之後隨即進入串長中止(run interruption)編碼。串長中止的編碼方式其實與一般模式相似,不同之處在於當 $x \neq a$ 時,預測誤差 $\varepsilon = x - b$(即規範用 b 當 x 的預測值),因此,它省略了固定預測器與適應性修正。

7-7-5 編碼器

Golomb-Rice 編碼

JPEG-LS 編碼器採用 Golomb-Rice 編碼法,Golomb-Rice 是被設計來編碼非負的值。因此在前文模式送出預測誤差值給編碼器編碼時,需要將有正負值的誤差 ε 定義成一個新的非負數列,其定義方法如下式:

$$M(\varepsilon) = \begin{cases} 2\varepsilon, & \varepsilon \geq 0 \\ -2\varepsilon - 1, & \varepsilon < 0 \end{cases} \tag{7-7-6}$$

假設給定一個正整數 m,可求出非負整數 n 的 Golomb 碼。令 $n = qm + r$,q 編成 q 個 0 後面接一個 1 (也可編成 q 個 1 後面接一個 0),此即一元碼(unary code)。如果 $r < 2^{\lfloor \log_2 m \rfloor} - m$,則用 $\lfloor \log_2 m \rfloor$ 個位元表示 r,否則,使用 $\lceil \log_2 m \rceil$ 個位元表示 $r + 2^{\lfloor \log_2 m \rfloor} - m$。將 q 的碼與 r 的碼接起來即為 n 的 Golomb 碼。當 $m = 2^k$ 時,Golomb 碼的編解碼會變得很簡單,$q = n/m$ 的值可直接將 n 的二進位碼右移 k 個位元即可求得,而 r 就是 n 的二進位碼的最後 k 個位元,換句話說 n 的 Golomb 碼等於 q 的一元碼與 n 的最後 k 個位元接起來,因此以 $m = 2^k$ 的碼,稱為 Golomb-Rice 碼,其碼長為 $\lfloor n/2^k \rfloor + 1 + k$。

範例 7.5 **Golomb-Rice 編碼**

(a) 設 $(m, \varepsilon) = (4, 18)$。$m = 4 = 2^2$，所以 $k = 2$。$\varepsilon = 18$，所以 $n = M(\varepsilon) = 2\varepsilon = 36$。$n$ 的二進位碼為 100100，將 100100 向右位移兩個位元可得到 $1001_2 = 9$，其一元碼為 0000000001，100100 最後兩個碼為 00，所以當 $n = 36$ 且 $k = 2$ 時，n 的 Golomb-Rice 碼為 000000000100。碼長 $= \lfloor n/2^k \rfloor + 1 + k = \lfloor 36/4 \rfloor + 1 + 2 = 12$。

(b) 設 $(m, \varepsilon) = (1, -128)$。$m = 1 = 2^0$，所以 $k = 0$。$\varepsilon = -128$，所以 $n = M(\varepsilon) = -2\varepsilon - 1 = 255$。$n$ 的二進位碼為 11111111，將 11111111 向右位移零個位元可得到 $11111111_2 = 255$，代表其一元碼有 255 個 0，再加一個 1，即 00…001(共 256 個位元)，11111111 最後的零個碼為空集合，所以當 $n = 255$ 且 $k = 0$ 時，n 的 Golomb-Rice 碼為 00…001(共 256 個位元)。碼長 $= \lfloor n/2^k \rfloor + 1 + k = \lfloor 255/1 \rfloor + 1 + 0 = 256$。

最佳參數 k

k 值是 Golomb-Rice 編碼法的重要參數，最佳的 k 值會使得平均編碼長度最短。JPEG-LS 所使用的 k 值由"前文(context)"決定，會隨著前文的不同機動地調整。7-7-2 節中提到的前文 (Q_1, Q_2, Q_3) 總共定義出 364 種前文。令 $N[i]$ 表示迄今為止所看到第 i 個前文的預測誤差個數，$A[i]$ 表示迄今為止第 i 個前文的累計預測誤差的大小 $|\varepsilon|$，則 k 值計算如下式：

$$k = \left\lceil \log_2 \frac{A[i]}{N[i]} \right\rceil \tag{7-7-7}$$

長度限制(Limited-length) Golomb 編碼

在 JPGE-LS 中，Golomb 的編碼長度為有限的長度，目的是為了避免編碼長度過長，例如當 $k = 0$ 且影像最多有 256 個不同值(8 位元影像)，而誤差 $\varepsilon = -128$，其碼長為 256 bits，如範例 7.5 的情況(b)所示。這與可用碼長度為 8 bits 來表示 $-128 \sim 127$ 的誤差範圍相比，其資料量膨脹 32 倍。因此，JPEG-LS 為了避免某些誤差值編碼過於膨脹，設計一套如圖 7-7-6 所示的判斷方式。

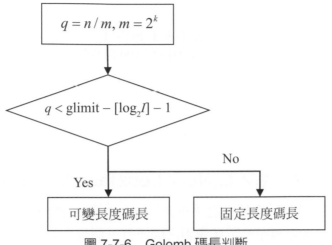

圖 7-7-6　Golomb 碼長判斷

　　圖 7-7-6 中 n 為當時的預測誤差值，glimit 為編碼的最大長度，I 為影像中的最大值，例如對 8 bits 的影像，I 即為 255。對於 glimit 的值，在一般模式與串長模式都不相同，細節請見 FCD [1997]。從圖 7-7-6 中的程序得知，如果 $q < \text{glimit} - \lceil \log_2 I \rceil - 1$，Golomb-Rice 即依 k 值編碼；如果 $q \geq \text{glimit} - \lceil \log_2 I \rceil - 1$，一元碼的 0 編碼長度即為 $\text{glimit} - \lceil \log_2 I \rceil - 1$，然後後面再加個 1，接下來以 $\lceil \log_2 I \rceil$　bits 編碼 $n - 1$，因此碼長即為 glimit。

範例　7.6

考慮如下的 8 位元影像內的一個 2×3 片段。對有像素值 5 的像素進行 JPEG-LS 編碼。需考慮或回答：要採用何種編碼模式，這屬於哪一個前文，計算出預測誤差，對誤差進行 Golomb-Rice 編碼等。

6	2	7
4	**5**	3

解

已知：$(a, b, c, d, x) = (4, 2, 6, 7, 5)$。

梯度計算：$q_1 = d - b = 7 - 2 = 5$，$q_2 = b - c = 2 - 6 = -4$，$q_3 = c - a = 6 - 4 = 2$。

梯度量化：因為 5、-4 和 2 分別在 $(3, 7)$、$(-7, -3]$ 和 $(-3, 3]$ 之間，所以 $(q_1, q_2, q_3) = (5, -4, 2)$ 將量化成 $(Q_1, Q_2, Q_3) = (1, -1, 0)$，因此本情況對應 $(1, -1, 0)$ 這個前文。

決定編碼模式：由於 $(Q_1, Q_2, Q_3) = (1, -1, 0) \neq (0, 0, 0)$，所以會進入一般編碼模式。

預測值計算：固定預測器的輸出 $\hat{x}_{\text{MED}} = \min(a, b) = 2$，因為 $c = 6 \geq \max(a, b) = 4$。

預測值修正：假設根據此前文的累積預測誤差以及出現次數估測得自適應修正量 $C = 1$，則經修正的預測值為 $\hat{x} = \hat{x}_{\text{MED}} + C = 2 + 1 = 3$。

經修正的預測誤差：$\varepsilon = x - \hat{x} = 5 - 3 = 2$。

編碼：假設根據(7-7-7)式，對當下前文最佳的 k 值為 1。因為 $\varepsilon = 2$，所以根據(7-7-6)式，$n = M(\varepsilon) = 2\varepsilon = 4$。$n$ 的二進位碼為 100，將 100 向右位移一個位元可得到 $10_2 = 2$，其一元碼為 001，100 最後一個碼為 0，所以當 $n = 4$ 且 $k = 1$ 時，n 的 Golomb-Rice 碼為 0010。碼長 $= \lfloor n/2^k \rfloor + 1 + k = \lfloor 4/2 \rfloor + 1 + 1 = 4$。

▌ 7-7-6 近乎無失真壓縮(Near Lossless Compression)

JPEG-LS 同時提供了一種稱為近乎無失真(near-lossless)的失真操作模式。在此模式下，每個重建的影像像素與原始影像像素之間僅有一個很小的差異，此差異不超過 δ。JPEG-LS 是目前唯一支援此操作模式的標準。

由於重建的像素值是根據前文與預測決定的，因此解碼過程與編碼時的操作相似。它的運作方式是：當梯度滿足 $|g_i| \le \delta$，$i = 1, 2, 3$ 時，進入串長模式，因此中心區域變為 2δ，如圖 7-7-4 所示。一旦進入串長模式，它可容忍 δ 以內的誤差大小，換句話說，判斷式變成 $x = a \pm \delta$。同理，串長中止的前文判斷式則變成是否有 $|a - b| \le \delta$。當 $\delta = 0$ 時，就自動變成無失真壓縮。由此可知，無失真壓縮是近乎無失真壓縮的一個特例。此外，可預期的是：當設定的 δ 值越大，壓縮率就越高。

▌ 7-7-7 無失真壓縮的效能

JPEG-LS 的無失真壓縮效能在眾多的無失真壓縮方法中算是非常優異的。儘管 JPEG-LS 的壓縮效能仍不如壓縮效能最好的 CALIC 演算法(Wu 和 Memon, [1997])，如表 7-7-2 所示，但 JPEG-LS 的複雜度較低，執行速度比 CALIC 快很多(Alonso 等人, [2021])。因此在系統實現上，JPEG-LS 比 CALIC 更可行。相較於追求最佳的壓縮效能，追求可行的架構才是 JPEG-LS 獲選為標準的原因。

表 7-7-2　壓縮效能比較(單位：bits/pixel)(Weinberger 等人[2000])

影像	JPEG-LS	CALIC arithm.
bike, café, woman, tools, bikes	3.63, 4.83, 4.20, 5.08, 4.38	3.50, 4.69, 4.05, 4.95, 4.23
cats, water, figger, us	2.61, 1.81, 5.66, 2.63	2.51, 1.74, 5.47, 2.34
chart, chart_s, compound1, compound2	1.32, 2.77, 1.27, 1.33	1.28, 2.66, 1.24, 1.24
aerial2, faxballs, gold, hotel	4.11, 0.90, 3.91, 3.80	3.83, 0.75, 3.83, 3.71
平均	3.19	3.06

註 CALIC (Context-Based, Adaptive, Lossless Image Coder)使用梯度調整預測(gradient adjusted prediction)方法來預測像素值。接著,利用梯度和紋理生成上下文(context)。然後,採用自適應算術編碼(adaptive arithmetic coding)對預測誤差進行編碼。和 JPEG-LS 一樣,CALIC 也是一種基於上下文、自適應的無損影像編碼器。它使用大量的建模上下文來建立有條件下的非線性預測器。此預測器可以通過預測誤差的反饋機制來自我修正,使其能夠適應不同來源統計特性的資料。

7-8　動態視訊壓縮

7-8-1　視訊編碼的原理

動態畫面與人類視覺系統

　　視訊會議、電影、電視以及許多醫學影像都是由連續的二維影像畫面所組成。如果用靜態影像壓縮標準對每一張畫面進行單獨壓縮,雖然對於單張畫面可以獲得不錯的壓縮效果,但無法獲得極高的壓縮率。例如,假設未壓縮的位元率為 168 MB/s。如果用 JPEG2000 對每個畫面逐一壓縮 24 倍,則壓縮後的位元率為 7 MB/s。這個位元率對於大多數的實際應用來說還是太高了。

　　在視訊壓縮時,如果能更進一步考慮畫面之間的冗餘性,不僅無需對每個畫面都做一次靜態影像壓縮,還能獲得更高的壓縮效果。例如,圖 7-8-1 展示了一段視訊畫面,畫面的時間序是從第一排的左到右,再接第二排的左到右。仔細看日曆上標示 22 號的位置,一開始 22 這個數字清楚可見,後來逐漸被火車遮擋,到最後一個畫面時,22 這個數字已完全被遮擋住。從這六張連續的畫面中我們可以觀察到,不僅畫面中的背景呈現靜止狀態,即使是畫面中的火車和球在畫面與畫面之間也呈現極大的相似性,這就是畫面之間的冗餘性。視訊(又稱動態影像)編碼的研究重點就是探索並去除相鄰畫面(或者連續幾張相鄰畫面)之間的冗餘性。

　　如果視訊的來源是攝影機鏡頭拍攝的電影或電視節目,且畫面可能突然改變或攝影機在移動,那麼完全靜止的背景可能相對較少。儘管如此,仍然存在相當可觀的畫面冗餘性。因此,如何有效地利用畫面間的冗餘對於視訊壓縮的成功與否至關重要。

圖 7-8-1　Mobile & Calendar 動態影像

　　值得注意的是，進行視訊壓縮時必須考慮一個非常重要的事實：接收端是人類的視覺系統而不是計算機。有些以計算機為基礎的觀察系統可能無法容忍的失真對於人眼來說卻是可以接受的，這是因為人眼基本上具有低通濾波的能力。因此，對於空間(spatial)與時間(temporal)頻率都很高的動態畫面，人眼的反應相對較差。基於這個原因，對於畫面中變化相當快的區域，我們可以使用比靜止區域更低的量化階數和解析度來表示。這使得在時間和空間上都可以使用可變的解析度；在時間軸上，原本每秒必須傳輸 30 個畫面，現在則可以視情況減少；在空間上(即同一畫面)，變化度高與變化度低的兩種區域可以使用不同的標準或者方法進行編碼。需要注意的是，所謂的空間(包括水平與垂直方向)與時間，在實際編碼過程中經常是相輔相成並互相拉抬的。

移動補償預測編碼

理論上，如果每個像素的運動軌跡都能被描述出來，我們只需要編碼並傳送第一個畫面以及每個像素的運動軌跡資訊。要重建每張影像，只需根據像素的個別軌跡進行重建。如此可充分運用畫面間的冗餘性，節省大量的儲存或傳輸位元。一個能夠落實以上想法的實際做法是以畫面間每個方塊運動的向量(而非每個像素的軌跡)來近似表示。這種向量稱為移動向量(motion vector, MV)。利用移動向量可以進行畫面間的移動補償預測(motion compensation prediction)。而移動補償預測的成功與否完全取決於移動估測(motion estimation)是否能夠正確又快速地估測出物體(或影像方塊)的移動向量。圖 7-8-2 展示了移動補償編碼的方塊圖，移動估測使用前一個編碼後的畫面以及現在即將要編碼的畫面為輸入，並輸出每個影像方塊的移動向量(從前一個畫面到下一個畫面該方塊的位移)。移動補償預測器的功能則是將前一個畫面加上每個方塊的移動向量建立出當前畫面的預測影像。將原始的當前畫面減去預測影像即可獲得誤差影像，最後再將此誤差影像編碼後送出。由圖 7-8-2 可看出，移動補償編碼的成敗關鍵在於移動估測的準確性。只要移動估測做的好，誤差影像就可忽略不計。當然，視訊的播放有即時性的需求，所以移動估測的速度也是選取移動估測方法的重要考量之一。

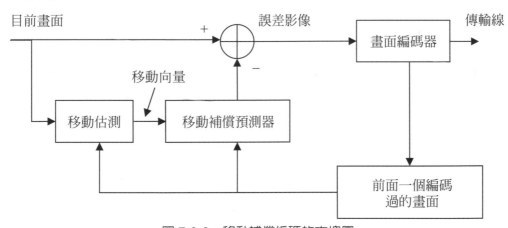

圖 7-8-2　移動補償編碼的方塊圖

圖 7-8-3 展示了移動估測的過程。給定一個參考畫面和一個目前畫面的 $M \times N$ 巨方塊(macroblock)，移動估測的主要目的是找出參考畫面中與目前畫面的巨方塊最匹配的巨方塊。假設目前畫面發生在時間 t，則參考畫面可以是在時間 $t - n$ 的畫面(順向移動估測)或是在時間 $t + k$ 的畫面(反向移動估測)。需要注意的是，一般假設物體在畫面間的動作只涉及簡單的移位，而不考慮旋轉和縮放。

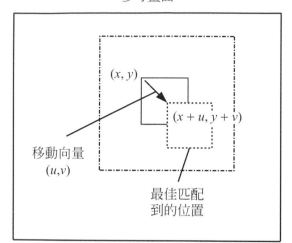
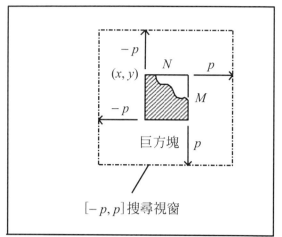

參考畫面　　　　　　　　　　　目前畫面

圖 7-8-3　移動估測的示意圖

移動估測的最理想狀況是在整個參考畫面中搜尋，以找到最佳匹配。然而，這種方法並不實際。一般的作法是將搜尋範圍限制在一個搜尋視窗內。圖 7-8-3 中的[−p, p]搜尋視窗表示以目前畫面的巨方塊為中心，並向上下左右各延伸 p 個像素所形成的範圍。假設巨方塊的左上角座標為(x, y)，且在搜尋視窗內所找到最佳匹配的巨方塊的左上角像素座標為(x + u, y + v)，則從(x, y)到(x + u, y + v)所形成的向量(u, v)稱為該巨方塊在座標(x, y)處的移動向量。

如前所述，基於移動估測的視訊壓縮可節省大量的儲存或傳輸位元。然而，整個視訊壓縮過程中計算成本最高且佔用資源最多的操作就是畫面間的移動估測。因此，視訊壓縮需要快速且計算成本低廉的移動估測算法。

7-8-2　區塊匹配演算法

要確定任兩個巨方塊是否匹配，就要計算區塊失真量測值(Block Distortion Measure, BDM)。BDM 的估測方式會影響計算的複雜度，也可能因為不同的 BDM 選擇而得到不同的移動向量。以下簡要介紹幾種較簡單的 BDM 方法或技巧。

BDM 運算技巧

一個最直覺的 BDM 就是考慮兩個區塊之間的均方誤差(mean squared error)，但由於取平方是一個昂貴的運算，所以實務上常用取絕對值來替代，這就形成了所謂的平均絕對誤差(Mean Absolute Error, MAE)。假設目前畫面的巨方塊像素為 $C(x + k, y + l)$，而參考畫面中的像素為 $R(x + i + k, y + j + l)$，定義

$$MAE(i, j) = \frac{1}{MN} \sum_{k=0}^{M-1} \sum_{l=0}^{N-1} \left| C(x+k, y+l) - R(x+i+k, y+j+l) \right| \tag{7-8-1}$$

其中(i, j)的實際位置會隨以下介紹的區塊匹配搜尋方法的不同而有異，但一定明確可知的是透過最小 MAE 找到的移動向量(u, v)必須受到搜尋視窗$-p \le u, v \le p$的限制。平均絕對誤差(MAE)是經常被使用，甚至是預設的 BDM。在實務操作上，當區塊大小固定不變時，通常會省略(7-8-1)式中除以 MN 的平均動作，而形成所謂的絕對誤差總和(Sum of Absolute Difference, SAD)。在區塊大小固定的情況下，使用 MAE 與 SAD 量測來搜尋移動向量的結果會完全相同，但後者可顯著降低運算量，因此 SAD 成為很多實際系統的首選。

1. 像素次取樣

對於兩個要比對的區塊，原本 BDM 的運算會涉及所有在區塊內的像素，但採用像素次取樣技巧後，只有四分之一的像素涉及 BDM 的計算，這可進一步降低計算量。方法是：當計算搜尋圖 7-8-4 位置$(2i, 2j)$的 BDM 時，只使用標記 1 的像素；當計算搜尋位置$(2i, 2j + 1)$的 BDM 時，只使用標記 2 的像素；當計算搜尋位置$(2i + 1, 2j)$的 BDM 時，只使用標記 3 的像素；當計算搜尋位置$(2i + 1, 2j + 1)$的 BDM 時，只使用標記 4 的像素。透過演算法使標記 1 到 4 的像素交替使用，甚至隨時間改變標記的排列，可以確保在移動估測過程中使用到所有的像素。交替使用的好處是降低只有一個像素寬(水平、垂直和對角方向上)的線沒被考慮到的可能性。需注意的是，此方法只需原 BDM 四分之一的計算量，且其結果與用區塊內的所有像素計算出的 BDM 通常不一樣，因此以這兩者為依據的「最匹配」區塊可能會不相同，而有找到實際上是「次佳」匹配區塊的風險。

1	2	1	2	1	2	1	2
3	4	3	4	3	4	3	4
1	2	1	2	1	2	1	2
3	4	3	4	3	4	3	4
1	2	1	2	1	2	1	2
3	4	3	4	3	4	3	4
1	2	1	2	1	2	1	2
3	4	3	4	3	4	3	4

圖 7-8-4　像素次取樣示意

2. 像素投影

如圖 7-8-5 所示，我們取巨方塊在幾個方向上的投影，然後使用這些投影方向上的取樣值而不是像素本身。例如，考慮兩個方向上的投影：每個縱列投影向量的元素是 8 × 8 方塊內相對應縱列的像素和，而每個橫列投影向量的元素則是 8 × 8 方塊內相對應橫列的像素和。同樣的方法也適用於其他大小的區塊，例如 16 × 16 的巨方塊。之後也是計算 BDM 的值，只是現在 BDM 中的的誤差是兩個投影量之間的誤差，不是像素值之間的直接誤差。雖然要付出額外計算投影量的成本，但由於投影量中的數值個數比原影像區塊中的像素個數少很多，所以還是有降低整體 BDM 計算量的好處。不過，和用先前像素次取樣的技巧一樣，也是會有找到實際上是「次佳」匹配區塊的風險。

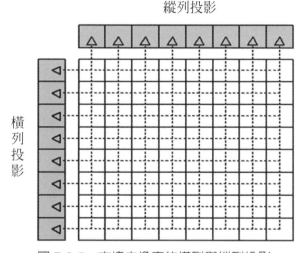

圖 7-8-5　方塊內像素的橫列與縱列投影

移動估測搜尋法

1. 完全搜尋

最簡單的搜尋法是完全搜尋(Full Search, FS)，它使用一個固定的 BDM 對搜尋範圍內所有可能的巨方塊位置進行比對。雖然這種方式最耗時，但是能找到最準確的移動向量，亦即具有搜尋範圍內全局最小(Global minimum)的 BDM 值。

2. 二維對數搜尋

二維對數搜尋(2D logarithmic search, 2DLS)方法的步驟如下：

步驟 ❶　從中心位置開始搜索。

步驟 ❷　選擇初始步長，例如 $S = 2^n$，其中 n 為一固定的正整數。

步驟 ❸　在 X 軸和 Y 軸上搜索距離中心為 S 的 4 個位置。

步驟 ④ 找到成本函數(即 BDM)最小的點的位置。

步驟 ⑤ 如果中心以外的點是最佳匹配點,則選擇該點作爲新的中心;如果最佳匹配點在中心,則設置 $S = S/2$。

步驟 ⑥ 如果 $S = 1$,則搜索中心周圍距離 S 的所有 8 個位置;否則重複步驟 3 至 5。

步驟 ⑦ 將運動向量設置爲成本函數最小的點。

　　如圖 7-8-6 所示,#1 的五個點代表第一輪比對的五個方塊位置,這些位置之間的間隔相同(在此 $S = 2$)而且均勻地分佈在搜尋視窗內。假設在第一輪比對後,使得 BDM 最小的位置在#1 的實心黑點(非中心點),因此以該點爲新的中心點。接著考慮此新中心點上下左右相隔 $S = 2$ 的近鄰點,其中下方近鄰點可不考慮,因爲前一輪比對已知它比新中心點的 BDM 高。因此只須考慮新中心點上方和左右各一的三個近鄰位置,如圖中#2 的點。計算這三個#2 點位置的 BDM 值,再加上前一輪比對中 BDM 值最小的#1 點的 BDM 值,將這四個 BDM 值進行比較,找出最小者,假設是位於上方的那個#2 點(如圖中的實心黑點)。於是再以這個#2 點爲新的中心點,進行下一輪的搜尋。以下依此類推,陸續找到#3 和#4 的實心點爲新中心。假設#4 的實心點本身有最小的 BDM,因此間距縮小爲 $S = 2/2 = 1$,因此考慮其周圍間距爲 1 的 8 個點,在此標示爲#5,其中有三個點已超出範圍,所以沒有顯示出來。以圖 7-8-6 所示的搜尋方向爲例,假設第一輪搜尋確定匹配點不在整個欲搜尋範圍的下半平面,第二輪搜尋則確定匹配點也不在上半平面的下半部。如此進行下去,每一輪的搜尋都固定去掉剩餘範圍的一半。由於搜尋範圍呈指數函數地縮小(第 k 輪比對後只剩下 $1/2^k$ 的搜尋範圍),因此只需要對數函數個步驟就可完成搜尋的工作。

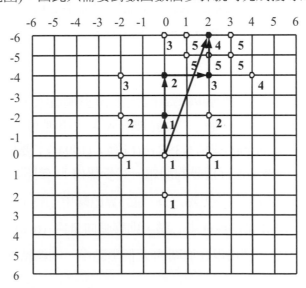

圖 7-8-6　二維對數搜尋法

3. 三步搜尋法

三步搜尋法[three-step search (TSS) algorithm]或簡稱 3SS 法，如圖 7-8-7 所示，與對數搜尋類似。#1 的九個點代表第一步進行比對的九個方塊位置，這些位置之間的間隔均為 3，且均勻地分佈在搜尋視窗內。假設在第一步的比對中，BDM 最小的點位於#1 的實心黑點，則第二步的比對範圍就是圍繞這個點的八個#2 點，如圖所示，其間隔均為 2。同理，第三步的比對範圍則是八個間隔為 1 的#3 點。整個演算法固定需要三個步驟，因此稱為三步搜尋法。

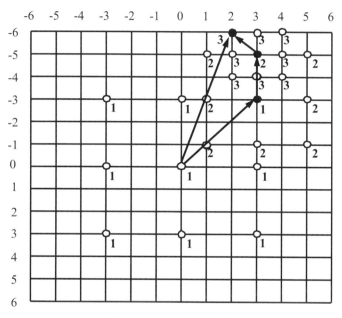

圖 7-8-7　三步搜尋法

4. 新三步搜尋法

由於三步搜尋法使用規律的搜尋步驟做比對(搜尋範圍固定從 6×6、4×4、再到 3×3)，並未針對小範圍移動的區塊進行優化，因此搜尋效果並不理想，而新三步搜尋法[New three-step search (NTSS) algorithm]或稱 N3SS 法(Li 等人[1994])主要是改進了三步搜尋法無法針對這些小移動範圍的區塊進行搜尋的問題。其步驟如下(參照圖 7-8-8)：

步驟 1 除了計算原先的 9 個實心黑點之外，還計算距離中心為 1 的 8 個周圍點(正方形)。

步驟 2 如果最小的 BDM 值出現在中心點，則移動向量為 (0, 0)。

步驟 3 如果 BDM 的最小值出現在周圍的 8 個黑點中，則繼續進行與三步搜尋法相同的步驟。

步驟 4 如果 BDM 的最小值出現在周圍的 8 個正方形，則繼續估測其周圍 3 或 5 點(三角形)，並以 BDM 最小值所在位置作為移動向量。

此方法的流程圖如圖 7-8-9 所示。

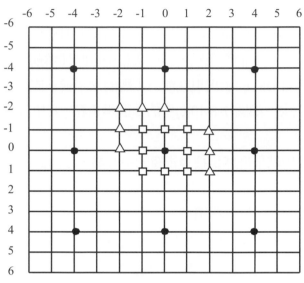

圖 7-8-8　新三步搜尋法

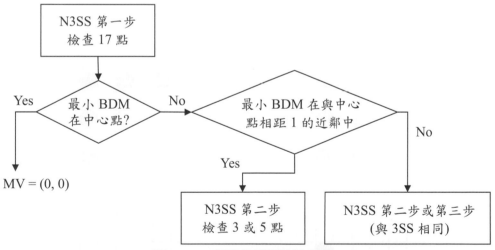

圖 7-8-9　新三步搜尋法流程圖

5. 四步搜尋法

四步搜尋法[four-step search (FSS) algorithm]或稱 4SS 法(Po 和 Ma [1996])的搜尋方式類似於 3SS，效能則與 N3SS 相近。首先，它以 5×5 的搜尋視窗範圍取代 3SS 的 9×9 範圍來估測九個點的 BDM 值，如圖 7-8-10(a)，只有第一步的 BDM 最小值為中心點或最後一步才使用圖 7-8-10(d)的 3×3 範圍。詳細的搜尋法如下：

步驟 ① 在圖 7-8-11 的中心搜尋如圖 7-8-10(a)所示的 5 × 5 範圍，如果搜尋到 BDM 的最小值在中心點，則跳到步驟 4；如果最小值出現在其他 8 個點，則進行步驟 2。

步驟 ② 在步驟 2 中，搜尋視窗依然為 5 × 5，但搜尋位置會根據前一步驟所找到點的位置進行調整：

(1) 如果最小 BDM 的值位在前一步驟的角落，則增加 5 個搜尋點來評估，如圖 7-8-10(b)中的 5 個黑色點，其中灰色中心點即為前一步驟的角落。

(2) 如果最小 BDM 的值出現在前一步驟的水平或垂直邊的中點，則增加 3 個搜尋點來評估，如圖 7-8-10(c)中的 3 個黑色點，其中灰色中心點即為前一步驟的中點。

如果搜尋後的結果仍然是搜尋視窗的中心點，則跳到步驟 4，否則繼續進入步驟 3。

步驟 ③ 與步驟 2 相同，只是會繼續進入步驟 4。

步驟 ④ 搜尋視窗範圍改為 3 × 3，如圖 7-8-10(d)，並以前一步驟最小 BDM 值的位置為中心，評估增加的 8 個點，BDM 最小值的位置即為移動向量。

圖 7-8-11 展示了兩個可能的搜尋路徑的例子。在最壞情況下，4SS 搜尋需花費 9 + 5 + 5 + 8 = 27 次的 BDM 計算(如圖 7-8-11 中左下角的路徑所示)，比 3SS 多 2 次，比 N3SS 少 5 次。

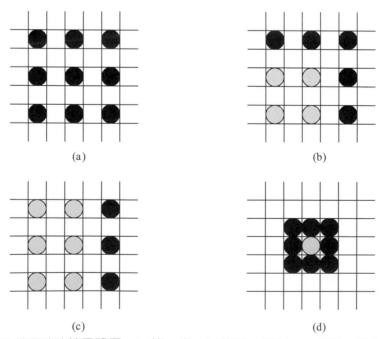

(a)

(b)

(c)

(d)

圖 7-8-10 四步搜尋法的搜尋路徑。(a)第一步；(b)第二、三步；(c)第二、三步；(d)第四步。

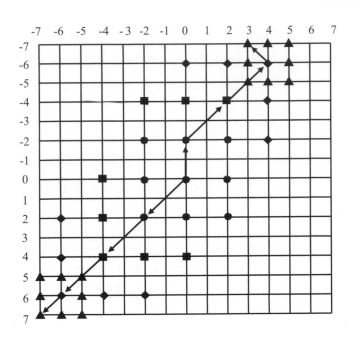

圖 7-8-11　四步搜尋法搜尋路徑的示意。圖中顯示兩個可能的路徑，分別是從(0, 0)朝向右上方與左下方。

6. 一維平行階層式搜尋

一維平行階層式搜尋(Parallel Hierarchical One-Dimensional Search, PHODS)擁有可平行計算和資料流量穩定兩大優點，其演算法如下：

步驟 1 在搜尋範圍$[-p, p]$內，另計算 $S = 2^{\lfloor \log_2 p \rfloor}$，搜尋範圍的原點$(d_i, d_j)$為$(0, 0)$。

步驟 2 進行平行計算：

(1) i軸的區域性最小值：在$(d_i - S, d_j)$、(d_i, d_j)及$(d_i + S, d_j)$這三個位置中，找出 BDM 值最小者並設 d_i為其 i 座標值。

(2) j軸的區域性最小值：在$(d_i, d_j - S)$、(d_i, d_j)及$(d_i, d_j + S)$這三個位置中，找出 BDM 值最小者並設 d_j為其 j 座標值。

步驟 3 設 $S = S/2$。若 $S \geq 4$，則回到步驟 2。

舉一例。如圖 7-8-12 所示為 $p = 7$ 時的情況，因此間隔 $S = 4$。

(1) 第一步，計算標記為 $x1$ 的三個搜尋位置以求得 i 軸上的最小 BDM 值。假設計算結果顯示 $i = 0$ 的位置有最小的 BDM 值。同時，也計算標記為 $y1$ 的三個搜尋位置以求得 j 軸上的最小 BDM 值。假設計算結果顯示 $j = 0$ 的位置有最小的 BDM 值。因此，新的原點仍然是$(0, 0)$。

(2) 接下來，間隔 S 減小爲 2。以前一個步驟所求得的原點爲中心，並以間隔爲 2 的 i 軸上標記爲 $x2$ 的三個位置爲搜尋點。假設計算結果顯示 $i = -2$ 的位置有最小的 BDM 值。同理對 j 軸也是如此。假設計算結果顯示 $j = 2$ 的位置有最小的 BDM 值。因此新的原點是$(-2, 2)$。

(3) 最後，間隔 S 減小爲 1。使用相同的方法，但這次的中心是$(-2, 2)$且間隔爲 1，因而搜尋標示爲 $x3$ 和 $y3$ 的位置。假設平行計算的結果顯示 $i = -3$ 且 $j = 1$ 的位置有最小的 BDM 值。由於間隔 S 已經最小，因此$(-3, 1)$就是當前畫面這個巨方塊的移動向量。

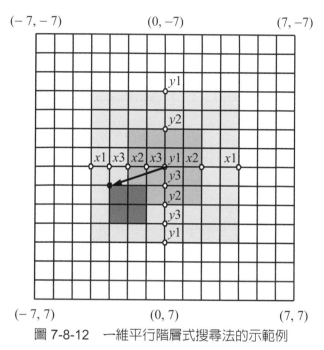

圖 7-8-12　一維平行階層式搜尋法的示範例

7. 區塊傾斜搜尋法

區塊傾斜搜尋法[Block-Based Gradient Descent Search (BBGDS) Algorithm](Liu 和 Feig [1996])與四步搜尋法相似，唯一的不同是它的搜尋範圍大小固定爲 3 × 3。首先，計算中心點及其周圍的 8 個點的 BDM 值，如圖 7-8-13(a)所示。如果最小的 BDM 值在邊上的中心點上，則再增加 3 個 BDM 點，如圖 7-8-13(b)所示；如果最小的 BDM 值在角落上的點上，則增加 5 個 BDM 點，如圖 7-8-13(c)所示。重複這些步驟，直到最小的 BDM 值在搜尋視窗口的中心點上，則停止搜尋，並將中心點作爲移動向量。

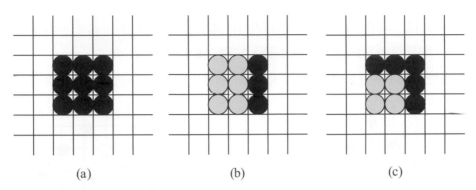

圖 7-8-13　區塊傾斜搜尋法。計算(a)中心點及圍繞中心點的 BDM 值；(b)增加 3 點的 BDM 值；(c)增加 5 點的 BDM 值。

8. 菱形搜尋法

菱形搜尋法[Diamond search (DS) algorithm](Zhu 和 Ma [2000])與之前提到的搜尋法有很大不同，它的搜尋點排列方式是菱形的，如圖 7-8-14 所示。圖 7-8-14(a)稱為大菱形搜尋模式(large diamond search pattern, LDSP)，它計算中心點及其周圍的 8 個點的 BDM 值；圖 7-8-14(b)稱為小菱形搜尋模式(small diamond search pattern, SDSP)，它則計算中心點及其周圍的 4 個點的 BDM 值。在搜尋過程中，使用 LDSP 作為搜尋形狀，只有當 BDM 最小值在中心點上時，才轉換成以 SDSP 為搜尋形狀。詳細的搜尋過程如下：

步驟 1　一開始在巨方塊中心以 LDSP 為搜尋形狀，計算中心點及其周圍 8 個點的 BDM 值，如果最小的 BDM 值在中心點上，則跳到步驟 3；否則續進行步驟 2。

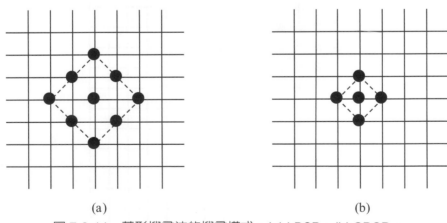

(a)　　　　　　　　　　　　　　　(b)

圖 7-8-14　菱形搜尋法的搜尋模式。(a) LDSP；(b) SDSP。

步驟 2　繼續使用 LDSP 作為搜尋形狀，重複步驟 1 的搜尋動作，直到最小的 BDM 出現在中心點上，此時：

(1) 若前一步驟的 BDM 值出現在中心點的上、下、左、右其中一點，則計算新增的 5 個 BDM 值，如圖 7-8-15(a)所示。

(2) 若前一步驟的 BDM 值出現在中心點的左上、左下、右上、右下其中一點，則計算新增的 3 個 BDM 值，如圖 7-8-15(b)所示。

步驟 3 將搜尋形狀從 LDSP 轉換成 SDSP，最小的 BDM 值的位置即為動作向量所在。

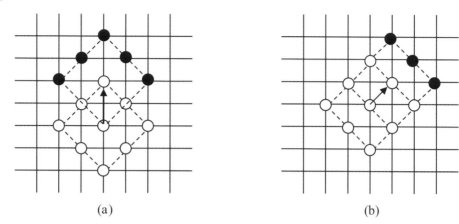

(a)   (b)

圖 7-8-15 　菱形搜尋法的搜尋路徑。(a)搜尋路徑一；(b)搜尋路徑二。

圖 7-8-16 是菱形搜尋法的一個例子，可以看出在搜尋過程中只需要計算 24 個點。與先前的四步搜尋法(4SS)相比，菱形搜尋法在效能和所需的搜尋點數方面都更佳。

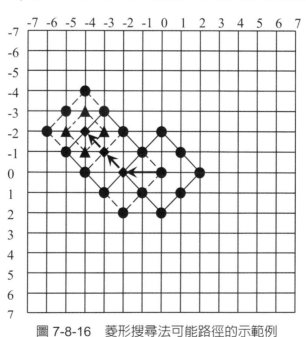

圖 7-8-16 　菱形搜尋法可能路徑的示範例

▌ 7-8-3　視訊壓縮標準 MPEG-2

　　隨著通訊科技和超大型積體電路技術的快速發展，人類的生產、消費和娛樂方式正在發生革命性的轉變。為了讓每個終端用戶都能享受到通訊服務，單純依賴舊有的通訊媒介已經不足以應付需求。除了佈建寬頻光纖取代現有的銅線迴路外，降低資料量也是解決有限頻道資源的有效方式。在所有的訊息中，又以視訊所需要的資料量最大，因此視訊壓縮成為當今媒體通訊的關鍵技術之一。從 CCITT 的 H.261 到 MPEG 壓縮，無論是在畫質、解析度、動作連續性還是錯誤遮隱能力方面都有很大的進步，但基本上它們無法完全滿足廣播、高畫質電視(HDTV)或有線電視等應用的需求。這些系統不僅要求更高的畫質及解析度，還要能夠透過各種網路提供不同的服務，因此才有 MPEG-2 標準的制定。MPEG-2 的制定雖已有一段時間了，但它是視訊壓縮的經典代表，就像標準已被制定更久的 JPEG 一樣，目前仍廣泛被運用。本節將探討國際標準化的視訊壓縮方法，特別是 MPEG-2 的視訊編解碼標準。

MPEG-2 標準

　　MPEG 委員會於 1988 年成立，並與 Expert Group for ATM Video Coding 於 1990 起合作制定 ISO/IEC 13818 國際標準，也就是 MPEG-2 標準，它規範了動態影像和相關音訊資訊的通用編碼方法。其中包含：

1.　ISO/IEC 13818-1 系統

　　　　此部份定義一個整合影音的多工架構以及影音同步所需的時序信號的表示方法。在系統中定義了兩種資料流：傳輸資料流(transport stream)及節目資料流(program stream)。傳輸資料流主要應用於網路有線電視，節目資料流則是應用於數位儲存媒體，例如 CD-ROM。

2.　ISO/IEC 13818-2 影像部分

　　　　主要是定義經過壓縮的影像資料格式和解壓縮過程。這部分描述的基本編碼演算法是一種結合運動補償預測和離散餘弦轉換(DCT)的混合方法。要編碼的影像可以是交錯或非交錯的，適用於多種應用、位元率、解析度和品質。它將必要的演算法元素整合到一個語法中，並且定義了一些子集，按照類型(profile)和層級(level)來區分，以方便實際使用這個通用影像編碼國際標準。

3. ISO/IEC 13818-3 音效部分

定義音效資料壓縮的編碼方式。它可以支援多種取樣頻率、位元率、聲道數和音訊品質。它的基本編碼演算法是一種將音訊信號分爲 32 個子頻帶，並對每個子頻帶進行適應性的量化和編碼的方法，可以實現高效能的壓縮和低失眞的重建。

4. ISO/IEC 13818-4 合規性測試(Conformance Testing)

定義出一系列的程序，以測試資料流是否符合標準。它定義了編碼資料和解碼器的特性，規範了測試編碼資料和解碼器的合規性程序，並且提供了一些測試方法和樣本。

5. ISO/IEC 13818-5 軟體模擬

規範了一種 C 語言的軟體模擬，用於實現標準中相關的編碼器和解碼器。它的目的是提供一個參考和驗證的工具，以確保不同的編碼器和解碼器之間的互操作性和合規性。

6. ISO/IEC 13818-6 擴展(Extensions)

規範了一些對 ISO/IEC 13818-1 (系統)的擴展，用於支援數位儲存媒體命令和控制(Digital Storage Media Command and Control, DSM-CC)的功能。DSM-CC 是一組模組化的協定，可以單獨或組合使用，以提供多種多媒體技術所需的功能，例如，瀏覽、選擇、下載和控制各種類型的位元流。

MPEG-2 特性

MPEG-2 與 MPEG-1 的不同之處在於前者的語法結構至少提供了以下幾種特徵：

1. 提供漸進式與交錯式的掃描格式

一般電視訊號採用交錯式(interlaced)掃描，而有些計算機和視聽設備則使用漸進式(progressive)掃描。MPEG-2 能夠兼容並提供最佳編碼效果，以適應交錯式或漸進式視訊的特性。

2. 提供 3:2 轉換功能

這使得電影(每秒 24 個畫面)轉換爲電視訊號(NTSC 每秒 30 個畫面)更加直接和簡便。

3. 提供移動型的視窗顯示

如何用低解析度的電視收看高解析度的節目？可以藉由將視窗位置和大小編入位元流中來解決此問題。

4. 提供更大的畫面品質可調性

由於位元率的靈活性增加，節目的製作者可以更充分地利用可用位元來調整畫面品質。同時，由於量化矩陣和量化位階的選擇更加多元，因量化引起誤差相對較小，而使品質提高。

5. 隨機擷取

隨機擷取通常指的是在儲存媒體上隨機擷取資料。將此概念應用於視訊編碼，即每一個畫面都可以在指定的時間內被解碼或擷取。具體作法是將編碼後的位元流切割成互相獨立的區段，每一區段以一個下一小節會介紹的 I 畫面為開頭，因此可以獨立解碼。這種設計使得視訊編碼在廣播電視上的應用更加方便，因此基本上每次切換頻道都相當於重新進行隨機擷取。

6. 高低複雜度的解碼器

由於 MPEG-2 具有向下兼容性，一個 MPEG-2 解碼器能夠對任何 MPEG-1 位元流解碼，但 MPEG-1 解碼器無法對任何 MPEG-2 位元流解碼。在 MPEG-2 類型和層級的設計之下，MPEG-1 位元流可以在低層級下被 MPEG-2 解碼器所解碼。

7. 錯誤遮隱能力

儘管畫面組的設計可以將錯誤的傳播限制在其所屬的畫面組內，但若受損的畫面是 I 畫面，則觀看者很可能會感覺到多達半秒的劣質畫面，這是高價值和高品質產品所不容許的。MPEG-2 利用錯誤遮隱位移向量來修補損壞的巨方塊，使錯誤的擴散減少到不容易被察覺的程度。

▌ 7-8-4　MPEG-2 標準的編解碼原理

MPEG-2 資料結構

MPEG-2 影像的資料結構共有六個層級(見圖 7-8-17)，除了巨方塊和方塊以外，每個層級都有獨特的起始碼以進行識別。最上層是視訊序列，內含畫面大小、量化矩陣以及每秒畫面數目等資訊。每個層級基本上均由標頭(header)和與下一層有關的訊息所組成。

在視訊序列之下是畫面組，這使得我們可以針對某一視訊序列內的所有畫面進行隨機存取。每一個畫面組必定都以 I 畫面(I picture)開始。畫面層就是視訊序列內的每個個別畫面。在 MPEG-2 中，定義了三種畫面類型：

1. I 畫面(內部編碼，intracoded)：使用自身的資料進行編碼。
2. P 畫面(預測編碼，predicted)：根據過去的 I 畫面進行編碼。

3. B 畫面(雙向預測編碼，bi-directionary predicted)：參考前面和後面的 I 畫面或 P 畫面進行編碼。由於 B 畫面需要靠雙向的 I 畫面及 P 畫面來編碼，所以會造成如圖 7-8-18 所示，編碼與播放順序不同的情形。

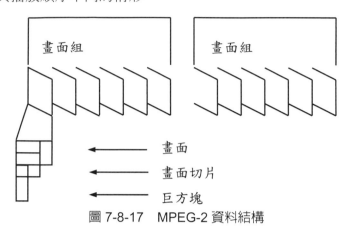

圖 7-8-17　MPEG-2 資料結構

每一畫面又可分成若干個切片，每個切片包含若干個巨方塊。圖 7-8-19 顯示了它們之間的關係。

每個巨方塊包含數個 8 × 8 像素。每個像素由亮度(Y)及色度(Cb 和 Cr)組成。根據不同的 Y、Cb、Cr 比例，圖 7-8-20 說明了 4:2:0、4:2:2 及 4:4:4 三種比例。4:2:0 是指對於四個像素，使用四筆 Y 及各一筆 Cb 和 Cr 的資料來表示，即四個 Y 共用一個 Cb 和 Cr；4:2:2 代表四個 Y 共用兩個 Cb 和 Cr；4:4:4 則表示每一個 Y 都有一個 Cb 和 Cr。其中，資料越多(例如 4:4:4)越適合專業的影像工作室，因為他們通常對品質的要求比較高。

MPEG-2 影像解碼器

圖 7-8-21 顯示一個典型的 MPEG-2 影像解碼器的應用環境。從該圖可以看出，一個 MPEG-2 影像解碼器至少需要有以下功能：

1. 與主處理器進行通訊，接收亮度與色度分離的影像壓縮資料。
2. 解壓縮。
3. 連接記憶體，存取壓縮/解壓縮後的影像資料。
4. 連接視訊編碼器，提供解壓縮後的數位資料以產生類比視訊信號，輸出到電視或監視器。

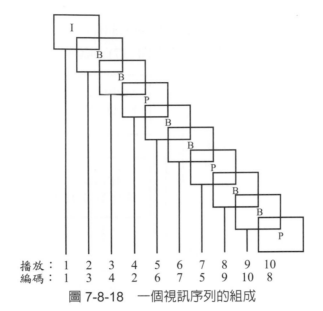

I
B
B
P
B
B
P
B
B
P
播放： 1 2 3 4 5 6 7 8 9 10
編碼： 1 3 4 2 6 7 5 9 10 8

圖 7-8-18　一個視訊序列的組成

MB	MB	MB	…….	MB	MB	MB
MB	MB	MB	Slice	MB	MB	MB
MB	MB	MB	…….	MB	MB	MB
MB	MB	MB	Slice	MB	MB	MB

圖 7-8-19　畫面切片(Slice)與巨方塊(MB)的關聯

16
16
4:2:0
8
8
4:2:2
4:4:4
Y
(亮度)
U
(Cr)
V
(Cb)

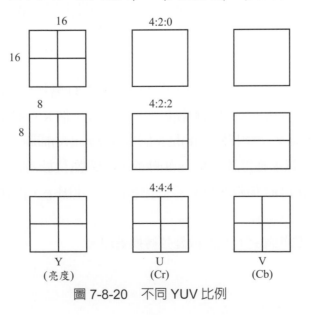

圖 7-8-20　不同 YUV 比例

影像解碼器的方塊圖通常包含以下單元：(1)內部微處理器；(2)解碼器；(3)反量化器；(4)反離散餘弦轉換；(5)動態補償；(6)記憶體介面；(7)主處理器介面；(8)顯示控制器介面。

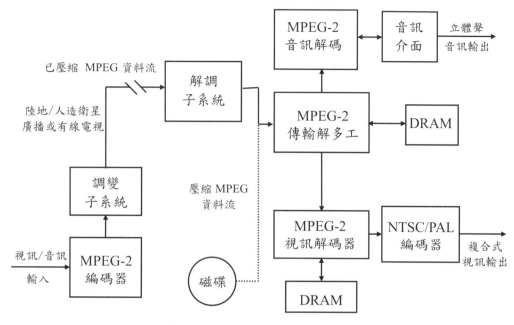

圖 7-8-21　MPEG-2 的應用環境

內部微處理器為影像解碼器的控制中心，它接收來自外部主處理器的命令並提供解碼器的當前狀態。內部微處理器還負責使解碼器內部其他單元之間同步工作，並解釋 MPEG-2 影像資料流標頭中隱含的訊息，以產生必要的參數和控制信號給其他單元使用。

MPEG-2 使用霍夫曼編碼，並在標準中定義了兩組對照表。霍夫曼解碼器根據這些對照表將壓縮的資料轉換成一串同色長編碼。

此反量化器單元的主要功能包括：

(1) 將同色長碼轉成真正的碼，例如將 30 21 22 11 33 轉換成 000 11 22 1 333。

(2) 使用兩種不同的掃瞄方式將轉換後的資料組成一個 8 × 8 的矩陣。如圖 7-8-22 所示，其中(a)是 Z 字型掃瞄，(b)是交錯型(alternative)掃瞄。

(3) 執行 DPCM 以求獲得該一 8×8 矩陣的 DC 係數(位於矩陣左上角的係數)。

(4) 將除了左上角 DC 係數外的 8 × 8 矩陣乘上量化因子，得到還原的反離散餘弦轉換係數矩陣。

(5) 對還原的係數矩陣進行反離散餘弦轉換處理。

在先前提到的 P-畫面和 B-畫面中，基本上這些畫面不是根據自身的內容加以壓縮，而是從過去或未來的畫面中找到一個匹配的巨區塊，然後算出移動向量(從當前畫面移動到與過去(未來)匹配的巨區塊所需的向量)，如圖 7-8-23 所示。移動補償即是根據移動向量來計算出真正的巨區塊。有關移動向量與移動補償的更詳細說明可回顧 7-8-1 節。

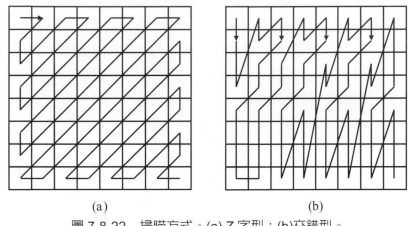

(a)　　　　　　　　　　　　(b)

圖 7-8-22　掃瞄方式。(a) Z 字型；(b)交錯型。

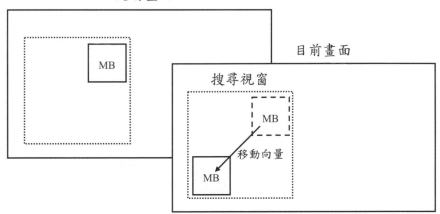

圖 7-8-23　方塊比對移動向量估測

7-9 以小波轉換壓縮的實例

7-9-1 導論

本節介紹的壓縮方法是將影像小波轉換所得的小波係數進行向量量化，同時運用金字塔型的多解析度結構。圖 7-9-1 展示了基於小波轉換的多解析度樹狀分解，其中 L 和 H 分別代表沿影像的列或行提取低頻和高頻成分的運算。本節中的數據和大部分的內容均來自 Arerbuch 等人(1996)的研究，這是以小波轉換和向量量化進行影像壓縮的經典代表性方法之一，對本課題有興趣者可詳讀該論文。

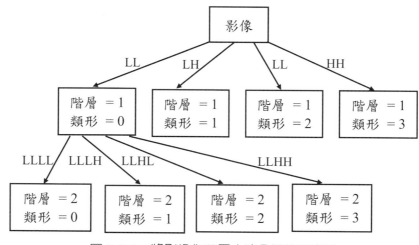

圖 7-9-1　將影像作二層小波分解的示意圖

將小波轉換應用到影像上並不會減少要壓縮的資料量，真正的壓縮發生在對係數進行量化時。量化方法可大致分成向量量化(vector quantization, VQ)和純量量化(scalar quantization, SQ)，本書第二章中已有介紹。在此討論的重點是如何與小波係數結合使用。

▎ 7-9-2　量化

向量量化準則

　　小波轉換與向量量化的的結合如圖 7-9-2 所示。小波轉換後產生不同的階層與類型的小波係數，將這些係數依某種適合特定應用的方式組合成向量，例如同一階層的低頻係數構成向量的前半部，高頻係數則構成該向量的後半部。接著從小波係數中一一抽取出所需的向量，這就是圖中向量分解的意思。然後對這些向量進行向量量化。此處向量量化所需的碼簿(codebook)稱為多解析度碼簿(multiresolution codebook)是因為碼簿中的碼向量(code vector)捕捉到的資訊是來自各種不同解析度的小波係數。壓縮時從碼簿中選取與輸入向量最接近(例如歐式距離最小者)的碼向量，送出或儲存該碼向量的指標成指標序列。解壓縮時，依每個指標找到對應的碼向量，再將碼向量中的分量組合回對應的小波係數中，此即圖中向量重建的意思。最後再對經量化後的小波係數取反小波轉換得到解壓縮的影像。

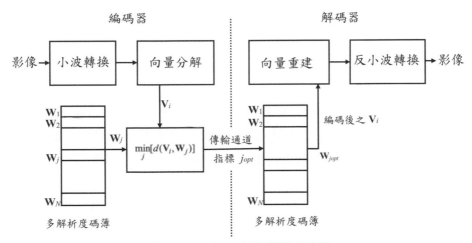

圖 7-9-2　編碼/解碼流程方塊圖

　　圖中示意碼簿大小為 N，亦即碼簿中有 N 個碼向量。碼簿大小與碼向量維度的選擇攸關向量量化的效能，通常必須根據應用面的特性來選取才會有較佳的表現，而這是伴隨碼簿設計的重要課題之一。最常用的碼簿設計方法是 2-3 節所介紹的 LBG 演算法，其中初始碼簿 $\hat{A}_0$ 的選擇可以按以下方式進行，其中假設碼簿大小 N 是 2 的整數乘冪。

步驟 ❶　起始狀態：設 $M = 1$，定義 $\hat{A}$ 為全部輸入向量的中心點(平均向量)。

步驟 ② 令含有 M 個碼向量 $\{\mathbf{y}_i; i = 1, 2, ..., M\}$ 的碼簿為 $\hat{A}_0(M)$，然後將每個向量 $\mathbf{y}_i$ 分割成兩個近似向量 $\mathbf{y}_i + \boldsymbol{\varepsilon}$ 和 $\mathbf{y}_i - \boldsymbol{\varepsilon}$，其中 $\boldsymbol{\varepsilon}$ 是一個固定的擾動向量。現在集合 $\tilde{A}(M) = \{\mathbf{y}_i + \boldsymbol{\varepsilon}, \mathbf{y}_i - \boldsymbol{\varepsilon}, i = 1, 2, ..., M\}$ 有 $2M$ 個向量。用 $2M$ 取代 M。

步驟 ③ 令 $\hat{A}_0(M) = \tilde{A}(M)$。$M$ 與 N 是否相等？如果是，則程序停止，此時 $\hat{A}_0(M)$ 即為所求。如果不是，以 $\hat{A}_0(M)$ 為各聚類中心的初始向量並執行 M 類 LBG 演算法：將輸入向量分成 M 群，同時計算各群的平均向量，再以此平均向量更新 $\hat{A}_0(M)$。返回步驟 2。

與純量量化之比較

比較純量量化和向量量化時應考慮二個方面：壓縮率和影像品質，表 7-9-1 比較了 SQ 和 VQ 的差異。在 SQ 方面，假設要量化的取樣點有 Gaussian、Laplacian 和 Gamma 函數的機率密度分佈，從對應的 Lloyd-Max 量化器中選出最好的結果列於表中。一般而言，Gamma 函數最接近小波的機率密度分佈。

此外，當 $k = 1$ 時，VQ 變成 SQ，但從表中可看出，此時 VQ 的表現仍然優於 SQ。其中的原因很可能是實際的小波係數密度分佈與 Gamma 函數仍有差異，而 LBG 演算法則更適應實際的小波係數。

小波係數的統計分佈

了解不同解析度下每一類形小波係數的機率密度函數，對於後續量化器的設計非常重要。我們以 Lena 影像的小波係數來展示，其他影像也有類似的結果。圖 7-9-3 展示用 Gaussian、Laplacian 和 Gamma 函數來近似小波係數的機率密度函數：

$$\text{Gaussian}\,(x, \sigma_x) = \frac{1}{\sqrt{2\pi\sigma_x^2}} \exp\left(-x^2 / 2\sigma_x^2\right) \tag{7-9-1}$$

$$\text{Laplacian}\,(x, \sigma_x) = \frac{1}{\sqrt{2}\sigma_x} \exp\left(-\sqrt{2}\,|x| / \sigma_x\right) \tag{7-9-2}$$

$$\text{gamma}\,(x, \sigma_x) = \frac{\sqrt[4]{3}}{\sqrt{8\pi\sigma_x|x|}} \exp\left(-\sqrt{3}\,|x| / 2\sigma_x\right) \tag{7-9-3}$$

表 7-9-1　應用在 Lena 影像係數上之類形 1, 階層 3 和 4 之純量與向量量化的結果。表中的 N 為碼簿大小，k 為每一向量的維度。在 LBG 演算法的例子中，位元率 R (bpp)由 N = 2^{kR} 計算而得。L-M SNR 代表以 Lloyd-Max 量化器所獲得的訊雜比；LBG SNR 則代表以 LBG 訓練的向量量化器所獲得的訊雜比。

R (bpp)	階層	類形	N	k	L-M SNR	LBG SNR
1.0	3	1	2	1	1.68	2.32
1.0	3	1	4	2	-	3.75
1.0	3	1	16	4	-	5.47
1.0	4	1	2	1	2.10	2.45
1.0	4	1	4	2	-	3.88
1.0	4	1	16	4	-	6.38
2.0	3	1	4	1	6.40	6.82
2.0	3	1	16	2	-	8.67
2.0	4	1	4	1	6.83	7.33
2.0	4	1	16	2	-	9.93
3.0	3	1	8	1	7.89	11.85
3.0	3	1	64	2	-	13.75
3.0	4	1	8	1	9.09	12.48
3.0	4	1	64	2	-	16.80

　　檢驗灰階影像的小波係數可發現，除了低解析度外，在同一階層或不同階層的所有類形中均有類似的分佈，如圖 7-9-4 所示。

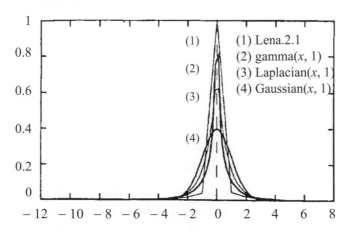

(1) Lena.2.1
(2) gamma(x, 1)
(3) Laplacian(x, 1)
(4) Gaussian(x, 1)

圖 7-9-3　用 Gaussian、Laplacian 和 gamma 函數來近似階層為 2 且類形為 1 之小波係數的機率密度函數

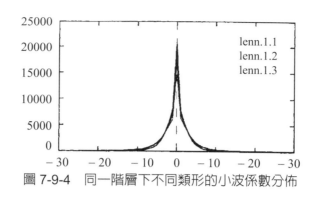

圖 7-9-4　同一階層下不同類形的小波係數分佈

表 7-9-2 顯示 Lena 影像之小波係數的特性，包括各階層與類形的最大(Max)與最小值 (Min)，平均值(Avr)與變異數(Var)，以及對平均值與變異數正規化的結果。表中顯示變異數隨階層數的增加而增加，表示愈低頻的部份愈重要。此外，從表 7-9-2 最後二欄可看出，經正規化後，不同階層和類形均有類似的結果，這意味著這些係數都可以用特性相近的量化器進行量化。最後，階層 4 類形 0 代表最低頻或最平滑的部份。

能量分佈

從表 7-9-2 及圖 7-9-4 可以看出，大部份係數都非常小且分佈在一個以原點為中心的窄動態範圍內，且較高階層包含較小的係數和變異數。在表 7-9-2 和表 7-9-3 中，我們可以觀察到，在每一階層中，類形 1 和 2 的能量、係數和變異數都比類型 3 更大。此外，階層 1 的能量和係數都比階層 2 小，階層 2 又比階層 3 小，依此類推。

表 7-9-2　Lena 影像之小波係數的統計特性

階層	類形	Min	Max	Avr	Var	(Min-Avr)/Var	(Max-Avr)/Var
1	1	−100.8	106.3	0.13	8.090	−12.4	13.1
1	2	−53.28	81.37	0.03	5.057	−10.5	16.0
1	3	−34.07	41.33	0.00	3.136	−10.3	12.4
2	1	−343.3	207.8	0.23	26.65	−12.8	7.78
2	2	−198.4	157.6	0.16	15.65	−12.6	10.0
2	3	−113.9	137.7	−0.14	12.17	−9.34	11.3
3	1	−479.6	587.8	−2.16	68.05	−7.01	8.66
3	2	−324.2	257.8	−0.34	38.74	−8.36	6.66
3	3	−256.5	315.1	0.13	35.85	−7.15	8.78
4	1	−931.6	1070	−4.46	196.1	−4.72	5.48
4	2	−593.8	682.2	−3.61	98.13	−6.01	6.98
4	3	−484.5	721.0	0.39	89.85	−5.39	8.02
4	0	−1743	1609	−155	780.5	−2.03	2.26

表 7-9-3　Lena 影像之小波係數的能量分佈

階層	類形	能量	各階層能量總和
1	1	0.563	
1	2	0.220	0.877
1	3	0.094	
2	1	1.528	
2	2	0.527	2.373
2	3	0.318	
3	1	2.492	
3	2	0.807	3.990
3	3	0.691	
4	1	5.179	
4	2	1.298	7.565
4	3	1.088	
4	0	85.190	85.190

7-10　JPEG XS 簡介

7-10-1　緣起與特色

　　JPEG XS 是一種新的影像壓縮編解碼器標準，旨在解決現有壓縮標準無法滿足某些應用需求的問題，例如超低延遲(ultra-low latency)、低複雜度(low complexity)和視覺上無損失壓縮(visually lossless compression)。過去的壓縮標準如 JPEG、JPEG 2000 和 HEVC (High Efficiency Video Coding)已無法滿足電影和廣播製作網路等應用的需求。例如，JPEG-LS 和 JPEG 難以實現精確的速率控制，且會引入畫面的時間延遲；JPEG 2000 使用複雜的熵編碼器，需要大量硬體和軟體資才可達到實時(real-time)要求；HEVC (又稱為 H.265 或 MPEG-H Part 2)的編解碼器複雜度高，又不能確保多代強健性(multi-generation robustness)。

註▶如果在經過幾個壓縮-解壓縮循環後，新的編碼-解碼循環不會明顯降低影像品質，則可認定該編解碼器在多個世代中具有強健性。這個功能在複雜的互連系統中特別重要，尤其是在專業環境中，例如後期製作工作室。在這種系統中，位元串流可能會經歷多次編碼和解碼。計算原始畫面與每一代後獲得的畫面之間的尖峰訊雜比(PSNR)可當成強健性的評估準則。

　　為了因應新的影像壓縮需求，JPEG 委員會(正式名稱爲 ISO/IEC SC29 WG1)於 2016 年開始徵求新的解決方案，並於 2018 年正式通過名爲 JPEG XS 的新型壓縮編解碼器標準 (ISO/IEC 21122)，並於 2019 年與 2022 年分別推出版本 1.0 與 2.0 的標準；事實上，寫本書的當下，3.0 版已著手開始相關的研發工作，這是因爲應用需求的變化極爲快速。JPEG XS 的潛在應用包括虛擬實境、無人機、使用攝影鏡頭的自駕車、遊戲和廣播等需要高品質串流的領域。

　　簡單來說，JPEG XS 是一種視覺上無損且低延遲的輕量級影像編碼系統標準。它具有以下特性：

- 對於自然和一般畫面內容的 4：4：4 和 4：2：2 影像，一般壓縮率(compression ratio) 可達 10：1，個別分量可達到 12 位元的精度，根據特定影像和應用需求，壓縮率和精度還可以更高。

- 多代強健性：經過多達 10 個編解碼週期後，品質沒有明顯下降。

- 多平台的互操作性(Multi-platform interoperability)：JPEG XS 需要在多個不同平台上實時實現，包括 CPU、GPU、FPGA 和 ASIC 等。當編解碼器在特定平台上具有一定程度的平行性時，每個平台都可充分利用這種平行性。例如，多核 CPU 的實現可受益於較粗略的平行性，而 GPU 或 FPGA 對較細緻的平行性可有更好的運用。因此，爲了給不同的目標平台最佳的支援，JPEG XS 編解碼器需要提供不同的端到端平行化功能。更重要的是，在一給定平台(例如利用較細緻平行性的 FPGA)上的實時編碼可以在任何其他平台(例如利用不同平行性的多核 CPU)上對生成的編碼位元流進行實時解碼，而不會犧牲低複雜度和低延遲的功能。

- 軟硬體的低複雜度：爲了使 JPEG XS 成爲未壓縮視訊傳輸的替代方案，需要有非常低複雜度的實現。實際上，在軟體方面，JPEG XS 已經設計成可以讓 i7 處理器實時處理 4k 4：4：4 60p 的內容。在硬體方面，當應用 FPGA 處理 4k 4：4：4 60p 的內容時，其實現不需要使用任何外部記憶體，且分別只能佔用 Artix7 XC7A200T 和 Cyclon5 5CEA9 這兩種 FPGA 晶片的 50% 和 25% 以下的資源。

- 低延遲：如前所述，無論是在視訊傳輸的應用(尤其是現場製播)，還是在 AR／VR 的應用或其他需要信號與人機互動緊密同步的應用中，信號在所有處理步驟中所累積的延遲都必須小到無法被人感受到。爲此，JPEG XS 根據來自不同應用領域的輸入提供了可調整延遲的算法，延遲範圍從幾行到僅有一行以下。

7-10-2　JPEG XS 編碼器和解碼器的架構

圖 7-10-1 顯示 JPEG XS 編解碼器的整體方塊圖。當輸入為 RGB 影像時，會使用與 JPEG 2000 相同的無損色彩轉換來解除色彩分量之間的相關性，接著執行 Le Gall 5/3 的整數型可逆離散小波轉換。為了符合延遲時間限制並避免過多的記憶體需求，僅使用到最多兩個垂直方向的小波分解以及最多連續五個水平方向上的分解。預算計算(budget calculation)模組用於分析所得的小波係數，以預測每個量化所需的位元數。由於較大的量化會導致較嚴重的信號失真，因此速率控制(rate control)演算法將計算最小的量化因子，並確保不超過可用於對小波係數編碼的位元數預算。接下來，對小波係數進行熵編碼(entropy coding)，其中包括 MSB (most significant bit)位置的編碼和對量化資料本身的編碼。最後，將所有資料片段組合成一個封包結構，並發送到傳輸通道。儘管輸入影像可能含有較易壓縮的區域(位元率需求低)和較難壓縮的區域(位元率需求高)，但平滑緩衝器 (smoothing buffer)可確保編碼器的輸出端具有恆定的位元率。假設解碼器能夠以恆定的時脈頻率處理像素，則每個時間單位讀取的位元數取決於當前的小波係數是否容易被壓縮。這些位元變化再度由位於解碼器輸入處的平滑緩衝器補償。封包解析器(packet parser)將封包拆解出影像的附屬資訊以及影像資料本身的位元流。再將位元流分割成代表子頻帶部分的個別資料區塊，然後將小波係數解碼並轉換回空間域的像素。最後再以反色彩轉換得到輸出影像。

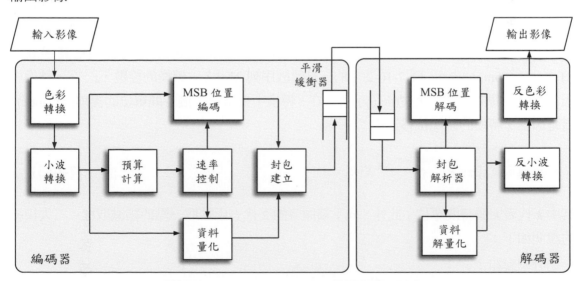

圖 7-10-1　JPEG XS 編碼器和解碼器的架構

以下將對方塊圖中屬於編碼核心部分的幾個方塊進一步說明。

色彩轉換

編碼器的色彩轉換與解碼器的反色彩轉換分別如下所示：

$$Y = \frac{R + 2G + B}{4}, C_B = B - G, C_R = R - G \tag{7-10-1}$$

$$G = Y - \frac{C_B + C_R}{4}, R = C_R + G, B = C_B + G \tag{7-10-2}$$

相較於一般亮度與色度分離的運算(回顧本書第五章)，這個色彩處理的方式顯然有較低的運算量，不論是使用軟體還是硬體為主的運算。

小波轉換

Le Gall 5/3 的整數型可逆離散小波轉換是利用 Swelden 提出的上提式方案(lifting scheme)來實現小波轉換(Swelden [1996], [1997])(Calderbank 等人[1998])。這個方案也稱為第二代小波轉換或是整數(輸入)到整數(輸出)小波轉換。稱為第二代是因為先前實現小波轉換的濾波器輸出通常是浮點數，因而在對轉換後的資料進行壓縮時，要先進行量化以得到相對應的整數後再去編碼，而這必然會引入誤差，不適合用於影像的無損或無失真壓縮。

1. 上提式方案(Lifting Scheme)

上提式架構的小波轉換，主要由三個部分所組成：分割(Splitting)模組、上提(Lifting)模組與縮放(Scaling)模組，如圖 7-10-2 所示，其中 $X[n]$ 為原始訊號輸入，X_{L1} 和 X_{H1} 為小波轉換後的係數輸出，其中前者是低通成分(Lowpass component)，後者則是高通成分(Highpass component)。圖 7-10-2 中的 z 是離散序列 $X[n]$ 之 z 轉換的變數，z^{-1} 在 z 轉換中相當於一個時間單位的延遲(delay)，而 z 在 z 轉換中相當於一個時間單位的提前(advance)，這是因為 z 轉換的時間位移性質：

$$y[n] = x[n-k] \overset{z\text{-transform}}{\Longleftrightarrow} z^{-k} X[k] \tag{7-10-3}$$

其中 k 代表 k 個時間單位；此外，向下箭頭旁的 2 代表兩點取一點的縮減取樣。三大模組的說明如下：

1. 分割模組：

將輸入信號 $X[n]$ 分成兩個部分，即 $X[n]$ 的偶數部分 $X_e[n]$ 和奇數部分 $X_o[n]$，其中 $X_o[n] = X[2n + 1]$，而 $X_e[n] = X[2n]$。

2. 上提模組：

分為預測(Predict) P 和更新(Update) U 兩個部分，預測部分是依據原本資料間局部相關性(local correlation)來預測子集合，可表示成：

$$d[n] = X_o[n] - P(X_e[n])$$
(7-10-4)

而更新部分是在原始資料上更新並且維持資料的全域特性(global properties)。可表示成：

$$S[n] = X_e[n] + U(d[n])$$
(7-10-5)

3. 縮放模組：

此模組主要是將低頻與高頻小波係數分別乘上 K_e 和 K_o，即將此兩係數正規化，可表示成：

$$X_{L1}[n] = K_e \times S[n] \ , \ X_{H1}[n] = K_o \times d[n]$$
(7-10-6)

另一部分為合成(synthesis)，或稱為反轉換，圖 7-10-3 為上提式架構的反小波轉換架構圖。此架構同樣由三個部分所組成：縮放模組、上提模組及接合(Joining)模組。其架構類似於分解(analysis)的部分，且複雜度相同，其運算式可表示成：

$$\hat{X}_e[n] = \hat{S}[n] + P(\hat{X}_o[n])$$
$$\hat{X}_o[n] = \hat{d}[n] - U(\hat{S}[n])$$
(7-10-7)

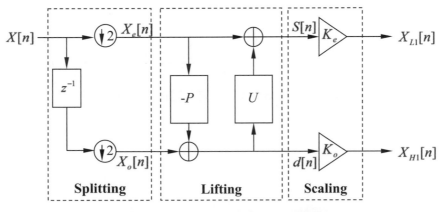

圖 7-10-2　上提式架構的小波轉換

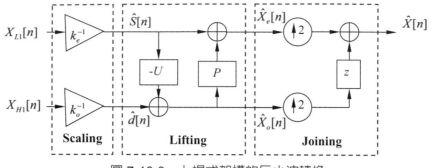

圖 7-10-3　上提式架構的反小波轉換

　　不同的預測(P)與更新(U)運算單元的設定對應不同的濾波器，可實現不同的小波轉換。此外，更長的濾波器可用多級的 PU 運算單元來實現，為了區別這些單元，可以看到 $P_1(z)$、$U_1(z)$、$P_2(z)$、$U_2(z)$、…等這樣的表示，例如著名的 9/7 濾波器就需要兩級的 PU 運算單元，以下介紹的 5/3 濾波器則只需一級的 PU 運算即可。

1.　5/3 整數型可逆離散小波轉換

　　圖 7-10-4 為 5/3 濾波器的上提式小波轉換，而所相對的運算單元 $P_1(z)$ 及 $U_1(z)$ 可由下式所表示：

$$P_1(z) = \alpha \cdot (1+z)$$
$$U_1(z) = \beta \cdot (1+z^{-1})$$

(7-10-8)

其中 $\alpha = -1/2$，$\beta = 1/4$，$k_1 = 1/k_0$。

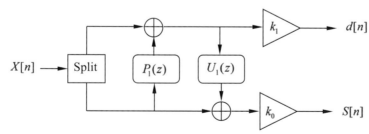

圖 7-10-4　5/3 濾波器之上提式小波轉換

　　小波轉換可依計算方式分為兩類：傳統小波轉換與整數小波轉換(Calderbank 等人[1998])。傳統小波轉換使用卷積運算來實現，其特性使得轉換後的資料以實數形式呈現，因此此類轉換稱為**實數對實數轉換**(Real-to-Real transform)。完整的正反轉換結果在理論上應該與原始輸入資料相同，然而在計算機處理中，浮點數存在一定的精度限制。因此，當記錄超出精度範圍的實數時，資料會被**截斷**(truncated)，導致反轉換的結果與原始資料不一致。因此，這種壓縮方法只能用於失真的壓縮。而整數小波轉換利用上提式架構，使得轉換後的資料仍保持整數形式，因此不會有精度的問題，非常適合用於無失真的壓縮，這種轉換被稱為**整數對整數轉換**(Integer-to-Integer transform)。此外，整數小波具有與傳統小波完全相同的特性，還有利用上提式架構所帶來的優勢。因此，在 JPEG 2000 標準中，無失真壓縮使用整數小波作為資料的轉換方法。圖 7-10-5 和圖 7-10-6 分別為 5/3 上提式架構的整數對整數正向與反向小波轉換的方塊圖，其中⌊ ⌋為高斯符號。(7-10-9)式及(7-10-10)式分別為 5/3 整數小波的正反轉換公式。

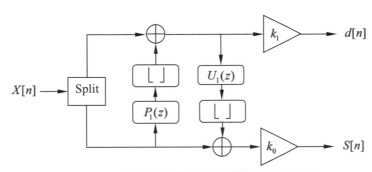

圖 7-10-5 上提式架構的整數至整數小波轉換

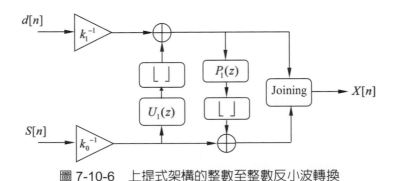

圖 7-10-6　上提式架構的整數至整數反小波轉換

$$\begin{cases} d[n] = X[2n+1] - \left\lfloor \dfrac{X[2n]+X[2n+2]}{2} \right\rfloor \\ S[n] = X[2n] + \left\lfloor \dfrac{d[n-1]+d[n]+2}{4} \right\rfloor \end{cases}$$

(7-10-9)

$$\begin{cases} X[2n] = S[n] - \left\lfloor \dfrac{d[n-1]+d[n]+2}{4} \right\rfloor \\ X[2n+1] = d[n] + \left\lfloor \dfrac{X[2n]+X[2n+2]}{2} \right\rfloor \end{cases}$$

(7-10-10)

值得注意的是，無損性能與是否執行或省略正歸化步驟幾乎無關。因此，若是要進行無失真壓縮，可完全不考慮縮放模組或當成 $k_0 = k_1 = 1$。然而，如果省略縮放因子，就會出現有損壓縮的性能下降，因為轉換不再是么正轉換(unitary transform)。

範例 7.7

設有以下資料，驗證(7-10-9)與(7-10-10)式的正反轉換是可逆的(reversible)。

n	0	1	2	3	4	5
$X[n]$	1	3	5	7	9	11

解

利用(7-10-9)式的正轉換可得

n	0	1	2
$d[n]$	0	0	7
$S[n]$	1	5	11

例如：

$$d[1] = X[3] - \left\lfloor \frac{1}{2}\left(X[2]+X[4]\right) \right\rfloor = 7 - 7 = 0$$

$$S[1] = X[2] + \left\lfloor \frac{1}{4}\left(d[0]+d[1]+2\right) \right\rfloor = 5 + 0 = 5$$

利用(7-10-10)式的反轉換可得

n	0	2	4	1	3	5
$X[n]$	1	5	9	3	7	11

例如：

$$X[4] = S[2] - \left\lfloor \frac{1}{4}(d[1]+d[2]+2) \right\rfloor = 11 - 2 = 9$$

$$X[5] = d[2] - \left\lfloor \frac{1}{2}(X[4]) \right\rfloor = 7 + 4 = 11$$

這個例子可看見正整數到正整數的轉換，且轉換是可逆的，亦即反轉換的結果與原始資料完全相同。

熵編碼

速率配置之後的下一階段是熵編碼，該階段相對簡單。經量化的小波係數被組合成以四個係數為一組的編碼組。對於每個編碼組，形成三個資料集：位元平面計數(bit-plane counts)、量化值本身以及所有非零係數的正負號。這些資料集中，僅對位元平面計數進行熵編碼，因為它們佔了整個位元率的大部分。

要用盡可能少的位元表示影像的關鍵是將頻繁出現的像素值用短的碼字表示，而較不常出現的像素值可以用較長的碼字表示。然而，對可變長度碼字編解碼有需要大量軟硬體資源的問題。為了可以有低複雜度的實現，決定不對單個係數而是對一組的四個係數執行可變長度編碼。圖 7-10-7 顯示了這樣的一組係數。每個係數由一個正負號位元(sign bit)和一個固定數量的大小位元來表示。然後，藉由省略每個係數組的前導零位元行(圖 7-10-7 中的純灰色行)來執行熵編碼。為此，編碼器標記了每個係數組的 MSB 位置(代表有多少個位元平面要編碼)。此位置對應於係數組的最高有效位元行，其中至少有一個係數位元等於 1。為了對此 MSB 位置值編碼，首先將該值從其水平或垂直相鄰係數組中的 MSB 位置值減去，然後對此差值進行可變長度編碼。此機制僅允許將比前導零位元行重要性低的位元行嵌入到位元流中，使資料量減少。如果可用的位元預算不足以容納所有位元行，則可以藉由量化減少位元行的數量。

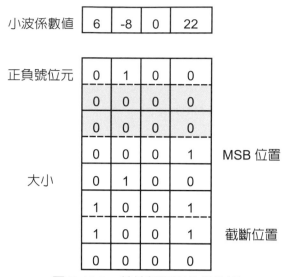

小波係數值	6	-8	0	22

正負號位元	0	1	0	0	
	0	0	0	0	
	0	0	0	0	
	0	0	0	1	MSB 位置
大小	0	1	0	0	
	1	0	0	1	
	1	0	0	1	截斷位置
	0	0	0	0	

圖 7-10-7　給熵編碼用的係數組

速率控制

　　速率配置器(rate allocator)可以在每個小波頻帶的四種常規預測模式之間自由選擇，包括啓用或關閉預測功能或是否要進行重要性編碼(significance coding)。此外，它還可以在兩種重要性編碼方法之間進行選擇，這兩種方法的差別在於是否對零預測或零計數進行編碼。當常規編碼模式含有冗餘時，應該使用「原始回退模式(raw fallback mode)」，因爲此模式允許禁用位平面編碼，可節省更多位元。

壓縮效能

　　JPEG XS 典型的壓縮率在 2：1 到 6：1 之間，但根據影像的性質也可以更高。由於標榜視覺上無損，所以考量的都是高品質的影像，因此感興趣的 PSNR 值通常都不會低於35 dB，通常文獻的探討都以 40 甚至 50 dB 爲標竿。

習題

1. 如果要將 MOS (mean opinion score)作為影像壓縮方法的評估指標，必須考慮一些實驗設計和執行的細節，才能確保實驗結果的有效性和可信度。請你盡可能地列出這些細節。

2. 由(7-3-12)式推導出 BSC 的交互訊息量。

3. 試推導出(7-3-15)式。

4. 考慮字元符號集 $A = \{a_1, a_2, a_3, a_4\}$，對應的產生機率集為 $\mathbf{z} = [0.1, 0.2, 0.3, 0.4]^T$。分別求以下兩種編碼的編碼效率。(a)固定長度編碼：$a_1 \sim a_4$ 分用 00、01、10 和 11 編碼；(b)可變長度編碼：$a_1 \sim a_4$ 分用 011、010、00 和 1 編碼。比較並評論兩種編碼的表現。

5. 有編號 1 和 2 的兩組編解碼器，經實驗得到各自的位元率失真函數，如下圖所示。哪一組編解碼器有較好的資料壓縮表現？為什麼？

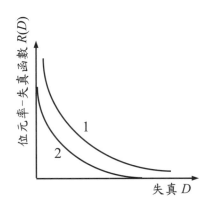

6. 考慮一個 8 位元影像源的熵估測。假設此訊號源產生以下像素值：

$$
\begin{array}{ccccccccc}
20 & 20 & 20 & 45 & 60 & 60 & 172 & 172 & 172 \\
20 & 20 & 20 & 45 & 60 & 60 & 172 & 172 & 172 \\
20 & 20 & 20 & 45 & 60 & 60 & 172 & 172 & 172 \\
20 & 20 & 20 & 45 & 60 & 60 & 172 & 172 & 172
\end{array}
$$

   (1) 假設各像素值為統計獨立的樣本，並將每個像素值視為一個字元符號，求所估測的熵值。

   (2) 將(20, 20), (20, 45), (45, 60), (60, 60), (60, 172), (172, 172)視為 6 個不同的字元符號，重新求這些字元符號的熵值。

   (3) 將相鄰的(左, 右)兩個像素值的差(右減左)視為一個字元符號，求其熵值。

7. 將上一題的三個子題中的符號分別進行霍夫曼編碼，計算每個編碼的平均長度和編碼效率。

8. 將一個 16 × 1 的小影像以 PCX 和 CUT 的 RLE 方法進行編解碼，比較它們的壓縮率。

9. 設計一個 DCT 轉換的編解碼器，步驟如下：

   (1) 將影像分割成不重疊的 8 × 8 方塊，分別進行 DCT 轉換。

   (2) 按照 Zigzag 順序，只保留 DC 及 AC1~AC5 共 6 個係數，其他係數均設為零。

   (3) 對每個係數進行直方圖統計，並以此估測出六個高斯機率密度函數的參數，即平均值和標準差。

   (4) 以第三章的方法為各係數設計最佳的純量化器(位元數自選)，並對 DCT 係數進行量化。

   (5) 進行反量化和 IDCT，最後重建整個影像。

   (6) 計算壓縮率和重建影像的 PSNR。

10. 模擬 JPEG 的轉換與量化的程序(不包括產生各符號的碼字或 0 與 1 位元流的部分)。

    (1) 用兩個量化表：表 7-6-3 的量化表以及將表中所有值都乘上 2 倍的量化表。

    (2) 統計在上述兩種情況下量化後為零的係數數量，數量愈多通常表示編碼後的壓縮率愈高。

    (3) 根據各自的量化表進行反量化和反轉換，計算其 PSNR。

    (4) 由(2)和(3)，你覺得壓縮率與品質之間可能存在何種關係？

11. 比較三步搜尋法、新三步搜尋法以及四步搜尋法會涉及到的最大總點數。

12. MPEG 與 JPEG 在編碼上有何異同？

13. 考慮如下的 8 位元影像內的一個 2 × 3 片段。對有像素值 15 的像素進行 JPEG-LS 編碼。需考慮或回答：要採用何種編碼模式，這屬於哪一個前文，計算出預測誤差，對誤差進行 Golomb-Rice 編碼等。

5	5	10
10	**15**	15

14. 設計一個小波轉換的編解碼器，步驟如下：

    (1) 使用圖 7-9-1 所示的二層小波轉換，得到 7 個頻帶。

    (2) 對每個頻帶的係數進行多解析度碼簿的向量量化編碼，其中向量的維度與碼簿大小均可自行設定。

    (3) 計算壓縮率和 PSNR。

15. JPEG XS 到底是靜態影像壓縮標準還是動態視訊壓縮標準？

16. JPEG XS 支援無損壓縮和視覺上無損壓縮兩種模式，請說明這兩種模式的區別和適用場景。

17. JPEG XS 使用了一種稱為二進制算術編碼(Binary Arithmetic Coding, BAC)的熵編碼方法，請簡述 BAC 的原理和優點。

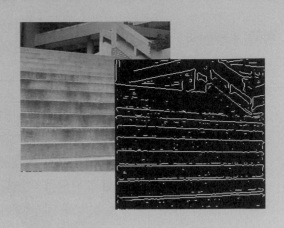

Chapter **8**

影像分割

本章要討論的影像分割(image segmentation)屬於影像分析的中級處理，先前各章所介紹的一些影像技術則可歸類為前級處理的方法，如圖 8-0-1 所示。圖中的影像表示與描述仍屬中級處理，最後的圖樣識別及解釋則屬後級處理。

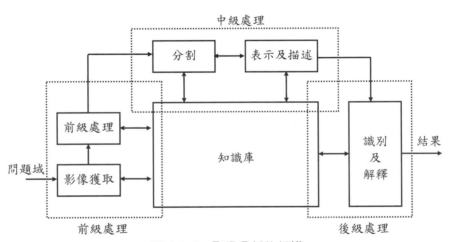

圖 8-0-1　影像分析的架構

中級處理的任務就是提取和描述前級處理過後的圖像，以便更加了解影像中物件(object)的各項資訊，包括其大小、位置、灰階度等等，還可修飾各物件的邊界，提供物件更深入的描述，甚至於將其與背景分離。這些中級處理的技巧及前級處理中一些去除雜訊及去除模糊等技巧，都可視為是後級處理的準備工作。

8-1　導論

　　我們現在先舉一個例子來說明圖樣識別(pattern recognition)的概念，進而了解影像分割這個中級處理對圖樣識別這個後級處理的用處。考慮一個將水果自動分類的系統，如圖8-1-1 所示，其中要分類的水果有櫻桃、檸檬、蘋果以及葡萄柚共四種。該系統包括可承載水果的輸送帶，架設在輸送帶上方一個固定位置的彩色攝影機，其中攝影機連接到一個包含處理器的控制單元中，控制單元可依據水果種類移動隔板將水果推送到對應的板條箱內。系統自動化或智慧化的關鍵是如何辨認輸送帶上的一個特定水果是哪一種水果。當一個水果經由輸送帶通過攝影機時，此水果的影像會送至處理器去辨識：處理器根據水果的一些特徵(feature)(必須是能使電腦分辨出水果種類的特徵)將水果分類，在此例中用的特徵是大小及紅色的程度，如圖 8-1-2 所示。

　　根據圖 8-1-2 中各種水果對應區域的劃分，我們可以很成功的分辨不同的水果。這種系統可以取代傳統的人力，並且較為便利和快速。在圖 8-1-2 中，我們以大小及紅色的程度為辨識依據，那麼這些資訊要如何獲取呢？第一步就是必須先將感興趣的物件(這裡指水果)從影像中分離出來，並分析該物件的大小及色澤；而將影像中的物件與背景切割分離所用的方法就落入到本章的主題—影像分割。

註▶現今主流的深度學習物件辨識方法好像可跳過影像分割的步驟而直接獲取特定物件的特徵，即便所提取的特徵未必可由人眼辨認或人腦理解，但對後面的機器辨識仍可能有效。然而，嚴格說來，影像分割的步驟沒有被跳過，只是隱約的被融入到特徵提取的過程中而已。

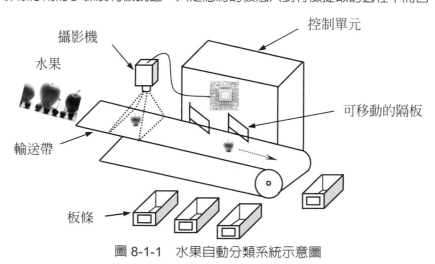

圖 8-1-1　水果自動分類系統示意圖

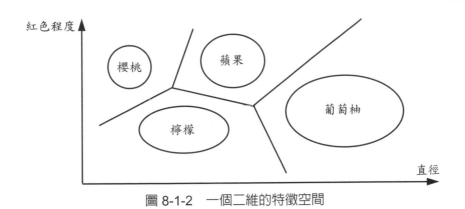

圖 8-1-2　一個二維的特徵空間

8-2　影像分割處理

　　影像分割處理可以定義為將一數位影像分割成若干區域，而這些由像素組成的區域必須為各個相類似的像素所相連而成。這裡有兩個關鍵詞，第一個是「相類似」，第二個是「相連」。

　　所謂「相類似」通常依應用而定，大致上可分成兩個層次，第一個是像素層次(pixel level)的相似，例如灰階影像中具有相近灰階值的像素或是彩色影像中具有相近色系的像素等。第二個層次是語義層次(semantic level)的相似，就是把像素按照影像中表達語義含義的不同進行分組(grouping)/分割(segmentation)。例如影像中有黑斑點的白色狗，在像素層次的理想分割下，每個黑斑點區塊都是一個分割後的獨立區域，白狗本身(扣除黑斑點部分)也是一個區域，當然還有背景區域；就語意分割而言，整隻狗(包含斑點在內)都被視為一個分割後的區域，因為在「狗」的語意下，這個區域內的像素都是「相類似的」，亦即這個區域內的所有像素都用來表達相同的物件，這裡指的就是狗。一般而言，「語義分割」比像素層次的分割困難很多，近年來的主流方法都必須靠深度神經網路的方法來學習所謂的「語意」為何，它屬於物件偵測(object detection)中的一個子領域。這部分已超過本書想涵蓋的範疇，這裡只討論像素層次的分割。

　　分割定義中所謂的『相連』是指在連通(connected)的集合中，任兩個像素之間有一條相連的路徑，且此路徑都是由集合中的像素所組成。至於相連的路徑，則由像素間的連通性來決定。常用的連通性有下列兩種：

1.　**四連通(four-connectivity)**：即對一像素而言，其與上、下、左、右的像素相連。圖 8-2-1(a)顯示四連通性，其中像素 P 與四個近鄰 $Q_0 \sim Q_3$ 是四連通的。

2. **八連通(eight-connectivity)**：即除了上、下、左、右的像素外，還加上對角連線上的像素，故有八個像素與其相連。圖 8-2-1(b)顯示八連通性，其中像素 P 與八個近鄰 $Q_0 \sim Q_7$ 是八連通的。

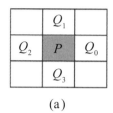
(a)

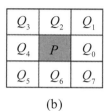
(b)

圖 8-2-1　連通性的示意圖。(a)四連通；(b)八連通。

影像分割大致有四種方法可以實現：

1. **門檻值法**：這是一種以門檻值為界區分物件與背景的簡單方法。
2. **區域法**：這是一種將一個像素集合對應為一個物件或區域的方法。
3. **邊界法**：這是找尋存在兩個區域之間邊界的方法。
4. **邊緣法**：辨認出屬於物件邊緣的像素，並且將邊緣像素連結在一起形成物件邊界的方法。

8-3 以門檻值法實現影像分割

　　門檻值法主要靠設定門檻值來分辨物件與背景。簡言之就是在影像的灰階值中，選一適合的門檻值區分背景與物件；例如，小於門檻值者判定為背景(物件)；大於門檻值者則判定為物件(背景)，因此這種方法很適合用於影像中的物件有一明顯的區域分界且邊界為封閉的情況。亦即，若所感興趣的物件和背景之間的灰階值有明顯差異時，則門檻值將可完全的分割物件與背景。

8-3-1 全域門檻法(Global Thresholding)

　　這個方法是對整幅影像選定一個固定的門檻值，並以此值為界，將影像的像素區分成物件與背景，以找出此影像中的物件。此方法很簡單，但因為僅將灰階度分為高、低兩類，因此只在物件與背景單純且亮暗分明下，才會有好效果。

對此固定門檻值的選擇，一般採用的是直方圖法。先將影像中每一像素的灰階值按出現頻次做一份統計資料並畫成如圖 8-3-1 所示的直方圖分佈圖形。由圖 8-3-1 看出這是一個有**雙峰**(bimodal)的直方圖，很可能一個峰來自於物件，另一個峰來自於背景，所以可能是一幅物件與背景分明的影像。我們可直接在兩個峰的直方圖的交會點(即邊界)之處選擇其灰階值作為門檻值，由直覺上可知這就是最佳門檻點 T_{opt} 的選擇。

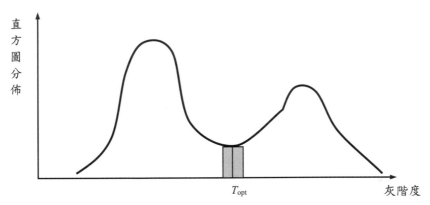

圖 8-3-1　整體門檻值之最佳選擇(在 T_{opt} 的位置)

對於一個有明顯雙峰直方圖的影像，估測 T_{opt} 的一個簡單方法如下：

步驟 ① 設 $i = 0$，給一初始的門檻值 T_i。給一個小的正值 ε，例如 $\varepsilon = 1$。

步驟 ② 依 T_i 將像素分成兩群：G_1 這一群是像素值小於 T_i 者，G_2 這一群是像素值大於或等於 T_i 者。分別計算兩群像素的平均值，設分別為 $m_{i,1}$ 與 $m_{i,2}$。

步驟 ③ 更新門檻值：$T_{i+1} = \dfrac{1}{2}(m_{i,1} + m_{i,2})$。

步驟 ④ $i = i + 1$，計算 $\Delta T = \left| T_i - T_{i-1} \right|$。若 $\Delta T < \varepsilon$，則程序停止，輸出 T_i；否則回到步驟 2。

註 門檻值的差異也可以選擇相對誤差，而不是絕對誤差，例如

$$\Delta T = \frac{\left| T_i - T_{i-1} \right|}{T_{i-1}}$$

當然對應的 ε 也應適當調整。

範例 8.1

考慮以下一個假想的影像。依上述程序選取一個門檻值將影像進行分割。

0	0	0	0	1	1	1	1
1	4	4	4	5	5	5	0
2	6	5	7	7	6	6	2
2	1	2	6	7	3	2	4
2	2	3	5	6	2	0	2
3	6	6	6	6	7	6	3
1	6	5	6	7	7	7	3
0	1	0	1	0	1	2	2

解

此影像各灰階 k 出現的頻次 $H(k)$ (相當於直方圖)如下：

k	0	1	2	3	4	5	6	7
$H(k)$	9	10	11	5	4	6	12	7

假設初始門檻值選 $T_0 = 2$，$\varepsilon = 0.5$。$i = 0$。

由步驟 2 可得 G_1 包含所有小於 2 的像素，平均值

$$m_{0,1} = \frac{1}{9+10}\left[(0)(9)+(1)(10)\right] = \frac{10}{19}$$

G_2 包含所有大於等於 2 的像素，平均值

$$m_{0,2} = \frac{1}{11+5+4+6+12+7}\left[(2)(11)+(3)(5)+(4)(4)+(5)(6)+(6)(12)+(7)(7)\right]$$
$$= \frac{204}{45}$$

由步驟 3 可得

$$T_1 = \frac{1}{2}(m_{0,1}+m_{0,2}) = \frac{1}{2}\left(\frac{10}{19}+\frac{204}{45}\right) \approx 2.53$$

由步驟 4 可得 $i = 1$ 且 $\Delta T = \left|T_1 - T_0\right| = 2.53 - 2 = 0.53 > 0.5$。由於 $\Delta T > \varepsilon$，所以回到步驟 2。由步驟 2 可得 G_1 包含所有小於 2.53 的像素，平均值

$$m_{1,1} = \frac{1}{9+10+11}\left[(0)(9)+(1)(10)+(2)(11)\right] = \frac{32}{30}$$

G_2 包含所有大於等於 2.53 的像素，平均值

$$m_{1,2} = \frac{1}{5+4+6+12+7}\left[(3)(5)+(4)(4)+(5)(6)+(6)(12)+(7)(7)\right] = \frac{182}{34}$$

由步驟 3 可得

$$T_2 = \frac{1}{2}(m_{1,1}+m_{1,2}) = \frac{1}{2}\left(\frac{32}{30}+\frac{182}{34}\right) \approx 3.15$$

由步驟 4 可得 $i=2$ 且 $\Delta T = |T_2 - T_1| = 3.15 - 2.53 = 0.62 > 0.5$。由於 $\Delta T > \varepsilon$，所以回到步驟 2。由步驟 2 可得 G_1 包含所有小於 3.15 的像素，平均值

$$m_{2,1} = \frac{1}{9+10+11+5}\left[(0)(9)+(1)(10)+(2)(11)+(3)(5)\right] = \frac{47}{35}$$

G_1 包含所有大於等於 3.15 的像素，平均值

$$m_{2,2} = \frac{1}{4+6+12+7}\left[(4)(4)+(5)(6)+(6)(12)+(7)(7)\right] = \frac{167}{29}$$

由步驟 3 可得

$$T_3 = \frac{1}{2}(m_{2,1}+m_{2,2}) = \frac{1}{2}\left(\frac{47}{35}+\frac{167}{29}\right) \approx 3.55$$

由步驟 4 可得 $i=3$ 且 $\Delta T = |T_3 - T_2| = 3.55 - 3.15 = 0.4 < 0.5$。由於 $\Delta T < \varepsilon$，所以程序停止，輸出 $T_3 = 3.55$。依此門檻值分割的結果如下：

0	0	0	0	1	1	1	1
1	4	4	4	5	5	5	0
2	6	5	7	7	6	6	2
2	1	2	6	7	3	2	4
2	2	3	5	6	2	0	2
3	6	6	6	6	7	6	3
1	6	5	6	7	7	7	3
0	1	0	1	0	1	2	2

　　以上程序只能說是找一個最佳門檻值的估測，因為我們連甚麼叫做「最佳」都還沒討論。任何「最佳」值都必須先定義一個合理的成本函數(cost function)或性能評估準則(performance evaluation criterion)，以作為分割效果好壞的指標。

一個有定義所需指標且在該指標下最佳的全域門檻化分割法是 Otsu (大津)於 1979 年提出來的方法。雖然提出此法的時間已久遠，但到現今仍是非常熱門且有效的方法。Otsu 的方法所用的性能評估準則稱為**類別間變異數**(between-class variance) σ_B^2，當以門檻值 $T = k$ 為界分兩群像素時定義成

$$\sigma_B^2(k) = P_1(k)[m_1(k) - m_G]^2 + P_2(k)[m_2(k) - m_G]^2 \qquad (8\text{-}3\text{-}1)$$

其中 $P_i(k)$ 是落入第 i 群的像素個數占總像素的比例，$m_i(k)$ 是第 i 群像素之像素值的加權平均(以該像素值在該群中出現頻次的佔比為加權值)，$i = 1, 2$，m_G 是整張影像的平均強度[全域(global)平均]。解析(8-3-1)式：當第一群的代表值 $m_1(k)$ 與第二群的代表值 $m_2(k)$ 都偏離在兩者中間的共同值 m_G 越遠時，代表 $m_1(k)$ 與 $m_2(k)$ 相距越遠，由此推得類別間變異數是類別之間可分離度的一個量測。最佳門檻值是使 $\sigma_B^2(k)$ 最大化的值 k^*：

$$k^* = \arg\max \sigma_B^2(k) \qquad (8\text{-}3\text{-}2)$$

註 假設灰階範圍是$[0, L\text{-}1]$，則以門檻值 $T = k$ 為界($k = 1, 2, ..., L\text{-}2$)分兩群像素時有兩種分法：

(1) 分成像素值小於 k 和大於等於 k 的兩群：$[0, k\text{-}1]$和$[k, L\text{-}1]$。

(2) 分成小於等於 k 和大於 k 的兩群：$[0, k]$和$[k+1, L\text{-}1]$。

本書統一用第一種。

註 因為 Otsu 法很常被使用，所以許多影像處理平台都有執行此算法的現成函式。

範例 8.2

重作範例 8.1 的問題，但改用 Otsu 法。

解

為了節省篇幅，我們只計算 $T = 3, 4, 5, 6$ 的情況。

$$\begin{aligned}
\sigma_B^2(3) &= P_1(3)[m_1(3) - m_G]^2 + P_2(3)[m_2(3) - m_G]^2 \\
&= \frac{30}{64}\left[\frac{16}{15} - \frac{107}{32}\right]^2 + \frac{34}{64}\left[\frac{91}{17} - \frac{107}{32}\right]^2 \\
&= 4.5751
\end{aligned}$$

$$\sigma_B^2(4) = P_1(4)[m_1(4) - m_G]^2 + P_2(4)[m_2(4) - m_G]^2$$

$$= \frac{35}{64}\left[\frac{47}{35} - \frac{107}{32}\right]^2 + \frac{29}{64}\left[\frac{167}{29} - \frac{107}{32}\right]^2$$

$$= 4.8319$$

$$\sigma_B^2(5) = P_1(5)[m_1(5) - m_G]^2 + P_2(5)[m_2(5) - m_G]^2$$

$$= \frac{39}{64}\left[\frac{63}{39} - \frac{107}{32}\right]^2 + \frac{25}{64}\left[\frac{151}{25} - \frac{107}{32}\right]^2$$

$$= 4.6601$$

$$\sigma_B^2(6) = P_1(6)[m_1(6) - m_G]^2 + P_2(6)[m_2(6) - m_G]^2$$

$$= \frac{45}{64}\left[\frac{93}{45} - \frac{107}{32}\right]^2 + \frac{19}{64}\left[\frac{121}{19} - \frac{107}{32}\right]^2$$

$$= 3.8628$$

所以最佳的門檻值為

$$k^* = \arg\max \sigma_B^2(k) = 4$$

與範例 8.1 最後得到的門檻值 3.55 很接近，重點是分割結果與範例 8.1 相同。事實上，只要門檻值落在(3, 4]內，二值化的分割結果都會相同。

到目前為止我們探討了兩個全域門檻值法中求取門檻值的方法，一個可稱為簡單法，另一個是 Otsu 法。我們將這兩種方法運用在圖 8-3-2(a)所示的影像上，影像大小為 467 × 623，圖 8-3-2(b)是此影像的直方圖。在簡單法中，嘗試用三個初始門檻值 $T_0 = 32$、$T_0 = 128$、$T_0 = 192$ 並設定程式停止運作的絕對誤差準則 $\varepsilon = 1$。以下是程式執行過程中門檻值的變化：

T_0	T_1	T_2	T_3	T_4	T_5	T_6	T_7	T_8
32	56.05	79.13	84.24	**84.93**				
128	115.01	99.00	88.66	85.66	**85.10**			
192	146.64	134.16	123.09	108.29	93.27	86.76	85.27	**85.10**

雖然初始門檻值不同，但最終都落在約 85 的位置。事實上，使用 Otsu 法的最佳門檻值就是 85。這個值也大致上對應到直方圖的主要谷底處。圖 8-3-3 顯示三個初始門檻值加上最佳門檻值對圖 8-3-2(a)的影像所得的二值影像，結果可看出確實取最佳門檻值有最好的效果。

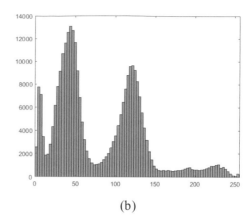

(a)　　　　　　　　　　　　　　　　(b)

圖 8-3-2　以取全域門檻值進行影像分割所用的影像。(a)原影像；(b) (a)的直方圖。

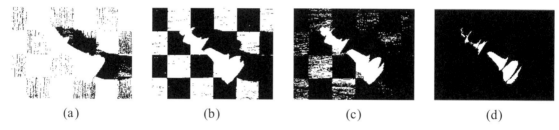

(a)　　　　　　(b)　　　　　　(c)　　　　　　(d)

圖 8-3-3　對圖 8-3-2(a)的影像以不同全域門檻值 T 進行影像二值化的結果。(a) $T = 32$；
(b) $T = 85$；(c) $T = 128$；(d)$T = 192$。

Otsu 的方法可推廣到任意數目的門檻值。假設有 $N - 1$ 個門檻值 $k_1, k_2, \cdots, k_{N-1}$，將直方圖分成 N 段。此時，類別間變異數定義成

$$\sigma_B^2(\mathbf{k}) = \sum_{n=1}^{N} P_n(\mathbf{k})[m_n(\mathbf{k}) - m_G]^2 \tag{8-3-3}$$

其中 $\mathbf{k} = (k_1, k_2, \cdots, k_{N-1})$。最佳門檻值是使 $\sigma_B^2(k)$ 最大化的值 $\mathbf{k^*}$：

$$\mathbf{k}^* = \arg\max \sigma_B^2(\mathbf{k}) \tag{8-3-4}$$

雖然理論上 Otsu 方法可用於多重門檻值的設定，但實務經驗顯示，只有當確知用特定數目的門檻值可有效解決問題時才會使用。例如我們已知影像中物件的灰階約略落在中階範圍，背景則有低階與高階兩種，或者影像中明顯就可分割成三個灰階度都顯著不同的區域，則其直方圖應有峰 1-谷 1-峰 2-谷 2-峰 3 的樣態，此時用兩個門檻值就適合。另外一個使用多重門檻的時機是當處裡彩色影像時，因為色彩可能組合的數目遠比灰階大的多，所以用單一門檻值可能無法將彩色物件與背景分離，此時就可考慮用多重門檻值。

　　一個簡易但非最佳的多重門檻值方法是用二值化門檻值將像素分兩群,每群像素再各自檢視是否有再分兩群的空間(例如可設定變異數大於預設值者即代表有此空間),若有則將該群像素再分成兩個子群,依此類推直到不再有任一子群像素滿足分群條件為止。

▌ 8-3-2　自適性門檻法(Adaptive Thresholding)

　　全域門檻法只適用於物件與背景單純且亮暗分明下,才會有好效果。但在很多的情況中,影像並不像上面所述那樣單純,例如有不均勻的照明或有部分的陰影等,使得物件和背景的直方圖沒有圖 8-3-1 那樣明顯的山峰-山谷-山峰的樣態。在這種情況下,全域門檻值可能在某些區域表現很好,在別的區域可能就不管用了。所以最好的方法就是在不同的區域,可以有不同的門檻值,亦即自適性的門檻值。

子區域各取門檻值法

　　為了適應影像局部的變化,我們將一張影像切分成固定大小且不重疊的矩形子影像,每個子影像各自依其統計特性決定適合該子影像的門檻值。子影像大小的選擇是使各子影像內的照明已達均勻時的最大者。各子影像的門檻值可依下面的步驟來求得:

步驟 ❶ 先將欲做分析的影像分成若干子影像,並就每個子影像做直方圖的分析,將子影像分成有單峰(unimodal)的直方圖,和有雙峰的直方圖。

步驟 ❷ 對每個含雙峰直方圖的子影像執行 8-3-1 節的全域門檻值法(簡單法或 Otsu法),求得各子影像的門檻值。

步驟 ❸ 對單峰直方圖子影像,可參考其周邊的雙峰直方圖子影像的門檻值或是採用非門檻值的方法(例如 8-4 與 8-5 節的方法)求出門檻值。

　　當每個子影像都有雙峰直方圖的理想狀況時,採用本方法往往可以得到很不錯的結果。但實務操作上,必須面對如下的問題。首先,可能需要多次的嘗試,才能選出適當的子影像大小,使大多數子影像有所需的雙峰直方圖性質;其次,單峰直方圖子影像的門檻值雖可參考其周邊其它子影像已決定好的門檻值,但該如何參考有各種不同狀況要考慮,決策程序較複雜。採用非門檻值法求單峰直方圖子影像的門檻雖可避開上述如何參考的問題,但顯然增加了系統實現的複雜度。以下介紹一個相對簡單的自適性門檻值方法。

基於局部影像性質的門檻值取法

這個做法是對影像中位於(x, y)處的每個像素$f(x, y)$指定一個門檻值$T(x, y)$，指定的依據主要是該像素之鄰域內的性質。可用的性質包括該鄰域內像素的平均值或加權平均值$\mu(x, y)$以及標準差$\sigma(x, y)$等能夠反映不同鄰域特性的統計量。一個門檻值$T(x, y)$的通用形式是

$$T(x,y) = \alpha\mu(x,y) + \beta\sigma(x,y) + \gamma \tag{8-3-5}$$

其中α、β和γ這三個係數是可依影像特性選擇的常數。有時鄰域的平均值可替換成整張影像的平均值，此時該平均值與鄰域無關，故可併入與鄰域無關的常數γ內而將門檻值簡化成只有兩個係數的形式：

$$T(x,y) = \beta\sigma(x,y) + \gamma \tag{8-3-6}$$

經分割影像表示成二值影像：

$$g(x,y) = \begin{cases} 1, & f(x,y) > T(x,y) \\ 0, & \text{其他情況} \end{cases} \tag{8-3-7}$$

其中$f(x, y) > T(x, y)$還可以有更複雜的形式，例如$f(x, y) > T_1(x, y)$且$f(x, y) > T_2(x, y)$，當中T_1與T_2是用不同係數組合的門檻值。

OpenCV 提供了一個基於局部影像性質的門檻值取法的函式，當中用的門檻值是(8-3-5)式中取$\alpha = 1$且$\beta = 0$的情形(只考慮鄰域平均值而不考慮標準差的統計量)，亦即

$$T(x,y) = \mu(x,y) + \gamma \tag{8-3-8}$$

其中$\mu(x, y)$有用一般平均或是高斯加權平均的選項。圖 8-3-4(a)與(b)分別顯示以這兩個選項對圖 8-3-2(a)的原始影像進行影像分割的結果，其中鄰域大小皆為 11×11 且 γ 值皆為 2。兩個結果雖有差異，但差異不明顯。此外，與用 Otsu 全域門檻值法進行影像分割的結果[圖 8-3-3(b)]相比，此處的局部自適應法對物體分割的效果較為顯著，例如各方塊內的紋路或是棋子上的細節以及棋子的陰影所構成的輪廓等等。

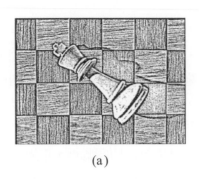
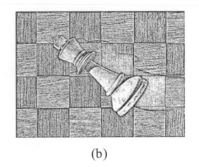

(a)　　　　　　　　　　　　　　　(b)

圖 8-3-4　以局部門檻值 $T = \mu + \gamma$ 進行影像分割的結果。(a) μ 以平均值求得；(b) μ 以高斯加權平均求得。

8-4　以區域法實現影像分割

　　區域法是將像素集合對應物件或區域的方法。設 R 代表整個影像區域，影像分割可視為將 R 分割成 n 個子區域 $R_1, R_2, \ldots, R_n$ 的過程，而這些子區域必須滿足

1. $\displaystyle\bigcup_{i=1}^{n} R_i = R$

2. R_i 是相連接(connected)的區域，$i = 1, 2, \ldots, n$

3. $R_i \cap R_j = \phi$(空集合)，$\forall i, j, \quad i \neq j$

4. $P(R_i) = $ TURE, $i = 1, 2, \ldots, n$

5. $P(R_i \bigcup R_j) = $ FALSE, $\quad i \neq j$

其中 $P(\cdot)$ 代表一個陳述詞(predicate)，$P(R_i) = $ TURE 代表在 R_i 中所有像素都有某種共通的特性，例如全部像素的灰階度都相同。

　　以區域法實現分割便是遵循上述的概念，以直接找取區域的方式實現影像分割。主要方法有像素聚積成長法(region growing by pixel aggregation)、區域分裂與合併法(region splitting and merging)以及用聚類分析(clustering)進行區域分割。

8-4-1　像素聚積成長法

　　顧名思義，此方法從一種子(seed)像素開始，透過像平均灰階度、紋理組織(texture)及色彩等性質的檢視，將具類似性質的像素逐一納入所考慮的區域中，使其逐漸成長。此方法在概念上很簡單，但在實際使用時必須考慮許多會影響分割效能的因素。

　　首先是種子像素的選擇，這又分是否事先對所考慮之影像的特性已有瞭解。若已瞭解，則較易選定，例如在紅外線影像的軍事用途上，通常被追蹤的目標溫度較高，因此在紅外線影像上可找亮度較高者當種子像素。若無足夠資訊直接選取種子像素，則可對影像進行直方圖分析，找到出現次數較大者當種子像素，亦即對應直方圖山峰位置的像素值。當然還可有很多的選取方式，通常依影像特性與應用要求而定。

　　另一個因素是聚類相似性的選擇。此因素與應用對象有密切關聯性，不過大致上不外乎灰階度、組織紋理以及色彩等性質。此外，何時該停止成長也必須考慮，當然最簡單的就是當再也找不到符合聚類性質的像素時就該停止。其他的停止條件還可包括區域大小及形狀限制等。

　　給定一個位於(x_0, y_0)的種子像素，區域成長的實現步驟如下：

步驟 1 以(x_0, y_0)為中心，掃描(x_0, y_0)的 4 個或 8 個近鄰像素，將其中符合成長準則且還未有區域歸屬的近鄰位置與(x_0, y_0)合併(在同一區域內)，同時將這些位置壓入(push)堆疊(stack)中。

步驟 2 當堆疊未清空(Not empty)時，從堆疊中取出一個像素(pop 運算)，把它當作(x_0, y_0)，返回步驟 1；否則結束此程序，輸出成長區域。

　　以上只是針對一個種子像素的成長過程，若有多個種子像素，就重複上述步驟直到所有種子像素都考慮過為止。最後檢查是否還有像素沒有歸屬，若有就得從那些像素中重新找種子像素，再回到上面的程序去，直到所有像素都有歸屬時才結束成長。

範例 8.3

考慮如下的一個假想影像。以 8 近鄰的像素聚積成長法進行影像分割。假設種子像素位於(3, 2)，區域成長條件是灰階度差距在 2 以內者($|x_i - x_j| < 2$)。如果改成差距在 4 以內者，結果會變成如何？改成 5 以內呢？

	0	1	2	3	4
0	9	8	6	7	7
1	8	7	2	8	9
2	7	7	3	9	8
3	8	3	2	1	7
4	9	8	8	9	8

解

步驟 ① $(x_0, y_0) = (3, 2)$，8 近鄰中只有$(3, 3), (2, 2), (3, 1)$符合成長條件且未有區域歸屬。區域 $R = \{(3, 2), (3, 3), (2, 2), (3, 1)\}$。堆疊 $S = \{(3, 3), (2, 2), (3, 1)\}$。

步驟 ② 堆疊未清空，取出$(x_0, y_0) = (3, 3)$，堆疊 $S = \{(2, 2), (3, 1)\}$。

步驟 ① $(x_0, y_0) = (3, 3)$，8 近鄰中沒有一個是符合成長條件又未有區域歸屬的。所以堆疊仍維持為 $S = \{(2, 2), (3, 1)\}$。

步驟 ② 堆疊未清空，取出$(x_0, y_0) = (2, 2)$，堆疊 $S = \{(3, 1)\}$。

步驟 ① $(x_0, y_0) = (2, 2)$，8 近鄰中只有$(1, 2)$符合成長條件且未有區域歸屬。$R = \{(1, 2), (3, 2), (3, 3), (2, 2), (3, 1)\}$。堆疊 $S = \{(1, 2), (3, 1)\}$。

步驟 ② 堆疊未清空，取出$(x_0, y_0) = (1, 2)$，堆疊 $S = \{(3, 1)\}$。

步驟 ① $(x_0, y_0) = (1, 2)$，8 近鄰中沒有一個符合成長條件。

步驟 ② 堆疊未清空，取出$(x_0, y_0) = (3, 1)$，堆疊清空。

步驟 ① $(x_0, y_0) = (3, 1)$，8 近鄰中沒有一個是符合成長條件又未有區域歸屬。

步驟 ② 堆疊清空，結束程序，輸出 $R = \{(1, 2), (3, 2), (3, 3), (2, 2), (3, 1)\}$。最後結果如陰影區域所示。

	0	1	2	3	4
0	9	8	6	7	7
1	8	7	2	8	9
2	7	7	3	9	8
3	8	3	2	1	7
4	9	8	8	9	8

成長條件改成差距在 4 以內者，結果不變，但當改成 5 以內時，將成長到占滿整個區域。基本上，成長條件越嚴格，成長出的區域就越小，反之則越大。

圖 8-4-1 顯示對一大小為 256 × 256 之真實影像用像素聚積成長法的像素聚積過程。因為已知這個標誌影像的相同區域內的像素有完全相同的數值，所以區域成長條件刻意設定是灰階度差距在 0 以內者($|x_i - x_j| < 0$)，亦即必須有完全相同數值的像素才會收納進來，這顯然是最嚴格的條件。此外，為了顯示成長過程的中間結果，加入可設定區域面積(即像素個數)的控制因子，已顯示逐漸擴張的區域。圖 8-4-1(a)為原始影像；(b)顯示種子點的位置：(100,100)；(c)顯示當聚積成長的像素達 1000 個時由聚積的像素所形成的區域，其中黑線為刻意標示出的區域邊緣線，顯示成長的中間過程；(d)則是成長完成的結果。

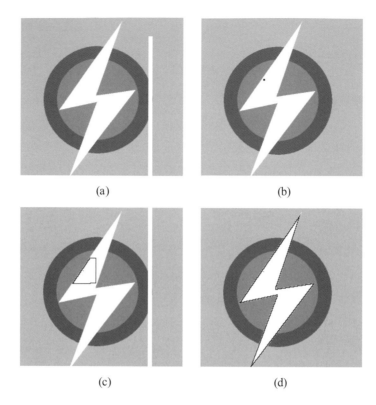

圖 8-4-1　像素聚積成長過程圖。(a)原始影像；(b)種子點位置：(100,100)的標示；(c)當聚積成長的像素達 1000 個時所形成的區域，其中黑線為此區域的邊緣線；(d)成長完成的結果。

　　圖 8-4-2 顯示不同的種子位置所獲得的分割區域，其中種子的位置也用白色圓點疊加到此分割區域上。種子點所屬的區域維持原來的灰階，其他區域則以黑色表示。比較原圖 8-4-1(a)的原始影像，可看出由每個種子開始所聚積成的區域都是正確的。

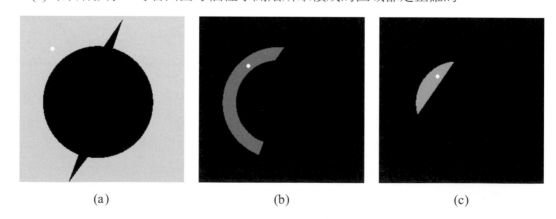

圖 8-4-2　以不同位置的種子所獲得的分割區域，其中種子的位置也用白色圓點疊加到此分割區域上。種子位置分別為(a) (50, 50)；(b) (75, 75)；(c) (90, 90)。

註▶在實際的應用中，有時可能無法一次就找到滿意的分割，因此有一些遞迴的方法回頭檢視邊界的可靠性，特別是成長條件嚴苛時(需高度像似性才可成長)，有可能產生假邊界(false boundary)。首先判別分割邊界線兩邊的邊界點性質之差異是否很大，若是則稱為強邊界(strong edge)，反之則為弱邊界(weak edge)。強邊界保留不動，弱邊界可去除以達成某些邊界之合併。此過程持續進行到沒有一個弱邊界為止。

8-4-2　區域分裂與合併法

顧名思義，區域分裂與合併(region splitting and merging)就是將影像先切分再合併以達成影像分割目的的方法。其執行步驟大致如下：

步驟 ①　首先將影像切分成不重疊的區域(子影像)，其中最常用的方法是切分成四個大小相同的子影像。

步驟 ②　對每個子影像，若影像內有性質不同的像素存在[亦即 $P(R_i) =$ FALSE]就將該子影像繼續切分，持續這個過程直到沒有可再切分的條件為止。圖 8-4-3 顯示一個影像切分情形及其伴隨的四元樹(quadtree)資料結構表示方式。

步驟 ③　將具同性質又相鄰[亦即滿足 $P(R_i \cup R_j) =$ TRUE 且 R_i 和 R_j 是位置上相鄰的]的子影像進行合併，直到無法再合併為止，整個影像分割程序才算大功告成。

圖 8-4-4 顯示用區域分裂與合併的例子。在(a)圖中分成四個子影像，從圖中可看出除左下角的子影像外，其他三個子影像都滿足再切分的條件，所以這三個區域都再執行步驟2 的四分樹切分，如圖(b)。接著發現只有圖(b)最右側的兩個矩形區域符合再切分的條件，於是各再切分成四個子區域，如圖(c)所示。此時已無任何再切分的條件，於是結束步驟2 的程序而來到步驟 3。在步驟 3 中，從最小的同質性區域合併開始，相當於從四分樹最底層的的樹葉層開始合併，一路往樹根節點(root node)的更大區域方向回溯(backtracking)進行合併，直到無法合併為止，結果如圖(d)所示。此例的結果算是很完美的。

執行步驟二的極端狀況是將影像切分到只有一個像素構成的區域，此時步驟三的過程就類似於 8-4-3 節單一種子像素的聚積成長法的過程。就這一點而言，像素聚積成長法可視為區域分裂與合併法的特例，其中像素聚積成長法沒有區域分裂與合併法的分裂步驟，只有其合併步驟，且只能從一個像素開始合併，但區域分裂與合併法可在更大的區域結構下開始進行合併。

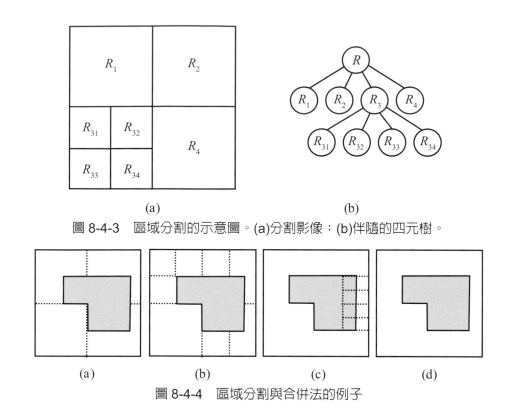

(a)   (b)

圖 8-4-3　區域分割的示意圖。(a)分割影像；(b)伴隨的四元樹。

(a)   (b)   (c)   (d)

圖 8-4-4　區域分割與合併法的例子

8-4-3　用聚類進行區域分割

8-4-1 節的像素聚積成長法使用了「物以類聚」的原理，將同質性相近的像素聚集在一起形成一個區域，以達成影像分割的目的。在圖樣辨識中，有一個稱為聚類分析(clustering analysis)的領域,此領域探討如何將所感興趣的資料依某種資料間的相似性或共通性自動分成數個聚類，且每筆資料都會有單一的歸屬類別或多個類別[模糊聚類(fuzzy clustering)時]，不會有任何遺漏。把每個像素的像素值看成一筆資料，則每筆資料都有單一類別歸屬的聚類分析與影像分割的目標完全吻合。因此在聚類分析領域所發展出的技術有機會可用於影像分割。

事實上，第三章中用於向量量化的 *K*-平均(*K*-mean)演算法(或是 LBG 演算法)就是一種非常經典的聚類分析方法，其中 *K* 等於碼簿大小或代表向量 $\mathbf{r}_i$ 的個數。因此我們將借用該章的 LBG 演算法，以影像分割的情景改寫如下。

這裡假設影像的每個像素是一個 RGB 的三維向量,且將分成 *K* 個聚類或區域：$C = \{C_1, C_2, ..., C_K\}$。

步驟 ① 初始化：定出要分割出的區域數 K、失眞門檻值 ε、初始碼簿 $R_0 = \{\mathbf{r}_{i,0} ; 1 \le i \le K\}$ 及輸入影像所有像素的集合 $T = \{\mathbf{f}_n ; n = 1, 2, \cdots\cdots, N\}$，$N \gg K$。設疊代次數 $m = 0$，初始失眞 $D_{-1} = \infty$。

步驟 ② 對碼簿 $R_m = \{\mathbf{r}_{i,m} ; 1 \le i \le K\}$，找出集合 T 的最小誤差分割，即若

$$d(\mathbf{f}_n, \mathbf{r}_{i,m}) \le d(\mathbf{f}_n, \mathbf{r}_{j,m}), \quad \forall j \ne i$$

其中 $d(\cdot)$ 可採歐基里德距離或其他距離測度，則 $\mathbf{f}_n \in C_i$。

步驟 ③ 計算平均失眞

$$D_m = \frac{1}{N} \sum_{n=1}^{N} \min_{1 \le i \le K} d(\mathbf{f}_n, \mathbf{r}_{i,m})$$

若 $(D_{m-1} - D_m) / D_m \le \varepsilon$，則輸出分割區域 C，退出疊代過程；否則繼續。

步驟 ④ 設屬於 C_i 的向量有 M_i 個，則新估測的 $\mathbf{r}_i$ 是使

$$\frac{1}{M_i} \sum_{\mathbf{f} \in C_i} d(\mathbf{f}, \mathbf{r}_i)$$

最小的值。若 $d(\mathbf{f}, \mathbf{r}_i) = (\mathbf{f} - \mathbf{r}_i)^T (\mathbf{f} - \mathbf{r}_i)$，即平方誤差，則 $\mathbf{r}_i$ 正是 M_i 個向量的算術平均值。

步驟 ⑤ 取 $m = m + 1$，回到步驟 2。

以聚類分析進行影像分割的最佳解可用下式表示：

$$C^* = \arg\min_C \left[\sum_{i=1}^{K} \sum_{\mathbf{f} \in C_i} d(\mathbf{f}, \mathbf{r}_i) \right] \tag{8-4-1}$$

我們透過剛剛的程序所得的分割結果不能保證就是以上的 C^*，通常只是最佳解 C^* 的近似解。即便如此，對不是太過複雜的影像，往往還是可獲得不錯的結果。

圖 8-4-5 顯示以 K-平均聚類分析進行影像分割的結果。由於原影像是一個含有四種不同灰階且單純的影像，所以用 K-平均聚類分析進行影像分割的效果應該會很好。我們選取 $K = 2$、3 和 4。$K = 2$ 代表分成兩類，此時兩個灰階較相近的區域被合而為一，亦即同心圓的兩個區域被合併，閃電和背景區域也被合併；(c) $K = 3$ 代表分成三類，此時兩個灰階較相近的區域被合而為一，亦即同心圓的兩個區域被合併；(d) $K = 4$ 代表分成四類，由於實際像素值也只有四種，因此原始影像的各區域都被個別分割出來。

| (a) | (b) | (c) | (d) |

圖 8-4-5　以 *K*-平均聚類分析進行影像分割。(a)大小為 256 × 256 的原始影像；(b) *K* = 2 的分割結果；(c) *K* = 3 的分割結果；(d) *K* = 4 的分割結果。

8-5　以邊界法實現影像分割

邊界法是藉由求一幅影像之梯度大小來正確的找出邊界的影像分割法。設一輸入影像為 $f(x, y)$，則其梯度為向量

$$\nabla f(x,y) = \frac{\partial}{\partial x} f(x,y)\mathbf{i} + \frac{\partial}{\partial y} f(x,y)\mathbf{j} \tag{8-5-1}$$

其大小 $|\nabla f(x,y)|$ 代表在梯度向量所指的方向上 $f(x, y)$ 每單位距離的最大增加率。求此梯度大小之目的是要找出影像中灰階變化最大的位置，而這些灰階變化很大的位置，通常正好就是物件的邊界。

有關影像的梯度在第三章的 3-6 節已有詳細討論，為了方便本章之後的討論，此處只提供簡單的重點回顧。對於一個離散型函數 $f(m, n)$，梯度的大小定義為

$$|\nabla f| = (f_m^2 + f_n^2)^{1/2} \tag{8-5-2}$$

其中 f_m 代表 m 的方向(行的方向)上的梯度分量，f_n 則代表 n 方向(列的方向)上的梯度分量。實務操作上，為了節省計算量，我們通常採用

$$|\nabla f| = |f_m| + |f_n| \tag{8-5-3}$$

代替(8-5-2)式。f_m 和 f_n 通常是以一階導數的遮罩進行鄰域處理獲得，例如經常被使用的 Sobel 遮罩(圖 3-6-2)。由原影像每一點位置之梯度的大小所構成的另一幅影像稱為梯度大小的影像，簡稱梯度影像(gradient image)。實務操作上，常將梯度影像的數值正規化到與原影像一樣的範圍，方便顯示與近一步處理，例如 8 位元深度的影像就是[0, 255]。

8-5-1 物體邊界追蹤

物體邊界追蹤的主要想法就是從一個可能的邊界點開始，沿著可能的邊界點追蹤下去，一直到例如回到原出發點形成整個物體的邊界為止，圖 8-5-1 顯示如何追蹤的概念。整個邊界追蹤的基本程序如下：

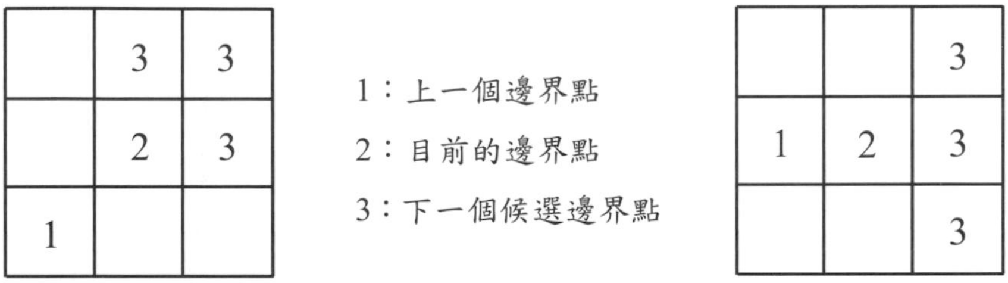

1：上一個邊界點
2：目前的邊界點
3：下一個候選邊界點

圖 8-5-1　邊界追蹤的概念示意圖

步驟 0　輸入一幅灰階影像 I，要找到 I 中物體的邊界點構成的陣列 C。

步驟 1　對 I 以一階導數遮罩(例如 Sobel 遮罩)得到一幅由梯度大小構成的梯度影像。在此梯度影像的四周填補一列或一行像素值為-1的像素，形成一個新影像 J。

步驟 2　由 J 中找出有最大正值且未含在 C 中的像素當成起點 P_{start}。若找不到，則輸出 C 並跳到步驟 7；否則令第 1 點 $P_1 = P_{start}$ 並將此點座標儲存至 C 中。

步驟 3　從 P_1 的 8 個近鄰點中找出有最大正值且未含在 C 中的像素，稱為 P_2。若找不到，則輸出 C 並跳到步驟 7；否則將 P_2 點座標儲存至 C 中。

步驟 4　把 P_1 當作上一個邊界點，P_2 當作目前的邊界點。以從 P_1 到 P_2 為追蹤方向，再從 P_2 的近鄰點(排除 P_1)中，找出最符合這個方向的其中 3 個，作為接下來要追蹤的候選邊界點(參考圖 8-5-1)。若這 3 個候選邊界點中含有 P_{start}，則輸出 C 並跳到步驟 7。從這 3 個候選邊界點中移除像素值小於 0 或已被標記為邊界點的候選邊界點。若剩餘候選邊界點的個數為零，則輸出 C 並跳到步驟 7。

步驟 5　從剩餘的候選邊界點中找出像素值最高且最符合追蹤方向者為真正的邊界點 P_3 並將此點座標儲存至 C 中。

步驟 6　令 $P_1 = P_2$，$P_2 = P_3$，回到步驟 4。

步驟 7　若還不符合使用者設定的終止條件(例如所需的輪廓數量)，則回到步驟 2，否則程序結束。

範例 8.4

考慮如下的一個假想梯度影像。以上述邊界追蹤程序找邊界。

	0	1	2	3	4
0	2	8	6	7	8
1	9	7	2	7	9
2	8	3	3	4	8
3	7	9	2	1	7
4	8	8	8	9	8

解

形成新影像 J：

		0	1	2	3	4	
	−1	−1	−1	−1	−1	−1	−1
0	−1	2	8	6	7	8	−1
1	−1	9	7	2	7	9	−1
2	−1	8	3	3	4	8	−1
3	−1	7	9	2	1	7	−1
4	−1	8	8	8	9	8	−1
	−1	−1	−1	−1	−1	−1	−1

步驟 ② 以左上到右下的掃描順序找到位於(1, 0)的最大值，即 $P_1 = P_{start} = (1, 0)$。$C = \{(1, 0)\}$。

步驟 ③ P_1 的近鄰點中最大者位於(0, 1)，所以 $P_2 = (0, 1)$。$C = \{(1, 0), (0, 1)\}$。

步驟 ④ 和 **步驟 ⑤**：只有一個位於(0, 2)的候選邊界點滿足條件，所以 $P_3 = (0, 2)$。$C = \{(1, 0),$ $(0, 1), (0, 2)\}$。

步驟 ⑥ 令 $P_1 = P_2 = (0, 1)$，$P_2 = P_3 = (0, 2)$。

步驟 ④ 和 **步驟 ⑤**：有兩個分別位於(0, 3)和(1, 3)的候選邊界點有相同的最大值，但(0, 3) 最符合追蹤方向，所以 $P_3 = (0, 3)$。$C = \{(1, 0), (0, 1), (0, 2), (0, 3)\}$。

步驟 ⑥ 令 $P_1 = P_2 = (0, 2)$，$P_2 = P_3 = (0, 3)$。

以下依此類推，最終可得如下由陰影表示的邊界。

	0	1	2	3	4
0	2	8	6	7	8
1	**9**	7	2	7	9
2	8	3	3	4	8
3	7	9	2	1	7
4	8	8	8	9	8

　　顯然依設定的追蹤方向，基本邊界追蹤法只能追蹤較不尖銳的平滑邊界。此外，邊界追蹤法適合在沒有雜訊的情況下操作；若假設梯度影像中邊界已被雜訊破壞，則顯然極易追蹤錯誤。其解決之道有二：一是在追蹤前先做平滑(smoothing)去雜訊，二就是下面要提到的追蹤蟲(tracking bug)的方法。

　　首先我們先定義矩形大小作為檢視之窗口，如圖 8-5-2，我們稱之為蟲。在圖上可以看到有一個先前的邊界點 P_{pre} 及一個現在的邊界點 P_{cur}，我們選擇以由過去及現在之邊界點所構成的方向，作為目前的方向。以此方向為準的 $\pm\theta$ 方向內都是下一個邊界點的搜尋範圍，接著計算在搜尋範圍內各個位置的蟲所含蓋之點的梯度平均值，選擇平均值較大者所含的候選邊界為下一個邊界點(候選邊界點 P_{can})。這種方式不同於上述方法之處是在於：此法所用之窗口拉大了搜尋有較高灰階點的範圍，而這個窗口的大小，可依實際的情形而調整。因為整個方法的動作猶如蟲一步一步往前進，故得其名。

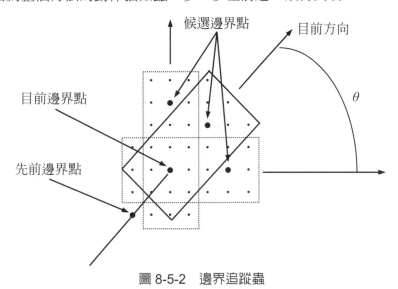

圖 8-5-2　邊界追蹤蟲

　　追蹤蟲演算法的程序如下：

步驟 0　決定矩形窗口(rectangular window) W 的大小及窗口旋轉的搜尋角度 $\pm\theta$。

步驟 1　計算出原影像的梯度影像。

步驟 2　取一個梯度最大的點作為邊界點的第一個點，當成先前的點 P_{pre}。

步驟 3　在 P_{pre} 的 8 近鄰中(或更大的鄰域中)選擇梯度最大的點作為第二個邊界點，當成現在的邊界點 P_{cur}。

步驟 4　以 P_{cur} 或窗口下邊界的中點為窗口的旋轉軸心，並將目前的邊界點方向定義為從 P_{pre} 到 P_{cur} 的連線方向。

步驟 ⑤ 讓窗口在當前邊界點方向左右 $-\theta \sim +\theta$ 內旋轉，在每一個窗口內計算平均梯度並以該窗口的最大梯度點為候選邊界點 P_{can}。

步驟 ⑥ 將具有最大平均梯度之窗口所對應的梯度點定義為 P_{can}^{*}。

步驟 ⑦ 令 $P_{pre} = P_{cur}$ 且 $P_{cur} = P_{can}^{*}$，回到步驟 4。繼續以上各步驟直到符合終止條件為止。

註 邊界追蹤蟲的窗口越大，對梯度的平滑作用越強，也就越能夠抵抗雜訊。此外，窗口內的平均值可改採加權平均值，例如以中心權值較大的高斯分佈當權重。

除了上述的邊界追蹤法外，還有許多其他方法被提出。有些方法強調邊界的精準性，有些則強調追蹤速度。最終還是要依據實際應用的需要選擇適合的方法。以下是利用 OpenCV 的幾個函式找到物體輪廓並疊加到原始影像上的展示。首先用函式 cv2.threshold 將灰階影像二值化後，再以另一函式 cv2.findContours 對二值影像求取物體輪廓，最後再以 cv2.drawContours 這個函式將輪廓畫在原始影像上。我們以圖 8-4-5 的原始影像為例，設定兩個門檻值將影像二值化，分別顯示其二值化影像及對應的輪廓，結果如圖 8-5-3 所示。圖 8-5-3 顯示以 OpenCV 實現物體邊界追蹤的影像分割結果。由圖 8-5-3 的(a)和(c)可看出原始影像的四種像素值中，只有一種低於 127，位於圓環部分；且只有一種高於 200，就是閃電部分。由圖 8-5-3 的 (b) 和 (d) 可看出輪廓追蹤的結果近乎完美。有關 Cv2.findcontours 函式的原理可參考 Suzuki 和 Abe (1985) 的演算法。

▍8-5-2 梯度大小門檻值法

本方法是基於物件邊界的像素相對於其周邊像素有較高梯度大小的基本事實。換言之，邊界像素的梯度大小呈現局部最大值(local maximum)，因此，從梯度影像中搜尋局部最大值有機會可找到物件的邊界。由於雜訊對梯度運算影響很大，為了避免在梯度影像中找到由雜訊產生的局部最大值，干擾到正確邊界的呈現，因此影像在作梯度運算前，須先經過平滑。

圖 8-5-4 中以三維繪圖的方式顯示圖 8-4-5 之標識影像(logo image)的梯度大小，其中(a)是 3D 輪廓圖(contour plot)，(b)是曲面圖(surface plot)。這裡梯度大小的計算是採用 Sobel 運算子，所得梯度大小從零到約 774；若採用其他運算子，梯度大小的數值範圍可能會與此處不同。從三維圖中可看出，同一物體(此處實際上為像素值相同的區域)的梯度大小趨近於零(因為是最均勻的區域)，不為零的梯度大小落在物體(區域)之間。此外，不同區域之間的梯度大小也有所不同。

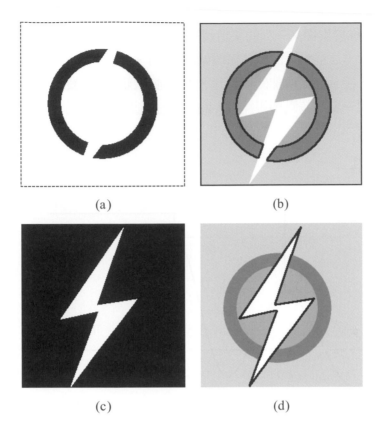

(a)

(b)

(c)

(d)

圖 8-5-3 以 OpenCV 實現物體邊界追蹤的影像分割。原影像如圖 8-4-5 所示。(a)和(c)為對原影像分別以門檻值 127 和 200 二值化的結果;(b)和(d)是分別對(a)和(c)找出物體輪廓並疊加到原影像的結果。

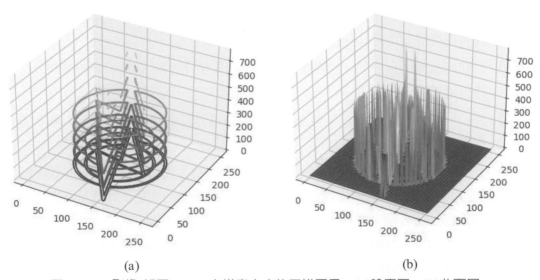

(a)

(b)

圖 8-5-4 影像(如圖 8-4-5)之梯度大小的三維圖示。(a)輪廓圖;(b)曲面圖。

　　圖 8-5-5 顯示梯度影像某一列的灰階值變化，其中顯示兩個局部最大值及其中間的物件所在。一開始本方法從較小的門檻值開始(例如圖 8-5-5 中的 T_1)，此時有許多相連的部分超過此門檻值，接著逐漸增加門檻值時，可相連的部分逐漸變小，到門檻值等於 T_2 時發現相連部分只剩一點，該點即視為邊界點，同理當門檻值逼近 T_3 時又得另一邊界點，依此類推。

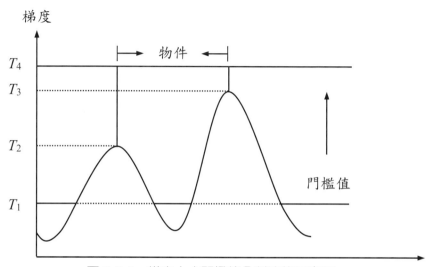

圖 8-5-5　梯度大小門檻值分割法的示意圖

　　根據上述的說明，一個找尋梯度影像局部最大值的程序如下：

步驟 1　從原影像計算出梯度影像。設梯度影像最大的像素值為 g_{max}。

步驟 2　選取一個較小的初始門檻 T，但此門檻又不可太小，以避免產生太破碎的邊界或有過度分割(over-segmentation)的現象。

步驟 3　對梯度影像的每一列，找尋像素值超過門檻值 T_i 的孤立點，若有就將其位置記錄為邊界點。

步驟 4　$T = T + 1$；如果 $T > g_{max}$，停止程序，輸出邊界點構成的二值邊界影像，否則回到步驟 3。

　　這樣的作法有一個很大的好處，就是在一幅有多個物件及背景變化豐富的圖形上，可以找出較正確的邊界。要留意，這個方法可能會有過度分割的問題，此時可能要重新選擇起始的門檻值。圖 8-5-6 顯示以梯度大小門檻值法進行影像分割的例子。$T = 50$ 時，所有邊界都很完整呈現；$T = 250$ 時，內圓那個邊界完全消失；$T = 300$ 時，閃電尖端的邊界也消失了；$T = 475$ 時，連外圓的邊界都消失了。這樣的結果與圖 8-5-4 中梯度大小的三維圖示相呼應。由此可見初始門檻值對分割結果會有很大的影響，因此實際使用本方法時，通常需要慎選此門檻值。

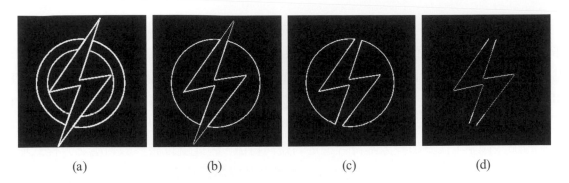

(a)　　　　　　(b)　　　　　　(c)　　　　　　(d)

圖 8-5-6　以梯度大小門檻值法進行影像分割的例子。此處顯示用不同的初始門檻值 *T* 所得的結果。
　　　　　(a) *T* = 50；(b) *T* = 250；(c) *T* = 300；(d) *T* = 475。

註▶ 梯度大小門檻值法的概念類似於一個稱為分水嶺(watershed)的更先進方法。在分水嶺分割
中，圖像被視為具有山脊和山谷的地形景觀，其中每個像素的灰階值代表地形的高度，而灰階
度較大的像素連成的線當成山脊，也就是分水嶺；分水嶺所圍繞的區域稱為集水盆地
(catchment basin)。影像分割的問題轉化成找地形分水嶺的問題。找分水嶺的一個有趣想法是
在每個集水盆地的最低點處(具備灰階的局部最小值)開一個洞讓盆地淹水，隨著水位慢慢增加
到從一個集水盆地快氾濫到另一個集水盆地時，趕快建一個水壩擋起來。這個水位上漲以及建
水壩的程序一直進行到整個地形都被淹沒為止。建構水壩的位置就是分水嶺的所在，相當於就
是物件的邊界。對以 OpenCV 實現此方法有興趣的讀者，可參考以下網址：

　　　　　　　　https：//blog.csdn.net/dcrmg/article/details/52498440

8-6　以邊緣法實現影像分割

　　以邊緣法建構邊界時，它先偵測出可能的邊緣像素(edge pixel)或邊緣點(edge point)，
再將這些孤立的像素點或幾個邊緣點構成的短邊緣連結成邊界，達成影像分割的目的。

8-6-1　邊緣偵測與連接(Linking)

　　提到邊緣偵測自然聯想到第三章鄰域處理中 3-6 節的「邊緣偵測濾波器」，包括一階
導數為基礎的濾波器，像是 Sobel、Prewitt、Kirsch 濾波器等，還有二階導數為基礎的濾
波器，像是拉普拉斯或 LoG 濾波器，以及偵測能力強大的 Canny 邊緣檢測器。

　　在理想狀況下，用以上偵測器偵測出之邊緣點所形成物件的邊界會是相連且封閉的。
但實際上由於雜訊、光源不均勻等因素通常得到的結果是殘缺不全的邊界，所以要作邊界
的連接修補。

連接修補的方式可分成局部(local)與全域(global)兩大類。局部方法的原理是在一個局部範圍內，探尋是否有位置相近的孤立邊緣點或是短邊緣的端點，若有，則將相關的邊緣點以內插的方式連接修補。全域方法則是掃描整個影像，查看是否具有特定的幾何特徵(例如直線、圓、橢圓等)，查看的方式是將原影像空間的每個像素轉換到這些幾何曲線方程式的參數空間(例如直線的斜率與截距)上，再統計各參數組合出現的頻次；對產生頻次較高者的那些像素，代表那些像素符合特定的幾何特徵，因此就以該參數對應之方程式填補出失去的像素點。全域的方法是以 Hough 轉換及其變體為代表。

8-6-2　局部邊緣修補

最簡單的連接方法是用一個小視窗(3×3 或 5×5)，將具有某種共通特性的邊緣接合，此特性可包括梯度大小及方向。在一個門檻值內具有相近之梯度大小及方向者將其連接成邊界。內插的方向可參考梯度方向(記得實際邊緣方向與梯度向量的方向垂直)。這個方法的好處是，邊緣點連接所需的資訊(梯度的大小與方向)都已在邊緣偵測階段求得(但必須用一階導數為基礎的邊緣偵測法才可)，所以邊緣點連接階段可以非常快速。

另外一個相對複雜的方法是曲線擬合(curve fitting)法。曲線擬合的概念是給幾個已知點，試著找出一條曲線(方程式)，使這些點與此曲線的平均距離最小化，亦即平均而言最靠近這些點的曲線。再以此曲線內插出所需填補的邊界像素。曲線形式的選擇可以從簡單的一階多項式(直線)、多階的多項式到較為複雜的指數與乘冪函數等等。估測這些函數的參數是經典的數值分析問題，已有很完備的解決方案，網路上也有許多開源程式碼可執行這些解決方案。

8-6-3　全域邊緣修補：Hough 轉換

相對上一節以小視窗為考慮範圍的局部處理，接下來將介紹一個以全域處理做連結的方法—Hough 轉換。Hough 轉換要解答的問題是整個影像中，哪些像素點(相當於是破碎的邊緣)可能屬於同一個幾何曲線？

我們由圖 8-6-1 來解釋 Hough 轉換。假設在 x, y 的直角座標上有幾個點，如圖 8-6-1(a)所示。由它們分佈的情況來看，可完全由一直線方程式來代表：

$$y = ax + b \tag{8-6-1}$$

其中 a 與 b 為常數，分別代表直線的斜率與截距。這些點如果真是構成同一個直線邊界上的點，那麼這些點在理想狀況下就應該落入到具有相同斜率與截距的一條直線方程式上，這就是 Hough 轉換的原理。

由於僅知道幾個點的位置 (x, y)，我們現在將其轉換至 a, b 座標上：

$$b = y - ax \tag{8-6-2}$$

並視 x 與 y 為常數。從幾個不同的點可畫出對應的幾條線出來，如圖 8-6-1(b)所示。假設現在有兩條線 $b = y_1 - ax_1$ 與 $b = y_2 - ax_2$ 相交於 (a, b) 之點上，這就代表了此二點 (x_1, y_1) 與 (x_2, y_2) 有共同的方向，再把它們相連。當然在 x, y 座標上分佈的點，並非很準確的剛好可用一個直線方程式表示，所以我們將 a, b 平面作一個量化，也就是分為好幾個小區域來表示；若解出之 (a, b) 在同一個小分隔區(cell)中，就稱其有同一方向，並作一統計：各分隔區都各自伴隨一個累加器(accumulator)，若解出在某分隔區時，該區的累加器就加 1。依續做完所考慮的點後，就可以看到它們大致分佈的情形，也可以找出一條大致可代表這些點的曲線。通常累加值大的分隔區，代表相關邊緣點應該用對應的直線方程式內插相連接，反之，較小的累加值可能代表只是孤立的資料點而可被刪除。

上述方法有一個很大的問題：對於一條垂直線，斜率 a 趨近於無窮大，因而無法納入有限的累加器中。要解決此問題，我們可將直角座標 (x, y) 表為極座標 (ρ, θ)，並用 (ρ, θ) 取代先前的 (a, b)，再依先前的轉換與累加觀念來做 Hough 轉換，如圖 8-6-1(c)所示，其中 ρ 是原點到直線之垂直線段的長度(等於原點到直線的最短距離)，θ 是從 x 軸起算到該垂直線段的角度。直角座標與極座標有轉換關係：

$$\rho = x\cos(\theta) + y\sin(\theta) \tag{8-6-3}$$

對應之前的(8-6-2)式。(8-6-3)式的推導當成習題。θ 的範圍為 $[\theta_{\min}, \theta_{\max}] = [-90°, 90°]$，$\rho$ 的範圍為 $[\rho_{\min}, \rho_{\max}] = [-D, D]$，其中 D 為影像對邊角落點之間的距離。

整個 Hough 轉換及其用於邊緣連接的程序可簡述如下，其中前五個步驟屬於 Hough 轉換，後兩個步驟則是邊緣連接的運用：

步驟 ① 對輸入影像運用邊緣檢測器(例如 Canny)以獲得邊緣點。

步驟 ② 定義 ρ 和 θ 的增量 $\Delta\rho$ 和 $\Delta\theta$ 並把 (ρ, θ) 平面的量化分隔區(bin)建構出來。每個分隔區的計數器初始化為零。

步驟 ③ 對每一個位於 (x_k, y_k) 的邊緣點，帶入到(8-6-3)式：$\rho = x_k\cos(\theta) + y_k\sin(\theta)$。根據步驟 1 的增量變動 θ 可求得對應的 ρ。

步驟 4 對每一對從步驟 3 所得的 (ρ, θ)，找到對應最接近的分隔區，將該區的計數器加 1 並記錄伴隨於該區的邊緣點座標 (x_k, y_k)。

步驟 5 重複步驟 3 與 4 直到所有邊緣點都轉換完為止。

步驟 6 將計數器值大於某個選定的門檻值的分隔區找出，把對應的座標點 (x_k, y_k) 找出來。

步驟 7 對每一個步驟 6 找到的分隔區，將伴隨該區中近似於共線的座標點找出，並將相鄰點間的距離小於預設縫隙長度門檻值者連接起來。

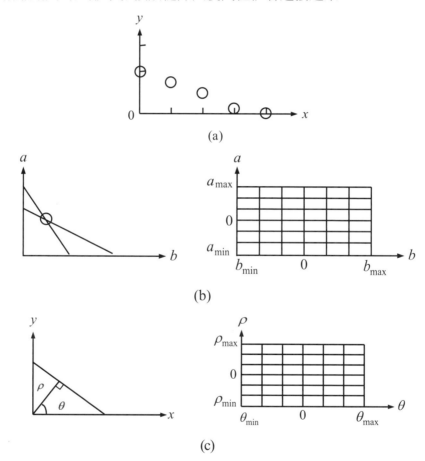

圖 8-6-1 　Hough 轉換。(a) x, y 座標上的點；(b)換成 a, b 座標，並將其區域量化；(c)此為(b)的極座標版本。

　　為了展示各種參數對 Hough 轉換偵測直線的效力，考慮圖 8-6-2 所示的各種情形，其中 Canny 偵測器的低與高門檻值分別設定為 50 與 150。圖 8-6-2(a)的原始影像中含有三對直線段，因為對稱的關係，同一對線段長度大致相同，但不同對線段的長度不一。

圖 8-6-2　對原影像加入零平均值的高斯雜訊以測試 Hough 轉換偵測直線的能力。(a)原影像(無雜
　　　　訊)；(b)對原影像加入標準差為 0.5 的高斯雜訊；(c)對原影像加入標準差為 1.0 的高斯
　　　　雜訊；(d)、(e)和(f)是以 Canny 方法分別偵測(a)、(b)和(c)三影像所得的邊緣點。

　　表 8-6-1 顯示在不同參數的設定下找直線的結果。表中的雜訊標準差對應圖 8-6-2 的
三種加雜訊的情況。尋找直線主要是用 OpenCV 的 cv2.HoughLinesP 函式，其中有幾個重
要參數：高於累加器門檻值代表有潛在的直線；最短長度代表合格直線的長度下限。最大
片段間距代表兩個近乎共線的片段要多接近才可視為是在同一條直線上。編號 1、2 和 3
只有雜訊標準差的不同，由結果可知，無雜訊或雜訊較小時，大致上六條線段都可找到，
但當雜訊過大時，產生太多的假線段。編號 1 和 4 只有累加門檻值不同，由此結果看出過
高的累加器門檻值會過濾掉實際的直線。編號 1 和 7 只有最短長度的不同，由此結果看出，
過高的最短長度參數設定也會過濾掉較短的真實直線。編號 2、5 和 6 只有最大片段間距
的不同，由結果可知，過於寬鬆的片段連結準則，容易因為雜訊產生假直線(編號 5)。

表 8-6-1　在不同參數的設定下找直線的結果。

編號	1	2	3	4	5	6	7
雜訊標準差	0	0.5	1.0	0	0.5	0.5	0
累加器門檻	50	50	50	100	50	50	50
最短長度	50	50	50	50	50	50	100
最大片段間距	5	5	5	5	10	3	5
Hough 邊緣連結							

註▶

(1) Hough 轉換中分隔區的數目決定了各點共線性的精確度。數目越多越精細，但運算時間也會增加，且數目過多時，伴隨的計數器所呈現的數字趨近於低數字的均勻分佈，可能使真正該共線的邊緣點因誤差被置入不同的分隔區，造成錯誤。

(2) 以梯度運算偵測邊緣點時，除了獲知梯度大小外，還附帶可知邊緣點的方向(與梯度向量的方向垂直)。因此，如果只對特定方向的直線段感興趣，則可運用邊緣點的方向資訊當線索過濾掉不感興趣的邊緣點，還可限縮搜尋參數空間的範圍，進而減少計算時間。

(3) 雖然以上只探討以 Hough 轉換如何判斷邊緣點是否落在直線上，但實際上其他幾何曲線也都適用，例如「圓」，只是現在的參數要變成三個，包括圓中心的(x, y)座標與半徑 r，形成一個三維的參數空間。

圓偵測之霍夫轉換

此處霍夫轉換所支援的偵測主要是以二值化影像為基礎的圓形偵測，其中的二值影像由背景點像素與邊緣點像素所組成。偵測直線時須至少兩個邊緣點(兩點共線)，同理偵測圓時，就至少需要三個邊緣點(三點共圓)。假設三點共圓，由這三點帶入圓方程式所得的聯立方程式可解出圓心座標與半徑。對於已知半徑的特例，只需兩個點帶入圓方程式即可求得圓心座標。

以下先用圓的位置未知(相當於圓心未知)但半徑已知的圓偵測來說明霍夫轉換。在(x, y)空間中，圓心為(a, b)且半徑為 r 的圓方程式如(8-6-4)所示：

$$(x-a)^2 + (y-b)^2 = r^2 \tag{8-6-4}$$

接著考慮參數空間。現在 x 和 y 是變數值，a 和 b 是未知參數，先假設半徑 r 為已知參數(設 $r = r_0$)，取(a, b)作為轉換空間。在(x, y)影像空間中圓上任一已知點 $P_i = (x_i, y_i)$與(a, b)位置參數空間中的圓相對應，這兩個空間透過以下的圓方程式連結：

$$(x_i - a)^2 + (y_i - b)^2 = r^2 \tag{8-6-5}$$

假設(x, y)空間中所有共圓的點 P_i 均滿足 $(x_i - a_0)^2 + (y_i - b_0)^2 = r_0^2$，因此這些點在$(a, b)$空間的對應曲線相交於一點$(a_0, b_0)$。在霍夫轉換中，對每個 P_i，使(a, b)空間中與(8-6-5)式對應位置上的計數器值就加 1，最終可以由伴隨(a_0, b_0)點之累加計數器的值，偵測到在(x, y)平面上有以(a_0, b_0)為中心且 $r = r_0$ 為半徑之圓的存在。圖 8-6-3 為霍夫轉換偵測圓的示意圖，在此示意圖中，有 6 個共圓點的對應曲線皆相交於一參數點(a_0, b_0)，伴隨此參數點之計數器值累加至 6。

　　對於想要搜尋的圓，若圓的位置和半徑都未知，則參數空間變為三度空間。以圓心位置與圓半徑為此三度空間的三軸座標，做一個三維矩陣供累加器之用。此時在影像空間中的一點以(8-6-5)式在三維參數空間可畫出一圓椎曲面，如圖 8-6-4 所示，在霍夫轉換中，將相對應的累加器位置加 1。所有點在參數空間完成劃記後，搜尋參數空間中累加器的峰值座標，其值所對應之三維座標即為影像空間中圓的位置及半徑。參考先前霍夫轉換在直線偵測上的執行步驟，我們可寫出對應於圓偵測的執行步驟與程序。為了以下討論的方便，這個方法稱為標準霍夫轉換求圓法。

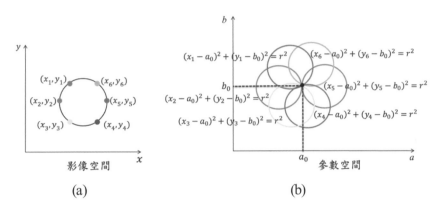

圖 8-6-3　在已知半徑情況下，霍夫轉換偵測影像上的圓。(a)原始影像上的一個圓；(b)在參數空間中所映射出的圓(在此 $r = r_0$)。

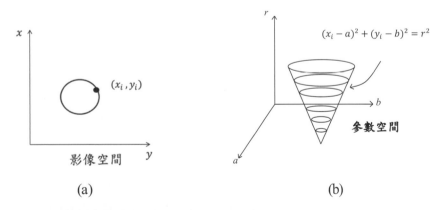

圖 8-6-4　在未知半徑情況下，利用霍夫轉換偵測影像上的圓。(a)原始影像上的一個圓；(b)在參數空間中所映射出的圓。

　　在未知半徑的情況下直接用霍夫轉換找圓需要用到三維的參數空間，因此標準霍夫轉換求圓法的運算複雜度偏高，因此 OpenCV 提供 HoughCircles 函式使用霍夫轉換的修改版在灰階影像中找圓。表 8-1 顯示此函式的參數及其說明。以下說明其中提到的一個最常用的修改版：HOUGH_GRADIENT，我們用霍夫轉換梯度法稱之。

霍夫轉換梯度法的大致步驟如下：

步驟 0 避免影像雜訊過多，干擾圓的偵測，可對原影像進行低通濾波。

步驟 1 對影像進行一次 Canny 邊緣檢測，得到邊緣檢測的二值圖(邊緣點與非邊緣點)。檢測過程中以 Sobel 運算子求得的各點梯度資訊要保留下來。

步驟 2 估計圓心(a, b)

2-1 定義 a 和 b 的增量 Δa 和 Δb 並把(a, b)平面的量化分隔區建構出來。每個分隔區的計數器初始化為零，表示成 $C(a, b) = 0$。

2-2 對每一個 Canny 邊緣偵測出的邊緣點，沿著梯度方向(切線的垂直方向或法線方向)畫線，將線段經過的所有累加器中的點(a, b)的 $C(a, b)$加 1。

步驟 3 對任一圓心(a, b)估計其伴隨之圓的半徑

3-1 設定可能的半徑範圍[minRadius, maxRadius]。定義半徑 r 的增量 Δr 並把半徑空間的量化分隔區建構出來。每個分隔區的計數器初始化為零，表示成 $R(r) = 0$。

3-2 計算二值圖中所有非零點到圓心的距離。

3-3 距離從小到大排序，排除不在設定範圍內的半徑。

3-4 對每一個符合半徑範圍的非零點，將累加器中的點 $R(r)$加 1。

3-5 統計累加器中的值，$R(r)$越大者，代表這個距離值出現次數越多，越有可能就是真正的半徑值。

表 8-1 OpenCV 中 HoughCircles 函式的參數說明

參數名稱	說明
image	8 位元、單通道的灰階輸入影像。
circles	找到的所有圓，每個圓都輸出(x, y, radius)或(x, y, radius, votes)，其中(x , y)為圓心，radius 為圓的半徑，votes 為對應該圓的累加計數器的值。
method	檢測方法：HOUGH_GRADIENT (方法 1)或 HOUGH_GRADIENT_ALT (方法 2)。
dp	累加器解析度。與影像解析度成反比，例如 dp=1 代表累加器與輸入影像有相同的解析度，dp=2 表示累加器的寬度和高度是原來的一半。對於 ALT 方法，推薦值是 dp=1.5，除非需要檢測一些非常小的圓。
minDist	檢測到之圓的中心之間的最小距離。若此設定值太小，則除了一個真的圓之外，可能還會錯誤地檢測到多個相鄰的圓；若太大，則可能會遺漏一些圓。
param1	檢測方法的第一個參數。它是傳遞給 Canny 邊緣檢測器的兩個門檻值中較高者(較低的門檻值小兩倍)。方法 2 使用 Scharr 演算法計算影像導數，建議用較高的門檻值，例如正常曝光之有對比度影像的門檻值應為 300。

表 8-1　OpenCV 中 HoughCircles 函式的參數說明(續)

參數名稱	說明
param2	檢測方法的第二個參數。對方法 1，它是找圓心時累加器的門檻值。它越小，檢測到的假圓就越多。對方法 2，它是對圓「完美」程度的度量：越接近 1 代表越完美。一般建議選用 0.9，但對小的圓可以用 0.85、0.8 或更低。但隨後也要盡量限制搜尋範圍[minRadius, maxRadius]，以避免出現很多錯誤的圓。
minRadius	最小圓半徑。
maxRadius	最大圓半徑(R)。$R \le 0$：使用影像的最大尺寸。$R < 0$：方法 1 送出圓心而不去找半徑，方法 2 還是會計算圓半徑。

圖 8-6-5 展示霍夫轉換梯度法的使用，其中(a)為原始彩色影像，內含四個大小不等的硬幣。經灰階轉換後成為圖(b)的灰階影像，再經 5 × 5 的平均濾波後當成 image 帶入以下函式：

circles = cv.HoughCircles(image, cv2.HOUGH_GRADIENT, dp = 1, minDist = 100, param1 = 150, param2 = 50, minRadius = 50, maxRadius = 200)

找到四個圓，再將這些圓疊加到灰階影像上得到圖(c)。結果顯示，不論硬幣的大小為何，找到的圓都和硬幣的輪廓相當吻合。事實上，這個很理想的結果有賴上述函式中參數的適當選取。若這些參數選取不當，則會出現圓的數量、位置或大小等各種不正確的問題，所以依據應用面的需要調整或選取出適當的參數是非常重要的。

(a)　　　　　　　　　　(b)　　　　　　　　　　(c)

圖 8-6-5　使用 Hough 法找圓的展示。(a)原始彩色影像；(b)影像(a)的灰階影像；(c)將圓偵測結果疊加到灰階影像上。

以下是將霍夫圓偵測用於偵測夜間車燈的一個應用實例，其中車燈發光的圖樣近似於圓形，而偵測車燈有一些實際的應用，像是估計後車離我車的距離與接近的速度等，有助於提升駕駛安全。在這一類的特殊應用中，需要被偵測的圓可侷限在一個比整個畫面小很多的感興趣區域(region of interest, ROI)。因此，我們可以經由改變霍夫圓的參數，來調整尋找的靈敏度以及限制，也可以藉此方式來排除掉車燈以外的其他物件。在調整過後，亦可減少其他不必要之圓的運算，以提升處理效率。而在定義了限制與靈敏度等等的參數過後，我們所尋找的車燈即屬於在某段距離內的物件，以方便進行後續距離與速度的計算。圖 8-6-6 為實際應用的情況，其中車燈以綠色圓呈現出來。

(a)　　　　　　　　　　　　　(b)

圖 8-6-6　夜間模式下霍夫圓的實際使用情況。(a)例 1；(b)例 2。

在使用霍夫圓偵測到了車燈後，我們可以獲得該圓的圓心位置座標以及半徑長度。從以上幾點可以判斷出車輛的位置，並且標記出來，此處本系統以紅色線段表示車輛位置。圖 8-6-7 為實際使用情況。

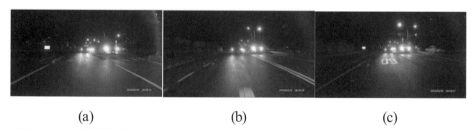

(a)　　　　　　　　　(b)　　　　　　　　　(c)

圖 8-6-7　夜間模式下車輛標記的實際使用情況。(a)例 1；(b)例 2；(c)例 3。

8-7　分割影像之儲存

在影像分析中，我們常希望將物件重新排列、整理，或是需要將物件個別展示，所以我們必須將物件抽出並且以更方便的形式儲存起來。以下介紹兩種方式，分別是邊界連鎖編碼及線段編碼。

8-7-1　邊界連鎖編碼

　　邊界連鎖編碼(boundary chain code)是以邊界來定義物件，所以它不必儲存物件內部像素的位置。假設我們從一位於 x, y 平面之物件的邊界出發，在邊界上任選一點，而在以它為中心與其相鄰的點中一定也存在有邊界點。現在這八個相鄰點，有八個不同的方向，分別以 0~7 代表這八個方向，如圖 8-7-1 所示。

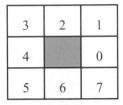

圖 8-7-1　邊界追蹤方向

　　如此以邊界追蹤的方式尋找邊界，並將每個邊界的位置儲存起來，便可將物件之數量、周長、以及連鎖編碼記錄在記憶體中。這種方法最大的好處就是節省記憶體空間，但由於物件內部點並沒有儲存，故這方面的資料並沒有留下，不過若我們所感興趣的只是邊界，那麼內部的資料記錄與否就沒有關係了。

範例　8.5

考慮一個 256×256 影像中的一小部分影像，其中有如下顯示的一個約 5×5 大小的物件。此物件由所有的圓點表示，其中實心的圓點代表物件的邊界點。以邊界連鎖編碼儲存此物件。設以物件最靠近左上角的點為編碼的起始點(如圖中較大的實心黑點所示)。評估以邊界連鎖編碼所獲得的記憶體儲存效益。

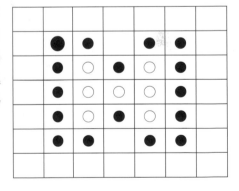

解

該物件含有 23 個像素點。如果把該物件的 (x, y) 座標都儲存起來，則因為每個座標都需要 8 位元來表示，因此共需 $(23)(2)(8) = 368$ (位元)。現在改用邊界連鎖編碼。根據圖 8-7-1 的邊界追蹤方向，可得編碼結果為 0710666643542222。總共有 16 個碼，理論上每個碼只需三個位元就可表示，加上必須儲存編碼起始點的座標，所以該物件總共用 $(2)(8) + (3)(16) = 64$ 個位元就可儲存，節省約 $(368 - 64)/368 = 82.61\%$ 的記憶體空間。

▌ 8-7-2　線段編碼

線段編碼(line segment encoding)與上述的方法不同的地方就是它可儲存物件中每一點的資料。這是一種以線段儲存的方法。我們以圖 8-7-2 為例來說明其儲存之動作。

假設現有物件如圖 8-7-2 所示。在第 1 行時偵測到有一列分割的影像，接著我們就把它視為第一個物件中的第一列，符號記下 1-1，接著在第 2 行偵測到有兩列；第一列因處於 1-1 的下方，所以記做 1-2；而第二列為一新的物件，所以記做 2-1。如此偵測到第 4 行時發現只有一列且位於物件 1 及物件 2 之下方，所以原先視為兩個物件之影像原來為同一物件，但先記作 1-4，等待全部掃瞄完之後，再作合併的動作。每個物件儲存的資訊包括有：第幾個物件、共分為幾列，接著是各列的資料。在此例中因物件 1 和物件 2 是同一物件，但在全部未掃瞄完之前以此作儲存，待掃瞄完後，物件 2 將與物件 1 合併記錄下來。

這種技巧所記錄下來的資料可包括：區域面積、周長、物件特徵、分割之影像的大小、寬度，以及物件之總數等；較前述方法儲存的資料多了許多，但相對記憶體也佔用較大的空間。

在本章一開始時提到去除雜訊與降低模糊度等工作是屬於影像分析的前級處理，它是方便像影像分割這種中級處理而設計。雖然在第四章的鄰域處理與第五章的影像增強中有提到這些前級工作，但是以下將介紹一種更強而有力的方法，它是同時可去除雜訊及降低模糊度的影像分割前置處理方法，對實際上面對的影像分割問題非常有幫助。

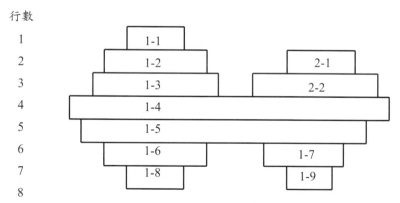

圖 8-7-2　物件之線形片段表示

8-8 影像分割前置處理－LUM 濾波器

本節將介紹影像分割前置處理所使用的 LUM (lower-upper-middle)濾波器。此濾波器由 Hardie 與 Boncelet 所提出(Hardie 和 Boncelet [1993])。LUM 濾波器名稱的由來乃是因為在濾波器的演算法則中是以樣本中較低位階統計量(lower order statistics)及較高位階統計量(upper order statistics)與樣本中間值做比較以運算出輸出值。藉由適當的參數選取，LUM濾波器可以當作平滑化濾波器，亦可當作銳化濾波器使用。

以排序為基礎的濾波器被廣泛地運用來達成平滑化效果。首先便是到目前為止可能仍是最廣為被運用的中值濾波器，中值濾波器及其特性在第三章中已有詳細描述，此處不多做贅述。在許多應用中，中值濾波器有時會引入過多的平滑效果，而這些被引入的模糊效果可能會對後續的處理產生比影像原始雜訊(original noise)更不利的影響。在 LUM 濾波器中，平滑特性由 2 個參數中的第 1 個參數所控制，這個參數的調整可在從無平滑效果到與中值濾波等效的區間內改變平滑化位準。藉由控制這個參數可在雜訊平滑化與保存影像細節之間得到一個良好的平衡。

LUM 濾波器亦可被設計成具有增強邊緣特性的功用，而增強的幅度可藉由控制 LUM濾波器的第 2 個參數來達成。傳統上邊緣的增強與銳化都是使用線性的技巧來達成，包括Wiener 濾波器與高通濾波等。在許多情況下，線性技巧均有良好表現，但也有許多不理想的情況，例如線性銳化器經常導致邊緣增強的太過與不足，同時也具有放大背景雜訊的傾向。相形之下，LUM 濾波器既不會有上述情況，又可在增強邊緣特性的同時達到對加成性雜訊不敏感及去除脈衝型雜訊的效果。

由於 LUM 濾波器可避免傳統平滑濾波器與線性銳化器的缺點，故 Hardie 與 Boncelet曾提出以 LUM 濾波器為預濾波器的 Sobel 運算子邊緣檢測方法，並證實其效果比以中值濾波器為預濾波器時良好。總之，LUM 濾波器有如下之優點：

(1) 不須犧牲其簡易性便具有多用途功能。

(2) 使參數的選擇變得單純且直覺。

(3) 同時具有去除雜訊與保存訊號特性的良好效果。

(4) 可根據影像特性調整其性能。

8-8-1 LUM 平滑濾波器

考慮一含有 N 個樣本的窗函數(window function) W，如圖 8-8-1 所示，其中位於窗函數中心的樣本為 x^*，N 為奇數。其表示式為：

$$W = \{x_1, x_2, \cdots\cdots, x_N\} \tag{8-8-1}$$

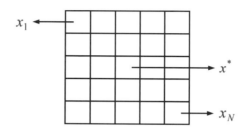

圖 8-8-1　含有 N 個樣本的窗函數，其中的中心樣本為 x^*

此樣本集的排序形式可寫為：

$$x_{(1)} \leq x_{(2)} \leq \cdots\cdots \leq x_{(N)} \tag{8-8-2}$$

定義 1：具有參數 k 的 LUM 平滑濾波器，其輸出為

$$y^* = \mathrm{med}\{x_{(k)}, x^*, x_{(N-k+1)}\} \tag{8-8-3}$$

此處 y^* 為窗函數中心樣本 x^* 的估測，med 是取中值的運算，$x_{(k)}$ 為樣本集中較低位階的統計量，$x_{(N-k+1)}$ 為樣本集中較高位階的統計量，$1 \leq k \leq \dfrac{N+1}{2}$。

由(8-8-3)式可知：當 $x^* < x_{(k)}$ 時，LUM 平滑濾波器輸出為 $x_{(k)}$；若 $x^* > x_{(N-k+1)}$ 時，輸出為 $x_{(N-k+1)}$；非以上兩者就輸出 x^*(即維持其原有的數值)。整個運算的動作如圖 8-8-2 所示。由圖中看出，無論 x^* 在視窗涵蓋的所有數值中偏大或偏小，都會向中間靠攏，這代表此時的 LUM 濾波器有低通濾波的效果。

圖 8-8-2　LUM 平滑濾波器輸出的示意圖

在定義中將中間樣本與較低位階及較高位階統計量做比較的理由是：這些排序的統計量形成一個常態值化(normal-valued)的樣本範圍。若 x^* 位於範圍內，則將不對其做任何修正；反之如果 x^* 位於範圍外，則以較接近樣本集中間值的樣本取代，因此這樣的方式具有平滑的功能。例如：若 x^* 為一脈衝型雜訊，則它極可能落在低階統計量及高階統計量所形成的範圍之外，則 x^* 將被較接近樣本集中間值的樣本取代，而雜訊也隨之移除。

參數 k 控制了濾波器的平滑特性，並且可經調整以獲致平滑雜訊與保存訊號細節間的最佳平衡。當 $k = (N+1)/2$ 時，LUM 平滑濾波器的輸出為 W 的中值，同時這也是 LUM 平滑濾波器輸出所能達到的最大平滑效果。當 k 遞減時，濾波器的細節保存特性亦隨之改善。當 k 為 1 時，LUM 平滑濾波器成為一個恆等濾波器(identity filter) (亦即 $y^* = x^*$)。

8-8-2 LUM 銳化濾波器

LUM 平滑濾波器與其他以排序為基礎的濾波器一樣均是藉由將樣本朝中值方向移動來得到平滑特性。但是為了得到銳化特性，樣本必須是朝向極端不同的排序方向移動，換言之，也就是遠離樣本集的中間值。這同時也是 LUM 銳化濾波器的運算原理。

在定義 LUM 銳化濾波器之前，我們必須先定義一個位於低位階統計量與高位階統計量($x_{(l)}$ 與 $x_{(N-l+1)}$)中間的值。這個中間點(或是平均值)，表示成 t_l，其定義如下

$$t_l = \frac{1}{2}(x_{(l)} + x_{(N-l+1)}) \tag{8-8-4}$$

此處 $1 \le l \le \dfrac{N+1}{2}$。

定義 2：具有參數 l 的 LUM 銳化濾波器，其輸出為

$$y^* = \begin{cases} x_{(l)}, & \text{如果 } x_{(l)} < x^* \le t_l \\ x_{(N-l+1)}, & \text{如果 } t_l < x^* < x_{(N-l+1)} \\ x^*, & \text{其他情況} \end{cases} \tag{8-8-5}$$

如此一來，若 $x_{(l)} < x^* < x_{(N-l+1)}$，則輸出 y^* 會根據 x^* 與 $x_{(l)}$ 和 $x_{(N-l+1)}$ 兩者誰的數值較接近，將 x^* 向外拉到 $x_{(l)}$ 或 $x_{(N-l+1)}$，否則 x^* 將不會有任何改變，如圖 8-8-3 所示。設想原本都在 $(x_{(l)}, x_{(N-l+1)})$ 內但在 t_l 兩邊且數值接近的兩個值，則由圖 8-8-3 可知，濾破器的輸出傾向於將這兩個數值往相反方向拉開差距，達到銳化的效果。

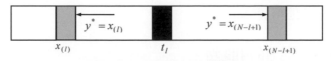

圖 8-8-3　LUM 銳化濾波器

藉由改變參數 l 的值可控制銳化的程度。在 $l = (N + 1)/2$ 的情況下，沒有任何銳化效果，此時 LUM 銳化濾波器僅是一恆等濾波器。當 $l = 1$ 時，由於 x^* 會往兩個最極端方向的統計量 $x_{(1)}$ 或 $x_{(N)}$ 移動，所以會有最大的銳化效果。

8-8-3　LUM 濾波器

為了得到一個能使影像增強(enhancement)又能濾除雜訊的濾波器，必須將 LUM 平滑濾波器及銳化濾波器的概念加以結合，如此就得到一個通用的 LUM 濾波器。在定義 LUM 濾波器前，我們先定義如下的低位階與高位階統計量：

$$x^L = \text{med}\{x_{(k)}, x^*, x_{(l)}\} \tag{8-8-6}$$

$$x^U = \text{med}\{x_{(N-k+1)}, x^*, x_{(N-l+1)}\} \tag{8-8-7}$$

此處 $1 \leq k \leq l \leq \dfrac{N+1}{2}$，注意其中 $x^L \leq x^U$。

通用 LUM 濾波器的輸出由 x^U 或 x^L 二者間較靠近中心樣本 x^* 者給定。藉由調整參數 k 及 l 可使 LUM 濾波器的特性具有變化性。稍後的敘述中將有更多的說明。

下面將列出兩組等義但形式略有不同的數學等式，亦即 LUM 濾波器的定義。其中定義 3(b) 較為直接。

定義 3(a)：LUM 濾波器的輸出為

$$y^* = \begin{cases} x^L, & \text{如果 } x^* \leq \dfrac{x^L + x^U}{2} \\ x^U, & \text{其他情況} \end{cases} \tag{8-8-8}$$

定義 3(b)：另一個 LUM 濾波器的定義為

$$y^* = \begin{cases} x_{(k)}, & \text{如果 } x^* < x_{(k)} \\ x_{(l)}, & \text{如果 } x_{(l)} < x^* \leq t_l \\ x_{(N-l+1)}, & \text{如果 } t_l < x^* < x_{(N-l+1)} \\ x_{(N-k+1)}, & \text{如果 } x_{(N-k+1)} < x^* \\ x^*, & \text{其他情況} \end{cases} \tag{8-8-9}$$

此處 t_l 為在(8-8-4)式中所定義的中間點。

當 $x^* < x_{(k)}$ 時，LUM 濾波器的輸出為 $x_{(k)}$；當 $x^* > x_{(N-k+1)}$ 時，LUM 濾波器的輸出為 $x_{(N-k+1)}$：這部分就如同 LUM 平滑濾波器一般。另一方面，當 $x_{(l)} < x^* < x_{(N-l+1)}$ 時，則中心樣本的輸出會根據 x^* 與 $x_{(l)}$ 和與 $x_{(N-l+1)}$ 何者的數值較近，將 x^* 向外拉到 $x_{(l)}$ 或 $x_{(N-l+1)}$：這部分就如同 LUM 銳化濾波器一般。若 x^* 的位置是在 $x_{(k)} \leq x^* \leq x_{(l)}$ 或 $x_{(N-l+1)} \leq x^* \leq x_{(N-k+1)}$ 時，則濾波動作不會改變該中心樣本的值，相當於執行恆等濾波。

藉由操控參數 k 與 l，LUM 濾波器呈現了其特性的變化。為了描述這樣的變化及闡明 LUM 濾波器的定義，圖 8-8-4 描述了一些特例及通例下的濾波程序。圖中呈現了一組排序統計量的集合。樣本範圍自左至右的變化為由小至大遞增。陰影的部份表示中心樣本不受影響的範圍。

圖 8-8-4(a)顯示當 $l = (N + 1)/2$ 且 k 值變動的情況，此時 LUM 濾波器相當於 LUM 平滑濾波器。當 k 值遞增時，其平滑程度亦隨之增加；當達到 $k = l = (N + 1)/2$ 時，有最大的平滑度，此時 LUM 濾波器相當於中值濾波器。圖 8-8-4(b)描繪當 $k = 1$ 且 l 值變動的狀況，此時 LUM 濾波器具備銳化的功能。當 l 值遞減，$x_{(N-l+1)}$ 與 $x_{(l)}$ 的值分別趨向兩端，產生遞增的增強效應。圖 8-8-4(c)顯示當 $1 \leq k \leq l (N + 1)/2$ 的情況，此時銳化與雜訊濾除效果可以同時達成。k 越大，LUM 濾波器去除脈衝雜訊的效果越顯著。另一方面，l 越小，LUM 濾波器的銳化效果越顯著。

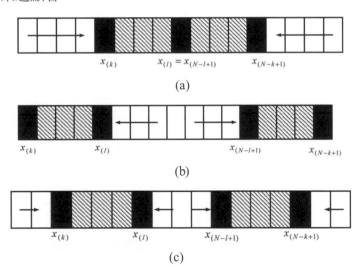

圖 8-8-4　LUM 濾波器的運作，其中陰影區表示中心樣本不受濾波影響的範圍。(a) LUM 平滑濾波器；(b) LUM 銳化濾波器；(c)混合平滑與銳化濾波器。

範例 8.6

此處以一區域性實例印證 LUM 濾波器的平滑及銳化作用。設有一 10×10 的影像區塊，其灰階值分佈如圖 8-8-5(a)所示。圖 8-8-5(a)中以方框圈起的像素爲所加入的脈衝性雜訊，線段則爲邊緣所在位置。將此區塊以鏡像填補並以 5×5 的遮罩，參數 $k = 5$ 及 $l = 6$ 的 LUM 濾波器運算後，其結果如圖 8-8-5(b)所示。由圖 8-8-5(b)中可看出，原本存在的脈衝性雜訊經運算後已被平滑化，同時邊緣特性也被加強，亦即邊緣所在位置之像素的灰階值差距被擴大。

159	159	153	54	56	57	221	55	58	56
160	158	153	56	55	54	55	56	53	56
45	159	153	56	56	52	54	58	222	53
150	165	153	56	55	54	56	58	57	53
153	160	165	153	56	56	50	53	52	58
153	150	154	162	153	56	51	54	53	55
154	155	155	167	153	56	51	200	55	56
154	155	155	159	153	59	53	56	56	56
154	155	10	159	153	55	49	53	53	53
154	155	152	158	153	56	56	56	56	56

(a)

159	159	159	54	54	57	58	54	58	58
159	159	159	55	54	54	55	54	53	58
153	159	159	55	54	54	54	58	58	53
150	160	159	56	54	54	56	57	57	53
150	160	160	159	54	54	52	53	53	58
153	153	153	160	155	54	53	53	53	53
153	153	153	159	155	53	52	56	56	56
153	155	155	158	155	54	53	56	56	56
154	155	153	158	155	55	53	53	53	53
154	155	153	158	155	55	53	56	56	56

(b)

圖 8-8-5　LUM 濾波器的區域運算實例。(a)運算前的影像區塊；(b)經運算後的影像區塊。

　　圖 8-6-5 曾成功展示硬幣偵測的結果。我們重新作該實驗，這次對灰階影像加上標準差為 0.5 的高斯雜訊(如圖 8-8-6(a)所示)，但所有圓偵測的相關參數均保持不變，包括在圓偵測前採用 5 × 5 的平均濾波器。圖 8-8-6(b)顯示此濾波器有發揮去除雜訊的功能，但仍有明顯的殘留雜訊。此殘留雜訊使得圓偵測受到影響，結果如圖 8-8-6(c)所示，可以看到多了兩個假圓。接著我們把 5 × 5 的平均濾波器換成 5 × 5 的 LUM 濾波器，其中用了兩組參數：$(k, l) = (13, 13)$ 和 $(k, l) = (12, 14)$，前者相當於中值濾波。結果顯示於圖 8-8-7 中。由圖中可看出兩者去除雜訊的效果都很好，幾乎都無殘留雜訊，但中值濾波後再做做圓偵測，結果有一個圓沒偵測到。反觀用 $(k, l) = (12, 14)$ 的 LUM 濾波器後再做圓偵測，所有圓都可精準被偵測出。以上的實驗展示 LUM 濾波作為影像分割的前處理器所帶來的效益。

(a)　　　　　　　　　　(b)　　　　　　　　　　(c)

圖 8-8-6　在有雜訊下圓偵測效能的展示結果。(a)帶雜訊影像；(b)對(a)進行 5 × 5 平均濾波的結果；(c)對(b)進行圓偵測的結果。

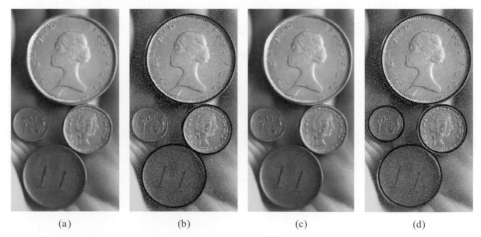

(a)　　　　　　(b)　　　　　　(c)　　　　　　(d)

圖 8-8-7　以 LUM 濾波器輔助影像分割的效果。(a)以$(k,l)=(13,13)$ (相當於中值濾波)的 LUM 濾波器對圖 8-8-6(a)的影像的濾波結果；(b)對(a)進行圓偵測的結果；(c)同(a)但參數改成$(k,l)=(12,14)$；(d)對(c)進行圓偵測的結果。

習題

1. 考慮一個二值(binary)影像，其中 1 代表物件，0 代表背景。試提出二套演算法，分別用來決定其四連通及八連通物件。

2. 考慮圖 8-8-5 所示的影像，如果要以像素積聚成長法來執行分割，則像素種子、相似性及停止條件該如何來選取？

3. 將圖 8-8-5(b)去掉外圍的二列及二行以形成 8×8 的影像矩陣，對此新影像，重複上一題的問題。

4. 試以邊界追蹤法找出上一題之影像的邊界。

5. 重複上題但改以梯度大小門檻值法。

6. 試以拉氏邊界檢測法找出圖 8-8-5(a)之影像的邊界。

7. 重複上題但先以適當的 LUM 濾波器處理後再進行邊界的尋找。與上一題的結果比較並討論之。

8. 證明(8-6-3)式爲直線的極座標方程式。

9. 斜截式直線 $y = -x + 2$ 的法線式表示式爲何？

10. 考慮一個都是直線片段的灰階影像，其中線段可以是任意方向。經邊緣偵測與門檻化後形成一個破碎邊緣的二值影像。假設破碎邊緣都是一個像素寬。提出一個能夠偵測到有破碎空隙長度小於 x 之片段的方法，$1 \leq x \leq L$，其中 L 小於任兩個直線片段的歐基里德最短距離。

11. 試用分裂與合併程序分割如圖所示的影像。任一區域的述詞都是：所有在區域內之像素的強度都相同時爲眞。以四分樹表示法呈現分割的結果。

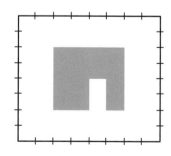

12. 假設一影像有兩個如圖所示非常密集的直方圖分佈(已經正規化,接近機率密度函數),其中一個分佈屬於物件,另一個分佈則屬於背景。定義一個最佳的分割門檻值是使兩種像素被彼此誤判的個數總和最小,所謂誤判是指物件像素被誤判成背景像素或是背景像素被誤判成物件像素。求此最佳門檻值。

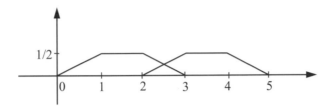

13. 類似於本章開頭提及的水果分類系統,假設現在有一個機械零件自動分類系統。當中有兩種大小相當的零件要分類,一個是六邊形,另一個是圓形。在輸送帶上捕捉的影像中每次只出現一個完整零件的物件,但每次物件在影像中出現的位置並不固定。如何在分割背景與物件的同時還可附帶辨認影像中是何種物件?

14. 考慮一個 512×512 影像中的一小部分影像,其中有如下顯示的一個小物件。此物件由所有的圓點表示,其中實心的圓點代表物件的邊界點。以邊界連鎖編碼儲存此物件。設以物件最靠近左上角的點為編碼的起始點(如圖中較大的實心黑點所示)。評估以邊界連鎖編碼所獲得的記憶體儲存效益。

15. 考慮以下一個假想的影像。運用 Otsu 法求最佳的門檻值。

0	0	0	0	1	1	1	1
1	4	4	4	5	5	5	0
5	6	5	7	7	6	6	2
5	1	5	6	7	3	5	4
5	2	3	5	6	5	0	2
3	6	6	6	6	7	6	3
1	6	5	6	7	7	7	3
0	1	0	1	0	1	2	2

16. 一個初階影像處理工程師被要求對一個生產線上的金屬器件進行表面自動瑕疵檢測，第一步是將感興趣的金屬器件從背景中分離出來。已知環境光源固定不變但在金屬表面上呈現不均勻的情況，該工程師只知道峰-谷-峰雙模直方圖模式下用門檻值法來分離。請問該工程師要如何克服光源問題使得用門檻值法就可達成指派的任務？

17. 證明(8-3-1)式的類別間變異數可寫成
$$\sigma_B^2(k) = P_1(k)P_2(k)[m_1(k) - m_2(k)]^2$$
並以此新的式子解釋為何將其最大化有助於得到較好的門檻值。

18. 類別間變異數不是唯一可用來求最佳門檻值的性能評估指標，例如有人用熵(entropy)來當指標。為何熵也是可行的？

19. 考慮如下的一個假想影像。以 8 近鄰的像素聚積成長法進行影像分割。假設種子像素位於有標示粗體加底線的位置(共四個)，區域成長條件是灰階度差距在 k 以內者 ($|x_i - x_j| < k, k = 2, 3, 4, 5$)。

1	1	1	9	2	2	2
1	**1**	1	9	2	**2**	2
1	1	1	9	2	2	2
6	6	6	9	6	6	6
3	3	3	9	4	4	4
3	**3**	3	9	4	**4**	4
3	3	3	9	4	4	4

Chapter 9

表示與描述

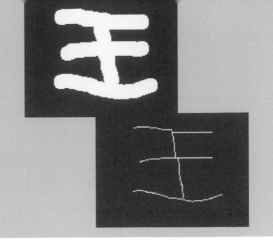

影像分割形成區域之後，所形成的分割像素的集合通常是用適合於進一步計算機處理的形式給予表示和描述。通常表示一個區域有兩種方式：(1)利用它的外部特性(它的邊界)表示區域，或者(2)利用它的內部特性(組成區域之像素的特質)來表示。選定一種表示方式後，接下來就根據所選擇的表示來描述區域。例如一個區域可以用它的邊界來表示，而邊界是用諸如它的長度這一類的特徵去描述。通常當所關切的重點是形狀特徵時，選擇外部表示；當所關切的重點是如色彩和紋理等性質時，則選擇內部表示。無論如何，作為描述子(descriptor)所選擇的特徵應該對大小、平移和旋轉等變化不敏感，以方便後端的自動辨識。

9-1　基本表示方法

9-1-1　鏈碼

鏈碼(chain code)是用一個由固定長度和方向的直線段所連接成的序列來表示一個邊界的方法。這種表示的典型方法是以線段的 4 或 8 連通性為基礎。每個線段的方向用如圖 9-1-1 所示的數字方法來編碼。

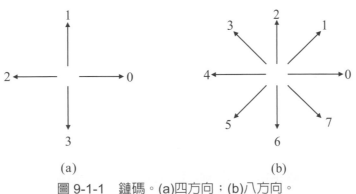

圖 9-1-1　鏈碼。(a)四方向；(b)八方向。

　　數位影像通常是用網格方式來表示和處理，網格在 x 和 y 方向上是等間隔。所以鏈碼可以如此產生：沿邊界給連接每一對像素的線段指定一個方向。圖 9-1-2(a)顯示一個鏈碼產生的結果。首先從左上到右下的掃瞄順序找到第一個邊界點，接著按順時針方向尋找下一個邊界點，找到後就得一個鏈碼，依此方式繼續找出其他鏈碼，直到回到第一個邊界點時才停止鏈碼的產生。

　　假使我們只需要比較粗略描述邊界即可，以節省儲存空間或處理時間，則可做網格重新取樣，再進行鏈碼的產生，如圖 9-1-2(b)所示。

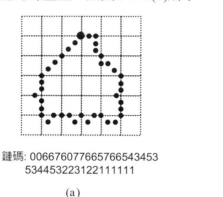

鏈碼:00667607766576654345353445322312211111111

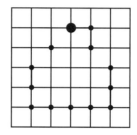

鏈碼: 0676644442211

(a)　　　　　　　　　　　　(b)

圖 9-1-2　產生鏈碼的例子。(a)原始鏈碼；(b)新鏈碼。

9-1-2　直線段近似

　　我們可用直線段近似一個物體的邊界，其逼近程度可依設定的門檻值加以控制。有一個簡單的直線段近似法如圖 9-1-3 所示，其中 A 至 B 的曲線最後由 $\overline{AD}$、$\overline{DC}$、$\overline{CE}$ 及 $\overline{EB}$ 線段所近似。C、D 及 E 這三個折點是如何選取的呢？首先形成 $\overline{AB}$ 線段，則 C 點是離此線段距離最遠者，若此距離超過某個門檻值，則此 C 點為折點。設此 C 點確實為折點，則形成 $\overline{AC}$ 及 $\overline{BC}$ 線段，此時 D 與 E 點分別是與這兩個線段距離最遠者，凡是距離超過門檻值者又再被設為折點，依此類推，直到沒有任何距離超過門檻值時才停止。若此曲線為封閉曲線，則 A 與 B 點可選擇為曲線上相距最遠的兩點。

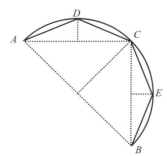

圖 9-1-3　以直線段逐漸逼近曲線的示意圖

我們可以直線段做曲線的逼近，自然也可以用拋物線或其他更高次的多項式函數來逼近，其目的是獲得較平滑的近似結果。下一節介紹一種這樣的逼近。

■ 9-1-3 B-樣條曲線擬合(B-Spline Curve Fitting)

「樣條(spline)」原意是指一細長又可彎曲的木條、塑膠或金屬物。使用者將樣條彎折，並在適當位置處用釘子或夾子將其固定住，就可彎折出所需的平滑曲線。這樣的概念可運用在許多領域中，包括數學、工程、電腦圖形學(computer graphics)和電腦輔助設計。在數學和計算幾何學(computational geometry)中，樣條是指用於資料點插值和逼近的分段多項式函數，用這些樣條函數就可形成所需的平滑曲線，而這個用法就是曲線擬合(curve fitting)。

再討論區線擬合之前，為了便於後續的解說，我們先回顧一下曲線的參數(parameter)表示。曲線的參數表示是指將曲線上的點的座標表示為某個參數的函數。例如，對於一個二維平面上的曲線，可以用參數 t 表示曲線上的點，然後用 $x(t)$ 和 $y(t)$ 分別表示該點在 x 軸和 y 軸上的座標。同理，對於一個三維平面上的曲線，則可用 $x(t)$、$y(t)$ 和 $z(t)$ 分別表示該點在 x 軸、y 軸和 z 軸上的座標。以下我們心照不宣都只考慮二維平面的情況。

已知兩端點 $P_1(x_1, y_1)$ 和 $P_2(x_2, y_2)$ 的座標，則在這兩個端點的連線中的任一點 (x, y) 的參數表示為：

$$\begin{cases} x(t) = x_1 + t(x_2 - x_1) = (1-t)x_1 + tx_2 \\ y(t) = y_1 + t(y_2 - y_1) = (1-t)y_1 + ty_2 \end{cases}$$

其中 $0 \le t \le 1$。當 $t = 0$ 時，就是 P_1 那點；當 $t = 1$ 時，就是 P_2 那點；其他的 t 值就對應出該直線段上的某一個點。用一個簡化的表示式寫成

$$P(t) = (1-t)P_1 + tP_2$$

其中這個一維的 t 函數表示中隱含了二維座標 $[x(t), y(t)]$。再舉一個熟悉的例子，多數讀者都知道單位圓的曲線可表示成 $x(t) = \cos(t)$，$y(t) = \sin(t)$，$0 \le t \le 2\pi$，因為 $x^2 + y^2 = \cos^2(t) + \sin(t)^2 = 1$，其中的參數 t 其實就是以 x 軸為參考的角度。同理，半圓弧的曲線可表示成 $x(t) = \cos(t)$，$y(t) = \sin(t)$，$0 \le t \le \pi$，當參數從 $t = 0$ 開始到 $t = \pi$ 結束時，對應的 (x, y) 直角座標就描繪出此半圓弧曲線的軌跡。因此和處理直線型的曲線一樣，我們也可以用 t 的一維函數 $P(t)$ 或更一般化的函數 $f(t)$ 來表示此圓形或半圓形曲線。

三次樣條(Cubic Spline)函數

設一曲線可表成某一函數 $f(t)$，其中 $a \leq t \leq b$。假設$[a, b]$被下列各點分隔成子區間：

$$a = t_0 < t_1 < t_2 < \cdots < t_{n-1} < t_n = b \qquad (9\text{-}1\text{-}1)$$

試在各子區間$[t_{j-1}, t_j]$上，以一多項式片段(segment)$S(t)$來近似$f(t)$。$t_1, t_2, \cdots, t_{n-1}$為相鄰子區間所共有的接合點。各子區間可以用不同的多項式，但必須把相連子區間上所用的多項式擬合在一起，使所得的函數可微分二次，這個限制代表曲線必須要平滑，因為曲線的一次導數或斜率必須是連續的。若所用的多項式不超過三次，則將各多項式擬合在一起所得的函數稱為三次樣條(cubic spline)函數。$f(t)$的三次樣條逼近必須滿足下列條件：

(1) 端點和接合點處必須與原函數吻合：

$$S(t_j) = f(t_j), j = 0, 1, 2, \cdots, n \qquad (9\text{-}1\text{-}2)$$

(2) 在各區間$[t_{j-1}, t_j]$上，$S(t)$均有形式

$$S_j(t) = a_j + b_j t + c_j t^2 + d_j t^3, j = 0, 1, 2, \cdots, n \qquad (9\text{-}1\text{-}3)$$

(3) 為了接合點的平滑性，需有

$$S_j(t_j) = S_{j+1}(t_j), \quad S'_j(t_j) = S'_{j+1}(t_j), \quad S''_j(t_j) = S''_{j+1}(t_j), j = 1, 2, \cdots, n-1 \qquad (9\text{-}1\text{-}4)$$

由條件(2)可知共有 $4n$ 個未知數待求。由條件(1)可得 $2 + 2(n-1) = 2n$ 個線性獨立的方程式，其中的 2 是 $j = 0$ 和 $j = n$ 的非接合點情況，$2(n-1)$則來自於$(n-1)$個接合點既是某一個多項式的尾端，也是下一個多項式的頭端，所以數量上要乘上 2，這當中已隱含了條件(3)的 $S_j(t_j) = S_{j+1}(t_j)$，其中 t_j為接合點。條件(3)的另兩個情況(一次導數和二次導數)產生 $2(n-1)$個方程式，所以目前共有 $2n + 2(n-1) = 4n-2$ 個方程式。因為有 $4n$ 個未知數待求，故 $S(t)$要有唯一解，至少還需要 2 個方程式。所以用了區間$[a, b]$在兩個端點的邊界條件，其中依應用問題的不同，有三種邊界條件可選擇，包括：

(4-1)箝制邊界條件(clamped boundary conditions)：

$$S'(a) = f'(a), \quad S'(b) = f'(b) \qquad (9\text{-}1\text{-}5a)$$

(4-2)自然或簡單邊界條件(natural or simple boundary conditions)：

$$S(a) = S(b) = 0 \qquad\qquad (9\text{-}1\text{-}5b)$$

(4-3)週期邊界條件(periodic boundary conditions)：

$$S(a) = S(b), \quad S'(a) = S'(b), \quad S''(a) = S''(b) \qquad\qquad (9\text{-}1\text{-}5c)$$

範例 9.1

設 $f(t) = e^t$，$0 \le t \le 3$。我們插入兩個分隔點 $t_1 = 1$ 和 $t_2 = 2$ 並令 $t_0 = 0$ 和 $t_3 = 3$。所以這裡有 $n = 3$。以滿足箝制邊界條件的三次樣條函數近似 $f(t)$，列出求取此函數所需的方程式。

解

三次樣條函數 $S(t)$可寫成

$$S(t) = \begin{cases} S_1(t) = a_1 + b_1 t + c_1 t^2 + d_1 t^3, & 0 \le t \le 1 \\ S_2(t) = a_2 + b_2 t + c_2 t^2 + d_2 t^3, & 1 \le t \le 2 \\ S_3(t) = a_3 + b_3 t + c_3 t^2 + d_3 t^3, & 2 \le t \le 3 \end{cases}$$

其一次與二次導數分別為

$$S'(t) = \begin{cases} S'_1(t) = b_1 + 2c_1 t + 3d_1 t^2, & 0 \le t \le 1 \\ S'_2(t) = b_2 + 2c_2 t + 3d_2 t^2, & 1 \le t \le 2 \\ S'_3(t) = b_3 + 2c_3 t + 3d_3 t^2, & 2 \le t \le 3 \end{cases}$$

和

$$S''(t) = \begin{cases} S''_1(t) = 2c_1 + 6d_1 t, & 0 \le t \le 1 \\ S''_2(t) = 2c_2 + 6d_2 t, & 1 \le t \le 2 \\ S''_3(t) = 2c_3 + 6d_3 t, & 2 \le t \le 3 \end{cases}$$

$S(t)$共有 12 個未知數待求。由條件(1)：$S(t_j) = f(t_j)$，$j = 0, 1, 2, 3$ 可得

$$a_1 = e^0 = 1, \quad a_1 + b_1 + c_1 + d_1 = e,$$

$$a_2 + b_2 + c_2 + d_2 = e, \quad a_2 + 2b_2 + 4c_2 + 8d_2 = e^2,$$

$$a_3 + 2b_3 + 4c_3 + 8d_3 = e^2, \quad a_3 + 3b_3 + 9c_3 + 27d_3 = e^3$$

以上共 6 個方程式中已隱含了條件(3)的 $S_j(t_j) = S_{j+1}(t_j)$，所以還要考慮條件(3)中的 $S'_j(t_j) = S'_{j+1}(t_j)$ 和 $S''_j(t_j) = S''_{j+1}(t_j)$，結果得到

$$b_1 + 2c_1 + 3d_1 = b_2 + 2c_2 + 3d_2 \ , \ \ b_2 + 4c_2 + 12d_2 = b_3 + 4c_3 + 12d_3$$

$$2c_1 + 6d_1 = 2c_2 + 6d_2 \ , \ \ 2c_2 + 12d_2 = 2c_3 + 12d_3$$

以上共 4 個方程式。最後考慮箝制邊界條件 $S'(a) = f'(a)$，$S'(b) = f'(b)$，結果為

$$b_1 = e^0 = 1 \ , \ \ b_3 + 6c_3 + 27d_3 = e^3$$

加上這 2 個方程式，就有 6 + 4 + 2 = 12 個方程式。由這 12 個方程式可解出待求的 12 個未知數。

註▶ 三次樣條函數除了可用於逐段捕捉物體邊界的特性外，更常見的應用是資料點的內插 (interpolation)：已知座標點 (x_0, y_0)、(x_1, y_1)、$\cdots$、(x_n, y_n)，想內插出在子區間 (x_{j-1}, y_j) 內某個 x 值 $\hat{x}$ 所對應的 y 值 $\hat{y}$。由於每個子區間都有對應的三次樣條函數，所以將 $\hat{x}$ 帶入對應的函數就可得到內差值 $\hat{y}$。以上是對一維資料的內插，同樣概念可延伸到像是影像的二維資料上，這就成了影像放大的必要技術。事實上，這就是非常有名的雙三次內插或雙立方內插(bicubic interpolation)進行影像放大的理論基礎。

範例 9.2

本範例展示樣條的內插方式，並比較用不同次數的多項式所產生的內插效果。一般的內插是用單一個函數擬合出所有已知點，通常這個函數的曲線軌跡不會通過所有已知點(甚至完全不通過)，只能逼近這些點。樣條內插則可把已知點當樣條的接合點並有像是(9-1-2)式的限制，以確保內插函數一定通過已知點。圖 9-1-4 顯示從 $f(t) = \sin(t)$ 函數曲線中均勻取樣出已知的 11 點(以黑色圓點表示)，我們試圖從這 11 點內插出其餘的點並畫出內插的結果。圖中顯示的階數(order)是多項式次數(degree)加 1，這是為了配合大多數探討樣條時的命名慣例。除了三次多項式樣條外，圖中也顯示二次、一次和零次多項式樣條內插的結果。為了比較內插效果，我們用均方誤差(mean square error, MSE)當準則，以評估內差點 $(\hat{x}, \hat{y})$ 與實際點 $(\hat{x}, \sin(\hat{x}))$ 之間的差異程度。

正弦函數是無窮盡的可微函數(differentiable function)，因為微分後變成餘弦函數，再微分後變成負的正弦函數，可無止境的微分下去。可微必然連續，所以正弦函數有無窮階次的連續性，可用 C^∞ 表達此特性。一般 d 次多項式有 C^d 的連續性，代表可微分 d 次。如所預期的三次樣條內插有最小的 MSE，零次樣條內插有最大的 MSE。

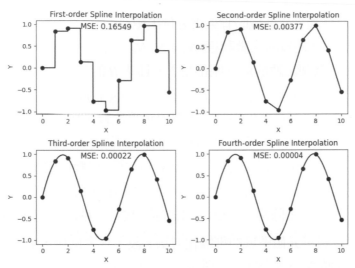

圖 9-1-4　以不同階數(多項式次數+1)樣條對正弦函數內插結果的比較。

▍9-1-4　區域的骨架

　　一個平面區域的骨架(skeleton)可用來代表其形狀架構，例如人及恐龍的骨架照片反應出兩者截然不同的形狀。我們常用中軸轉換(medial axis transformation, MAT)來定義一個區域的骨架。一個邊界為 B 之區域 R 的 MAT 定義如下：對於在 R 中的每個點 P，找尋在 B 點中與其最近之點(根據歐基里德或其他距離量測)，若最近之點在一個以上，則 P 屬於 R 的中軸(骨架)。圖 9-1-5 顯示以歐基里德距離為量測方式求 MAT 的兩個例子。

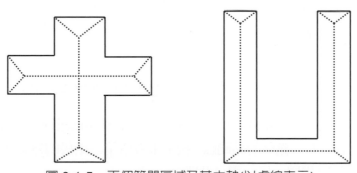

圖 9-1-5　兩個簡單區域及其中軸(以虛線表示)

直接用 MAT 的定義去找區域的骨架需要付出極高的計算代價。假設 P 有 N_P 點，B 有 N_B 點，則計算量(以計算距離的次數計)爲 $N_d = N_P N_B$。考慮一個 $N \times N$ 像素矩陣的最壞情況(worst case)，其中整個矩陣的最外圍都是 B，且非 B 的點都是 P，則 $N_P = (N-2)^2$，$N_B = 4(N-1)$，於是 $N_d = 4(N-1)(N-2)^2$。這是一個 $O(N^3)$的計算複雜度，加上距離涉及平方運算，因此整體的計算複雜度很高。雖然用距離比較可找到很精準的 MAT 骨架，但由於計算較繁複，所以常被另一類非距離比較的方法取代，這類方法稱爲迭代細線化法(iterative thinning algorithm)。此類方法的主要概念是在一些條件限制下，反覆去除一物體的邊緣點直到不可再去除爲止，留下的像素就是用 MAT 定義之骨架的近似結果。這些限制條件通常包括：(1)不可去除端點；(2)不可破壞連接性；(3)不可造成邊緣過度侵蝕。

以下介紹一個針對二元值區域的細線化方法。設 1 代表區域，0 代表背景。考慮一個邊界點 p_1 及其 8 連通的點，如圖 9-1-6 所示。

p_9	p_2	p_3
p_8	p_1	p_4
p_7	p_6	p_5

圖 9-1-6　p_1 之鄰近點的示意圖

首先判斷至少有一個 8 連通爲 0 之邊界點是否要刪除，而判定該刪除之條件如下(必須同時滿足)：

$$\begin{aligned}&\text{(a) } 2 \le N(p) \le 6\\&\text{(b) } S(p)=1\\&\text{(c) } p_2 \cdot p_4 \cdot p_6 = 0\\&\text{(d) } p_4 \cdot p_6 \cdot p_8 = 0\end{aligned} \tag{9-1-6}$$

其中 $N(p)$爲 p 之非零相鄰點的個數，即 $N(p)=\sum_{i=2}^{9} p_i$，而 $S(p)$爲 $p_2, p_3, \cdots, p_8, p_9$ 之順序中 0 到 1 轉變的次數。被判定爲該刪除之點暫不刪除，但是要加以記錄。等所有邊界點都被判定完後，再一口氣將所有該刪除的點刪除。接下來考慮第二階段的刪除步驟，其中(a)與(b)的刪除條件與上一階段相同，但(c)與(d)則改成

$$\begin{aligned}&\text{(c}'\text{) } p_2 \cdot p_4 \cdot p_8 = 0\\&\text{(d}'\text{) } p_2 \cdot p_6 \cdot p_8 = 0\end{aligned} \tag{9-1-7}$$

同第一階段，判定要刪除之點只是加以記錄而暫不刪除，等最後同時刪除。反覆執行第一與第二階段的程序，直到都沒有任何可刪除點為止，最後剩下沒有被刪除的點就是所要找的骨架。

　　條件(a)中的目的在於防止端點($N(p) = 1$)被刪除，或區域被過度侵蝕($N(p) = 7$)。其他條件也都各有其考量，此問題留做習題。

範例　9.3

在光學文字辨識中，細線化可以保留文字的資訊，並消除多餘的資料量。經細線化後的文字較方便用各種表示法和描述法來對這些骨架字體做編碼的工作。在印刷字、手寫字的識別及光學干涉條紋的辨認演算法中，每一筆劃或條紋的寬度，對於辨認的工作並無幫助，反而造成辨認上的困擾。因此使用細線化將不等寬度的字體或條紋細化成等寬度的像素連線後，有助於進一步辨認的工作。圖 9-1-7 展示用上述的迭代細線化法找區域骨架的效果。從視覺效果來看應該非常接近真正的 MAT 骨架。

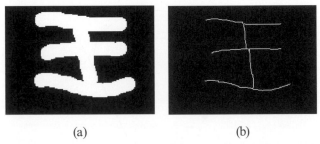

(a)　　　　　　　　　　　　(b)

圖 9-1-7　細線化的範例。(a)原始二值影像；(b)對(a)的影像細線化的結果。

9-2　B-樣條函數曲線表示法

　　先前探討的三次樣條函數方法建構在一個完備的數學基礎上，但它對某些應用而言，有一個不利的因素必須探討。試想如果一個接合點的位置有所改變，則雖然 $S(t)$ 仍可有唯一解，但是此解可能與上一個還未改變接合點位置時的解有很大的出入。換言之，只要有一個接合點起變化，就會改變整個近似曲線的形狀，因而難以作局部修正。此外，還有數值計算上不穩定的可能性。因此在許多實際的應用中都用一種稱為 B-樣條(B-spline)的特殊函數以避免上述問題。這裡的 B 是基底(basis)的簡稱，想法就是把一個曲線用一組基底函數的線性組合來表示，而這些基底函數都只在有限區間內有不為零的值，以此達到局部修正曲線的功能。

9-2-1 Bézier 曲線(Bézier Curve)

談 B-樣條之前最好先對 Bézier 曲線(Bézier curve)有認識，因爲 B-樣條函數形成的方式承襲了很多來自 Bézier 曲線生成的概念和做法。這個平滑連續的曲線是由一組離散的「控制點(control points)」透過公式所生成的。通常這個曲線是用來近似表示一個現實世界中沒有數學表示式或表示式過於複雜的形狀。

我們以圖 9-2-1 說明控制點的大略概念。圖中有一平滑曲線(實線)，我們的目的是試圖找出這條曲線上各點的軌跡 $S(t)$。這條曲線含有兩個端點，另外還有兩個曲線中的點。從端點開始依順時針順序的四個點假設在參數軸上約略等距，亦即位於 $S(0)$、$S(1/3)$、$S(2/3)$ 和 $S(1)$。畫出這四點上的切線(以虛線顯示)及這些切線的交點(圖中只顯示了感興趣的三個交點)。這三個交點連同兩個端點可想成是控制點，這些切線包覆了該曲線，且控制點大致上「控制」了曲線的走勢。

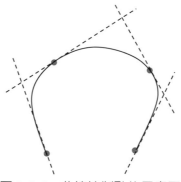

圖 9-2-1　曲線控制點的示意圖

圖 9-2-2 展示一個眞正的 Bézier 曲線如何受到控制點的影響。圖中顯示三個控制點，其中兩個屬於固定不動的端點(P_0 和 P_2)，另一個是刻意變動的控制點 P_1。這三個 P_1 點刻意選擇在 x 座標上相同，只有 y 座標上不同。注意看控制點 P_1 如何牽引曲線的移動方向(兩個垂直向上，一個垂直向下)與移動幅度。如果把控制點視爲二維向量的話，控制點牽引 Bézier 曲線(或樣條)的力道似乎和該向量的大小成正比。另外還可注意到，曲線本身一般不會通過非端點的控制點，而且由三個控制點 P_0、P_1 和 P_2 構成的多邊形(此時爲三角形)完全涵蓋 Bézier 曲線。事實上，不管用幾個控制點去形成 Bézier 曲線，這個曲線都會落在這些控制點所構成的多邊形內。這個多邊形的另一個術語是凸包(convex hull)。

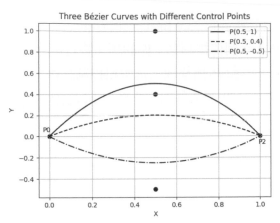

圖 9-2-2　展示 Bézier 曲線如何受到控制點的影響

　　接著我們討論如何用控制點獲得 Bézier 曲線。先從最少的兩個控制點 P_0 和 P_1 開始。線性 Bézier 曲線只是這兩點之間的一條線。該曲線表示成

$$S_1(t) = P_0 + t(P_1 - P_0) = (1-t)P_0 + tP_1, \, 0 \le t \le 1 \tag{9-2-1}$$

相當於線性插值(linear interpolation)。現在考慮三個控制點 P_0、P_1 和 P_2。假設線段 $\overline{P_0P_1}$ 和線段 $\overline{P_1P_2}$ 上各有一點 Q_0 和 Q_1，並以線段 $\overline{Q_0Q_1}$ 上的點隨 t 的變化為 Bézier 曲線 $S_2(t)$，則

$$S_2(t) = (1-t)Q_0 + tQ_1, \, 0 \le t \le 1 \tag{9-2-2}$$

由於 Q_0 和 Q_1 分別在 $\overline{P_0P_1}$ 和 $\overline{P_1P_2}$ 上，所以可分別寫成

$$Q_0 = (1-t)P_0 + tP_1 \tag{9-2-3}$$

和

$$Q_1 = (1-t)P_1 + tP_2 \tag{9-2-4}$$

將這兩式代入 $S_2(t)$ 的表示式後得到

$$S_2(t) = (1-t)[(1-t)P_0 + tP_1] + t[(1-t)P_1 + tP_2] \tag{9-2-5}$$

上式可改寫成

$$S_2(t) = (1-t)^2 P_0 + 2(1-t)tP_1 + t^2 P_2, \, 0 \le t \le 1 \tag{9-2-6}$$

這就是參數 t 的二次多項示表示的二次 **Bézier** 曲線(quadratic Bézier curve)。現在考慮四個控制點 P_0、P_1、P_2 和 P_3。我們依控制點下標的順序將它們分成兩組,第一組由 P_0、P_1 和 P_2 所構成,第二組由 P_1、P_2 和 P_3 所構成。這兩組控制點都可各自形成二次 Bézier 曲線,分別將其稱為 $S_{2,1}(t)$ 與 $S_{2,2}(t)$。我們用某個 t 時 $S_{2,1}(t)$ 與 $S_{2,2}(t)$ 上各一個點之間的線性內插來當作四個控制點的 Bézier 曲線 $S_3(t)$:

$$S_3(t) = (1-t)S_{2,1}(t) + tS_{2,2}(t) \tag{9-2-7}$$

其中

$$S_{2,1}(t) = (1-t)^2 P_0 + 2(1-t)tP_1 + t^2 P_2, \, 0 \le t \le 1 \tag{9-2-8a}$$

$$S_{2,2}(t) = (1-t)^2 P_1 + 2(1-t)tP_2 + t^2 P_3, \, 0 \le t \le 1 \tag{9-2-8b}$$

經化簡後得到

$$S_3(t) = (1-t)^3 P_0 + 3(1-t)^2 tP_1 + 3(1-t)t^2 P_2 + t^3 P_3, \, 0 \le t \le 1 \tag{9-2-9}$$

這就是參數 t 的三次多項示表示的三次 Bézier 曲線。

範例 9.4

圖 9-2-3(a)顯示三個控制點的 Bézier 曲線:

$$S_2(t) = (1-t)^2 P_0 + 2(1-t)tP_1 + t^2 P_2, \, 0 \le t \le 1$$

其中三個控制點分別是 $P_0(0, 0)$、$P_1(0.3, 1)$ 和 $P_2(1, 0)$。將這三點代入後得到

$$\begin{cases} x(t) = 0.6(1-t)t + t^2 \\ y(t) = 2(1-t)t \end{cases}$$

很容易驗證,當 $t = 0$ 時此曲線位於 P_0,當 $t = 1$ 時此曲線位於 P_2。當 $t = 1/2$ 時,

$$\begin{cases} x\left(\dfrac{1}{2}\right) = 0.6\left(1 - \dfrac{1}{2}\right)\dfrac{1}{2} + \dfrac{1}{4} = 0.4 \\ y\left(\dfrac{1}{2}\right) = 2\left(1 - \dfrac{1}{2}\right)\dfrac{1}{2} = 0.5 \end{cases}$$

這個結果與圖中顯示的曲線吻合。

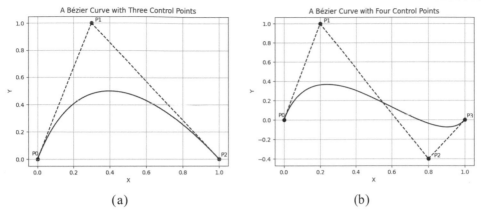

(a)　　　　　　　　　　　　　(b)

圖 9-2-3　Bézier 曲線。(a)三個控制點；(b)四個控制點。

圖 9-2-3(b)顯示四個控制點的 Bézier 曲線：

$$S_3(t) = (1-t)^3 P_0 + 3(1-t)^2 t P_1 + 3(1-t)t^2 P_2 + t^3 P_3 , \ 0 \le t \le 1$$

其中四個控制點分別是 $P_0(0, 0)$、$P_1(0.2, 1)$、$P_2(0.8, -0.4)$ 和 $P_3(1, 0)$。將這四點代入後得到

$$\begin{cases} x(t) = 0.6(1-t)^2 t + 2.4(1-t)t^2 + t^3 \\ y(t) = 3(1-t)^2 t - 1.2(1-t)t^2 \end{cases}$$

很容易驗證，當 $t = 0$ 時此曲線位於 P_0，當 $t = 1$ 時此曲線位於 P_3。當 $t = 1/2$ 時，

$$\begin{cases} x\left(\dfrac{1}{2}\right) = 0.6\left(1-1/2\right)^2\left(\dfrac{1}{2}\right) + 2.4\left(1-\dfrac{1}{2}\right)\left(\dfrac{1}{2}\right)^2 + \left(\dfrac{1}{2}\right)^3 = 0.5 \\ y\left(\dfrac{1}{2}\right) = 3\left(1-1/2\right)^2\left(\dfrac{1}{2}\right) - 1.2\left(1-1/2\right)\left(\dfrac{1}{2}\right)^2 = 0.225 \end{cases}$$

這個結果與圖中顯示的曲線吻合。

　　由一、二、三次，甚至更高次的 Bézier 曲線的公式可歸納出一個含有 n 個控制點 P_j 的通式，其中
$j = 0, 1, 2, \cdots, n$：

$$S_n(t) = b_{0,n}(t)P_0 + b_{1,n}(t)P_1 + \cdots + b_{n-1,n}(t)P_{n-1} + b_{n,n}(t)P_n , \ 0 \le t \le 1 \qquad (9\text{-}2\text{-}10)$$

或是

$$S_n(t) = \sum_{j=0}^{n} b_{j,n}(t) P_j \,, \, 0 \le t \le 1 \tag{9-2-11}$$

其中

$$b_{j,n}(t) = \binom{n}{j} t^j (1-t)^{n-j} \tag{9-2-12}$$

換言之，$S_n(t)$可視爲是基底函數 $b_{j,n}(t)$的線性組合，其中 P_j 就是組合的係數。熟悉機率與統計學的人一定很快聯想到，如果把 t 當成某個事件發生的機率，則 $b_{j,n}(t)$就是著名的二項式機率分佈(binomial probability distribution)的機率質量函數(probability mass function)，因此這個基底函數自然就有 $\sum_{j=0}^{n} b_{j,n}(t) = 1$，$0 \le t \le 1$ 的性質。

由以上討論可知，我們可以輕易產生具有任意次數(degree)的多項式所構成的 Bézier 曲線，其次數由控制點數量決定，且這個曲線受到所有控制點的影響，因此難以局部操作此曲線，不利於需要局部操作微調曲線的某些應用。以下要介紹的 B-樣條曲線雖然也受控制點影響，但只限於局部的幾個控制點，因此在應用上比 Bézier 曲線更有彈性。

9-2-2　B-樣條曲線(B-Spline Curve)

給定$(n+1)$個控制點P_j，$0 \le j \le n$，k 階(k-th order) B-樣條的曲線函數可表示成

$$S(t) = \sum_{j=0}^{n} B_{j,k}(t) P_j \,, \quad t_{\min} \le t \le t_{\max}, n \ge k-1 \tag{9-2-13}$$

其中 P 是先前介紹過的控制點，主要用於控制曲線的形狀，$B_{j,k}(t)$就是 B-樣條基底函數，類似於 Bézier 曲線的 $b_{j,n}(t)$，但比 $b_{j,n}(t)$複雜很多。另外，這裡的參數 t 不再限定是在 0 到 1 之間，而是一個$[t_{\min},\ t_{\max}]$的範圍(Range)，這個範圍由 n 與 k 決定。一個經過正規化的 k 階 B-樣條函數寫成 $B_{j,k}(t)$，其中 $j = 0, 1, 2, \cdots, n$，$k = 1, 2, \cdots, n+1$。

k 階 B-樣條函數由$(k-1)$次多項式所構成。k 控制曲線連續或平滑的程度，例如 $k = 3$，則樣條是一個逐段的二次多項式(具備一次可微分的平滑性)；$k = 4$ 則爲三次多項式(具備二次可微分的平滑性)。設 d 爲多項式的次數(degree)，則 $d = k-1$。雖然理論上 k 無上界(因爲 n 可以任意大)，但實務上大多採用 $k \le 4$，其中又以 $k = 4$ 的三次多項式 $B_{j,k}(t)$最受青睞，可稱爲三次 B-樣條(cubic B-spline)函數，和先前介紹過的三次樣條(cubic spline)函數相對應。

注意 $B_{j,k}(t)$ 的階次 k 一旦選定，n 就必須至少是 $k-1$，因此控制點數量的最小值是 $n+1$ $=(k-1)+1=k$。所以二次多項式至少要有 3 個控制點，三次多項式至少要有 4 個控制點，依此類推。可把 B-樣條所構成的整個曲線視為 $(n-k+2)$ 段曲線銜接在一起所形成的曲線，其中每段曲線都由 $(k-1)$ 次多項式形成，且只受到它附近幾個控制點(不是所有控制點)的影響。

B-樣條基底函數的生成

我們可用稱為 Cox-de Boor Recursion 的下列遞迴方式產生所有階次的 $B_{j,k}(t)$：

$$B_{j,k}(t) = \frac{t-\tau_j}{\tau_{j+k-1}-\tau_j} B_{j,k-1}(t) + \frac{\tau_{j+k}-t}{\tau_{j+k}-\tau_{j+1}} B_{j+1,k-1}(t), \quad k=2,3,\cdots \qquad (9\text{-}2\text{-}14a)$$

$$B_{j,1}(t) \equiv \begin{cases} 1, & \tau_j \le t < \tau_{j+1} \\ 0, & \text{其他} \end{cases} \qquad (9\text{-}2\text{-}14b)$$

或是

$$B_{j,1}(t) \equiv u(t-\tau_j) - u(t-\tau_{j+1}) \qquad (9\text{-}2\text{-}14c)$$

其中 $u(t)$ 為步階函數(step function)。τ_j 稱為結點(knot)，它是 B-spline 曲線中的分割點，也就是曲線由不同的多項式片段組成的接合位置。它具有不遞減的特性，亦即 $\tau_j \le \tau_{j+1}$。注意當 $\tau_j = \tau_{j+1}$ 時，(9-2-14b)和(9-2-14c)不適用，必須改成

$$B_{j,1}(t) \equiv \begin{cases} 1, & \tau_j \le t \le \tau_{j+1} \\ 0, & \text{其他} \end{cases} \qquad (9\text{-}2\text{-}14d)$$

(9-2-14a)式顯示 k 階 B-樣條函數可藉由兩個低一階$[(k-1)$階$]$之 B-樣條函數的線性組合計算出，其中的組合係數經過除以分母項的正規化運算。圖 9-2-4 顯示一些 B-樣條函數。這些函數有非負的值而且只在有限區間內(finite support)不為零。事實上，對於正規化的 B-樣條，$0 \le B_{j,k}(t) \le 1$ 且 $B_{j,k}(t)$ 不為零的區間為 $[\tau_j, \tau_{j+k})$，其中 τ_j 稱為結點(knot)，而由這些結點序列形成的向量稱為結點向量 (knot vector)。設一結點向量表示為 $(\tau_0, \tau_1, \cdots, \tau_{m-1}, \tau_m)$，亦即有 $(m+1)$ 個結點。則 n、m 和 k 必須滿足 $m=n+k$。如果要用 $(n+1)$ 個控制點來定義 k 階的 B-樣條曲線，我們必須提供 $m+1=(n+k)+1=(n+k+1)$ 個結點 τ_0、τ_1、$\cdots$、τ_{n+k-1}、τ_{n+k}。

結點向量有三種，分別是均勻的(uniform)、開放均勻的(open uniform)以及非均勻的(non-uniform)。均勻是指結點值的間距是定值常數，例如(0, 1, 2, 3, 4)的間距都是 1 或是(0, 0.25, 0.5, 075, 1.0)的間距都是 0.25，因為基底函數會經過正規化，所以以上兩者效果相當；開放均勻是指結點向量中有重複的值，例如(0, 0, 0, 0, 1, 1, 1, 1)；非均勻是指結點值的間距不是定值常數，例如(0, 1, 3, 7, 8, 20)。結點具有不遞減的特性，即 $\tau_j \leq \tau_{j+1}$，且其中的等號只適用於開放均勻的節點向量中，因此要注意在開放均勻的情況下，(9-2-14b)式中的條件 $\tau_j \leq t < \tau_{j+1}$ 要改成(9-2-14d)式中的 $\tau_j \leq t \leq \tau_{j+1}$。更要注意在開放均勻的情況下，9-2-14(a)式中的分母可能為零，此時慣例是將該對應項整個設定為零，而不進行實質的運算(否則會出現除以零的數值錯誤)。此外，結點向量中起始與結束的結點值需重複，重複的次數需與階數相同，才能確保曲線會通過第一個和最後一個控制點。

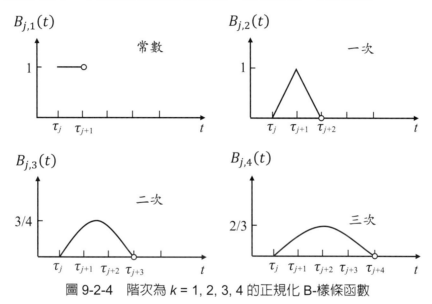

圖 9-2-4　階次為 k = 1, 2, 3, 4 的正規化 B-樣條函數

$B_{j,k}(t)$函數構成在逐段多項式函數之空間中的基底，且由於 j = 0, 1, 2,⋯, n，所以對於任意階次 k，都有$(n + 1)$個 $B_{j,k}(t)$基底，且每個基底函數都只在$[\tau_j, \tau_{j+k})$內延展(span)或有支持(support)。在兩個接續的結點值之間的 B-樣條曲線片段都受 k 個控制點所影響。此外，每個控制點至多影響 k 段的 B-樣條曲線。

範例 9.5

考慮均勻的整數結點向量 $(\tau_0, \tau_1, \cdots, \tau_{m-1}, \tau_m) = (0, 1, 2, \cdots, m)$。我們從(9-2-14a)式推導出 $k = 3$ 時的基底函數 $B_{j,3}(t)$。當 $k = 3$ 且 $\tau_j = j$ 時，由(9-2-14a)式可得

$$B_{j,3}(t) = \frac{t-j}{(j+3-1)-j} B_{j,2}(t) + \frac{(j+3)-t}{(j+3)-(j+1)} B_{j+1,2}(t)$$

$$= \frac{t-j}{2} B_{j,2}(t) + \frac{(j+3)-t}{2} B_{j+1,2}(t)$$

其中的 $B_{j,2}(t)$ 又可寫成

$$B_{j,2}(t) = \frac{t-j}{(j+2-1)-j} B_{j,1}(t) + \frac{(j+2)-t}{(j+2)-(j+1)} B_{j+1,1}(t)$$

$$= (t-j)\{u(t-j) - u[t-(j+1)]\} + (j+2-t)\{u[t-(j+1)] - u[t-(j+2)]\}$$

經過一番有一點繁複的計算後可得到所有感興趣的基底函數。例如

$$B_{0,2}(t) = t[u(t) - u(t-1)] + (2-t)[u(t-1) - u(t-2)]$$

$$= \begin{cases} t, & 0 \le t < 1 \\ 2-t, & 1 \le t < 2 \\ 0, & \text{其他} \end{cases}$$

$$B_{1,2}(t) = (t-1)[u(t-1) - u(t-2)] + (3-t)[u(t-2) - u(t-3)]$$

$$= \begin{cases} t-1, & 1 \le t < 2 \\ 3-t, & 2 \le t < 3 \\ 0, & \text{其他} \end{cases}$$

$$B_{0,3}(t) = \frac{t}{2} B_{0,2}(t) + \frac{3-t}{2} B_{1,2}(t)$$

$$= \frac{t}{2}\{t[u(t) - u(t-1)] + (2-t)[u(t-1) - u(t-2)]\}$$

$$+ \frac{3-t}{2}\{(t-1)[u(t-1) - u(t-2)] + (3-t)[u(t-2) - u(t-3)]\}$$

$$= \begin{cases} \dfrac{t^2}{2}, & 0 \le t < 1 \\ -t^2 + 3t - 1.5, & 1 \le t < 2 \\ \dfrac{(3-t)^2}{2}, & 2 \le t < 3 \\ 0, & \text{其他} \end{cases}$$

表 9-2-1 列出 $B_{0,k}(t)$, $k = 1, 2, 3, 4$ 的函數。圖 9-2-5 顯示幾個 j 值下的 $B_{j,3}(t)$的示意圖，從圖中可看出在均勻結點向量情況下，所有基底函數完全相同，只是彼此移位而已，且位移量對應結點的間距。

表 9-2-1　四個 B-樣條函數

$B_{0,1}(t) = \begin{cases} 1, & 0 \le t < 1 \\ 0, & 其他 \end{cases}$	$B_{0,2}(t) = \begin{cases} t, & 0 \le t < 1 \\ 2-t, & 1 \le t < 2 \\ 0, & 其他 \end{cases}$
$B_{0,3}(t) = \begin{cases} \dfrac{t^2}{2}, & 0 \le t < 1 \\ -t^2 + 3t - 1.5, & 1 \le t < 2 \\ \dfrac{(3-t)^2}{2}, & 2 \le t < 3 \\ 0, & 其他 \end{cases}$	$B_{0,4}(t) = \begin{cases} \dfrac{t^3}{6}, & 0 \le t < 1 \\ \dfrac{-3t^3 + 12t^2 - 12t + 4}{6}, & 1 \le t < 2 \\ \dfrac{3t^3 - 24t^2 + 60t - 44}{6}, & 2 \le t < 3 \\ \dfrac{(4-t)^3}{6}, & 3 \le t < 4 \\ 0, & 其他 \end{cases}$

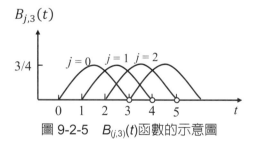

圖 9-2-5　$B_{(j,3)}(t)$函數的示意圖

範例　9.6

圖 9-2-6 顯示幾個 j 值下眞實 $B_{j,k}(t)$的圖形，其中 $k = 2, 3, 4$。所用的結點向量如下表所示。圖 9-2-6(a)(b)(c)是採用均勻結點向量的結果，(d)(e)(f)則是採用對應的開放均勻結點向量的結果。從圖中很明顯可看出，採用均勻結點向量時，所有基底函數完全相同，只是彼此移位而已，且位移量對應結點的間距。此外，基底總和爲 1 的區間只在結點向量靠中央的範圍內。採用開放均勻結點向量時，中間的基底函數完全相同，只是彼此移位而已，且位移量對應結點的間距，但在前端和後端的基底函數則不相同。此外，基底總和爲 1 的區間涵蓋整個結點向量的範圍。

k	均勻結點向量	總和為 1 的區間	開放均勻結點向量	總和為 1 的區間
2	$(0, 1, 2, 3)$	$[1, 2]$	$(0, 0, 1, 2, 3, 3)$	$[0, 3]$
3	$(0, 1, 2, 3, 4, 5)$	$[2, 3]$	$(0, 0, 0, 1, 2, 3, 4, 5, 5, 5)$	$[0, 5]$
4	$(0, 1, 2, 3, 4, 5, 6, 7, 8)$	$[3, 4]$	$(0, 0, 0, 0, 1, 2, 3, 4, 5, 6, 7, 7, 7, 7)$	$[0, 7]$

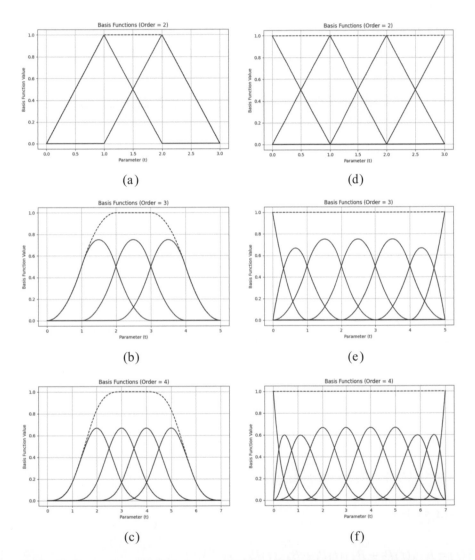

圖 9-2-6　幾個 j 值和 k=2,3,4 下真實 $B_{(j,k)}$ (t)的圖形，其中虛線代表各基底函數的總和。(a)(b)(c) 採用的是均勻的結點向量，(d)(e)(f)則是分別採用(a)(b)(c)的對應開放均勻結點向量所得 的結果。

事實上，範例 9.6 中開放均勻結點向量的設定是有規律的，此規律如下。選定 k 與 n 後，結點值 $\tau_j, j = 0,1,\cdots,n+k$ 的設定為

$$\tau_j = \begin{cases} 0, & j < k \\ j-k+1, & k \le j \le n \\ n-k+2, & j > n \end{cases} \tag{9-2-15}$$

我們可建立一個表格，方便查閱。例如 $k = 3$ 與 $n = 4$，則根據此規律可得開放均勻結點向量 $(0, 0, 0, 1, 2, 3, 3, 3)$。

索引 j	$[0,k-1]$	$[k, n]$	$[n+1, n+k]$
τ_j	0	$j-k+1$	$n-k+2$
個數	k	$n-k+1$	k

B-樣條曲線的生成

由 (9-2-13) 式可知，B-樣條曲線受到基底函數和控制點的影響，其中基底函數又受到階次 k 和結點向量的影響。B-樣條曲線就是在這樣複雜的交互作用下生成的。再次考慮均勻的整數結點向量 $(\tau_0, \tau_1, \cdots, \tau_{m-1}, \tau_m) = (0,1,2,\cdots,m)$。由圖 9-2-5 或是圖 9-2-6(b) 中可看出，在一個子區間內，例如 $[\tau_2, \tau_3] = [2,3]$ 中，擬合多項式通常是 k (此處為 3) 個樣條基底函數的線性組合，即

$$S(t) = B_{0,3}(t)P_0 + B_{1,3}(t)P_1 + B_{2,3}(t)P_2, \quad t \in [2,3] \tag{9-2-16a}$$

同理在 $[\tau_3, \tau_4] = [3,4]$ 中，

$$S(t) = B_{1,3}(t)P_1 + B_{2,3}(t)P_2 + B_{3,3}(t)P_3, \quad t \in [3,4] \tag{9-2-16b}$$

在 $[\tau_4, \tau_5] = [4,5]$ 中，

$$S(t) = B_{2,3}(t)P_2 + B_{3,3}(t)P_3 + B_{4,3}(t)P_4, \quad t \in [4,5] \tag{9-2-16c}$$

在 $[\tau_5, \tau_6] = [5,6]$ 中，

$$S(t) = B_{3,3}(t)P_3 + B_{4,3}(t)P_4 + B_{5,3}(t)P_5, \quad t \in [5,6] \tag{9-2-16c}$$

依此類推。由於 B-樣條函數形成的函數 $S(t)$ 在每個子區間上最多由 k 個 B-樣條基底函數來決定，而 B-樣條基底函數本身只在 k 個子區間內不為零，因此有局部的特性。事實上，藉由控制點的操控，最多只會改變 k 個子區間曲線的形狀，而對應此 k 個子區間以外的曲線部分將完全不受影響。例如上述例子中，控制點 P_2 的影響範圍是[2, 3]、[3, 4]和[4, 5]這三個子區間，對[5, 6]或其他子區間就沒影響了。

範例　9.7

考慮均勻的整數結點向量。圖 9-2-7 顯示 $k = 2, 3, 4$ 和 $n = 4$ 時分別採用均勻結點與開放均勻結點所產生的 B-樣條曲線。由圖中可看出當 $k = 2$ 時，生成的曲線經過所有的控制點且與所有控制點所形成的多邊形完全重合，不論是用均勻結點還是開放均勻節點，但這是特例，因為 $k = 2$ 的基底函數本身只有直線連續性而無其他更高階連續性的限制。k 值越大代表平滑性的要求越高，所以曲線就越有可能偏離非端點的控制點以產生所需的平滑性。開放均勻結點強制曲線與第一和最後一個控制點重合的效果在 $k = 3$ 與 $k = 4$ 時很清楚呈現出來。

　　以下以 $k = 3$ 為例進一步討論，$k = 4$ 或更高階的情況可依此討論類推。當 $k = 3$ 時，結點向量必須有 $n + k + 1 = 8$ 個結點值，例如(0, 1, 2, 3, 4, 5, 6, 7)或(0, 0, 0, 1, 2, 3, 3, 3)，後者屬於開放均勻的節點向量，將強制曲線的端點分別與第一和最後一個控制點重疊。共會產生$(n - k + 2) = 3$ 個二次多項式表示的曲線片段：第一個曲線片段所用的基底函數涉及結點(0, 1, 2, 3)或(0, 0, 0, 1)，第二個曲線片段所用的基底函數涉及結點(1, 2, 3, 4)或(0, 0, 1, 2)，第三個曲線片段所用的基底函數涉及結點(2, 3, 4, 5)或(0, 1, 2, 3)。每個片段受到 3 個控制點影響，例如第一個片段的形狀只受到控制點 P_0、P_1 和 P_2 的影響，第二個片段的形狀則只受 P_1、P_2 和 P_3 的影響，第三個片段的形狀則只受 P_2、P_3 和 P_4 的影響。此外，控制點 P_0 只會影響第一個片段，P_1 會影響第一和第二個片段，P_2 會影響第一到第三個片段，P_3 會影響第二和第三個片段，所以一個控制點至多會影響 3 個片段。以上討論整理於下表中。

曲線片段	控制點	基底函數涉及的結點	
		均勻的	開放均勻的
1	P_0, P_1, P_2	0, 1, 2, 3	0, 0, 0, 1
2	P_1, P_2, P_3	1, 2, 3, 4	0, 0, 1, 2
3	P_2, P_3, P_4	2, 3, 4, 5	0, 1, 2, 3

　　圖 9-2-7 的結果證實，我們採用的開放均勻結點設定方式使 B-樣條曲線的頭和尾兩端分別與第一和最後一個控制點重合。圖 9-2-6(d)(e)(f)就是用上述的設定方式所得的結果，從此圖中注意到當採用上述的開放均勻結點向量設定時，第一個和最後一個基底函數在結點兩端的值都是 1，其他基底函數在這兩個端點則都是 0。設這兩個端點分別為 $t_{\min}$ 和 $t_{\max}$。因為曲線函數為

$$S(t) = \sum_{j=0}^{n} B_{j,k}(t)P_j = B_{0,k}(t)P_0 + B_{1,k}(t)P_1 + \cdots + B_{n,k}(t)P_n$$

所以曲線函數在頭和尾的值分別為

$$S(t_{\min}) = B_{0,k}(t_{\min})P_0 + B_{1,k}(t_{\min})P_1 + \cdots + B_{n,k}(t_{\min})P_n$$
$$= (1)P_0 + (0)P_1 + \cdots + (0)P_n = P_0$$

$$S(t_{\max}) = B_{0,k}(t_{\max})P_0 + B_{1,k}(t_{\max})P_1 + \cdots + B_{n,k}(t_{\max})P_n$$
$$= (0)P_0 + (0)P_1 + \cdots + (1)P_n = P_n$$

這就是為什麼這樣的開放均勻結點向量的設定方式可確保 B-樣條曲線的起點與終點分別與第一和最後一個控制點重合。

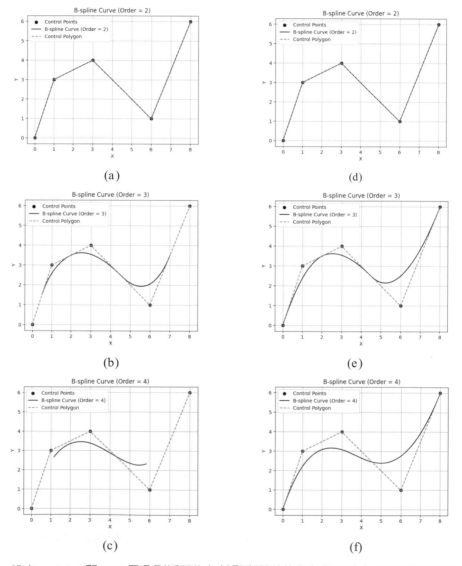

圖 9-2-7　設定 k=2,3,4 和 n=4 且分別採用均勻結點與開放均勻結點所產生的 B-樣條曲線。(a)(b)(c) 採用均勻結點向量，(d)(e)(f)則是分別採用(a)(b)(c)的對應開放均勻結點向量所得的結果。

9-3 　邊界描述子

有了影像中物體的表述(representation)概念後，接下來就進入到本章的第二個重點：描述(description)。特徵描述子(feature descriptor)將感興趣的資訊編碼成一串數字，並當成一種數值「指紋」，可用於區分出不同的特徵。針對邊界特徵的描述子就稱為邊界描述子(boundary descriptor)，相對於物體邊界的描述子，基於物體區域內特性的描述子就稱為區域性描述子(regional descriptor)。本章節將討論邊界描述子，區域性描述子則在其他章節中討論。

▍9-3-1 　形狀數

在 9-1 節中曾提到鏈碼是一個可用來表示邊界的方法，但是它並不適合做為物體的描述子，因為它顯然對於旋轉的變化極為敏感，亦即同一物體旋轉不同角度時，可能會得到兩組截然不同的鏈碼。儘管如此，若對鏈碼進行某些正規化的程序，所得的碼仍有可能成為描述子。形狀數(shape number)即為其中一例。

給一個四方向的鏈碼，方向數定義成差量碼中數值最小者。方向數的階次 n 則是指其數字的個數而言，此外對一封閉的邊界，n 必為偶數。兩個相鄰四方向鏈碼數字 i 與 j 的差量碼數字 d 是指

$$d = (j - i + 4) \bmod 4, \, 0 \le i, j \le 3 \tag{9-3-1}$$

圖 9-3-1 顯示 $n = 6$ 之方向數的形成，其中在形成差量碼時是把鏈碼視為頭尾相接的環形序列。如果將圖 9-3-1 的圖形旋轉 90 度，可發現其差量碼不會改變，顯示差量碼對旋轉不敏感。當然旋轉對本身就是差量碼之一的方向數也不會有影響。

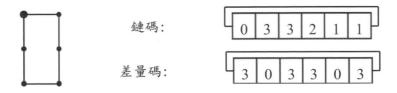

方向數：033033

圖 9-3-1 　6 階方向數的形成

以上的方向數配合以下討論的格點方向正規化程序，獲得對大小、平移和旋轉均不敏感的實用描述子。考慮圖 9-3-2 所示的物體邊界。首先以兩個相距最遠之點的連線方向做為主軸，如圖 9-3-2 中的虛線所示。找一矩形，其邊對準主軸方向，其大小恰能把所有邊界包括在內。將圖 9-1-1(a)之四方形鏈碼轉一角度使其數字"0"所指的方向與主軸的方向一致。要獲得 n 階方向數，可考慮所有正整數 N_1 與 N_2 使得 $n/2 = N_2 + N_1$，且 N_2/N_1 最接近矩形長對寬的比例。例如圖 9-3-2 中，$n = 14$，此時$(N_1, N_2) = (1,6)$，$(2,5)$，或$(3,4)$，其中$(3,4)$最符合物體邊界之矩形的長寬比例，故選 $N_1 = 3$，$N_2 = 4$。所對應的鏈碼、差量碼及方向數亦顯示於圖 9-3-2 中。

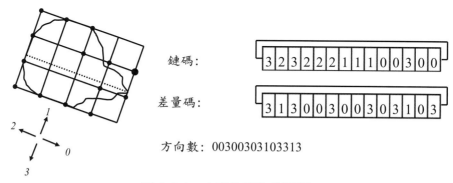

鏈碼： 3 2 3 2 2 2 1 1 1 0 0 3 0 0

差量碼： 3 1 3 0 0 3 0 0 3 0 3 1 0 3

方向數： 00300303103313

圖 9-3-2　方向數產生的過程

9-3-2　傅立葉描述子

一個區域的周邊為一封閉曲線。設以參數式 $\{x(s), y(s)\}$ 來表示此曲線，其中參數 s 為相對於曲線上一個起始點$[x(0), y(0)]$的沿線弧長。設 P 代表此區域的週長，則 $x(s)$ 與 $y(s)$ 各可視為週期為 P 的週期函數，即 $x(s) = x(s+P)$，$y(s) = y(s+P), \forall s$。若進一步將影像平面看成複數平面且表示成 $z = x+iy$，則區域週邊變成一個複數的周期函數，即

$$z(s) = z(s + P) \tag{9-3-2}$$

對其以複數傅立葉級數展開可得

$$z(s) = \sum_{k=-\infty}^{\infty} Z_k e^{2\pi iks/P}$$
$$Z_k = \frac{1}{P}\int_0^P z(s)e^{-2\pi iks/P}ds, \quad k = 0, \pm1, \pm2\cdots \tag{9-3-3}$$

Z_k 即爲邊界的傅立葉描述子(Fourier descriptor, FD)。由於我們實際上面對的是離散的點(設爲 $z_1, z_2, \cdots, z_N$)，因此將(9-3-3)式變成 N 點的離散傅立葉轉換：

$$z_r = \sum_{k=0}^{N-1} Z_k e^{i2\pi rk/N}$$

$$Z_k = \frac{1}{N} \sum_{r=0}^{N-1} z_r e^{-i2\pi rk/N}$$

(9-3-4)

其中 $r, k = 0, 1, \cdots, N-1$。N 通常選爲 2 的乘冪，如此 FFT 可用來加快運算速度。若捨去部份 Z_k 的高頻係數，對其重建回來的點集合 $\{\hat{z}_r\}$ 所形成的邊界外形不會有太大的改變，因此選取少許的 Z_k 就可用來區別外形不同的物體。

範例 9.8

考慮圓形、正三角形和方形的傅立葉描述子。我們藉由設定爲零捨去一部分的傅立葉描述子，再由未捨棄的傅立葉描述子以反傅立葉轉換重建這三個幾何圖形。這三個形狀的輪廓都由 $N = 200$ 個像素點 z_r 組成。因此各會有由 200 個複數 Z_k 組成的傅立葉描述子。我們保留一個比例(Ratio)的描述子，其中 Ratio 分別爲 0.01、0.05 以及 0.5，相當於分別保留 2、10 和 100 個複數。圖 9-3-3 顯示原始影像和重建的結果。在只有 2 個複數的情況下，圓形就表現完美重建，三角形的尖角變圓滑了，正方形則變成圓形；當保留 10 個複數時，三角形尖角的圓滑性降低了，正方形開始像正方形了，但它的尖角還是比較圓滑；在保留一半的複數時，所有形狀都幾乎已完美重建。

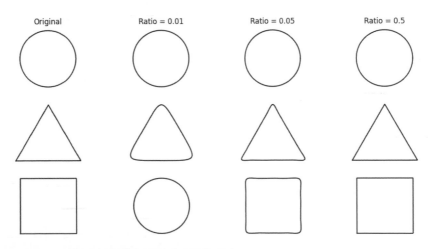

圖 9-3-3　保留部分高頻和低頻傅立葉描述子重建原始形狀的結果，其中 Ratio 代表保留的比例，分別是 1 %、5%和 50%。

　　注意要保留哪些傅立葉描述子的成員 Z_k 有時比要保留的數量更重要。在以上的實驗中我們是保留兩端的成員(各取所需數量約一半)，而不是最前端(從 Z_0 開始)的成員。在相同數量下，若只保留最前端的成員，重建的效果會非常糟糕，如圖 9-3-4 所示。最主要的原因是有些大小(magnitude)較大的成員沒有被保留到，而這些成員通常對應到空間變化較大的轉角上，反映出形狀的整體感受。換言之，要有效的重建物體的形狀，不能忽略高頻成分。

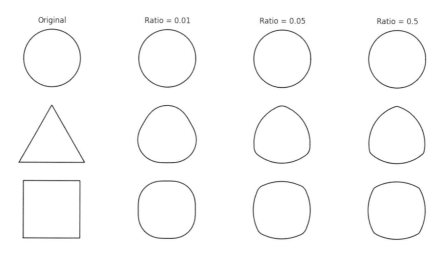

圖 9-3-4　只保留部分低頻傅立葉描述子重建原始形狀的結果，其中 Ratio 代表保留的比例，分別是 1 %、5%和 50%。

　　圖 9-3-5 顯示傅立葉描述子大小的分佈圖。由圖中看出三角形和正方形較大的大小集中在兩端(反映低頻與高頻成分)，這就是為何我們在這個例子中選擇保留兩端的成員，而不是只有最前端的成員的原因。從能量保持的角度來看，保留大小較大的成員也是最合理的考量。

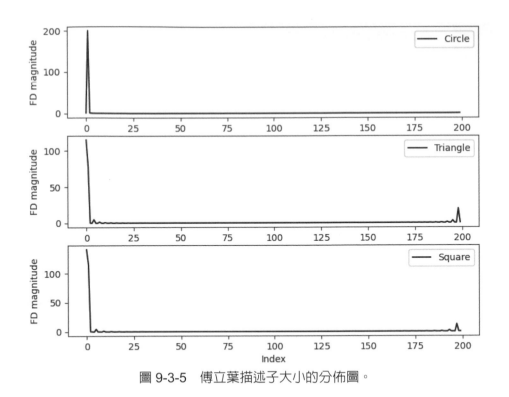

圖 9-3-5 傅立葉描述子大小的分佈圖。

Z_K 實際上會受物體平移、旋轉等動作而改變，但是其改變是有規律且可預測的，例如物體旋轉一個角度 θ，則整個 Z_k 都會乘上 $e^{i\theta}$，其他動作所造成的改變如表 9-3-1 所示。

表 9-3-1 傅立葉描述子的一些性質

動作	邊界輪廓	傅立葉描述子
旋轉	$z_r e^{i\theta}$	$Z_k e^{i\theta}$
平移	$z_r + (\Delta x + i\Delta y)$	$Z_k + (\Delta x + i\Delta y)\delta(k)$
大小	αz_r	αZ_k
起始點改變	z_{r-m}	$Z_k e^{-i2\pi mk/N}$

9-4　一般區域描述子

影像的區域描述子，是影像內特定區域或區塊的精簡表示。這些描述子廣泛應用於電腦視覺的任務，例如物體檢測(object detection)、影像匹配(image matching)和影像檢索(image retrieval)。它們擷取局部影像區域的獨特特徵，可用於比較和匹配影像中的不同區域。

9-4-1　一些簡單描述子

有一些與區域有關的簡單描述子如下：

1. 厚度(thickness)：

厚度可以度量包圍物體的兩條平行線之間的最大距離。它提供物體所在區域的總體大小及其在特定方向上涵蓋範圍的資訊。此參數大致上是平移與旋轉不變的，但是隨區域大小比例會改變。一個骨架型的區域與一個圓形區域，顯然在厚度上會有明顯的不同。

2. 最大弦(maximum chord)：

連結兩邊界上相距最遠的點所形成的線段。換言之，最大弦是在物體邊界內可繪製的最長直線。它可以反映物體的大小和形狀，特別是其最外部的尺寸。

3. 最小弦(minimum chord)：

最小弦是可以在物體上畫出的最短直線。它對於理解物體最窄的部分很有用，並且可以反映出其內在結構。它通常是與最大弦垂直的一個線段，其長度與最大弦之長度所形成的矩形恰能將整個區域圍住。

4. 直徑(diameter)：

最大弦的長度。它用物體的最長內部距離來表示物體的大小。

5. 延展度(elongation)：

最大弦與最小弦的長度比。延展度或縱橫比(aspect ratio)是物體的長度與寬度的比率。它提供有關物體形狀的資訊，無論物體是更細長還是更緊緻(compact)，所以延展度這個特徵可用來區別較細長的物體與較方正或圓形的物體。

以上這些傳統的區域描述子在形狀資訊很重要的影像分析任務中特別有價值，例如在分析細胞、顆粒或具有不同幾何特徵的其他物體時。它們有助於以標準化方式對物體的形狀進行量化，並根據這些幾何屬性進行比較和分類。

9-4-2　拓樸屬性

拓樸的形狀屬性(topological shape attributes)是形狀的一種特性，它是指　物體經由橡皮板轉換(rubber-sheet transform)後，其特性仍然不變。這種橡皮板轉換可以想像成將一影像類似橡皮板一樣拉長，影像內的物體也隨著影像被拉長而產生空間上的形變。作此轉換時不允許切割物體或任意連結物體。在前述這種拓樸屬性的描述下，距離觀念很明顯的不屬於拓樸屬性，因在拉長橡皮板的過程中距離早已產生變化。另外，水平和垂直的觀念也不屬於拓樸的性質，因在轉換中並不考量物體是否有旋轉的效應。

簡言之，拓樸形狀屬性是影像中的物體或區域基於其連通性和空間關係的特徵。這些屬性提供了對物體的整體結構和排列的特性，而不管其確切的幾何屬性為何。拓樸關注在變形(例如拉伸、彎曲或扭曲)下保持不變的屬性，使這些屬性對物體形狀的變化具有強韌性。

以下是一些常見的拓樸形狀屬性：

1. **連通分量(connected component)：**

    連通分量的數量是指由物體的像素或點形成的不同的叢集(cluster)或區域的數量。每個連通分量代表物體的一個單獨區域。

2. **孔洞(hole)：**

    孔洞是由物體邊界包圍的空隙(void)或空間。孔洞的數量和分佈可以提供有關物體拓樸的資訊。

3. **尤拉數(Euler number)：**

    尤拉數是一個常見的拓樸不變量，提供有關影像中物體的連通性和孔洞數量的資訊。尤拉數 E 的計算方式為連通分量的數量 C 與物體中孔洞數 H 之間的差：

$$E = C - H \tag{9-4-1}$$

尤拉數也是一種拓樸屬性，因為 C 和 H 都有拓樸屬性。尤拉數對於區分不同的形狀和組態(configuration)很有用。

當處理可能具有不同幾何屬性但具有一致連接模式的複雜形狀時，以上這些拓樸形狀屬性特別有用。它們提供了對物體結構的更高層次的描述，該描述對於物體的剛性變換(rigid transformation)和物體比例大小的變化具有不變性。

　　不規則的物體能以它們的拓樸特性來描述。首先我們引進凸包(convex hull)與凸缺(convex deficiency)這兩個名詞。一點集合的凸包是包圍該集合中所有點的最小凸多邊形(convex polygon)或多面體(polyhedron)。簡單來說，想像一下平面上有一堆點，則你可以拉伸鬆緊帶以包圍所有這些點的最小形狀就是凸包。凸缺是指某個形狀偏離凸包程度的度量。它是透過計算該形狀面積與其凸包面積之間的差值來計算的。接近凸包的形狀將具有較小的凸缺，而凹入較多的形狀則具有較大的凸缺。非凸狀又分為湖(lakes)與灣(bays)兩種；湖是指完全被物體包圍住的區域，灣是指物體與凸包周邊所包圍的區域。我們將上述名詞用圖 9-4-1 所示的例子來說明。在有些應用中，以凸包的概念來描述物體比直接描述物體更簡單。

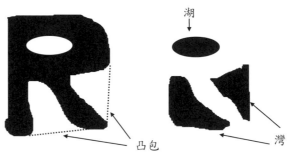

圖 9-4-1　展示凸包與凸缺概念的一個例子

範例 9.9　顯微鏡影像中的細胞分割

圖 9-4-2 顯示一個細胞叢集的示意圖。在生物學和影像處理領域，研究人員經常分析顯微影像來研究細胞結構。拓樸屬性在分割和描繪這些影像中個別細胞的特性上可以發揮至關重要的作用，例如：

1. 細胞分割：細胞培養物的顯微鏡影像通常包含密集的細胞叢集。拓樸屬性有助於從此類影像中分割出個別的細胞。可用連通分量依連通性來識別不同的細胞區域。

2. 孔洞檢測：細胞有時會顯示為帶有小內部孔洞的圓形或橢圓形區域，如液泡(vacuole)或細胞核。使用拓樸屬性檢測這些孔洞有助於使分割過程更完善並分離可能被錯誤識別的細胞。

3. 細胞形狀分析：拓樸屬性(例如尤拉數)可以深入了解細胞形狀的複雜性。具有突起、凹痕或多核的細胞可能具有不同的尤拉數，顯示出其形狀拓樸的變化。

4. 細胞分裂：在細胞分裂過程中，單個細胞變成兩個。此過程會導致在原始細胞中生成一個孔洞，可以使用拓樸屬性來檢測該孔洞。此資訊對於追蹤一段時間內的細胞分裂事件或細胞數量的計數都非常有用。

5. 細胞合併：在細胞聚集的情況下，細胞會聚集在一起並合併，所產生的結構可能會在合併區域中引入孔洞。拓樸屬性可以幫助識別和分析此類事件。

利用拓撲屬性，我們可以更準確、更穩健的進行細胞分割，對於了解細胞的行為、相互作用和異常現象很有幫助。總之，拓撲屬性提供了一種擷取顯微影像中細胞複雜的空間關係和結構的方法，無論大小、形狀或排列如何變化。

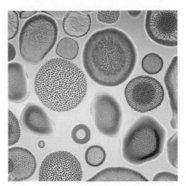

圖 9-4-2　一個細胞叢集的示意圖。

9-4-3　距離、周長、面積的測量

假設有二點(m_1, n_1)與(m_2, n_2)，二點間的距離有以下幾種表示式：

(1) 歐基理德(Euclidean)距離

$$d_E = [(m_1 - m_2)^2 + (n_1 - n_2)^2]^{1/2} \tag{9-4-2}$$

(2) 大小(magnitude)距離

$$d_M = |m_1 - m_2| + |n_1 - n_2| \tag{9-4-3}$$

(3) 最大值(maximum value)距離

$$d_X = \max\{|m_1 - m_2|, |n_1 - n_2|\} \tag{9-4-4}$$

接下來我們所探討的周長與面積只針對二值影像才有意義。

一個物體的周長是指：在物體的邊緣上由任一點開始圍繞著邊緣回到起始點的總像素個數。而一個物體包圍的面積是指：物體邊緣內的總像素和，其中包括所有 0 與 1 的點。

Gray (1971)曾提出一個有系統的方法來計算二值影像物體的面積與周長。他的做法是利用一組二值的樣本影像來與所求的影像做比對，就可輕易的經由比對的結果來表示所求影像的面積與周長。

我們現在考慮 2×2 點像素的樣本影像稱為四位元組(bit quads)，如圖 9-4-3 所示。經由比對影像與四位元組的結果我們可分別求得其面積及周長如下：

(1) 面積

$$A_0 = \frac{1}{4}[n\{Q_1\} + 2n\{Q_2\} + 3n\{Q_3\} + 4n\{Q_4\} + 2n\{Q_D\}]$$ (9-4-5)

(2) 周長

$$P_0 = n\{Q_1\} + n\{Q_2\} + n\{Q_3\} + 2n\{Q_D\}$$ (9-4-6)

其中 $n\{Q\}$ 代表影像與樣本圖樣 Q 比對吻合的個數。

Q_1	1	0	0	1	0	0	0	0
	0	0	0	0	0	1	1	0
Q_2	1	1	0	1	0	0	1	0
	0	0	0	1	1	1	1	0
Q_3	1	1	0	1	1	0	1	1
	0	1	1	1	1	1	1	0
Q_4	1	1						
	1	1						
Q_D	1	0	0	1				
	0	1	1	0				

圖 9-4-3　用來比對的樣本影像。

建立距離、周長、面積這些參數後，我們就可以開始對一物體的幾何屬性做探討。首先，我們先假設在影像中物體的數目遠大於洞的數目，也就是 $E \doteqdot C$。

在上面的前提下，我們可定義出似圓性(circularity)：

$$C_0 = \frac{4\pi A_o}{(P_o)^2}$$ (9-4-7)

如果是一個圓形的物體它的似圓性會剛好等於 1，其餘物體的似圓性都將小於 1。

一幅影像內如果包含許多物體，但只有少許的洞，也就是如同前面的假設 $E \doteqdot C$，我們可推導出每個物體的平均周長及面積。

平均面積：$A_A = \dfrac{A_o}{E}$　　　　　　　　　　　　　　　　　　　　　　　(9-4-8)

平均周長：$P_A = \dfrac{P_o}{E}$　　　　　　　　　　　　　　　　　　　　　　　(9-4-9)

如果影像內包含瘦長的物體(例如手寫字)，我們也可求其近似的平均長度及寬度。

平均長度：$L_A = \dfrac{P_A}{2}$　　　　　　　　　　　　　　　　　　　　　　　(9-4-10)

平均寬度：$W_A = \dfrac{2A_A}{P_A}$　　　　　　　　　　　　　　　　　　　　　　(9-4-11)

以上這些簡單的測量對於識別影像的整體特徵非常有用。

9-4-4　空間矩

在機率理論中，對於連續函數 $f(x, y)$，其 $(k + l)$ 階矩(moment)定義為：

$$M_{k,l} = \int_{-\infty}^{\infty} \int_{-\infty}^{\infty} x^k y^l f(x, y) dx dy \qquad\qquad (9\text{-}4\text{-}12)$$

其中 $k, l = 0, 1, 2, \cdots$。而中心矩(central moment) 則定義為

$$\mu_{k,l} = \int_{-\infty}^{\infty} \int_{-\infty}^{\infty} \left(x - \bar{x} \right)^k \left(y - \bar{y} \right)^l f(x, y) dx dy \qquad\qquad (9\text{-}4\text{-}13)$$

其中 $\bar{x}$ 與 $\bar{y}$ 分別為 x 及 y 的期望值。

　　一個與平面區域有關的幾何特性像是大小、位置、方向及形狀等，其中很多特性與矩這個參數有關。在機率理論中，矩用來呈現機率密度函數的特性，例如期望值是一階矩，變異數及共變異數是二階的中心矩等。在這裡我們沿用相同的定義，但是將機率密度函數換成是二維二值影像的圖形。一個二值影像 $b(m, n)$ 區域的 $(k + l)$ 階矩定義成

$$M_{k,l} = \sum_{m=0}^{M-1} \sum_{n=0}^{N-1} m^k n^l b(m, n) \qquad\qquad (9\text{-}4\text{-}14)$$

把 $b(m, n)$ 換成灰階影像 $f(m, n)$ 的定義也有，但是其物理意義將不再是幾何參數。例如一個機率密度函數 $f(m, n)$ 的零階矩代表的是該函數所涵蓋的體積，而對 $b(m, n)$ 而言則變成我們所感興趣的面積，也就是區域內所含像素的個數。

在定義過 $b(m, n)$ 的矩後，同理可定義其中心矩如下：

$$\mu_{k,l} = \sum_{m=0}^{M-1} \sum_{n=0}^{N-1} (m - \overline{x})^k (n - \overline{y})^l b(m,n) \tag{9-4-15}$$

其中

$$\overline{x} = \frac{M_{1,0}}{M_{0,0}}, \quad \overline{y} = \frac{M_{0,1}}{M_{0,0}}$$

點 $(\overline{x}, \overline{y})$ 稱為重心(center of gravity)或質心(centroid)。若一般矩為已知，則中心矩的計算可透過一般矩來達成，例如

$$\begin{aligned}
\mu_{0,0} &= M_{0,0} \\
\mu_{0,1} &= \mu_{1,0} = 0 \\
\mu_{2,0} &= M_{2,0} - \overline{x}M_{1,0} \\
\mu_{1,1} &= M_{1,1} - \overline{y}M_{1,0} \\
&\vdots
\end{aligned} \tag{9-4-16}$$

二階的中心矩的許多特性相當於機率理論中的共變異數矩陣，以及力學中物體旋轉的轉動慣量。此共變異數矩陣為

$$\mathbf{U} = \begin{bmatrix} \mu_{2,0} & \mu_{1,1} \\ \mu_{1,1} & \mu_{0,2} \end{bmatrix} \tag{9-4-17}$$

對角化後，可求出對角矩陣：

$$\mathbf{E}^T \mathbf{U} \mathbf{E} = \Lambda \tag{9-4-18}$$

其中

$$\mathbf{E} = \begin{bmatrix} e_{1,1} & e_{1,2} \\ e_{2,1} & e_{2,2} \end{bmatrix} \tag{9-4-19}$$

且矩陣 $\mathbf{E}$ 的行向量為 $\mathbf{U}$ 的特徵向量(eigenvector)，另外

$$\Lambda = \begin{bmatrix} \lambda_1 & 0 \\ 0 & \lambda_2 \end{bmatrix} \tag{9-4-20}$$

含 **U** 的特徵值。注意到(9-4-18)式的對角化結果類似於 4-2 節中 KLT 轉換的對角化,其中這裡的對稱矩陣 **U** 對應於也是對稱矩陣的自相關函數 $\mathbf{R}_{XX}$,KLT 轉換矩陣 **Φ** 將 $\mathbf{R}_{XX}$ 對角化,這裡的 **E** 則將 **U** 對角化。從(9-4-17)式形成特徵方程式後可求得其特徵值為

$$\lambda_{\max} = \frac{1}{2}(\mu_{2,0} + \mu_{0,2}) + \frac{1}{2}\sqrt{(\mu_{2,0} + \mu_{0,2})^2 + 4\mu_{1,1}^2}$$

$$\lambda_{\min} = \frac{1}{2}(\mu_{2,0} + \mu_{0,2}) - \frac{1}{2}\sqrt{(\mu_{2,0} + \mu_{0,2})^2 + 4\mu_{1,1}^2}$$

$$(9\text{-}4\text{-}21)$$

伴隨 $\lambda_{\max}$ 的一個特徵向量為 $(1, (\lambda_{\max} - \mu_{2,0})/u_{1,1})^T$,因此區域的方向角可表成

$$\theta = \tan^{-1}\left\{\frac{\lambda_{\max} - \mu_{2,0}}{\mu_{1,1}}\right\} \tag{9-4-22}$$

此外,一個區域的離心率(eccentricity)可定義成

$$\sqrt{\frac{\lambda_{\max}}{\lambda_{\min}}} \tag{9-4-23}$$

此參數與比例大小及方向無關,只與形狀有關:拉伸越長的物體,離心率越高。

　　由於 $\mu_{0,0} = M_{0,0}$ 為區域的面積,故可做為區域大小的量測,還可求得一個正規化的矩,而獲得一個與比例大小無關的描述。透過簡單的變數代換,由(9-4-13)式可推得,對一除上比例因子 $\sqrt{\alpha}$ 的函數 $f(x/\sqrt{\alpha}, y/\sqrt{\alpha})$,其中心矩為 $f(x, y)$ 之中心矩的 $(\sqrt{\alpha})^{k+l+2}$ 倍。因為 $\mu_{0,0}$ 為面積,故可將 $\sqrt{\mu_{0,0}}$ 視為此比例因子,因此可得正規化的中心矩為

$$\eta_{k,l} = \frac{\mu_{k,l}}{(\sqrt{\mu_{0,0}})^{k+l+2}} \tag{9-4-24}$$

由正規化的第二與第三階矩可導出下面七個不變矩(moment invariant):

$$\phi_1 = \eta_{2,0} + \eta_{0,2} \tag{9-4-25a}$$

$$\phi_2 = (\eta_{2,0} - \eta_{0,2})^2 + 4\eta_{1,1}^2 \tag{9-4-25b}$$

$$\phi_3 = (\eta_{3,0} - 3\eta_{1,2})^2 + (3\eta_{2,1} - \eta_{0,3})^2 \tag{9-4-25c}$$

$$\phi_4 = (\eta_{3,0} + \eta_{1,2})^2 + (\eta_{2,1} + \eta_{0,3})^2 \tag{9-4-25d}$$

$$\phi_5 = (\eta_{3,0} - 3\eta_{1,2})(\eta_{3,0} + \eta_{1,2})[(\eta_{3,0} + \eta_{1,2})^2 - 3(\eta_{2,1} + \eta_{0,3})^2]$$
$$+ (3\eta_{2,1} - \eta_{0,3})(\eta_{2,1} + \eta_{0,3})[3(\eta_{3,0} + \eta_{1,2})^2 - (\eta_{2,1} + \eta_{0,3})^2]$$

(9-4-25e)

$$\phi_6 = (\eta_{2,0} - \eta_{0,2})[(\eta_{3,0} + \eta_{1,2})^2 - (\eta_{2,1} + \eta_{0,3})^2]$$
$$+ 4\eta_{1,1}(\eta_{3,0} + \eta_{1,2})(\eta_{2,1} + \eta_{0,3})$$

(9-4-25f)

$$\phi_7 = (3\eta_{2,1} - \eta_{0,3})(\eta_{3,0} + \eta_{1,2})[(\eta_{3,0} + \eta_{1,2})^2 - 3(\eta_{2,1} + \eta_{0,3})^2]$$
$$+ (3\eta_{1,2} - \eta_{3,0})(\eta_{2,1} + \eta_{0,3})[3(\eta_{3,0} + \eta_{1,2})^2 - (\eta_{2,1} + \eta_{0,3})^2]$$

(9-4-25g)

此組不變矩不受平移、旋轉及大小比例改變的影響(Hu [1962])。稍後有人注意到這些不變矩的動態範圍有時會很大，因此建議採用 $\log|\phi_i|$ (Hsia [1981])。若 ϕ_i 的正負號很重要，則用 $\text{sgn}(\phi_i)\log|\phi_i|$。

　　不變矩對二維物體辨識非常有用，曾有人用在飛機辨別上(Dudani 等人[1977])，也曾被推廣到三維物體的辨識上(Reeves 和 Taylor [1989])，還被用來決定醫學影像中三維結構體的方向(Faber 和 Stoklly [1988])。不過要注意的是這些不變矩並不足以區別所有形狀，而且對雜訊很敏感。

一個與平面區域有關的幾何特性像是大小、位置、方向及形狀等，其中很多特性與矩這個參數有關。一階矩與形狀有關；二階矩顯示曲線圍繞直線平均值的擴展程度；三階矩則是關於平均值的對稱性的測量。由二階矩與三階矩可以導出一組共七個不變矩，這一組不變矩不受平移、旋轉和比例變化的影響。圖 9-4-4 顯示一張簡單的幾何圖形影像，分別做尺寸大小和旋轉角度的變化，觀察其七個不變矩的變化。

圖 9-4-4　簡單的幾何圖形。左上：原始；右上：一半尺寸；左下：旋轉 90°；右下：旋轉 180°。

表 9-4-1 三種變化的不變矩

不變矩 $\|\log\|\phi_i\|\|$	$i=1$	$i=2$	$i=3$	$i=4$	$i=5$	$i=6$	$i=7$
原始	1.6404	10.8360	13.8188	10.1259	22.1284	15.5530	23.5178
一半尺寸	1.6365	10.7526	13.6898	10.0636	22.9745	15.4498	23.2986
旋轉 90°	1.6404	10.8360	13.8188	10.1259	22.1284	15.5530	23.5178
旋轉 180°	1.6404	10.8360	13.8188	10.1259	22.1284	15.5530	23.5178

因為所得的不變矩動態範圍很大，所以取 $\log\|\phi_i\|$。另外，為了方便起見取正值。由表 9-4-1 所列結果顯示，所得的七個不變矩均相同或近似，驗證了不變矩的確是不受旋轉及大小比例改變的影響。表 9-4-1 中一半尺寸的結果與其他三種結果之間的數值誤差主要來自於資料離散化的特性以及計算精度的效應。因為不變矩不受旋轉及大小的影響，我們可以將其利用在對二維或三維物體的辨識。不過這些不變矩並不足以區別所有的形狀，而且對雜訊很敏感。

9-5 紋理區域描述子

紋理(texture)是另一種描述區域的重要方法。一般天然紋理較具隨機性，而人造的則較有規律或是有週期性。通常我們採用像細緻與粗糙程度、對比程度、結構、方向及規則等特性來描述紋理。這是基於內容為基礎的影像檢索法(Content-Based Image Retrieval, CBIR)所依賴的重要屬性(Kim 等人[1999])。

所有描述的方法大致可分成三種：統計法、結構法及轉換法(或頻譜法)。具有隨機特性的紋理很適合用統計法，例如將其以隨機場(random field)來描述。結構法在於描述基本影像原始結構(image primitive)的排列組合，例如以排列規則的平行線來描述一紋理。轉換法或稱頻譜法是利用傅立葉轉換的性質，試圖找到頻譜中能量集中的窄頻譜尖峰以檢測出紋理的週期性(Gonzalez 和 Woods [2002])。

9-5-1 統計法

自相關函數(autocorrelation function, ACF)

從某個角度來看，紋理與基本影像單元的大小有關，亦即比較大的基本影像單元相當於比較粗糙的紋理，反之則代表比較細密的紋理。

$f(m, n)$的自相關函數定義成

$$r(m,n) = \sum_k \sum_l f(k,l) f(m+k,n+l) \tag{9-5-1}$$

其中$|k| < L_k$ 且$|l| < L_l$，而L_k 及L_l為正值常數。若基本影像單元比較大，其 ACF 隨著距離增加(即$|k|$ 與$|l|$變大)而緩慢衰減，反之則衰減較快。如果所碰到的紋理有空間上的週期性，則 ACF 也會起起落落呈現週期性。

ACF 緩慢衰減相當於其「擴散度」或「寬度」較寬，因此一個描述紋理粗糙程度的方式是量測 ACF 的「寬度」或「擴散度」，其中一個測量法是由 Faugeras 與 Pratt (1980) 所提出的矩生成函數：

$$M_{k,l} = \sum_m \sum_n (m - \eta_m)^k (n - \eta_n)^l r(m,n) \tag{9-5-2}$$

其中

$$\eta_m = \sum_m \sum_n m r(m,n) \,, \quad \eta_n = \sum_m \sum_n n r(m,n) \tag{9-5-3}$$

在所有 $M_{k,l}$ 中通常用 $M_{2,0}$、$M_{0,2}$、$M_{1,1}$ 及 $M_{2,2}$。

1. **邊緣密度**

   一個紋理的粗糙程度也可以用邊緣像素的密度來表示。所謂邊緣密度是指在單位面積內邊緣像素的平均個數，可表成

   $$D(m,n) = \frac{1}{(2J+1)(2K+1)} \sum_{j=-J}^{J} \sum_{k=-K}^{K} E(m+j, n+k) \tag{9-5-4}$$

   其中$(2J + 1)$與$(2K + 1)$為觀察視窗的大小，而

   $$E(j,k) = \begin{cases} 1, & \text{若為邊緣像素} \\ 0, & \text{不為邊緣像素} \end{cases} \tag{9-5-5}$$

2. 二階中心矩

二階中心矩(亦即變異量 σ^2)對於紋理的描述格外重要，例如一個紋理的相對平滑性可表示成

$$R = 1 - \frac{1}{1 + \sigma^2} \tag{9-5-6}$$

$R = 0$ 代表 $\sigma^2 = 0$，亦即灰階強度完全一致的區域。若 σ^2 很大，則 R 趨近於 1。

3. 灰階度共現(Gray Level Co-occurrence)

一般直方圖是對單一個像素的個別灰階值統計，此處則是考慮一對像素的灰階值所形成的直方圖，因此得到的是一個二維的直方圖，可寫成 $h(i, j)$，其中 i 與 j 代表有某個相關位置之兩個像素的個別灰階值，$h(i, j)$ 則代表具有此種關係之像素對的個數。將直方圖 $h(i, j)$ 除上總數得到 p_{ij}，它可視為 (i, j) 對之聯合機率密度的一個估測。由 p_{ij} 組成之矩陣 $\mathbf{P} = \{p_{i,j}\}$，稱為灰階度共現矩陣(Gray Level Co-occurrence Matrix, GLCM)或相依矩陣(dependency matrix)。

GLCM 是基於統計的紋理描述方法之一(Haralick 等人[1973])。GLCM 可看成是一張表格，列出了影像中像素強度值的不同組合出現的頻率(Hall-Beyer [2007])。GLCM 紋理一次考慮參考像素與其鄰近像素之間的關係。以參考像素為中心，我們需要一個方式表達另一個像素與此參考像素之間的相對位置關係，以便定位出此像素。一個直覺的可行方式就是綜合方向與距離來表示，其中沿著這兩個受關注像素的方向用 η 表示，它們之間的距離則用 d 表示。

圖 9-5-1 顯示一個計算共現矩陣的例子。圖 9-5-1(a)是具有四個不同灰度強度的簡單影像。選擇該簡單影像是為了簡化 GLCM 的說明。在實際情況下，通常使用具有 256 種不同灰階強度的影像。該簡單影像的像素值由圖 9-5-1(b)所示。根據參考像素和相鄰像素形成共現矩陣元素。如果使用參數 $\eta = 0°$ 和 $d = 1$，則近鄰像素是恰好在參考像素右側的像素。參考像素是影像中右邊還有另一個像素的所有像素。未正規化的共現矩陣元素 $h(i, j)$ 是指在原影像中具有參考像素值 i 以及相鄰像素值 j 的像素組合個數，如圖 9-5-1(c)所示。例如(1, 1)代表參考像素值為 1 且其右邊近鄰像素值為 1 的組合，$h(1, 1)$ 則代表此種組合的個數，這裡看出無此組合，故 $h(1, 1) = 0$。同理可得 $h(3, 3) = 3$，因為(3, 3)這種組合總共有 3 個。圖 9-5-1(c)中給出了圖 9-5-1(a)中之簡單影像的未正規化共現矩陣 $\mathbf{H}$ (其中 $\eta = 0°$ 和 $d = 1$)。

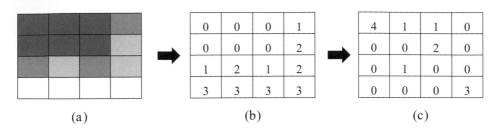

(a)　　　　　　　　(b)　　　　　　　　(c)

圖 9-5-1　共現矩陣計算示例。(a)簡單影像示意圖；(b)簡單影像的像素值；(c)未正規化的共現矩陣 **H**。

將 **H** 正規化後得到共現矩陣 $\mathbf{P}_{\eta,d}$：

$$\mathbf{P}_{\eta,d} = \frac{1}{\displaystyle\sum_i \sum_j h(i,j)} \mathbf{H} \tag{9-5-7}$$

在上個例子中，$\displaystyle\sum_i \sum_j h(i,j) = 12$，所以

$$\mathbf{P}_{\eta,d} = \frac{1}{12}\mathbf{H} = \frac{1}{12}\begin{bmatrix} 4 & 1 & 1 & 0 \\ 0 & 0 & 2 & 0 \\ 0 & 1 & 0 & 0 \\ 0 & 0 & 0 & 3 \end{bmatrix} = \begin{bmatrix} 1/3 & 1/12 & 1/12 & 0 \\ 0 & 0 & 1/6 & 0 \\ 0 & 1/12 & 0 & 0 \\ 0 & 0 & 0 & 1/4 \end{bmatrix}$$

範例 9.11

再舉一例來說明灰階度共現矩陣 **P** 的形成。設一影像的灰階只有 0、1、2 三種。考慮一個 5×5 的影像如下

```
1  2  1  0  0
2  1  1  1  1
0  0  0  1  0
0  0  2  0  1
2  2  1  2  2
```

假設所考慮的位置關係是第二個像素在第一個像素右下方且相鄰(相當於 $\eta = -45°$ 且 $d = 1$)，則 $h(i,j)$ 所形成的矩陣可寫成

```
2  2  3
2  4  0
1  1  1
```

組合總數共計 16 個，故灰階共現矩陣 **P** 為

$$\mathbf{P} = \begin{bmatrix} 1/8 & 1/8 & 3/16 \\ 1/8 & 1/4 & 0 \\ 1/16 & 1/16 & 1/16 \end{bmatrix}$$

在沒有混淆的情況下，為了方便，我們省略了角度與距離的符號標示。此外我們把 **P** 裡的每個元素用 $p_{i,j}$ 表示。在上述的例子中所選擇的位置關係對−45°(或 135°)有相同灰階度為 1 的紋理會特別敏感，因為 $\max_{i,j}(p_{i,j}) = 1/4$ 是在(1, 1)的組合中，代表影像中這種斜角關係最多，所以取共現矩陣的極大值可視為影像中有某種紋理的一種敏感度的指標。事實上，選取不同的位置關係可用來檢測具不同特性的紋理。此外，給定矩陣 **P**，從其元素可萃取出各種不同的紋理特徵。

從矩陣 **P** 中可獲得的紋理特徵很多，可參考例如 Gonzalez 和 Woods (2002)、Chang (2006)以及 Raut 等人(2016)等。以下列舉其中的一些紋理特徵的測量公式。

最大機率(Maximum Probability)

最大機率求取 GLCM 中的最高值，該值對應於影像中最常見的相鄰像素對。最大機率的公式為：

$$\text{最大機率：} \max_{i,j}(p_{i,j}) \tag{9-5-8a}$$

最大機率可以用來衡量影像的均勻性或平滑度。當影像具有主宰的灰階或恆定的強度時，此量測值較高；當影像具有不同範圍的灰階或變化的強度時，此量測值較低。最大機率可以幫助區分不同類型的紋理，例如精細、粗糙、光滑等。最大機率是一個簡單有效的紋理屬性，可以透過 GLCM 輕鬆計算出。

對比度(Contrast)

以到 GLCM 對角線的距離來量測對比度，因為 GLCM 對角線上的值顯示零對比度，且遠離對角線時對比度會增加。因此，建立一個隨著離對角線距離的增加而增加的權重。對比度的計算公式為：

$$\text{對比度：} \sum_i \sum_j |i-j|^2 \, p_{i,j} \tag{9-5-8b}$$

此量測值反映出影像紋理中溝紋深淺的程度，越深的，對比度越大，代表視覺感受可能是比較清晰的。

差異度(Dissimilarity)

不像對比度那樣,隨著遠離對角線,權重呈指數增加(0、1、4、9 等),差異性的權重則呈線性增加(0、1、2、3 等)。差異性的計算公式為:

$$差異性: \sum_i \sum_j |i-j| p_{i,j} \tag{9-5-8c}$$

對於 8 位元灰階影像,差異度範圍從 0 到 255,其中 0 表示所有像素對都具有相同的灰階度,255 表示所有像素對都具有最大可能的灰階度差異。差異度是影像對比度或變化的度量,可用於區分不同的紋理或區域。

k 階差分矩(The k-th Difference Moment)

k 階差分矩測量兩個相鄰像素之間差異的 k 次方的變化。當 GLCM 在遠離對角線具有較大值時,該測量值較高;當 GLCM 在對角線附近具有較大值時,該量測值較低。k 階差分矩的計算公式為:

$$k 階差分矩: \sum_i \sum_j (i-j)^k p_{i,j} \tag{9-5-8d}$$

k 階差分矩可以根據 k 的不同選擇來表現影像的紋理特性。例如,當 $k = 2$ 時,k 階差分矩相當於對比度,衡量的是局部強度變化。當 $k = 3$ 時,k 階差分矩與偏度(skewness)有關,偏度衡量的是 GLCM 的不對稱性(asymmetry)。當 $k = 4$ 時,k 階差分矩與峰度(kurtosis)有關,峰度衡量 GLCM 的峰值度(peakedness)或平坦度(flatness)。k 階差分矩是一種通用且靈活的紋理屬性,可以根據不同的應用需求進行調整。

反差分矩(Inverse Difference Moment, IDM)

IDM 通常稱為均質性(homogeneity),衡量影像的局部相似性。IDM 量測 GLCM 元素分佈與 GLCM 對角線元素的接近程度,亦即當 GLCM 在對角線附近具有較大值時,該量測值較高;當 GLCM 在遠離對角線附近具有較大值時,該量測值較低。均質性的計算公式為:

$$均質性: \sum_i \sum_j \frac{p_{i,j}}{1+|i-j|^2} \tag{9-5-8e}$$

此測量值反映出紋理的清晰程度和規律的程度,紋理越清晰、規律性越強者,此量測值就會比較大。比較(9-5-8b)式與(9-5-8e)式看出 IDM 的量測和對比度量測呈現大致上相反的關係。

能量(Energy)

測量 GLCM 的均勻性。當 GLCM 僅具有少數主宰值時，該測量值較高；當 GLCM 具有許多小值(比較均勻)時，該測量值較低。能量的公式為：

$$能量：\sum_i \sum_j p_{i,j}^2 \tag{9-5-8f}$$

此量測可以衡量局部紋理特徵的均質性，度量影像灰階分佈均勻的程度和紋理的粗細。

熵(Entropy)

熵測量 GLCM 的隨機性或無序性(disorder)。當 GLCM 具有許多小的值時，該量測值較高；當 GLCM 僅具有少數主宰值時，該量測值較低。熵的公式為：

$$熵：-\sum_i \sum_j p_{i,j} \log p_{i,j} \tag{9-5-8g}$$

極端情況是當 GLCM 的所有元素幾乎都相等時，會有最大的熵值，代表原始影像的像素值很不均勻。因此，此量測值可衡量影像中紋理的非均勻程度或複雜程度。

9-5-2 結構法

在紋理的結構模型中，紋理被看成是由較小的基本原始結構依某種規則排列組合而成。因此要描述一個紋理必須描述此原始結構及其置放的法則。原始結構可依灰階度、形狀及均勻性來設計，置放法則可採週期性，鄰接性及最近距離等觀念來設計。

Carlucci (1972)建議用線段與多邊形當原始結構，而置放方法則用像圖形一般的語言來描述。Zucker (1976a,1976b)則把真實的紋理想成是某個理想之紋理的失真變形。Luc 和 Fu (1978)則採用樹狀語言文法結構。其他方法可見 Tomita 等人(1982)以及 Leu 和 Wee (1985)。

9-5-3 頻譜法

像粗糙、細緻、方向等紋理的特徵均可用傅立葉頻譜來估測。由於紋理的粗糙程度與其空間上的週期(spatial period)成正比，故對有較粗糙之紋理的區域，其傅立葉頻譜能量集中在低頻上；反之較細緻之區域的頻譜能量會集中在較高頻的地方。另外由最主要的頻譜峰值的位置可看出紋理圖樣的主要方向。以下介紹一個代表性的頻譜法：均質紋理描述子(Homogeneous Texture Descriptor, HTD)。

　　在多媒體內容描述的國際標準 MPEG-7 中定義了 HTD。MPEG-7 的均質紋理描述子由五個值組成：均值、標準差、能量、能量偏差以及影像傅立葉轉換的能量分佈。這些值是根據基於人類視覺系統的頻帶計算得出的。其中用到傅立葉轉換，將影像從空間域轉換到頻域，其中不同的頻率代表紋理的不同圖案或方向；還用到 Radon 轉換，目的是使描述子對旋轉和尺度變化更加強韌。MPEG-7 的均質紋理描述子可用於比較和檢索具有相似紋理的影像。例如，如果你想查找具有磚狀紋理的影像，你可以使用磚牆影像作為查詢影像，並使用同質紋理描述子來測量查詢影像與資料庫中其他影像之間的相似度。相似度得分最高的影像是與查詢影像紋理最相似的影像。以下進一步說明 HTD。

　　在 Ro 等人(2001)所描述的 HTD 中包括影像的平均值和標準差，以及影像的傅立葉轉換的能量和能量偏差值。此描述子基於人類視覺系統，該視覺系統與心理物理實驗(psycho-physical experiments)的某些結果相對應。在實驗中，視覺皮層的響應轉而變成頻率域的限頻帶部分。對於抽取紋理特徵，人類視覺系統的最佳子頻帶表示是沿徑向將空間頻率域劃分為八度帶(octave-bands)(4-5 個分區)，並沿角度方向以等角度寬來劃分。

　　根據所提到的人類視覺系統特性，將頻率域化分為若干個子頻帶，以計算紋理特徵值。頻率域在角方向上以 30 度的相等角度劃分，在徑向方向上以八度(octave)劃分。頻率域中的子頻帶稱為特徵通道(feature channels)，在圖 9-5-2 中用 C_i 表示。如圖所示，每個劃分的區域對應於頻率域的限頻帶部分，該頻帶限制部分是人類視覺系統中視覺皮層的響應。位於低頻區域的通道涵蓋較小範圍，而位於高頻區域的通道則涵蓋較大範圍。這對應於對低頻區域的變化更敏感的人類視覺。

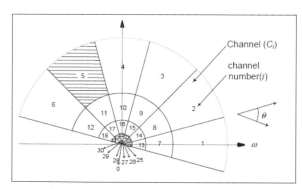

圖 9-5-2　用人類視覺系統濾波器的頻域劃分(Ro 等人[2001])。

　　對於以相似度為基礎的影像對影像匹配，HTD 提供了紋理的定量特性表示。該描述子的計算方法是：首先使用對方向和尺度均敏感的濾波器對影像進行濾波，然後在頻域中計算濾波後的輸出的均值和標準差(Coimbra 和 Cunha [2006])。頻率空間被分成 30 個通道，其中在角度方向上等分(30 度間隔)，在徑向上等分八度(五個八度)。

　　對灰階影像之 HTD 的方塊圖如圖 9-5-3 所示,其中 f_{DC} 和 f_{SD} 分別是灰階像素值的平均值和標準差。Ro 等人(2001)提出取得影像 HTD 的技術,該技術採用了 Radon 轉換。透過 Radon 轉換,可以在極座標系統中表示笛卡爾座標系統中之影像的傅立葉轉換。使用 Radon 轉換可以將 2D 影像轉換為一維(1D)投影資料,即笛卡爾空間(x, y)將被映射到 Radon 空間(R, θ),如圖 9-5-4 所示。

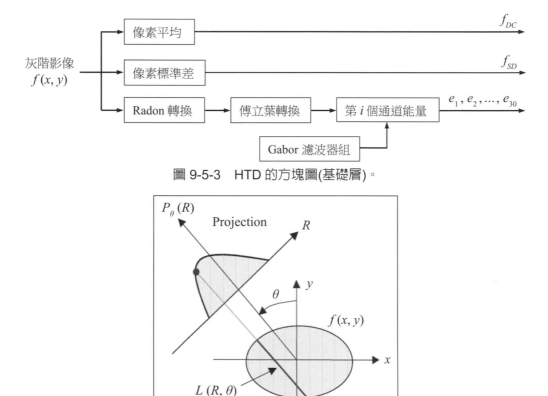

圖 9-5-3　HTD 的方塊圖(基礎層)。

圖 9-5-4　Radon 轉換機制:影像 $f(x, y)$轉換至 radon 空間(R, θ)中的 $P_\theta(R)$(Ro 等人[2001])。

　　為了執行 Radon 轉換(Ro 和 Yoo [1999]),我們利用(9-5-9)式,其中 $f(x, y)$為一個影像函數,R 是投影軸,$\delta(\cdot)$ 是 delta 函數,而函數 $p_\theta(R)$ 是一個投影。

$$
\begin{aligned}
p_\theta(R) &= \int_{L(R,\theta)} f(x,y)\,dl \\
&= \int_{-\infty}^{\infty} \int_{-\infty}^{\infty} f(x,y)\delta(x\cos\theta + y\sin\theta - R)\,dxdy
\end{aligned}
\tag{9-5-9}
$$

投影的一維傅立葉轉換表示成:

$$
F(\omega, \theta) = \int p_\theta(R)\exp(-j2\pi R\omega)\,dR
\tag{9-5-10}
$$

為了讓通道之間理想濾波器之通帶邊緣的銳利度條件能放寬，故採用 Gabor 濾波器組來做頻率的配置安排：

$$G_{P_{s,r}}(\omega,\theta) = \exp\left[\frac{-(\omega-\omega_s)^2}{2\sigma_{\omega_s}^2}\right] \cdot \exp\left[\frac{-(\theta-\theta_r)^2}{2\sigma_{\theta_r}^2}\right] \qquad (9\text{-}5\text{-}11)$$

其中 $G_{P_{s,r}}(\omega,\theta)$ 是第 s 個徑向和第 r 個角度的 Gabor 函數。$\sigma_{\omega_s} = B_s / 2\sqrt{2\ln 2}$ 和 $\sigma_{\theta_r} = 15° / \sqrt{2\ln 2}$ 分別是 Gabor 函數在徑向與角度方向的標準差，其中 $s \in \{0,1,2,3,4\}$，$\omega_s = \omega_0 \cdot 2^{-s}$，$\omega_0 = \dfrac{3}{4}$，$B_s = B_0 \cdot 2^{-s}$，$B_0 = \dfrac{1}{2}$，$r \in \{0,1,2,3,4,5\}$，$\theta_r = 30° \times r$。

構成紋理描述子的能量記為 $[e_1, e_2, ..., e_{30}]$。根據頻率配置和 Gabor 函數，第 i 個特徵通道 $(i = 6 \times s + r + 1)$ 的能量定義為：

$$e_i = \log[1+p_i] \qquad (9\text{-}5\text{-}12)$$

其中

$$p_i = \sum_{\omega=0^+}^{1} \sum_{\theta=0^{°+}}^{360°} \left[G_{P_{s,r}}(\omega,\theta) \cdot |\omega| \cdot |F(\omega,\theta)| \right]^2$$

且 $|\omega|$ 是笛卡爾座標和極座標之間的轉換項(即 Jacobian)。對於增強層，還使用以下公式計算能量偏差：

$$d_i = \log[1+q_i] \qquad (9\text{-}5\text{-}13)$$

其中

$$q_i = \sqrt{\sum_{\omega=0^+}^{1} \sum_{\theta=0^{°+}}^{360°} \left\{ \left[G_{P_{s,r}}(\omega,\theta) \cdot |\omega| \cdot |F(\omega,\theta)| \right]^2 - p_i \right\}^2}$$

最後，通道的影像平均強度 f_{DC}、標準差 f_{SD}、能量 e_i 和能量偏差 d_i 依以下順序構成均勻紋理描述子：

$$\text{HTD} = [f_{DC}, f_{SD}, e_1, e_2, ..., e_{30}] \qquad (9\text{-}5\text{-}14)$$

這是在基礎層，而

$$HTD = [f_{DC}, f_{SD}, e_1, e_2, ..., e_{30}, d_1, d_2, ..., d_{30}] \qquad (9\text{-}5\text{-}15)$$

則是在增強層。

9-6 形態學

　　形態學(morphology)的重點是研究一物體的形狀或結構，也可說是探討一物體內部之間相互關係的一種學問。形態學這個術語在不同的上下文中可以有不同的含義。例如在語言學的領域裡，形態學是指對字詞形成和結構的一種研究，例如形態學可以研究添加後綴(suffixes)或前綴(prefixes)如何改變字詞的含義或功能；而在生物學中形態學則與生物或有機體的形狀有關，例如由樹葉的形狀可用來辨認植物，或是由細菌的菌叢可分辨其種類，或者研究鳥類和蝙蝠的翅膀如何從不同的祖先進化而來等。

　　在數位影像處理的應用領域中，我們亦沿用形態學這個名詞，但為了與其他應用領域有所分別，故有人稱為數位形態學(digital morphology)或數學形態學(mathematical morphology)。稱數位形態學是因為處理數位影像之故，稱為數學形態學則是因為必須用到數學的概念，特別是有關集合論(set theory)方面的數學。在計算機科學中，數位形態學是影像處理的一個分支，它探討如何使用簡單的形狀或模板(template)對二值或灰階影像進行操作和分析。例如，在數位形態學中，我們可以根據影像的紋理、形狀或連接性來增強、濾除、分割或測量影像。在影像處理的領域中，數位形態學也稱為形態學影像處理(morphological image processing)。

　　本節主要是介紹數學形態學中的幾個概念。雖然有些概念像是一個區域的骨架及邊界等在先前的章節中已提到過，但是此處我們將在形態學這個統一的理論架構下，對其重新再探討。本書只探討相對簡單且較廣為運用的二值影像的形態學。對灰階影像的形態學有興趣者可參考例如 Gonzalez 和 Woods (2018)或 Serra 和 Salembier (2020)。

　　圖 9-6-1 中所取的影像設為 B，將 B 的 3 × 3 矩陣與處理的結構元素 S 作邏輯運算得一輸出點。取一新的 3 × 3 矩陣重複上述步驟。如此一直取完輸入影像，這樣就完成了處理過程。整個過程像是求二維的卷積。不同的結構元素與邏輯運算對影像有不同的效應。我們先做一些術語上的定義，再從最基本的侵蝕(erosion)以及膨脹(dilation)這兩種運算討論起。

設集合 B 與 S 分別含元素 $b = (b_1, b_2)$ 與 $s = (s_1, s_2)$，其中 b_i 與 s_i, $i = 1,2$ 分別代表整數的座標軸位置。定義 B 平移(translation) $x = (x_1, x_2)$ 單位(表成 $(B)_x$)為

$$(B)_x = \{a \mid a = b + x, \text{對於} b \in B\} \tag{9-6-1}$$

定義 S 的反射或映像(reflection)(表成 $\hat{S}$)為

$$\hat{S} = \{x \mid x = -s, \text{對於} s \in S\} \tag{9-6-2}$$

定義集合 B 的補集(complement)為

$$B^c = \{x \mid x \notin B\} \tag{9-6-3}$$

最後定義集合 B 與 S 之差(difference)為

$$B - S = \{x \mid x \in B, x \notin S\} \tag{9-6-4}$$

侵蝕(Erosion)

這是一種從物體的邊界上，將物體往內收縮若干像素的方法，其數學表示為

$$E = B \ominus S = \{x \mid (S)_x \subseteq B\} \tag{9-6-5}$$

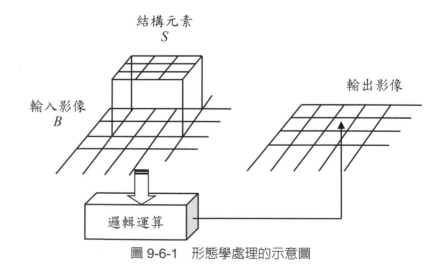

圖 9-6-1　形態學處理的示意圖

膨脹(Dilation)

與侵蝕相反的動作，將物體的邊界往外膨脹若干像素的方法，其數學表示為

$$D = B \oplus S = \{x \mid (\hat{S})_x \cap B \neq \varnothing\} \tag{9-6-6}$$

圖 9-6-2 是表示侵蝕及膨脹對一幅影像所可能造成的結果，其中虛線代表原影像之邊界，可看出經侵蝕過程後原物體內縮，而膨脹是向外擴張。這兩個基本運算很重要，因為往後的處理都是聯合使用或交互使用這兩個運算。

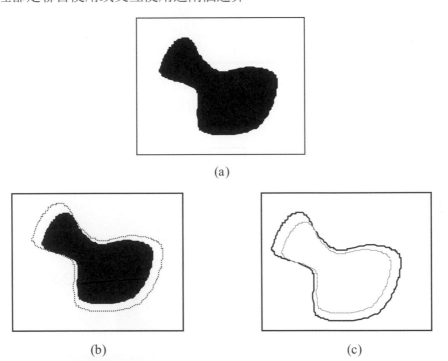

(a)

(b)　　　　　　　　　　　　　(c)

圖 9-6-2　侵蝕及膨脹對影像之影響。(a)原始二值影像；(b)侵蝕的結果；(c)膨脹的結果。

斷開(Opening)

定義為：

$$B \circ S = (B \ominus S) \oplus S \tag{9-6-7}$$

意思是說先侵蝕再膨脹，或是重複侵蝕直到消除掉所有不想要的點或線，再用膨脹恢復原圖形。這樣的步驟可用來消除物體邊界外的小分枝雜訊，或者用來修剪物體多餘的小分枝。

閉合(Closing)

定義爲：

$$B \cdot S = (B \oplus S) \ominus S \tag{9-6-8}$$

這與斷開是相反的動作，即先膨脹再侵蝕。與上面相同也可重複使用，但要注意在恢復影像時，膨脹過幾次收縮就需幾次。在過程中，我們可用來將在物體內的小洞補回，或是修補二端點之間的缺口、細長的缺口，連結斷線等。

<hr>

範例 9.12

圖 9-6-3 顯示一個斷開與閉合的例子，其中所用的結構元素 S 爲一小圓盤。從圖 9-6-3 的(a)到(e)可發現，其實(e)之邊界可由小圓盤 S 貼著 B 邊界內滾動之 S 的邊界所形成；同理(i)之邊界可由 S 貼著 B 邊界外滾動之 S 的邊界所形成。

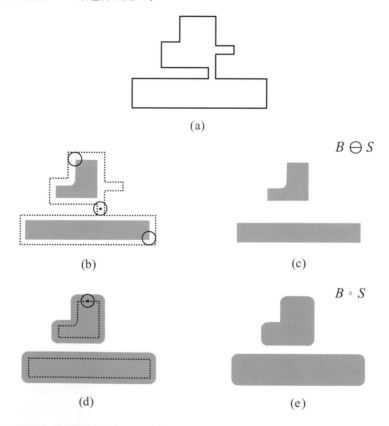

圖 9-6-3　斷開與閉合的圖形展示。(a)原圖；(b)對(a)圖侵蝕的示意圖；(c)侵蝕的結果；(d)對(c)圖膨脹的示意圖；(e)完成斷開的結果；(f)對(a)圖膨脹的示意圖；(g)膨脹的結果；(h)對(g)圖侵蝕的示意圖；(i)完成閉合的結果。

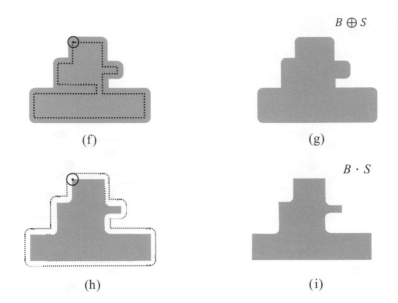

B ⊕ S

(f)　　　　(g)

B · S

(h)　　　　(i)

圖 9-6-3　斷開與閉合的圖形展示。(a)原圖；(b)對(a)圖侵蝕的示意圖；(c)侵蝕的結果；(d)對(c)圖膨脹的示意圖；(e)完成斷開的結果；(f)對(a)圖膨脹的示意圖；(g)膨脹的結果；(h)對(g)圖侵蝕的示意圖；(i)完成閉合的結果。(續)

收縮(Shrinking)

重複使用侵蝕的技巧，直到線寬都僅剩單像素之大小時為止。常用在計算整幅影像中物體的總數，例如有人把它用在石棉纖維的計數上。

細線化(Thinning)

也是重複使用侵蝕的技巧；但確保物體的連通性不被損壞。通常採用兩個步驟：(1)事先標示要移除的像素，(2)在不破壞連通性的情況下將(1)之候選像素消除。細化可以將所感興趣之物體縮小到只有單像素寬，如此呈現出物體的形狀。

骨化(Skeletonization)

骨化非常類似細化，但其結果並不相同，骨化可由9-1-4節的中軸轉換來定義。這種作法有以下幾點好處：

(1) 不會刪除端點

(2) 刪除的點不會中斷連接

(3) 不會過度侵蝕

厚化(Thickening)

這是和細化相反的動作，由重複使用膨脹所得的結果。與細化相同的是以兩個步驟完成；要注意的是不可與周遭的物體相合併。圖 9-6-4 是一個形態學的應用實例，其目的是透過追蹤後找出斷點。

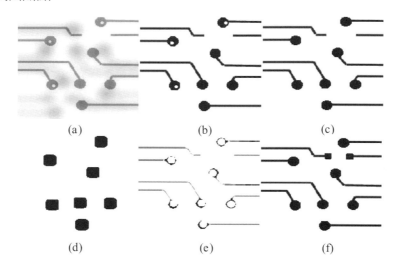

(a)　　　　　　　　(b)　　　　　　　　(c)

(d)　　　　　　　　(e)　　　　　　　　(f)

圖 9-6-4　(a)原始印刷版電路的影像；(b)將原始圖中之電路抽取出來(二值化)；(c)對(b)閉合的結果，將節點中的小洞修補；(d)對(c)侵蝕再膨脹的結果，最後留下節點；(e)對(c)骨化後的結果；(f)追蹤後的結果(斷點以小方塊顯示)。

9-7　特徵檢測、描述與匹配簡介

在像是影像檢索(image retrieval and indexing)、物件偵測(object detection)、影像拼接(image stitching)、自走車地圖繪製與導航(robotic mapping and navigation)、手勢辨識(gesture recognition)、視訊追蹤(video tracking)、三維建模(3D modeling)等許多的電腦視覺應用中，特徵檢測和匹配都是必要的一環。

在上述的應用中常需要知道同一個物體在不同視角下所得到的兩張影像中，影像 A 中的各點對應到影像 B 中的那些點。更具體地說，我們想知道哪一對點對應到物體上的同一個點。但是，我們並不會對每一對點都感興趣。那麼，我們要找那些點呢？我們的本能直覺是會去找特徵比較顯著的點，例如位於角落(corner)上的點或是特別顯眼的邊緣點，而不會去找位於均勻區域內的像素點。但是只比對單一特徵點的顏色或灰階值，很容易找到錯誤的對應點。因此一般會將特徵點周圍的一些像素(例如在一個 5×5 遮罩內的範圍)也一起納入比對中，以減少誤判的可能性，提高比對的可靠度。

以下是特徵檢測與匹配的主要程序：

1. 檢測(detection)：主要任務是自動找到並確認特徵點[亦稱為感興趣點(interest point)、顯著點(salient point)或關鍵點(keypoint)]。主要原理是藉由擷取出局部(例如先前提到的 5×5 區域)的資訊辨別出兩個或多個影像中哪些點具有對應關係。

2. 描述(description)：根據每個特徵點周圍的局部特性產生描述子，使其對光照(illumination)、平移、比例縮放和在平面內旋轉等變化具有不變性。

3. 匹配(matching)：比對兩張影像之間的特徵描述子，找到彼此匹配的特徵點。

9-7-1　特徵點與特徵檢測

特徵點是在紋理表現上較為突出且具備高度特徵辨識度的點，例如物體邊界方向突然改變的點或兩個或多個邊緣片段之間的交點。特徵點本身在一影像區域內一定要「與眾不同」，所以在大片平滑區域中的像素點通常不會是特徵點。實際感興趣點的選擇要依影像內容和應用目的而定，例如對於有山峰、建築物等內容的影像，邊緣本身或邊緣交會的角落可能是一個不錯特徵點選擇。圖 9-7-1 顯示一個建築物的特徵點(以空心圓點表示)。

圖 9-7-1　特徵點的例子(右圖是對左圖旋轉並縮小所得的版本)

特徵點最好要具備以下的理想性質：

(1) 區別性(distinguishability)：單一特徵就能夠正確匹配的可能性高。

(2) 不變性(invariance)：在影像域中，對縮放、旋轉、仿射、照明和雜訊等局部和全局擾動下仍具不變性，以便在仿射失真(affine distortion)、視點變化(viewpoint change)等情況下都可穩健匹配，因而可以重複並可靠地計算感興趣點。

(3) 在影像空間中具有明確定義的位置或定位良好。

(4) 可被有效檢測。

特徵檢測有兩個可能的方法，第一個是基於影像的亮度(通常是去計算影像的導數)，第二個是基於邊界提取(通常透過邊緣檢測和曲率分析)。常用的特徵檢測演算法有 Harris 角點檢測器(Harris Corner Detector)、尺度不變特徵轉換(Scale Invariant Feature Transform, SIFT)、加速強健特徵(Speeded Up Robust Feature, SURF)、加速片段測試特徵點(Features from Accelerated Segment Test, FAST)以及定向 **FAST** 與旋轉 **BRIEF** (Oriented FAST and Rotated BRIEF, ORB)等等。

9-7-2　特徵描述

在檢測到特徵點後，我們描繪每個特徵點周圍的特性，形成該特徵點的描述子。理想的特徵描述子應具有對影像縮放等轉換不變的特性。

常見的特徵描述子演算法有尺度不變特徵轉換、加速強健特徵、二進制強健不變可擴展關鍵點(Binary Robust Invariant Scalable Keypoints, BRISK)、二元強健獨立基本特徵(Binary Robust Independent Elementary Features, BRIEF)、定向 FAST 與旋轉 BRIEF 等。圖 9-7-2 顯示由 SIFT 產生的一個關鍵點描述子(相關細節在 9-9 節)。

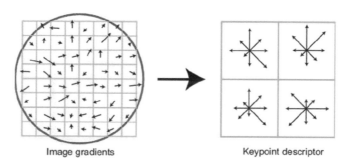

圖 9-7-2　關鍵點描述子(Lowe [2004])

9-7-3　特徵匹配(Features Matching)

特徵匹配或一般影像匹配是許多電腦視覺應用(例如影像配準、相機校準和物件識別)的一部分，主要目的是在同一場景/對象的兩個影像之間建立對應關係。影像匹配的常見方法包括檢測一組特徵點，每個特徵點都與影像資料中的影像描述子有關。一旦從兩個或多個影像中提取了特徵及其描述子，下一步就是在這些影像之間建立一些初步的特徵匹配。圖 9-7-3 顯示一個特徵匹配的典型範例，其中的影像就是圖 9-7-1 的影像。此處是採用 SIFT 產生的特徵描述子進行比對，若兩張影像間的一對描述子夠接近(亦即特徵向量之間的距離小於設定的門檻值)，則兩個對應點之間就以直線相連。匹配結果相當好，驗證了 SIFT 描述子對旋轉和尺度縮放具有不變性的事實。

圖 9-7-3　一個特徵匹配的典型例子

　　一般而言，基於特徵點的匹配方法的性能取決於潛在特徵點的性質和相關影像描述子的選擇。因此，應用中應使用適合影像內容的檢測器和描述子。例如，如果影像包含細菌細胞，則應使用斑點檢測器(blob detector)而不是角點檢測器。但是，如果影像是城市的鳥瞰圖，則角點檢測器適合尋找人造結構。此外，選擇能夠考慮到影像退化問題的檢測器和描述子非常重要，因為很多真實世界的問題存在不完美的影像品質，而讓某些檢測器或描述子無法達成預期的效果。

　　常見的特徵匹配演算法有蠻力匹配器(Brute-Force Matcher)以及 FLANN (Fast Library for Approximate Nearest Neighbors)等。圖 9-7-3 就是用蠻力匹配器獲得匹配資訊的結果，顧名思義就是把所有可能的配對都計算其描述子之間的距離，所以不會有任何遺漏的匹配，但很顯然要付出很大的計算成本。FLANN 藉由犧牲少量精度來顯著提高搜尋速度。它以極快的速度提供接近真實最近鄰(nearest neighbors)的結果。FLANN 藉由建立一個資料結構(通常是基於樹狀結構，如 k-d 樹)來處理特徵向量，使得資料空間可更有效率地被劃分而可更快速的搜尋。表 9-7-1 顯示兩個匹配法之間的比較。

表 9-7-1　兩個特徵匹配法之間的比較

考量項目	蠻力匹配	FLANN
速度	較慢，特別是大的資料集或高維度的特徵。	較快，適合高維度資料與大的資料集。
準確性	精準的最近鄰搜尋	近似的最近鄰搜尋(可能會有一些誤配對)
記憶體的使用	可能需要較多的記憶體，特別是大的資料集。	可以有效率的使用記憶體，特別是在高維度空間中。
彈性	直接實現，適合小資料集。	需要調整和參數選擇，更適合大型數據集。
參數敏感度	需要調整的參數較少。	需要調整參數(樹結構、距離度量等)

9-7-4 串聯特徵檢測、描述與匹配

許多實際的應用需要結合上述各小節的技術，所以總結其步驟概述如下。

步驟 1 找到一組獨特的關鍵點。

步驟 2 在每個關鍵點周圍定義一個區域，對區域內容提取並正規化，從正規化區域計算局部描述子。

步驟 3 匹配局部描述子。

以上的每個步驟都有多種方法可選用，以下各節討論幾種常見的方法。

9-8 角點檢測器

9-8-1 Moravec 角點檢測器(Corner Detector)

Moravec (1980)為了機器人自走避障的研究，提出角點比對概念來讓機器人知道自己在巡航時位於何處。角點是其局部鄰域位於兩個主要且不同的邊緣方向的點。換句話說，角就是兩個不同方向之邊緣的交會點，其中邊緣是影像亮度的突然變化。我們都知道邊緣含有人眼視覺對物體認知的重要資訊，既然角點可視為是兩個不同方向之邊緣的交會點，則角點含有豐富且重要的辨識特徵也就在自然不過了。因此，角點是影像中的重要特徵，一般稱為感興趣點(interest point)。雖然角點只佔影像的一小部分，但它們含有原影像中非常重要的特徵，也含有自動辨識所需的豐富資訊，因而廣泛被用於像是移動追蹤、影像拼接、構建 2D 馬賽克、立體視覺、影像表示以及其他相關的電腦視覺領域之中。

圖 9-8-1 顯示一個角點偵測的概念示意圖，其中有一個可滑動的視窗(以虛線正方形表示)和一個含角點的折線。考慮一個中心位於(x, y)的視窗並讓視窗向八個近鄰各移動一次，考慮原始視窗下的鄰域分別和八個移動視窗下的鄰域之間的相似性。如果像素 $P(x, y)$ 位於平滑影像區域內，則各鄰域內的像素幾乎都沒變化，因此都有高度相似性。如果像素 $P(x, y)$ 在邊緣上，則沿邊緣正交的方向上的視窗之間會有較大差異，而在與該邊緣平行或沿著邊緣的方向上的視窗之間的差異則相對小很多(較相似)。最後如果像素 $P(x, y)$ 在各個方向上都有明顯變化，使得原始視窗的鄰域和所有移動視窗下的鄰域都不會很相似，則該像素有可能就是我們想要檢測的角點。Moravec (1980)計算每個像素為中心的視窗和其位移視窗(代表該像素的周圍視窗)的誤差平方和(Sum of Squared Difference, SSD)作為視窗相似度的評估，其中 SSD 越小代表越相似。Moravec 取具有局部最大 SSD 值者作為感興趣的角點。

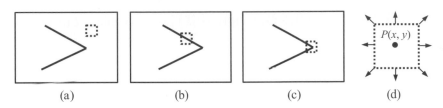

圖 9-8-1 角點偵測的概念示意圖。視窗落於(a)平坦區域上；(b)邊緣上；(c)角點上；(d)原始視窗及其移動到八近鄰的示意圖。

範例 9.13

考慮三個假想的影像，大小均為 13 × 13。第一個是由亂數產生且只有 2、3 和 4 這三種像素值的影像，代表均勻平坦區域；第二個是有一個貫穿整個影像中央的單像素邊緣影像，邊緣像素值為 3，非邊緣像素值均為 0，代表邊緣區域；第三個是由兩個互像垂直的單像素邊緣在影像中央交會形成角點的影像，邊緣長度約影像尺寸的一半，邊緣像素值為 3，非邊緣像素值均為 0，代表角點區域。我們以影像正中央的 3×3 視窗當參考，取影像中所有可能的 3×3 視窗並計算這些視窗與參考視窗之間的 SSD 並以輪廓圖呈現，如圖 9-8-2 所示。有幾個明顯的事實：(1)最大的 SSD 值排序為角點 > 邊緣 > 平坦；(2)正中央一定有最低為零的 SSD，因為是參考視窗跟自己計算 SSD；(3)沿邊緣的 SSD 值較低；(4)角點近鄰視窗的 SSD 要夠大且為局部最大值。

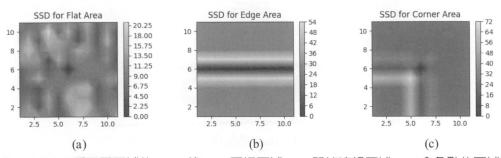

圖 9-8-2 三種不同區域的 SSD 值。(a)平坦區域；(b)單純邊緣區域；(c)含角點的區域。

Moravec 角點偵測的具體步驟如下：

步驟 0 輸入灰階影像；設定視窗大小(通常是方形框，例如 3×3 或 5×5 大小)，視窗內涵蓋處有數值為 1，之外則為 0；設定門檻值 T。

步驟 1 考慮在像素位置(x, y)處的灰階強度值影像 $I(x, y)$ 及以該像素為中心的視窗 $w(x, y)$。當視窗位移向量為$[u, v]$時，其 SSD 強度的變化可表示為

$$E(u, v) = \sum_{x,y} w(x, y)[I(x+u, y+v) - I(x, y)]^2$$

其中 $I(x + u, y + v)$為偏移後的強度，且至多八個位移：$(u, v) = (1,0), (1,1), (0,1), (-1, 1), (-1, 0), (-1, -1), (0, -1)$和$(1, -1)$。

步驟 2 對每個像素位置(x, y)，從 8 個(u, v)組合中找到$\varepsilon(x, y) = \min_{u,v} E(u, v)$，形成由角點候選者構成的「角點圖」$\varepsilon(x, y)$。

步驟 3 刪除變化太小的候選者：
$$\varepsilon(x, y) = \begin{cases} 0, & \varepsilon(x, y) < T \\ \varepsilon(x, y), & \text{其他} \end{cases}$$

步驟 4 在一個角點圖的局部範圍內執行非極大值抑制(Non-Maximum Suppression, NMS)尋求局部最大值。

步驟 5 角點圖中的非零點就輸出為角點。

圖 9-8-3 顯示用以上程序檢測一幅影像之角點的示範例，其中偵測到的角點以紅色圓點表示。此例中的主要參數設定包括：原始視窗大小為 3×3，門檻值 T 為 9000，NMS 採用的視窗大小為 5×5。圖 9-8-3 顯示大多數的角點都有被偵測到，但要注意這個結果是在慎選參數的前提下獲得的。不恰當的參數選擇通常會導致過多的 False Positive (非角點誤判成角點)或 False Negative (有角點沒被偵測到)。

圖 9-8-3　用 Moravec 角點檢測器的示範例

Moravec 檢測器具有簡單明瞭的優點，但存在幾個問題：首先是二元視窗函數引起的雜訊響應(該計算對雜訊較敏感，雜訊點容易被當成角點)；其次是只考慮每 45 度的一組偏移，使得非 45 度整數倍方向的邊緣點容易被當成是角點，因此它不算是具有方向不變性的特徵；最後是只考慮了 E 的最小值當成角點量測，因為進一步考慮函數 E 的形狀或許可提供更可靠的量測資訊。Harris 角點檢測器(Harris 和 Stephens [1988])就探討並解決了上述這些問題。

9-8-2 Harris 角點檢測器

與 Moravec 的角點檢測器相比，Harris 的角點檢測器在角點的評分上直接與各方向連結，而不是每 45 度角使用移動補丁(patch)，並且已被證明在區分單純的邊緣和實際的角點上更加準確。

對於由二元視窗(方盒視窗)函數引起的雜訊響應，解決之道是使用高斯函數：

$$w(x,y) = \exp\left(-\frac{x^2 + y^2}{2\sigma^2}\right)$$

對於只考慮每 45 度的一組偏移，解決之道是考慮泰勒展開式的所有小偏移：

$$E(u,v) = \sum_{x,y} w(x,y)[I(x+u, y+v) - I(x,y)]^2$$
$$= \sum_{x,y} w(x,y)[I_x u + I_y v + O(u^2, v^2)]^2$$

其中用到泰勒級數展開式：

$$I(x+u, y+v) = I(x,y) + I_x u + I_y v + O(u^2, v^2)$$

對於小位移$[u, v]$，考慮泰勒級數展開式到一階的近似式，則

$$I(x+u, y+v) \cong I(x,y) + I_x u + I_y v$$

再以此近似將 $E(u, v)$ 寫成

$$E(u,v) \cong \sum_{x,y} w(x,y)(I_x u + I_y v)^2$$

上式可重寫成

$$E(u,v) \cong Au^2 + 2Cuv + Bv^2 \qquad (9\text{-}8\text{-}1)$$

其中

$$A = \sum_{x,y} w(x,y) I_x^2(x,y)$$

$$B = \sum_{x,y} w(x,y) I_y^2(x,y)$$

$$C = \sum_{x,y} w(x,y) I_x(x,y) I_y(x,y)$$

將(9-8-1)式改寫成

$$E(u,v) \cong Au^2 + 2Cuv + Bv^2 = \begin{bmatrix} u & v \end{bmatrix} M \begin{bmatrix} u \\ v \end{bmatrix}$$

其中

$$\mathbf{M} = \begin{bmatrix} A & C \\ C & B \end{bmatrix}$$

所以對於小位移行向量 $\mathbf{u} = [u,v]^T$，我們有一個雙線性近似的等效方程式：

$$E(u,v) \cong \begin{bmatrix} u & v \end{bmatrix} \mathbf{M} \begin{bmatrix} u \\ v \end{bmatrix} = \mathbf{u}^T \mathbf{M} \mathbf{u}$$

其中 $\mathbf{M}$ 是從影像導數計算出的 2×2 矩陣：

$$\mathbf{M} = \sum_{x,y} w(x,y) \begin{bmatrix} I_x^2 & I_x I_y \\ I_x I_y & I_y^2 \end{bmatrix}$$

　　Moravec 檢測器中只考慮 E 的最小值來量測角點的問題可藉由探討誤差函數的形狀進行新的角點測量。$\mathbf{u}^T \mathbf{M} \mathbf{u}$ 表示二次函數；因此，我們可以藉由查看 $\mathbf{M}$ 的特性來分析 E 的形狀。圖 9-8-4 顯示 E 的形狀與像素點特性的關聯性。

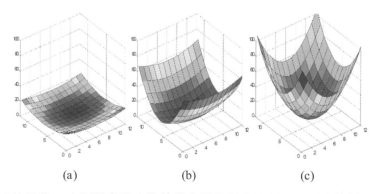

圖 9-8-4　SSD 誤差函數 E 之形狀與像素點特性之間的對應情形。(a)平坦區域的點；(b)邊緣點；
　　　　　(c)角點。(圖片來源：Chuang [2009])

因為 **M** 是對稱矩陣,且由 E 的 SSD 定義可知 $E \geq 0$,由二次式的性質可知,M 是半正定的,因此其伴隨的兩個特徵值 $\lambda_1, \lambda_2 \geq 0$。實際上,經過一個不算困難的求解特徵值的運算過程或是直接參考(9-4-17)與(9-4-21)式可得知這兩個特徵值分別為

$$\lambda_{\max} = \frac{1}{2}(A+B) + \frac{1}{2}\sqrt{A^2 + B^2 - 2AB + 4C^2}$$

$$\lambda_{\min} = \frac{1}{2}(A+B) - \frac{1}{2}\sqrt{A^2 + B^2 - 2AB + 4C^2}$$

其中 $\lambda_{\max}$ 是指兩個特徵值中較大的那一個,$\lambda_{\min}$ 則是較小者。從兩個特徵值可研判像素點的分類:

(1) λ_1 和 λ_2 都很小;E 在各個方向上都接近為常數:代表視窗內為平坦區域。

(2) 在 λ_1 和 λ_2 中明顯是一大一小:代表視窗含單一個邊緣。

(3) λ_1 和 λ_2 都很大且兩者大小相近;E 在任何方向上都是增加的:代表視窗含角點。

圖 9-8-5 顯示各區域的示意圖。

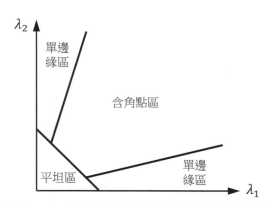

圖 9-8-5　依特徵值區分像素所屬的區域類別

實務操作上,我們通常不直接計算 **M** 的特徵值,而是間接量測以下的**響應值**(response)來取代:

$$R = \det \mathbf{M} - k(\operatorname{trace} \mathbf{M})^2$$

其中 k 為經驗值(約在 0.04 到 0.06 之間)且 R 中與特徵值的關係如下:

$$\det \mathbf{M} = \lambda_1 \lambda_2, \quad \operatorname{trace} \mathbf{M} = \lambda_1 + \lambda_2$$

由響應值來研判像素點的分類準則為：

(1) $R > 0$ 且 $R \approx 0$：代表視窗內為平滑區域。

(2) $R < 0$：代表視窗含單一個邊緣。

(3) $R \gg 0$：代表視窗含角點。

範例 9.14

帶幾個數值進去看看用特徵值的判斷結果與用 R 的判斷結果是否一樣。假設 k 用 0.05。
(a) $\lambda_1 = \lambda_2 = 0.1$；(b) $\lambda_1 = 4$，$\lambda_2 = 1$；(c) $\lambda_1 = 1$，$\lambda_2 = 4$；(d) $\lambda_1 = \lambda_2 = 4$。

解

(a) $\lambda_1 = \lambda_2 = 0.1$，推得 $R = (0.1)(0.1) - 0.05(0.1 + 0.1)^2 = 0.008$

(b) $\lambda_1 = 4$，$\lambda_2 = 1$，推得 $R = (4)(1) - 0.05(4 + 1)^2 = 2.75$

(c) $\lambda_1 = 1$，$\lambda_2 = 4$，推得 $R = (1)(4) - 0.05(1 + 4)^2 = 2.75$

(d) $\lambda_1 = \lambda_2 = 4$，推得 $R = (4)(4) - 0.05(4 + 4)^2 = 12.8$

顯然用特徵值 λ 或響應值 R 的推斷是一致的：(a)屬於平坦區；(b)和(c)屬於含單一邊緣的區域；(d)屬於含角點的區域。

Harris 檢測器的執行步驟：

步驟 0　將彩色影像轉換成灰階影像，以下對灰階影像運算。

步驟 1　計算影像的 x 和 y 的空間導數

$$I_x = G_\sigma^x * I, \quad I_y = G_\sigma^y * I$$

其中 G_σ^x 和 G_σ^y 分別為結合有參數 σ 之高斯低通濾波與求 x 和 y 梯度分量計算的運算核，其中高斯濾波用於濾除雜訊或模糊化之用(但這部分也可不用)。

步驟 2　計算每個像素的導數乘積

$$I_{x^2} = I_x \cdot I_x, \quad I_{y^2} = I_y \cdot I_y, \quad I_{xy} = I_x \cdot I_y$$

步驟 3　計算每個像素的導數乘積的總和

$$S_{x^2} = G_{\sigma'} * I_{x^2}, \quad S_{y^2} = G_{\sigma'} * I_{y^2}, \quad S_{xy} = G_{\sigma'} * I_{xy}$$

其中代 $G_{\sigma'}$ 表執行有參數 σ' 之高斯權重和的計算。

步驟 4　對每個像素都定義出矩陣

$$\mathbf{M}(x, y) = \begin{bmatrix} S_{x^2}(x, y) & S_{xy}(x, y) \\ S_{xy}(x, y) & S_{y^2}(x, y) \end{bmatrix}$$

步驟 **5**   計算檢測器在每個像素位置的響應

$$R = \det \mathbf{M} - k(\text{trace } \mathbf{M})^2$$

其中常數參數 k 的經驗值在 0.04 和 0.06 之間。

步驟 **6**   對 R 值進行門檻化,以超過門檻的像素為角點候選者。

步驟 **7**   以非極大值抑制(NMS)刪除局部中的一些候選者,留下的就輸出為角點。

圖 9-8-6 顯示分別採用 Moravec 法與 Harris 法偵測角點的一個典型結果。圖中的參數設定都由經驗法則嘗試錯誤所得,原則上是盡量讓所有的角點都能顯現,但不可有過多的誤判。由圖中可看出兩個方法都有把大多數的角點偵測出來,但 Moravec 法有較多的 False Positive。

(a)   (b)

圖 9-8-6   一個典型的角點偵測結果。(a)以 Moravec 法;(b)以 Harris 法。

9-9   SIFT 特徵點偵測與描述

尺度不變特徵轉換(Scale Invariant Feature Transform, SIFT)是電腦視覺中的一種算法,用於檢測和描述影像中的局部特徵。該算法由 David Lowe 在 1999 年提出(Lowe [1999])。這種方法將影像轉換為大量局部特徵向量,每個特徵向量對影像平移、縮放和旋轉都具有不變性,並且對光照變化和仿射或 3D 投影也具有部分的不變性。圖 9-9-1 描述了 SIFT 算法的流程。首先,必須有效率地搜索所有尺度和影像位置;其次,在每個候選位置,透過一個模型來確定位置、尺度和邊緣響應,將關鍵點定位;接著,根據局部影像的屬性,將一個或多個方向分配給每個關鍵點位置;最後,局部影像的梯度是以在每個關鍵點周圍區域中用選定的尺度進行測量,並以可容忍局部形狀扭曲和照明變化的方式來表示。以下各小節將進一步說明。

圖 9-9-1　SIFT 算法的一個流程圖

9-9-1　尺度-空間極值檢測

SIFT 的初始階段是尋找對尺度和方向變化具不變性的可能關鍵點，亦即檢測感興趣點(或關鍵點)。做法是將影像與不同尺度的高斯濾波器進行卷積，然後獲取高斯模糊影像的差(見圖 9-9-2)。接著提取在多個尺度上出現之高斯差分(Difference of Gaussian, DoG)的最大值/最小值爲關鍵點，其中的 DoG 影像 $D(x,y,\sigma)$ 產生如下：

$$D(x,y,\sigma) = L(x,y,k_i\sigma) - L(x,y,k_j\sigma) \tag{9-9-1}$$

其中 $L(x,y,k\sigma)$ 是原始影像 $I(x,y)$ 與高斯模糊濾波器 $G(x,y,k\sigma)$ 在 $k\sigma$ 尺度上的卷積：

$$L(x,y,k\sigma) = G(x,y,k\sigma) * I(x,y) \tag{9-9-2}$$

因此，尺度 $k_i\sigma$ 和 $k_j\sigma$ 之間的 DoG 影像 $D(x,y,\sigma)$ 只是尺度 $k_i\sigma$ 和 $k_j\sigma$ 之高斯模糊影像 $L(x,y,k\sigma)$ 的差。對於 SIFT 算法中的尺度-空間極值檢測，首先將影像與不同尺度的高斯模糊濾波器進行卷積。卷積後的影像按八度音階(octave)分組(一個 octave 對應 σ 的值加倍)，選擇 k_i 的值，使每個 octave 得到固定數量的卷積影像。然後從每個八度音階的相鄰高斯模糊影像中獲取高斯差分影像。

有 DoG 影像之後，就以跨尺度之 DoG 影像的局部最小值/最大值爲關鍵點。實際做法是將 DoG 影像中的每個像素與相同尺度的 8 個相鄰像素以及每個相鄰尺度中的 9 個相對應近鄰像素(共 26 個像素)進行比較來達成(見圖 9-9-3)。因此，每個像素都與其對應的 26 個像素相比較，如果該像素值是所有像素中的最大值或最小值，則該像素即爲候選關鍵點。

這個關鍵點檢測步驟是 Lindeberg 開發出的一種斑點檢測方法的變體(Lindeberg [1998])。其想法是檢測尺度正規化拉普拉斯的尺度-空間極值，簡言之就是檢測在空間和尺度上都是局部極值的點。在離散情況下，它需要與離散尺度-空間形成的體積中最近的 26 個近鄰比較。高斯運算子的差可以看作是拉普拉斯運算子的近似值，並以金字塔的形式表示。

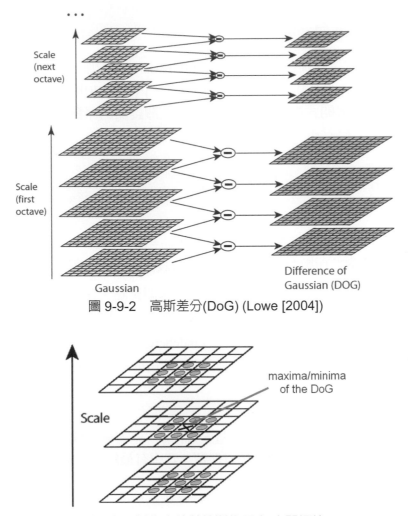

圖 9-9-2　高斯差分(DoG) (Lowe [2004])

圖 9-9-3　檢測尺度正規化之拉普拉斯的尺度-空間極值(Lowe [2004])

▋ 9-9-2　關鍵點定位

　　此階段的重點是(1)消除邊緣上的低對比度或定位不當的點；(2)感興趣點在測量其穩定性後被選為關鍵點；(3)之後使用計算主曲率的 2×2 Hessian 矩陣。

　　只用尺度-空間極值檢測往往產生太多候選關鍵點，其中一些是不穩定的[有低對比度(對雜訊敏感)或沿邊緣定位不佳]。因此，下一步是對附近的資料進行擬合，以獲得準確的位置、尺度和主曲率比率，並以此資訊剔除那些不穩定的關鍵點。

以附近資料的內插獲得準確位置

首先，對於每個候選關鍵點，使用附近資料的內插值來準確求取其位置。作法是計算最大值的內插位置，這大大提高了匹配性和穩定性。內插是使用高斯差分尺度-空間函數 $D(x, y, \sigma)$ 的二次泰勒展開式達成的，其中是以候選關鍵點為原點。這個泰勒展開式可寫成

$$D(\mathbf{x}_{off}) = D + \frac{\partial D^T}{\partial \mathbf{x}_{off}} \mathbf{x}_{off} + \frac{1}{2} \mathbf{x}_{off}^T \frac{\partial^2 D}{\partial \mathbf{x}_{off}^2} \mathbf{x}_{off} \tag{9-9-3}$$

其中 D 及其導數是在候選關鍵點處所求的值，$\mathbf{x}_{off} = (x, y, \sigma)$ 是距該點的偏移量(offset)。極值 $\hat{\mathbf{x}}$ 的位置是藉由取此函數對 $\mathbf{x}_{off}$ 的導數並將其設置為零來求得的。如果偏移 $\hat{\mathbf{x}}$ 在任何維度上都大於 0.5，則顯示此極值更靠近另一個候選關鍵點。在這種情況下，更換候選關鍵點，且改對該點進行內插。否則，如果偏移 $\hat{\mathbf{x}}$ 小於給定的門檻值，則將偏移添加到候選關鍵點的位置中以獲得估計的極值。在基於 Lindeberg 所開發的混合金字塔的實時實現中 (Lindeberg [1998])，對尺度-空間極值的位置進行了類似的次像素(subpixel)精度求取過程。

丟棄低對比度的關鍵點

為了丟棄低對比度的關鍵點，在偏移量 $\hat{\mathbf{x}}$ 處計算二階泰勒展開式 $D(\mathbf{x})$ 的值。如果此值小於 0.03，則捨棄候選關鍵點；否則加以保留，其中有最終位置 $\mathbf{y} + \hat{\mathbf{x}}$ 和尺度 σ，其中 $\mathbf{y}$ 是在尺度 σ 下關鍵點的原始位置。

消除邊緣響應

即使候選關鍵點對少量雜訊不穩定，DoG 函數也可能沿邊緣有很強的響應。因此，為了提高穩定性，我們需要消除位置不佳(沿邊緣定位不佳)但邊緣響應高的關鍵點。

為了消除局部性差的極值，我們使用以下事實：即在這些情況下，跨邊緣有一個大的主曲率，但在 DoG 函數中的垂直方向上則有小曲率。在關鍵點的位置和尺度上計算的二階 Hessian 矩陣 $\mathbf{H}$ 用於求得曲率。使用這些公式，可以有效地檢查主曲率比。Hessian 矩陣定義為

$$\mathbf{H} = \begin{bmatrix} D_{xx} & D_{xy} \\ D_{xy} & D_{yy} \end{bmatrix} \tag{9-9-4}$$

H 的特徵值正比於 D 的主曲率。結果兩個特徵值的比率 $r = \alpha / \beta$ 足以滿足 SIFT 的目的需要，其中假設較大的特徵值為 α 而較小者為 β。**H** 的 trace 為 $\text{Tr}(\mathbf{H}) = D_{xx} + D_{yy} = \alpha + \beta$，這是兩個特徵值的和，而其行列式 $\det(\mathbf{H}) = D_{xx}D_{yy} - D_{xy}^2 = \alpha\beta$ 則為其乘積。比值 $R = \dfrac{\text{Tr}(\mathbf{H})^2}{\det(\mathbf{H})} = \dfrac{(\alpha+\beta)^2}{\alpha\beta} = \dfrac{(r\beta+\beta)^2}{r\beta^2} = \dfrac{(r+1)^2}{r}$ 只與特徵值的比例而不是個別的特徵值有關。當特徵值相等($\alpha = \beta$)時，R 有最小值。因此，兩個特徵值之間的絕對差值越大(相當於 D 的兩個主曲率之間的絕對差值越大)，R 的值就越大。因此，對於某個特徵值比率的門檻值 r_{th}，如果候選關鍵點的 R 值大於 $(r_{\text{th}} +1)^2 / r_{\text{th}}$，則該關鍵點定位不佳而被排除。一個建議的門檻值是使用 $r_{\text{th}} = 10$。這個用於抑制邊緣響應的處理步驟是根據 Hessian 矩陣計算的。

9-9-3 方向配置

在這個步驟中，根據局部影像梯度的方向，每個關鍵點會給定一個或多個方向。所獲得的關鍵點描述子可用相對於該方向來呈現，這樣得到的關鍵點就不會受到影像旋轉的影響，而具備影像旋轉的不變性。所以這是實現旋轉不變性的關鍵步驟。為了確定每個關鍵點的方向，我們計算梯度的大小和方向角。

首先，獲取在關鍵點尺度 σ 的高斯平滑影像 $L(x, y, \sigma)$，以便所有計算都以尺度不變的方式執行。對於在尺度為 σ 的影像樣本 $L(x, y)$，梯度大小 $m(x, y)$ 和方向 $\theta(x, y)$ 是使用像素差預先計算的：

$$m(x,y) = \sqrt{[(L(x+1,y) - L(x-1,y)]^2 + [L(x,y+1) - L(x,y-1)]^2} \qquad (9\text{-}9\text{-}5)$$

$$\theta(x,y) = \tan^{-1}\left(\frac{L(x,y+1) - L(x,y-1)}{L(x+1,y) - L(x-1,y)}\right) \qquad (9\text{-}9\text{-}6)$$

梯度大小和方向的計算是對高斯模糊影像 L 中關鍵點周圍區域中的每個像素進行的。此處 $m(x, y)$ 實際上再由高斯核的圓形窗口加權(用對高斯核逐點相乘的方式)，其中高斯核的標準差是關鍵點尺度的 1.5 倍(即 1.5σ)。接著根據 $\theta(x, y)$ 的資訊，形成具有 36 個 bin 的方向直方圖，其中每個 bin 涵蓋 10 度。此直方圖中的峰值對應於主要方向。一旦取得直方圖，對應於最高峰值以及在最高峰值 80% 內之局部峰值所對應的方向被指派給關鍵點。在對同一個關鍵點指派多個方向的情況下，新增位置和尺度都和該關鍵點相同的關鍵點，但伴隨不同的方向。關鍵點的所有屬性都是相對於關鍵點方向測量，以此提供旋轉不變性。

9-9-4 關鍵點描述子

先前的步驟在特定尺度下找到關鍵點位置並為其指定方向。這確保了影像在位置、尺度和旋轉上的不變性。現在我們要計算這些關鍵點的描述子向量，使得描述子具有很大的獨特性，並且對其餘變化(如光照、3D 視點等)具有部分的不變性。和先前一樣，每個像素的貢獻由梯度大小以及由具有關鍵點尺度 1.5 倍之 σ 的高斯分佈來加權。

為了使描述子在不同光線下保有不變性，需將描述子正規化為一個 128 維的單位向量。首先每個大小為 4×4 的子區域內建立一個八方向的直方圖(8 個 bins 的直方圖，如圖 9-9-4 所示)，且在關鍵點周圍 16×16 的區域(共 $4 \times 4 = 16$ 個子區域)中，計算每個像素的梯度(包括大小與方向)後加入各對應子區域的直方圖中，共可產生一個 128 維的資料—16 個子區域乘上 8 個方向，使得 SIFT 特徵向量具有 128 個分量。最後對該向量正規化以增強對光照變化的不變性。

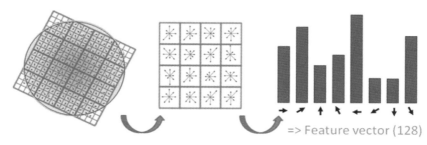

=> Feature vector (128)

圖 9-9-4　SIFT 產生的一個 128 維的典型特徵描述子(Gil [2013])

9-10　SURF 特徵點偵測與描述

加速強健特徵(Speeded Up Robust Features, SURF)是一種強健的影像描述子，首先由 Bay 等人提出(Bay 等人[2006][2008])。它部分受到 SIFT 描述子的啟發。SURF 的標準版本比 SIFT 快了幾倍，並且它的作者聲稱比 SIFT 對不同的影像轉換更強健。SURF 基於 2D Haar 小波響應的總和，並有效利用積分影像(integral image) (Derpanis [2007])來減少運算時間。作為基本影像特徵，它使用 Hessian blob 檢測器行列式的 Haar 小波近似。

SIFT 和 SURF 大致相似，主要差別是在細節上。SIFT 使用不同尺度下的高斯差分並找到最大值來尋找特徵點。描述子由一個 128 維的特徵向量組成。SURF 則使用「Fast Hessian」檢測器檢測特徵點，該檢測器僅使用非常簡單的高斯導數盒狀近似(box approximation)來使用積分影像計算 Hessian 行列式。然後使用與 SIFT 類似的取樣程序計算描述子，但使用 Haar 小波並且只有 64 維。在 Bay 等人(2006)中證明 SURF 的性能比 SIFT 更快，也更準確。SURF 包括三個主要步驟：(1)點檢測；(2)點描述；(3)描述子匹配。

9-10-1 點檢測—快速 Hessian 檢測器

SURF 關鍵點是基於多尺度 Hessian 矩陣[(9-9-4)式]。首先將影像 I 轉化為積分影像 Int：

$$Int(x,y) = \sum_{u=0}^{x} \sum_{v=0}^{y} I(u,v) \tag{9-10-1}$$

Int 積分影像中的像素(x,y)反映了原始影像 I 中$(0,0)$和(x,y)之間矩形區域的總和(見圖 9-10-1(a))。因此，可以在 Int 中藉由四個運算計算 I 中任意矩形區域的總和(見圖 9-10-1(b))：

$$S = \sum_{u=u_0}^{u_i} \sum_{v=v_0}^{v_j} I(u,v) = Int(u_i,v_j) - Int(u_i,v_0) - Int(u_0,v_j) + Int(u_0,v_0) \tag{9-10-2}$$

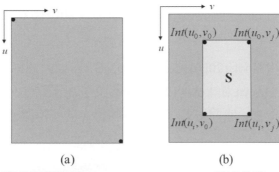

(a)   (b)

圖 9-10-1　積分影像表示(Derpanis [2007])。(a)積分影像；(b)區域 S。

給定影像 I 中的一個點(x,y)，(x,y)中的 Hessian 矩陣在尺度 σ 上定義為

$$\mathbf{H} = \begin{bmatrix} L_{xx}(x,y,\sigma) & L_{xy}(x,y,\sigma) \\ L_{xy}(x,y,\sigma) & L_{yy}(x,y,\sigma) \end{bmatrix} \tag{9-10-3}$$

其中 $L(x,y,\sigma)$ 是影像的高斯二階導數($G_{xx} = \dfrac{\partial^2 g}{\partial x^2}$，$G_{xy} = \dfrac{\partial^2 g}{\partial xy}$，$G_{xy} = \dfrac{\partial^2 g}{\partial y^2}$)的 Laplacian。

高斯是尺度-空間分析的最佳選擇，但在實際上它們必須被離散化並裁剪(圖 9-10-2(a)和(b)的左側)。這導致影像旋轉下的可重複性損失，而此弱點普遍存在於以 Hessian 為基礎的檢測器中。儘管如此，檢測器仍然表現良好，性能的略微下降並沒有超過離散化和裁剪帶來的快速卷積的好處。由於實際濾波器在任何情況下本來就都不是理想的，因此使用盒式濾波器(box filter)將 Hessian 矩陣的近似又向前推進了一步(圖 9-10-2(a)和(b)的右側是稱為盒式濾波器的 9×9 矩陣)。這些近似的二階高斯導數(表示為 D_{xx}、D_{xy} 和 D_{yy})可以使用積分影像以非常低的計算成本求得(僅需要四個值(盒子的角)來獲得面積總和)。

最後，計算 Hessian 的行列式 $\det(\mathbf{H}) = D_{xx}D_{yy} - (wD_{xy})^2$ (w 是濾波器響應的相對權重，原作者用 $w = 0.9$)。如果行列式的絕對值很高，則在 x 方向和 y 方向都存在二階強度變化。因此，我們得到了一個潛在的關鍵點。

構建了 $\det(\mathbf{H})$影像的尺度-空間。與 SIFT 相比，八度音倍頻(octave)不是由重複平滑的高斯影像表示，而是積分影像由不同大小的濾波器(9×9、15×15、21×21 和 27×27)連續進行卷積而得。尺度空間被分成八度。一個八度音倍頻表示一連串濾波器響應圖，此圖是藉由將相同的輸入影像與一個越來越大的濾波器進行卷積而獲得的。接著檢測尺度空間中的局部極值。

爲了定位影像和尺度上的關鍵點，應用了 $3 \times 3 \times 3$ 鄰域中的非極大值抑制(non-maximum suppression, NMS)。具體來說，我們使用 Neubeck 和 Gool (2006)引入的快速變體。然後使用 Brown 和 Lowe (2002)提出的方法在尺度和影像空間中內插出 Hessian 矩陣行列式的最大值。

簡言之，Neubeck 和 Gool (2006)提出了使 NMS (非極大值抑制)的高效率計算能夠找到最大值的概念。至於 Brown 和 Lowe (2002)則解決了在視點、尺度和光照變化較大的影像之間尋找對應關係的問題。他們引入了一系列特徵，這些特徵使用幾組的關鍵點來形成影像區域的幾何不變描述子。

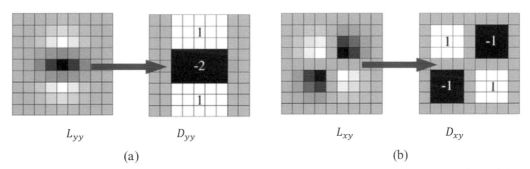

$$L_{yy} \qquad D_{yy} \qquad\qquad L_{xy} \qquad D_{xy}$$

(a) \qquad\qquad\qquad (b)

圖 9-10-2　SURF 的高斯偏導數(Bay 等人[2006])，即(a) y 方向和(b) xy 方向。灰色區域爲零。

最後，計算關鍵點周圍的主要方向。考慮半徑爲 6σ 之關鍵點周圍的區域[見圖 9-10-3(a)]。該區域被劃分爲一個網格。依尺度 σ 而定，網格單元在一個方形區域中包含一定數量的像素。x 和 y 方向的 Haar 小波[見圖 9-10-3(b)]與每個網格單元進行卷積。在積分影像中，Haar 小波濾波只需要 6 次運算。Haar 小波響應由以關鍵點位置爲中心的高斯加權。分析所有加權 Haar 小波響應的向量以提取主要方向 α_{dom} [見圖 9-10-3(c)]。

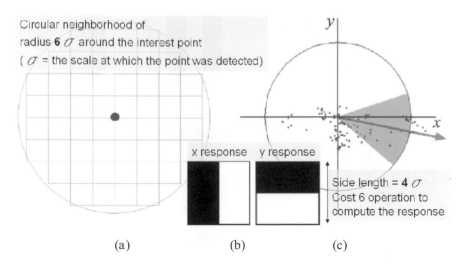

圖 9-10-3　SURF 的方向指派(Bay 等人[2006])。(a)關鍵點周圍的區域；(b) x 和 y 方向的 Haar 小
　　　　　波濾波器；(c)主要方向。

9-10-2　點描述—Haar-小波描述子

SURF 描述子類似於 SIFT。在關鍵點周圍放置一個方形區域。為了達成旋轉不變性，該區域沿主要方向 α_{dom} 旋轉。該區域被分成 $4 \times 4 = 16$ 個子區域，每個子區域被細分為一個 5×5 的網格。對於每個網格單元，計算沿 x 軸的 Haar 小波響應(d_x)以及沿 y 軸的 Haar 小波響應(d_y)。響應再度由以關鍵點為中心的高斯加權。對於每個子區域，我們在 Haar 小波響應上建立總和 Σd_x 和 Σd_y。此外，我們提取絕對值的總和 $\Sigma|d_x|$ 以及 $\Sigma|d_y|$。

圖 9-10-4 說明了四個量對不同圖樣的反應。在圖 9-10-4(a)中，所有四個量：$\sum d_x$、$\sum d_y$、$\sum|d_x|$ 和 $\sum|d_y|$ 對於均質區域都很低。在圖 9-10-4(b)中，x 方向有很大的變化，所以 $\sum|d_x|$ 的值很高；$\sum d_x$ 的值很低，因為有正負值相抵銷的情形。在圖 9-10-4(c)中，$\sum|d_x|$ 和 $\sum d_x$ 都很高，因為 d_x 大致上皆為正值。$\sum d_y$ 和 $\sum|d_y|$ 在所有三種情況下都很低，因為 y 方向根本沒有變化。

由於每個子區域都伴隨一個 4 維描述子 $(\sum d_x, \sum d_y, \sum|d_x|, \sum|d_y|)$，並且一個區域中有 16 個子區域，因此對一個區域，我們獲得了一個 64 維的描述子向量。SURF 的作者還介紹了一個與旋轉相依的版本—直立式 SURF (up-right SURF) (Bay 等人[2006])。這裡，由於描述區域沒有旋轉，因此不需要估計主方向 α_{dom}。如果相機影像沒有顯著的旋轉變化，則直立式 SURF 很方便。於是，由於在影像平面中相似但旋轉的特徵將不匹配，因此降低了誤報特徵匹配的風險。

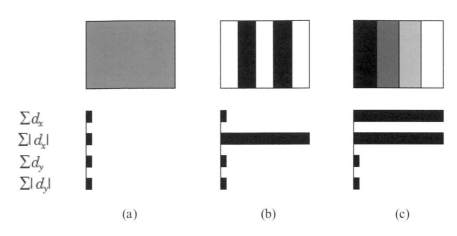

圖 9-10-4　三種不同圖樣的 Haar 小波響應。(a)同質區域；(b) *x* 方向的大變化；(c) *x* 方向的逐漸改變。

9-10-3　描述子匹配—使用拉普拉斯正負號快速索引

為了在匹配階段快速索引，包括所考慮之關鍵點的拉普拉斯的正負號[即 Hessian 矩陣的跡(trace)]。通常，關鍵點位於斑塊(blob)類型的結構中。拉普拉斯的正負號將黑暗背景上的明亮斑點與相反的情況區分開來(見圖 9-10-5)。此特徵無需額外的計算成本即可得，因為它在檢測階段就已經計算了。在匹配階段，只有當特徵具有相同類型的對比度時才進行比較。因此，這個最少的訊息可帶來更快的匹配並稍微提高性能。

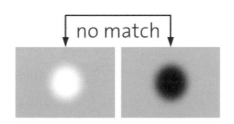

圖 9-10-5　使用拉普拉斯正負號快速索引

9-11　ORB 特徵點偵測與描述

由於 SURF 方法有專利的保護，所以 OpenCV 沒有開源出來。但 OpenCV 提供一個與 SURF 相比毫不遜色的方法，稱為定向 **FAST** 與旋轉 **BRIEF** (Oriented FAST and Rotated BRIEF, ORB (Rublee 等人[2011]))。

ORB 的設計目標是快速且高效率，同時保持對旋轉和尺度變化的強韌性。它結合了加速片段測試特徵點(Features from Accelerated Segment Test, FAST)角點檢測算法(Rosten 和 Drummond [2006])和二元強韌獨立基本特徵(Binary Robust Independent Elementary Featurcs, BRIEF)描述子(Calonder 等人[2010])的優點，並進行修改以處理旋轉的情況。ORB 是目前公認相當快速穩定的特徵點檢測算法，許多影像拼接和目標追蹤技術會採用 ORB。本節將依圖 9-11-1 的流程簡介 ORB 背後的技術原理和方法，分別是 FAST 角點檢測、BRIEF 描述子、旋轉處理、處理尺度不變性以及漢明距離匹配。

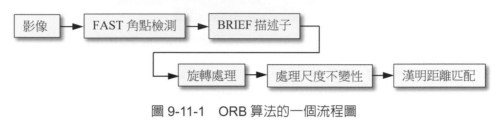

圖 9-11-1　ORB 算法的一個流程圖

9-11-1　FAST 角點檢測

ORB 從 FAST 角點檢測算法開始。FAST 藉由比較一像素周圍的像素強度與其相鄰像素各自周圍的像素強度來快速辨識該像素影是否為影像的關鍵點(角點)。如果一個像素周圍的圓圈中有一定數量的連續像素比中心像素更亮或更暗，則將該像素分類為角點。FAST 算法的工作原理如下：

1. 角點候選選擇：如果某個像素周圍的特定圓圈中有足夠數量的連續像素比中心像素的強度更亮或更暗，則 FAST 會將該像素視為角點候選者。其中涉及的預設門檻值通常表示為 t。

2. 像素排列的圓：對於每個候選像素 p，FAST 檢查其周圍 16 個像素的圓形圖案，如圖 9-11-2 所示。

3. 強度比較：對於 16 個像素中的每一個，FAST 將其強度與中心像素的強度進行比較。如果該圓形圖案中至少 n 個(通常是 16 個中的 12 個)連續像素比中心像素亮或暗達門檻值 t，則中心像素被標記為角點。

4. 非角點檢測：如果沒有找到這樣的連續像素集合，則認為該像素不是角點。

5. 有效率：FAST 的主要優勢之一是其效率。只需要比較強度和簡單的門檻值處理，FAST 就可以快速確定候選角點，而無需執行卷積等相對昂貴的計算。

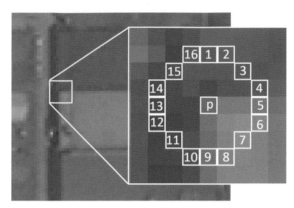

圖 9-11-2　FAST 角點檢測所涉及的像素(Huang [2018])。

> 註 FAST 算法還有多種變體，例如 FAST-9、FAST-10 和 FAST-12，它們考慮較少數量的連續像素進行強度比較。這些變體可用於犧牲準確性以獲得更快的處理速度。

> 註 在 ORB 的背景下，FAST 算法充當檢測影像中關鍵點的初始步驟。雖然 FAST 快速且高效，非常適合計算資源有限的實時應用程序，但在某些情況下它的性能可能不如更進階的方法。例如，它可能難以檢測紋理區域或不同照明條件下的角點。

9-11-2　BRIEF 描述子

　　一旦使用 FAST 檢測到關鍵點，ORB 就會使用 BRIEF 描述子來描述關鍵點的外觀。BRIEF 藉由比較關鍵點周圍某些特定點之間的像素強度生成二元字串。這些二元字串對關鍵點周圍的局部影像資訊進行編碼，再透過碼字串的比較，使描述子之間的比對更有效率。BRIEF 描述子的工作原理如下：

1.　取樣對(Sampling Pair)：BRIEF 選擇關鍵點周圍的一組像素對(取樣點)。這些取樣點由它們相對於關鍵點位置的座標來定義。例如，(3, 5)表示距離關鍵點右側 3 個像素、上方 5 個像素的像素。

2.　二元測試：對於每個像素對，BRIEF 將第一個位置處的像素強度與第二個位置處的像素強度進行比較。如果第一像素的強度大於第二像素的強度，則比較結果設定為 1；否則，設定為 0。

3.　二元字串：所有像素對的這些二元測試的結果形成一個二元字串。該二元字串是關鍵點的 BRIEF 描述子。它以緊湊的形式對局部影像資訊進行編碼。

> 註 在之後關鍵點匹配時會使用漢明距離比較 BRIEF 描述子，這在計算上會非常有效率，特別是在有按位元運算(bitwise operation)功能的硬體下。漢明距離是量化兩個相等長度的二元字串之間的差異性的度量。它測量兩個字元串中在相同位置上位元不同的數量。例如，「10101」和「11100」之間的漢明距離為 2，因為兩個位元在從左邊數過來的位置 2 和 5 處不同。

註 當關鍵點的外觀不受照明、尺度或旋轉變化的嚴重影響時，BRIEF 效果很好。值得注意的是 BRIEF 在本質上不是旋轉或尺度不變的，這會限制它們在具有重大變換的場景中的性能。此外，二元性會對雜訊和小影像變化較敏感。

9-11-3　旋轉處理

雖然原始的 BRIEF 描述子本質上不是旋轉不變的，但 ORB 使用關鍵點周圍強度圖樣的平滑版本來計算每個關鍵點的方向，使得 ORB 可藉由將 BRIEF 描述子的取樣點與關鍵點的主方向對齊來建構出旋轉不變描述子。以下是 ORB 中旋轉處理的工作原理：

1. 計算關鍵點方向：對於使用 FAST 角點檢測算法檢測到的每個關鍵點計算其方向。此方向是基於關鍵點周圍各個點的梯度(例如，使用 Sobel 算子計算出)，可以將該關鍵點的方向定為具有最高大小(magnitude)之梯度的方向或各梯度方向的加權平均方向。

2. BRIEF 描述子的方向對齊：一旦計算出關鍵點的方向，ORB 就會旋轉 BRIEF 描述子的取樣點以與該方向對齊。藉由對齊取樣點，BRIEF 描述子變得旋轉不變，因為無論關鍵點的方向如何，都不會改變比對時的像素關係。

註 藉由將 BRIEF 描述子的取樣點與關鍵點的方向對齊，ORB 對影像中的旋轉變得強韌。這意味著在不同方向檢測到的關鍵點可以有效匹配。雖然 ORB 中的方向處理相對於原始的 BRIEF 描述子來說是一個顯著的進步，但值得注意的是，在極端旋轉或複雜變換的場景中，它可能不如 SIFT 等更複雜的方法執行得好。此外，在紋理較複雜或雜訊較大的區域，ORB 的方向估測可能不太準確。

9-11-4　處理尺度不變性

雖然 ORB 主要關注旋轉不變性，但它也提供了一些尺度不變性。它藉由建構影像尺度金字塔並檢測不同尺度的關鍵點來實現這一點。關鍵點的尺度由用於 FAST 角點檢測的鄰域大小決定。以下說明 ORB 如何實現尺度不變性：

1. 影像金字塔：ORB 生成一組影像金字塔，也稱為「八度音程」(octave)。每個八度音程由一系列逐漸縮小的影像組成。每個八度音程中的影像通常是以高斯模糊然後進行下取樣(子取樣)來建構的。

2. 不同尺度的關鍵點檢測：快速角點檢測獨立運用於不同八度音程內的每個影像。由於是在多個尺度的每個八度音程內檢測關鍵點，所以 ORB 能夠在不同尺度的不同影像之間建立特徵之間的對應關係。

註▶雖然 ORB 藉由使用影像金字塔提供一定程度的尺度不變性，但它的尺度處理可能不如專門為尺度不變性設計的更進階方法那麼強大，例如 SIFT 或 SURF。在尺度變化極大的場景中，這些專用方法可能會產生更好的結果。

9-11-5 匹配

在 ORB 算法中檢測、描述並可能縮放關鍵點後，下一步涉及在不同影像之間匹配這些關鍵點。ORB 使用漢明距離來比較與關鍵點相關的 BRIEF 描述子的二元字串，以實現高效率且準確的匹配。

ORB 中的匹配過程：

1. 描述子比較：對於第一幅影像中的每個關鍵點，計算其關聯的 BRIEF 描述子(二元字串)。對第二張影像中的每個關鍵點執行相同的過程。

2. 漢明距離計算：計算對應關鍵點的 BRIEF 描述子的二元字串之間的漢明距離。較低的漢明距離表示更多相似的描述子以及關鍵點之間更好的匹配。

3. 匹配標準：通常設置漢明距離的門檻值來確定兩個關鍵點是否有效匹配。漢明距離低於此門檻值的關鍵點被視為潛在匹配。該門檻值是影響匹配數量和品質之間權衡的關鍵參數。

4. 比例測試(Ratio Test)：為了提高匹配精度，通常採用比率測試。對於第一幅影像中的每個關鍵點，計算到第二幅影像中其兩個最近鄰的漢明距離。如果到最近鄰的距離和到第二最近鄰的距離的比率(≤ 1)低於某個門檻值(例如 0.7)，則認為匹配有效。

註▶使用二元描述子和漢明距離計算可以實現快速匹配，特別適合實時應用。漢明距離對描述子中的微小雜訊和微小變化具有彈性，使其適合在帶雜訊的環境中進行匹配，但漢明距離匹配也可能會導致模糊匹配，特別是當關鍵點彼此靠近或場景包含重複模式時。像 BRIEF 這樣的二元描述子可能缺乏像 SIFT 或基於深度學習的描述子這樣更複雜的描述子的區分能力。

總之，ORB 的方法包括使用 FAST 檢測關鍵點、使用 BRIEF 生成二元描述子、藉由計算方向處理旋轉以及使用影像金字塔提供一定的尺度不變性。這種技術的組合使 ORB 穩健、快速，並且適用於各種電腦視覺應用，例如物件辨識、影像拼接等。然而，值得注意的是，ORB 可能不如更現代的方法(如 SIFT 或基於深度學習的方法)準確，特別是在具有顯著視角變化或遮擋的場景中。

範例 9.15

圖 9-11-3 顯示兩張影像，其中右邊的影像是將左邊影像縮小成 0.8 倍並再旋轉 30 度的結果。圖中也呈現用 ORB 匹配的結果。當中設定找出 10 個最對應(匹配距離最短者)的關鍵點，成效良好，證明了 ORB 具備了尺度和方向的不變性。不過，當中有三對點位置太相近，畫圖時被遮擋住，所以看起來只有 8 對的對應點。若要避免這種現象可用非極大值抑制(Non-Maximum Suppression, NMS)的方法消除太相近的關鍵點。

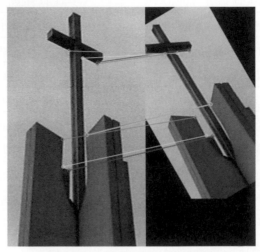

圖 9-11-3 使用 ORB 的示範例

這 10 對的距離排序如表 9-11-1 所示，其中的距離指的是漢明距離。我們以排序第 1 的結果為例，說明漢明距離的計算，如表 9-11-2 所示。

表 9-11-1 最匹配關鍵點前 10 名的漢明距離

排序	1	2	3	4	5	6	7	8	9	10
距離	7	8	10	11	11	11	11	12	12	13

表 9-11-2 展示最匹配描述子之間漢明距離的計算

描述子	内容	内容相異處及其二位元碼	漢明距離
1 (左影像)	[120 <u>227</u> 122 160 219 197 91 <u>253</u> 35 37 <u>140</u> 137 31 207 74 16 <u>182</u> 155 197 208 90 11 <u>154</u> 53 251 197 <u>165</u> 125 34 150 174 218]	[227 253 140 182 154 165] 1110001**1** 1111110**1** 10**0**01100 **1**011011**0** 100110**1**0 **1**0100101	7
1' (右影像)	[120 <u>225</u> 122 160 219 197 91 <u>252</u> 35 37 <u>172</u> 137 31 207 74 16 <u>180</u> 155 197 208 90 11 <u>152</u> 53 251 197 <u>45</u> 125 34 150 174 218]	[225 252 172 180 152 45] 1110000**1** 1111110**0** 10**1**01100 **1**011010**0** 100110**0**0 **0**0101101	

在結束本節的討論前，我們最後從各個方面比較 ORB 和 SURF，並用表格總結之，結果如表 9-11-3 所示。

表 9-11-3　ORB 和 SURF 算法的比較

Aspect	ORB	SURF
專利狀態	無專利	專利保護(可能會有使用限制)
關鍵點偵測	FAST 算法	以 Hessian 矩陣為基礎的偵測
方向的指定	經旋轉的 BRIEF 描述子	用 Haar 小波響應所得的主要方向
描述子的建構	BRIEF 為基礎的描述子	具有小波響應的向量型描述子
旋轉不變性	藉由對 BRIEF 描述子旋轉來達成	藉由計算主要方向來達成
尺度不變性	不如 SURF 強健	有強健的尺度不變性
匹配策略	通常用 BFMatcher	BFMatcher 和 FLANN
描述子長度	較短(二位元串)，省記憶體	較長(實數向量)，需較大記憶體
描述子相似度衡量	漢明距離	歐基里德距離
運算效率	較快，適合實時應用	比 ORB 略慢，但還算有效率
特徵子數量控制	用 FAST 檢測器的門檻值，靈活有彈性	金字塔層數，比較固定
抵抗光照變化、視角變化和雜訊	較佳	略遜

請注意，表中提到的優點和缺點是相對的，並且是基於典型的應用例。ORB 和 SURF 之間的選擇應基於應用的具體需求，例如對不變性、計算資源和任何潛在專利限制的需求。

9-12　隨機樣本一致性

Fischler 和 Bolles 提出的隨機樣本一致性(Random Sample Consensus, RANSAC)算法是一種通用的參數估測方法(Fischler 和 Bolles [1981])，旨在解決輸入數據中有大量異常值的問題。RANSAC 算法可與各種特徵點偵測法搭配，篩選出優質匹配的特徵點。

RANSAC 算法的一個基本假設是資料由「群內點(inlier)」(即其分佈可以由一組模型參數解釋的資料)和「離群點(outlier)」(即不適合用模型表達的資料)組成。此外，資料可能會受到雜訊的影響。異常的離群點可能來自雜訊的極值、錯誤的測量或關於資料解釋的不正確假設等等。RANSAC 還假設，給定一組(通常很小)的群內點，存在一個可以估測模型參數的過程，使得具備此參數的模型可以最佳地解釋或擬合該資料。

RANSAC 算法的基本想法是：

· 在數據中隨機選擇一個最小子集合，並用這個子集合來擬合一個模型。

· 用剩餘的數據對該模型進行驗證，並計算符合該模型的數據點(即群內點)的數量。

· 重複上述步驟多次，並選擇群內點最多的模型作爲最終結果。

· 如果需要，可以用所有的群內點對該模型進行最佳化或精細化。

RANSAC 算法的輸入和輸出如下(Fischler 和 Bolles [1981])：

輸入：

$U = \{x_i\}$：資料點的集合，$|U| = N$。

$f(S): S \to p$：給定來自 U 的樣本 S，函數 f 計算模型參數 p。

$\rho(p, x)$：單一資料點 x 的成本函數。

d：斷言模型非常適合資料所需要接近資料值的數量。

輸出：

p^*：使成本函數最小化的模型參數。

正如 Fischler 和 Bolles (1981)中所指出的，與使用盡可能多的資料來獲得初始解決方案然後繼續修剪異常值的傳統取樣技術不同，RANSAC 使用盡可能小的集合並繼續使用一致的資料點來擴充此集合。

RANSAC 的基本算法總結如下(Derpanis [2005])：

Set iteration $k \to 0$

Repeat until d (better solution exist) $< \tau$ (a function of C^* (maximum cost) and number of steps of iteration k)

$\quad k \to k+1$

$\quad$ 1: Select randomly the minimum number of points required to determine the model parameters, $S_k \subset U$, $|S_k| = m$

$\quad$ 2: Compute parameters of the model $p_k = f(S_k)$

$\quad$ 3: Compute cost $C_k = \sum_{x \in U} \rho(p_k, x)$

$\quad$ 4: If $C^* < C_k$ then $C^* \to C_k$, $p^* \to p_k$ (Re-estimate the model parameters using all the identified inliers and terminate).

end

　　根據 RANSAC 算法的原理，每次迭代時，從數據集中隨機選擇 m 個點來擬合一個模型，其中 m 是擬合模型所需的最小點數。例如，如果模型是一條直線，則 $m = 2$；如果模型是一個圓，則 $m = 3$。

　　迭代次數 k 必須夠高，以確保至少一組隨機樣本不包含離群點的機率不小於 b (通常設置為 0.99)。設 u 表示任何選定資料點是群內點的機率，則選擇的 m 個點都是群內點的機率是 u^m。因此，選擇的 m 個點中至少有一個是離群點的機率是 $1-u^m$，這也是一次迭代失敗的機率。如果要求 k 次迭代中至少有一次成功(即選擇的 m 個點都是群內點)的機率不小於 b，則可以得到下面的不等式：

$$1-(1-u^m)^k \geq b \qquad\qquad (9\text{-}12\text{-}1)$$

解得：

$$k \geq \frac{\log(1-b)}{\log(1-u^m)} \qquad\qquad (9\text{-}12\text{-}2)$$

這就是迭代次數 k 的下限，也就是說，如果要保證至少有 b 的機率選出一組不含離群點的隨機樣本，則需要至少進行這麼多次迭代。例如，如果 $b = 0.99$，$u = 0.5$，$m = 2$，則可以計算出：

$$k \geq \frac{\log(1-0.99)}{\log[1-(0.5)^2]} \approx 16.00785$$

因此，至少需要 17 次迭代才能達到目標。

9-13　影像對齊

　　在許多應用中，我們有兩個相同場景或相同文件內容的影像，但它們並沒有對齊；換句話說，如果你在一個影像上選擇一個特徵(比如一個角落)，則同一個角落特徵在另一個影像中的座標位置會大不相同。影像對齊(image alignment)[又稱影像配準(image registration)]是扭曲(warp)一幅影像(有時是兩幅影像)以使兩幅影像中的特徵完美對齊的技術。

影像對齊有許多應用。例如,如果要設計一個自動表單讀取器,最好先將表單與其模板對齊,然後根據模板中的固定位置讀取各欄位上填寫的字。又如在視訊中特定物體的追蹤(tracking)的電腦視覺應用,還有將同一場域取得的多個不同影像拼接(stitching)的應用等等。

為了對影像對齊問題有一個完整的論述,本節將從影像對齊問題的數學模型著手,再討論求解的程序方案以及方法效能的評估準則。

█ 9-13-1 影像對齊問題的數學模型

對於影像對齊,我們首先必須確立將一幅圖像中的像素座標與另一幅圖像中的像素座標聯繫起來的適當數學模型。這個模型稱為移動模型(motion model)。這種參數運動模型非常多,從簡單的 2D 轉換到平面透視模型(perspective model)、3D 相機旋轉、鏡頭畸變(lens distortion)以及映射到非平面(例如圓柱)表面等[Szeliski (1996)]。本小節只討論相對簡單且廣被採用的二維平面模型。

空間中相同的點被兩個不同透視角度各自取得二維影像,透過投影轉換可建立兩個影像之間座標對應關係(到一個比例常數 α)的二維平面模型,此模型通常用單應矩陣(homography matrix) $\mathbf{H}$ 來表示:

$$\alpha \begin{bmatrix} x' \\ y' \\ 1 \end{bmatrix} = \begin{bmatrix} a & b & c \\ d & e & f \\ g & h & i \end{bmatrix} \begin{bmatrix} x \\ y \\ 1 \end{bmatrix} = \mathbf{H} \begin{bmatrix} x \\ y \\ 1 \end{bmatrix} \tag{9-13-1}$$

如果只有平移(translation),則

$$\begin{bmatrix} a & b \\ d & e \end{bmatrix} = \begin{bmatrix} 1 & 0 \\ 0 & 1 \end{bmatrix} = \mathbf{I} \text{ , } \begin{bmatrix} c \\ f \end{bmatrix} = \begin{bmatrix} t_x \\ t_y \end{bmatrix} = \mathbf{t} \text{ , } [g \quad h \quad i] = [0 \quad 0 \quad 1] \tag{9-13-2}$$

其中 $\mathbf{I}$ 為單位矩陣,$\mathbf{t}$ 為平移向量。如果有平移加旋轉(rotation),則此轉變換也稱為 2D 剛體運動(rigid body motion)或 2D 歐基里德轉換(因為保存了歐幾里德距離)。此時,

$$\begin{bmatrix} a & b \\ d & e \end{bmatrix} = \begin{bmatrix} \cos(\theta) & -\sin(\theta) \\ \sin(\theta) & \cos(\theta) \end{bmatrix} = \mathbf{R} \text{ , } \begin{bmatrix} c \\ f \end{bmatrix} = \begin{bmatrix} t_x \\ t_y \end{bmatrix} = \mathbf{t} \text{ , } [g \quad h \quad i] = [0 \quad 0 \quad 1]$$
$$\tag{9-13-3}$$

其中 θ 為旋轉角度，$\mathbf{R}$ 為單範旋轉矩陣且 $\mathbf{RR}^T = \mathbf{I}$，$|\mathbf{R}| = 1$。如果是等比例(縮放)旋轉(scaled rotation)，則又稱為相似性轉換(similarity transform)。此時，

$$\begin{bmatrix} a & b \\ d & e \end{bmatrix} = s\mathbf{R} \text{，} \begin{bmatrix} c \\ f \end{bmatrix} = \begin{bmatrix} t_x \\ t_y \end{bmatrix} = \mathbf{t} \text{，} [g \quad h \quad i] = [0 \quad 0 \quad 1] \tag{9-13-4}$$

其中 s 代表比例因子。相似性轉換保存直線之間的角度。如果只是仿射轉換(affine transform)，則

$$\begin{bmatrix} a & b & c \\ d & e & f \end{bmatrix} = \mathbf{A} \text{，} [g \quad h \quad i] = [0 \quad 0 \quad 1] \tag{9-13-5}$$

其中 $\mathbf{A}$ 為任意矩陣。平行線在仿射轉換下保持平行。最後是最全面的投影轉換(projective transform)，又稱為透視轉換(perspective transform)或單應轉換(homography transform)。這是最一般化的結果，此時矩陣 $\mathbf{H}$ 的值全都是任意的。

　　圖 9-13-1 顯示一個正方形在不同的情況下轉換的結果：在只有平移作用下自然會保持原來的正方形；在平移加旋轉的剛體運動下自然還是維持原來的正方形，只是可能轉了一個角度而已；在平移、旋轉和大小改變的相似性轉換下自然還是正方形，只是大小可能改變，加上還轉了一個角度而已；在一般的仿射轉換下，正方形通常無法維持是正方形而變成平行四邊形；最後在投影轉換下，正方形已變成梯形了。

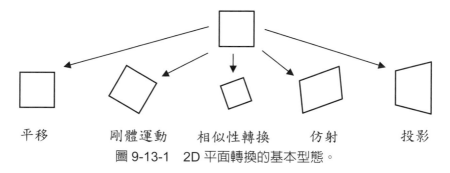

| 平移 | 剛體運動 | 相似性轉換 | 仿射 | 投影 |

圖 9-13-1　2D 平面轉換的基本型態。

　　表 9-13-1 總結上述各種情況。表中的自由度欄位是指可變動數值的變數個數，例如平移有 t_x 和 t_y 兩個變數可變動數值，代表平移向量的兩個分量；平移加旋轉則是比剛才單純的平移又多了轉動角度 θ 這個變數，使自由度從 2 變成 3；其他依此類推。表中的保存欄位是指經過轉換後還可維持的幾何性質，不同轉換間有階層的性質繼承關係，例如投影轉換只能維持原來是一條直線在轉換後還是一條直線的關係，仿射轉換則是除了維持直線特性外還加上平行的性質，亦即兩條平行線在轉換後依然保持平行。簡言之，平移可保有最多性質，越往表格的下方，保留的性質越少，反之，越往上方保留的性質越多。最後的投影(單應)轉換使得轉換後的結果具有如下的性質：(1)原點不一定映射到原點(可能平移了)；(2)線段仍映射到線段(保存了直線性)；(3)平行線未必映射到平行線(已失去直線的平行性)；(4)無法保持比例關係(距離或長度關係已無法維持了)。

表 9-13-1　二維座標變換的層次結構。2×3 矩陣用第三列[0 0 1]擴展，形成一個完整的 3×3 矩陣，用於齊次座標轉換(參考 Szeliski [2004])。

名稱	矩陣	自由度	保存	圖示
平移(translation)	$\begin{bmatrix} \mathbf{I} \mid \mathbf{t} \end{bmatrix}_{2\times 3}$	2	方向+…	▢
剛性的(rigid)	$\begin{bmatrix} \mathbf{R} \mid \mathbf{t} \end{bmatrix}_{2\times 3}$	3	長度+…	◇
相似性(similarity)	$\begin{bmatrix} s\mathbf{R} \mid \mathbf{t} \end{bmatrix}_{2\times 3}$	4	角度+…	◇
仿射(affine)	$\mathbf{A}_{2\times 3}$	6	平行性+…	▱
投影(projective)	$\mathbf{H}_{3\times 3}$	8	直線	⬜

把(9-13-1)式展開來可得

$$\alpha x' = ax + by + c \ , \ \ \alpha y' = dx + ey + f \ , \ \ gx + hy + i = \alpha \tag{9-13-6}$$

把 $gx + hy + i = \alpha$ 與 x' 和 y' 的表示式結合可得

$$(gx + hy + i)x' = ax + by + c \ , \ \ (gx + hy + i)y' = dx + ey + f \tag{9-13-7}$$

經整理後可得

$$xa + yb + c - xx'g - yx'h = ix' \ , \ \ xd + ye + f - xy'g - yy'h = iy' \tag{9-13-8}$$

上式以如下 4 組對應座標對帶入：

$$(x'_j, y'_j) \leftrightarrow (x_j, y_j), \quad j = 1, 2, 3, 4 \tag{9-13-9}$$

得到 8 個方程式並以矩陣的形式表示成

$$\begin{bmatrix} x_1 & y_1 & 1 & 0 & 0 & 0 & -x_1 x_1' & -y_1 x_1' \\ 0 & 0 & 0 & x_1 & y_1 & 1 & -x_1 y_1' & -y_1 y_1' \\ x_2 & y_2 & 1 & 0 & 0 & 0 & -x_2 x_2' & -y_2 x_2' \\ 0 & 0 & 0 & x_2 & y_2 & 1 & -x_2 y_2' & -y_2 y_2' \\ x_3 & y_3 & 1 & 0 & 0 & 0 & -x_3 x_3' & -y_3 x_3' \\ 0 & 0 & 0 & x_3 & y_3 & 1 & -x_3 y_3' & -y_3 y_3' \\ x_4 & y_4 & 1 & 0 & 0 & 0 & -x_4 x_4' & -y_4 x_4' \\ 0 & 0 & 0 & x_4 & y_4 & 1 & -x_4 y_4' & -y_4 y_4' \end{bmatrix} \begin{bmatrix} a \\ b \\ c \\ d \\ e \\ f \\ g \\ h \end{bmatrix} = i \begin{bmatrix} x_1' \\ y_1' \\ x_2' \\ y_2' \\ x_3' \\ y_3' \\ x_4' \\ y_4' \end{bmatrix} \tag{9-13-10}$$

或以對應的數學符號寫成

$$\mathbf{Bh} = i\mathbf{b} \tag{9-13-11}$$

其中 $\mathbf{B}$ 和 $\mathbf{b}$ 含有對應點的座標資訊，$\mathbf{h}$ 是單應矩陣 $\mathbf{H}$ 中前 8 個元素所形成的行向量。$\mathbf{B}$、$\mathbf{h}$ 和 $\mathbf{b}$ 的維度分別為 8×8、8×1 和 8×1。給定 i 的一個值，例如最為方便的 $i = 1$，則由 (9-13-10)式的 8 個聯立方程式可解得 8 個未知數(從 a 到 h)，當然前提是(9-13-11)式中的矩陣 $\mathbf{B}$ 必須是滿秩(full rank)的，亦即其中的每一列彼此都不是線性相依的。設 $i = 1$，則 (9-13-11)式變成

$$\mathbf{Bh} = \mathbf{b} \tag{9-13-12}$$

如果 $\mathbf{B}$ 是滿秩的，則可輕易解得

$$\mathbf{h} = \mathbf{B}^{-1} \mathbf{b} \tag{9-13-13}$$

如果有 N 組對應座標對且 $N > 4$，則 $\mathbf{B}$ 的維度變成 $2N \times 8$。此時的標準求解方法是將 (9-13-12)式的兩邊乘上 $\mathbf{B}^T$：

$$\mathbf{B}^T \mathbf{Bh} = \mathbf{B}^T \mathbf{b} \tag{9-13-14}$$

讓 $\mathbf{B}^T\mathbf{B}$ 的維度變成是 8×8 的方形矩陣。最後的解為

$$\mathbf{h} = (\mathbf{B}^T\mathbf{B})^{-1}(\mathbf{B}^T\mathbf{b}) \tag{9-13-15}$$

這個解的好壞可用反向投影誤差(reverse projection error)來衡量。反向投影誤差是指原始平面上的像素點經過單應轉換後的像素點與目標平面上的對應之像素點之間的距離。(9-13-7)式可改寫成

$$x' = \frac{ax+by+c}{gx+hy+i}, \quad y' = \frac{dx+ey+f}{gx+hy+i} \tag{9-13-16}$$

則對 N 組對影點 $(x'_j, y'_j) \leftrightarrow (x_j, y_j)$ 的反向投影的均方誤差可表示

$$\varepsilon_{\mathbf{H}} = \frac{1}{N}\sum_{j=1}^{N}\left[\left(x'_j - \frac{ax_j+by_j+c}{gx_j+hy_j+i}\right)^2 + \left(y'_j - \frac{dx_j+ey_j+f}{gx_j+hy_j+i}\right)^2\right] \tag{9-13-17}$$

$\varepsilon_{\mathbf{H}}$ 越小代表(9-13-15)式的解對這組點的投影有越好的對應。需注意，在很多真實應用中，對應點的選擇不是靠人眼判讀比對，而是經由電腦依某種算法自動獲得，所以有些對應點可能是錯誤的。引入錯誤對應點所得的解可能會讓非對應點在扭曲(warp)一幅影像時和真實該有的結果之間產生很大的偏差。對此問題的一種常見的解決方案是把這些錯誤點當成統計學上的離群點(outliers)，然後使用 RANSAC 的技術篩選掉這些點。在此 RANSAC 從 N' 組對應點中隨機選取 N 點來計算單應轉換，其中 $N' > N$。然後將轉換運用於其餘點，並計算誤差。這個過程重複多次，再選擇誤差最小的轉換作為最終結果。

9-13-2　基於特徵提取的影像對齊

從上一節的單應轉換模型可知，選取不同的資料對(至少 4 對)所得到的單應矩陣就不同。此外，若選取的匹配點不正確，使得所形成的單應矩陣明顯有錯誤，則可能差之毫釐失之千里，因為整個模型的失真而得到完全失控的對齊結果。所以關鍵是如何發展出可自動選出對應點而且這些對應點是正確且精準對應的技術。

影像對齊技術可區分為兩類：一類是基於特徵的方法，另一類則是區域的方法。前者只會在兩張影像中部分像素間進行總距離最小化計算，而後者會對所有像素進行計算，所以在對齊的準確性上基於區域的方法優於特徵的方法，處理速度上兩者差距不大。以下兩小節分別探討這兩類的方法。

　　基於特徵提取的影像對齊方法，包括 9-9 節介紹過的 SIFT (Lowe [2004])、9-10 節介紹過的 SURF (Bay 等人[2008])和 9-11 節介紹過的 Oriented FAST and Rotated BRIEF (ORB) (Rublee 等人[2011])等。在前面已有詳細說明，這裡只作重點整理與方法的比較。

　　SIFT 是最著名的特徵檢測描述算法。SIFT 檢測器基於 Difference of Gaussian (DoG) 算法，藉由使用 DoG 在目標影像的各種比例下搜索局部最大值來檢測特徵點。SIFT 對於影像旋轉、縮放和有限的仿射變化具有強健的不變性，但其主要缺點是計算成本過高。SURF 也有賴於影像的高斯尺度-空間分析。SURF 檢測器基於 Hessian 矩陣的行列式，它利用積分影像來提高特徵檢測速度。SURF 特徵對於旋轉和縮放不變，但幾乎沒有仿射不變。ORB 算法是修改後的 Features from Accelerated Segment Test (FAST)檢測和方向標準化的 Binary Robust Independent Elementary Features (BRIEF)兩種方法的混合。ORB 特徵對於縮放、旋轉和有限的仿射變化是不變的。

　　以上介紹的三種影像對齊常用的特徵提取方法，總的來說三種方法在對特徵點的提取細緻程度上是 SIFT 方法高於 SURF 方法，SURF 方法又高於 ORB 方法，但是在計算速度上這個順序剛好相反。因此在選擇特徵提取方法時要根據實際應用情景來做選擇。

　　圖 9-13-2 顯示以特徵點為基礎的影像對齊程序。首先輸入參考影像和帶對齊影像，接著各自擷取出特徵點，然後進行特徵點匹配。若匹配的點不到四對，則終止程序，輸出對齊失敗的訊息；若匹配的點超過四對且不確定所有的匹配點都很可靠且精準，最好使用 RANSC 篩選出最佳的匹配點，再以最後的匹配點求取單應矩陣，最後以此矩陣的反矩陣將待對齊影像向參考影像對齊。

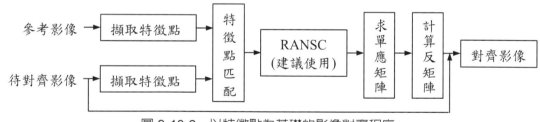

圖 9-13-2　以特徵點為基礎的影像對齊程序

範例 9.16

在 OpenCV 中，可以使用 findHomography 函式求得單應矩陣，這個函式還提供 RANSAC 過濾特徵點的選項。我們以一預設的單應矩陣 **H** 將一影像(稱爲 I_1)扭曲成爲另一影像(稱爲 I_2)，再將 I_2 以 **H** 的反轉換試圖還原回 I_1，所得結果稱爲 I_3。接著我們以 ORB 求取 I_1 和 I_2 之間匹配的特徵點。對這些匹配的特徵點以 findHomography 函式求得估測出的單應矩陣 $\hat{\mathbf{H}}$，再將 I_2 以 $\hat{\mathbf{H}}$ 的反轉換試圖還原回 I_1，所得結果稱爲 I_4。I_4 有三種：(1)完全不使用 RANSAC，亦即所有匹配特徵點都用來求單應矩陣；(2)使用門檻值爲 10 的 RANSAC，亦即任選 4 組對應特徵點，形成單應矩陣估測，對此單應矩陣，若反向投影誤差在 10 個像素單位以上者就視爲離群點；(3)使用門檻值爲 1 的 RANSAC。

圖 9-13-3 顯示各影像的關聯圖。圖 9-13-4 與 9-13-5 顯示在如下的單應矩陣 **H** 下的相關結果：

$$\mathbf{H} = \begin{bmatrix} 1.2 & 0.2 & 30 \\ -0.1 & 1.4 & 20 \\ 0.001 & 0.002 & 1.0 \end{bmatrix}$$

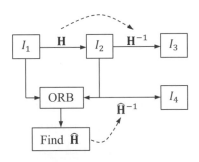

圖 9-13-3　伴隨範例 9.13 中各影像的關聯圖。

(a)　　　　　　　　　　(b)　　　　　　　　　　(c)

圖 9-13-4　伴隨範例 9.16 的相關結果之一。(a) I_1；(b) I_2；(c) I_3。

$$\begin{bmatrix} 1.89130 & 1.40119 & -49.66277 \\ -0.66804 & 3.82868 & -16.97548 \\ 0.00073 & 0.01102 & 1.0 \end{bmatrix} \quad \begin{bmatrix} 1.16037 & 0.19710 & 31.19312 \\ -0.11789 & 1.38018 & 21.57832 \\ 0.00085 & 0.00197 & 1.0 \end{bmatrix} \quad \begin{bmatrix} 1.18117 & 0.19444 & 31.15310 \\ -0.10698 & 1.38338 & 21.11821 \\ 0.00094 & 0.00196 & 1.0 \end{bmatrix}$$

(a) (b) (c)

圖 9-13-5　伴隨範例 9.16 的相關結果之二。上圖是影像 I_4，下圖是 $\hat{H}$。(a)不使用 RANSAC；(b) 使用 RANSAC，門檻值為 10；(c)使用 RANSAC，門檻值為 1。

　　圖 9-13-4(b)顯示典型的單應轉換，平行線已不再是平行線。圖 9-13-4(c)顯示反單應轉換的效果非常好，除了右上角有些瑕疵，這應該是轉換結果(圖(b))的右上角超出邊界所致。圖 9-13-5(a) 估測出的 $\hat{H}$ 與 H 有較大的出入，所以單應反轉換的效果不佳，這應是匹配的特徵點中有離群點參與 H 的估測所致。啓動 RANSC 程序後不論用哪個門檻值，單應反轉換的效果都改善很多。如所預期的，使用門檻值為 1 的，以較嚴格的標準刪除掉更多的離群點，所以與門檻值為 10 的結果相比，估測出的 $\hat{H}$ 與 H 較接近，但兩者相去不遠，以至於對應的影像在視覺上也沒有明顯差別。

註　除了以上基於特徵提取的影像對齊方法外，還有一種是基於區域法的影像對齊方法。前者是利用影像中的特徵點或特徵區域來計算兩張影像之間的幾何變換，後者則是利用影像中的整個區域或子區域來計算兩張影像之間的幾何變換。基於區域的影像對齊較為代表性的方法包括 Norm Conserved Global Affine Transformation (Norm GAT) (Wakahara 和 Yamashita [2012]) 和 Enhanced Correlation Coefficient (ECC) (Evangelidis 和 Psarakis [2008a][2008b])等。 Wakahara 和 Yamashita 還展示用 Norm GAT 進行影像對齊(Wakahara 和 Yamashita [2019])。基於特徵提取的影像對齊方法通常比較快速和穩定，但需要選擇合適的特徵檢測和匹配算法，並且對於紋理不豐富或重複性高的影像效果不佳。基於區域法的影像對齊方法通常比較精確和通用，但需要選擇合適的相似性度量和最佳化算法，並且對於光照和色彩變化較敏感。

習題

1. 爲何要選定對大小、平移及旋轉等變化均不敏感的描述子？

2. 找出所有階次爲 8 之形狀及其方向數。

3. 對一個圓取直線近似的結果會是什麼？

4. 將範例 9.1 的聯立方程式以矩陣的方式呈現。

5. (1) 寫一程式依 MAT 定義找出一區域之中軸或骨架。

   (2) 以實際程式執行的時間估測其計算複雜度。

6. (9-1-6)與(9-1-7)式中所列的各個條件有何意義？

7. (1) 以 9-1 節所提供的方法寫一細線化程式。

   (2) 以實際程式執行的時間估測其計算複雜度。

   (3) 此細線化的結果一般是否會與 MAT 定義出之骨架相符？爲什麼？

8. 證明三次的 B-樣條函數有連續的一階與二階導數。

9. 推導表 9-2-1 中的 $B_{0,2}(t)$ 和 $B_{0,3}(t)$。

10. B 樣條曲線(函數)可能可運用於那些與數位影像處理有關的任務上？

11. 證明表 9-3-1 所示之傅立葉描述子的性質。

12. 下面這兩種區域，你可以用何種簡單的區域描述子加以區別？

13. 分別找出下面兩個字的凸殼及湖狀與隄防狀的非凸部分。

14. 舉二個二值影像爲例分別進行 9-4-3 節所示的各種量測結果。

15. 對以下四物體以程式或手算出其前二個不變矩(即 ϕ_1 及 ϕ_2)：

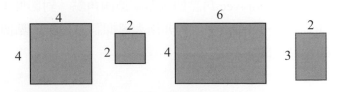

   其中的數字代表像素個數。比較並討論其結果。

16. 設一影像有 0, 1, 2, 3 四種灰階度。考慮一個 8 × 8 的影像如下：

    0 1 2 3 0 1 2 3
    3 0 1 2 3 0 1 2
    2 3 0 1 2 3 0 1
    1 2 3 0 1 2 3 0
    0 1 2 3 0 1 2 3
    3 0 1 2 3 0 1 2
    2 3 0 1 2 3 0 1
    1 2 3 0 1 2 3 0

    設位置關係為「第一個像素在第二個像素的左上方且相鄰」，試求其共現矩陣及其最大機率。

17. 從上一題的 GLCM 中求取以下特徵：對比度、差異性、k 階差分矩、均質性、能量、熵。

18. 運用 scikit-image 庫中 skimage.transform 模組的 radon 和 iradon 函數展示 Radon 的正轉換和反轉換。

19. 對下列的影像 B 與結構元素 S 執行各運算：

    (1)侵蝕；(2)膨脹；(3)斷開；(4)閉合。

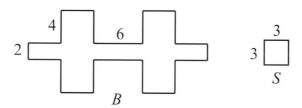

20. 給定一個大小為 5 × 5 的小灰階影像 I：

    $$\begin{bmatrix} 1 & 2 & 3 & 4 & 5 \\ 6 & 7 & 8 & 9 & 10 \\ 11 & 12 & 13 & 14 & 15 \\ 16 & 17 & 18 & 19 & 20 \\ 21 & 22 & 23 & 24 & 25 \end{bmatrix}$$

    運用具有 3 × 3 視窗的 Moravec 角點偵測器來偵測角點。對影像 I 的中心像素進行逐步計算，包括 R 計算、門檻值處理和非極大值抑制。提供角點偵測的最終結果，標示原始影像中的角點位置。

21. 使用你選擇的程式語言從頭開始實作 Moravec 角點偵測器演算法。將你的實作應用於範例影像並呈現出偵測到的角點。嘗試不同的視窗大小和門檻值。比較並討論使用不同參數所獲得的結果。視窗大小和門檻值的選擇如何影響偵測到的角點的數量和準確性？

22. 評估 Moravec 角點偵測器對影像旋轉的強韌性(robustness)。旋轉帶有角點的影像，並將 Moravec 偵測器套用至原始影像和旋轉影像。分析並比較兩種情況下偵測到的角點。討論如何在角點偵測演算法中實現或改進旋轉不變性。

23. 實作 Harris 角點偵測器演算法，包括 Harris 響應函數和非極大值抑制的計算。將你的實現應用於帶有角點的影像並呈現檢測到的角點。嘗試不同的參數，例如高斯濾波器的大小、常數參數 k 和角點偵測門檻值。

24. 實作 Moravec 角點偵測器和 Harris 角點偵測器。將兩種演算法應用於同一影像，並比較它們在角點檢測的準確度、對雜訊的穩健(強韌)性和對角點角度的敏感度。

25. 考慮兩個影像 image1 和 image2，它們是同一場景但未對齊的版本。你的任務是使用 cv2 的 SIFT 特徵點偵測技術將 image2 與 image1 的對應特徵點一一顯示出來。

26. 舉一個簡單的數值範例來示範 RANSAC 演算法。

27. 考慮兩個影像 image1 和 image2，它們是同一場景但未對齊的版本。你的任務是使用影像對齊技術將 image2 與 image1 對齊。步驟提示：(1)載入影像 image1 和 image2；(2)將影像轉換爲灰階；(3)使用 ORB (Oriented FAST 和 Rotated Brief)特徵檢測演算法來偵測關鍵點並計算兩個影像的描述子；(4)使用蠻力匹配器匹配兩個影像之間的描述子；(5)使用 RANSAC 演算法估計將 image2 中的點對應到 image1 中對應點的單應矩陣；(6)使用估計的單應矩陣來扭曲 image2 以與 image1 對齊；(7)顯示原始影像和影像對齊的結果。

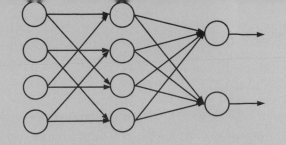

Chapter **10**

圖樣識別

本章的圖樣識別屬於整個數位影像處理的後級處理部分(如本書基礎篇第八章圖 8-0-1 所示)。這個過程很類似於一般用智慧認知這一術語所指的過程。一般實際的圖樣識別系統,都針對其應用對象有特別的「領域知識」或解決方案,而很難有一個可解決眾多不同類問題的通用圖樣識別系統。然而,有一些基本原理或原則,對多數的圖樣識別系統均適用,本章的的主要目的就是討論這些基本原理。

10-1 分類

▍10-1-1 圖樣與圖樣類別

圖樣(pattern)可以說是我們日常生活當中獲取資訊的主要形式,只要睜開眼睛,放眼所及的東西都可視為圖樣,例如每天讀書看報所接觸的文字就是一個很標準的圖樣。另外五線譜上的音符、化學結構的表示式以及心電圖等也都是。

同樣,只要我們睜開眼睛,我們就不斷地在執行通常不太自覺的圖樣識別,例如我們可輕易辨識出家人及親朋好友並叫出其姓名。我們是如何做到的?以電腦如何來摸擬我們這種天生的能力?一個直覺的答案是:必須先讓電腦具備抽取圖樣之特徵(feature)的能力,再根據這些特徵來區分不同的圖樣類型。

圖樣可以是一組量測或觀察的結果,它可以用定量或定性的方式來描述,甚至也可用向量或矩陣來代表。一般而言,圖樣是由若干個像第十章中所述的描述子所形成。例如,不變矩的描述子可寫成下列向量

$$\Phi = [\phi_1 \quad \phi_2 \quad \phi_3 \quad \phi_4 \quad \phi_5 \quad \phi_6 \quad \phi_7]^T \tag{10-1-1}$$

上述向量稱為特徵向量(feature vector)。對不同物體形狀的圖樣，其特徵向量通常會有顯著的不同，但對同一形狀物體的旋轉、放大及縮小版的特徵向量而言卻大致相近，這就是圖樣分類的一個依據。

> **註▶** 特徵向量一詞也出現在線性代數中，但它的英文是 eigenvector，與這裡的 feature vector 除了都是向量這一點相同外，在其他意義上都是不同的，不可混淆。所幸，通常可由上下文分辨出是指哪一種向量。

▌ 10-1-2 分類器設計原理

分類器的設計理念與圖樣類別的特性息息相關。當圖樣類別是依照點名查表的方式對號入座時，則此分類器的設計就變成單純的模版比對(template matching)。例如有固定大小的 26 個英文字母為模版，輸入一個未知的圖樣直接比對就可知其為那一個英文字母，當然先決條件是輸入的字幾乎不能有任何的失真，否則比對會有困難。當圖樣是依照有某種共通的特性組成一類時，分類器設計的重點變成是偵測及處理這些共同的特徵。一般而言，對於一個圖樣差異程度大的圖樣識別問題，這個設計理念比簡單的模版比對好，因為儲存特徵通常比直接儲存比對圖樣有較小的儲存需求，而且處理起來較快速，也有較高的失真容忍度。

一般來說，分類器將對每一輸入向量計算出一個對應的數值，而此數值將會指出此輸入圖樣屬於哪一個類別。大多數的分類器決策規則都被簡化成一個門檻值規則，這個門檻值將測試空間分割為數個不連續的空間，其中每個空間區域分別代表不同的單一類別。如果特徵向量落在某一特定區域上，則此物體將會被歸類成某一特定對應類別。

在建立分類器基本決策規則之後，就必須找出區分各類別的特定門檻值。一般做法是使用一群已知其類別歸屬的特徵樣本來訓練分類器，這樣的一群特徵樣本稱為訓練集(training set)。訓練集是由一些預先精確分類，選自不同類別且具各類別代表性的樣本所組成。利用訓練集逐步調整決策平面(decision surface)，使分類器在訓練集中作用時分類的正確率最大化。此決策平面在幾何學上可以從最簡單的一個點、一條直線或曲線、二維平面、三維曲面到更高維的曲面(亦稱為超平面(hyperplane))。

考慮圖 10-1-1 所示的一個分類狀況，此處共有兩類(即'∇'與'◊')，每個圖樣的特徵都被表成一個二維的特徵向量 $\mathbf{x} = [x_1\ x_2]^T$，被畫成一個'∇'或'◊'。圖中黑線的方程式是 $x_1 = x_2$，因此其分類工作可轉變成使用一個決策函數 $D(\mathbf{x}) = x_1 - x_2$ 並形成一個決策平面(此處為一直線)$D(\mathbf{x}) = 0$，而其決策法則是以零為門檻值，亦即'∇'這一類都落在 $D(\mathbf{x}) > 0$ 這一邊，而'◊'這一類都落在 $D(\mathbf{x}) < 0$ 這一邊。換言之，輸入一個未知的待測圖樣向量 $\hat{\mathbf{x}}$，若 $D(\hat{\mathbf{x}}) > 0$，則判定 $\hat{\mathbf{x}}$ 屬於'∇'這一類，若 $D(\hat{\mathbf{x}}) < 0$ 則判定 $\hat{\mathbf{x}}$ 屬於'◊'這一類。當然還有一種情況是 $D(\hat{\mathbf{x}}) = 0$，此時一般慣例都是隨意判定成兩類中的其中一類。

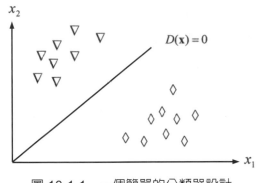

圖 10-1-1　一個簡單的分類器設計

範例 10.1

考慮圖 10-1-1 的分類器設計。輸入三個如下的待測特徵向量，分別求其分類結果。
(a) $\hat{\mathbf{x}}_1 = [1 \quad 2]^T$；(b) $\hat{\mathbf{x}}_2 = [2 \quad 1]^T$；(c) $\hat{\mathbf{x}}_3 = [2 \quad 2]^T$。

解

(a)　$D(\hat{\mathbf{x}}_1) = 2 - 1 = 1 > 0$，所以 $\hat{\mathbf{x}}_1$ 屬於 '∇' 這一類。

(b)　$D(\hat{\mathbf{x}}_2) = 1 - 2 = -1 < 0$，所以 $\hat{\mathbf{x}}_2$ 屬於 '$\diamond$' 這一類。

(c)　$D(\hat{\mathbf{x}}_3) = 2 - 2 = 0$，所以 $\hat{\mathbf{x}}_3$ 可歸類為 '∇' 或 '$\diamond$' 都可以。

前例中分類器所用的決策函數為 $D(\mathbf{x}) = x_1 - x_2$，可寫成

$$D(\mathbf{x}) = x_2 - x_1 = \begin{bmatrix} -1 & 1 \end{bmatrix} \begin{bmatrix} x_1 \\ x_2 \end{bmatrix} = \mathbf{w}^T \mathbf{x} \tag{10-1-2}$$

其中

$$\mathbf{w} = \begin{bmatrix} w_1 \\ w_2 \end{bmatrix} = \begin{bmatrix} -1 \\ 1 \end{bmatrix} \tag{10-1-3}$$

稱為權重向量(weight vector)。目前這個 $\mathbf{w}^T \mathbf{x}$ 的表達方式只能呈現一個通過原點的直線，無法表達沒有通過原點的更一般化直線。所以我們把決策函數修改成

$$D(\mathbf{x}) = \mathbf{w}^T \mathbf{x} + b \tag{10-1-4}$$

其中 b 是一個常數，稱為偏差量(bias)。在此，$|b|$ 代表決策函數形成的決策平面 $D(\mathbf{x}) = 0$ 在各軸交點處偏離幾何座標系統原點的量。為了簡化起見，我們將 b 融入到權重中並在向量 $\mathbf{x}$ 的最後補一個 1 加以擴增而寫成

$$D(\mathbf{x}) = \mathbf{w}^T \mathbf{x} \tag{10-1-5}$$

其中

$$\mathbf{w} = \begin{bmatrix} w_1 \\ w_2 \\ w_3 \end{bmatrix}, \mathbf{x} = \begin{bmatrix} x_1 \\ x_2 \\ 1 \end{bmatrix} \tag{10-1-6}$$

且 $w_3 = b$。

接著將以上的二維情況推廣到 n 維向量空間。此時決策函數可寫成

$$D(\mathbf{x}) = \mathbf{w}^T \mathbf{x} \tag{10-1-7}$$

且

$$\mathbf{w} = \begin{bmatrix} w_1 & w_2 & \cdots & w_{n+1} \end{bmatrix}^T, \mathbf{x} = \begin{bmatrix} x_1 & x_2 & \cdots & x_n & 1 \end{bmatrix}^T \tag{10-1-8}$$

其中 $w_{n+1} = b$。

我們希望求得 $\mathbf{w}$ 使得對一個任意輸入向量 $\mathbf{x}$，我們都會有

$$D(\mathbf{x}) = \mathbf{w}^T \mathbf{x} = \begin{cases} > 0, & \text{如果 } \mathbf{x} \in \omega_1 \\ < 0, & \text{如果 } \mathbf{x} \in \omega_2 \end{cases} \tag{10-1-9}$$

亦即讓第一類 ω_1 和第二類 ω_2 的所有圖樣都分別落在決策平面 $D(\mathbf{x}) = 0$ 的其中一邊。那這樣的分類器所用的決策函數 $D(\mathbf{x})$ 該如何透過訓練集來求得呢？下一小節將介紹一個簡單的疊代法，此法稱為感知機(perceptron)，它是一個非常經典的方法。

10-1-3 經典的分類器設計—感知機

假設有來自分屬於二個不同類別 ω_1 與 ω_2 的一個訓練向量集 $\{(\mathbf{x}_i, y_i)\}_{i=1}^N$，其中 $\mathbf{x}_i$ 是第 i 個經擴增的 $n+1$ 維訓練向量且 y_i 代表 $\mathbf{x}_i$ 的類別歸屬(ω_1 或 ω_2)。設 $D_k(\mathbf{x})$ 代表第 k 次疊代時所獲得的決策函數，且

$$D_k(\mathbf{x}) = \mathbf{w}_k^T \mathbf{x} \qquad\qquad\qquad (10\text{-}1\text{-}10)$$

其中 $\mathbf{w}_k$ 為第 k 次疊代時的權重向量。設 $\mathbf{w}_1$ 是任選的初始權重向量。在第 k 次時的訓練法則如下：

$$\begin{cases} \mathbf{w}_{k+1} = \mathbf{w}_k + c\mathbf{x}_k, & \text{若 } \mathbf{w}_k^T \mathbf{x}_k \le 0 \text{ 且 } \mathbf{x}_k \in \omega_1 \\ \mathbf{w}_{k+1} = \mathbf{w}_k - c\mathbf{x}_k, & \text{若 } \mathbf{w}_k^T \mathbf{x}_k \ge 0 \text{ 且 } \mathbf{x}_k \in \omega_2 \qquad (10\text{-}1\text{-}11) \\ \mathbf{w}_{k+1} = \mathbf{w}_k, & \text{其他情況} \end{cases}$$

其中 c 為一正值修正增量。簡言之，若分類錯誤則改變權重向量，使決策平面改變，否則決策平面維持不動。此疊代程序描述如下：

步驟 ⓪ 將訓練集中 N 個向量中的每個向量的最後一個分量都用 1 擴增形成 N 個向量 $\{\mathbf{x}_1, \mathbf{x}_2, \ldots, \mathbf{x}_N\}$。

步驟 ① 令 $k = 1$ 並設定參數 c 的值。以隨機亂數產生初始權重 $\mathbf{w}_1$。

步驟 ② 輸入訓練向量 $\mathbf{w}_k$ 並依照(10-1-11)式調整權重向量。

步驟 ③ 訓練集的所有向量是否都已輸入一輪，完成一個訓練向量的循環或回合 (epoch)？

　　　　　若是：訓練集中每個向量的索引均加 N。(10-1-9)式的目標是否已達成？若是，
　　　　　　　　就結束程序並輸出權重向量 $\mathbf{w}_k$。

　　　　　若否：繼續。

步驟 ④ $k = k+1$；回到步驟 2。

以上所實現的程序稱為感知機訓練演算法(perceptron training algorithm)，此訓練法對於像圖 10-1-1 這種所謂線性可分離的(linearly separable)情況保證收斂，換言之在有限次的訓練次數下，演算法保證收斂到一個解(亦即一個分離用的超平面)，終將使訓練集中的所有向量分類正確，此即所謂的感知機收斂定理(perceptron convergence theorem)。關於此定理的詳細證明可參考例如 Novikoff (1962)或是網路上有人分享的教材。此處只從簡單分析(10-1-11)式確實有朝正確分類方向進行。

(10-1-11)式中有三種情況：

情況 1：$\mathbf{w}_{k+1} = \mathbf{w}_k + c\mathbf{x}_k$，若 $\mathbf{w}_k^T \mathbf{x}_k \le 0$ 且 $\mathbf{x}_k \in \omega_1$

　　　　此時，

$$\mathbf{w}_{k+1}^T \mathbf{x}_k = (\mathbf{w}_k + c\mathbf{x}_k)^T \mathbf{x}_k = \mathbf{w}_k^T \mathbf{x}_k + c\|\mathbf{x}_k\|^2$$

　　　　加上 $c\|\mathbf{x}_k\|^2$ 這個個正值的量，使 $\mathbf{w}_k^T \mathbf{x}_k \le 0$ 朝 $\mathbf{w}_k^T \mathbf{x}_k > 0$ 的正確分類方向前進。

情況 2： $\mathbf{w}_{k+1} = \mathbf{w}_k - c\mathbf{x}_k$，若 $\mathbf{w}_k^T \mathbf{x}_k \geq 0$ 且 $\mathbf{x}_k \in \omega_2$

此時，

$$\mathbf{w}_{k+1}^T \mathbf{x}_k = (\mathbf{w}_k - c\mathbf{x}_k)^T \mathbf{x}_k = \mathbf{w}_k^T \mathbf{x}_k - c\|\mathbf{x}_k\|^2$$

減掉 $c\|\mathbf{x}_k\|^2$ 這個個正值的量，使 $\mathbf{w}_k^T \mathbf{x}_k \geq 0$ 朝 $\mathbf{w}_k^T \mathbf{x}_k < 0$ 的正確分類方向前進。

情況 3：這已是正確分類，故不調整權重向量。

綜合以上分析，(10-1-11)式的權重調整策略確實是朝正確分類方向前進的。

範例 10.2

已知訓練集 ω_1：$\{[0 \quad 1]^T, [-1 \quad 0]^T)\}$ 且 ω_2：$\{[1 \quad 0]^T\}$，利用感知機訓練策略求得分離這兩類的決策平面。

解

訓練集向量的分量擴增：$\mathbf{x}_1 = [0 \quad 1 \quad 1]^T$，$\mathbf{x}_2 = [-1 \quad 0 \quad 1]^T$，$\mathbf{x}_3 = [1 \quad 0 \quad 1]^T$。

令 $k = 1$ 並設定參數 $c = 0.5$ 以及初始權重 $\mathbf{w}_1 = [0 \quad 1 \quad -0.5]^T$。

$k = 1$：$\mathbf{x}_1 = [0 \quad 1 \quad 1]^T \in \omega_1$，$\mathbf{w}_k^T \mathbf{x}_k = [0 \quad 1 \quad -0.5][0 \quad 1 \quad 1]^T = 0.5 > 0$

$\qquad \mathbf{w}_2 = \mathbf{w}_1$

$k = 2$：$\mathbf{x}_2 = [-1 \quad 0 \quad 1]^T \in \omega_1$，$\mathbf{w}_k^T \mathbf{x}_k = [0 \quad 1 \quad -0.5][-1 \quad 0 \quad 1]^T = -0.5 < 0$

$\qquad \mathbf{w}_3 = \mathbf{w}_2 + 0.5[-1 \quad 0 \quad 1]^T = [0 \quad 1 \quad -0.5^T] + 0.5[-1 \quad 0 \quad 1]^T = [-0.5 \quad 1 \quad 0]^T$

$k = 3$：$\mathbf{x}_3 = [1 \quad 0 \quad 1]^T \in \omega_2$，$\mathbf{w}_k^T \mathbf{x}_k = [-0.5 \quad 1 \quad 0][1 \quad 0 \quad 1]^T = -0.5 < 0$

$\qquad \mathbf{w}_4 = \mathbf{w}_3$

已完成一輪或一回合的訓練，但權重有更新，故不滿足(10-1-9)式。因此 $\mathbf{x}_1$、$\mathbf{x}_2$ 和 $\mathbf{x}_3$ 分別變成 $\mathbf{x}_4$、$\mathbf{x}_5$ 和 $\mathbf{x}_6$。繼續執行。

$k = 4$：$\mathbf{x}_4 = [0 \quad 1 \quad 1]^T \in \omega_1$，$\mathbf{w}_k^T \mathbf{x}_k = [-0.5 \quad 1 \quad 0][0 \quad 1 \quad 1]^T = 1 > 0$

$\qquad \mathbf{w}_5 = \mathbf{w}_4$

$k = 5$：$\mathbf{x}_5 = [-1 \quad 0 \quad 1]^T \in \omega_1$，$\mathbf{w}_k^T \mathbf{x}_k = [-0.5 \quad 1 \quad 0][-1 \quad 0 \quad 1]^T = 0.5 > 0$

$\qquad \mathbf{w}_6 = \mathbf{w}_5$

$k = 6$：$\mathbf{x}_6 = [1 \quad 0 \quad 1]^T \in \omega_2$，$\mathbf{w}_k^T \mathbf{x}_k = [-0.5 \quad 1 \quad 0][1 \quad 0 \quad 1]^T = -0.5 < 0$

$\qquad \mathbf{w}_7 = \mathbf{w}_6$

已完成另一輪的訓練，且權重都維持不變，故(10-1-9)式已滿足。因此結束程序並輸出權重

$$\mathbf{w}_6 = [-0.5 \quad 1 \quad 0]^T$$

最終的決策平面(此處是直線)為

$$D_6(\mathbf{x}) = \mathbf{w}_6^T \mathbf{x} = -0.5x_1 + x_2 = 0$$

圖 10-1-2 顯示本例題的訓練向量與最終的分類決策線。可輕易驗證此直線確實可將兩類訓練向量分離。

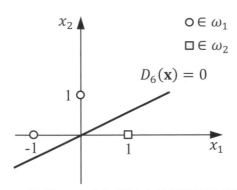

圖 10-1-2　範例 10.2 中的訓練向量與最終的分類決策線

▌ 10-1-4　更進階的經典分類器設計─支持向量機

　　感知機的訓練策略雖有收斂定理支撐，保證線性可分離樣本在訓練時可正確分類，但訓練所得的決策平面對實際測試樣本到底有多好？對於線性可分離情況，理論上滿足 (10-1-9)式的超平面可以有無窮多個，對於一組線性可分離訓練集樣本以及一組初始值設定可以獲得其中一個超平面。試想如果這個超平面在幾何上很接近其中一類的樣本(例如屬於 ω_1)，並相對遠離另一類(例如屬於 ω_2)，則在實際待測樣本的測試中，實際來自 ω_1 類別被誤判成來自 ω_2 的機率將大增。這個潛在的問題可透過下一節正式介紹的支持向量機 (support vector machine, SVM)來避免。SVM 提供與感知機不一樣的求解超平面策略，線性可分離的 SVM 利用兩類間隔最大化求最佳的分離超平面。

　　圖 10-1-3(a)顯示無窮可能的超平面(此處實質上是直線)中的三個，其中有兩個距離最靠近的特徵點很近，第三個超平面和最靠近的特徵點則相對遠一些。因此，相對而言，第三個超平面是比較理想的。SVM 的目標就是以系統化的方式找到像第三個超平面的解。圖 10-1-3(b)顯示 SVM 的示意圖，其中的實線代表所求的超平面，離這個超平面最近的特徵點稱為支持向量(support vector)，圖中以實心點表示，通過支持向量的兩條虛線之間的距離稱為間隔(margin)，SVM 的目標是找到一個超平面使得該間隔可最大化。

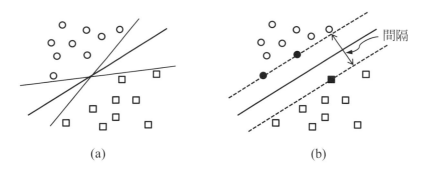

(a)   (b)

圖 10-1-3　SVM 設計的思維。(a)兩個線性可分離類別間三個可能的超平面解；(b)藉由使間隔最大化所獲得的超平面解。

　　以下進一步探討 SVM 的學理根據。為了方便理解下一節的符號標示，我們暫時不考慮分量擴增的標示，因此決策函數將變回(10-1-4)式：

$$D(\mathbf{x}) = \mathbf{w}^T\mathbf{x} + b \tag{10-1-12}$$

同理(10-1-9)式將變成

$$D(\mathbf{x}) = \mathbf{w}^T\mathbf{x} + b = \begin{cases} > 0, & \text{如果 } \mathbf{x} \in \omega_1 \\ < 0, & \text{如果 } \mathbf{x} \in \omega_2 \end{cases} \tag{10-1-13}$$

現在引入定義如下的變數 y：

$$y = \begin{cases} +1, & \text{如果 } \mathbf{x} \in \omega_1 \\ -1, & \text{如果 } \mathbf{x} \in \omega_2 \end{cases} \tag{10-1-14}$$

則(10-1-13)式可等效地寫成

$$D(\mathbf{x}) = y(\mathbf{w}^T\mathbf{x} + b) > 0 \tag{10-1-15}$$

設決策超平面 $D(\mathbf{x}) = 0$ 上有任意兩個向量點 $\mathbf{x}_A$ 和 $\mathbf{x}_B$，則

$$D(\mathbf{x}_A) = \mathbf{w}^T\mathbf{x}_A + b = 0 \tag{10-1-16a}$$

$$D(\mathbf{x}_B) = \mathbf{w}^T\mathbf{x}_B + b = 0 \tag{10-1-16b}$$

將(10-1-16a)式減去(10-1-16b)式可得

$$\mathbf{w}^{T}(\mathbf{x}_{A}-\mathbf{x}_{B})=0 \qquad (10\text{-}1\text{-}17)$$

其中 $(\mathbf{x}_{A}-\mathbf{x}_{B})$ 是決策超平面上的任意向量，因此 $\mathbf{w}$ 與超平面正交(orthogonal)。參考圖 10-1-4，設向量 $\mathbf{w}$ 與超平面交於點 $Q(x_{q},y_{q})$，則任一點 $P(x_{p},y_{p})$ 到決策超平面的法線距離 d 是向量 $\overrightarrow{QP}$ 投影到 $\mathbf{w}$ 上的長度，即

$$d=\left|\overrightarrow{QP}\cdot\mathbf{n}\right| \qquad (10\text{-}1\text{-}18)$$

其中 $\mathbf{n}$ 是決策超平面的單位法向量(unit normal vector)：

$$\mathbf{n}=\frac{\mathbf{w}}{\|\mathbf{w}\|} \qquad (10\text{-}1\text{-}19)$$

因此

$$d=\frac{\left|(x_{p}-x_{q},y_{p}-y_{q})\cdot(w_{1},w_{2})\right|}{\|\mathbf{w}\|}=\frac{\left|w_{1}(x_{p}-x_{q})+w_{2}(y_{p}-y_{q})\right|}{\|\mathbf{w}\|} \qquad (10\text{-}1\text{-}20)$$

由於 Q 是決策超平面上的一個點，所以 $w_{1}x_{q}+w_{2}y_{q}+b=0$，因而有

$$b=-w_{1}x_{q}-w_{2}y_{q} \qquad (10\text{-}1\text{-}21)$$

帶入(10-1-20)式後可得

$$d=\frac{\left|w_{1}x_{p}+w_{2}y_{p}+b\right|}{\|\mathbf{w}\|} \qquad (10\text{-}1\text{-}22)$$

因此空間上任一點 $\mathbf{x}$ 到決策超平面的距離 d 可寫成

$$d=\frac{\left|D(\mathbf{x})\right|}{\|\mathbf{w}\|} \qquad (10\text{-}1\text{-}23)$$

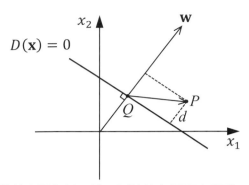

圖 10-1-4　推導空間上任一點 x 到決策超平面之距離 d 的輔助圖形

如果訓練資料是線性可分的，可以選擇分離兩類資料的兩個平行超平面，使得它們之間的距離儘可能大。在這兩個超平面範圍內的區域稱為「間隔」，則欲求得的最大間隔超平面是位於間隔範圍內正中央的超平面。構成間隔的這兩個平行超平面可以由方程式

$$\mathbf{w}^T\mathbf{x} + b = 1 \Leftrightarrow D(\mathbf{x}) = 1 \tag{10-1-24}$$

和

$$\mathbf{w}^T\mathbf{x} + b = -1 \Leftrightarrow D(\mathbf{x}) = -1 \tag{10-1-25}$$

來表示，這樣間隔正中央的超平面即為所求 $D(\mathbf{x}) = 0$。由(10-1-23)式可知兩個平行超平面上任意一點到最終決策超平面的距離皆為 $\dfrac{1}{\|\mathbf{w}\|}$，所以這兩個平行超平面之間的距離是 $\dfrac{2}{\|\mathbf{w}\|}$，因此要使兩平面間的距離最大，我們需要使 $\|\mathbf{w}\|$ 最小化。同時為了使得樣本資料點都在超平面的間隔區以外，我們需要保證對於所有的 i 滿足其中的一個條件：

$$\mathbf{w}^T\mathbf{x}_i + b \geq 1，若 y_i = 1\ (\mathbf{x}_i \in \omega_1) \tag{10-1-26}$$

或是

$$\mathbf{w}^T\mathbf{x}_i + b \leq -1，若 y_i = -1\ (\mathbf{x}_i \in \omega_2) \tag{10-1-27}$$

這些條件限制是要確保每個資料點都必須位於間隔的正確一側。(10-1-26)和(10-1-27)這兩個式子可以合而為一寫成：

$$y_i(\mathbf{w}^T\mathbf{x}_i + b) \geq 1, \forall i \tag{10-1-28}$$

因此由訓練向量集 $\{(\mathbf{x}_i, y_i)\}_{i=1}^{N}$ 求取決策超平面的方法等同於求解以下最佳化的問題：對於 $i = 1, 2, …, N$，

在 $y_i(\mathbf{w}^T\mathbf{x}_i + b) \geq 1$ 的條件下，使 $\|\mathbf{w}\|$ 最小化　　　　　　　(10-1-29)

範例　10.3

考慮以下二維資料點：$\{[1, 4], [1, 6], [2, 5], [3, 5], [3, 6], [4, 1], [4, 3], [5, 2], [5, 4], [6, 1]\}$，其中前五個屬同一類，後五個屬另一類。亦即

第 1 類 ω_1：$\{[1, 4], [1, 6], [2, 5], [3, 5], [3, 6]\}$

第 2 類 ω_2：$\{[4, 1], [4, 3], [5, 2], [5, 4], [6, 1]\}$

為了找到超平面和支持向量，我們可以使用 sklearn.svm 模組中的 LinearSVC 類別，該類別使用 liblinear 函式庫實作線性 SVM 分類器。實作 SVM 分類器後，我們發現超平面的方程式為 $\mathbf{w} \cdot \mathbf{x} + b = 0$，其中 $\mathbf{x} = [x_1 \quad x_2]$、$\mathbf{w} = [-0.6668 \quad 0.6665]$ 且 $b = -0.3323$。方程式展開後可寫成 $-0.6668x_1 + 0.6665x_2 - 0.3323 = 0$。支持向量為 [3 5]、[4 3] 和 [5 2]。整個結果圖 10-1-5 所示，其中第 1 類(Positive class)資料點以實心圓表示，第 2 類(Negative class)資料點以「×」表示，支持向量的資料點再補上「+」這個標記，決策邊線為實線，間隔是以兩個平行的虛線距離表示。此例的間隔為 $\dfrac{2}{\|\mathbf{w}\|} \approx \dfrac{2}{0.9428} \approx 2.12$。

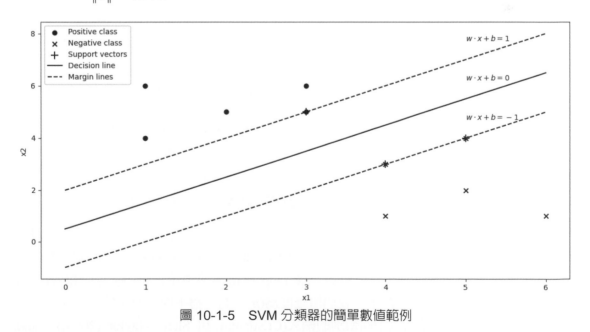

圖 10-1-5　SVM 分類器的簡單數值範例

以上是訓練集向量均為可分離時的結果，所得的間隔稱為硬間隔(hard margin)。當碰到不是完全可分離的情況，則通常會引入一個新變數，讓限制條件再放鬆一點，於是有所謂的軟間隔(soft margin)的最佳化問題：對於 $i = 1, 2, ..., N$，

$$\text{在 } y_i(\mathbf{w}^T\mathbf{x}_i + b) \geq 1 - \xi_i, \xi_i \geq 0 \text{ 的條件下，使 } \|\mathbf{w}\| \text{ 最小化} \qquad (10\text{-}1\text{-}30)$$

這代表允許有些許的向量落在硬間隔範圍內，甚至越界跑到完全錯誤的那一方去。

10-2 支持向量機

支持向量機(Support Vector Machine, SVM)也稱為支持向量網路(Support Vector Network) (Cortes 和 Vapnik [1995])。SVM 是一種基於線性模型的經典機器學習算法，其基本概念是利用非線性轉換把輸入空間轉換成高維度的特徵空間，並在新的空間中找到最佳的線性邊界。這是一種非常高性能的二類別分類器(Suykens 和 Vandewalle [1999])，如圖 10-2-1 所示，SVM 除了可以求得一條很完整的分類線之外，也可以得到非線性的分類線。為了將非線性分類的概念納入，(10-1-30)式的決策函數將改成

$$\text{在 } y_i(\mathbf{w}^T\varphi(\mathbf{x}_i) + b) \geq 1 - \xi_i, \xi_i \geq 0 \text{ 的條件下，使 } \|\mathbf{w}\| \text{ 最小化} \qquad (10\text{-}2\text{-}1)$$

其中 $\varphi(\cdot)$ 是一個非線性映射。

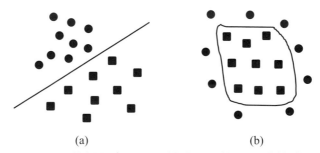

(a)　　　　　　　　　　(b)

圖 10-2-1　SVM 分類示意圖。(a)線性分類線；(b)非線性分類線。

SVM 的主要想法是以使正訓練樣本($y = +1$ 那一類的向量)和負訓練樣本($y = -1$ 那一類的向量)之間的分離間隔最大化的方式建構一個超平面(hyperplane)作為決策曲面(decision surface)。分離的超平面定義為來自於特徵空間中的一個線性函數(Haykin [1999])。在 n 維的特徵空間 $\mathfrak{R}^n$ 中，我們用維度為$(n - 1)$的超平面將原空間分成兩個子空間，這兩個子空間對應於兩個不同類別的輸入(Cristianini 和 Shawe-Taylor [2000])。如圖 10-1-1 所示，在有 $n = 2$ 維的特徵空間中，我們用$(n - 1 = 1)$的一維超平面(其實這裡就是一條直線而已)將此特徵空間分成兩個子空間(這裡就是簡單的兩個平面區域)。

▌ 10-2-1 基本的支持向量機

對於圖樣辨識的應用，我們通常是從非線性映射獲得的高維度特徵空間中建構出最佳超平面。給一訓練樣本集 $\{(\mathbf{x}_i, y_i)\}_{i=1}^{N}$，其中 $\mathbf{x}_i$ 是一個訓練向量且 y_i 是有值為+1 或−1 的類別標示，SVM 想要求得分離超平面的權重向量 $\mathbf{w}$ 和偏差量 b 使得(Vapnik [1998])(Haykin [1999])：

$$
\begin{aligned}
y_i(\mathbf{w}^T \varphi(\mathbf{x}_i) + b) &\geq 1 - \xi_i, & \forall i \\
\xi_i &\geq 0, & \forall i
\end{aligned}
\tag{10-2-2}
$$

其中 $\mathbf{w}$ 和鬆弛變量(slack variables) ξ_i 使以下的成本函數最小化：

$$
\Phi(\mathbf{w}, \xi_i) = \frac{1}{2}\mathbf{w}^T\mathbf{w} + C\sum_{i=1}^{N}\xi_i
\tag{10-2-3}
$$

其中鬆弛變量 ξ_i 代表資料的誤差量測，C 是使用者定的一個正值參數[這是錯誤所要付出的代價(cost)]，而 $\varphi(\cdot)$ 是一種非線性映射，它將資料從原始輸入空間映射到更高維度的特徵空間。這裡介紹用徑向基函數(radial basis function, RBF)作為內核函數(kernel function) $\varphi(\cdot)$。向量 $\mathbf{p}$ 和 $\mathbf{q}$ 的 RBF 內核函數定義成

$$
k(\mathbf{p}, \mathbf{q}) = \varphi(\mathbf{p}) \cdot \varphi(\mathbf{q}) = \exp\left(-\frac{1}{2\sigma^2}\|\mathbf{p} - \mathbf{q}\|^2\right)
\tag{10-2-4}
$$

其中 σ 是一個使用者指定的參數。

SVM 的詳細推導列於附錄 D-1 中。其對偶問題(dual problem)如下。求使以下目標函數最大化的拉格朗日乘數 $\{\alpha_i\}_{i=1}^{N}$：

$$
Q(\boldsymbol{\alpha}) = \sum_{i=1}^{N}\alpha_i - \frac{1}{2}\sum_{i=1}^{N}\sum_{j=1}^{N}\alpha_i \alpha_j y_i y_j k(\mathbf{x}_i, \mathbf{x}_j)
$$

受限於條件：

$$
\sum_{i=1}^{N}\alpha_i y_i = 0, \, 0 \leq \alpha_i \leq C, \forall i
\tag{10-2-5}
$$

其中 C 是使用者指定的一個正值參數。

有了拉格朗日乘數後，可以藉由下式計算最佳權重向量 $\mathbf{w}_o$：

$$\mathbf{w}_o = \sum_{i=1}^{N} \alpha_i y_i \varphi(\mathbf{x}_i) \tag{10-2-6}$$

根據庫恩-塔克(Kuhn-Tucker)(Fletcher [1987])，從拉格朗日函數藉由使用有 $0 < \alpha_i < C$ 的取樣，可以由下式計算出偏差量：

$$b = \frac{1}{\#SV} \sum_{\mathbf{x}_i \in SV} \left(\frac{1}{y_i} - \sum_{\mathbf{x}_j \in SV} \alpha_j y_j k(\mathbf{x}_j, \mathbf{x}_i) \right) \tag{10-2-7}$$

其中$\#SV$ 是具備 $0 < \alpha_i < C$ 之支持向量的數量。對於未來要測試的資料 $\mathbf{z}$，可以由以下的決策函數獲得其預測類別：

$$D(\mathbf{z}) = \text{sign} \left(\sum_{i=1}^{N} \alpha_i y_i k(\mathbf{x}_i, \mathbf{z}) + b \right) \tag{10-2-8}$$

10-2-2　不平衡資料集下的考量

取樣技術

　　不平衡的資料集給支持向量機帶來了挑戰，因為模型往往偏向多數類，導致少數類的分類不佳。這可能會導致少數群體的靈敏度和準確性較低。為了解決這個問題，可以利用諸如對少數類進行過取樣(oversampling)、對多數類進行欠取樣(undersampling)、使用不同的類別權重或採用合成少數類過取樣技術(Synthetic Minority Over-sampling TEchnique, SMOTE)等專門演算法等技術。這些方法有助於平衡類別分佈並提高 SVM 模型在不平衡資料集上的效能。

　　SMOTE 是解決類別不平衡問題的一個常見的方法。我們可以應用 SMOTE 對少數類別進行過採樣，已增加其樣本數，或在訓練過程中為少數類別中錯誤分類的樣本分配更高的權重，其中前者具備極大的通用性，因為與分類器較無關聯，可適用的範圍極廣，後者涉及分類器訓練過程的修正，因而對不同的分類器比較需要量身打造。實施這些技術後，我們使用精確度(precision)、召回率(recall)和 F1 分數等指標來評估模型的效能，這些指標可以深入了解模型正確辨識少數類別的能力。透過評估這些指標，我們可以確定所應用的技術在處理不平衡資料集方面的有效性。這些指標在下一章中會有詳細的討論，本章在以下的一個範例中先簡單說明精確度這個指標。

　　以下只討論用 SMOTE 合成少數類別樣本的部分，不涉及訓練時權重修改的問題。此技術的基本概念是找到少數類別實例的最近鄰，並沿著現有少數類別樣本之間的線段插入新實例來產生少數類別的合成樣本。透過創建合成資料點，SMOTE 有助於平衡類別分佈，這可以提高機器學習模型的效能，尤其是對類別不平衡敏感的模型。以下是 SMOTE 的一個演算法。

步驟 0　輸入少數類別樣本集合(X)、欲產生的合成樣本數(N)、最近鄰的數量(K)；輸出合成樣本集合 S。

步驟 1　將一個空列表初始化成 S 以儲存合成樣本。

步驟 2　當產生的合成樣本數量小於 N 時，執行：

　　步驟 2-1：從 X 中隨機選擇少數類別樣本 $\mathbf{x}$。

　　步驟 2-2：找到 $\mathbf{x}$ 的 K 個最近鄰。

　　步驟 2-3：隨機選取 K 個近鄰之一 $\mathbf{y}$。

　　步驟 2-4：對於 $\mathbf{x}$ 和 $\mathbf{y}$ 的每個特徵 f：

　　步驟 2-5：使用以下公式建立新特徵：

　　　　新特徵值 $\hat{\mathbf{x}}[f] = \mathbf{x}[f] + \text{rand}(0,1) \cdot (\mathbf{y}[f] - \mathbf{x}[f])$

　　　　其中 rand(0, 1)產生 0 到 1 之間的隨機數。

　　步驟 2-6：依特徵向量維度建立所需的新特徵值並以此產生新樣本 $\hat{\mathbf{x}}$。

　　步驟 2-7：將新樣本 $\hat{\mathbf{x}}$ 附加到 S 中。

步驟 3　返回合成樣本集合 S。

範例 10.4

考慮來自 Kaggle 的皮馬印第安人糖尿病資料集(Pima Indians Diabetes Dataset)：

https://www.kaggle.com/datasets/uciml/pima-indians-diabetes-database

其中包含 768 個皮馬印第安血統女性患者樣本，其中 268 例呈糖尿病陽性，500 例呈陰性。類別失衡比例約為 1：1.9。該資料集是不平衡二元分類問題的典型範例，其目標是根據年齡、血壓、體重指數等八個特徵來預測患者是否患有糖尿病。我們使用原始資料和 SMOTE 對陽性樣本擴增的資料集分別訓練與測試基本 SVM 分類器，以了解 SMOTE 的效益。SMOTE 合成 232 個新的糖尿病陽性樣本，使陰陽性資料集完全平衡，都是 500 例。使用訓練集與測試集分別佔 8 成與 2 成的樣本比例。原始資料的訓練集有 614 例，測試集有 154 例，其中陽性與陰性實例分別為 55 與 99；以 SMOTE 擴增後資料的訓練集有 800 例，測試集有 200 例，其中陽性與陰性樣本分別為 101 與 99。最近鄰的數量(K)預設值為 5，這表示 SMOTE 演算法將使用少數類別實例的 5 個最近鄰來產生合成樣本。實驗結果以表 10-1 的混淆矩陣來表示(有關混淆矩陣的詳細討論在下一章)。

表 10-1　2×2 混淆矩陣。

		真實類別	
		Positive (陽性)	Negative (陰性)
預測類別	Positive	True Positive (*TP*)	False Positive (*FP*)
	Negative	False Negative (*FN*)	True Negative (*TN*)

由混淆矩陣表中可定義出幾個評估指標，例如預測糖尿病的精準度(precision)定義為

$$precision = \frac{TP}{TP+FP}$$

最後的實驗數據如表 10-2 所示。無 SMOTE 與有 SMOTE 的精準度分別為

$$precision_{無SMOTE} = \frac{36}{36+19} \approx 0.65 \text{ , } precision_{有SMOTE} = \frac{76}{76+25} \approx 0.75$$

表 10-2　實驗結果表列。

		無 SMOTE		有 SMOTE	
		真實類別		真實類別	
		Positive (陽性)	Negative (陰性)	Positive (陽性)	Negative (陰性)
預測類別	Positive	36	19	76	26
	Negative	19	80	25	73

實驗結果顯示有使用SMOTE的精準度比無使用SMOTE技術的來的高，初步驗證了使用SMOTE的效益。

除了以上用取樣技術來克服不平衡資料集的問題外，另一個做法是直接修改基本的支持向量機，將這個類別不平衡的因素納入支持向量機的訓練之中，這就是以下要討論的課題。

不平衡支持向量機(Imbalanced SVM, ISVM)

在 SVM 中，兩個類別中每個類別的錯誤懲罰 C 都相同。當兩個類別處於不平衡時(可能是樣本數量不均衡或誤分類時實際上要付出的代價有輕重之別)，有學者提出一種不同錯誤成本(different error cost, DEC)的算法，使得來自小類別的圖樣向量錯誤分類的成本應比大類別的錯誤成本高。ISVM (Liu 等人[2006])(Liu 和 Chen [2007])的基本想法是分別為正類別和負類別分別引入不同的誤差權重 C^+ 和 C^-。

給一訓練樣本集 $\{(\mathbf{x}_i, y_i)\}_{i=1}^{N}$，其中 $\mathbf{x}_i$ 是一個訓練向量且 y_i 是有值為+1 或−1 的類別標示，令 $I_+ = \{i \mid y_i = +1\}$ 且 $I_- = \{i \mid y_i = -1\}$，求權重向量 $\mathbf{w}$ 和偏差量 b 使得

$$y_i(\mathbf{w}^T \varphi(\mathbf{x}_i) + b) \geq 1 - \xi_i, \quad \forall i$$
$$\xi_i \geq 0, \qquad\qquad \forall i$$

其中 $\mathbf{w}$ 和鬆弛變量 ξ_i 使以下的成本函數最小化：

$$\Phi(\mathbf{w}, \xi_i) = \tfrac{1}{2}\mathbf{w}^T \mathbf{w} + C^+ \sum_{i \in I_+} \xi_i + C^- \sum_{i \in I_-} \xi_i \tag{10-2-9}$$

其中 $\varphi(\cdot)$ 再次是像 RBF 的一個非線性映射函數，而 C^+ 和 C^- 為使用者指定的正值參數。這裡選擇如下的參數關係：

$$C^+ = C^- \frac{\#I_-}{\#I_+} \tag{10-2-10}$$

其中 $\#I_+$ 為 I_+(正類別)中的資料數量，而 $\#I_-$ 為 I_-(負類別)中的資料數量。

　　透過將拉格朗日目標函數對各變量偏微分(細節請參見附錄 D-2)，其對偶問題變成如下。求使以下目標函數最大化的拉格朗日乘數 $\{\alpha_i\}_{i=1}^{N}$：

$$Q(\alpha) = \sum_{i=1}^{N} \alpha_i - \frac{1}{2}\sum_{i=1}^{N}\sum_{j=1}^{N} \alpha_i \alpha_j y_i y_j k(\mathbf{x}_i, \mathbf{x}_j)$$

受限於條件：

$$0 \leq \alpha_i \leq C^+, \ \text{當 } y_i = +1 \text{ 時} \tag{10-2-11a}$$

$$0 \leq \alpha_i \leq C^-, \ \text{當 } y_i = -1 \text{ 時} \tag{10-2-11b}$$

$$\sum_{i=1}^{N} \alpha_i y_i = 0 \tag{10-2-11c}$$

　　此處再一次選取 RBF 為內核函數。當 $y_i = +1$ 時，若 $0 < \alpha_i \leq C^+$ 或是當 $y_i = -1$ 時，$0 < \alpha_i \leq C^-$，對應的資料點稱為支持向量(support vectors)。權重向量的解為

$$\mathbf{w}_o = \sum_{i=1}^{N_s} \alpha_i y_i \varphi(\mathbf{x}_i) \tag{10-2-12}$$

其中 N_S 為支持向量的數量。根據庫恩-塔克條件(Fletcher [1987])，用在訓練集中有 $0 < \alpha_i < C^+$(當 $y_i = +1$ 時)或 $0 < \alpha_i < C^-$(當 $y_i = -1$ 時)的所有資料點可計算出最佳偏差量 b_o。一但求出最佳的參數對($\mathbf{w}_o, b_o$)，對於待測的資料向量 $\mathbf{z}$，可得其決策函數為

$$D(\mathbf{z}) = sign\left(\sum_{i=1}^{N_S} \alpha_i y_i k(\mathbf{x}_i, \mathbf{z}) + b_o \right) \qquad (10\text{-}2\text{-}13)$$

10-3　集成學習(Ensemble Learning)

俗話說：「三個臭皮匠勝過一個諸葛亮」。集成學習就是利用了這樣的理念，亦即較大群體的決策通常優於單一專家。集成學習是指一組(或集成)基礎學習器(base learner)或模型，它們協同工作以獲得更好的最終預測結果。單一模型[也稱為弱學習器(weak learner)]可能由於資料或特徵的高變異量(variance)或偏誤(bias)而表現不佳。然而，當這些弱學習器「同心協力」聚合在一起時，它們可以形成一個強學習器(strong learner)，使偏誤或變異量降低，提高模型性能。集成方法經常使用決策樹來解說，因為在未經修剪而過於茂盛時，決策樹可能容易過度擬合(高變異量和低偏誤)，而當決策樹非常簡單[如決策樹樁(decision stump)]時，演算法也可能會導致欠擬合(低變異量和高偏誤)，其中的決策樹樁是指只有一層的決策樹。使用集成方法可減少過度擬合和欠擬合，提高模型對新資料的泛化能力。

集成學習方法主要分為四種類型：裝袋法(Bagging)、提升法(Boosting)、堆疊法(stacking)和串聯法(cascading)。這些方法的共同點是它們都使用多個模型來提高預測性能。以下是對每種方法的簡要介紹，並用表格總結它們的特色以及優缺點。

· 裝袋法對在不同資料子集上訓練的多個模型的輸出取平均，以減少預測模型的變異量。每個子集都是對原始資料進行放回取樣(sampling with replacement)所獲得的。Bagging 通常應用於決策樹方法，例如隨機森林(random forest)。

· 提升法對相同資料依序訓練多個模型，以減少預測模型的偏誤，並給予先前模型錯誤分類的實例(instance)更大權重。提升法旨在從一組弱學習器中建構出一個強學習器。一些流行的提升算法包括 AdaBoost、梯度提升決策樹(Gradient Boosted Decision Trees, GBDT)和 XGBoost。

· 堆疊法[也稱爲堆疊泛化(Stacked Generalization)]使用一個稱爲元學習器(meta-learner)
或元模型(meta-model)的另一個模型將多個模型的輸出加以組合，以提高預測準確
性。這個方法的想法是，不同的模型可能獲取資料的不同面向的特性，再由元模型學
習如何最好地組合它們的輸出以做出最終預測。元學習器根據基礎模型的預測進行訓
練，這些模型可以是不同類型的算法。堆疊需要將資料分成多個部分：一個用於訓練
基本模型，另一個用於使用基本模型的預測作爲特徵來訓練元模型。堆疊可用於回歸
和分類問題。

· 串聯法[也稱爲串聯泛化(Cascade Generalization)]將問題分解爲子問題，並爲每個子問
題訓練多個模型以提高預測精度。這些模型串聯排列，其中一個模型的輸出用於下一
個模型的輸入。串聯法通常應用於需要高精度的複雜問題，例如人臉偵測或醫療診斷。

表 10-3-1 四個集成學習方法的特色與優缺點。

方法	特色	優點	缺點
裝袋法 (Bagging)	對在不同資料子集上訓練的多個模型的輸出取平均，以減少模型的變異量。	可以降低過度擬合風險，提升預測模型的穩定性。	可能會增加模型偏誤，並使預測模型的可解釋性減弱。
提升法 (Boosting)	對相同資料依序訓練多個模型，並給予錯誤分類實例更大的權重，以減少模型偏誤。	可以減少模型偏誤，並提高預測模型的準確性。	可能會增加模型的變異量並且容易導致過度擬合問題。
堆疊法 (Stacking)	使用稱爲元學習器的另一個模型結合多個模型的輸出。	可發揮不同類型算法的優勢並提升預測模型的準確性。	可能會增加預測模型的複雜度和計算成本。
串聯法 (Cascading)	將問題分解爲子問題，並爲串聯中的每個子問題訓練多個模型。	可處理需要高精度和細緻預測的複雜問題。	可能會增加預測模型的複雜度和計算成本。

由於篇幅的考量，我們將討論重點放在裝袋法和提升法這兩種主要的集成學習方法
上。

▋ 10-3-1 Bagging 機器學習算法

裝袋法(Bagging)的全稱爲 Bootstrap aggregating (自助聚集算法)。如前所述，它是一種
集成學習方法，可提高機器學習算法在分類和回歸問題上的穩定性和準確性，同時降低模
型的變異量並避免過擬合。裝袋法的基本想法是從原始資料集中以有放回的方式隨機抽取
多個子樣本，使得單個資料點可以被多次選擇。這些子樣本藉由自助(bootstrapping)產生，
然後用這些子樣本獨立訓練多個單獨的弱模型，最後以平均(用於回歸)或投票(用於分類)
等的組合策略匯總這些模型的預測輸出，以獲得最終的預測結果。

裝袋法適用於不穩定的算法，例如人工神經網路、決策樹和線性回歸的子集選擇等。它可以視為模型平均方法的一種特例。隨機森林算法則是裝袋法的一種擴展，它在裝袋法的基礎上引入了特徵的隨機性，以建構出不相關的決策樹森林。

1996 年，Breiman 提出了 Bagging 算法(Breiman [1996])，該算法包含三個基本步驟：

1. 自助抽樣(Bootstrapping)：給定一個包含 N 個樣本的原始資料集 D，Bagging 生成 k 個新的訓練集，每個訓練集的大小也為 N，這是藉由從 D 中以均勻且有放回的方式抽樣得到的。由於是有放回的抽樣，某些樣本可能在每個新訓練集中重複出現，而這些被選中的樣本被稱為自助樣本(bootstrap sample)。有放回的抽樣方式確保每個自助樣本都是獨立，因為它的選取不受之前選擇的樣本影響。

2. 平行訓練：使用上述生成的 k 個自助訓練集平行地擬合或訓練 k 個模型(弱學習器或基礎學習器)。

3. 聚合集成：藉由特定的組合策略將這 k 個模型聚合成一個強學習器。對於回歸問題，將這 k 個模型的輸出平均得到最終的預測值，這被稱為軟投票(soft voting)。對於分類問題，將這 k 個模型的輸出進行投票，選擇獲得最高多數票的類別；這被稱為硬投票(hard voting)或多數決投票(majority voting)。

裝袋法的整體概念和實現過程如圖 10-3-1 所示，其中資料集 D 包含六個不同的觀測樣本值，每個樣本值以不同的幾何圖形表示。裝袋法利用自助抽樣法(bootstrap sampling)以取樣與放回的方式生成自助樣本。需要注意的是，由於有放回的抽樣，某些觀測值可能在同一個自助樣本集中重複出現，同時 D 中的某些觀測值可能不會被選入自助樣本集中。

Bagging (裝袋法)的學理分析

為了提高模型的差異性，裝袋法使用自助抽樣法，從訓練集中隨機抽取資料。假設原始訓練集中有 N 個樣本，則每次抽取出一個樣本的機率為 $1/N$，不被抽取出的機率為 $(1-1/N)$。因此，經過 N 次抽樣，某個樣本都不被抽取出的機率為 $(1-1/N)^N$。當 N 趨近於無窮大時，這個機率趨近於 $1/e$，約等於 0.368，略大於三分之一。這表示可能有超過三分之一的觀測樣本沒有被選取，這些樣本被稱為袋外樣本(Out of Bag, OOB)。這些樣本並未參與模型訓練，後續可以用來評估模型的泛化能力。實際上，由於 N 總是有限值，預期到當弱模型數量 k 增加時，OOB 內的樣本數會比理論值更少。

　　模型平均(model averaging)的基本原理是不同模型在測試集上通常不會產生相同的誤差。考慮一個包含 k 個模型的集成模型。令每一個模型在一個自助樣本上的誤差是 ϵ_i。設該誤差是來自均值為零、變異量為 $E[\epsilon_i^2] = \mathrm{Var}[\epsilon]$ 且共變異數為 $E[\epsilon_i \epsilon_j] = \mathrm{Cov}[\epsilon]$ 的多變數常態分佈。集成模型的預測誤差是所有模型預測誤差的平均值，即 $\dfrac{1}{k}\sum_i \epsilon_i$。整合預測器之平方誤差的期望值或均方誤差為：

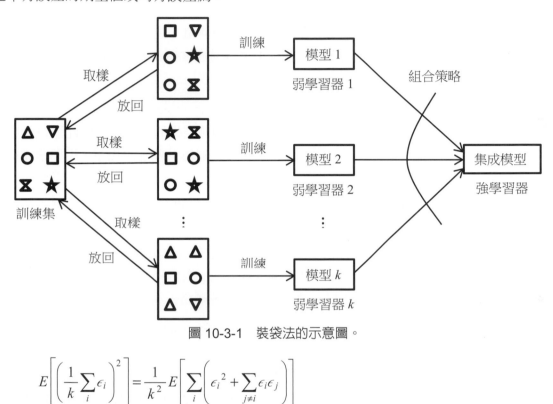

圖 10-3-1　裝袋法的示意圖。

$$E\left[\left(\frac{1}{k}\sum_i \epsilon_i\right)^2\right] = \frac{1}{k^2} E\left[\sum_i \left(\epsilon_i^2 + \sum_{j \neq i} \epsilon_i \epsilon_j\right)\right]$$
$$= \frac{1}{k}\mathrm{Var}[\epsilon] + \frac{k-1}{k}\mathrm{Cov}[\epsilon]$$

在所有模型的誤差完全相關的情況下，即 $\mathrm{Cov}[\epsilon] = \mathrm{Var}[\epsilon]$，整合模型的均方誤差簡化成與單個模型相同的均方誤差 $\mathrm{Var}[\epsilon]$。這表示模型平均不會改善預測誤差的表現；反之，在模型的預測誤差完全不相關的情況下，即 $\mathrm{Cov}[\epsilon] = 0$，該集成模型的均方誤差僅為 $\dfrac{1}{k}\mathrm{Var}[\epsilon]$，這意味著集成模型的均方誤差與集成規模 k 的倒數成正比。換言之，模型平均至少與其任何成員表現相同，並且如果成員的誤差是獨立的，則集成模型將明顯優於單一模型。

裝袋法的優點與挑戰

在處理分類或回歸問題時，裝袋法帶來了許多優點，但也面臨著一些挑戰。裝袋法的主要優點包括：

· 易於實現：裝袋法可以輕鬆地結合基礎學習器或估測器的預測，以提升模型性能。Python 函式庫如 scikit-learn (也稱為 sklearn)提供了相關模組，可以在模型優化過程中方便使用。

· 減少變異量：Bagging 有助於減少學習算法中的變異量。這對於高維資料特別有用，因為缺失值可能導致更高的變異量，使模型更容易過度擬合，也越難對新資料集進行泛化。

然而，裝袋法也面臨一些挑戰：

· 喪失可解釋性(interpretability)：由於裝袋法涉及預測結果的平均值，因此難以從中獲得精確的解釋。儘管結果比單一資料點更精確，但對於某些應用場景，更準確或更完整的解釋可能需要單一分類或回歸模型。

· 高計算成本：隨著迭代次數的增加，裝袋法的執行速度會變慢並且需要更多計算資源。因此，它不太適合實時應用。

除了為了實現集成學習以提升模型泛化能力外，還有其他集成方法。例如，Boosting 是一種旨在提高單個模型容量(capacity)的技術。Boosting 有兩種常見的實現方式：一種是不斷增加弱模型以構建集成模型，另一種是將單個神經網路視為集成模型，並不斷增加其隱藏單元。

▌ 10-3-2　Boosting 機器學習算法

Boosting (提升法)是另一種集成學習技術，其特點是基本模型按順序進行訓練，每個後續模型都專注於糾正先前模型所犯的錯誤。在 Boosting 過程中，早期模型錯誤分類的實例被賦予更大的權重，使此集成方法可有效地從錯誤中學習。Boosting 算法根據訓練實例的性能調整訓練實例的權重，並以加權的方式結合各個模型的預測來做出最終的預測。

Bagging 和 Boosting 之間的主要區別在於它們的訓練方式。在 Bagging 中，弱學習器是平行訓練的，但在 Boosting 中，它們是循序學習的，意指構建了一串模型，並且隨著每次新模型的迭代，先前模型中錯誤分類資料的權重都會增加。這個權重重新分配的策略有助於算法識別需要關注的參數，以提高性能。Bagging 和 Boosting 的另一個區別在於它們的使用場景。例如，Bagging 方法通常用於具有高變異量和低偏誤的弱學習器，而 Boosting 方法則適用於具有低變異性和高偏誤的情況。自適應提升(Adaptative Boosting, AdaBoost)算法是最流行的 Boosting 算法之一，因為它是這類算法的開山之作。其他類型的 Boosting 算法包括 XGBoost、GradientBoost 和 BrownBoost。

10-3-3 AdaBoosting 機器學習算法

分類器的介紹與應用

分類器的主要想法就是判斷出影像上某個區域是否存在所要尋找的目標物,而這是以特徵值來實現的。一旦使用快速算法求出這些特徵值後,接下來就是對該區域內的物體進行分類,以確定它是否是我們正在尋找的目標(Ding [2014])。換句話說,我們要確定該區域內的特徵值是否與先前訓練模型中的目標特徵值相匹配。此處的分類器使用了 PAC (Probably Approximately Correct)機器學習模型。PAC 是計算學習理論中常用到的模型,由 Valiant 於 1984 年提出(Valiant [1984])(Pitt 和 Valiant [1990])。該模型認為「學習」是一種獲取知識的過程,即使在模式明顯清晰或不存在的情況下也能進行。它包括(1)適當的訊息收集機制;(2)學習協定;(3)適用於在合理步驟內完成學習的概念。PAC 學習的實質是基於樣本訓練,以使算法的輸出在機率上接近未知目標。學習模型是考慮樣本複雜度和計算複雜度(指的是學習器成功學習所需的訓練樣本數與計算量)的一個架構。簡單來說,PAC 學習模型不要求每次都正確,只要能在多項式數量的樣本和多項式時間內達到所需的正確率,就可認為是成功的學習。

基於 PAC 學習模型的理論分析,Valiant 提出了一個 Boosting 算法,該算法涉及到兩個重要的觀念,即弱學習和強學習。所謂的弱學習是指一個學習算法的辨識率只略高於隨機辨識,而強學習則表示一個學習算法的辨識率很高。而弱分類器和強分類器則是分別指由弱學習和強學習所產生的結果。弱學習算法相對較容易獲得,其獲取過程涉及大量的資料集,這些資料集是基於某些簡單規則的組合以及對樣本集的性能評估所形成的。相形之下,強學習算法相對不容易獲得,然而 Kearns 和 Valiant 提出了弱學習和強學習之間的相關性(Kearns 和 Valiant [1989]),證明只要有足夠的數據,弱學習算法也可藉由集成方式生成高精確度的強學習。基於此一理論,Boosting 算法成為提升分類器準確性的一個通用方法。然而,Boosting 算法仍然存在幾個主要問題。首先,它需要事先知道弱學習算法在學習時所產生的誤差。其次,該算法可能導致後續的訓練過度集中於難以區分的樣本,因而產生不穩定的結果。針對這些缺陷,Freund 和 Schapire 提出了一個實際可行的自適應 Boosting 算法(Freund 和 Schapire [1997]),稱為 AdaBoost (自適應提升)。AdaBoost 這個具有多項式複雜度演算法的原理在於透過調整樣本權重和弱分類器權重值。在訓練新的分類器時,增加分類錯誤樣本的權重,使更多的關注放在容易分類錯誤的樣本上;同時,分類準確率較高的弱分類器將被賦予更大的權重值。最終,這些弱分類器的組合將形成一個強大的分類器,用於進行樣本的分類。接下來,我們將更深入地探討弱分類器的形成。

從弱分類器到強分類器

最初的弱分類器可能僅包含最基本的特徵，用來計算輸入影像的特徵值，並將其與最初的弱分類器的特徵值比對，以判斷輸入影像是否為目標物。但是這樣的弱分類器實在過於簡陋。要將弱分類器訓練成為最佳的弱分類器，需要仔細設計分類器的結構。首先，我們來看一下弱分類器的數學結構：

$$h_j(x, f, p, \theta) = \begin{cases} 1, & pf(x) < p\theta \\ 0, & 其他 \end{cases} \tag{10-3-1}$$

其中 h_j 代表第 j 個分類器的結果(1 或 0)，x 為輸入影像，f 表示特徵，變數 p 的值為 1 或 -1，用來控制不等式符號的方向，以確保不等式始終為「<」號，θ 為門檻值。

從結構角度來看(10-3-1)式，可發現這其實是一種決策樹(decision tree)。決策數最早由 Breiman 等人提出(Beriman 等人[1984])，也被稱為分類與回歸樹(Classification And Regression Tree, CART)。在機器學習中，決策樹用於建立一個預測模型，該模型反映了對象屬性與對象值之間的映射關係。決策樹中的每個節點代表某個對象，分支路徑則表示某個可能的屬性值。決策樹可以用於分類和回歸問題，其中分類用於預測結果可能具有的兩種不同屬性，而回歸則涉及結果可以連續使用的概念。

弱分類器的訓練過程大致可分為以下幾個步驟：

步驟 ① 針對每個特徵 f，計算所有訓練樣本的特徵值。

步驟 ② 將特徵值排序。

步驟 ③ 對已排序的每個元素執行以下操作：(1)計算所有正值的權重和 T^+；(2)計算所有負值的權重和 T^-；(3)計算該元素前的正值的權重和 S^+；(4)計算該元素前的負值的權重和 S^-。

步驟 ④ 計算每個元素的分類誤差，以找出最小的分類誤差：

$$e = \min(S^+ + (T^- - S^-), S^- + (T^+ - S^+)) \tag{10-3-2}$$

在所有 e 值中找到最小的元素，以該元素的特徵值作為最佳的門檻值，這樣就得到了一個最佳的弱分類器。

獲得最佳的弱分類器後，接下來要來探討的是如何形成強分類器。簡單來說，強分類器的生成需要多次迭代，經由迭代過程中的誤判調整權重並進行新的訓練。每次新的訓練都會產生一個新的弱分類器，這些弱分類器將結合成一個強大的分類器。詳細過程可以參考圖 10-3-2。

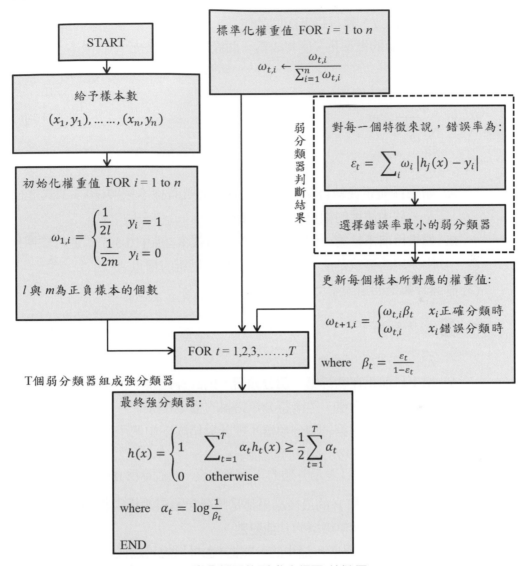

圖 10-3-2　強分類器的形成流程圖(林健男[2016])

參考上述流程圖，我們進一步說明 AdaBoost 算法的具體實施步驟：

步驟 1 首先輸入 n 個樣本 $(x_1, y_1), (x_2, y_2), \cdots\cdots, (x_n, y_n)$，這些樣本中包含了要偵測的目標以及不是目標的樣本，我們分別用 m 和 l 來表示它們的數量。在這裡，x_i 代表訓練樣本的數據，而 $y_i \in \{1, 0\}$ 分別表示是否為偵測目標。

步驟 2 初始化樣本的權重值，其中目標物($y_i = 1$)和非目標物($y_i = 0$)的初始權重值分別為 $\dfrac{1}{2l}$ 和 $\dfrac{1}{2m}$。

步驟 3 對於 $t = 1, 2, ..., T$，執行以下四個動作：

(1) 進行權重值的標準化，使其成為一個機率分布。對於每個樣本，標準化的方法如下：

$$\omega_{t,i} \leftarrow \frac{\omega_{t,i}}{\sum\limits_{i=1}^{n} \omega_{t,i}} \tag{10-3-3}$$

    A. 如果目前正在執行第一個分類器，則所有樣本按照(10-3-3)式進行標準化，其中使用的權重是初始化權重。

    B. 如果目前不是第一個分類器，則所有樣本按照(10-3-3)式進行標準化，其中使用的權重是前一個分類器分類後更新的權重。

(2) 計算分類器的錯誤率：

$$\varepsilon_t = \sum_i \omega_{t,i} \left| h_j(x) - y_i \right| \tag{10-3-4}$$

    A. 如果目前正在執行第一個分類器，則計算錯誤率中使用的權重是初始化並標準化的權重，然後將分類錯誤的權重相加。

    B. 如果目前不是第一個分類器，則計算錯誤率中使用的權重是更新並標準化的權重，然後分類錯誤的權重相加。

    由於 $\left| h_j(x) - y_i \right|$ 表示分類的正確或錯誤，正確時為 0，錯誤時絕對值為 1，因此上述 A 和 B 的最後結果都是將分類錯誤的權重相加。計算得到的錯誤率將用於調整後續的其他變數。

(3) 定義分類器為錯誤率 ε_t 最小的分類器，也可以說是越後面的分類器錯誤率越小。

(4) 更新每個樣本對應的權重值。如果樣本被正確分類，則

$$\omega_{t+1,i} = \omega_{t,i} \beta_t \tag{10-3-5}$$

如果樣本被錯誤分類，則

$$\omega_{t+1,i} = \omega_{t,i} \text{，而 } \beta_t = \frac{\varepsilon_t}{1 - \varepsilon_t} \tag{10-3-6}$$

當計算完所有樣本的錯誤率後，該分類器的最後一步是依照(10-3-5)和(10-3-6)式更新所有樣本的權重。值得注意的是，在分類正確的情況下，更新後的樣本權重會乘以一個 β_t 值，而這個 β_t 值小於 1。而對於分類錯誤的樣本，它們的權重只是簡單地經過標準化。因此，分類正確的樣本權重會變小，而分類錯誤的樣本權重則會增加。

我們可以這樣解釋這個過程：當某個樣本在當前的分類器下正確分類時，下一個分類器可以稍微放寬對這個樣本的要求，因此它的權重會減小。相反地，如果某個樣本在當前的分類器下被錯誤分類，下一個分類器就需要更加謹慎地處理這個樣本，所以它的權重會增加。

當一個分類器完成運算後，每個樣本將帶著更新後的權重進入下一個分類器，並執行相同的流程。當所有的分類器都完成運算，或者錯誤率為 0 時，整個過程結束。這個流程經過的所有弱分類器將形成一個強分類器：

$$
h(x) = \begin{cases} 1, & \sum_{t=1}^{T} \alpha_t h_t(x) \geq \frac{1}{2} \sum_{t=1}^{T} \alpha_t \\ 0, & \text{其他} \end{cases} \text{，其中 } \alpha_t = \log \frac{1}{\beta_t} \qquad (10\text{-}3\text{-}7)
$$

這裡的 α_t 代表弱分類器的權重，如果某個弱分類器效果佳，則其權重就較大，表示在強分類器中扮演較重要的腳色；反之，權重較小。最終，藉由比較加權後的強分類器效果與所有弱分類器平均效果的差異，可以確定是否獲得了一個強分類器。

範例 10.5

考慮一個有兩個類別的分類問題，其中共含有 100 個二維圖樣，分別用實心圓和空心圓表示不同的類別歸屬，如圖 10-3-3 所示。由這些圖樣的分佈可看出，這顯然不是一個線性可分離的簡單情況。我們嘗試用 AdaBoost 來進行分類。這裡所選用的弱分類器是針對一個特徵的單一決策樹樁(亦即只有一層的決策樹)，基本上就是對特徵 1 或特徵 2 建立一個門檻值的兩類別分類器。從圖 10-3-3 中的(a)(b)(c)可看出決策邊界的變化，且隨著弱分類期的數量從 2、4 到 6 所形成的強分類器的結果顯示，分類正確性逐漸提高。

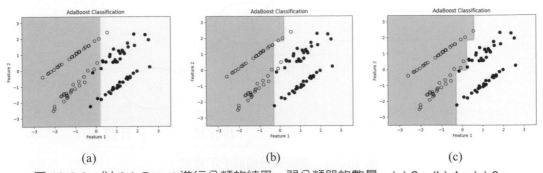

(a) (b) (c)

圖 10-3-3 以 AdaBoost 進行分類的結果。弱分類器的數量：(a) 2；(b) 4；(c) 6。

總結 AdaBoost 的優點如下：

(1) 做為分類器時，它的分類準確度很高；

(2) 在 AdaBoost 的架構下，我們可以用各種回歸分類模型來建立弱學習器，不用對特徵進行篩選；

(3) AdaBoost 作為二類別分類器時，它的構造較為簡單；

(4) AdaBoost 並不容易產生過度擬合的現象。

然而，AdaBoost 也有一些缺點。疊代次數難以確定，也就是弱分類器的數量不好設定。此外，在類別不平衡的情況下，AdaBoost 可能導致分類的準確度下降，同時也會增加訓練時間。

實務操作上，擁有單一的強分類器有時還不足以達到理想效果，於是 Viola 和 Jones 利用 Cascade 算法將分類器組合成篩選式串級分類器(Viola 和 Jones [2001])。在這個串級分類器中，每個節點都代表一個 AdaBoost 訓練得到的強分類器。在每個節點處設置一個門檻值，以確保只有幾乎符合目標特徵的樣本能夠通過，而不符合的樣本則會被排除。這些節點按照複雜度由簡單排列到複雜，前面的節點包含較少的弱分類器，而後面的節點包含更多的弱分類器。這是因為越靠後面的分類器面臨的困難越大，需要更高的精度來區分輸入是否為目標物。這種排列方式有助於將被錯誤拒絕的目標樣本數量最小化，同時保證高的偵測率和低的拒絕率。圖 10-3-4 展示了串級強分類器的示意圖。

整個分類器訓練的簡要流程如下：(1)蒐集感興趣目標物件的正、負樣本並分類；(2)以 AdaBoost 演算法得出強分類器；(3)組合數個強分類器形成串級的分類器。對於訓練好的分類器就可輸入測試影像，看看感興趣的目標物是否可被正確辨識。

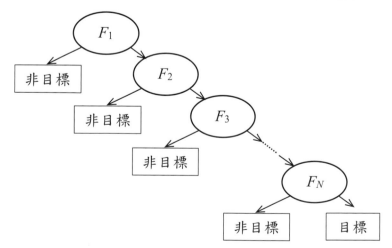

圖 10-3-4　串級強分類器的示意圖。

10-4　隨機森林分類演算法

我們在上一節(10-3 節)中所討論的分類器基本上是一棵決策樹(decision tree)。本節要介紹的是如何結合多棵決策樹，形成一個決策森林(decision forest)。顧名思義就是由多棵不同的決策樹組成的一個更大型的學習器，這個想法承襲了上一節中結合多個「弱分類器」以建構一個「更強分類器」的概念。當一個分類器主要是由多個較小分類器組合而成時，這種方法可統稱為集成學習法(ensemble learning method)，意思是不再依賴單一模型，而是透過多個模型的協同合作，這就像在落實「三個臭皮匠勝過一個諸葛亮」的概念。

隨機森林(random forest)是集成學習法中的一種熱門方法。隨機森林以隨機方式建立一個包含多棵決策樹的「森林」。在這個森林中，每棵決策樹都是獨立建立的，彼此之間沒有關聯。當一個新樣本出現時，它會被每棵決策樹分別評估，以確定該樣本屬於哪一類。最後，通過投票方式來決定哪一類被選擇最多次，並將其作為最終的分類結果。隨機森林的示意圖如圖 10-4-1 所示。

隨機森林中，每一個決策樹的「種植」和「生長」過程主要包括以下四個步驟：

步驟 ① 假設訓練集中的樣本數量為 N，藉由有重復的隨機抽樣，多次獲取這 N 個樣本，所抽取的樣本將用於建立決策樹的訓練集；

步驟 ② 如果有 M 個輸入變數，則每個節點都將隨機挑選 m ($m < M$)個特定的變數，然後運用這 m 個變數來找出最佳的分裂點。需要注意的是，在整個決策樹的生成過程中，m 的數值保持不變；

步驟 ③ 每棵決策樹都會盡可能生長，而不進行剪枝操作；

步驟 ④ 藉由綜合所有決策樹的預測結果(在分類任務中採用多數決投票，而在回歸任務中取平均)來預測新的資料。

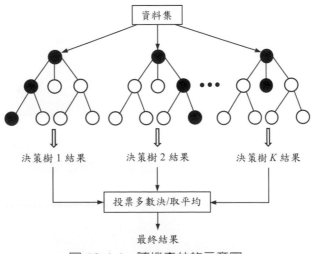

圖 10-4-1　隨機森林的示意圖。

這種演算法具有以下特點：在分類和回歸分析中都能有出色的表現；對高維度資料的處理能力強，即使擁有成千上萬個輸入變數也能應對。它也是一個非常不錯的降維方法；能夠評估特徵的重要性，並且有效處理缺失值。

範例 10.6

考慮一個與範例 10.5 相同的分類問題，先前用 AdaBoost 來進行分類，本範例則用 Random Forest 來進行分類，圖 10-4-2 顯示分類的結果。和範例 10.5 一樣，決策樹的數量設定為 2、4 和 6。從圖 10-4-2 中的(a)(b)(c)可看出決策邊界的變化，且隨著決策樹的數量從 2、4 到 6 逐步增加，分類正確性逐漸提高，但都略遜於對應的圖 10-3-5 的結果，因為有些圖樣還是沒有被正確分類。因此我們提高決策樹的數量。圖 10-4-3 顯示決策樹為 20 和 30 的結果，可看到比圖 10-4-2 相對較佳的決策邊界和更少的誤判。要注意，過於複雜的決策邊界線可能會產生過度擬合的問題，降低對實際測試樣本的泛化能力。

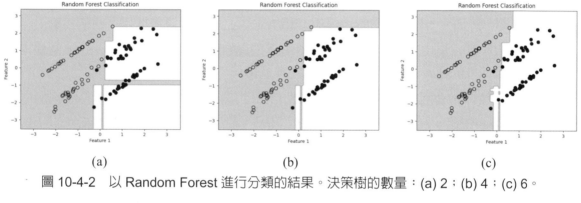

(a)   (b)   (c)

圖 10-4-2　以 Random Forest 進行分類的結果。決策樹的數量：(a) 2；(b) 4；(c) 6。

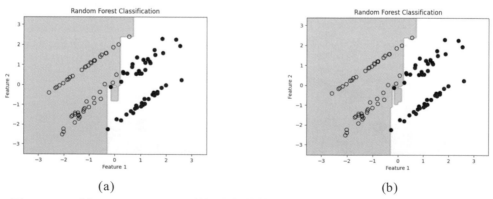

(a)   (b)

圖 10-4-3　以 Random Forest 進行分類的結果。決策樹的數量：(a) 20；(b) 30。

10-5　統計決策圖樣辨識

10-5-1　基本理論

在實際的圖樣識別問題中,每個類別的圖樣通常都具有一段範圍內的特徵值,而不是單一且固定的特徵向量值。每個圖樣的特徵值可能落在該範圍的某個位置,而這個位置通常無法事先精確預知,甚至連明確的數值範圍都可能難以確定。對於這種具有隨機特性的情況,使用機率概念來描述是非常合適的。

設某一個圖樣 $\mathbf{x}$ 屬於 ω_i 類別的機率為 $p(\omega_i|\mathbf{x})$。另外,假設一個分類器誤判某個圖樣屬於 ω_j,但實際上它屬於 ω_i,這種誤判所導致的損失為 L_{ij}。因此,將圖樣 $\mathbf{x}$ 歸類為類別 ω_j 的平均損失為

$$\rho_j(\mathbf{x}) = \sum_{k=1}^{M} L_{kj}\, p(\omega_k\mid\mathbf{x}) \tag{10-5-1}$$

其中 M 為類別總數。由貝氏定理(Bayes' theorem)可知

$$p(\omega_k|\mathbf{x}) = \frac{p(\mathbf{x}|\omega_k)P(\omega_k)}{p(\mathbf{x})} \tag{10-5-2}$$

其中 $p(\mathbf{x}|\omega_k)$ 為 ω_k 類別之圖樣機率密度函數, $P(\omega_k)$ 則是出現 ω_k 類的機率, $p(\mathbf{x})$ 則是全機率(total probability):

$$p(\mathbf{x}) = \sum_{k=1}^{M} p(\mathbf{x}|\omega_k)P(\omega_k) \tag{10-5-3}$$

因此,(10-5-1)式可改寫成

$$\rho_j(\mathbf{x}) = \frac{1}{p(\mathbf{x})}\sum_{k=1}^{M} L_{kj}\, p(\mathbf{x}\mid\omega_k)P(\omega_k) \tag{10-5-4}$$

由於(10-5-4)式中的共通係數 $p(\mathbf{x})$ 與類別無關,對類別的判定無影響,因此可刪除,於是(10-5-4)式的一個簡化但同樣有效的版本為

$$\rho_j(\mathbf{x}) = \sum_{k=1}^{M} L_{kj}\, p(\mathbf{x}\mid\omega_k)P(\omega_k) \tag{10-5-5}$$

決策時，對一輸入圖樣 $\mathbf{x}$ 計算所有的平均損失 $\rho_1(\mathbf{x}), \rho_2(\mathbf{x}), \cdots, \rho_M(\mathbf{x})$，並選擇具有最小平均損失的類別當做 $\mathbf{x}$ 的歸屬。此種分類器稱為貝氏分類器(Bayes classifier)。

若分類正確時損失為 0，而分類錯誤時的損失都是固定值(與類別無關)，例如設為 1，則 L_{kj} 可寫成 $1 - \delta_{k,j}$，因而(10-5-5)式可簡化成

$$\begin{aligned}\rho_j(\mathbf{x}) &= \sum_{k=1}^{M}(1-\delta_{kj})p(\mathbf{x}\mid\omega_k)P(\omega_k) \\ &= p(\mathbf{x}) - p(\mathbf{x}\mid\omega_j)P(\omega_j)\end{aligned} \tag{10-5-6}$$

於是貝氏分類器在下列條件下會將圖樣 $\mathbf{x}$ 歸類為 ω_i：

$$p(\mathbf{x}) - p(\mathbf{x}\mid\omega_i)P(\omega_i) < p(\mathbf{x}) - p(\mathbf{x}\mid\omega_j)P(\omega_j) \tag{10-5-7}$$

或

$$p(\mathbf{x}\mid\omega_i)P(\omega_i) > p(\mathbf{x}\mid\omega_j)P(\omega_j),\ j=1,2,\cdots,M;\ j\neq i \tag{10-5-8}$$

因此具有 0~1 失真損失之貝氏分類器相當於採用決策函數

$$D_j(\mathbf{x}) = p(\mathbf{x}\mid\omega_j)P(\omega_j),\ j=1,2,\cdots,M \tag{10-5-9}$$

來做分類。

範例 10.7

考慮具有 0~1 失真損失之貝氏分類器。設特徵向量維度 $n = 1$，類別數 $M = 2$，且 $P(\omega_1) = P(\omega_2) = \dfrac{1}{2}$，

$$p(x\mid\omega_1) = \begin{cases}1 - |x+0.5|, & |x+0.5| < 1 \\ 0, & \text{其他情況}\end{cases}$$

$$p(x\mid\omega_2) = \begin{cases}1 - |x-0.5|, & |x-0.5| < 1 \\ 0, & \text{其他情況}\end{cases}$$

這兩個機率密度函數如圖 10-5-1 所示。求決策邊界線以及決策的平均錯誤機率 P_e。

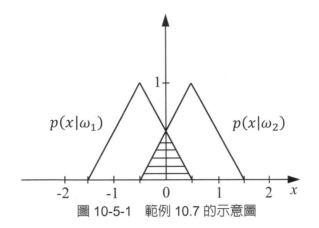

圖 10-5-1　範例 10.7 的示意圖

解

由(10-5-9)式可知決策函數為

$$D_1(x) = p(\mathbf{x}|\omega_1)P(\omega_1)$$
$$D_2(x) = p(\mathbf{x}|\omega_2)P(\omega_2)$$

所以決策邊界函數為 $D(x) = D_1(x) - D_2(x) = 0$，亦即

$$p(\mathbf{x}|\omega_1)P(\omega_1) = p(\mathbf{x}|\omega_2)P(\omega_2)$$

因為 $P(\omega_1) = P(\omega_2) = \dfrac{1}{2}$，所以上式可化簡得

$$p(\mathbf{x}|\omega_1) = p(\mathbf{x}|\omega_2)$$

亦即

$$1 - |x + 0.5| = 1 - |x - 0.5|$$

解得 $x = 0$。所以決策邊界線 $D(x) = x = 0$。亦即，當 $x < 0$ 時，將 x 歸類為 ω_1；而當 $x > 0$ 時，將 x 歸類為 ω_2。決策的平均錯誤機率 P_e 等於

$$P_e = \frac{1}{2}\int_{-\infty}^{0} p(x|\omega_2)dx + \frac{1}{2}\int_{0}^{\infty} p(x|\omega_1)dx$$
$$= \frac{1}{2}\int_{-0.5}^{0} p(x|\omega_2)dx + \frac{1}{2}\int_{0}^{0.5} p(x|\omega_1)dx$$

上述的積分等於圖 10-5-1 所示的兩個橫線條標示的三角形面積。可輕易算出該面積均為 $(0.5)(0.5)/2 = 0.125$。因此 $P_e = \dfrac{1}{2}(0.125) + \dfrac{1}{2}(0.125) = 0.125$。

註 對範例 10.5 中所述的問題，能否找一個新的決策邊界線使得平均錯誤機率比 0.125 更低？要回答此問題可將 P_e 寫成

$$P_e(x) = \frac{1}{2}\int_{-0.5}^{x} p(t\mid\omega_2)dt + \frac{1}{2}\int_{x}^{0.5} p(t\mid\omega_1)dt$$

並令 $\dfrac{dP_e(x)}{dx}=0$，可得誤差最小的解。利用萊布尼茲積分法則(Leibniz integral rule)可算出結果為 $x=0$，所以沒有一個異於 $x=0$ 的決策邊界線會使 P_e 更低。另外，我們也可從視覺上得到一個相同的答案。考慮一個 $x = x_0 \neq 0$ 的決策邊界線，如圖 10-5-2 所示。由圖中可看出除了原本兩個三角形的區域外，新增了一個斜線構成的三角形區域，因此伴隨錯誤的面積變大，這代表平均誤差也變大，再次印證了誤差最小的最佳決策線為 $x = 0$。

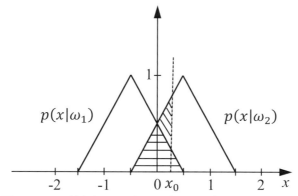

圖 10-5-2　範例 10.7 中最小錯誤機率的直觀示意圖。

▌ 10-5-2　高斯圖樣類別的貝氏分類器

在(10-5-9)式中，需要 $p(\mathbf{x}\mid\omega_j)$，即第 j 類之 $\mathbf{x}$ 的機率密度分佈。最常見的是高斯分佈：

$$p(\mathbf{x}\mid\omega_j) = \frac{1}{(2\pi)^{n/2}\,|\mathbf{C}_j|^{1/2}}\exp\left[-\frac{1}{2}(\mathbf{x}-\mathbf{m}_j)^T\mathbf{C}_j^{-1}(\mathbf{x}-\mathbf{m}_j)\right] \tag{10-5-10}$$

其中 n 為特徵向量的維度，$\mathbf{m}_j$ 與 $\mathbf{C}_j$ 分別為第 j 類圖樣的平均向量與共變異數矩陣。在此情況下，比較簡便的決策函數是

$$\begin{aligned}D_j(\mathbf{x}) &= \ln[\,p(\mathbf{x}\mid\omega_j)P(\omega_j)\,]\\ &= \ln P(\omega_j) - \frac{n}{2}\ln 2\pi - \frac{1}{2}\ln|\mathbf{C}_j| - \frac{1}{2}[(\mathbf{x}-\mathbf{m}_j)^T\mathbf{C}_j^{-1}(\mathbf{x}-\mathbf{m}_j)]\end{aligned} \tag{10-5-11}$$

其中 $\dfrac{n}{2}\ln 2\pi$ 與類別無關，故可省略。另外，若 $P(\omega_j)=\dfrac{1}{M}$，即一圖樣來自各類別的機會是均等的，則(10-5-11)式可進一步簡化成

$$D_j(\mathbf{x})=-\frac{1}{2}\ln|\mathbf{C}_j|-\frac{1}{2}[(\mathbf{x}-\mathbf{m}_j)^T\mathbf{C}_j^{-1}(\mathbf{x}-\mathbf{m}_j)]\ ,\ j=1,2,\cdots,M \tag{10-5-12}$$

若所有共變異數矩陣又都一樣，即 $\mathbf{C}_j=\mathbf{C},j=1,2,\cdots,M$，則可再簡化成

$$D_j(\mathbf{x})=\mathbf{x}^T\mathbf{C}^{-1}\mathbf{m}_j-\frac{1}{2}\mathbf{m}_j^T\mathbf{C}^{-1}\mathbf{m}_j,\ j=1,2,\cdots,M \tag{10-5-13}$$

若又進一步，$\mathbf{C}=\mathbf{I}$(單位矩陣)，則

$$D_j(\mathbf{x})=\mathbf{x}^T\mathbf{m}_j-\frac{1}{2}\mathbf{m}_j^T\mathbf{m}_j,\ j=1,2,\cdots,M \tag{10-5-14}$$

我們可證明(10-5-14)式為最短距離分類器(minimum distance classifier)，此證明留做習題。所謂最短距離分類器是指計算 $\mathbf{x}$ 至各類別平均向量 $\mathbf{m}_j$ 之距離最近者將 $\mathbf{x}$ 歸類至該類。

範例 10.8　利用不變矩與貝氏分類器判定圖形類別

9-4-4 節提到，對一個平面圖形的幾何特性，如大小、位置、方向與形狀等，可經由二階矩與三階矩導出一組七個不變矩，這組不變矩對於平移、旋轉及大小的變化不敏感。雖然計算上的誤差會造成些許差異，但一般而言不變的特性相當明顯。本範例將以三類基本簡單的幾何圖形(已知明顯分類)為訓練資料，對每一類圖形計算不同大小、位置與旋轉角度所得之七個不變矩，分別計算各類別之平均向量 $\mathbf{m}_j$ 及共變異矩陣 $\mathbf{C}_j$，作為各類圖形的特徵。接著輸入不同(待判別)的圖形，以高斯圖樣的貝氏分類器判定出此圖形之正確類別。具體作法是將待判別圖形之七個不變矩向量 $\mathbf{x}=[\phi_i]_{i=1,2,\cdots,7}$ 輸入(10-5-12)式計算 $D_j(\mathbf{x})$ 值，若取最大 $D_j(\mathbf{x})$ 值或更明確說是 $j^*=\underset{j}{\arg\max}\,D_j(x)$，則該圖形即可判定成第 j^* 類。圖 10-5-3 顯示所輸入的三種影像。實驗結果顯示，橢圓形與圓形容易相互誤判，但 X 形卻都不會被誤判。觀察這三種類別的不變矩便可以發現，圓形及橢圓形的不變矩之間的差異不大，但兩者均和 X 形的不變矩有極大差異。由此可知圖形在視覺上的差異越大，其不變矩的差異也就越大，相對的也就越容易被正確無誤的判斷出其類別。

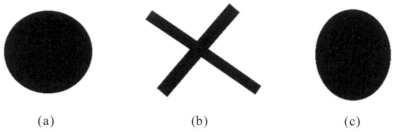

(a)   (b)   (c)

圖 10-5-3　輸入的三種影像。(a)第一類的圓形；(b)第二類的 X 形；(c)第三類的橢圓形。

(10-5-14)式所顯示的最短距離分類器中的距離是傳統的歐基里德距離(Euclidean distance)，它是幾何上距離的量測。以下將介紹一個以統計量為依據的另一個著名的距離量測，稱為馬氏距離(Mahalanobis distance)。

馬氏距離(Mahalanobis distance)

馬氏距離是由 Mahalanobis 博士在 1936 年所提出的(Mahalanobis [1936])。馬氏距離是一項能有效的計算未知歸屬的量測值 **x** 是屬於哪一個群組的方法，和歐基里德距離不同的是馬氏距離考慮到了群組裡樣本間的分布性並且是獨立於測量尺度。馬氏距離的公式如(10-5-15)式所示：

$$MD(\mathbf{x}) = \sqrt{(\mathbf{x} - \mathbf{m})^T \sum{}^{-1} (\mathbf{x} - \mathbf{m})} \qquad (10\text{-}5\text{-}15)$$

(10-5-15)式展開後如(10-5-16)式所示：

$$MD(\mathbf{x}) = \sqrt{[x_1 - m_1, x_2 - m_2, \cdots, x_n - m_n] \sum{}^{-1} \begin{bmatrix} x_1 - m_1 \\ x_2 - m_2 \\ \vdots \\ x_n - m_n \end{bmatrix}} \qquad (10\text{-}5\text{-}16)$$

其中 MD 代表馬氏距離，**x** 代表 $(x_1, x_2, \cdots, x_n)^T$ 所形成的行向量，**m** 代表 $(m_1, m_2, \cdots, m_n)^T$ 所形成的平均值行向量，Σ代表共變數矩陣，Σ^{-1} 代表共變數矩陣的反矩陣。如果共變數矩陣是對角矩陣，則所得距離度量稱為標準化歐基里德距離：

$$MD(\mathbf{x}) = \sqrt{\sum_{i=1}^{n} \frac{(x_i - m_i)^2}{s_i^2}} \qquad (10\text{-}5\text{-}17)$$

其中 s_i 是樣本集 x_i 和 m_i 的樣本標準差。如果共變數矩陣是單位矩陣，則馬氏距離簡化成歐基里德距離：

$$\text{MD}(\mathbf{x}) = \sqrt{\sum_{i=1}^{n}(x_i - m_i)^2} \qquad (10\text{-}5\text{-}18)$$

範例　10.9

如前所述，歐基里德距離無法提供有關未知量測值相對於樣本群距離多遠的統計量而只能提供到樣本群重心的距離，馬氏距離則是將樣本群的分布狀況列入考慮的統計量。考慮當 $n=1$ 時的一維情況，我們的最短距離分類器變成計算以下的決策函數：

$$\text{MD}_j(x) = \frac{|x - m_j|}{s_j}, \ j=1,2,..,M \qquad (10\text{-}5\text{-}19)$$

其中的涵義是代表未知歸屬的量測值 x 與第 j 個群組之間的馬氏距離，m_j 代表的是第 j 個樣本群的平均，s_j 代表的是第 j 個樣本群的標準差。給定任一個值 x_a，如果

$$\text{MD}_k(x_a) < \text{MD}_j(x_a), \forall j \neq k \qquad (10\text{-}5\text{-}20)$$

則判定它屬於第 k 個類別。

範例　10.10

我們從訓練集數據庫中挑選多張標記好稻田物件的衛星影像，以此來收集稻田的 RGB 彩色影像樣本，以統計方法得到 RGB 平均向量以及共變異數矩陣。之後我們以馬氏距離來幫助分辨稻田像素與非稻田像素，公式如(10-5-21)式。

$$\text{MD}(\mathbf{x}) = \sqrt{(\mathbf{x} - \mathbf{m})^T \sum\nolimits^{-1}(\mathbf{x} - \mathbf{m})} \qquad (10\text{-}5\text{-}21)$$

其中 $\mathbf{x}$ 代表要測距離的像素向量(一個三維向量)，$\mathbf{m}$ 代表訓練集樣本 RGB 像素的平均向量，Σ 代表共變異數矩陣。一個簡單的分類器是設定一個門檻值 T，對任一個輸入的彩色像素 $\mathbf{x}_a$，以(10-5-21)算出對應的馬氏距離 $\text{MD}(\mathbf{x}_a)$，如果 $\text{MD}(\mathbf{x}_a) < T$，則該像素判定屬於稻田區域，反之則認為屬於非稻田區域。

10-6 特徵選取

10-6-1 簡介

特徵選取是從資料集中選擇最相關特徵的子集，同時丟棄較不重要或冗餘特徵的過程。這有助於提高模型效能、減少過度擬合並降低計算複雜度。在圖樣識別的問題中，我們常需要在眾多可利用的特徵中選取適當者以供分類器應用。

一般來說，本質上有用的特徵通常會具備以下特性：

1. **區別性(discrimination)**：對於屬於不同分類的樣本來說，其特徵應含有不同且具意義的值。以第八章圖 8-1-2 所舉的水果特徵空間為例，直徑是一個很好的特徵。

2. **可靠性(reliability)**：對於所有同一分類的所有樣本來說，特徵應具有類似的值。例如，顏色對於分辨蘋果的成熟度來說可能不盡理想，也就是說，縱使一個青蘋果和一個紅蘋果(成熟的蘋果)屬於同樣的種類，但以顏色特徵來說卻有不同的值。

3. **獨立性(independence)**：這是說所使用的特徵間應該彼此互不相關。例如直徑和重量就構成高度相關的特徵，因為重量幾乎是直徑的立方。

4. **數目小(small numbers)**：圖樣識別系統的複雜度隨其維度數目(使用特徵的數目)增加而快速增加。更重要的是，訓練分類器與評估其效率所需的樣本數隨特徵數增加而呈指數增加。

如上所述，我們一直在尋找一小組可靠、獨立且具辨識力的特徵。一般來說，我們期望分類器的效率在有用的特徵被剔除時能隨之下降，以此驗證某些特徵的有效性。另外，去除高雜訊與高相關性的特徵可以改善分類器的效率。

特徵選取可以看成是去除某些特徵及結合其他相關的特徵，直到特徵集變成易於管理而效能仍足夠的過程。在以下的討論中，我們只考慮將二個特徵(稱為特徵 x 與特徵 y)縮減為一個特徵的簡單問題，因為理論上解決這個簡單問題的原理與做法可逐步用於多個特徵，使特徵總數逐步減少到適當的範圍。

假設有一個含有 M 個類別樣本的訓練集，設 N_j 為第 j 個類別的樣本數目，且第 i 個樣本在類別 j 中做判斷時所得之特徵為 x_{ij} 和 y_{ij}。接下來，我們開始計算各類別中每個特徵的平均值

$$\hat{\mu}_{x_j} = \frac{1}{N_j} \sum_{i=1}^{N_j} x_{ij} \tag{10-6-1}$$

和

$$\widehat{\mu}_{y_j} = \frac{1}{N_j} \sum_{i=1}^{N_j} y_{ij} \tag{10-6-2}$$

μ_{x_j} 與 μ_{y_j} 上方的^記號表示是以訓練集所產生類別平均值的估測，而非眞正類別的平均值。

類別 j 中特徵 x 的估測變異數爲：

$$\widehat{\sigma}^2_{x_j} = \frac{1}{N_j} \sum_{i=1}^{N_j} (x_{ij} - \widehat{\mu}_{x_j})^2 \tag{10-6-3}$$

同理，特徵 y 的估測變異數爲：

$$\widehat{\sigma}^2_{y_j} = \frac{1}{N_j} \sum_{i=1}^{N_j} (y_{ij} - \widehat{\mu}_{y_j})^2 \tag{10-6-4}$$

特徵相關性

類別 j 中特徵 x 及 y 的相關性可由下式估測：

$$\widehat{\sigma}_{xy_j} = \frac{\dfrac{1}{N_j} \sum_{i=1}^{N_j} (x_{ij} - \widehat{\mu}_{x_j})(y_{ij} - \widehat{\mu}_{y_j})}{\widehat{\sigma}_{x_j} \widehat{\sigma}_{y_j}} \tag{10-6-5}$$

$\widehat{\sigma}_{xy_j}$ 的值被限制在-1 與 1 之間，若爲零值則表示二特徵不相關。若爲接近於$+1$ 的值則表示具高度相關性。若值爲-1 則表示其中一個變數與另一變數的負數成比例。若這個值的大小接近 1 則表示兩個特徵或許可以結合爲一，亦或其中之一可以去除。

類別相隔的距離

好的特徵可使類別間容易被區分，一個衡量從兩個分類間特徵之辨識能力的指標稱爲經變異數正規化後之分類平均值間的距離。以特徵 x 來說，其定義如下：

$$\widehat{D}_{x_{jk}} = \frac{\left| \widehat{\mu}_{x_j} - \widehat{\mu}_{x_k} \right|}{\sqrt{\widehat{\sigma}^2_{x_j} + \widehat{\sigma}^2_{x_k}}} \tag{10-6-6}$$

此處兩個分類分別爲 j 和 k，顯然此距離愈大愈好。

降低維度

有許多方法可將特徵 x 和 y 結合為單一特徵 z，一個簡單方法是將 x 與 y 以某個比例加以組合的線性函數

$$z = ax + by \qquad (10\text{-}6\text{-}7)$$

因為調整特徵量的大小不會影響分類器的效率(每個輸入圖樣都做相同的調整)，我們可以對調整比例加上限制，例如：

$$a^2 + b^2 = 1 \qquad (10\text{-}6\text{-}8)$$

將上式併入(10-6-7)式，寫成：

$$z = x\cos\theta + y\sin\theta \qquad (10\text{-}6\text{-}9)$$

此處 θ 為標示出 x 與 y 在 z 中比例的新變數。使用時可選取 θ 使得特徵 z 有最大的類別區分能力(以(10-6-6)式或其他方式衡量)。

特徵正規化

當分類器是基於距離的計算時，特徵正規化是特徵提取和分類之間的一個特別重要的步驟。進行此特徵正規化是為了使每個特徵分量都約略有相同的範圍。至少有五種不同的特徵正規化方法(Aksoy 和 Haralick [2001])。其中一種方法稱為線性縮放至單位範圍。給定特徵分量 x 的下限 l 和上限 u，藉由(10-6-10)式，$\tilde{x}$ 將在[0, 1]範圍內。

$$\tilde{x} = \frac{x-l}{u-l} \qquad (10\text{-}6\text{-}10)$$

▌ 10-6-2　特徵選取常用技術

篩選器方法(Filter Methods)

這些方法是基於統計測量來評估特徵的相關性或重要性，方法本身與任何特定的機器學習模型都無關。常見的篩選器方法有相關性分析(Correlation Analysis)、交互資訊(Mutual Information)、卡方檢定(Chi-Square Test)和變異數分析(Analysis of Variance, ANOVA)等。以下進一步說明各方法。

相關性分析：

計算每個特徵與目標變數之間的相關性。具有高相關性的特徵被認為更重要。相關性分析試圖找到與目標類別(target class)相關性較高且相互之間相關性較低的特徵子集合。它基於這樣的想法：相關特徵應該提供有關該類別的信息，而應避免冗餘特徵以減少雜訊和複雜性。

執行相關性分析的一種方法是使用 Hall (2000)提出的評估函數，該函數根據平均特徵-類別(feature-class)相關性和平均特徵-特徵(feature-feature)相關性來評估特徵子集合：

$$M(S) = \frac{kr_{cf}}{\sqrt{k + k(k-1)r_{ff}}} \tag{10-6-11}$$

其中 k 是子集合 S 中的特徵數量，r_{cf} 是平均特徵-類別相關性，r_{ff} 是平均特徵間相關性。當特徵與類別具有高相關性且彼此之間具有低相關性時，評估函數被最大化。

為了找到最佳的特徵子集合，需要一種搜尋策略。一個可能的策略是最佳優先搜尋(best first search)，它從空子集合開始，以迭代方式逐漸添加會使評估函數改善的特徵。當無法實現進一步的改善或達到預先定義的限制時，搜尋就會停止。

執行相關性分析的另一種方法是使用條件相關性，它在給定第三個變數的情況下測量兩個變數之間的相關性。透過考慮特徵對類別的相依性，有助於減少特徵之間的冗餘性。例如，Zhang (2023)提出了一種動態加權條件相關性散布與冗餘分析(dynamic weighted conditional relevance dispersion and redundancy analysis)(WRRFS)演算法，該演算法利用交互資訊(mutual information)來計算特徵相關性，並利用標準差調整條件特徵相關性的權重。交互資訊：

測量特徵和目標變數之間共享的資訊。更高的交互資訊意味著更高的特徵相關性。交互資訊基於熵的概念(見 7-3 節)，定量描述隨機變數的不確定性。交互資訊可以用來評估特徵對於預測目標類別的相關性，以及特徵之間的冗餘度。

執行基於交互資訊的特徵選擇的一種方法是使用篩選器方法，該方法根據特徵與目標類別的交互資訊對特徵進行排序，並選擇前 k 個特徵。此方法簡單且快速，但沒有考慮特徵之間的交互作用。一種更複雜的篩選器方法是使用在特徵的相關性和冗餘性之間保持平衡的評估函數，例如 Battiti (1994)提出的方法。此函數為

$$M(S) = I(F;C) - \beta \sum_{f_i, f_j \in S} I(f_i; f_j) \tag{10-6-12}$$

其中 S 是特徵的子集合，F 是代表 S 的隨機變數，C 是目標類別，I 是交互資訊，β 是控制相關性和冗餘之間權衡的參數。當特徵與類別之間的互資訊較高且相互之間的交互資訊較低時，評估函數最大化。

卡方檢定：

　　卡方檢定是一種統計方法，可透過測量類別變數之間的關聯來進行特徵選擇。它可以幫助使用者從資料集中爲一個機器學習模型選取出最相關的特徵。此檢定涉及計算每個特徵和目標變數的卡方統計量和 p 值。卡方統計量衡量特徵值的觀測頻次(observed frequency)與獨立性假設下的預期頻次(expected frequency)的偏差程度。p 值是在獨立性虛無假設(null hypothesis)成立的情況下獲得至少與觀察到的卡方統計量一樣極端的卡方統計量的機率。

　　p 值較低的特徵更有可能與目標變數相依，因此爲模型提供更多資訊。p 值高的特徵更有可能與目標變數是獨立的，因此能爲模型提供的資訊較少。

　　要在 Python 中執行特徵選擇的卡方檢驗，可以使用「sklearn.feature_selection」模組中的「chi2」函式。此函數計算每個特徵的卡方統計量和 p 值，並傳回分數陣列和 p 值陣列。然後，可以使用"SelectKBest"函式來選擇具有最高分數的前 k 個特徵，其中 k 由使用者設定。

範例 10.11

Iris 資料集是圖樣辨識(Pattern Recognition)領域中大家最耳熟能詳的資料集之一。此資料集包含在夏威夷收集的 150 個鳶尾花(iris flower)實例。根據萼片(sepal)寬度和長度以及花瓣(petal)寬度和長度的 4 個測量值(以公分計)，這些實例被分爲 3 個類別：Iris Setosa、Iris Versicolour 和 Iris Virginica (各有 50 個實例)。我們對鳶尾花資料集上使用卡方檢定進行特徵選擇，其中設定 $k = 2$。最後從 4 個特徵中選出 2 個特徵，分別是花瓣的長度和寬度。爲了比較，我們顯示所有 2 個特徵的組合，如圖 10-6-1 所示。由圖中可看出選取右下方子圖中花瓣的長度和寬度爲特徵使不同花的樣本重疊現象較其他特徵組合爲輕。

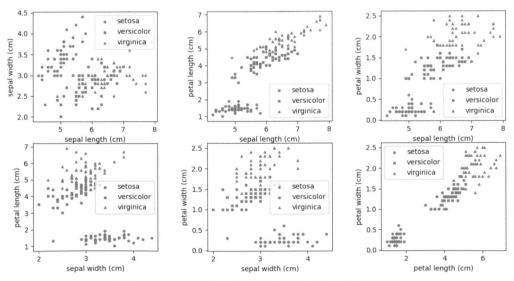

圖 10-6-1　以兩個特徵顯示鳶尾花資料集的結果

變異數分析：

　　適用於數值特徵和類型目標，它評估不同組別(目標類別)的平均值對於每個特徵是否有顯著不同。它是一種統計方法，可用於檢定兩組或多組數值資料之間的差異。它也可以用於特徵選擇，為一個機器學習模型選擇最相關的特徵。

　　使用變異數分析進行特徵選擇的一種方法是計算每個特徵的 F 統計量，該統計量衡量特徵區分目標變數的不同類別的能力。F 統計量是基於特徵解釋的變異數與每個類別內的變異數之比。較高的 F 統計量代表該特徵具有較強的預測能力。

　　要使用 ANOVA 選擇最佳特徵，我們可以使用 Python 中 sklearn.feature_selection 模組中的 SelectKBest 類別。此類別允許我們指定要保留的特徵數量以及要使用的評分函數。對於變異數分析，我們可以使用 f_classif 函式，它計算每個特徵的 F 統計量。我們也可以透過查看 selector 物件的 get_support 方法來檢查哪些特徵被選取到。

範例 10.12

本範例展示使用 ANOVA 進行特徵選擇的效果，其中使用了 sklearn.datasets 模組中的乳癌資料集。UCI ML 乳癌(診斷)資料集可從以下位置下載：

https://archive.ics.uci.edu/dataset/17/breast+cancer+wisconsin+diagnostic

此資料集是一個經典且非常簡單的二元分類資料集，樣本總數為 569，其中惡性的(malignant)有 212 個，良性的(benign)有 357 個。資料中除了有身分證號碼和惡性或良性的標記外，其他都是根據乳房腫塊細針抽吸(fine needle aspirate, FNA)的數位影像所計算出的特徵。這些特徵描述了影像中存在的細胞核的特徵。每個細胞核對應 10 個實數值特徵：(1)半徑(從中心到週邊點的距離的平均值)；(2)紋理(灰階值的標準差)；(3)週長；(4)面積；(5)平滑度(半徑長度的局部變化)；(6)緊緻性(compactness)(週長^2/面積 - 1.0)；(7)凹度(concavity)(輪廓凹入部分的嚴重程度)；(8)凹點(concave points)(輪廓凹部的數量)；(9)對稱性；(10)分形維數(fractal dimension)(「海岸線近似」- 1)。每個特徵都伴隨 3 個特徵值：誤差(error)、平均、最大或最差(worst)，因此最原始的特徵向量的維度是 30。

　　我們以羅吉斯回歸(Logistic Regression)對二元分類的準確性當成評估特徵重要性的依據。圖 10-6-2 顯示在不同特徵數的設定下，採取最佳特徵組合的二元分類準確性的展示。圖中顯示最大的準確性為 0.96，發生在取 $k = 24$ 個特徵時。這最佳的 24 個特徵分別為：平均半徑、平均紋理、平均週長、平均面積、平均平滑度、平均緊緻性、平均凹度、平均凹點、平均對稱性、半徑誤差、週長誤差、面積誤差、緊緻性誤差、凹點誤差、最大半徑、最大紋理、最大週長、最大面積、最大平滑度、最大緊緻性、最大凹度、最大凹點、最大對稱性、最大分形維數。從圖中還可看出，僅使用 30 個特徵中的 10 個(恰為三分之一)，我們就可以在癌症資料集上實現大於 0.95 的高精度。其中選定的 10 個特徵為平均半徑、平均週長、平均面積、平均凹度、平均凹點、最大半徑、最大週長、最大面積、最大凹度、最大凹點。這些特徵具有最高的 F 統計值，並且與預測腫瘤是惡性還是良性最相關。

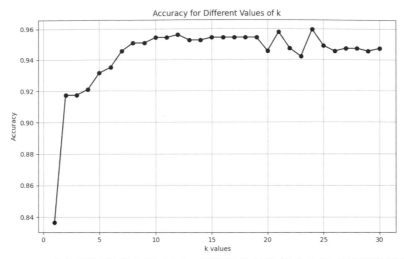

圖 10-6-2　在不同特徵數的設定下，採取最佳特徵組合的二元分類準確性。

包裝方法(Wrapper Methods)

　　包裝方法透過訓練機器學習模型並測量其性能來評估特徵子集合。這些方法根據模型的預測能力來選擇特徵。它使用機器學習演算法從給定的特徵集中評估和選擇最佳的特徵子集合。包裝方法將特徵選擇問題視爲搜尋問題，其中根據效能指標測試和比較不同的特徵組合。效能指標取決於機器學習問題的類型，例如準確性、F1 分數、R 平方等。常見技術包括：

1.　**前向選擇(Forward selection)**：此方法從一組空特徵集合開始，然後一次迭代地加入一個特徵，以選擇最能提升模型表現的特徵爲準。重複此過程，直到不再有顯著的改善或選取了所有特徵爲止。

2.　**向後消除(Backward elimination)**：此方法從全套特徵開始，一次刪除一個特徵，以選擇刪除對模型表現有負面影響最小的特徵爲準。重複此過程，直到不再有顯著的改善或已無任何特徵。

3.　**雙向消除(Bi-directional elimination)**：此方法結合了前向選擇和後向消除，根據效能指標在每一步中新增和刪除特徵。重複此過程，直到不再有顯著的改善或已達到預設的特徵數量。

4.　**Boruta**：此方法基於隨機森林，將每個特徵的重要性與隨機產生的陰影特徵(shadow feature)進行比較。選擇比陰影特徵更重要的特徵，而拒絕較不重要的特徵。重複此過程，直到選擇或拒絕所有特徵爲止。

5. **遺傳演算法(Genetic algorithm)**：此方法基於演化計算並模仿大自然的選擇過程。它產生一批候選解決方案(特徵子集合)並根據性能指標對其進行評估。然後，它應用交叉(crossover)和突變(mutation)算子來創造新的解決方案，並為下一代選擇最好的解決方案。重複此過程直到滿足終止準則為止。

6. **遞迴特徵消除(Recursive Feature Elimination, RFE)(Guyon 等人[2002])**：與向後消除類似，但使用交叉驗證(Cross-Validation, CV)來評估每一步的特徵子集合，這稱為帶有交叉驗證的遞迴特徵消除(Recursive Feature Elimination with Cross-Validation, RFECV) (Misrac 和 Yadav [2020])。RFECV 為機器學習模型找到最佳特徵數。RFE 是一種根據模型的係數或特徵重要性迭代去除最不重要特徵的方法，而 CV 是將資料分割成多個子集合並在每個子集合上評估模型效能的方法。RFECV 對每個資料子集合執行 RFE 並計算所有子集合的平均分數。然後，它選擇使平均得分最大化的特徵數量。

RFECV 去除對訓練誤差影響最小的冗餘且較弱的特徵，保留獨立且較強的特徵，以提高模型的泛化表現。首先定在整個特徵集上建立模型，並根據特徵的重要性對特徵進行排序。之後，它刪除最不重要的特徵並再次重建模型並重新計算特徵重要性。設 T 為儲存特徵排序的序列。在向後特徵消除的每個迭代過程中，T_i 儲存模型重新擬合且效能評估後名列前茅的特徵。計算具有最佳性能的 T_i 值，並將表現最佳的特徵搭配最終模型進行擬合。

RFECV 可以使用 sklearn.feature_selection.RFECV 類別在 Python 中實作。此類別採用估計器、步長、評分函數和交叉驗證策略作為參數。它傳回一個具有 support_、ranking_、grid_scores_ 和 n_features_ 等屬性的物件。這些屬性可用於檢查選擇了哪些特徵、特徵排序為何、不同數量特徵的分數如何變化以及有多少特徵是最佳的。

範例 10.13

再次考慮 sklearn.datasets 模組中的的乳癌資料集，這次改採用交叉驗證的遞迴特徵消除(RFECV)方法為乳癌資料集上的羅吉斯回歸模型選擇最相關的特徵。圖 10-6-3 顯示了所選特徵數量與交叉驗證分數(準確性)之間的關係。在大約 6 個特徵時達到 0.96 的最高準確度，然後隨著更多特徵的添加而略有下降。這表明某些特徵對於分類任務來說是多餘的或不相關的。為達到最高準確度所選擇的前 15 個特徵為：平均半徑、平均週長、平均凹度、平均凹點、平均對稱性、半徑誤差、紋理誤差、週長誤差、凹度誤差、最大半徑、最大紋理、最大凹度、最大凹點、最大對稱性、最大分形維數。這些特徵似乎捕捉了腫瘤細胞的形狀、大小和紋理的重要面向。它們可能有助於區分良性腫瘤和惡性腫瘤。

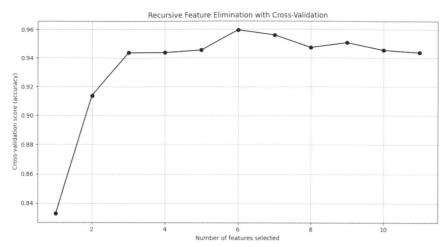

圖 10-6-3　在不同特徵數的設定下，採取最佳特徵組合的二元分類準確性。

　　包裝器方法比篩選器方法更準確，因爲它們考慮了特徵和機器學習演算法之間的交互作用。然而，它們的計算成本也可能更高，並且容易出現過度擬合，因爲它們搜尋大量可能的特徵組合。選擇使用哪種特徵選擇方法取決於資料的性質、要解決的問題以及預計使用的特定機器學習演算法。實驗和評估是爲圖樣辨識任務找到最有效的特徵選擇方法的關鍵。

10-7　聚類

10-7-1　簡介

　　聚類(clustering)是指對所給予之特徵空間內的各點，將其分成數類的分割處理。依圖樣之識別目的聚類有時不必用到複雜的演算法。例如，對印刷後的數字{0, 1, 2,…, 9}做識別時，其類別數 10 個爲已知，因此只要以預先儲存的標準圖樣來與輸入圖樣做匹配即可。而以手寫之 10 種數字{0, 1, 2,…, 9}做識別時亦相同。首先其類別數 10 個爲已知，利用訓練學習所用的圖樣，在這些圖樣代表某個數字可由人判斷的情況下，找出特徵空間中各個數字存在的範圍及有系統的查驗法則。而後只要檢查未知圖樣在這些標準空間屬何範圍，即可做圖樣之辨認，此時亦不必用到相對較複雜的聚類方法。然而，在以下情況，應用以上所提的簡單方式並不適合：

(1) 辨認對象數爲未知。

(2) 未給予標準圖樣。

(3) 同一類中差別甚大，於標準空間中，其輸入圖樣要單純做比較會有困難者。

在這些情形下就會用到聚類的方法。此方法將多個圖樣相似者個別做匯集，並分成幾個群。此種處理過程在圖樣辨識上為非常重要的課題。聚類演算法要處理以下二個重要的問題：

(1) 聚類總數的決定。

(2) 聚類群的生成。

假設考慮用一個固定半徑的圓來將二維圖樣涵蓋在同一群內。對圖 10-7-1(a)所示的情形，可自然分成 2 群。接著考慮圖 10-7-1(b)中的情形，若以圖中較大的圓(虛線)聚類，則可用 1 群來包含所有點，若是以圖中較小的圓(實線)聚類，則可大致區分成 3 群，在此情況下，對圖中的一個樣本 **x** 而言，因其與群 1 和群 2 的距離都相近，與群 3 也不算太遠，此時其歸屬何群變成較為棘手的聚類問題。

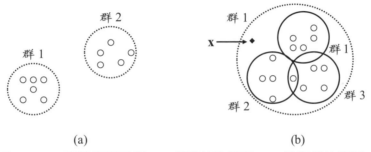

(a)　　　　　　　　　　　　(b)

圖 10-7-1　圖樣聚類示意。(a)較單純的情況；(b)較複雜的情況。

▌ 10-7-2　聚類演算法

本節將介紹一些簡單的聚類演算法。設有 N 個圖樣的特徵向量 $\mathbf{x}_1, \mathbf{x}_2, \cdots, \mathbf{x}_N$ 且於群 ω_i $(i = 1, 2, \ldots)$ 中二個圖樣間的距離定義如下：

$$(\text{圖樣 } \mathbf{x}_i \text{ 及 } \mathbf{x}_j \text{ 間的距離}) \equiv d(\mathbf{x}_i, \mathbf{x}_j) \tag{10-7-1}$$

而某一圖樣 $\mathbf{x}_i$ 與某群 ω_i 之間的距離，則設為 $\mathbf{x}_i$ 與 ω_i 中標準圖樣間的距離，並表示成

$$(\text{圖樣 } \mathbf{x}_i \text{ 與群 } \omega_i \text{ 間的距離}) \equiv d(\mathbf{x}_i, \omega_i) \tag{10-7-2}$$

至於距離的度量有幾種可能的選擇。對於 n 維圖樣向量 **a** 和 **b** 的一種通用度量是 Minkowski 度量：

$$L_m(\mathbf{a}, \mathbf{b}) = \left(\sum_{i=1}^{n} |a_i - b_i|^m \right)^{1/m} \tag{10-7-3}$$

也稱為 L_m 範數。因此，L_1 範數是曼哈頓距離(Manhattan distance)，L_2 範數是歐幾里德距離 (Duda 等人[2001])。其他類型的距離也可考慮，例如餘弦相似度(cosine similarity)：

$$S_C(\mathbf{a}, \mathbf{b}) = \frac{\mathbf{a} \cdot \mathbf{b}}{\|\mathbf{a}\| \|\mathbf{b}\|} \tag{10-7-4}$$

其中歐幾里德距離是最常被使用的方便度量方式。

1. 最近鄰(Nearest Neighbor, NN)法

NN 法的步驟如下：

步驟 ① 設處理時的圖樣編號為常數 P，其初始值 $P = 1$。

所形成的群數設為常數 M，其初始值為 $M = 1$。

設 $\mathbf{x}_P$ 為標準圖樣，形成初始群 ω_M。設 T 為一個小門檻值。

步驟 ② 求距離

$$d_{\min} = \min_{1 \le i \le M} \{ d(\mathbf{x}_{P+1}, \omega_i) \} \tag{10-7-5}$$

當 $d_{\min} < T$ 時，$\mathbf{x}_{P+1}$ 屬於具有 $d_{\min}$ 之 ω_i。

當 $d_{\min} \ge T$ 時，將 $\mathbf{x}_{P+1}$ 當成標準圖樣，而形成新群 ω_{M+1}，並將 M 值加 1。

步驟 ③ P 值加 1。$P = N$ 時，執行結束；否則回到步驟 2。

門檻值 T 的大小對 NN 法聚類的結果會有很大的影響。如圖 10-7-2(a)所示，整體生成 4 個群，而在門檻值設大時，則如圖 10-7-2(b)所示，所生成的群數減至 3 個。

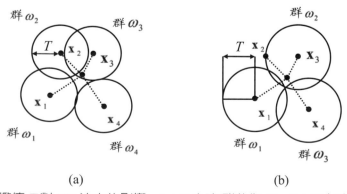

(a)   (b)

圖 10-7-2　門檻值 T 對 NN 法中的影響。(a) T 小時(群數為 4)；(b) T 大時(群數為 3)。

範例 10.14

考慮以下二維資料點：{[1 2], [2.5 3], [1 3], [1.5 0], [2 0], [2 1]}，如圖 10-7-3 所示。設定歐基里德距離門檻 $T = 2$，以 NN 法進行聚類。

步驟 ① $P = 1$，$M = 1$。標準圖樣 $\mathbf{x}_1 = [1 \quad 2] \in \omega_1$。

步驟 ② 求距離：
$$d(\mathbf{x}_2, \omega_1) = d(\mathbf{x}_2, \mathbf{x}_1) = \sqrt{(2.5-1)^2 + (3-2)^2} = \sqrt{3.25}$$
$$d_{\min} = \sqrt{3.25} < T \text{，所以 } \mathbf{x}_2 \in \omega_1 \text{。}$$

步驟 ③ $P = 1 + 1 = 2 < 6 = N$。回到步驟 2。

步驟 ② 求距離：
$$d(\mathbf{x}_3, \omega_1) = d(\mathbf{x}_3, \mathbf{x}_1) = \sqrt{(1-1)^2 + (3-2)^2} = \sqrt{1} = 1$$
$$d_{\min} = 1 < T \text{，所以 } \mathbf{x}_3 \in \omega_1 \text{。}$$

步驟 ③ $P = 2 + 1 = 3 < 6 = N$。回到步驟 2。

步驟 ② 求距離：
$$d(\mathbf{x}_4, \omega_1) = d(\mathbf{x}_4, \mathbf{x}_1) = \sqrt{(1.5-1)^2 + (0-2)^2} = \sqrt{4.25}$$
$$d_{\min} = \sqrt{4.25} > T \text{，所以標準圖樣 } \mathbf{x}_4 = [1.5 \quad 0] \in \omega_2 \text{。} M = 1 + 1 = 2 \text{。}$$

步驟 ③ $P = 3 + 1 = 4 < 6 = N$。回到步驟 2。

步驟 ② 求距離：
$$d(\mathbf{x}_5, \omega_1) = d(\mathbf{x}_5, \mathbf{x}_1) = \sqrt{(2-1)^2 + (0-2)^2} = \sqrt{5}$$
$$d(\mathbf{x}_5, \omega_2) = d(\mathbf{x}_5, \mathbf{x}_4) = \sqrt{(2-1.5)^2 + (0-0)^2} = 0.5$$
$$d_{\min} = 0.5 < T \text{，所以 } \mathbf{x}_5 \in \omega_2 \text{。}$$

步驟 ③ $P = 4 + 1 = 5 < 6 = N$。回到步驟 2。

步驟 ② 求距離：
$$d(\mathbf{x}_6, \omega_1) = d(\mathbf{x}_6, \mathbf{x}_1) = \sqrt{(2-1)^2 + (1-2)^2} = \sqrt{2}$$
$$d(\mathbf{x}_6, \omega_2) = d(\mathbf{x}_6, \mathbf{x}_4) = \sqrt{(2-1.5)^2 + (1-0)^2} = \sqrt{1.25}$$
$$d_{\min} = \sqrt{1.25} < T \text{，所以 } \mathbf{x}_6 \in \omega_2 \text{。}$$

步驟 ③ $P = 5 + 1 = 6 = N$。執行結束。

結果輸出：
$$\omega_1 : \{\mathbf{x}_1 = [1 \quad 2], \mathbf{x}_2 = [2.5 \quad 3], \mathbf{x}_3 = [1 \quad 3]\}$$
$$\omega_2 : \{\mathbf{x}_4 = [1.5 \quad 0], \mathbf{x}_5 = [2 \quad 0], \mathbf{x}_6 = [2 \quad 1]\}$$

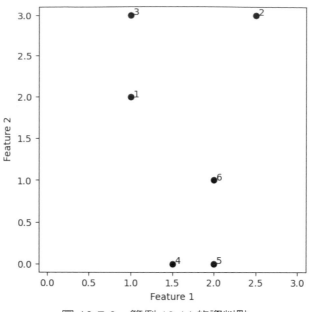

圖 10-7-3 範例 10.14 的資料點

　　從以上的數值計算可輕易推論出當選擇較大的 T 值，例如 $T = 5$ 時，所有圖樣都會落入同一群。反之取較小的 T 值，例如 $T = 1$ 時，則可分出大於 2 群的結果。所以門檻值對分群的結果影響很大。除了門檻值會影響聚類結果外，演算法中資料的呈現順序對聚類結果也可能會有很大影響。就聚類數量以及聚類本身而言，不同的資料呈現順序可能會導致完全不同的聚類結果。

---

2. K 最近鄰(K Nearest Neighbor, K-NN)法

K-NN 法與 NN 法類似，其步驟如下：

步驟 1 與 NN 法相同。

步驟 2 求距離 $d_j = (1 \leq j \leq M)$：

$$d_j = d(\mathbf{x}_{P+1}, \omega_j) \tag{10-7-6}$$

當 $d_j < T$ 時，依小到大排序後，至 K 號群為止，將圖樣 $\mathbf{x}_{P+1}$ 重複歸屬於上述 K 個群。

當對所有 j，$d_j \geq T$ 時，將 $\mathbf{x}_{P+1}$ 當成標準圖樣，而形成新群 ω_{M+1}，並將 M 值加 1。

步驟 3 與 NN 法相同。

在 *K*-NN 法中，某圖樣 **x** 歸屬某群情形如圖 10-7-4 所示。在 *K* = 3 時，**x** 重複歸屬於 $\omega_\alpha, \omega_\beta$ 與 ω_γ 三群。因 *K*-NN 法與 NN 法相同，亦受門檻值 *T* 之大小所影響，故必需要多試幾個 *T* 來做聚類，然後採用最適合者做處理。

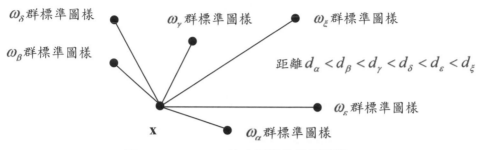

$$距離\ d_\alpha < d_\beta < d_\gamma < d_\delta < d_\varepsilon < d_\xi$$

圖 10-7-4　*K*-NN 法中圖樣的重複登錄。

K-NN 除了可以用於無監督式學習(聚類)外，還可用於監督式學習(分類)。在無監督式學習中，*K*-NN 用於根據資料點的相似性或距離來尋找資料點的自然群組或聚類。*K*-NN 不需要任何標記(label)或目標變數(target variable)來進行聚類，而且它不會從資料中學習任何參數。它只是將每個數據點分配給具有最大多數近鄰的聚類。而在監督式學習中，*K*-NN 用於根據新資料點的最近鄰來預測新資料點的標記或目標變數。近鄰的數量(*k*)是一個超參數，可以透過調整來優化模型的效能。*K*-NN 需要標記資料進行訓練，並使用最近鄰的多數決投票(majority vote)或加權投票來進行預測。有監督式 *K*-NN 演算法的一個例子是 *K* 最近鄰分類器。

K 最近鄰分類器是一種基於特徵空間中 *k* 個最近之訓練樣本對物件進行分類的方法。在兩個類別的分類問題中，通常選擇 *k* 為一個奇數，以避免票數相同。如果 *k* = 1，則將物件判定為與其最近鄰有相同的類別，並且將此分類器稱為最近鄰分類器。*k* 的最佳選擇與資料有關。通常，較大的 *k* 值會減少雜訊對分類的影響，但會使類別之間的界限不那麼明顯。

範例 10.15

K 最近鄰分類器的訓練階段僅包括儲存訓練樣本的特徵向量和類別標記。在實際分類階段，測試樣本表示成特徵空間中的一個向量。計算從新向量到所有儲存之向量的距離，並選擇 *k* 個最接近的樣本。然後，將新向量預測為 *k* 個最近鄰中最常出現的類別。在圖 10-7-5 中，應將測試樣本(實心圓形)分類為第一類的實心正方形或第二類的空心正方形？如果 *k* = 3，則將其歸為第二類，因為在實線表示的內圓內有兩個空心正方形且只有一個實心正方形。如果 *k* = 5，則將其分類為第一類，因為在虛線表示的外圓內有三個實心正方形且只有兩個空心正方形。

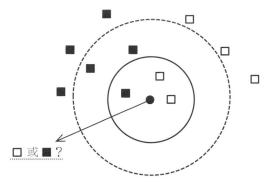

圖 10-7-5　k 最近鄰分類器的示範例。

3.　K-均值(K-Mean)演算法

此為將群數 M 固定為 K 個而做聚類的演算法。其步驟如下。

步驟 ①　選定 K 個適當的圖樣，做為群 $\omega_1 \sim \omega_K$ 的標準圖樣。

步驟 ②　對 $P = 1, 2, \cdots, N$，當下式成立時，將圖樣 $\mathbf{x}_P$ 歸屬於群 ω_j：

$$d(\mathbf{x}_P, \omega_j) < d(\mathbf{x}_P, \omega_i), i = 1, 2, \cdots, K, i \neq j \tag{10-7-7}$$

步驟 ③　群 ω_j 之新標準圖樣是使以下成本函數 J 最小化的向量 $\mathbf{m}_j$：

$$J = \sum_{\mathbf{x}_i \in \omega_j} \left| d(\mathbf{m}_j, \mathbf{x}_i) \right|^2 \tag{10-7-8}$$

可證明此新標準圖樣 $\mathbf{m}_j$ 會是屬於群 ω_j 之全體圖樣 $\mathbf{x}_i (\in \omega_j)$ 的平均：

$$\mathbf{m}_j = \frac{1}{N_j} \sum_{\mathbf{x}_i \in \omega_j} \mathbf{x}_i \tag{10-7-9}$$

其中 N_j 為屬於 ω_j 的圖樣總數。

步驟 ④　對所有的群以步驟 3 求其新標準圖樣。當新標準圖樣與與前次舊標準圖樣都相等而沒有任何更新或有更新但更新程度小於一個小門檻值時，終止此處理程序。否則返回步驟 2。

　　以 K-均值演算法，對某群 ω_i 之標準圖樣做更新的狀態如圖 10-7-6 所示。以此方法所生群的個數固定為 K 個。應多嘗試不同的 K 值，以選出最適合的 K 值。

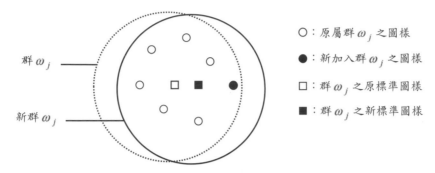

群 ω_j ──

新群 ω_j ──

○：原屬群 ω_j 之圖樣
●：新加入群 ω_j 之圖樣
□：群 ω_j 之原標準圖樣
■：群 ω_j 之新標準圖樣

圖 10-7-6　K-均值演算法中標準圖樣之更新

範例 10.16

為了同時展示 K-Means 和 K-NN 演算法，我們設計以下實驗，其步驟如下：

1. 產生 N 個二維隨機向量的資料點，其中各分量的數值範圍都在(0, 1)之間。
2. 使用肘方法(elbow method)決定最佳群數 k。
3. 將具有 k 個聚類的 K-Means 演算法運用於資料集，並儲存各向量的聚類標記和聚類中心。
4. 對資料集運用具有 k 個近鄰的 K-NN 演算法，並計算每個資料點的最近鄰的距離和索引。
5. 根據其近鄰的多數決投票將每個資料點分配到一個集群。例如，當選取 $k = 3$ 時，第 i 個向量的聚類標籤為 l_1，它的兩個最近鄰的聚類標籤為 l_2 和 l_3，則 l_1, l_2 和 l_3 代表對該向量的聚類屬性的投票，以多數為決選；當最多都只有 1 票而無「多數」時，判定該向量的聚類標籤為 l_1。
6. 儲存 K-NN 演算法得到的標籤。
7. 比較 K-Means 和 K-NN 聚類的結果。

　　實驗結果顯示於圖 10-7-7 和 10-7-8 中。肘方法是聚類分析中用來決定最佳聚類數的技術。它涉及繪製不同群編號的群內平方和(within-cluster sum of squares, WCSS)並識別 WCSS 開始趨於平穩的「手肘」點。該方法以 WCSS 的變化作為聚類數的函數作圖，並選擇曲線的彎頭作為要使用的聚類數。圖 10-7-7 顯示此例的肘方法繪圖的結果，可看出從 2 到 4 大約是「手肘」位置，故此例取 $k = 3$，亦即要將這些資料分成 3 群。圖 10-7-8 顯示所有 $N = 15$ 個特徵向量點及其分群的結果，其中左圖是單獨用 K-Means 方法的分群結果，其中三群的聚類中心均以「X」標示，右圖則是參考 K-Means 的聚類標籤再加上近鄰多數決的考量的聚類結果。比較左右兩圖發現，除了一個約在(0.72, 0.6)的向量點外，其他點的聚類結果都相同。對該點，K-NN 為何要改判原本 K-Means 決定的類別歸屬？顯然是受到此點附近兩個方形近鄰的影響而改判的。

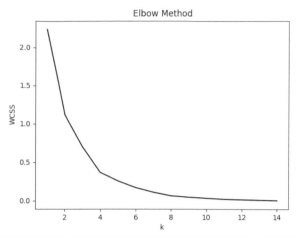

圖 10-7-7 以肘方法對範例 10.16 的向量資料點繪出 WCSS 和聚類數量的曲線圖。

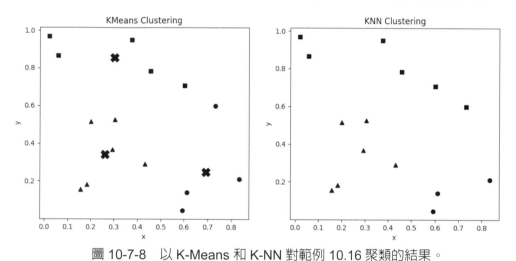

圖 10-7-8 以 K-Means 和 K-NN 對範例 10.16 聚類的結果。

10-7-3 模糊聚類

在先前討論的聚類觀念中，一個圖樣會很明確的被指定屬於某一類，不會同時歸屬於二個或兩個以上的類別。但是我們也發現在許多問題中，類別的邊界並不是永遠都是如此清晰分明，也就是有所謂的灰色地帶，**模糊聚類**(fuzzy clustering)便是針對這種觀念所提出的聚類方式。在模糊聚類中，每一個圖樣歸屬於某一類是以其 0 到 1 的數字代表其歸屬程度，其中 1 與 0 分別代表最高與最低的歸屬度。

模糊聚類的最後結果是以一個分割矩陣(partition matrix)**U** 來呈現：

$$\mathbf{U} = \{u_{i,j}\},\ i = 1, 2, \cdots, M,\ j = 1, 2, \cdots, N \tag{10-7-10}$$

其中 $u_{i,j} \in [0,1]$，代表圖樣 $\mathbf{x}_j$ 歸屬於第 i 個類別的程度。此外有兩個伴隨 u_{ij} 的天然限制，首先是

$$\sum_{i=1}^{M} u_{i,j} = 1 \quad 對所有 \quad j = 1, 2, \cdots, N \tag{10-7-11}$$

另外一個是

$$0 < \sum_{j=1}^{N} u_{i,j} < N \quad 對所有 \quad i = 1, 2, \cdots, N \tag{10-7-12}$$

在上一節的 K-均值(又稱 C-均值)聚類準測中，是以將(10-7-8)式的成本函數最小化的方式獲得群心位置，此處則可用如下的成本函數以及(10-7-11)及(10-7-12)的兩個條件限制來求：

$$J(u_{i,j}, \mathbf{m}_i) = \sum_{i=1}^{M} \sum_{j=1}^{N} u_{i,j}^r \, | \mathbf{x}_j - \mathbf{m}_i |^2 \, , r > 1 \tag{10-7-13}$$

其中 $\mathbf{m}_i$ 為第 i 群的群心，r 稱為指數型權重，此權重影響分割矩陣歸屬值的模糊化程度。上述的問題是一個典型的有條件限制的最佳化問題，解得

$$\mathbf{m}_i = \frac{1}{\displaystyle\sum_{j=1}^{N} (u_{i,j})^r} \sum_{j=1}^{N} (u_{i,j})^r \mathbf{x}_j \, , i = 1, 2, \cdots, M \tag{10-7-14}$$

$$u_{ij} = \frac{(1/|\mathbf{x}_j - \mathbf{m}_i|^2)^{\frac{1}{r-1}}}{\displaystyle\sum_{k=1}^{M} (1/|\mathbf{x}_j - \mathbf{m}_k|^2)^{\frac{1}{r-1}}} \, , i = 1, 2, \cdots, M \, , j = 1, 2, \cdots, N \tag{10-7-15}$$

以上的結果是由 Bezdek (1981)所提出的模糊 C-均值(fuzzy C-Mean, FCM)版本。整個演算法的步驟如下：

步驟 ❶ 選取群數 $M (2 \le M \le N)$ 以及指數型權重 $r (1 < r < \infty)$。選取一個起始的分割矩陣 $\mathbf{U}^{(0)}$ 以及結束程式所需的誤差變化門檻值 ε 及遞迴次數上限。設遞迴次數的初始值 t 為 0。

步驟 ❷ 用 $\mathbf{U}^{(t)}$ 及(10-7-14)式計算模糊聚類中心 $\{\mathbf{m}_i^{(t)} \,|\, i = 1, 2, \cdots, M\}$。

步驟 **3** 用 $\{ \mathbf{m}_i^{(t)} | i = 1, 2, \cdots, M \}$ 及(10-7-15)式計算新的分割矩陣 $\mathbf{U}^{(t+1)}$。

步驟 **4** 計算聚類中心或歸屬度的變化,例如定義歸屬度變化
$\Delta = \left| \mathbf{U}^{(t+1)} - \mathbf{U}^{(t)} \right| = \max_{i,j} \left| u_{i,j}^{(t+1)} - u_{i,j}^{(t)} \right|$。若 $\Delta < \varepsilon$ 或 t 已達遞迴次數上限,則結束程
式執行;否則 $t = t + 1$,回到步驟 2。

範例 10.17

設定聚類數 $M = 4$、權重 $r = 2$、誤差變化門檻值 $\varepsilon = 10^{-5}$ 以及遞迴次數上限 $= 500$。隨機產生 $N =$
200 的 2 維資料以及大小為 4×200 的隨機初始分割矩陣 $\mathbf{U}^{(0)}$。依照上述步驟實現 FCM 演算法。
這裡我們採用每一點到各群心的均方誤差(依歸屬度加權)衡量算法的表現,也當成是否已達收斂
的依據。整個遞迴循環次數到 56 時,均方誤差的變化量就小於 ε。結果如圖 10-7-9 所示。圖中
群心以小圓圈表示,可看到四個群心變化的軌跡。最後群心的值為(0.6993, 0.7832)、(0.2349,
0.2412)、(0.7761, 0.3664)以及(0.2659, 0.6890)。

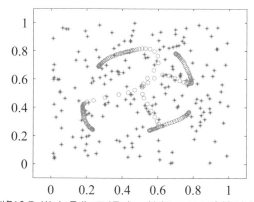

圖 10-7-9 　將輸入樣本分為四類時,執行 FCM 演算法的聚類結果。

　　整個過程應用了模糊理論中分割矩陣的方法求出群心座標,此分割矩陣即代表了各樣本在
各群的歸屬值。接下來要做的工作可以很直覺的知道,對一新圖樣計算其與各群心的距離,如
此即可做一簡單分類。有興趣者可進一步改變指數型權重 r 的值,觀察其在迭代過程中對群心
位置變化的影響。

10-8 利用類神經網路做圖樣識別

1957 年 Rosenblatt 提出感知機(perceptron)模型。當時，以感知機爲中心，對類神經網路(artificial neural network)的研究曾盛極一時。然而，感知機網路受限於當時之類神經網路無法以硬體來實現之故，曾導致類神經網路的研究停滯不前。另一個挫敗關鍵是 Minsky 與 Papert 寫了一本叫感知機的書，書中以數學證明，當時類神經網路的學習能力極差，甚至連最簡單的「互斥或」(exclusive or, XOR)的問題都無法解決。

直到 1982 年 Hopfield 提出 Hopfield 類神經網路模型(Hopfield [1982])，1986 年 Rumelhart 等人提出倒傳遞(backpropagation, BP)學習法(Rumelhart 等人[1986])，及電腦運算處理能力的長足進步，類神經網路的研究才再次受到重視。本節將介紹類神經網路之基本概念及其模型。

10-8-1 類神經細胞模型

類神經網路的神經細胞模型如圖 10-8-1 所示，可視爲具多輸入及單一輸出的資訊處理單元。它是類神經網路構成的基本單位，稱爲神經元(neuron)。神經元會隨輸入的不同而使內部狀態變化，並依內部狀態來輸出。由多個神經元所結合成的網路，即爲類神經網路。

一般神經元間的結合可配以加權值，而隨加權值的變化，網路便可調整到所希望的輸出。在圖 10-8-1 中，某個神經元的輸入是由其他神經元的輸出值 x_i 乘上加權值 w_i 的總和值 $\sum_i w_i x_i$。而神經元則以此總和值輸入一轉移函數(transfer function) $f(\cdot)$ 之後的值作爲輸出。轉移函數又稱爲激活函數(activation function)，這個名稱慣用於近年來被大量使用的深度學習神經網路上。常用的三個轉移函數 $f(x)$ 爲單位步階函數(unit step function)、S 型函數(Sigmoid function)以及雙曲正切函數(hyperbolic tangent function)，分別如(10-8-1)～(10-8-3)式所示，其圖形則如圖 10-8-2 所示。

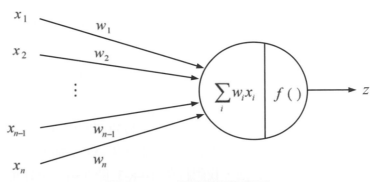

圖 10-8-1　類神經細胞模型

$$f(x) = \begin{cases} 1, & x \geq 0 \\ 0, & x < 0 \end{cases} \quad \text{(單位步階函數)} \tag{10-8-1}$$

$$f(x) = \frac{1}{1 + \exp\left(-\dfrac{x}{a}\right)} \quad \text{(S 型函數)，a 為常數} \tag{10-8-2}$$

$$f(x) = \tanh(x) = \frac{e^x - e^{-x}}{e^x + e^{-x}} = \frac{e^{2x} - 1}{e^{2x} + 1} \quad \text{（雙曲正切函數）} \tag{10-8-3}$$

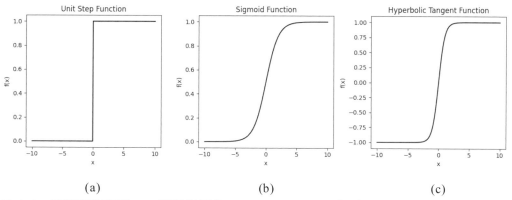

圖 10-8-2　轉移函數實例。(a)門檻值函數；(b) S (Sigmoid)型函數($a = 1$)；(c)雙曲正切函數。

▌ 10-8-2　網路的結構及學習方法

類神經網路可依網路結構及學習方法加以區分，其中在網路結構上，則可分成階層型及相互結合型，如圖 10-8-3 所示。

1.　階層型

此型的神經元以層狀配置，信號由輸入層傳達至輸出層，而以層跟層來結合成網路。一般以由某層之某神經元開始，與次層的所有神經元結合。此外，上層與下層之間的結合亦有以回授來設定者。感知機為階層型網路的例子之一。

2.　相互結合型

相互結合型並沒有層的存在，而是以任意神經元做兩個方向的結合而成的網路。典型的例子則有 Hopfield 模型等。

決定網路結構之後，下一步是以類神經網路來執行資訊的處理。一般都需要先做網路的學習。所謂網路的學習是指將加權值調整到適應訓練集為止。而階層型網路的有效學習方式之一是先前提到的倒傳遞學習法，我們將在 10-8-3 節介紹。另外也有以網路之平衡狀態作為資訊處理結果的網路，如 10-8-4 節的 Hopfield 模型等。

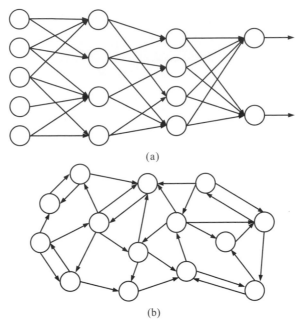

(a)

(b)

圖 10-8-3　網路結構。(a)階層型網路；(b)相互結合型網路。

▌ 10-8-3　感知機及倒傳遞學習法

感知機

　　如圖 10-8-4 所示，Rosenblatt 為做圖樣分類所提出的感知機原型由 S (Sensory)層、A (Association)層及 R (Response)層所構成，其中同一層的神經元不做互相之結合，而層與層間的結合則為由 S 層至 R 層的單方向。在 S 層與 A 層間的連結是固定的，而 A 層至 R 層間的連結則為可變的。除輸入層外，各層神經元的輸入為前一層神經元之輸出乘以加權值而來，再經神經元之轉移函數處理後，輸出到下一層。

　　為方便說明起見，表 10-8-1 定義類神經網路模型的相關符號與參數。

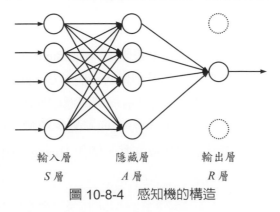

輸入層　　　隱藏層　　　輸出層

S 層　　　　A 層　　　　R 層

圖 10-8-4　感知機的構造

表 10-8-1　類神經網路模型的符號與參數標示說明

符號	說明	符號	說明
j	第 $k-1$ 層神經元的編號	i	第 k 層神經元的編號
p	第 $k+1$ 層神經元的編號	m	輸出層編號
θ_i^k	第 k 層之第 i 個神經元的門檻值	I_i^k	第 k 層之第 i 個神經元的輸入減掉門檻值的淨值
O_i^k	第 k 層之第 i 個神經元的輸出	$f(\cdot)$	轉移函數
$w_{j,i}^{k-1}$	由第 $k-1$ 層之第 j 個神經元至第 k 層之第 i 個神經元的加權值		

上述各符號或參數之關係如圖 10-8-5 所示。若以數學式表之則有

$$I_i^k = \sum_j w_{j,i}^{k-1} \cdot O_j^{k-1} - \theta_i^k \tag{10-8-4}$$

$$O_i^k = f(I_i^k) \tag{10-8-5}$$

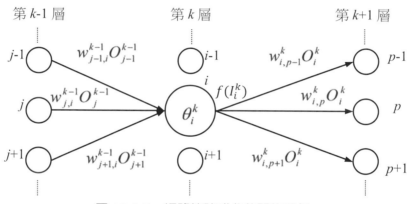

圖 10-8-5　網路符號或參數間的關係

倒傳遞(Backpropagation)學習法

　　倒傳遞學習法是階層型網路中一個有效的學習法，廣被採用，也是目前感知機的典型學習法。

　　倒傳遞學習是利用最佳化理論中的**梯度最陡坡降**(gradient steepest descent)法的觀念，將所需要的輸出與實際輸出間的誤差逐步最小化的一個方法。此輸出誤差往輸入方向「倒傳」回去，以便調整加權值將誤差減少，這是稱為倒傳遞的原因。以下只針對含有一個隱藏層的網路推導加權值 $w_{j,i}^k$ 所需的修正量 $\Delta w_{j,i}^k$，而對更多隱藏層的情況，可依與此處相同的要領繼續推導或是直接參考其他書籍或文獻，例如 Huang (2015)。

　　倒傳遞學習是監督式學習的一種，亦即對應一個輸入有預期的輸出，觀察實際輸出與預期輸出之差來監控網路之學習。此種網路學習模式一般以下列的能量函數(或稱為誤差函數)來表示學習的品質：

$$E = \frac{1}{2} \sum_p (O_p^m - y_p)^2 \tag{10-8-6}$$

其中 y_P 為輸出層第 p 個神經元的預期輸出，O_p^m 則為輸出層第 p 個神經元的實際輸出。上式中取 1/2 是為了之後對 E 微分時可獲得較簡潔的結果。基本上，E 是 O_p^m 的函數，而 O_p^m 又是加權值 w 的函數，因此 E 可寫成是 w 的函數 $E(w)$。參考圖 10-8-6，我們希望 w 可落入到 w_{opt} 上，這是使 $E(w)$ 最小化的最佳 w 值。所以原本在 w_{old} 的位置，要往 w_{new} 移動。這個移動的增量為 $\Delta w = w_{\text{new}} - w_{\text{old}}$。觀察到 $\Delta w > 0$(在斜率為負時)；$\Delta w < 0$(在斜率為正時)。所以斜率前要補上一個負號才會和 Δw 的正負號相同，因此可將 Δw 寫成 $\Delta w = -\alpha \dfrac{dE}{dw}$，其中 α 是一個正值的比例因子。

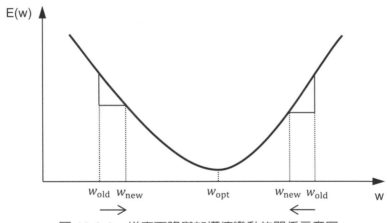

圖 10-8-6　梯度下降與加權值變動的關係示意圖

　　圖 10-8-6 是將 E 表成 w 的一維函數，實際上 w 應該是一個向量，內含多個加權值，因此要考慮向量微積分，此時斜率就變成了梯度，一般導數就變成偏導數。總結：要使 E 減少所需的加權值修正量應與 E 對加權值的偏微分成正比，亦即

$$\Delta w_{j,i}^k = -\alpha \frac{\partial E}{\partial w_{j,i}^k} \tag{10-8-7}$$

其中 α 爲一正値的修正比例常數。上式又可寫成

$$\Delta w_{j,i}^k = -\alpha \frac{\partial E}{\partial I_i^{k+1}} \frac{\partial I_i^{k+1}}{\partial w_{j,i}^k} = -\alpha \frac{\partial E}{\partial I_i^{k+1}} O_j^k = -\alpha d_i^{k+1} O_j^k \tag{10-8-8}$$

其中第二個等式用到來自於(10-8-4)式令 k 加上 1 的結果：$I_i^{k+1} = \sum_j w_{j,i}^k \cdot O_j^k - \theta_i^{k+1}$；而第三個等式是令 $\dfrac{\partial E}{\partial I_i^{k+1}} = d_i^{k+1}$ 的結果。

由於我們只討論單一隱藏層的情況，因此圖 10-8-6 中的第 $k + 1$ 層就是輸出層，第 k 層就是隱藏層，而第 $k - 1$ 層就是輸入層。以下分兩種情況討論加權值修正，第一種是隱藏層與輸出層之間的加權值，第二種是隱藏層與輸入層之間的加權值。

1. 輸出層與隱藏層之間加權值的修正：在 $k + 1 = m$(即最終輸出層)時，參考圖 10-8-6 的符號標示，(10-8-8)式改寫成

$$\Delta w_{i,p}^k = -\alpha d_p^m O_i^k \tag{10-8-9}$$

對第 m 層之第 p 個神經元，以 y_P 當其監督信號，則 d_p^m 可以寫成

$$d_p^m = \frac{\partial E}{\partial I_p^m} = \frac{\partial}{\partial I_p^m} \left\{ \sum_p \frac{1}{2} \left[f(I_p^m) - y_p \right]^2 \right\} = \left[f(I_p^m) - y_p \right] f'(I_p^m) \tag{10-8-10}$$

其中用到(10-8-6)式以及 $O_p^m = f(I_p^m)$ 的事實。亦即

$$d_p^m = (O_p^m - y_p) f'(I_p^m) \tag{10-8-11}$$

所以由(10-8-9)式可得所有權重修正值：

$$\Delta w_{i,p}^k = -\alpha (O_p^m - y_p) f'(I_p^m) O_i^k, \forall p \tag{10-8-12}$$

2. 輸入層與隱藏層之間加權值的修正：參考圖 10-8-6 的符號標示，(10-8-8)式改寫成

$$\Delta w_{j,i}^{k-1} = -\alpha d_i^k O_j^{k-1} \tag{10-8-13}$$

其中 O_j^{k-1} 就是輸入層的第 j 個輸入值(已知值)，而 d_i^k 可寫成

$$d_i^k = \frac{\partial E}{\partial I_i^k} = \frac{\partial}{\partial I_i^k}\left\{\sum_p \frac{1}{2}\Big[f(I_p^m)-y_p\Big]^2\right\} = \sum_p \frac{\partial}{\partial I_i^k}\left\{\frac{1}{2}\Big[f(I_p^m)-y_p\Big]^2\right\} \quad (10\text{-}8\text{-}14)$$

其中 $\dfrac{1}{2}\Big[f(I_p^m)-y_p\Big]^2$ 顯然是 $f(I_p^m)$ 函數，而

$$I_p^m = \sum_i w_{i,p}^k f(I_i^k) - \theta_p^m \quad (10\text{-}8\text{-}15)$$

所以 I_p^m 是 $f(I_i^k)$ 的函數，當然 $f(I_i^k)$ 是 I_i^k 的函數，因此 $\dfrac{1}{2}\Big[f(I_p^m)-y_p\Big]^2$ 是 I_i^k 的函數，於是我們令一新函數 $g(\cdot)$：

$$g(I_i^k) = \frac{1}{2}\Big[f(I_p^m)-y_p\Big]^2 \quad (10\text{-}8\text{-}16)$$

並運用微積分的連鎖律(chain rule)可得

$$\begin{aligned}d_i^k &= \sum_p \frac{\partial g(I_i^k)}{\partial I_i^k} = \sum_p \frac{\partial g}{\partial f(I_p^m)}\frac{\partial f(I_p^m)}{\partial I_p^m}\frac{\partial I_p^m}{\partial f(I_i^k)}\frac{\partial f(I_i^k)}{\partial I_i^k} \\ &= \sum_p (O_p^m - y_p)f'(I_p^m)w_{i,p}^k f'(I_i^k)\end{aligned}$$

所以由(10-8-13)式可得所有權重修正值：

$$\Delta w_{j,i}^{k-1} = -\alpha \sum_p (O_p^m - y_p)f'(I_p^m)w_{i,p}^k f'(I_i^k)O_j^{k-1}, \forall j \quad (10\text{-}8\text{-}17)$$

若轉移函數 $f(x)$ 為(10-8-2)式中的 S 型函數且 a 為 1 時，則下式成立(當成習題)：

$$f'(x) = f(x)[1-f(x)] \quad (10\text{-}8\text{-}18)$$

於是在 S 型轉移函數下

$$f'(I_p^m) = f(I_p^m)[1-f(I_p^m)] = O_p^m(1-O_p^m) \quad (10\text{-}8\text{-}19)$$

$$f'(I_i^k) = f(I_i^k)[1-f(I_i^k)] = O_i^k(1-O_i^k) \quad (10\text{-}8\text{-}20)$$

最後將這兩個式子代入(10-8-12)與(10-8-17)式中達成完整的計算式。另外，若改採(10-8-3)式的雙曲正切函數 $f(x)$ 為轉移函數而不是 S 型函數，則(10-8-18)式要改成：

$$f'(x) = [1 + f(x)][1 - f(x)] \qquad (10\text{-}8\text{-}21)$$

以上證明當成習題。

　　以上是對加權值修正量 Δw 的推導，用類似的方式可推導出門檻值的修正量 $\Delta \theta$，請讀者自行推演。

　　倒傳遞學習法有幾個待決定的重要參數，包括隱藏(非輸入與輸出層)的層數，每個隱藏層的神經元及學習速率。一般而言用 1 到 2 層的隱藏層可得不錯的結果，這是因為沒有隱藏層不能反應問題輸入各種神經元間的交互作用，誤差較大；過多的隱藏層又造成過多的局部最小值，使得網路容易掉入局部最小值而無法收斂。一般而言隱藏層的神經元數是取輸入層與輸出層之神經元數的算術平均或幾何平均。此外若問題的雜訊高(變異性大)，則隱藏層神經元數宜減少；問題複雜性高，隱藏層神經元可增加。學習速度大代表有較大的網路加權值修正量，有可能較快收斂，當然也有可能反覆振盪反而更難收斂。因此學習速率必須慎選之，一般取 0.5 或 0.1～1.0 之間的值都有不錯的結果。

範例 10.18

類神經網路是一種非線性的映射方式，它將輸入之特徵值對映到網路的輸出分類結果，並可依照其分類的誤差大小或某些能量函數來調整網路中的加權值使其達到收斂。本例使用含 7 個神經元的一層隱藏層的倒傳遞類神經網路辨識 L 形、三角形及梯形三個基本幾何圖形，不論其被放大、縮小或旋轉均能正確歸類。這三種圖形的基本樣式如圖 10-8-7 所示。分別對 L 形、三角形及梯形三張影像做縮小及放大。再將原圖、放大版及其縮小版均旋轉 0°、90°、180°、270°，如此每張影像可得到 12 組特徵，三張影像共 36 組特徵，分別列於表 10-8-2 至表 10-8-4，其中每組特徵都採用 9-4-4 節中的二階矩和三階矩的七個不變量。

圖 10-8-7　三個待辨識的基本幾何圖形

表 10-8-2 L 形的特徵

0.8790	2.8620	5.2247	4.6925	10.3393	6.2373	9.6664	縮小
0.8793	2.8560	5.3600	4.6912	10.3511	6.2152	9.3175	
0.8791	2.8458	5.4844	4.6966	10.3287	6.2130	9.8212	
0.8787	2.8480	5.2720	4.7257	9.8837	6.2329	9.3294	
0.8790	2.8620	5.2247	4.6925	10.3393	6.2373	9.6664	原圖
0.8791	2.8588	5.2944	4.6918	10.7808	6.2255	9.2765	
0.8790	2.8538	5.3469	4.6946	10.3427	6.2246	9.7385	
0.8788	2.8552	5.2587	4.7088	10.1860	6.2340	9.2811	
0.8789	2.8620	5.2247	4.6925	10.3393	6.2373	9.6664	放大
0.8790	2.8604	5.2599	4.6922	11.7206	6.2312	9.2551	
0.8790	2.8579	5.2844	4.6936	10.3443	6.2308	9.7014	
0.8789	2.8585	5.2443	4.7005	10.5672	6.2353	9.2571	

表 10-8-3 三角形的特徵

0.9249	2.8693	7.9370	5.4538	12.4253	6.8939	12.4091	縮小
0.9251	2.8683	6.7087	5.4263	11.6152	6.8680	11.7570	
0.9245	2.8588	6.2761	5.4278	11.4189	6.8756	11.5530	
0.9246	2.8604	6.2066	5.3947	11.2272	6.8391	12.9269	
0.9238	2.8670	8.2272	5.4562	12.6227	6.8939	12.3602	原圖
0.9239	2.8664	7.2132	5.4417	11.9457	6.8802	11.9295	
0.9237	2.8619	6.8256	5.4429	11.8063	6.8828	11.7308	
0.9237	2.8630	6.8066	5.4250	11.5630	6.8643	12.4037	
0.9236	2.8684	8.7215	5.4719	13.5994	6.9076	12.5756	放大
0.9236	2.8680	7.8926	5.4644	12.5298	6.9003	12.1899	
0.9235	2.8658	7.4637	5.4655	12.3642	6.9013	11.9738	
0.9236	2.8664	7.5463	5.4560	11.9881	6.8918	12.4433	

表 10-8-4　梯形的特徵。

0.9178	2.9375	6.5121	5.8739	12.6792	7.3685	11.9280	縮小
0.9180	2.9366	6.6493	5.8327	13.2480	7.3301	12.1708	
0.9177	2.9265	6.2809	5.8374	11.8109	7.3509	11.7815	
0.9188	2.9298	6.9442	5.7604	12.2196	7.2664	12.7700	
0.9163	2.9359	6.4882	5.8850	12.6862	7.3815	11.9144	原圖
0.9165	2.9354	6.5996	5.8626	12.5414	7.3603	12.2147	
0.9163	2.9304	6.4758	5.8658	12.2054	7.3717	11.8296	
0.9168	2.9322	7.1301	5.8253	13.2897	7.3270	12.3795	
0.9156	2.9352	6.4732	5.8905	12.6622	7.3867	11.9153	放大
0.9157	2.9350	6.5378	5.8787	12.3782	7.3752	12.2467	
0.9156	2.9324	6.4999	5.8808	12.7523	7.3814	11.8666	
0.9159	2.9334	6.7621	5.8597	12.4988	7.3586	12.3107	

　　給定的目標輸出值如下：第一類(L 形)都是(1,0,0)、第二類(三角形)都是(0,1,0)、第三類(梯形)都是(0,0,1)。在此設定網路的學習速率隨訓練循環的增加而降低。原因是當訓練次數大到一定程度時，網路輸出與實際值之間的誤差量通常會接近局部最小值，此時為了避免在權重空間中的局部最小值附近產生來回震盪，到不了真正最小值的位置，所以減小學習步幅，使其逐漸趨近最佳值。此外，為了避免陷入局部最小值而到不了全域最小值，此處還加入慣性項或動量項(momentum term)來克服誤差函數曲面 $E(w)$ 的小波動(用慣性協助跳脫局部最小值)並加速收斂，所謂慣性項表示上一次修正量的部分值，可表示成：

$$\Delta w(t) = -\alpha \frac{dE}{dw} + \mu \Delta w(t-1) \tag{10-8-22}$$

其中 t 代表目前的循環，$t-1$ 代表前一次的循環，μ 為介於 0 和 1 之間的正值常數。

　　實驗中選擇不同的學習速率衰減量、不同的隱藏層神經元個數及不同的訓練循環對結果均有影響，其中學習速率衰減量最敏感。圖 10-8-8 顯示網路訓練的結果。初始的學習速率設為 0.5，之後每次循環都乘上一個小於 1 的值 r，使學習速率逐步變小。經過多次嘗試，當選擇 $r = 0.999$ 時可有良好收斂。最後的均方根誤差值為 0.1640。網路訓練完畢後，給定代判別的輸入圖樣，再取輸出層三個神經元最大的對應輸出代表其類別歸屬。結果顯示正確分類的樣本個數為 36，因此辨識率為 100%。不過要注意，這是訓練集與測試集相同的內部測試(inside test)，當真實的測試資料與訓練集中不相同時(外部測試[outside test])，辨識率可能不會那麼好。在本例中，三角形與梯形在視覺上是可明顯區隔的兩類，但從特徵值上來看，兩者幾乎無明顯差距。使用倒傳遞網路對於此種無明顯差距的特徵向量依然能夠完成分類，由此可見其在分類辨識上的潛力。感興趣者可改變隱藏層神經元的個數，並觀察其是否將影響最後收斂的結果。

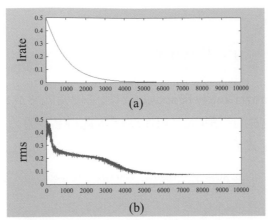

圖 10-8-8　　倒傳遞網路參數的變化情形。(a)學習速率；(b)均方根誤差。

以倒傳遞網路作模糊分類

　　以傳統倒傳遞網路分類時每個圖樣一定都有一個唯一的歸屬類別。但在實際的問題中，資料的歸屬常因沒有明確的邊界而難以確定。因此將模糊化的觀念加入倒傳遞網路的訓練過程中。

　　考慮一個 M 類的辨識問題，因而網路輸出層有 M 個節點。設 n 維的向量 $\mathbf{m}_i$ 與 $\boldsymbol{\sigma}_i$ 分別代表第 i 類 ω_i 中訓練集的平均值向量與標準差向量。首先定義第 i 類訓練圖樣向量(設為 $\mathbf{x}_j$)與第 i 類間的加權距離為

$$z_{ji} = \sqrt{\sum_{k=1}^{n}\left(\frac{x_{jk}-m_{ik}}{\sigma_{ik}}\right)^2} \ , i=1,2,\cdots,M \qquad (10\text{-}8\text{-}23)$$

其中 x_{jk} 為第 j 個圖樣向量的第 k 個分量，m_{ik} 與 σ_{ik} 分別為 $\mathbf{m}_i$ 與 $\boldsymbol{\sigma}_i$ 的第 k 個分量。$1/\sigma_{ik}$ 是變異量正規化的因子，使得高變異量者在類別的辨別上有較小的權重(較不重要)。接著我們定義第 j 個圖樣在第 i 個類別 ω_i 中的歸屬程度為

$$u_{i,j} = \frac{1}{1+(z_{ji}/\alpha)^{\beta}} \ , i=1,2,\cdots,M \qquad (10\text{-}8\text{-}24)$$

其中 α 與 β 為控制模糊度的正值參數。由上式可看出，一個圖樣與一個類別的距離愈遠則其歸屬於該類別的程度愈低。若所有 $u_{i,j}$ 均不為零，$i=1,2,\cdots,M$，則有高模糊性的狀況，若只有一個不為零，則完全沒有模糊性。在高模糊性的狀況，我們採用下面的模糊度修正子 INT (intensfication)來擴大歸屬度的差異，以降低決策時的混淆(Pal 和 Majumder [1986])：

$$u_{i,j,INT} = \begin{cases} 2(u_{i,j})^2, & 0 \le u_{i,j} \le 0.5 \\ 1-2(1-u_{i,j})^2, & \text{其他情況} \end{cases} \quad (10\text{-}8\text{-}25)$$

INT 又稱為對比強化(contrast intensfication)。對比強化使大於 0.5 的歸屬度變大，同時使低於 0.5 者變小，拉大兩者的差距(提高對比度)，因此得名。對於第 j 個圖樣 $\mathbf{x}_j$，其所預期的輸出 $\mathbf{y}_j$ 的第 i 個分量定義為

$$y_{i,j,INT} = \begin{cases} u_{i,j,INT}, & \text{高模糊性時} \\ u_{i,j}, & \text{其他情況} \end{cases} \quad (10\text{-}8\text{-}26)$$

其中 $0 \le y_{i,j} \le 1$，對所有 j。有這些輸入與預期輸出的向量對$(\mathbf{x}_j, \mathbf{y}_j)$，就可以用傳統的倒傳遞網路加以訓練了。

10-8-4　Hopfield 模型

這是相互結合型類神經網路的代表之一，其架構如圖 10-8-9 所示。由網路架構中可看出，每一個神經元都跟別的神經元互有連接，但跟自己不相連，因此

$$w_{i,j} = w_{j,i}, \ 1 \le i, j \le n \quad (10\text{-}8\text{-}27)$$
$$w_{i,i} = 0, \ 1 \le i \le n \quad (10\text{-}8\text{-}28)$$

其中 $w_{i,i}$ 是從第 i 個神經元連結到第 j 個神經元之間的固定權重。此外，圖 10-8-9 中沒畫出來的是每個神經元都可以有外部的輸入 I 以及能否激發的門檻值 θ，分別表示為 I_i 和 θ_i，$1 \le i \le n$。

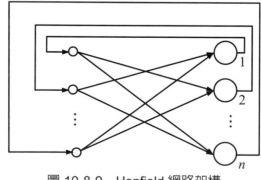

圖 10-8-9　Hopfield 網路架構

　　Hopfield 網路是一種聯想式學習網路模式,它由問題領域中取得訓練集(在此即是儲存在每個神經元的狀態變數值),並從中學習訓練集的內在記憶規則,以便從不完整(不標準)的狀態變數值中推論出(聯想起)完整的或標準的狀態變數值。設第 i 個神經元儲存的值為 u_i,$u_i = 0$ 或 1,則所有神經元的儲存值就形成一個狀態向量$(u_1, u_2, \cdots, u_n)$。圖 10-8-10(a)顯示一個具有 3 個神經元的 Hopfield 網路架構。假設每次只能改變一個神經元的儲存內容,則圖 10-8-10(b)顯示所有可能的狀態變化。

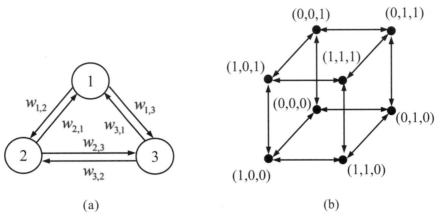

(a)　　　　　　　　　　　　　　(b)

圖 10-8-10　具有 3 個神經元之 Hopfield 網路的架構及其狀態變遷圖。(a)架構;(b)狀態變化。

　　Hopfield 網路解決聯想式學習的概念是將該問題轉化成對下列能量函數(或稱 Liapunov 函數)最小化的最佳化問題:

$$E = -\frac{1}{2}\sum_j \sum_{\substack{i \\ i \neq j}} w_{i,j} u_i u_j - \sum_i I_i u_i + \sum_i \theta_i u_i \tag{10-8-29}$$

隨著訓練的遞迴次數增加,此能量函數的數值會維持不變或漸小。當每個神經元的內容都不再改變時,表示網路已達收斂狀態或是訓練完成。為了方便理解 Hopfield 的運作原理,以下都假設 $I_i = \theta_i = 0$,$\forall i$。此時,

$$E = -\frac{1}{2}\sum_j \sum_{\substack{i \\ i \neq j}} w_{i,j} u_i u_j \tag{10-8-30}$$

設進入第 j 個神經元的激發值為 S_j:

$$S_j = \sum_{\substack{i \\ i \neq j}} w_{i,j} u_i \tag{10-8-31}$$

其對應的輸出為

$$u_j = f(S_j) = \begin{cases} 1, & S_j \geq 0 \\ 0, & S_j < 0 \end{cases} \qquad (10\text{-}8\text{-}32)$$

其中 $f(\cdot)$ 為(10-8-1)式的單位步階轉移函數。現在證明依照上述的網路更新方法，保證網路會收斂。首先將 E 改寫成

$$E = \sum_j \left(-\frac{1}{2} \sum_{\substack{i \\ i \neq j}} w_{i,j} u_i \right) u_j = \sum_j \left(-\frac{1}{2} S_j \right) u_j \qquad (10\text{-}8\text{-}33)$$

所以由單一個神經元(設為第 j 個)所貢獻的成本函數值 E_j 為

$$E_j = -\frac{1}{2} S_j u_j \qquad (10\text{-}8\text{-}34)$$

因此當第 j 個神經元從先前的值 $u_j{}^{\text{old}}$ 改變成現在的值 $u_j{}^{\text{new}}$ 時，其能量的變化 ΔE_j 可寫成

$$\Delta E_j = \left(u_j{}^{\text{new}} - u_j{}^{\text{old}} \right) \left(-\frac{1}{2} S_j \right) = -\frac{1}{2} \Delta u_j S_j \qquad (10\text{-}8\text{-}35)$$

其中 Δu_j 代表 u_j 的變化。我們可輕易證明(留做習題)$\Delta E_j \leq 0$，此結果對任一神經元都適用。因此，對總體能量的變化 $\Delta E = \sum_j \Delta E_j \leq 0$，代表網路可收斂到能量函數 E 的局部或全域最小值。

假設現在要網路記住 m 個狀態向量 $\mathbf{v}_p = (v_{p,1}, v_{p,2}, \cdots, v_{p,n})$，$1 \leq p \leq m$。一個網路加權值的產生方式如下：

$$\begin{aligned} w_{j,i} &= \sum_{p=1}^{m} (2v_{p,i}-1)(2v_{p,j}-1) \quad (i \neq j) \\ w_{i,i} &= 0, \quad w_{i,j} = w_{j,i} \end{aligned} \qquad (10\text{-}8\text{-}36)$$

範例 10.19

考慮一個有 4 個神經元的 Hopfield 網路，則由(10-8-36)式以及兩個狀態向量 $\mathbf{v}_1 = (1, 0, 1, 0)$ 和 $\mathbf{v}_2 = (0, 1, 0, 1)$ 可得出

$$w_{1,2} = [2(1)-1][2(0)-1]+[2(0)-1][2(1)-1] = -2$$

$$w_{1,3} = [2(1)-1][2(1)-1]+[2(0)-1][2(0)-1] = 2$$

$$w_{1,4} = [2(1)-1][2(0)-1]+[2(0)-1][2(1)-1] = -2$$

$$w_{2,3} = [2(0)-1][2(1)-1]+[2(1)-1][2(0)-1] = -2$$

$$w_{2,4} = [2(0)-1][2(0)-1]+[2(1)-1][2(1)-1] = 2$$

$$w_{3,4} = [2(1)-1][2(0)-1]+[2(0)-1][2(1)-1] = -2$$

所以加權矩陣 $\mathbf{W} = \{w_{i,j}\}$ 為

$$\mathbf{W} = \begin{bmatrix} 0 & -2 & 2 & -2 \\ -2 & 0 & -2 & 2 \\ 2 & -2 & 0 & -2 \\ -2 & 2 & -2 & 0 \end{bmatrix} \tag{10-8-37}$$

假設有一輸入向量(1,1,1,0)(相當於初始狀態)，則經由(10-8-31)與(10-8-32)式的過程可得最後網路的狀態為(1,0,1,0)：

$$S_1 = w_{2,1}u_2 + w_{3,1}u_3 + w_{4,1}u_4 = (-2)(1)+(2)(1)+(-2)(0) = 0 \Rightarrow u_1 = 1$$

$$S_2 = w_{1,2}u_1 + w_{3,2}u_3 + w_{4,2}u_4 = (-2)(1)+(-2)(1)+(2)(0) = -4 \Rightarrow u_2 = 0$$

$$S_3 = w_{1,3}u_1 + w_{2,3}u_2 + w_{4,3}u_4 = (2)(1)+(-2)(1)+(-2)(0) = 0 \Rightarrow u_3 = 1$$

$$S_4 = w_{1,4}u_1 + w_{2,4}u_2 + w_{3,4}u_3 = (-2)(1)+(2)(1)+(-2)(1) = -2 \Rightarrow u_4 = 0$$

$$E = -\frac{1}{2}[(0)(1)+(-4)(0)+(0)(1)+(-2)(0)] = 0$$

與初始狀態比較發現只有 u_2 由 1 變成 0，於是網路狀態更新成(1,0,1,0)，因此再次計算：

$$S_1 = w_{2,1}u_2 + w_{3,1}u_3 + w_{4,1}u_4 = (-2)(0)+(2)(1)+(-2)(0) = 2 \Rightarrow u_1 = 1$$

$$S_2 = w_{1,2}u_1 + w_{3,2}u_3 + w_{4,2}u_4 = (-2)(1)+(-2)(1)+(2)(0) = -4 \Rightarrow u_2 = 0$$

$$S_3 = w_{1,3}u_1 + w_{2,3}u_2 + w_{4,3}u_4 = (2)(1)+(-2)(0)+(-2)(0) = 2 \Rightarrow u_3 = 1$$

$$S_4 = w_{1,4}u_1 + w_{2,4}u_2 + w_{3,4}u_3 = (-2)(1)+(2)(0)+(-2)(1) = -4 \Rightarrow u_4 = 0$$

$$E = -\frac{1}{2}[(2)(1)+(-4)(0)+(2)(1)+(-4)(0)] = -2$$

注意到能量函數值確實是遞減的。此外，網路的神經元狀態沒有再更新，因此程序停止，最後網路的狀態就是(1,0,1,0)，即 $\mathbf{v}_1$。

如果我們把以上的四維狀態向量視爲 2×2 的二值影像圖樣，則此例相當於我們可把一個不完整或受雜訊影響的圖樣(由輸入向量構成)，經 Hopfield 網路的聯想發覺是記憶中的某個圖樣(由 $\mathbf{v}_1$ 構成)，而達到辨識圖樣或修正圖樣錯誤的目的。

10-8-5　遞歸神經網路

自然語言、語音或視訊有一個共通的特性就是資料本身具有時間前後的順序關係。當涉及有順序或時間序列的資料時，傳統的前饋網路(feedforward network)無法用於學習和預測。因此，我們需要一種機制來保留過去或歷史資訊以預測未來值。

遞歸神經網路(recurrent neural network, RNN)可視爲是傳統前饋類神經網路的變體，它可以處理有順序或時間序列的資料，並且可以經過訓練來保存有關過去的資訊。它有一個記憶體，可以儲存先前時間點的資訊到一個所謂的隱藏狀態(hidden state)中，並且這個隱藏狀態中的資訊會影響當前時間點的輸出和隱藏狀態。上一小節介紹的 Hopfield 網路可視爲是現今 RNN 最早的 RNN 的雛形。RNN 已被證實對於自然語言處理、語音辨識、機器翻譯、視訊處理等任務非常有用，因此近年受到很大的關注。

圖 10-8-11 顯示 RNN 的基本網路架構。最左邊的圖是 RNN 的整個網路架構，將這個圖依 t (代表時間或前後)的順序展開(unfold)，就得到右邊階層式的圖形。要注意，這樣展開的圖不是 RNN 的網路架構，只是方便理解左圖眞正的網路架構內部隨時間或其他順序因子變動的過程。以下爲了方便解說，都視 t 爲時間因子。如圖 10-8-11 所示，在時間點 t 時，有來自輸入層的輸入向量 $\mathbf{x}_t$ 產生的狀態，再加上來自前一時刻 $t-1$ 時 $\mathbf{x}_{t-1}$ 產生的狀態向量 $\mathbf{h}_{t-1}$，兩者結合得到輸出向量 $\mathbf{y}_t$。同理，在時間點 $t+1$ 時，有來自輸入層的輸入向量 $\mathbf{x}_{t+1}$ 產生的狀態，再加上來自前一時刻 t 時 $\mathbf{x}_t$ 產生的狀態向量 $\mathbf{h}_t$，兩者結合得到輸出向量 $\mathbf{y}_{t+1}$，依此類推。由此可見，前一個時間點的輸入所產生的結果會透過暫存被記憶後，透過隱藏狀態傳遞到當下，所以當下的輸入都隱含了先前輸入所產生過的結果。

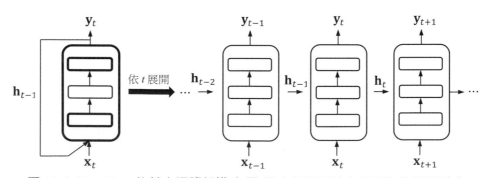

圖 10-8-11　RNN 的基本網路架構(左圖)及方便理解其內部運作的展開形式

　　圖 10-8-12 顯示一個簡單的 RNN 網路範例,其中輸入與輸出都是三維向量且只有含兩個神經元的一層隱藏層。圖 10-8-12(a)是 RNN 的網路架構,圖 10-8-12(b)以傳統前饋網路表示如何獲得隱藏狀態的輸出。由圖中可看出在 t 時刻的隱藏層輸出不只由 t 時刻的輸入決定,還有前一時刻 $t-1$ 時的隱藏層輸出,而 $t-1$ 時刻的隱藏層輸出又顯然會與 $t-1$ 時刻的輸入有關。依此往前類推就可體會出此網路先天設計上就適合處理有時間前後關聯順序的資料。

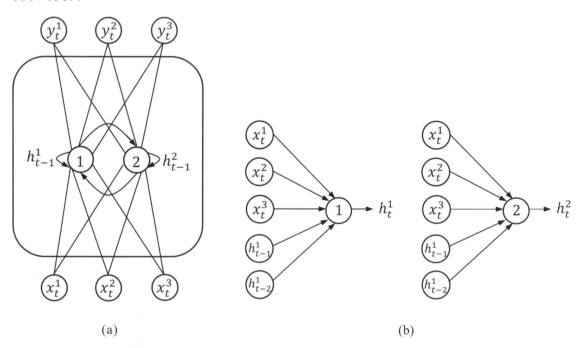

(a)　　　　　　　　　　　　　　　(b)

圖 10-8-12　RNN 的一個範例,其中輸入 $\mathbf{x}_t$ 是三維向量,隱藏層只有一層,且只有兩個神經元,輸出 $\mathbf{y}_t$ 也是三維向量。(a) RNN 架構;(b)把(a)圖架構中隱藏狀態向量的取得以傳統的前饋網路表示。

　　RNN 具有由輸入層、隱藏層和輸出層組成的基本結構。隱藏層具有遞歸連接,允許其將狀態傳遞到下一個時間點。依不同任務的考量,輸出層在每個時間點產生輸出,或僅在最後一個時間點產生輸出。RNN 隱藏狀態與輸出的計算如以下方程式所示:

(1)　在時間 t 時的隱藏狀態計算如下:

$$\mathbf{h}_t = f_h(\mathbf{U}\mathbf{x}_t + \mathbf{W}\mathbf{h}_{t-1} + \mathbf{b}_h) \tag{10-8-38}$$

其中 $\mathbf{x}_t$ 是輸入向量,$\mathbf{h}_{t-1}$ 是先前的隱藏狀態,$\mathbf{U}$ 和 $\mathbf{W}$ 是權重矩陣,$\mathbf{b}_h$ 是與隱藏狀態計算相關的偏差向量(bias vector),f_h 是非線性激活函數,例如 sigmoid 或 tanh。

(2) 在時間 t 時的輸出計算如下：

$$\mathbf{y}_t = f_y(\mathbf{Vh}_t + \mathbf{b}_y)$$ (10-8-39)

其中 $\mathbf{h}_t$ 是當前隱藏狀態，$\mathbf{V}$ 是權重矩陣，$\mathbf{b}_y$ 是與輸出計算相關的偏差向量，f_y 可以是線性函數或更普遍的非線性激活函數，例如 softmax 或 sigmoid。

這些方程式可以應用於不同類型的 RNN 架構，例如一對一、一對多、多對一或多對多，這取決於輸入和輸出序列。例如，圖像字幕(image captioning)是一個一對多的任務，其中單個影像被映射到一系列單字。情感分析(Sentiment analysis)是一項多對一的任務，其中一系列單字被映射到單一情感標籤。機器翻譯是一項多對多任務，其中一種語言的單字序列映射到另一種語言的單字序列。

範例 10.20

本例示範 RNN 的輸入與輸出運算。假設我們有一個帶有 1 個隱藏神經元和 1 個輸出神經元的 RNN。輸入是長度為 4 的 one-hot 向量序列，表示字元「a」、「b」、「c」和「d」。RNN 有以下參數：

- $\mathbf{U}$：輸入到隱藏權重矩陣(1×4)
- $\mathbf{W}$：隱藏到隱藏權重矩陣(1×1)
- $\mathbf{V}$：隱藏到輸出權重矩陣(1×1)
- $\mathbf{b}_h$：1 維的隱藏偏差向量
- $\mathbf{b}_y$：1 維的輸出偏差向量

隱藏神經元和輸出神經元的激活函數分別是 S 型函數(Sigmoid 函數)和線性函數。RNN 在每個時刻 t 計算以下方程式：

$$\mathbf{h}_t = S(\mathbf{Ux}_t + \mathbf{Wh}_{t-1} + \mathbf{b}_h)$$

$$\mathbf{y}_t = \mathbf{Vh}_t + \mathbf{b}_y$$

其中 $\mathbf{x}_t$ 是輸入向量，$\mathbf{h}_t$ 是隱藏狀態向量，$\mathbf{y}_t$ 是輸出向量，S 代表 Sigmoid 函數。假設我們有以下參數值：$\mathbf{U} = [0.1, 0.2, 0.3, 0.4]$, $\mathbf{W} = [0.5]$, $\mathbf{V} = [0.6]$, $\mathbf{b}_h = [0.1]$, $\mathbf{b}_y = [0.2]$。我們有以下輸入序列：

$\mathbf{x}_0 = [1,0,0,0]^T$ (代表「a」)
$\mathbf{x}_1 = [0,1,0,0]^T$ (代表「b」)
$\mathbf{x}_2 = [0,0,1,0]^T$ (代表「c」)
$\mathbf{x}_3 = [0,0,0,1]^T$ (代表「d」)

我們可以計算每個時刻的隱藏狀態和輸出，如下所示：

$\mathbf{h}_0 = S(\mathbf{Ux}_0 + \mathbf{Wh}_{-1} + \mathbf{b}_h) = S(0.1 \times 1 + 0.5 \times 0 + 0.1) = S(0.2) = 0.5498$

$\mathbf{y}_0 = \mathbf{Vh}_0 + \mathbf{b}_y = 0.6 \times 0.5498 + 0.2 = 0.5299$

$\mathbf{h}_1 = S(\mathbf{Ux}_1 + \mathbf{Wh}_0 + \mathbf{b}_h) = S(0.2\times1 + 0.5\times0.5498 + 0.1) = S(0.5749) = 0.6399$

$\mathbf{y}_1 = \mathbf{Vh}_1 + \mathbf{b}_y = 0.6\times0.6399 + 0.2 = 0.5839$

$\mathbf{h}_2 = S(\mathbf{Ux}_2 + \mathbf{Wh}_1 + \mathbf{b}_h) = S(0.3\times1 + 0.5\times0.6399 + 0.1) = S(0.7200) = 0.6726$

$\mathbf{y}_2 = \mathbf{Vh}_2 + \mathbf{b}_y = 0.6\times0.6726 + 0.2 = 0.6036$

$\mathbf{h}_3 = S(\mathbf{Ux}_3 + \mathbf{Wh}_2 + \mathbf{b}_h) = S(0.4\times1 + 0.5\times0.6726 + 0.1) = S(0.8363) = 0.6977$

$\mathbf{y}_3 = \mathbf{Vh}_3 + \mathbf{b}_y = 0.6\times0.6977 + 0.2 = 0.6186$

輸出序列為：$\mathbf{y}_0 = 0.5299$, $\mathbf{y}_1 = 0.5839$, $\mathbf{y}_2 = 0.6036$, $\mathbf{y}_3 = 0.6186$

從圖 10-8-11 和圖 10-8-12 可看出 RNN 可以展開為前饋網路，這使得我們更容易理解 RNN 的工作原理以及如何使用隨時間倒傳遞傳播(backpropagation through time, BPTT)來訓練它們。BPTT 是標準倒傳遞演算法的變體，它計算給定輸入序列的網路前向傳遞，然後沿時間軸向後傳遞誤差來更新網路的權重。BPTT 是訓練 RNN 最常見的演算法，但計算成本很高，並且容易出現梯度消失或爆炸，因此人們提出了各種技術來改進 RNN 的訓練，例如截斷 BPTT (truncated BPTT)、梯度裁剪(gradient clipping)或使用更先進的 RNN 單元，例如長短期記憶(long short-term memory, LSTM)或門控遞歸單元(gated recurrent unit, GRU)。

10-9　深度學習神經網路簡介

10-9-1　為何需要更多層的神經網路

上一節介紹的類神經網路是非常強大的通用圖樣辨識方法，通常用一到兩層的隱藏層和足夠的神經元就可完成所需的任務。不過在運用此方法時要先針對應用問題提出適當的特徵抽取方法，取得相關辨識問題的有效特徵，形成特徵向量後再送進類神經網路進行訓練或測試，此即所謂的特徵工程(feature engineering)。這個工程品質的好壞大大影響類神經網路的辨識效能，因此常需要人的高度介入，甚至要非常精心設計這些特徵，可能還要反覆實驗才能確保所提特徵的有效性，因此非常耗力又費時。近年來盛行的深度神經網路(deep neural network)試圖解決這個問題，其典型的作法是在傳統神經網路前加上更多層的網路來處理此特徵工程問題。這更多層的網路，在術語上我們說網路的「深度(depth)」增加，因此才有深度神經網路的名詞。訓練深度神經網路的過程稱為深度學習(deep learning)，整合起就稱為深度學習神經網路(deep learning neural network)。

深度學習是機器學習(machine learning)的一個分支。深度學習透過多項處理層中的線性與非線性轉換，自動提取相關的特徵。以往機器學習需要透過撰寫演算法產生特徵，而這些特徵還需要由專業人士反覆比對分析及研究後才能產出品質優良的特徵。但深度學習的自動特徵學習可以取代由專家分析所耗費的時間，這樣的技術突破使深度學習成為現在熱門的研究領域。

要了解這個熱門的領域，首先就要了解為何需要更多層的神經網路。除了特徵工程的考量外，傳統的「淺層(shallow)」神經網路(通常稱為單層感知機)具有某些局限性，例如：

1. 有限的表示能力：淺層網路難以捕捉複雜的資料分層表示。它們對輸入資料中複雜關係進行建模的能力有限。

2. 特徵的階層結構：淺層網路在從原始資料中自動學習分層特徵方面效率較低。它們依賴於手動設計的功能，這可能無法捕捉底層模式的全部複雜性。

3. 維度詛咒(Curse of Dimensionality)：面對高維度資料時，淺層網路可能會陷入困境。對複雜的關係建模所需的參數數量隨著輸入空間的維度呈指數成長。

4. 非線性可分離資料的困難性：淺層網路不太擅長學習複雜的非線性決策邊界，這使得它們不足以完成涉及複雜模式的任務。

透過引入「深度」學習神經網路可以解決這些局限性。深度學習神經網路有幾個優點，例如：

1. 分層特徵學習：具有多個隱藏層的深度學習網路可以自動從資料中學習層次特徵。每一層都提取越來越抽象和複雜的特徵，使模型能夠表示複雜的模式。

2. 增加表示的能力：神經網路的深度使其能夠表示高度非線性的函數。深層架構可以捕捉和建構出複雜的關係，使其適用於各種複雜的任務。

3. 抽象特徵抽取與組合：深度網路擅長學習抽象特徵並將其組合成有意義的表示。此功能對於影像辨識等任務至關重要，其中輸入資料具有多個抽象層級。

4. 數據效率：深度學習網路可以從有限的資料中實現更好的泛化。分層學習使它們能夠理清數據中的變化因素，使它們在從不同的數據集中學習時更加穩健和高效。

5. 克服維度詛咒：深度學習網路具有自動學習分層表示的能力，可以減輕維度數的災難。它們可以專注於相關特徵並丟棄不相關特徵，從而提高學習過程的效率。

6. 在不同的任務上表現較好：深度學習在電腦視覺、自然語言處理和語音識別等多個領域中展現了卓越的表現。網路的深度有助於其在廣泛應用中的適應性和有效性。

從「淺層」神經網路到「深度」神經網路的轉變涉及幾個挑戰，例如：

1. 梯度消失和爆炸：在深層網路中，特別是在反向傳播期間，梯度在通過多個層反向傳播時可能會大幅衰減(梯度消失[vanishing gradients])或大幅成長(梯度爆炸[exploding gradients])，不利於深度神經網路的有效訓練。

2. 過度擬合(Overfitting)：深度網路具有大量參數，很容易出現過度擬合，尤其是在訓練資料有限的情況下。當模型學習訓練資料中的雜訊而不是底層模式時，就容易發生過度擬合。

3. 計算資源：訓練深度網路需要大量的運算資源。參數和層數的增加導致訓練時間更長並且需要更強大的硬體。

4. 數據可用性：深度學習模型通常需要大量標記資料才能進行有效訓練。取得和標註大量資料集可能具有挑戰性，特別是在資料稀缺或取得成本昂貴的領域。

5. 超參數調整(Hyperparameter Tuning)：深度網路具有許多超參數，包括層數、學習率和批次大小等。找到最佳的超參數集可能非常耗時，並且需要仔細調整。

為了克服上述的挑戰，已有許多策略被提出，例如：

1. 正規化技術：批量正規化(batch normalization)等技術透過將每一層的輸入正規化來幫助減輕梯度消失和爆炸。這有助於穩定訓練過程並促進梯度流動。

2. 架構創新：透過架構的創新，例如跳過連接(例如，殘差網路[residual network]或 ResNet)和門控單元(gated units)(例如，循環(recurrent) 神經網路中的長短期記憶[long short-term memory]或 LSTM 單元)，有助於解決梯度消失問題並實現更深網路的訓練。

3. 正則化(Regularization)技術：採用 dropout 和權重正則化等技術來對抗過度擬合。dropout 在訓練過程中隨機丟棄一部分神經元，從而防止隱藏單元的共同適應(co-adaptation)。權重正則化對大權重的損失函數增加了懲罰。

4. 轉移學習(Transfer Learning)：利用大型資料集上的預訓練模型並針對特定任務進行微調，解決了資料可用性有限的挑戰。這種方法允許將從一項任務學到的知識轉移到另一項任務，即使資料集較小。

5. 資料擴增(Data Augmentation)：資料擴增涉及透過對現有資料套用轉換(例如旋轉、縮放)甚至採用生成型的網路直接生成資料來建立新的訓練範例。這有助於增加訓練資料集的有效大小，減輕有限標記資料的影響。

6. 進階的優化器：Adam 和 RMSprop 等優化器的開發是為了解決收斂和訓練速度的挑戰。這些優化器可自適應地調整學習率，並已被證明在訓練深度網路方面有效。

7. 平行化與硬體的進步：分散式運算以及 GPU 和 TPU (張量處理單元[Tensor Processing Unit])的使用有助於解決訓練深度網路的運算挑戰。這顯著減少了訓練時間，並使深度學習變得更加容易。

8. 自動超參數調整：自動超參數調整是一種機器學習的技術，它可以自動地尋找最適合模型的參數，以提高模型的預測能力或減少訓練時間。有許多不同的方法可以實現自動超參數調整，例如窮舉法、網格搜尋(grid search)、隨機搜尋、貝氏最優化(Bayesian optimization)等。這些方法通常需要定義一個目標函數、一個參數範圍、一個最佳化演算法和一個評估指標。

透過結合這些策略，研發人員已經能夠克服從淺層神經網路過渡到深層神經網路相關的挑戰。於是各種通運或特定用途的深度學習神經網路如雨後春筍般出現。

卷積神經網路(Convolutional neural network, CNN)是現今最常見的深度學習網路架構之一，其中最基本的 CNN 是由卷積(convolution)、激勵(activation)和池化(pooling)這三種結構組成的。CNN 的輸出結果是每張影像的特徵空間[特徵圖(feature map)]，進行影像分類時，CNN 會將輸出的特徵空間作爲全連接層(fully-connected layer)或是全連接神經網路(fully-connected neural network, FCN)的輸入，用全連接層來分類。目前許多主流的卷積神經網路都是由基本的 CNN 調整組合而來，因此了解 CNN 的運作是了解許多深度學習網路的必備基礎。CNN 的架構如圖 10-9-1 所示，其中 $p(y \mid x)$ 是指輸入影像 x 會是 y 這一類之機率的估測。有此機率資訊後，一般會選取機率最大的類別爲最終分類的結果。

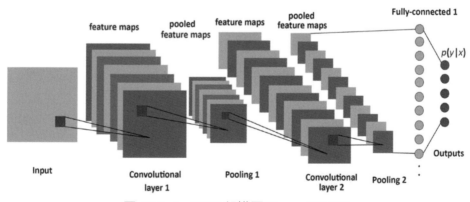

圖 10-9-1　CNN 架構圖(Tseng [2017])

10-9-2　卷積神經網路(Convolutional Neural Network, CNN)

神經網路這個構想來自於 1962 和 1965 年 Hubel 與 Wiesel 所提出的論文(Hubel 和 Wiesel [1962])(Hubel 和 Wiesel [1965])，他們將微電極插入麻醉貓的腦視覺皮層中，記錄神經元的放電，研究中可以看到不同神經元對空間、亮度、邊界信息等反應模式皆不相同，這項研究向人們展現了視覺系統將視覺特徵在視覺皮層呈現出來，提供了神經網路的初始概念。根據 Hubel 與 Wiesel 所提出的論文，在 1980 年 Fukushima 便研發出第一代神經網路 Neocognitron (Fukushima [1980])，雖然效能並不優異，卻是電腦視覺系統的一大步。

1989 年，Yann LeCun -卷積神經網路之父提出了第一個卷積神經網路的框架 LeNet 的最初形式(LeCun 等人[1989])，後來發展到 LeNet-5 (LeCun 等人[1998])，如圖 10-9-2 所示。該網路運用了大腦視覺皮層神經元結構與 Fukushima 所提出的 Neocognitron 神經網路的概念，驗證了 CNN 架構在字元辨識應用上的可行性。

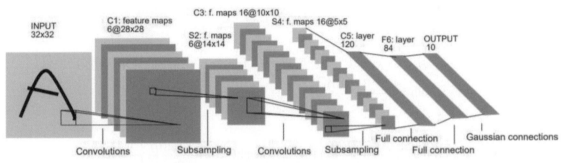

圖 10-9-2　LeNet-5 架構圖(LeCun 等人[1998])

CNN 網路包含了輸入層(Input Layer)、卷積層(Convolution Layer)、池化層(Pooling Layer)、全連接層(Fully Connected Layer)、線性整流層(Rectified Linear Units Layer)和損失函式層(Loss Layer)，各層說明如下：

1. **輸入層：**

    主要是將 $n \times m \times 3$ (寬 × 高 ×3 種顏色)的 RGB 圖像輸入網路，因為只有輸入，所以這裡沒有做任何參數學習。

2. **卷積層：**

    顧名思義，卷基層的主要功能就是執行卷積的運算，而這個運算我們在 3-1 節已有詳細介紹。卷積層主要是在計算輸入影像的區域與卷積核(kernel)的權重矩陣之間的點積，並將其結果作為這一層的特徵圖(feature map)輸出，計算卷積過後的輸出大小的公式如下：

$$\begin{cases} \text{width} = \left\lceil \dfrac{W - K_w + 2P}{S} \right\rceil + 1 \\[3mm] \text{height} = \left\lceil \dfrac{H - K_h + 2P}{S} \right\rceil + 1 \end{cases} \tag{10-9-1}$$

其中 W 爲輸入影像的寬度，H 爲輸入影像的高度，K_w 爲卷積核的寬度，K_h 爲卷積核的高度，P 爲填充(Padding)數量，S 爲步幅(Stride)，$\lceil\ \rceil$ 爲向上取整數的天花板函數 (ceiling function)。

範例 10.21

考慮對一個假想的 4×5 影像 I 用一個 3×3 的卷積核進行卷積。計算以下各種情況下特徵圖的大小。(a)無邊界填補，步幅爲 1。(b)無邊界填補，步幅爲 2。(c)邊界填補爲 1，步幅爲 1。(d) 邊界填補爲 1，步幅爲 2。

解

這裡，我們有 $W = 4$、$H = 5$、$K_w = K_h = 3$。依照(10-9-1)式及各情況中的 P 與 S 可得：

(a) $P = 0$ 和 $S = 1$。width $= \left\lceil \dfrac{4-3+2(0)}{1} \right\rceil + 1 = 2$，height $= \left\lceil \dfrac{5-3+2(0)}{1} \right\rceil + 1 = 3$。所以特徵圖大小爲 2×3。

(b) $P = 0$ 和 $S = 2$。width $= \left\lceil \dfrac{4-3+2(0)}{2} \right\rceil + 1 = 2$，height $= \left\lceil \dfrac{5-3+2(0)}{2} \right\rceil + 1 = 2$。所以特徵圖大小爲 2×2。

(c) $P = 1$ 和 $S = 1$。width $= \left\lceil \dfrac{4-3+2(1)}{1} \right\rceil + 1 = 4$，height $= \left\lceil \dfrac{5-3+2(1)}{1} \right\rceil + 1 = 5$。所以特徵圖大小爲 4×5。

(d) $P = 1$ 和 $S = 2$。width $= \left\lceil \dfrac{4-3+2(1)}{2} \right\rceil + 1 = 3$，height $= \left\lceil \dfrac{5-3+2(1)}{2} \right\rceil + 1 = 3$。所以特徵圖大小爲 3×3。

3. **池化層：**

池化層有兩種主要的池化方式，分別爲平均池化(Average Pooling)以及最大池化(Max Pooling)，如圖 10-9-3 所示，其中最大池化是兩種方式中最爲常用的池化方式，其效果普遍優於平均池化。我們曾在第三章的習題中提及最大池化，其實就是用最大值濾波器來做鄰域處理。池化層用於在 CNN 網路上減小特徵空間維度，但是不會減少深度。池化層最主要目的之一是提供空間上的差異，使得機器更能夠將對象辨識出來，即使對象的外觀以某些形式發生了改變。

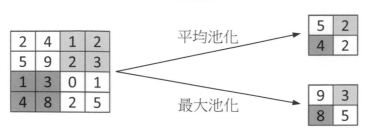

圖 10-9-3　步幅為 2、池化窗口為 2×2 的池化方式

4.　全連接層：

　　經過最後一層卷積層輸出所產生的池化後特徵圖(pooled feature map)通常會先經歷展平(flattening)後進入到全連接層[有些深度學習框架稱其為密集層(dense layer)]，其中每個特徵圖都會被展開成一維陣列，再將所有一維陣列串接成更長的一維陣列。顧名思義，全連接層是指相鄰兩層的所有神經元都彼此連接的網路層，如圖 10-9-4 所示。全連接層的輸入大小就是最終一維陣列的大小。完全連接層的目的是將前面幾層所學習到的特徵集合組合在一起然後從中做分類。

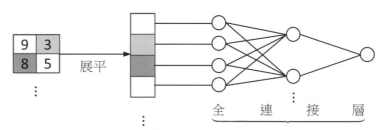

圖 10-9-4　將最後一個卷積層的輸出展平後連接到全連接層的示意圖

5.　線性整流層：

　　線性整流層屬於隱藏層，通常會在卷積層卷積完後再加上激活函數(activation function)，其目的是要進行非線性的轉換。激活函數可以提升判別函數以及整個神經網路的非線性特性，且不會將卷積層改變。常用的激活函數有三種：除了前面介紹過的 Sigmoid 函數和雙曲正切函數外，還有線性整流函數(Rectified Linear Unit, ReLU)：

$$f(x) = \begin{cases} 0, & x < 0 \\ x, & x \geq 0 \end{cases} \qquad\qquad (10\text{-}9\text{-}2)$$

圖 10-9-5 顯示上述三個函數。

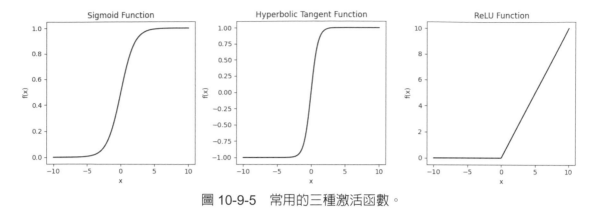

圖 10-9-5　常用的三種激活函數。

ReLU 是深度神經網路中比 Sigmoid 或 tanh 函數更好或更常用的激活函數，這有幾個主因：

(1) ReLU 在計算上比 Sigmoid 或 tanh 更有效率，因為它不涉及任何複雜的數學運算，例如指數或三角函數。ReLU 只是一個傳回輸入值或零的 max 函數。

(2) ReLU 可以避免 Sigmoid 或 tanh 的梯度消失問題，因為它不會進入到飽和區域。當輸入值變得非常大或非常小時，Sigmoid 或 tanh 的梯度會接近零，這使得學習過程變慢甚至停止。ReLU 對於正輸入具有恆定為 1 的梯度，這確保了反向傳播過程中誤差訊號的穩定流動。

(3) ReLU 可以在神經網路中引入稀疏性，因為它將負輸入的輸出設為零。這可以減少活躍神經元的數量，並使網路更有效率且對雜訊具有穩健性。Sigmoid 或 tanh 總是產生非零輸出，這可能導致密集且有雜訊的表示。

然而，ReLU 也有一些缺點，例如垂死的 **ReLU** 問題(dying ReLU problem)，亦即如果一些神經元的輸入始終為負，那麼它們可能會變得不活躍並停止學習。這可以透過使用 ReLU 的變體來緩解，例如 Leaky ReLU、參數化 **ReLU** (Parametric ReLU)或指數線性單元(Exponential Linear Unit, ELU)，它們對於負輸入具有較小的正梯度。此外，這些變體常用於神經網路中引入非線性和稀疏性。它們之間的主要區別在於它們如何處理負輸入值。Leaky ReLU 為負輸入值引入了一個小斜率，而不是將它們設為零。Leaky ReLU 的數學表示式為：

$$f(x) = \begin{cases} \alpha x, & x < 0 \\ x, & x \geq 0 \end{cases} \tag{10-9-3}$$

其中 α 是一個小常數，例如 0.01 或 0.1。Leaky ReLU 可以防止 ReLU 垂死問題的發生。參數 ReLU (PReLU)使負輸入值的斜率成爲可學習參數，而不是固定常數。PReLU 的數學表示式爲：

$$f(x) = \begin{cases} \alpha_i x, & x < 0 \\ x, & x \geq 0 \end{cases} \tag{10-9-4}$$

其中 α_i 是可以透過第 i 個通道的倒傳遞來學習的參數。PReLU 可以適應不同的資料分佈，提升神經網路的效能。指數線性單元(ELU)對負輸入值使用指數函數，而不是線性函數。ELU 的數學表示式爲：

$$f(x) = \begin{cases} \alpha(e^x - 1), & x < 0 \\ x, & x \geq 0 \end{cases} \tag{10-9-5}$$

其中 α 是正值常數，例如 1。ELU 可以避免梯度消失的問題，加快學習過程，並且比 ReLU 和 Leaky ReLU 產生更準確的結果。

　　此外，某些應用中必須限制數值範圍爲 $0 \sim x_{max}$，因此並不能使用常見的 ReLU，而是在非線性迴歸這邊使用**雙邊線性整流函數**(Bilateral Rectified Linear Unit, BReLU)(Cai 等人[2016])：

$$f(x) = \begin{cases} 0, & x < 0 \\ x, & 0 \leq x < x_{max} \\ x_{max}, & x \geq x_{max} \end{cases} \tag{10-9-6}$$

這兩種整流函數可於圖 10-9-6 看出區別，其中設定 $x_{max} = 1$。BReLU 可以將兩邊的極值限制在 0 和 1 之間，同時又保留了其局部的線性。

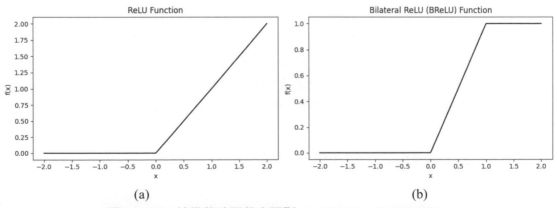

圖 10-9-6　線性整流函數之區別。(a) ReLU；(b) BReLU。

6. 損失函數層：

　　損失函數層通常會是神經網路的最後一層，它是用來估計模型的預測數值與實際數值的差異程度，損失函數的值越小代表所訓練模型的穩健程度越好。

　　交叉熵損失函數(cross-entropy loss function)是探討機器學習或深度學習問題時最重要的成本函數之一，這個函數又常與 Softmax 函數運算結合使用，因此以下我們一併介紹。Softmax 函數通常會放在類神經網路的最後一層，將最後一層所有節點的輸出都通過指數函數，並將結果相加作為分母，個別的輸出作為分子。

　　假設有 A、B、C 三類物體。採取與 10-8-3 節討論感知機與倒傳遞學習一致的符號標示。假設網路輸入含 B 類物體的訓練影像，使得最後一層有三個神經元的輸出，設分別為 O_A^m、O_B^m 和 O_C^m。假設這三個輸出經過以下 Softmax 的函數計算出如下的「機率」：

$$p_A = \frac{\exp(O_A^m)}{\exp(O_A^m) + \exp(O_B^m) + \exp(O_C^m)} = 0.2$$

$$p_B = \frac{\exp(O_B^m)}{\exp(O_A^m) + \exp(O_B^m) + \exp(O_C^m)} = 0.7$$

$$p_C = \frac{\exp(O_C^m)}{\exp(O_A^m) + \exp(O_B^m) + \exp(O_C^m)} = 0.1$$

理想的預期輸出機率應該是 $y_A = 0, y_B = 1, y_C = 0$，因為輸入是含 B 類物件的影像。實際輸出的機率分佈與理想預期輸出機率的機率分佈之間的落差就構成了交叉熵損失函數的計算基礎。這個損失函數要在分布差異最大時有最大的損失值，反之在完全一致的分佈下應該有最小的損失值，例如為零。對這個輸入的訓練樣本，交叉熵損失函數定義成

$$H = -[y_A \log_2(p_A) + y_B \log_2(p_B) + y_C \log_2(p_C)]$$
$$= -y_B \log_2(p_B) = -\log_2(0.7) = 0.515$$

　　此函數設計的目的是使模型輸出盡可能接近所需的輸出(真實值)。在模型訓練過程中，將模型權重進行迭代調整，使交叉熵的損失最小化。調整權重的過程定義了模型的訓練，並且隨著模型的不斷訓練和損失的最小化，使網路模型學習到辨認這三種物體的能力。假設網路經過權重調整的訓練後再輸入相同的訓練樣本時，我們得到 $p_B = 0.9$，則

$$H = -y_B \log_2(p_B) = -\log_2(0.9) = 0.152$$

因為交叉熵損失的下降(從 0.515 降為 0.152)，所以這代表網路的訓練是有效的。以上是一個輸入樣本的計算，實務操作上，會將多個樣本的交叉熵損失一起計算，所以通式為

$$H = -\sum_{\text{cls}}\sum_{i} y_{\text{cls},i} \log_2(p_{\text{cls},i})$$

(10-9-7)

其中 cls 代表類別，i 代表第 i 個訓練樣本。同理，Softmax 計算的通式為

$$p_{\text{cls},i} = \frac{\exp(O_{\text{cls},i}^m)}{\sum_{\text{cls}} \exp(O_{\text{cls},i}^m)}, \text{cls} = 1, 2, \ldots, N$$

(10-9-8)

其中 N 為類別總數。Softmax 是連續可微的函數。這樣就可以計算出損失函數相對於神經網路中每個權重的導數。此特性方便模型做相對應的權重調整，使損失函數最小化(讓模型輸出接近真實值)。圖 10-9-7 顯示交叉熵損失函數和 Softmax 函數在神經網路中扮演的腳色。

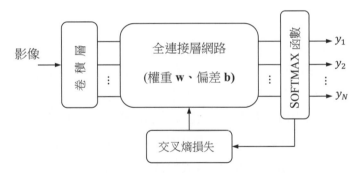

圖 10-9-7　交叉熵損失函數和 Softmax 函數在神經網路中扮演的腳色

▌ 10-9-3 卷積神經網路在手寫數字辨識的應用

資料集

MNIST (Modified National Institute of Standards and Technology)資料集是機器學習和電腦視覺領域廣泛使用的資料集。它由手寫數字(0 到 9)的 28 × 28 像素灰階影像(灰階從 0 到 255)及其相對應的標籤(0 到 9)的集合組成。MINST 的訓練集與測試集中分別有 60,000 與 10,000 張影像。

MNIST 資料集通常用作初學者的資料集，用於學習和練習機器學習技術，特別是在影像分類領域。它也作爲比較不同機器學習演算法性能的基準。雖然與一些現代資料集相比，MNIST 相對較小且簡單，但由於書寫風格的可變性和資料中的雜訊等因素，它對於某些演算法來說仍然是一項具有挑戰性的任務。MNIST 對於機器學習和深度學習的發展具有歷史意義。它已使用多年，並已成爲用於教育目的和基準測試的標準數據集。MNIST 資料集易於取得與使用，例如可以使用流行的機器學習函式庫(例如 TensorFlow 和 PyTorch)直接載入。此外，由於影像尺寸較小，容易將資料集視覺化，理解正確判斷與誤判的原因；還不用運算強大的 GPU 處理，很快就可看到執行結果。基於以上的眾多好處，理解和使用 MNIST 資料集是個人學習影像處理和機器學習的基本步驟，它爲探索更複雜的資料集和模型提供了堅實的基礎。

CNN 網路架構

我們建構一個簡單的 CNN，它由三個卷積層(卷積核大小均爲 3 × 3)、兩個最大池化層(大小均爲 2 × 2)、兩個密集層(全連接層)以及一個展平層所組成。除了最後一個密集層使用 Softmax 的激活函數外，其他都是用 ReLU 爲激活函數。實際架構如表 10-9-1 所示。

本範例的任務是在 TensorFlow 的深度學習框架上執行。在 TensorFlow 中，表 10-9-1 中的「輸出形狀(output shape)」是指神經網路中特定層產生的輸出張量(tensor)的形狀或維度，其中張量是指一個數值的多維度陣列。輸出形狀通常根據高度、寬度和深度(對於卷積層)或神經元的數量(對於密集層)等維度來指定。輸出形狀中「None」的使用與深度學習中批量大小(batch size)的概念有關。在 TensorFlow 和其他深度學習框架中，批量大小是一個超參數(hyperparameter)，表示一次迭代中使用的訓練範例的數量。張量形狀中的 None 值意味著張量在該維度上可以是任何大小(大於或等於 1)。TensorFlow 模型中的第一個維度通常是批量大小，即平行處理的樣本數。批量大小可能會根據資料和硬體而變化，因此通常將其保留爲「無(None)」以允許在訓練和推理期間靈活處理不同的批量大小。本例使用的批量大小爲 64。

表 10-9-1　用於辨認手寫阿拉伯數字的一個簡單 CNN 網路(x：不適用)

層的類型	卷積核大小	濾波器或神經元數量	激活函數	池化大小	輸出形狀	參數量
卷積層 1	3 × 3	32	ReLU	x	(None, 26, 26, 32)	320
池化層 1	x	x	x	2 × 2	(None, 13, 13, 32)	0
卷積層 2	3 × 3	64	ReLU	x	(None, 11, 11, 64)	18496
池化層 2	x	x	x	2 × 2	(None, 5, 5, 64)	0
卷積層 3	3 × 3	64	ReLU	x	(None, 3, 3, 64)	36928
展平層	x	x	x	x	(None, 576)	0
密集層 1	x	64	ReLU	x	(None, 64)	36928
密集層 2	x	10	Softmax	x	(None, 10)	650

　　(None, 26, 26, 32)中後面的三個維度(26, 26, 32)表示輸出張量的空間維度和深度。它可以對應於卷積層的輸出，其中 32 個濾波器應用於輸入資料，從而為 32 個通道中的每個通道產生 26 × 26 的特徵圖(feature map)。原本影像大小為 28 × 28，卷積核大小為 3 × 3，填補 $P = 0$ 和步幅 $S = 1$，所以 $\text{width} = \text{height} = \left\lceil \dfrac{28 - 3 + 2(0)}{1} \right\rceil + 1 = 26$。因此特徵圖大小為 26 × 26。由於是用 2 × 2 的池化大小，所以輸出大小在寬度與高度上都減半而變成 13 × 13。依上述的計算可推算出其他的輸出形狀：(None, 11, 11, 64)、(None, 5, 5, 64)和(None, 3, 3, 64)。

　　展平層的輸出形狀為(None, 576)，其中同樣第一個維度(None)是與批量大小相關的維度，第二個維度(576)表示輸出中神經元的數量，這可由卷積層 3 的輸出形狀獲得：576 = (3)(3)(64)。(None, 64)代表具有 64 個神經元的密集(完全連接)層的輸出。最後的(None, 10)中的數字 10 是因為 0~9 共有 10 個輸出所致。

參數量計算

　　在機器學習和深度學習的背景下，「參數(parameter)」和「超參數(hyperparameter)」是不一樣的概念，它們在模型的訓練和結構中發揮不同的作用。

1. 參數是模型從訓練資料中學習的內部變數。例如，它們是線性迴歸中的係數、神經網路中的權重或支持向量機中的支持向量。模型在訓練過程中調整這些參數，以使預測輸出和實際目標值之間的差異最小化。學習演算法調整這些參數以適應訓練資料。在神經網路中，參數包括權重和偏差。例如，在全連接層中，神經元之間的每個連接都有一個權重，每個神經元都有一個偏差。這些權重和偏差是在訓練過程中學習的。

2. 超參數是模型的外部配置設定。它們不是從數據中學習的，而是在訓練之前設定的。例如學習率、神經網路中隱藏層的數量或 K-均值聚類演算法中的聚類數量。超參數會影響訓練過程，但在訓練期間不會更新。尋找正確的超參數集通常是一個經驗過程，涉及實驗和調整以實現最佳模型性能。神經網路中的超參數範例：

(1) 學習率：決定優化期間參數變動所採取的步階大小。

(2) 層數：神經網路中隱藏層的數量。

(3) 每層神經元數量：每個隱藏層中神經元的數量。

(4) 批量大小：一次迭代中使用的訓練範例的數量。

神經網路中的參數數量是透過計算網路中權重和偏差的總數來計算的。計算參數數量的公式取決於神經網路中層的類型。例如最常見的圖層類型：

1. 密集(全連接)層：參數數量 = (輸入大小 + 1) × 輸出大小，其中+1 是指伴隨每個神經元有一個偏差項。

2. 卷積層：參數數量 = (濾波器大小 × 輸入深度 + 1) × 濾波器數量，其中+1 是指伴隨每個神經元有一個偏差項。

依此要領我們計算本節所提網路中每層的參數數量和總數。現在，我們來計算每層的參數數量和總數，結果如表 10-9-2 所示。

表 10-9-2　本節所提 CNN 網路之參數量的計算(x：不適用)

層的類型	卷積核大小	參數量計算	輸出大小	參數量
卷積層 1	3 × 3	(3 × 3 + 1)(32)	(26, 26, 32)	320
池化層 1	x	無	(13, 13, 32)	0
卷積層 2	3 × 3	(3 × 3 × 32 + 1)(64)	(11, 11, 64)	18496
池化層 2	x	無	(5, 5, 64)	0
卷積層 3	3 × 3	(3 × 3 × 64 + 1)(64)	(3, 3, 64)	36928
展平層	x	無	576	0
密集層 1	x	(576 + 1)(64)	64	36928
密集層 2	x	(64 + 1)(10)	10	650
總參數				93322

表 10-9-2 所計算出的總參數與 TensorFlow 在運行時給出的如下訊息吻合：

Total params：93322 (364.54 KB)

Trainable params：93322 (364.54 KB)

其中 93322 就是我們剛剛計算出的總參數量，也就是可訓練的參數量。另外，(364.54 KB) 這個訊息則表示參數佔用的大致記憶體大小(以千位元組(KB)為單位)。它是對儲存模型參數所需的記憶體量的估計。這些資訊對於了解模型的複雜性和估計記憶體需求非常有用，特別是將模型部署到行動裝置或邊緣裝置等受限環境時。記憶體大小是根據參數的資料類型(例如 float32、float64)和參數總數計算的，例如本例中平均每個參數的記憶體需求約為 (364.54 KB) / 93322 ≈ 4 Bytes = 32 bits 中。訓練或推理期間的實際記憶體使用情況可能會因模型架構、輸入大小和 TensorFlow 運行時環境等因素而有所不同。

訓練過程中模型效能的評估

所用的損失函數是交叉熵損失函數，搭配 Softmax 函數，將 Softmax 輸出結果與實際該有結果之間的誤差以倒傳遞反饋，調整參數值以盡可能降低損失。共 60,000 筆的訓練集以約 4：1 的比例被切分成模型參數調整用與模型效能驗證用，亦即約 48,000 筆用於調整參數值的訓練，另外 12,000 筆則用於訓練過程產生之模型的驗證。訓練過程除了觀察損失的變化，就本例列而言我們對數字預測的準確性也感興趣。因此我們產生四個曲線圖形，分別是「訓練損失(Training Loss)」、「訓練準確性(Training Accuracy)」「驗證損失(Validation Loss)」和「驗證準確性(Validation Accuracy)」，以此評估和監控訓練期間機器學習模型的性能。以下分別說明這四個曲線或指標。

1. 訓練損失：訓練損失是模型在訓練資料集上執行情況的衡量標準。它量化了訓練資料的預測輸出和實際目標[真實情況(ground truth)]之間的差異。訓練期間的目標是使訓練損失最小化。較低的訓練損失表示模型正在學習如何對訓練資料做出更好的預測。

2. 訓練準確性：訓練準確性是衡量訓練資料集中正確預測實例的百分比的指標。它是正確預測的數量與訓練樣本總數的比率。訓練準確性顯示模型學習分類或預測訓練資料的效果如何。但是，它可能無法提供模型泛化性能的完整情況。

3. 驗證損失：驗證損失是衡量模型在稱為驗證集的單獨資料集上執行情況的指標。驗證集在訓練過程中不使用，而是保留用於評估模型對未見過的資料的泛化能力。監控驗證損失有助於防止過度擬合。當模型在訓練資料上表現良好但無法推廣到新的、未見過的資料時，就會發生過度擬合。驗證損失的增加可能表示過度擬合。

4. 驗證準確性：驗證準確性是衡量驗證資料集中正確預測實例的百分比的指標。與訓練準確性類似，它計算正確預測的數量與驗證範例總數的比率。驗證準確性可以深入了解模型在新的、未見過的資料上的預期表現。高訓練準確性和高驗證準確性表明該模型可能具有良好的泛化能力。

總之，訓練指標(損失和準確性)評估模型在訓練資料上的表現，而驗證指標則評估模型泛化到新的、未見過的資料的能力。平衡訓練和驗證指標對於建立模型至關重要，該模型不僅可以很好地擬合訓練數據，而且可以對以前未見過的樣本做出準確的預測。

圖 10-9-8 顯示本例訓練中所獲得的這四個曲線。實驗中共訓練了 10 個 epoch (時期)，其中時期是歷經整個訓練資料集一次的計量單位，換言之，整個訓練資料送進網路訓練經歷了 10 次。一個時期意味著每個訓練樣本都有機會更新模型的內部參數。時期的數量是一個超參數，決定了學習演算法將歷經整個訓練資料集的次數。時期的數量過少可能導致模型學習不足，而過多可能導致模型過度擬合。從圖 10-9-8 大致上可看出損失與準確性成反比，損失越小，準確性越高，反之亦然。另外，時期數越多，訓練集的損失或準確性的表現越好，但驗證集的表現在 epoch = 3 之前有這個現象，但差不多在 epoch = 3 之後，表現就持平了。這個結果可能顯示過多的 epoch 數不一定會有更好的驗證表現，代表可能有過度訓練或過度擬合的疑慮。

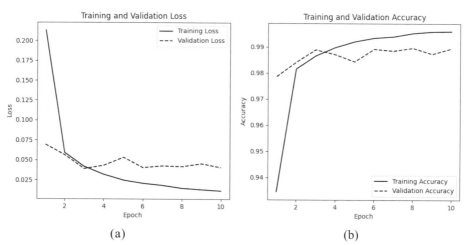

圖 10-9-8　歷經 10 個 epoch (時期)的訓練結果。(a)訓練與驗證損失；(b)訓練與驗證準確性。

圖 10-9-8 的 x 軸是時期，但我們也常看到 x 軸是用迭代(iteration)取代 epoch 來畫出損失和準確性圖形。說到迭代就得談批量(batch)，還有幾個相關的術語，例如批量大小(batch size)和小批量(mini-batch)，因為彼此都有關聯。

迭代是模型參數的一次更新。在每次迭代中，模型都會處理一批訓練樣本、計算梯度並更新參數。每個時期的迭代次數取決於批量大小。批量是單次迭代中使用的訓練資料的子集。整個訓練資料集被分成批次，模型的參數根據處理批量計算的梯度進行更新。批量大小是一次迭代中處理的訓練樣本的數量。它是一個超參數，決定在更新模型參數之前使用多少樣本來計算梯度。常見的批量大小包括 32、64、128 等。小批量是一個經常與「批量」和「批量大小」互換使用的術語。在隨機梯度下降(stochastic gradient descent, SGD)的背景下，訓練通常透過小批量完成，其中模型根據訓練資料的一小部分而不是整個資料集更新其參數。這些術語的關係可透過以下公式精準描述：

$$\text{每一時期的迭代次數} = \left\lceil \frac{\text{訓練樣本總數}}{\text{批量大小}} \right\rceil \tag{10-9-9}$$

$$\text{每一時期的批量數} = \left\lceil \frac{\text{訓練樣本總數}}{\text{批量大小}} \right\rceil \tag{10-9-10}$$

$$\text{迭代總數(跨所有時期)} = (\text{每一時期的迭代次數}) \times (\text{時期數}) \tag{10-9-11}$$

綜上所述，在每個時期期間，模型都會處理整個訓練資料集，並且該過程分為迭代，其中每次迭代都涉及處理一批樣本。批量大小決定了每次迭代中處理的樣本數量。小批量訓練可以在批次處理的效率和隨機處理的隨機性之間取得平衡。訓練樣本總數和所選批量大小共同決定完成一個時期所需的迭代次數。

訓練過程中模型的優化

模型訓練基本上是一個優化(使預測與實際結果之間的誤差最小化)的過程，所以會用到優化器(optimizer)。本應用範例採用 Adam 優化器。Adam 優化器是一種用於訓練深度學習模型的熱門最佳化演算法。它代表自適應動量估測(Adaptive Moment Estimation)，它結合了其他兩種最佳化演算法的想法：均方根傳播(Root Mean Square propagation, RMSprop)和動量。Adam 優化器可表示成

$$m_t = \beta_1 m_{t-1} + (1 - \beta_1) g_t \tag{10-9-12}$$

$$v_t = \beta_2 v_{t-1} + (1 - \beta_2) g_t^2 \tag{10-9-13}$$

$$\hat{m}_t = \frac{m_t}{1 - \beta_1^t} \tag{10-9-14}$$

$$\hat{v}_t = \frac{v_t}{1 - \beta_2^t} \tag{10-9-15}$$

$$\theta_{t+1} = \theta_t - \alpha \frac{\hat{m}_t}{\sqrt{\hat{v}_t} + \epsilon} \tag{10-9-16}$$

其中 g_t 是在時間 t 的梯度，m_t 和 v_t 是梯度的一階動量(平均值)和二階動量(非中心的 [uncentered] 變異數)的估測，$\hat{m}_t$ 和 $\hat{v}_t$ 是偏差校正(bias correction)後的動量，θ_t 是在時間 t 的模型參數，α 是學習率(預設值 0.001)，β_1 和 β_2 分別是一階動量和二階動量的指數衰減率(預設值分別是 0.9 和 0.999)，ϵ 是一個小的正數(預設值 10^{-7})，用來避免除以零的錯誤。β_1 (β_2)通常設定為接近 1，例如 0.9 或 0.99 等。從(10-9-12)和(10-9-13)式可看出：β_1 (β_2) 的值越低，優化器會更快地忘記先前的梯度(平方梯度)並且更依賴當前的梯度；β_1 (β_2) 值越高，優化器會更長時間地記住先前的梯度(平方梯度)並平滑當前的梯度(平方梯度)。此外，從(10-9-14)和(10-9-15)式可看出：β_1 (β_2)的值越低意味著在相同時刻下偏差校正量較小，反之則較大。β_1 和 β_2的最佳值可能取決於任務、模型和資料。本範例只採用預設值。

Adam 以其在各種深度學習任務中的有效性和效率而聞名。以下是它的一些主要功能及其受歡迎的原因：

1. 自適應學習率：根據每個參數過去的梯度和梯度的平方，單獨調整每個參數的學習率。它使用梯度和梯度平方的移動平均值來調整訓練期間的學習率。這種適應性有助於處理不同參數的不同尺度的梯度。

2. 動量：結合動量項[可參考(10-8-22 式)]，透過將先前更新的一小部分添加到當前更新來幫助優化過程。這有助於平滑優化過程並加速收斂，特別是在存在雜訊或稀疏梯度的情況下。

3. 偏差校正：包含一個偏差校正機制，以考慮梯度和梯度平方的移動平均值用零初始化的事實。偏差校正可確保估測的準確，尤其是在訓練的早期階段。

4. 低記憶體需求：只維護一小部分固定大小的狀態變量，而不管參數空間的大小。這種高效的記憶體使用使其適合具有大量參數的模型。

5. 預設設定：具有預設的超參數設置，通常適用於各種任務。這種易用性或通用性使其特別受到不想花費大量精力調整超參數者的喜愛。

6. 穩健的性能：往往對各種任務和資料集都有不錯的表現。雖然在某些情況下可能會首選其他優化器，但 Adam 通常是一個很好的起點。

儘管 Adam 優化器很受歡迎，但值得注意的是，不存在萬能的優化器，優化器的選擇可能取決於任務、資料集和模型架構的特定特徵。嘗試不同的優化器和調整超參數是深度學習中的常見做法，以找到給定問題的最佳組合。

測試結果

　　根據(10-9-8)式有關 Softmax 的 10 個輸出，選取輸出最大者的神經元所對應的數字為預測結果。最後以測試集的 10,000 張影像進行測試，得到測試的損失為 0.0387 以及測試的準確性為 0.9899。準確度接近 99%，算是相當高的。圖 10-9-9 顯示一部分正確預測的結果，可看出對數字有很高的強韌性，寫法很不同的數字(例如 4 與 8)仍可正確辨認。圖 10-9-10 顯示一部分預測錯誤的結果，大致上可看出為何待測影像會誤判成特定的數字，因為待測影像的確含有該數字的部分特徵或近似的特徵。

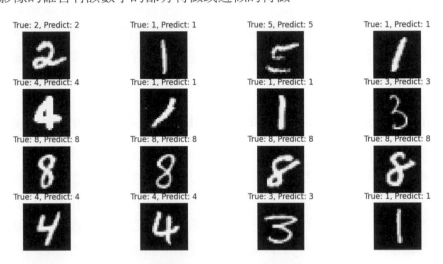

圖 10-9-9　隨機抽取 16 個正確辨識(預測)的結果

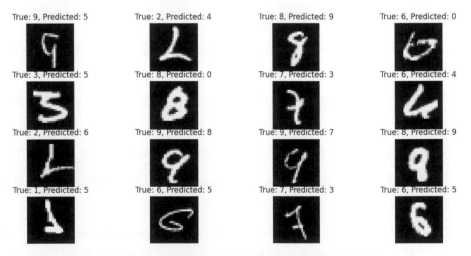

圖 10-9-10　隨機抽取 16 個錯誤辨識(預測)的結果

10-9-4　經典的深度學習神經網路

多年來，深度學習神經網路的發展迅速。迄今為止，提出的網路及其變體已經多到難以追蹤，因此本節只列舉一些在影像與視訊的生成與辨識等方面具有重要意義的經典網路。迄今，有些經典網路已被更先進的網路取代，留下歷史紀錄，但有些網路還在被使用中。讀者可依自己的興趣，挑選某些網路與對應的應用課題去進一步鑽研。

LeNet (LeCun 等人[1989])

LeNet 是最早的卷積神經網路之一，推動了深度學習的發展。現在談到 LeNet 一般指的是 LeNet-5，它是一個簡單的卷積神經網路，包含 3 個卷積層，2 個池化層，1 個全連接層。它用於手寫數字辨識，使用了 MNIST 資料集，採用了倒傳遞演算法訓練。LeNet 的設計為後來的網路，如 AlexNet 和 VGG，提供了靈感。

LSTM (Long Short-Term Memory)(Hochreiter 和 Schmidhube [1997])

雖然 LSTM 不是前饋(feedforward)神經網路，但它是一種遞歸神經網路(recurrent neural network, RNN)架構。研發此方法的主要目的是要改善傳統的遞歸神經網路在長期記憶上的表現。LSTM 的優勢在於能夠捕捉(記憶)序列資料中的長期相依性，並且避免梯度消失或爆炸的問題，這使得它們對於自然語言處理或影像序列(多張圖片或影片)資料的分析、預測或生成等任務很有價值。LSTM 的結構是由一個細胞單元和三個門控機制組成，可以決定哪些資訊要保留或忘記，以及哪些資訊要輸入或輸出。

AlexNet (Krizhevsky 等人[2012])

AlexNet 是一種卷積神經網路，在 ImageNet 影像辨識競賽中大幅超越其他方法，並引發了深度學習的復興。AlexNet 的主要特點有：

(1) 使用了八層的深度神經網路，包括五個卷積層和三個全連接層，能夠學習更多的影像特徵。

(2) 使用了 ReLU 激活函數，有效地解決了梯度消失的問題，並加快了訓練速度。

(3) 使用了重疊的最大池化層(overlapping max pooling)，以減少特徵圖的解析度和參數數量，同時保留更多的信息。

(4) 對每個卷積層的輸出使用了局部響應正規化(local response normalization, LRN)的技術，抑制了鄰近神經元的響應，增強了神經元的較大響應，以增強特徵的表達能力，從而提高了網路的泛化能力。

(5) 使用資料擴增(data augmentation)：使用了隨機裁剪(random crop)和水平翻轉(對垂直軸或 Y 軸翻轉)圖片，以及對彩色圖片(RGB 三通道)的像素值進行 PCA 變換，以增加訓練數據的多樣性和強韌性。

(6) 使用丟棄(dropout)的技術，防止了過度擬合的現象，並提高了網路的泛化能力。在 dropout 中，神經元以 0.5 的機率從網路中被丟棄。當神經元被丟棄時，它不會對誤差的前向或後向傳播有任何貢獻。

(7) 它使用兩個 GPU 上的平行訓練來加快學習速度。

(8) 作者使用了權重衰減(weight decay)的方法，以對模型參數進行正則化。

GoogLeNet (Inception)(Szegedy 等人[2014])

GoogLeNet 是一種卷積神經網路，具有 22 層的深層架構。它使用 Inception 模組在每層中的不同卷積濾波器大小之間進行選擇，有效組合來自不同卷積濾波器大小的特徵。它是由 Google 研究人員於 2014 年提出，並以 6.66%的 top-5 錯誤率贏得了當年的 ImageNet 競賽，參數數量只有約 6M。後續有改良的 Inception V2、Inception V3、Inception V4 等多個版本。GoogLeNet (Inception)的一些主要特點是：

(1) 引入了 Inception 模組，它是一種將不同大小／類型的卷積層(例如 1×1、3×3、5×5 和 3×3 最大池化)應用於同一個輸入，並將所有的輸出堆疊起來的方法。這樣可以增加網路的深度和寬度，使得網路能夠捕捉不同尺度的特徵並減少參數的數量和計算的複雜度。

(2) 使用 1×1 卷積來降低特徵圖的維度和網路的計算成本。

(3) 網路末端使用全域平均池化(global average pooling)，將每個特徵圖的平均值作為最終的輸出。這樣可以避免使用全連接層，減少過度擬合的風險，並節省記憶體和計算資源。

(4) 在中間層使用輔助分類器來增加傳播回來的梯度訊號，並提供額外的正則化 (regularization)。

VGGNet (Simonyan 和 Zisserman [2014])

VGG (Visual Geometry Group)是一種深度卷積神經網路，由牛津大學視覺幾何組團隊開發。它具有非常簡單且統一的架構，這使得它易於實現和擴展。它證明增加網路深度(層數)可以提高效能，並在 2014 年的 ImageNet 圖像分類競賽中獲得了最佳的定位效果，並在分類任務中獲得了第二名的成績。VGGNet 的主要特點是：

(1) 使用了多層的卷積層和全連接層，將網路深度推到了 16 層或 19 層，分別稱爲 VGG16 和 VGG19。

(2) 僅使用步幅爲 1 和塡充爲 1 的 3 × 3 卷積濾波器(保持了輸入和輸出的空間解析度)，然後是步幅爲 2 的 2 × 2 濾波器的最大池化。

(3) 作者認爲使用這麼小的卷積核可減少參數的數量，增加非線性的程度，並且可以用多個 3 × 3 的卷積層來模擬更大的感受視野(receptive field)，例如 2 或 3 個連續的 3 × 3 層的有效感受視野分別爲 5 × 5 或 7 × 7。

(4) 使用了多尺度的影像輸入，它的訓練和測試時都使用了不同大小的影像，而不是固定的單一尺度。這樣可以增加網路的泛化能力，適應不同的影像大小和物體尺度。

(5) VGGNet 不像 AlexNet 那樣採用局部響應正規化，因爲作者認爲這種正規化不會提高效能，反而會增加記憶體消耗和運算時間。

(6) 參數數量達到約 1.4 億，top-5 測試錯誤率只有約 7.0%。

GAN (Generative Adversarial Network)(Goodfellow 等人[2014])

GAN 可譯爲生成對抗網路，它是一種非監督式的深度學習模型，由一個生成器(Generator)網路和一個判別器(Discriminator)網路組成一個既競爭又協作的對抗系統，使用對抗損失函數(adversarial loss function)來訓練，能夠學習資料的分佈並生成新的資料。其中生成器的目標是嘗試從隨機雜訊中生成盡可能眞實的資料，欺騙判別器，而判別器的目標是盡可能準確地區分眞實資料和生成資料。通過不斷地對抗和學習，生成器可以逐漸提高生成資料的品質，判別器可以逐漸提高判別能力。

GAN 有很多應用，例如：

(1) 影像生成：GAN 可以根據輸入的文字、雜訊或其他影像，生成新的影像，如人臉、風景、藝術作品等。

(2) 影像轉換：GAN 可以將一種風格的影像轉換爲另一種風格的影像，如黑白影像上色、素描影像上色、風格轉移(style transfer)等。

(3) 影像增強和復原：GAN 可以對低解析度、模糊、帶雜訊、有部分缺漏的影像分別進行超解析度(super-resolution)、去模糊、去雜訊、影像修復(inpainting)的處理，提高影像的品質和清晰度。

ResNet (He 等人[2015])

ResNet 是一種深度卷積神經網路，它使用殘差連接(residual connection)與殘差學習(residual learning)來解決非常深的網路會有的梯度消失或爆炸這種退化(degradation)的問題。它是由微軟研究院的何愷明(Kaiming He)和他的同事在 2015 年提出的，並贏得了當年的 ImageNet 競賽。ResNet 有幾個優點，例如：

(1) 可以訓練數百甚至數千層的網路，同時保持較低的訓練和測試錯誤。

(2) 使用跳過連接(skip connection)來繞過某些層而將這些層的輸入直接添加到其輸出，這使得網路更容易優化並防止梯度消失或爆炸。

(3) 在每個卷積層後面加入批量正規化(batch normalization)，可以對輸入進行正規化和線性變換來加速訓練過程並避免過度擬合。

(4) 競賽中使用深度達到 152 層的網路結構，比之前 VGG16 網路的深度高出 8 倍，但是參數數量卻更少。

U-Net (Ronneberger 等人[2015])

U-Net 的主要特點是採用了一種編碼器-解碼器的結構，並在不同層之間使用跳過連接來保留細節信息。U-Net 贏得 2015 年 **ISBI** 電子顯微鏡堆疊神經元結構分割挑戰賽(ISBI challenge for segmentation of neuronal structures in electron microscopic stacks)。它是 23 層的網路，專為生物醫學影像分割而設計。它具有 U 形結構，由收縮路徑(contracting path)和擴張路徑(expansive path)組成。收縮路徑使用卷積層和最大池化層來提取特徵並減少空間維度。擴展路徑使用卷積層和上採樣層來恢復空間維度並細化分割。它還使用跳過連接將收縮路徑中的特徵連接到擴展路徑中的相應特徵，這有助於保留空間資訊並提高準確性。

YOLO (You Only Look Once)(Redmon 等人[2015])

這是在 2015 年實現即時物件偵測(object dection)最先進的網路之一。它由 24 個卷積層和 2 個全連接層組成。在此文提出之前有關物件偵測的工作要重新利用分類器來執行偵測。本文則將物件偵測視為空間分離的邊界框(bounding box)和伴隨類別機率的迴歸問題。單一神經網路在一次評估中直接從完整影像預測邊界框和類別機率。由於整個檢測管道是單一網路，因此可以直接在檢測效能上進行端到端(end-to-end)的優化，這使得檢測快速且有效率。它還使用了一種新穎的損失函數來平衡定位(localization)和分類誤差，並結合了批量正規化(batch normalization)、錨框(anchor box)和多尺度訓練等各種技術來提高效能。YOLO 網路後來經過多次改進和發展，其中一個相對新的版本是 YOLOv7，由王建堯(Wang, Chien-Yao)、廖弘源(Liao, Hong-Yuan)和 Bochkovskiy, Alexey 於 2022 年提出(Wang 等人[2022])。同一團隊在筆者校稿當下的 2024 年又提出了更新的 YOLOv9。

Transformer (Vaswani 等人[2017])

　　Transformer 模型是由 Google Brain 的一個團隊在 2017 年的一篇論文中首次提出，該論文有一個很「狂妄」的標題：《Attention Is All You Need》，多年後證明這一點都不「狂妄」，因為後續衍生出許多非常成功的各種神經網路都是以 Transformer 為理念和基礎設計出來的。Transformer 模型最初是用於機器翻譯，但後來也被廣泛應用於其他自然語言處理和電腦視覺上。Transformer 架構的出現在這些領域上都造成顛覆性的影響。

　　Transformer 的原理或關鍵技術是利用自注意力(self-attention)機制來處理序列資料，而不需要使用遞歸神經網路或卷積神經網路。自注意力機制可以讓模型關注序列中的任意位置，並根據其重要性分配不同的權重。這樣可以有效地捕捉序列中的長距離的相依關係，並提高模型的平行計算能力。Transformer 模型由編碼器和解碼器組成，每個部分都包含多個自注意力層和全連接層。編碼器將輸入序列轉換為一個隱藏(latent)表示，解碼器則根據隱藏表示和先前的輸出生成目標序列。Transformer 模型還使用了位置編碼(positional encoding)來保留序列中的位置資訊，以及多頭注意力(multi-head attention)來增加模型的表達能力。

StyleGAN (Karras 等人[2018])

　　StyleGAN 是一種生成對抗網路(GAN)，使用風格(或樣式)轉移(style transfer)來控制影像的細節，能夠生成高品質的人臉、風景、藝術品和其他類型的圖像。它由 NVIDIA 研究人員於 2018 年和 2019 年提出，有多個版本，例如 StyleGAN、StyleGAN2 和 StyleGAN3。StyleGAN 的一些主要特點是：

(1) 使用基於風格的生成器。風格可以影響高階屬性，例如姿態(pose)和身份，或是隨機變化，例如雀斑和頭髮。StyleGAN 對輸入的潛在編碼(latent code)進行仿射轉換(affine transformation)來修改每一個圖層的樣式(視覺特徵)，達到控制影像合成的目的。潛在編碼是一種用更少的信息去表達數據本質的方式，而仿射轉換就是我們在第 9 章中介紹過的轉換。

(2) 使用映射網路(Mapping Network)將輸入的潛在碼嵌入(embed)到中途的潛在空間(latent space)中，該中途的潛在空間比原始的特徵空間更解纏結(disentangled)和線性。這允許對生成的圖像進行更細緻和直觀的控制。因為原本特徵空間的相關性太高，模型難以弄清楚原始特徵間的關聯性，使學習效果不佳，因此需要尋找到這些表面特徵之下隱藏的深層關係，以解除其糾纏的關係，才會形成所謂的潛在在空間。

(3) 使用自適應實例正規化(Adaptive Instance Normalization, AdaIN)將樣式運用於每個特徵圖上，並添加雜訊將隨機細節引入影像中。

(4) 採用漸進式增長方式從低解析度到高解析度訓練生成器和判別器，提高了訓練過程的穩定性和品質。

(5) 使用感知路徑長度(perceptual path length)和線性可分離性來測量潛在空間的解纏結和插值(interpolation)的品質。

EfficientNet (Tan 和 Le [2019])

EfficientNet 是一種卷積神經網路的架構和縮放方法，它使用一個複合係數來均勻地縮放網路的深度、寬度和解析度，得到一個網路大小可伸縮(scalable)且高效率的神經網路架構。它由谷歌研究員于 2019 年提出，並在 ImageNet 圖像分類競賽中取得了當時最高的準確率。EfficientNet 有多個版本，如 EfficientNet-B0 到 EfficientNet-B7，它們根據不同的資源限制，使用不同的縮放係數來調整網路的大小。

EfficientNet 使用了一個基於神經架構搜索(Neural Architecture Search, NAS)的技術來設計一個基準網路(EfficientNet-B0)，該網路具有良好的深度、寬度和解析度的平衡，以及較少的參數和計算量。然後根據一個簡單而有效的複合係數，均勻地縮放網路的深度、寬度和解析度，以平衡這三個維度對性能的影響，由此得到一系列的模型，稱為 EfficientNets，它們比以前的卷積網路在準確率和效率上都有很大的提升。

它在 ImageNet 上達到了當時最高的 84.3%的 top-1 準確率，同時參數數量和推理速度分別比最好的卷積網路小 8.4 倍和快 6.1 倍。它也能很好地轉移學習，並在 CIFAR-100、Flowers 等其他數據集上達到了最佳的準確率，並且參數數量少一個數量級。

DALL-E (Ramesh 等人[2021])

一種基於 Transformer 的影像生成模型，使用 GPT-3 的架構，能夠根據自然語言的描述，生成符合邏輯和語意的影像。DALL-E 是一個由 OpenAI 開發的人工智慧系統，可以根據自然語言的描述創建逼真的圖像和藝術。DALL-E 可以用新穎且富有想像力的方式將概念、屬性和風格結合起來，例如生成「酪梨形狀的扶手椅」或「日出時坐在田野上的水豚」的圖像。DALL-E 是世界上最先進、最具創意的文字到圖像系統之一。

CLIP (Radford 等人[2021])

CLIP 是一種由 OpenAI 開發的類神經網路，它可以將文字和影像連接起來，實現多模態的影像分類和檢索。CLIP 是縮寫，全稱是 Contrastive Language-Image Pre-training，意思是利用對比式學習(contrastive learning)的方式，預訓練一個能夠同時理解語言和視覺的模型。

CLIP 的主要特點是：

(1) 不需要針對特定的任務或數據集進行微調，而是可以直接使用自然語言的描述來對影像進行分類或檢索，實現零樣本學習(zero-shot learning)。

(2) 使用了大量的未標記的文字和影像數據來進行預訓練，學習到了廣泛而通用的視覺和語言概念，使得它在多個不同領域的數據集上都有優異的表現。

(3) 採用了一種新穎的網路架構，將視覺轉換器(Visual Transformer)作為影像編碼器，並與基於 Transformer 的文本編碼器進行對比學習，使得模型能夠有效地捕捉影像和文本之間的語義對應。

CLIP 的一些應用和範例包括：

(1) 影像分類：CLIP 可以根據自然語言查詢將影像分類，例如「狗的照片」或「風景畫」。它還可以處理多個標籤，例如「戴著墨鏡的狗的照片」或「梵高風格的風景畫」。

(2) 圖片字幕：CLIP 可以為影像產生自然語言描述，例如「舞台上彈吉他的男人」或「睡在沙發上的貓」。

(3) 影像檢索：CLIP 可以找到與自然語言查詢相符的影像，例如「公司標誌」或「青蛙迷因(meme)」。它還可以根據影像與查詢的相關性對影像進行排名。

(4) 影像生成：CLIP 可以根據自然語言描述創建逼真的影像，這是透過將 CLIP 與另一個可以從文字生成影像的神經網路(例如 DALL-E)相結合來完成的。

▋ 10-9-5　使用深度學習方法的省思

深度學習方法在影像處理發展上的省思

　　傳統的影像處理方法通常是基於人工設計的規則或數學模型，這些方法雖然有一定的效果，但也有很多的限制，例如：難以適應不同的影像場景、難以處理複雜的影像內容、難以捕捉影像的高階語義等。基於深度學習的機器學習方法使用多層的類神經網路來學習影像的特徵表示，並根據不同的任務來設計不同的網路結構和損失函數。深度學習的優勢是可以自動從大量的影像資料中學習出適合的特徵，而不需要人工的介入或先驗知識。深度學習在影像分類、影像分割和影像生成等領域的發展令人興奮和驚豔，它不斷地突破人類的認知和限制，開啟了許多新的可能性和機會。然而，深度學習方法在影像處理的發展也有一些值得省思的問題，例如：

1. 數據的品質和安全：深度學習方法在影像處理的發展，很大程度上依賴於大量的數據。然而，數據的品質和安全是一個不容忽視的問題。數據的品質會影響深度學習模型的學習和泛化能力，如果數據存在雜訊、偏差、不平衡等問題，可能會導致深度學習模型的性能下降或產生錯誤的結果。數據的安全會影響深度學習模型的可信度和道德性，如果數據存在竊取、竄改、洩露等問題，可能會導致深度學習模型的濫用或損害。因此，如何保證數據的品質和安全，是一個需要持續關注和改善的問題。

2. 模型的解釋和可解釋性(interpretability 或 explainability)：深度學習方法在影像處理的發展，很大程度上依賴於複雜的模型。然而，模型的解釋和可解釋性是一個挑戰和困難的問題。模型的解釋是指對模型的結構、參數、運作等進行清晰和合理的說明。模型的可解釋性是指對模型的輸入、輸出、中間過程等進行直觀和有效的呈現。模型的解釋和可解釋性對於深度學習方法在影像處理的發展有很多的好處，例如：增加模型的可信度和可靠性、提升模型的性能和效率、發現模型的錯誤和缺陷、促進模型的創新和改進等。然而，模型的解釋和可解釋性也面臨著很多的困難和挑戰，例如：模型的複雜度和多樣性、模型的非線性和非凸性、模型的隨機性和不確定性、模型的評估和標準等。因此，如何提高模型的解釋和可解釋性，是一個需要持續研究和探索的問題。這幾年已有不少相關研究或報導，例如：Ras 等人(2022)、Minh 等人(2022)、Yang 等人(2023)以及 Boluwatife (2023)。

3. 模型的責任和道德：相信看過深偽(Deepfake)技術如何以假亂真的人都會擔心它可能對這個世界帶來的危害，這凸顯了深度學習模型的責任和道德上的議題。模型的責任是指對模型的行為和結果負責，並承擔相應的後果和損失。模型的道德是指對模型的行為和結果進行正確和合理的判斷，並遵守相關的規範和原則。模型的責任和道德對於深度學習方法在影像處理的發展有很多的意義，例如：保護個人的隱私和權益、維護社會的公平和正義、促進人類的福祉和進步等。然而，模型的責任和道德也存在著很多的問題和風險，例如：模型的錯誤和失效、模型的偏見和歧視、模型的操縱和攻擊、模型的競爭和衝突等。因此，如何確保模型的責任和道德，是一個需要持續關注和監督的問題。

傳統方法和深度學習方法的結合

雖然深度學習神經網路已成爲近年圖形辨識的主流方法，但在某些應用問題上，傳統方法仍有可取之處。例如在深度學習網路還未成爲主流時，被公認最爲強大的傳統方法之一是 SVM。建立 SVM 分類模型僅僅只需要一部份的樣本數，比起深度學習神經網路需要大量的數據進行訓練，相對容易使用。不過，當我們的樣本數量非常多時，SVM 的缺點便會顯現出來。對於大量樣本，SVM 的效率並不高，因此 SVM 並不適合使用在有大量樣本時的分類。另外，對於樣本類別數量多於兩種類別時，因傳統的 SVM 只提供了二類別分類演算法，而在一般應用中，多數要解決的是多類的分類問題。雖然可以透過使用多個二類別分類 SVM 的組合來解決多類別分類的問題，但是在多類別分類的問題上來說，深度學習神經網路比 SVM 還要來的更有優勢，不過由於 SVM 擁有有效且穩定的優勢，因此有時候會根據 CNN 與 SVM 的特點，將兩者結合在一起一同使用，其中最典型也最直接的模式是以 CNN 來提取特徵，再以 SVM 爲分類器進行分類，例如 Agarap (2017)、Shi 和 Yang (2019)、Khusni 和 Insani (2021)以及 Wu 等人(2023)。

傳統方法有時會有可解析的模型，例如第七章提到的大氣散射模型。通常此類模型的有效性取決於模型參數估測的準確性。以深度學習方法取代傳統方法進行參數估測再融入解析的模型中有助於提高參數估測的便利性。比起完全不涉及解析模型的全深度學習網路，這種結合可大量減少網路大小和訓練時間，對於例如邊緣運算等應用有正面意義，雖然也許整體表現會略遜於全深度學習網路。例如，Cai 等人(2016)以及 Li 等人(2017)分別提出 DehazeNet 和 AOD-Net 的深度學習神經網路，兩者都以有霧的影像作爲深度學習神經網路的輸入，並以大氣散射模型的參數(像是透射率和大氣光)爲輸出，然後使用估測出的參數對大氣散射模型進行反推演，以復原出無霧的影像。

傳統方法和深度學習方法的結合可以提高模型的透明度和可信度。傳統方法通常是基於一些可解釋的模型，例如決策樹、馬可夫模型等，而深度學習方法通常是基於一些黑盒模型(black-box model)，例如神經網路、卷積網絡、遞歸網路等。黑盒模型雖然可以提高模型的準確性和泛化能力，但是它們的內部過程和決策邏輯往往是難以理解和解釋的。這會導致模型的可解釋性和可信度降低，因而影響模型的應用和部署。如果能夠將傳統方法和深度學習方法有效地結合起來，就可以在保持高性能的同時，提供更多的解釋信息，幫助用戶理解和信任模型的輸出。

　　傳統方法和深度學習方法的結合可以增強模型的強韌性和安全性。深度學習方法由於其高度的非線性和複雜性，容易受到一些敵對性的攻擊，例如對抗性樣本、數據污染、模型竊取等。這些攻擊可能會破壞模型的正常運行，甚至造成嚴重的後果。傳統方法由於其相對簡單和直觀的特性，可以提供一些防禦和檢測的機制，例如特徵選擇、規則提取、異常檢測等。如果能夠將傳統方法和深度學習方法有效地結合起來，就可以在提高模型的抗干擾能力的同時，提供更多的安全保障。

　　總之，傳統方法和深度學習方法的結合是一個有意義和有挑戰的研究方向，它可以從可解釋性的角度來提升模型的透明度、可信度、強韌性和安全性，因而可促進模型的發展和應用。

習題

1. 假設有 ω_1 與 ω_2 兩個類別。ω_1 的訓練集為 $\mathbf{x}_1 = [-1 \quad 0]$, $\mathbf{x}_2 = [0 \quad 1]$；$\omega_2$ 的訓練集為 $\mathbf{x}_3 = [0 \quad -2]$, $\mathbf{x}_4 = [2 \quad 0]$。以(10-1-4)式找出決策函數 $D(\mathbf{x})$，依此決策決定 $\mathbf{x} = [1.5 \quad -1.5]$ 的類別歸屬。

2. 證明(10-5-14)式的決策函數形成最短距離分類器。

3. 考慮以下二維資料點：$\{[1\ 2], [2.5\ 3], [1\ 3], [1.5\ 0], [2\ 0], [2\ 1]\}$，其中前三個屬同一類，後三個屬另一類。實作線性 SVM 分類器將這些點分為兩類。清楚地標示超平面和支持向量。

4. 解釋 SVM 中間隔(margin)的概念及其重要性。它對 SVM 模型的泛化能力有何貢獻？

5. 解釋 SVM 中的內核技巧(kernel trick)。它如何使 SVM 能夠處理非線性可分離資料？

6. 考慮和範例 10.14 相同的二維資料點：$\{[1\ 2], [2.5\ 3], [1\ 3], [1.5\ 0], [2\ 0], [2\ 1]\}$，但歐基里德距離門檻設定從 $T = 2$ 改成 $T = 1.1$，以 NN 法進行聚類。

7. 考慮以下二維資料點：$\{[1\ 2], [2.5\ 3], [1\ 3], [1.5\ 0], [2\ 0], [2\ 1]\}$，如圖 10-7-3 所示。設定歐基里德距離門檻 $T = 1.5$，以 K-NN 法進行聚類，其中 K 設定為 2。

8. 對一個 128×128 大小的影像，取其不重疊的 4×4 子影像為聚類的輸入向量(16 維的向量)，共有多少個向量？寫程式執行聚類法，分別求 4、8 及 16 類的聚類結果，包括每個類別的聚類中心及用聚類中心取代真實影像向量所得的影像，最後計算並比較這些新影像的 PSNR 值。

9. 以分成兩類的 FCM 對下圖所示的資料執行分類：

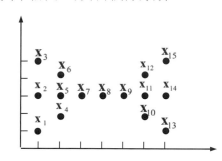

所有資料點的座標都落在整數上，其中 $\mathbf{x}_1$ 位於 $(0, 0)$，$\mathbf{x}_{15}$ 位於 $(6, 4)$。設初始分割矩陣為

$$\mathbf{U}^{(0)} = \begin{bmatrix} 0.854 & 0.146 & 0.854 & 0.854 & \cdots & 0.854 \\ 0.146 & 0.854 & 0.146 & 0.146 & \cdots & 0.146 \end{bmatrix}_{2\times 15}$$

設誤差門檻值 ε 為 0.01，r 則選為 1.25。本問題來自於知名的「蝴蝶」範例(Bezdek [1981])在 Lin 和 Lee (1997)中被引用。

10. 證明(10-8-18)式。

11. 證明(10-8-21)式。

12. 仿圖 10-8-10，畫出 4 個神經元之 Hopfield 網路的架構及其狀態變遷圖。

13. 證明(10-8-35)式中所定義的 ΔE_j 不為正值，即 $\Delta E_j \leq 0$。

14. 重作範例 10.19，但輸入向量改為 $(0, 0, 0, 1)$。

15. 考慮一個有 2 個隱藏神經元和 1 個輸出神經元的 RNN。輸入是長度為 2 的 one-hot 向量序列，表示兩個不同的符號。假設輸入到隱藏權重矩陣 $\mathbf{U} = \begin{bmatrix} 0.1 & 0.2 \\ 0.3 & 0.4 \end{bmatrix}$，隱藏到隱藏權重矩陣 $\mathbf{W} = \begin{bmatrix} 0.5 & 0.6 \\ 0.7 & 0.8 \end{bmatrix}$，隱藏到輸出權重矩陣 $\mathbf{V} = [0.2, 0.4]$，隱藏偏差向量 $\mathbf{b}_h = [0.1, 0.2]^T$，輸出偏差向量 $\mathbf{b}_y = [0.2]$。隱藏神經元和輸出神經元的激活函數分別是線性函數和 ReLU 函數。計算兩個符號輸入一輪時的輸出。

16. 重做第 15 題，但修改成：隱藏神經元和輸出神經元的激活函數分別是 ReLU 函數和線性函數。

17. 考慮一個有類別 A 和類別 B 的二元分類問題，並以 CNN 網路分類。網路的輸出端採用交叉熵損失函數和 Softmax 的激活函數，批量大小設定為 1。假設對類別 1 的兩個樣本的輸入，最後全連接層(第 m 層)對應的輸出分別為 $O_A^m = 1, O_B^m = 0.4$ 以及 $O_A^m = 1, O_B^m = 0.2$。以此資訊評估這個網路在該時間點當下的訓練是否有效，其中有效是指損失會下降。如果第二個樣本的輸出從 $O_A^m = 1, O_B^m = 0.2$ 變成 $O_A^m = 1, O_B^m = 0.6$，你還維持相同的答案嗎？

18. 對 10-9-3 節所提出的網路刪除其中的卷積層 3 並以此精簡化的網路處理大小為 32 × 32 的影像。產生像表 10-9-1 和表 10-9-2 的結果。

19. 承上題，假設所有參數都以 float32 表示，則約需要多少記憶體來儲存？

20. 承上題，網路中刪除掉一個卷積層，為何網路的總參數量或記憶題容量需求不減反增？

21. 假設訓練的樣本數為 10,000，採用批量大小為 32，共執行 10 個時期，對應到多少次的迭代？

22. Adam 優化器融合了動量與 RMSprop 優化器，上網搜尋相關資料，理解 RMSprop 優化器和 Adam 優化器之間的關聯性。

NOTE

Chapter **11**

影像系統評估

　　如 1-4 節所述，影像系統包含光源條件與環境、影像擷取裝置(如攝影機、感測器與 AD 轉換器等)、運算處理裝置、記憶體需求、顯像與紀錄等面向。一個真實的影像系統未必要含有上述的所有組成部分，但一定會有其中的幾個部分。理論上要評估一個影像系統的好壞，除了整體效能的綜合評估外，系統組成的每個部分都單獨可以是被評估的對象，而每個各自獨立的部分都會有特定專業的評估方式，從這個角度來看，影像系統評估是一個非常大的範圍。礙於篇幅，我們無法一一涵蓋所有這些評估方式。

　　首先，本書不考慮影像的成像問題(影像感測器加上例如類比數位轉換器等)，而是著重在已形成(數位)影像而要依應用對其進行處理所衍生的系統評估問題。例如我們設計一個影像增強系統，我們如何評估在這個增強系統中影像增強處理後影像品質提升的效能為何？又例如我們設計一個影像辨識系統，我們如何評估系統中所用的影像辨識法是否有效？具體而言，我們將聚焦在四個最重要的影像處理子領域的系統評估問題，包括增強、復原、壓縮與傳輸，以及影像辨識。前三個系統主要是以影像為輸入，也以影像為輸出，最後一個系統則以影像為輸入，而以辨識資訊為輸出(不全然是影像了)。

　　其次，我們考慮的評估方式中有些可以說是應用導向的(大多專門用於特定的應用領域)，有些則是比較通用的(多個應用領域都會用到)。例如眾所熟知的均方誤差(mean squared error, MSE)就是非常通用的評估指標，而相對而言與其有關的尖峰訊雜比(peak signal-to-noise ratio, PSNR)則多半用於影像與視訊的有損耗壓縮(lossy compression)等特定領域中。

　　我們將從幾個面向來評估影像系統，包括影像品質評估、辨識器效能評估、軟硬體面向以及即時性(處理速度)需求，其中 IQA (Image Quality Assessment)會是重點，因為這是過去、現在與未來都頗令學術界與業界關切的問題(Chandler [2013])。IQA 主要用於評估影像輸入-影像輸出這種系統。另一個重點是辨識器效能評估，主要用於廣泛的影像輸入-資訊提取輸出這種系統。軟硬體面向以及即時性處理的評估則往往是很多實務系統不可或缺的考量。

11-1 影像品質評估

　　衡量影像品質多好的過程稱為影像品質評估(image quality assessment, IQA)。一般而言，有兩大類的影像品質評估方法，分別是主觀(subjective)和客觀(objective)。主觀方法是基於觀看者對單張影像或一組影像的主觀感受評估，而客觀方法則是基於可以預測感知影像品質的計算模型。通常模型的設計是要盡可能預測出和主觀相當的結果，但實際上主觀方法原本就有每個人見仁見智的變異性，所以客觀和主觀方法並非能總是一致或準確，例如人類觀看者可能會察覺到一組影像的品質存在明顯差異，但依靠計算機運算的客觀方法可能不認為如此。

　　主觀方法成本較高，因為需要招集大量觀看人員來消弭或至少降低統計結果上的變異性，讓評估結果具備穩定與可靠性，而且評估過程還不太容易自動化。因此，影像品質評估研究的目標是設計出客觀的評估演算法，使利用該算法得到的評估結果盡可能與主觀評估結果一致。

註▶ 在相關研究的文獻上，一般而言，IQA 常指對單張影像的品質評估，對於含有多張影像的影像序列，特別是對一般視訊的影像序列，通常會特別用視訊品質評估(video quality assessment, VQA)這個術語來強調與單張影像品質評估的不同。許多 IQA 的原理也適用於 VQA，但 VQA 有額外或特別的規範。這應該很好理解，就像視訊壓縮法也會用到對單張影像壓縮的方法，但還會加上利用視訊各畫面間相關性的壓縮方法一樣。在沒有混淆之處，有時我們會以「影像品質評估」或 IQA 這個術語涵蓋視訊的部分，而不特別指明 VQA。

▌ 11-1-1　人類視覺系統中的基本性質

　　視覺心理物理學(visual psychophysics)的研究目的在於能更加瞭解人類視覺系統(human visual system, HVS)，其做法是試圖連結視覺受刺激之物理屬性(physical attributes)的變化以及心理反應(視覺感知和認知)的相對應變化。這些研究通常需要使用高度受控的視覺刺激和觀看條件對人類受試者進行精心設計的實驗。許多用於 IQA 的最基本的視覺特性都是從這些研究的結果中獲得的。本小節簡要回顧與影像品質評估相關的幾個重要的 HVS 基本屬性，許多 IQA 演算法都會明確或隱含地考慮到這些屬性。

對比敏感度函數(contrast sensitivity function, CSF)

心理物理學的研究顯示，檢測視覺目標(例如失眞)所需的最小對比度取決於目標的空間頻率(spatial frequency)，其中空間頻率是指給定單位視角內的週期(明暗圖樣的重複次數)。這個最小對比度稱爲對比度檢測門檻(contrast detection threshold)，該門檻值的倒數稱爲對比敏感度(contrast sensitivity)。當對比敏感度被繪製爲目標空間頻率的函數時，得到的曲線變化就是對比敏感度函數(contrast sensitivity function, CSF)。對比敏感度函數可以透露出有關視覺系統的重要訊息，例如光學品質、視網膜的敏感性以及視覺皮層的處理。對比敏感度函數也會受到年齡、眼部疾病、照明狀況和注意力等因素的影響。經實驗發現對比敏感度隨光柵(grating)的空間頻率而變化；所產生的 CSF 是帶通的，意指我們對極低頻和極高頻的目標最不敏感，且靈敏度的峰值接近每度視角的 2-5 個週期(cycle/deg)。圖 11-1-1 顯示在某一個亮度下(單位是 cd/m^2)，一個典型的非色度(灰階)對比敏感度函數(achromatic CSF)。至於色度的敏感度函數(chromatic CSF)比較接近低通濾波器的特性，沒有明顯的峰值且截止頻率可能低於 1 個週期。此外，通常較高的亮度會使兩種 CSF 的曲線都往上移一些，而較低者則會使這些曲線往下移且非色度 CSF 的峰值也會往較低的空間頻率略爲移動(Kim 等人[2013])。

由於 CSF 的濾波器特性，在 IQA 算法中將 CSF 列入考慮的方法通常是使用基於心理物理結果所設計的二維空間濾波器對影像進行預濾波(prefiltering)。

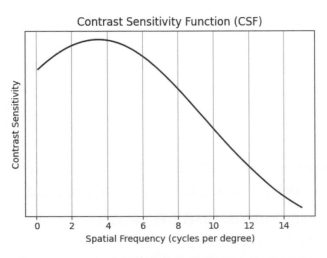

圖 11-1-1　一個典型的非色度(灰階)對比敏感度函數

視覺遮蔽效應(Visual Masking Effect)

在考慮到 IQA 算法的視覺感知研究中，另一個值得注意的發現是，影像中某些區域相較於其他區域更能有效地隱藏失真。這種現象稱為視覺遮蔽效應(visual masking effect)。遮蔽效應是指人眼對影像中的失真(例如雜訊、模糊、失真等)的感知程度會受到影像本身的特徵(例如亮度、對比度、紋理等)的影響。例如，一個高對比度的區域可能會遮蔽住一些細微的失真，使其不那麼明顯，而一個低對比度的區域可能會讓失真更加突出。因此，在 IQA 中，如果要準確地評估影像的品質，就需要考慮遮蔽效應的影響。

在 IQA 中，通常會把原始的影像(參考影像)當作一個遮罩(mask)，用來測量影像的特徵，例如亮度和對比度。然後，根據這些特徵，調整失真影像(測試影像)中的失真可見度的估計值，使其更符合人眼的感知。一種常用的方法是，用一個數學函數來描述遮罩的遮蔽程度和失真之間的關係，例如，遮蔽越強，失真可見度就越低，反之亦然。這樣，就可以更準確地評估影像的品質，而不是只考慮失真的程度。

11-1-2 客觀影像品質評估

Wang 和 Bovik (2006)用以下準則對客觀方法分類如下：(a)是否有原始影像可用；(b)基於其應用範圍，以及(c)基於人類視覺系統(Human Visual System, HVS)模擬的不同模型。Keelan (2002)則將客觀方法分類成：(a)直接實驗測量的；(b)系統建模的以及(c)根據校準後的標準進行目測評估的。本書參照目前最主流的分類，依參考影像的狀況，將各種客觀評估方法分成三大類：

1. **全參考(full-reference, FR)方法**：將測試影像與假定具有完美品質的參考影像進行比較來評估測試影像的品質。例如對一張原始影像(參考影像)進行 JPEG 壓縮再解壓縮後得到測試影像，此時度量測試影像與原始影像之間的差異來評估影像品質的方法就屬於 FR 的方法。

2. **縮減參考(Reduced-reference, RR)方法**：在 RR 的影像品質評估方法中，會各從測試影像和參考影像中擷取出特徵來比較，而不是直接拿整張影像來比較。

3. **無參考(No-reference, NR)方法**：顧名思義，就是沒有或無須參考原始影像(參考影像)之測試影像的品質評估方法。

影像品質度量的另一種分類方法是分成僅測量一種特定類型的退化(例如，模糊化、方塊或振鈴效應)，還是考慮所有可能的信號失真(即多種退化現象)。

註 ▶ 對視訊品質的評估方法(VQA)也一樣可分成 FR、RR 與 NR 三種。表 11-1-1 顯示各種 IQA 與 VQA 的主要方法。

表 11-1-1　常見 IQA 與 VQA 方法表列(參考來源：維基百科)

	度量方法	對象	描述
FR	PSNR (Peak Signal-to -Noise Ratio)	影像	它是在原始視訊信號和退化視訊信號的每一畫面之間計算的。PSNR 是最廣泛使用的客觀影像品質指標。然而，由於人類視覺系統的複雜和高度非線性的特性，PSNR 值與感知的影像品質沒有很精準的相關性。
	SSIM (Structural SIMilarity)(Wang 等人[2004])	影像	SSIM 是一種基於感知的模型，它將影像退化視為結構信息的感知變化，同時還包含重要的感知現象，像是亮度遮蔽(luminance masking)和對比度遮蔽(contrast masking)。
	MOVIE Index (MOtion-based Video Integrity Evaluation) (Seshadrinathan 和 Bovik [2010])	視訊	MOVIE 指數是一種基於神經科學的模型，用於根據原始參考視訊，預測(可能被壓縮或以其他方式改變的)電影或視訊的感知品質。
	VMAF (Video Multimethod Assessment Fusion)(Li 等人 [2020])	視訊	VMAF 使用 VIF、DLM 和 MCPD 等特徵來預測視訊品質。使用基於 SVM 的回歸融合以上功能，以提供單個輸出得分。然後使用算術平均值在整個視訊序列上匯總這些分數，以提供總體差異的平均意見得分(differential mean opinion score, DMOS)。
RR	SRR (SSIM Reduced -Reference)(Kourtis 等人 [2016])	視訊	SRR 值計算成接收(目標)視訊信號的 SSIM 與參考視訊圖樣之 SSIM 值的比率。
	ST-RRED (Soundararajan 和 Bovik [2013])	視訊	計算視訊序列中相鄰畫面之間畫面差異的小波係數(由 GSM 建模)。它用於評估導致時間 RRED 的 RR 熵差異。它與在視訊的每一張畫面上應用 RRED 指標評估的空間 RRED 指標相結合，產生時空結合的 RRED。
NR	NIQE (Naturalness Image Quality Evaluator)(Mittal 等人 [2013])	影像	這個 IQA 模型建立在感知相關的空間域自然場景統計(natural scene statistic, NSS)特徵上，這些特徵是從局部影像區塊中可以有效地擷取到自然影像之基本低階統計量提取出的。
	BRISQUE (Blind/Referenceless Image Spatial Quality Evaluator)(Mittal 等人 [2011])	影像	該方法提取局部正規化亮度信號的逐點統計量，並基於與自然影像模型的測量偏差來測量影像的自然度。它還模擬相鄰正規化亮度信號的成對統計分佈(提供失真方向的訊息)。
	Video-BLIINDS (Saad 等人 [2014])	視訊	計算畫面差異之 DCT 係數的統計模型並計算運動特徵。使用 SVM 根據這些特徵預測分數。

本小節將介紹數種常用的客觀影像品質評估方法，包括表 11-1-1 所列的方法。

均方誤差(Mean Squared Error, MSE)

假設有大小為 $M \times N$ 的原影像(參考影像)$f(m, n)$以及測試影像$\hat{f}(m,n)$，MSE 定義為

$$\text{MSE} = \frac{1}{MN} \sum_{m=0}^{M-1} \sum_{n=0}^{N-1} [f(m,n) - \hat{f}(m,n)]^2 \qquad (11\text{-}1\text{-}1)$$

越低的 MSE 代表越好的影像品質。

訊雜比(Signal-to-Noise Ratio, SNR)

假設有大小為 $M \times N$ 的原影像(參考影像)$f(m, n)$以及測試影像$\hat{f}(m,n)$，SNR 定義為

$$\text{SNR(dB)} = 10 \log_{10} \left[\frac{\displaystyle\sum_{m=0}^{M-1} \sum_{n=0}^{N-1} [f(m,n)]^2}{\displaystyle\sum_{m=0}^{M-1} \sum_{n=0}^{N-1} [f(m,n) - \hat{f}(m,n)]^2} \right] \qquad (11\text{-}1\text{-}2)$$

通常以分貝(dB)為單位。越高的 SNR 代表越好的影像品質。從 MSE 與 SNR 的定義可看出

$$\text{SNR(dB)} = 10 \log_{10} \left[\frac{\dfrac{1}{MN} \displaystyle\sum_{m=0}^{M-1} \sum_{n=0}^{N-1} [f(m,n)]^2}{\text{MSE}} \right] \qquad (11\text{-}1\text{-}3)$$

分子代表信號的平均能量，分母則代表兩個影像差值信號(視為雜訊)的平均能量，因而有信號雜訊比(簡稱訊雜比)的名稱。

尖峰訊雜比(Peak Signal-to-Noise Ratio, PSNR)

假設有大小為 $M \times N$ 的原影像(參考影像)$f(m, n)$以及測試影像$\hat{f}(m,n)$，PSNR 定義為

$$\text{PSNR(dB)} = 10 \log_{10} \left[\frac{\displaystyle\sum_{m=0}^{M-1} \sum_{n=0}^{N-1} I_{\max}^2}{\displaystyle\sum_{m=0}^{M-1} \sum_{n=0}^{N-1} [f(m,n) - \hat{f}(m,n)]^2} \right] \qquad (11\text{-}1\text{-}4)$$

其中 $I_{\max}$ 為用來代表 $f(m, n)$ 影像之數位系統可呈現的最大可能值，以 8 位元為例，$f(m, n)$ 的數值範圍是 0～255，因此最大可能值 $I_{\max} = 255$。若為 B 位元的影像，則 $I_{\max} = 2^B - 1$。PSNR 通常以分貝(dB)為單位。越高的 PSNR 代表越好的影像品質。

從 SNR 與 PSNR 的定義可看出兩者有相同的分母(都是 MSE (MN))，且

$$\mathrm{PSNR}\,(\mathrm{dB}) - \mathrm{SNR}(\mathrm{dB}) = 10\log_{10}\left[\frac{\displaystyle\sum_{m=0}^{M-1}\sum_{n=0}^{N-1}I_{\max}^2}{\mathrm{MSE}(MN)}\right] - 10\log_{10}\left[\frac{\displaystyle\sum_{m=0}^{M-1}\sum_{n=0}^{N-1}\left[f(m,n)\right]^2}{\mathrm{MSE}(MN)}\right]$$

$$= 10\log_{10}\frac{\displaystyle\sum_{m=0}^{M-1}\sum_{n=0}^{N-1}I_{\max}^2}{\displaystyle\sum_{m=0}^{M-1}\sum_{n=0}^{N-1}\left[f(m,n)\right]^2} \tag{11-1-5}$$

因為上式中

$$\sum_{m=0}^{M-1}\sum_{n=0}^{N-1}I_{\max}^2 \geq \sum_{m=0}^{M-1}\sum_{n=0}^{N-1}\left[f(m,n)\right]^2 \tag{11-1-6}$$

所以

$$\mathrm{PSNR}(\mathrm{dB}) - \mathrm{SNR}(\mathrm{dB}) \geq 0 \Rightarrow \mathrm{PSNR}(\mathrm{dB}) \geq \mathrm{SNR}(\mathrm{dB}) \tag{11-1-7}$$

註▶ 如果是 RGB 彩色影像，以上的 MSE、SNR 以及 PSNR 都可適用，但要記得做必要的調整，例如像素的總數量已從 MN 變成 $3MN$ (可想成是有一張大小為 $\sqrt{3MN} \times \sqrt{3MN}$ 的灰階影像)。

註▶ 以 MSE、SNR 以及 PSNR 當影像品質估測準則時，其評估結果未必與人眼感受的評估結果一致。特別是在中等影像品質下兩個影像對應的客觀數值相去不遠時，例如對一張 8 位元的原始影像，有一張測試影像 A 得到 $\mathrm{PSNR}_A = 25$ dB，另一張影像 B 得到 $\mathrm{PSNR}_B = 25.5$ dB，因為 $\mathrm{PSNR}_B > \mathrm{PSNR}_A$，所以客觀準則判定影像 B 的品質優於影像 A，但主觀感受可能是相反的，因為兩者的客觀表現只差了 0.5 dB。但是如果 $\mathrm{PSNR}_B = 30$ dB，則主觀感受和客觀數據通常是一致的，因為兩者差了 5 dB。

註 為了彌補客觀準則與主觀視覺感受之間的品質評估落差，有學者提出經人類視覺系統(HVS)修正的客觀準則，例如 PSNR-HVS (Egiazarian 等人[2006])採用 HVS 中的對比度感受性(contrast perception)，PSNR-HVS-M (Ponomarenko 等人[2007])考慮額外的視覺遮蔽效應來改善 PSNR-HVS (Ponomarenko 等人[2011])。與 PSNR 和 SSIM 相比，PSNR-HVS-M 提供了更近似於人類視覺品質判斷的結果。與 PSNR-HVS 相比，它還具有明顯的優勢(Ponomarenko 等人[2007])。這類的方法可統稱為 HVS-PSNR。HVS-PSNR 不同於傳統的PSNR，它加入了影像評估的前置處理，在計算每一個像素點的誤差值後，進行模擬人類視覺系統的濾波(通常具低通特性)，再計算影像失真的幅度，可以得到接近人眼視覺所感受到的影像評估值。和 PSNR 一樣，HVS-PSNR 的數值越大，代表測試影像的影像品質越好。

空間頻率(Spatial Frequency, SF)

這個評估準則採用測試影像的梯度分佈，定義如下：

$$RF = \sqrt{\sum_{m=1}^{M}\sum_{n=1}^{N}\left[f(m,n)-f(m,n-1)\right]^2} \qquad (11\text{-}1\text{-}8)$$

$$CF = \sqrt{\sum_{m=1}^{M}\sum_{n=1}^{N}\left[f(m,n)-f(m-1,n)\right]^2} \qquad (11\text{-}1\text{-}9)$$

$$SF = \sqrt{RF^2 + CF^2} \qquad (11\text{-}1\text{-}10)$$

其中 RF 為空間列頻率(row frequency)，CF 為空間行頻率(column frequency)。SF 越大，表示測試影像的邊緣和紋理越豐富。

熵(Entropy, EN)

EN 是根據影像資訊定義的，主要是測量影像包含的資訊量。EN 的定義如下：

$$EN = -\sum_{l=0}^{L-1} p_l \log_2 p_l \qquad (11\text{-}1\text{-}11)$$

其中 L 代表灰階數(8 位元影像中，L 設定為 256)，p_l 是測試影像中相對應灰階值的正規化直方圖。EN 越大，表示影像所包含的資訊越豐富。

標準差(Standard Deviation, SD)

SD 是根據統計概念定義的，反映了影像中各個像素值偏離平均值的程度。SD 的定義如下：

$$SD = \sqrt{\sum_{m=1}^{M}\sum_{n=1}^{N}\left[f(m,n)-\mu\right]^2} \tag{11-1-12}$$

其中 f 是大小為 $M \times N$ 的測試影像，μ 是影像 f 的平均值。對比度高的區域總是引起人們的注意，對比度高的影像通常也會導致更大的 SD，這意味著影像可呈現出更好的視覺效果。

相關係數(Correlation Coefficient, CC)

相關係數(Correlation coefficient, CC)有時又稱皮爾森相關係數(Pearson CC, PCC)，它是測量測試影像和原始參考影像之間的線性相關程度。為了避免與討論隨機變數時定義的相關係數混淆，有時會加入樣本這個字眼而成為樣本相關係數(sample correlation coefficient)。為了方便起見，我們將二維影像的像素依序排列成一維的陣列。令 $\mathbf{x}=\{x_i \mid i=1,2,\ldots,N\}$ 和 $\mathbf{y}=\{y_i \mid i=1,2,\ldots,N\}$ 分別為原始與測試影像信號。CC 定義如下：

$$r_{\mathbf{xy}} = \frac{\sum_{i=1}^{N}(x_i-\overline{x})(y_i-\overline{y})}{\sqrt{\sum_{i=1}^{N}(x_i-\overline{x})^2}\sqrt{\sum_{i=1}^{N}(y_i-\overline{y})^2}} \tag{11-1-13}$$

其中樣本平均值

$$\overline{x} = \frac{1}{N}\sum_{i=1}^{N}x_i \;,\; \overline{y} = \frac{1}{N}\sum_{i=1}^{N}y_i \tag{11-1-14}$$

通用性影像品質指標(Universal Quality Index, UQI)

Wang 和 Bovik 提出的通用性影像品質指標(Universal Quality Index, UQI)適用於各種影像處理的應用(Wang 和 Bovik [2002])。在 UQI 中，將任何影像失真建模為三個因素的組合來設計所提出的指標：相關性的下降、亮度失真和對比度失真。儘管該指標是在數學上定義的，並且沒有明確使用人類視覺系統模型，但是對各種影像失真類型的實驗顯示，它與主觀品質測量的表現頗為一致。它的性能明顯優於廣泛使用的失真度量--均方誤差(MSE)。

令 $\mathbf{x} = \{x_i \mid i = 1, 2, ..., N\}$ 和 $\mathbf{y} = \{y_i \mid i = 1, 2, ..., N\}$ 分別為原始與測試影像信號，UQI 定義成

$$Q = \frac{4\sigma_{xy}\overline{xy}}{(\sigma_x^2 + \sigma_y^2)[(\overline{x})^2 + (\overline{y})^2]} = \frac{\sigma_{xy}}{\sigma_x\sigma_y} \cdot \frac{2\overline{xy}}{(\overline{x})^2 + (\overline{y})^2} \cdot \frac{2\sigma_x\sigma_y}{\sigma_x^2 + \sigma_y^2} \tag{11-1-15}$$

其中樣本平均值 $\overline{x}$ 和 $\overline{y}$ 如(11-1-14)式所示，而樣本變異數 σ_x^2 和 σ_y^2 為

$$\sigma_x^2 = \frac{1}{N-1}\sum_{i=1}^{N}(x_i - \overline{x})^2 \,, \sigma_y^2 = \frac{1}{N-1}\sum_{i=1}^{N}(y_i - \overline{y})^2 \tag{11-1-16}$$

樣本共變異數 σ_{xy} 為

$$\sigma_{xy} = \frac{1}{N-1}\sum_{i=1}^{N}(x_i - \overline{x})(y_i - \overline{y}) \tag{11-1-17}$$

Q 可分成三個分量的乘積，其中第一個分量是 $\mathbf{x}$ 和 $\mathbf{y}$ 之間的相關係數(correlation coefficient)，度量兩者之間的相關性，數值範圍是[−1, 1]；第二個分量主要是量測 $\mathbf{x}$ 和 $\mathbf{y}$ 之間的平均亮度有多接近，其數值範圍是[0, 1]，最大值的 1 發生在當 $\overline{x} = \overline{y}$ 時；σ_x 和 σ_y 可視為 $\mathbf{x}$ 和 $\mathbf{y}$ 的對比度估測，所以第三個分量度量 $\mathbf{x}$ 和 $\mathbf{y}$ 的對比度有多接近，其數值範圍也是[0, 1]，最大值的 1 發生在當 $\sigma_x = \sigma_y$ 時。因此 Q 的數範圍為[−1, 1]，其中最大值發生在 $\mathbf{x} = \mathbf{y}$ 時，代表最好的影像品質；最小值發生在 $y_i = 2\overline{x} - x_i$, $i = 1, 2, \cdots, N$ 代表最差的影像品質。

對二維的影像，實際做法是以方形區塊為視窗單位，從左上到右下不重疊同步掃描參考影像與測試影像。令 Q_i 代表對應於第 i 個視窗內像素的 Q 值，則整張影像的 Q 值為所有區塊 Q 值的平均，亦即

$$Q = \frac{1}{M}\sum_{i=1}^{M}Q_i \tag{11-1-18}$$

這裡的 M 是指一張影像中在不同位置上之視窗的總數。

結構相似性(Structural Similarity)

結構相似性品質指標(Structural SIMilarity, SSIM)或(Structural Similarity Index Measure, SSIM)是測量兩幅影像之間相似性的一種很流行的方法(Wang 等人[2004])。SSIM 的前身是作者團隊中的 Wang 和 Bovik 先前提出的通用性影像品質指標(UQI)模型(Wang 和 Bovik [2002])。

和對 UQI 的討論一樣，令 $\mathbf{x} = \{x_i \mid i = 1,2,...,N\}$ 和 $\mathbf{y} = \{y_i \mid i = 1,2,...,N\}$ 分別為原始與測試影像信號，則 SSIM 定義成

$$\text{SSIM} = \frac{(2\mu_x\mu_y + C_1)(2\sigma_{xy} + C_2)}{(\mu_x^2 + \mu_y^2 + C_1)(\sigma_x^2 + \sigma_y^2 + C_2)} = l(x,y) \cdot c(x,y) \cdot s(x,y) \qquad (11\text{-}1\text{-}19)$$

其中 $l(x, y)$為亮度(luminance)分量：

$$l(x,y) = \frac{2\mu_x\mu_y + C_1}{\mu_x^2 + \mu_y^2 + C_1} \qquad (11\text{-}1\text{-}20)$$

$c(x, y)$為對比度(contrast)分量：

$$c(x,y) = \frac{2\sigma_x\sigma_y + C_2}{\sigma_x^2 + \sigma_y^2 + C_2} \qquad (11\text{-}1\text{-}21)$$

$s(x, y)$為結構(structure)分量：

$$s(x,y) = \frac{\sigma_{xy} + C_3}{\sigma_x\sigma_y + C_3} \qquad (11\text{-}1\text{-}22)$$

C_1、C_2 和 C_3 都是避免分母為零使得演算法可以較穩定的常數且 $C_3 = C_2/2$，而其他符號的定義均與探討 UQI 所用的對應符號相同(μ_x 相當於 $\bar{x}$，μ_y 相當於 $\bar{y}$)。事實上，我們可把 UQI 視為是 $C_1 = C_2 = 0$ (因為 $C_3 = C_2/2$，所以 C_3 也是 0)時的 SSIM。

實務上常取 $C_1 = (K_1 L)^2$，$C_2 = (K_2 L)^2$，其中 $K_1 = 0.01$，$K_2 = 0.03$ 且 $L = I_{\max} = 2^B - 1$，B 代表位元數，以 8 位元為例，$L = 255$。結構相似性指標的值越大，代表兩幅影像的相似性越高。SSIM = 1 就是完全一致。一般的經驗法則是：SSIM ≥ 0.98 就是難以區別；SSIM = 0.95 時，大多數人都會滿意；到了 SSIM = 0.90 或更低時，差異性或瑕疵就越來越顯著了。

範例 11.1

本範例展示 MSE、SNR、PSNR 以及 SSIM 的計算結果。圖 11-1-2 顯示原始影像及其兩個模糊影像，連同其對應的品質評估結果。無論是用哪一種評估指標，從數字上來看影像的品質都是模糊影像 1 高於模糊影像 2，而這與視覺感受非常吻合。

原始影像　　　　　　模糊影像 1　　　　　　模糊影像 2

(a)　　　　　　　　　(b)　　　　　　　　　(c)

圖 11-1-2　原始影像及其兩個模糊影像，連同其對應的品質評估結果。(a)原始影像；(b)模糊影像 1 (MSE：89.39、SNR：25.67、PSNR：28.62 (dB)、SSIM：0.82)；(c)模糊影像 2 (MSE：254.61、SNR：21.24、PSNR：24.07 (dB)、SSIM：0.69)。

學習感知影像區塊相似度(Learned Perceptual Image Patch Similarity, LPIPS)

LPIPS 指標是一種基於經過訓練的神經網路擷取的特徵來測量兩個影像相似程度的方法(Zhang 等人[2018])，其中特別適用於近年來成為主流的深度學習神經網路。LPIPS 指標定義為：

$$d_{\text{LPIPS}}(x,y) = \sum_{i=1}^{L} \frac{1}{H_i W_i C_i} \sum_{h,w,c} \left[\phi_i(x)_{h,w,c} - \phi_i(y)_{h,w,c} \right]^2 \tag{11-1-23}$$

其中 x 和 y 是兩個影像區塊(patch)，ϕ_i 是預訓練網路第 i 層的特徵圖，L、H_i、W_i 和 C_i 分別是特徵圖的層數、高度、寬度和通道。LPIPS 可以用作影像檢索任務的感知相似性度量，其目標是找到與所查詢影像最相關的影像。還可用於暗影像(low-light image)的影像增強任務，它評估經增強影像保留原本 Ground Truth 影像之感知特徵的程度。

此外，LPIPS 通常用作影像生成任務的感知損失(perceptual loss)函數，其目標是生成在人類感知上接近真實影像的影像。以下數學表示式是使用 LPIPS 作為感知損失時網路權重的更新規則：

$$w_{t+1} = w_t - \alpha_t \nabla_w d_{\text{LPIPS}}[x, G(w_t, z)] \tag{11-1-24}$$

其中 w_t 是迭代 t 時的權重，α_t 是學習率，G 是生成器函數(generator function)，z 是潛在向量(latent vector)。根據 Zhang 等人(2018)，LPIPS 在多個影像品質和多樣性基準上優於其他感知指標，例如 SSIM 和 PSNR。

基於運動的視訊完整性評估指數

在視訊品質的感知中，運動所呈現的品質對整體視訊品質至關重要。因此，將運動資訊(motion information)納入視訊品質的評估算法中是一個合理的考量。Seshadrinathan 和 Bovik (2010)提出了基於運動的視訊完整性評估(MOtion-based Video Integrity Evaluation, MOVIE)指數，該指數利用通用的、空間頻譜局部化的多尺度框架來評估動態視訊的保真度。這個框架整合了失真評估的時空層面(spatial-temporal aspect)。MOVIE 藉由評估計算出的運動軌跡的運動品質，以時空的方式來評估視訊品質。

圖 11-1-3 顯示了形成 MOVIE 指數之運算程序的方塊圖。首先，使用 Gabor 濾波器將參考視訊和測試視訊分解為時空帶通通道。接著，使用來自參考視訊和測試視訊的 Gabor 係數計算空間(spatial)與時間(temporal)面向的品質得分。空間品質的測量採用了一種結合了 SSIM 啟發和 IQA 信息理論的方法。時間面相的品質估測額外使用了來自參考視訊的運動資訊。最後，將空間和時間品質分數結合，形成 MOVIE 指數的整體視訊完整性分數。

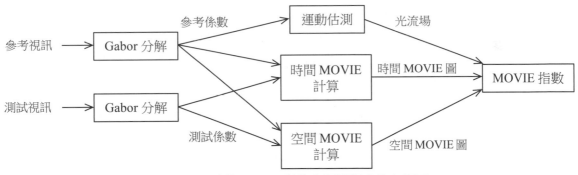

圖 11-1-3　形成 MOVIE 指數之運算程序的方塊圖。

視訊多方法評估融合(Video Multimethod Assessment Fusion, VMAF)

Netflix 與多所大學合作者共同開發並在 Github 上開源的視訊品質指標 VMAF (Li 等人[2016][2020])，其中南加大郭宗傑(C. C. Jay Kuo)教授帶領的團隊所做的研究奠定了該指標的基石。VMAF 依靠人類視覺系統(HVS)建模或低層級神經網路的模擬來收集關於人類大腦如何感知品質的證據。接著，根據伴隨於訓練數據集的主觀分數標記，使用監督式機器學習法將收集到的證據融合為最終預測分數。進一步說明如下。

VMAF 使用現有的影像品質指標和其他特徵來預測視訊品質：

1. **視覺信息保眞度(Visual Information Fidelity, VIF)**(Sheikh 和 Bovik [2006])：VIF 是一種廣爲採用的影像品質指標，其前提是品質與信息保眞度損失的度量結果成反比。VIF 將訊號源和相對於訊號源本身所含的失眞之間所共享的香農信息(Shannon information)給予定量的描述。訊號源以小波域中的高斯尺度混合(Gaussian Scale Mixture, GSM)建模，而失眞則以小波域中的信號增益和加成性雜訊建模。人類視覺系統的模型建構在訊號源以及用於代表內部神經雜訊的加成性白色高斯雜訊之上。在 VMAF 中，採用了 VIF 的修改版本，其中將四個空間尺度的信息保眞度損失作爲基本指標。

2. **細節損失指標(Detail Loss Metric, DLM)**(Li 等人[2011])：DLM 是一種影像品質指標，其原理是分別度量影響內容可見性的細節損失以及使觀看者分神的視覺冗餘瑕疵，然後自適應地組合這兩個品質度量的輸出以產生整體品質預測。DLM 使用小波分解來估測失眞信號中的模糊成分。它使用對比敏感度函數對人類視覺系統進行建模，並根據該函數的門檻值對小波係數進行加權。

3. **平均同位置像素差(Mean Co-Located Pixel Difference, MCPD)**：MCPD 是一種衡量在時間軸上相鄰畫面之間差分的算法，主要用於測量亮度成分上畫面之間的時間差。將視訊中相鄰畫面之間物件的移動變化當成時間信號，因爲人類視覺系統對高運動畫面中的品質下降不太敏感，其中一個畫面的全局運動值是一個畫面相對於前一個畫面的平均同位置像素差異，這就是 MCPD 的原理。計算相當簡單，僅僅計算像素亮度成分的均值再取其差值即可得到。

上述特徵使用基於 SVM 的回歸進行融合，以提供每個視訊畫面 0-100 範圍內的單個輸出分數，其中 100 表示品質與參考視訊相同。然後在整個視訊序列的時間軸上以算術平均匯總這些分數，以提供總體差異平均意見分數(differential mean opinion score, DMOS)。由於訓練的原始碼是可公開取得，所以融合方法可以根據不同的視訊數據集和特徵進行重新訓練和評估。

VMAF 對跨空間解析度、跨鏡頭和跨類型(例如動畫與紀錄片)的視訊可以做更一致的預測，而這是傳統指標(如 PSNR 或 SSIM)辦不到的。雖然傳統的指標(例如 PSNR)對單一解析度下相同內容品質的評估有一定的預測準度，但在預測不同鏡頭和不同解析度的品質時，它們往往無法令人滿意。VMAF 最初的設計考慮了 Netflix 的媒體串流應用，特別是在有編碼和縮放失眞的情況下能掌握專業生成的電影和電視節目的視訊品質。自開源以來，VMAF 逐漸得到更廣泛的應用，例如體育直播、視訊聊天、遊戲、360 度視訊等等。VMAF 已儼然成爲評估編碼系統性能好壞和推動編碼最佳化的標準。

縮減參考的 SSIM 指數(Reduce-Referenced SSIM Index)

在提供視訊媒體服務期間，視訊流可能需要適應不同的終端設備而必須轉碼 (transcoding)。這種服務中的轉碼過程常伴隨多種編碼的缺失，而降低了編碼媒體服務的品質。因此，由服務中(in-service)轉碼過程引起的媒體服務品質下降需要靈活的視訊品質評估(VQA)方法，以盡可能準確地評估此服務的品質。

FR 的 VQA 方法顯然不適用於服務中的視訊品質的評估，因為在評估過程中，用戶端無法同時有原始視訊序列和編碼視訊序列。反觀 NR 或 RR 的方法在服務中轉碼品質評估上可靈活運用，因為它們不需要原始視訊信號，或只需其部分訊息，雖然與 FR 評估指標相比，它們品質評估的準確性和可信度會低一些。

Kourtis 等人(2016)提出了一種適合在服務中使用的 RR 方法。從原始視訊畫面和目標視訊畫面中提取的特徵都是基於對 SSIM 指數的評估。他們是以靜態白色圖案(即每一個畫面都是白色的視訊)作為參考，計算原始視訊中每一個畫面的 SSIM 指數。每一個畫面的 SSIM 指數都傳送到終端用戶。在終端設備上，計算接收到之(目標)視訊的每一個畫面和相同的靜態白色圖案之間的 SSIM 指數。所提出的 RR 度量是兩個 SSIM 指數的比率。圖 11-1-4 顯示此流程。

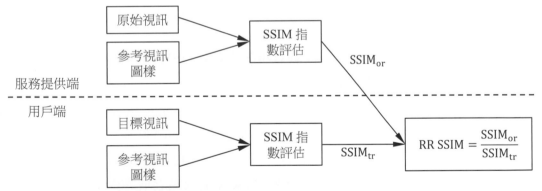

圖 11-1-4　RR SSIM 的流程圖(下標 o: original, r: reference, t: target)

時空 RRED (Spatio-Temporal RRED, ST-RRED)指數

Soundararajan 和 Bovik (2013)觀察到視訊序列中相鄰畫面之間的畫面差異的小波係數具有重尾分佈(heavy-tailed distribution)，因此針對這些係數提出了高斯尺度混合(Gaussian Scale Mixture, GSM)的視訊統計模型。畫面差異小波係數的 GSM 模型用於計算參考視訊和失真視訊之間的 **RR 熵差異**(RR entropic difference, RRED)，產生時間 **RRED** (temporal RRED, T-RRED)指數。這些指數是混合使用統計模型的方法和感知原理所設計出的。T-RRED 指數試圖測量參考視訊和失真視訊之間發生的運動信息差異量。

Soundararajan 和 Bovik 先前曾開發出空間 **RRED** (spatial RRED, S-RRED)指數，亦即視訊每一畫面上都應用 RRED 指數來評估畫面品質(Soundararajan 和 Bovik [2012])。結合 S-RRED 指數與 T-RRED 指數產生時空 **RRED** (spatio-temporal RRED, ST-RRED)指數，目標是試圖反映出人類在空間與時間面向上都有可能感受到的畫面失真。

自然影像品質評估器(Naturalness Image Quality Evaluator, NIQE)

NIQE (Natural Image Quality Evaluator)是一個完全不需要參考影像即可評估測試影像品質的方法(Mittal 等人[2013])。這個 NR IQA 模型是基於構建一組「可感知品質的(quality aware)」特徵並將它們擬合到多變量高斯(multivariate Gaussian, MVG)模型。品質感知特徵是從簡單但高度規則的自然場景統計(natural scene statistic, NSS)模型擷取出。最後，一幅測試影像的品質表示為以下兩者之間的距離：(1)從測試影像中提取的 NSS 特徵的多變量高斯擬合；(2)從自然影像資料庫中提取出之品質感知特徵的 MVG 模型。

Matlab 有計算 NIQE 的現成函式：

(a) score = niqe(A)使用自然影像品質評估器(NIQE)計算影像 A 的無參考影像品質分數。niqe 將 A 與根據自然場景影像計算的預設模型進行比較。分數越小表示感知品質越好。

(b) score = niqe(A,model)使用自己定義的模型(在此稱為 model)計算影像 A 的品質分數。

盲目/無參考影像空間品質評估器(Blind/Referenceless Image Spatial Quality Evaluator, BRISQUE)

BRISQUE 的全名是 Blind/Referenceless Image Spatial QUality Evaluator，它是由 Mittal 等人(2011)所提出。和 NIQE 一樣，它也是一種無參考影像的空間域影像品質評估算法。算法的主要原理就是從影像中提取已扣除平均值之對比度正歸化係數[mean subtracted contrast normalized (MSCN) coefficients]，將 MSCN 係數擬合成非對稱性廣義高斯分佈(asymmetric generalized Gaussian distribution, AGGD)，提取擬合的高斯分佈的特徵(在兩個影像尺度中，從每個尺度各提取 18 個統計特徵形成 36 個特徵)，輸入到支持向量機(SVM)中做回歸，最後得到影像品質的評估結果(Mittal 等人[2012])。圖 11-1-5 顯示以 BRISQUE 評估影像品質的流程圖，圖中 SVR 代表支持向量回歸器(support vector regressor)。

圖 11-1-5　以 BRISQUE 評估影像品質的流程圖

Matlab 有計算 BRISQUE 的現成函式：

(a) score ＝ brisque(A)使用盲目/無參考影像空間品質評估器(BRISQUE)計算影像 A 的無參考影像品質分數。brisque 將 A 與從具有相似失真的自然場景影像所計算出的預設模型進行比較。分數越小表示感知品質越好。

(b) score ＝ brisque(A,model)使用自定義的特徵模型(在此稱爲model)計算影像 A 的品質分數。

範例 11.2

本範例展示 NIQE 和 BRISQUE 的使用。輸入一張原始影像(來源：Matlab R2019a)，產生一張模糊影像，再產生一張加入雜訊的影像，用先前所提的 Matlab 函式計算三張影像的品質表現。圖 11-1-6 顯示這三張影像及其品質評估分數，其中使用的是自然場景的預設模型。從數字上來看影像的品質：原始影像 ＞ 帶雜訊影像 ＞ 模糊影像，這大致上與視覺感受相符。

NIQE Score: 2.545496
BRISQUE Score: 20.658603
(a)

NIQE Score: 10.730427
BRISQUE Score: 52.640012
(b)

NIQE Score: 5.266059
BRISQUE Score: 47.755287
(c)

圖 11-1-6　使用 NIQE 和 BRISQE 影像品質評估分數的範例。(a)原始影像；(b)模糊影像；(c)帶雜訊影像。

視訊的盲目品質評估(Video-BLIINDS)

與人類對時間性視覺品質的判斷可以有高度一致性的 NR-VQA 算法不多，Video-Blinds 是其中之一(Saad 等人[2014])。Saad 等人提出一個架構，其中利用 DCT 係數統計的時空模型來預測品質分數。這個盲目 VQA 模型的特性是：(1)表徵視訊中的運動類型，(2)對時間和空間視訊屬性進行建模，(3)基於自然視訊統計模型，(4)計算速度快，和(5)提取少量與感知品質相關的可解釋特徵。最後，作者們提供了所開發算法的 Matlab 實現，我們將其稱為 Video BLIINDS，此算法的實現可以從影像和視訊工程實驗室(Laboratory of Image and Video Engineering, LIVE)的網站 http：//live.ece.utexas.edu/下載。

圖 11-1-7 顯示 Video BLINDS 的系統流程圖。首先，局部二維空間 DCT 運用於畫面間差異的補丁，其中補丁(patch)一詞用於指 $n \times n$ 的畫面間差異區塊。DCT 係數(代表高低頻率)在空間上是局部的，因為 DCT 是從局部的 $n \times n$ 區塊計算出的；它們在時間上也是局部的，因為區塊是從連續的畫面間的差異中提取的。接著將高低頻率以特定的機率密度函數建模。據觀察，該函數之參數對原始視訊和失真視訊是有鑑別力的。

在該模型中，作者定義連貫性度量(coherency measure)並將其與從 DCT 係數的時空自然視訊統計(natural video statistic, NVS)模型導出的參數結合使用，以此描述影像運動的特徵。這些在時空 NVS 模型下提取的特徵然後用於驅動一個線性核的支持向量回歸器(support vector regressor, SVR)，該回歸器經過訓練以預測視訊的視覺品質。

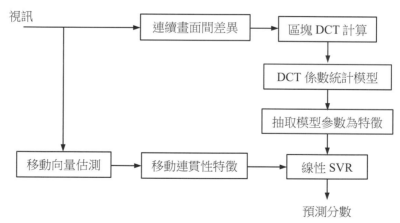

圖 11-1-7　盲目 VQA 架構(Saad 等人[2014])

Fréchet 先啟距離(Fréchet inception distance, FID)

Fréchet 先啟距離(FID)是一種用於評估由生成模型[如生成對抗網路(generative adversarial network, GAN)]建構出之影像品質的度量指標(metric)。FID 將生成影像的分佈與用於訓練生成器的真實影像的分佈進行比較。

　　FID 度量是兩個多維高斯分佈之間的平方 Wasserstein 度量(亦即 Wasserstein 度量中乘冪參數 $p = 2$ 的度量)，包括由 GAN 生成之影像的某些神經網路特徵的分佈 $N(\mathbf{\mu}, \mathbf{\Sigma})$ 以及來自真實世界(real world)影像(訓練 GAN 用)的相同神經網路特徵的分佈 $N(\mathbf{\mu}_w, \mathbf{\Sigma}_w)$。常使用 Inception v3 (作為神經網路)對 ImageNet 訓練，這是 FID 名稱中有 Inception 的由來。因此，當合成影像和真實影像輸入 Inception 網路時，它可以根據激活值(activation)的均值(向量)和變異數(矩陣)計算成：

$$\text{FID} = \| \mathbf{\mu} - \mathbf{\mu}_w \|^2 + tr(\mathbf{\Sigma} + \mathbf{\Sigma}_w - 2(\mathbf{\Sigma}\mathbf{\Sigma}_w)^{1/2}) \tag{11-1-25}$$

其中的激活來自影像輸出分類之前的最後一個池化層。FID 不是直接逐一像素比較影像，而是比較名為 Inception v3 的卷積神經網路中較深層當中其中一層的均值和標準差。相對於輸入影像附近的淺層，這些層離影像輸入端較遠且更接近於對應於真實世界對象的輸出節點，所以可視為是較接近人眼感知的特徵圖(feature map)。FID 越低表示影像品質越好；反之，則表示較低品質的影像，且這種關係可能是線性的。FID 度量指標已儼然成為評估 GAN 生成影像品質的標準指標。

　　FID 計算程序：

步驟 0 下載一個預訓練的 Inception v3 模型。

步驟 1 移除模型的輸出層，並取最後一個池化層(全局空間池化層)的激活值當成輸出。這個輸出層有 2,048 個激活值，因此，每個影像預測成 2,048 個激活特徵(稱為影像的編碼向量或特徵向量)。

步驟 2 對來自感興趣問題的一組真實影像預測 2,048 維的特徵向量當參考值。接著對合成影像計算其特徵向量。

步驟 3 對是真實和生成影像來的兩個 2,048 維特徵向量進行(11-1-25)式的 FID 計算。

步驟 4 由 FID 值評估生成影像的品質。

註 FID 度量指標於 2017 年推出(Heusel 等人[2017])。它的靈感來自 Fréchet 於 1957 年引入的度量指標(Fréchet [1957])，後來推廣成 Wasserstein 度量指標。另外，Heusel 等人[2017]建議在計算 FID 時，使用的樣本大小不要低於 10,000，否則會低估生成器的真實 FID。

交聯集(杰卡德指數)與 Dice 係數

　　交聯集(IOU, Intersection over Union)或杰卡德指數(Jaccard index)也稱為杰卡德相似係數(Jaccard similarity coefficient)，是用來衡量樣本集相似性和多樣性的統計量。它被定義為樣本交集的大小除以樣本聯集的大小：

$$\text{IOU} = J(A,B) = \frac{|A \cap B|}{|A \cup B|} \tag{11-1-26}$$

此指數的範圍是 0 到 1。越接近 1，兩個集合越相似。

　　Dice 係數也稱為 Sørensen-Dice 係數，是用來衡量兩個集合或樣本相似性的統計量。它定義為交集的大小除以兩個集合的平均大小：

$$D(A,B) = \frac{|A \cap B|}{(|A| + |B|)/2} = \frac{2|A \cap B|}{|A| + |B|} \tag{11-1-27}$$

此係數的範圍也是 0 到 1。越接近 1，兩個集合越相似。

範例 11.3

如果 A 和 B 是具有下列元素的兩個集合：A = {1, 2, 3, 4, 5} 和 B = {3, 4, 5, 6, 7}，則 A 和 B 的 IOU 或傑卡德指數為：

$$\text{IOU} = J(A,B) = \frac{|A \cap B|}{|A \cup B|} = \frac{|\{3,4,5\}|}{|\{1,2,3,4,5,6,7\}|} = \frac{3}{7} \approx 0.43$$

A 和 B 的 Dice 係數為：

$$D(A,B) = \frac{2|A \cap B|}{|A| + |B|} = \frac{2 \times 3}{5 + 5} = 0.6$$

　　交聯集(或 Jaccard 指數)和 Dice 係數都可應用在例如影像分割問題上，此時集合 A 和 B 可分別代表預測分割(predicted segmentation)和真實情況(ground truth)的集合，交聯集(或 Jaccard 指數)和 Dice 係數可用於衡量兩者在空間上重疊的情形，數值越高代表分割效果越佳。除了分割以外，還可用於影像的物件偵測和追蹤(object detection and tracking)等任務中。

豪斯多夫距離(Hausdorff distance)

　　豪斯多夫距離是兩組點之間距離的量測。它被定義為從一組中的每個點到另一組中最近的點的最大距離。它可以用來評估兩個形狀的相似度，例如影像的分割結果。在數學上，它可以表示為：

$$H(A,B) = \max\left\{\sup_{a \in A}\inf_{b \in B} d(a,b), \sup_{b \in B}\inf_{a \in A} d(a,b)\right\} \tag{11-1-28}$$

其中 A 和 B 是兩組點，$d(a,b)$ 是點 a 和 b 之間的距離，sup 是上確界(supremum) (最小上界 [least upper bound])，inf 是下確界(infimum) (最大下界[greatest lower bound])。

範例 11.4

以下用一個簡單的數值範例來說明豪斯多夫距離，假設我們在二維平面上有兩組點：

$A = \{(0, 0), (1, 0), (0, 1), (1, 1)\}$

$B = \{(2, 2), (3, 2), (2, 3), (3, 3)\}$

我們可以計算 A 和 B 之間的豪斯多夫距離如下：

對於 A 中的每個點，我們找到 B 中最近的點以及它們之間的距離：

(1) 對於$(0, 0)$，B 中最近的點為$(2, 2)$，距離為 $\sqrt{(2-0)^2 + (2-0)^2} = \sqrt{8}$

(2) 對於$(1, 0)$，B 中最近的點是$(2, 2)$，距離為 $\sqrt{(2-1)^2 + (2-0)^2} = \sqrt{5}$

(3) 對於$(0, 1)$，B 中最近的點為$(2, 2)$，距離為 $\sqrt{(2-0)^2 + (2-1)^2} = \sqrt{5}$

(4) 對於$(1, 1)$，B 中最近的點是$(2, 2)$，距離為 $\sqrt{(2-1)^2 + (2-1)^2} = \sqrt{2}$

我們取這些距離的上確界，即最大的那個： $\sup_{a \in A} \inf_{b \in B} d(a,b) = \sqrt{8}$ 。同樣，對於 B 中的每個點，我們找到 A 中最近的點以及它們之間的距離：

(1) 對於$(2, 2)$，A 中最近的點是$(1, 1)$，距離為 $\sqrt{(2-1)^2 + (2-1)^2} = \sqrt{2}$

(2) 對於$(3, 2)$，A 中最近的點是$(1, 1)$，距離為 $\sqrt{(3-1)^2 + (2-1)^2} = \sqrt{5}$

(3) 對於$(2, 3)$，A 中最近的點是$(1, 1)$，距離為 $\sqrt{(2-1)^2 + (3-1)^2} = \sqrt{5}$

(4) 對於$(3, 3)$，A 中最近的點是$(1, 1)$，距離為 $\sqrt{(3-1)^2 + (3-1)^2} = \sqrt{8}$

我們取這些距離的上確界，即最大的那個： $\sup_{b \in B} \inf_{a \in A} d(a,b) = \sqrt{8}$ 。最後，我們取這兩個上界的最大值，即為豪斯多夫距離：

$$H(A, B) = \max\{\sqrt{8}, \sqrt{8}\} = \sqrt{8}$$

11-1-3　主觀影像品質評估

恰可察覺差(Just-Noticeable Difference, JND)

差異門檻值(difference threshold)或恰可察覺差(Just-Noticeable Difference, JND)是指必須改變刺激強度以產生可變化感受所需的最小量。19 世紀的實驗心理學家 Ernst Weber 觀察到，差異門檻值的大小似乎與初始刺激幅度有一定的關係。這種從此稱為韋伯定律(Weber's Law)的關係可以表示為：

$$\frac{\Delta I}{I} = K \tag{11-1-29}$$

其中 ΔI 代表差異門檻值，I 代表初始的刺激強度，K 表示等式左側的比例保持不變，儘管 I 項發生變化。

韋伯定律簡單來說就是可察覺差異的大小(即 ΔI)與原始刺激值呈恆定的比例。例如：假設你向觀察者展示了兩個光點，每個光點的強度均爲 100 個單位。然後你要求觀察者增加一個點的強度，直到它比另一個明顯更亮。如果產生剛剛明顯差異所需的亮度是 110，那麼觀察者的差異門檻值將是 10 個單位，即 ΔI = 110 − 100 = 10。該差異門檻值的等效韋伯比例將是 $0.1 \left(\dfrac{\Delta I}{I} = \dfrac{10}{100} = 0.1 \right)$。使用韋伯定律，現在可以預測觀察者對於任何其他強度值的光點的差異門檻值的大小(只要它不是非常暗或非常亮)。也就是說，如果用於區分刺激亮度變化的韋伯比例是一個等於 0.1 的恆定值，那麼對於強度爲 1000 單位的光點來說，剛好產生明顯差異的大小將爲 100 (即 $\Delta I = K \cdot I = (0.1)(1000) = 100$)。

以上 JND 的概念啓發了很實用的影像品質評估程序。例如 Eckert 和 Bradley (1998)引用了 Watson 等人(1997)之前的工作，認爲利用 JND 是確定個人能夠感知壓縮和未壓縮影像之間視覺差異點的有效方法。我們舉一例來說明。

範例 11.5 　利用 JND 的影像品質評估實驗

所有有損耗或失眞的壓縮都希望在達到最高壓縮率的同時還能讓觀看者察覺不出有損耗或失眞。所以有時需要進行是否可被察覺的實驗。實驗過程是控制重要的影像壓縮參數(例如 DCT 轉換的量化大小)，調整參數值(相當於韋伯定律實驗中調整光點強度)，產生不同壓縮程度以及對應不同影像品質的影像。實驗目的是要找到最佳的參數，使得在看不出影像有失眞的情況下盡可能獲得最高的壓縮率。由於每個人對品質好壞常有明顯的個人變異，因此通常要請足夠的參與者來進行實驗。一個常用的規範或標準是至少 50% 的參與者無法區分壓縮和未壓縮灰階影像，此時所用的參數才是可接受的。剛好到 50%的那個參數就是 JND 的門檻值。

絕對門檻值(absolute threshold)

因爲人眼對於黑暗中的細節比明亮中的細節還要更敏感，所以人眼視覺是以非線性的方式來記錄訊號。這究竟是甚麼樣的曲線呢？韋伯的弟子 Gustav Fechner 提出了費希納定律(Fechner's law)回答了此問題。事實上，人眼的感光曲線是對數曲線。費希納定律敘述主觀感受與刺激強度的對數成正比關係，亦即當人體感官所接收到的感覺以算術級數增加時，外界刺激強度需要以更大的幾何級數增加，人們才能感覺其差異。該定律能以 $s = k \ln(I/I_0)$ 表示，其中 s 爲感受度，I/I_0 爲光強度變化比值，k 爲一比例數。以下推導此一方程式。

　　假設存在一個絕對的感受函數 $s(I)$，其中 I 為刺激的光強度。從韋伯定律可知，在越強的亮度下(I 越大)，要產生一個相同的感受差異，需要對應的光強度變化 ΔI 就要越大，這代表給予相同光強度增量 dI 能引起的有效感受增量 ds 與當時的光強度 I 成反比，設此比例常數為 k，則我們可寫出以下的微分方程：

$$ds = k\frac{dI}{I} \tag{11-1-30}$$

其中 dI 為光強度的微小變化而 ds 為主觀的微小感受變化量。對(11-1-30)式積分：

$$\int ds = \int k\frac{dI}{I} \tag{11-1-31}$$

得到

$$s = k\ln(I) + C \tag{11-1-32}$$

其中 C 為積分常數。為了求 C，假設在某個絕對強度門檻值 I_0 下，能感受到的量為零。以此為條件限制，將 $s = 0$ 和 $I = I_0$ 代入到(11-1-32)式中可得

$$C = -k\ln(I_0) \tag{11-1-33}$$

將 C 代入到(11-1-32)式中可得

$$s = k\ln(I/I_0) \tag{11-1-34}$$

此即費希納定律的公式。圖 11-1-8 顯示此曲線。從(11-1-34)式和圖 11-1-8 可看出：在絕對門檻之上，主觀的感受度與刺激的光強度的改變，兩者間呈對數的關係，亦即，刺激強度如果按幾何級數增加，引起的感受度只會按算術級數增加。

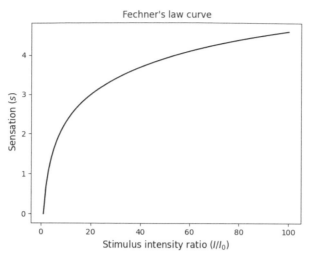

圖 11-1-8　用以表示費希納定律的相關曲線。

主觀視訊品質

　　主觀視訊品質(subjective video quality)是人類體驗的視訊品質。主要探討觀看者(viewer)[也稱為觀察者(observer)或對象(subject)]如何感知視訊並了解他們對特定視訊序列之品質的評價(opinion)。它與體驗品質領域有關。測量主觀視訊品質有其必要性，因為以客觀品質評估方法(例如 PSNR)所得結果已被證實有時與主觀評價的結果之間存在明顯落差。

　　主觀視訊品質測試是心理物理學實驗(psychophysical experiments)，其中許多觀看者對一組設定好的視訊內容變化進行評分。這些測試通常頗花費人力、時間與物力，因此必須精心設計。

　　在主觀視訊品質測試中，通常，原始視訊序列[稱為訊源(source, SRC)]用各種條件[稱為假想的參考電路(Hypothetical Reference Circuits, HRC)]處理以生成處理過的視訊序列(Processed Video Sequences, PVS)。

　　測量主觀視訊品質運用類似於音頻的平均意見得分(mean opinion score, MOS)的評估方式。為了評估視訊處理系統的主觀視訊品質，通常採取以下步驟：

步驟 1　選取原始的、未受損的視訊序列進行測試。

步驟 2　選取要被評估的系統設定(例如設定視訊壓縮系統的目標位元速率)。

步驟 3　將設定應用於 SRC，以生成測試序列。

步驟 4　選擇一種測試方法，描述如何向觀看者展示影像序列以及如何收集他們的意見。

步驟 5　邀請一組觀看者。

步驟 6 在特定環境(例如實驗室環境)中進行測試，並按特定順序向每位觀看者展示每個 PVS。

步驟 7 計算個別的 PVS、SRC 和 HRC 的評價等級結果，例如 MOS。

有許多觀看條件或參數設定都可能會影響結果，例如房間的照明、顯示器的類型、亮度、對比度、解析度、觀看距離以及觀看者的年齡和教育水平等。因此，建議將此信息與獲得的評價級別一起放進報告中。

討論完影像或視訊品質評估後，接下來的幾個章節將轉移到另一個重要的效能評估課題—辨識器的效能評估。此課題有相當多的文獻在探討，本書主要參考 Timotius (2009)以及 Timotius 和 Miaou (2010)。

11-2 一般辨識器效能評估

11-2-1 分類器性能量測

我們從僅涉及兩類的分類問題開始探討。定義兩個類別之一稱為正(Positive)類別，另一個稱為負(Negative)類別，且來自於正類別的樣本稱為正樣本，來自於負類別的樣本稱為負樣本。給定一個分類器和一個待分類樣本的**實例**(instance)，用分類器預測實例所屬的類別，共會有四個可能的結果。如果實例為正樣本，並且被分類為正類別，則將其計為**真正**或**真陽性**(true positive, TP)；如果歸類為負類別，則計為**假負**或**偽陰性**(false negative, FN)。如果實例為負樣本，並且被歸類為負類別，則將其計為**真負**或**真陰性**(true negative, TN)；如果分類為正類別，則計為**假正**或**偽陽性**(false positive, FP)。給定一個分類器和一組實例(測試集)，就可以構建一個 2 × 2 的**混淆矩陣**(confusion matrix) [相當於多變量統計學中的列聯表(contingency table)]，如表 11-2-1 所示(Fawcett [2006])，其中一個變量是真實類別的變數，另一個是預測類別的變數，且矩陣中的四個元素值是測試集中分別符合 TP、FN、TN 和 FP 的樣本數量。

表 11-2-1 2 × 2 混淆矩陣。

		真實類別	
		Positive	Negative
預測類別	Positive	True Positive (*TP*)	False Positive (*FP*)
	Negative	False Negative (*FN*)	True Negative (*TN*)

▌ 11-2-2　基本評估指標

準確性(Accuracy)

準確性定義成

$$\text{Accuracy} = \frac{TP+TN}{TP+FN+FP+TN} \tag{11-2-1}$$

這是指被正確預測的樣本數量佔所有預測樣本數量的比例，此指標衡量系統類別預測的準確性。

Kappa 值

科恩(Cohen)的 kappa 係數 κ 是評估者之間一致性的一種統計量度(Cohen [1960])。一般認為它是比準確性更可靠的度量方式，因為 κ 把瞎貓恰巧碰到死耗子(純靠運氣)的那種一致性給排除掉了(Ben-David [2006])。Kappa 值定義為

$$\kappa = \frac{\text{Accuracy} - P_C}{1 - P_C} \tag{11-2-2}$$

其中 P_C 是靠運氣得到一致性的機率：

$$P_C = \frac{1}{\text{Total}^2}[(TP+FN)\times(TP+FP)+(FP+TN)\times(FN+TN)] \tag{11-2-3}$$

其中

$$\text{Total} = TP+FN+TN+FP \tag{11-2-4}$$

(11-2-3)式可改寫成

$$P_C = \frac{TP+FN}{\text{Total}}\times\frac{TP+FP}{\text{Total}} + \frac{FP+TN}{\text{Total}}\times\frac{FN+TN}{\text{Total}} \tag{11-2-5}$$

(11-2-5)式中的四個分式分別代表真陽性、預測陽性、真陰性和預測陰性的邊際頻率(marginal frequency)，分別表示成 p_+、q_+、p_- 和 q_-。換言之，預期的碰巧一致的機會是：

$$P_C = p_+q_+ + p_-q_- \tag{11-2-6}$$

當兩類別的數據量處於平衡時，以上的指標對系統好壞的評估極有參考價值，但對於不平衡的數據集，用以上的指標容易產生誤導的結論。下一節將討論不平衡數據集下，該如何修正上述指標。因此這裡刻意加上 b 的下標代表平衡(balance)的情況，以有別於下一節不平衡的情況[用下標 i 代表不平衡(imbalance)]。對平衡數據集的 Kappa 值為

$$\kappa_b = \frac{\text{Accuracy}_b - P_{C_b}}{1 - P_{C_b}} \qquad (11\text{-}2\text{-}7)$$

其中

$$P_{C_b} = \frac{1}{\text{Total}_b^2}[(TP_b + FN_b) \times (TP_b + FP_b) + (FP_b + TN_b) \times (FN_b + TN_b)] \qquad (11\text{-}2\text{-}8)$$

其中

$$\text{Total}_b = TP_b + FN_b + TN_b + FP_b \qquad (11\text{-}2\text{-}9)$$

精準度(precision)

精準度定義成

$$\text{Precision} = \frac{TP}{TP + FP} \qquad (11\text{-}2\text{-}10)$$

這是指被系統預測為正樣本中真正屬於正類別樣本所佔的比例，此指標評量出系統判定正樣本的精準程度。

召回率(recall)

召回率定義成

$$\text{Recall} = \frac{TP}{TP + FN} \qquad (11\text{-}2\text{-}11)$$

這是指所有確實是正類別的樣本被系統預測出為正樣本所佔的比例，此指標評量出系統能把正類別樣本找出來(召回)的能力。此指標也稱為敏感度(sensitivity)。

特異性(specificity)

特異性定義成

$$\text{Specificity} = \frac{TN}{TN + FP}$$

這是指所有確實是負類別的樣本被系統預測出爲負樣本所佔的比例，此指標評量出系統能把負類別樣本檢出的能力。

F-量測(F-Measure)

F-量測是召回率和精準度的調和平均(harmonic mean)(Rennie [2004])。$x_1, x_2, ..., x_n$的調和平均 h 爲

$$\frac{1}{h} = \frac{1}{n} \sum_{i=1}^{n} \frac{1}{x_i} \tag{11-2-12}$$

當 $n = 2$ 時，

$$\frac{1}{h} = \frac{1}{2}\left(\frac{1}{x_1} + \frac{1}{x_2}\right) \tag{11-2-13}$$

或

$$h = \frac{1}{\frac{1}{2}\left(\frac{1}{x_1} + \frac{1}{x_2}\right)} \tag{11-2-14}$$

因此 F-量測定義爲

$$\text{F-measure} = \frac{1}{\frac{1}{2}\left(\frac{1}{\text{recall}} + \frac{1}{\text{precision}}\right)} = \frac{2}{\frac{\text{precision} + \text{recall}}{\text{recall} \times \text{precision}}} = \frac{2 \times \text{recall} \times \text{precision}}{\text{recall} + \text{precision}} \tag{11-2-15}$$

如果精準度和召回率不具有相同的重要性，則可以將上述公式擴展爲

$$\text{F-measure} = \frac{1}{\frac{1}{1+\beta^2}\left(\frac{1}{\text{recall}} + \beta^2 \frac{1}{\text{precision}}\right)} \tag{11-2-16}$$

其中 β 是精準度對於召回率的相對重要性(β^2 是非負數)。當 $\beta^2 > 1$ 時，代表在 F-measure 中精準度的貢獻比重高於召回率的貢獻比重；反之，當 $\beta^2 < 1$ 時，則代表召回率的貢獻比重高於精準度的貢獻比重。上式可再改寫為

$$\text{F-measure} = \frac{1+\beta^2}{\dfrac{\text{precision} + \beta^2 \text{recall}}{\text{recall} \times \text{precision}}} = \frac{(1+\beta^2) \times \text{recall} \times \text{precision}}{\beta^2 \times \text{recall} + \text{precision}} \tag{11-2-17}$$

當認為 FP 和 FN 要付出的代價或成本相同時，從(11-2-10)和(11-2-11)式的精準度與召回率的定義可看出，這間接代表認定精準度與召回率兩者的重要性一樣，因此 β 設定為 1。此時的 F-量測常被寫成 F1，代表 $\beta = 1$ 時的 F-量測。

平衡數據集的 F-量測($\beta = 1$ 時)或 F1-量測(有時稱為 **F1 分數[F1 score]**)為

$$\text{F-measure}_b = \frac{2 \times \dfrac{TP_b}{TP_b + FN_b} \times \dfrac{TP_b}{TP_b + FP_b}}{\dfrac{TP_b}{TP_b + FN_b} + \dfrac{TP_b}{TP_b + FP_b}} \tag{11-2-18}$$

其中下標 b 再次代表「平衡」，這是為了與我們之後要探討的不平衡情況做比較所刻意設定的標示。

11-2-3　接收者操作特性(Receiver operating characteristic, ROC)空間

ROC 空間是一個二維空間，其中 Y 軸顯示**真陽性率**或 **TP 率**(TP rate)，X 軸則顯示**假陽性率**或 **FP 率**(FP rate)(Provost 和 Fawcett [1997])，如圖 11-2-1 所示。TP rate (等於召回率)和 FP rate 分別由下式計算：

$$\text{TP rate} = \frac{TP}{TP + FN} \tag{11-2-19}$$

$$\text{FP rate} = \frac{FP}{TN + FP} \tag{11-2-20}$$

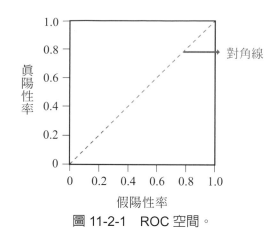

圖 11-2-1　ROC 空間。

解讀 ROC 空間中的分類器性能

　　ROC 空間中的某些點特別重要。左下角的點(0, 0)表示從不預測為正類別的策略；右上角的點(1, 1)代表總是無條件預測為正類別的相反策略；點(0, 1)代表完美分類。通常，期望在 ROC 空間中產生具有較高 TP 率和/或較低 FP 率落點的分類器。出現在 ROC 空間左側 X 軸附近落點的分類器可能被視為「保守」，因為「避免預測為正類別所犯的犯錯」(FP 率下降)，所以多數預測為負類別，因此 TP 率也會較低，這基本上是無用的分類器。產生 ROC 空間右上角附近落點的分類器可能被認為是「自由主義者」，因為分類器多數都大膽或隨興地預測為正類別，所以只要是正類別都被判定正確，因此 TP 率特高，同理負類別出現時也幾乎全部誤判，因此 FP 率也超高，這基本上也是無用的分類器。

　　對角線(TP 率= FP 率)代表隨機猜測類別的策略。例如，如果分類器一半時間隨機猜測是正類別，另一半時間猜測為負類別，則可以預期有約一半的正樣本可預測正確，另一半的負樣本則被誤判；這將在 ROC 空間中得出點(0.5, 0.5)。如果它在 70%的時間內猜測為正類別，30%猜測為負類別，則可以預期得到約有 70%的正樣本可預測正確，同時有約30%的負樣本被正確判斷(代表有約 70%的負樣本被誤判成正樣本)，因此 FP 率也將增加到 70%，因而在 ROC 空間中產生(0.7, 0.7)的落點。因此，隨機猜測分類器將根據猜測正類別的頻率在 ROC 空間的對角線上生成一個 ROC 點。

　　出現在右下三角形中的任何分類器的效果都比隨機猜測差。因此，該三角形在 ROC 空間中通常是空的(沒有落點在裡面)。如果我們刻意將一個分類器的預測結果反向(即，在每個實例上顛倒其分類決定)，則其 TP 的結果將成為 FN 的結果，而 FP 的結果將成為 TN 的結果，依此類推。可輕易證得，分類器反向的 TP rate 等於未反向者的 1-TP rate，同理分類器反向的 FP rate 等於未反向者的 1-FP rate，因此，可以將在右下三角形中產生一個點的任何分類器結果反向，而在對應的左上三角形中產生一個點，例如(0.8, 0.2)的點變成(0.2, 0.8)的點。

ROC 空間中的分類器性能測量

分類器的 ROC 曲線由 ROC 空間中的多個點形成。因此,爲了產生 ROC 曲線,分類器應藉由更改其實例集(整個測試集中的部分集合)和/或分類器的參數在 ROC 空間中產生多個不同位置的點。

有幾種可能的方法可以評估 ROC 空間中的分類器性能,例如計算從 ROC 曲線上的點到點(0, 1)的距離、ROC 凸包方法和 ROC 曲線下的面積(area under ROC curve, AUC)。

到 ROC 空間中點(0, 1)的距離

如果不同分類器中的每個分類器或是同一個分類器所伴隨的每一組參數在 ROC 空間中都產生一個點,就可用來評價不同分類器間的性能好壞,或是同一個分類器中參數選擇的好壞。於是下一步就是考慮一種方法,該方法可以根據這些空間點來評斷分類器或參數集的優劣。假設 TP 率和 FP 率具有相同的重要性,一種可能的比較方法是基於這些點到點(0, 1)的距離。越靠近(0, 1)或距離越短的點代表性能越好,具有相同距離的點則被認爲具有相同的性能。圖 11-2-2 顯示一個示範例,該例呈現出具有相同距離的點。這雖然是直覺上可行的方法,但有顯著的缺點,因爲如圖 11-2-2 所示,這種距離度量無法與隨機猜測線所反映的行爲相匹配,因爲隨機猜測線上的點應該代表相同的性能,但它們到點(0, 1)的距離卻不見得相同。

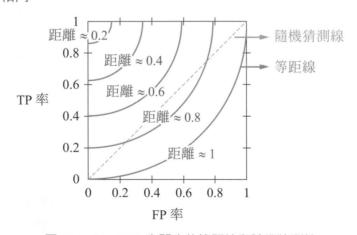

圖 11-2-2　ROC 空間中的等距線和隨機猜測線

ROC 曲線下的面積(area under ROC curve, AUC)

為了比較各種分類器的性能，我們可能希望將 ROC 曲線縮減為代表預期或平均性能的單一數值。一種常見的方法是計算 ROC 曲線下的面積(AUC)。較好的分類器可以產生較高的 AUC 值(Fawcett [2006])。Ling 等人(2003)藉由經驗和正規方法，證明 AUC 確實是一種比起準確性(accuracy)在統計上更一致且更具鑑別性的度量方式。

但是，根據兩個分類器的 AUC 值做比較可能會衍生一些問題，特別是當它們的 ROC 曲線有交點時。在計算 AUC 時，通常會將 ROC 曲線擴展到最壞的情況[點(0, 0)和/或(1, 1)]，以避免不公平的比較(Tax 和 Duin [2004])。ROC 曲線的延伸正好可能成為相交的原因。假設兩個分類器產生如圖 11-2-3(a)所示的點(黑點與白點分別代表兩個不同分類器的表現)。基於到點(0, 1)和到隨機猜測線的距離，可以看出產生黑點的分類器的效果比較好。建立並擴展 ROC 曲線後的 AUC 計算如圖 11-2-3(b)、(11-2-21)式和(11-2-22)式所示：

$$\text{AUC}_{\text{white}} = \frac{1}{2} \times (0.1 \times 0.2) + \frac{1}{2} \times [0.8 \times (0.2 + 1)] + (0.1 \times 1) = 0.590 \qquad (11\text{-}2\text{-}21)$$

$$\text{AUC}_{\text{black}} = \frac{1}{2} \times (0.4 \times 0.5) + \frac{1}{2} \times [0.1 \times (0.5 + 0.7)] + \frac{1}{2} \times [0.5 \times (0.7 + 1)] = 0.585$$
$$(11\text{-}2\text{-}22)$$

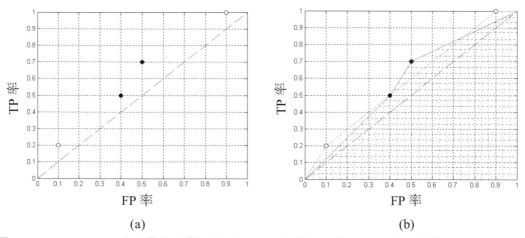

(a)   (b)

圖 11-2-3　AUC　(a)由黑點與白點分別表示的兩個分類器性能；(b)依所給點的 AUC 計算。

以上的面積計算顯示，AUC 值對產生黑點的分類器較為不利，與前面的分析結果產生矛盾。所以結論是：ROC 曲線的交點確實可能導致錯誤的判斷。

準確度的幾何平均(G-均值)

準確度的幾何平均(g-均值)定義成(Kubat 和 Matwin [1997])：

$$g = \sqrt{\text{Sensitivity} \times \text{Specificity}} \qquad (11\text{-}2\text{-}23)$$

其中靈敏度(sensitivity)定義為正實例的準確度(等於 TP 率和召回率)，而特異性(specificity)定義為負實例的準確度(等於 TN 率)：

$$\text{Sensitivity} = \text{TP rate} = \frac{TP}{TP + FN} \qquad (11\text{-}2\text{-}24)$$

$$\text{Specificity} = \text{TN rate} = 1 - \text{FP rate} = \frac{TN}{TN + FP} \qquad (11\text{-}2\text{-}25)$$

由於 g-均值基於 TP 率和 FP 率，因此 g-均值不受平衡/不平衡測試數據集的影響。G-均值相同的點被認為具有相同的性能。在圖 11-2-4 中給出了顯示具有相同 g-均值的點的示範例。但是，類似於 ROC 空間中的距離度量，g-均值也無法與隨機猜測線所反映的行為相匹配。

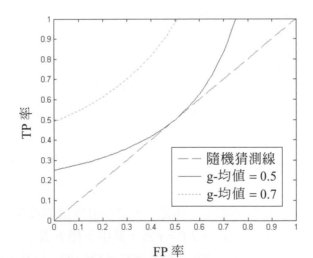

圖 11-2-4　ROC 空間中相同的 g-均值(g-means)曲線。

11-3 不平衡測試集的分類器性能度量

每當數據集中一個類別中的樣本數量明顯大於另一類別中的樣本數時，就會出現不平衡的類別分佈(imbalanced class distribution)的問題(Yen 等人[2006])。在不平衡的數據集中，主要類別在所有樣本中所佔的比例較高，而次要類別在所有樣本中所佔的比例較小。

分類器性能度量對於分類演算法的開發和分析至關重要。分類器性能通常以其分類準確度(或錯誤率，即 1 減去準確度)來衡量。使用分類準確度作爲評估指標的一個默認假設是樣本之間的類別分佈相對平衡。在現實世界中可能並非如此。隨著類別分佈的偏斜，基於分類準確度的評估會變得不適用(Provost 和 Fawcett [1997])。考慮一個數據集，其中兩個類別中的樣本數量爲 99：1，則始終歸類爲多數類的簡單規則將總是可提供 99%的準確性。

除了準確性外，Kappa 值(Cohen [1960]) (Ben-David [2006])和 **F**-測量(F-Measure)(Tan 等人[2007])(Sun 等人[2006])是評估分類器性能的另外兩種可能的方法。對於具有不平衡數據集的情況，也有學者提出幾種衡量分類器性能的方法。Provost 和 Fawcett (1997)介紹了 ROC 凸包(convex hull)方法，該方法結合了來自於 ROC 分析、決策分析和計算幾何學中的技術。Kubat 和 Matwin (1997)提出分別在正樣本和負樣本上觀察到之準確度的幾何平均值(g-均值)。Ling 等人(2003)證明，ROC 曲線下的面積(AUC)是比準確度更好的度量方式。Hong 等人(2007)採用留一交互驗證(leave-one-out cross validation)和 AUC 的組合作爲不平衡數據集模型評估的基本方法。

本節將回顧一些現有方法並介紹一種新方法來評估不平衡測試數據集時分類器的性能。新方法稱爲算術平均數(arithmetic mean)或簡稱爲 **a**-均值(a-means)(Timotius 和 Miaou [2010])。它定義爲分別在正樣本和負樣本上觀察到之準確度的平均值。這種新方法既可以用於平衡的數據集，也可以用於不平衡的數據集，能夠完美地反映隨機猜測行爲，還可以輕鬆用於對成本敏感的分類和多類別分類的應用中。

同時考慮在平衡和不平衡數據集的情況下，分類器性能的度量問題。在平衡數據集中，$TP = TP_b$，$FN = FN_b$，$TN = TN_b$ 且 $FP = FP_b$，其中下標 b 表示平衡情況。透過在負類別中添加更多樣本，使得 $TP = TP_i = TP_b$，$FN = FN_i = FN_b$，$TN = TN_i = k \cdot TN_b$ 以及 $FP = FP_i = k \cdot FP_b$，可從平衡數據集中創建出不平衡數據集，其中下標 i 表示不平衡情況，k 是大於 1 的實數。當然，讓正樣本數量明顯大於負樣本數量也可以達到不平衡的目的。一個良好的分類器性能的度量應該要能夠爲平衡和不平衡數據集提供相同的測量結果。

▌ 11-3-1　準確性

平衡與不平衡數據集的準確性分別表爲

$$\text{Accuracy}_b = \frac{TP_b + TN_b}{TP_b + FN_b + FP_b + TN_b} \tag{11-3-1}$$

和

$$\text{Accuracy}_i = \frac{TP_i + TN_i}{TP_i + FN_i + FP_i + TN_i} = \frac{TP_b + k \cdot TN_b}{TP_b + FN_b + k \cdot FP_b + k \cdot TN_b} \tag{11-3-2}$$

從(11-3-1)和式(11-3-2)式可得一結論：平衡和不平衡數據集的準確性通常不相等。因此，如果涉及不平衡數據集，不建議在測量分類器性能時使用準確性，因爲可能會有誤導之虞。

▌ 11-3-2　不平衡數據集的 Kappa 值

對不平衡數據集的 Kappa 值爲

$$\kappa_i = \frac{\text{Accuracy}_i - P_{C_i}}{1 - P_{C_i}} \tag{11-3-3}$$

其中

$$\begin{aligned} P_{C_i} &= \frac{1}{\text{Total}_i^2}[(TP_i + FN_i) \times (TP_i + FP_i) + (FP_i + TN_i) \times (FN_i + TN_i)] \\ &= \frac{1}{\text{Total}_i^2}[(TP_b + FN_b) \times (TP_b + k \cdot FP_b) + (k \cdot FP_b + k \cdot TN_b) \times (FN_b + k \cdot TN_b)] \end{aligned} \tag{11-3-4}$$

其中

$$\text{Total}_i = TP_i + FN_i + TN_i + FP_i = TP_b + FN_b + k \cdot TN_b + k \cdot FP_b \tag{11-3-5}$$

比較(11-3-3)到(11-3-5)式和(11-2-7)到(11-2-9)式可得結論：平衡和不平衡數據集的 Kappa 值通常不相等。因此，如果涉及不平衡數據集，不建議將 Kappa 值用於測量分類器的性能，以免有誤導之虞。

11-3-3 不平衡數據集的 F-量測

不平衡數據集的 F-量測($\beta = 1$)為

$$\text{F-measure}_i = \frac{2 \times \dfrac{TP_i}{TP_i + FN_i} \times \dfrac{TP_i}{TP_i + FP_i}}{\dfrac{TP_i}{TP_i + FN_i} + \dfrac{TP_i}{TP_i + FP_i}} = \frac{2 \times \dfrac{TP_b}{TP_b + FN_b} \times \dfrac{TP_b}{TP_b + k \cdot FP_b}}{\dfrac{TP_b}{TP_b + FN_b} + \dfrac{TP_b}{TP_b + k \cdot FP_b}} \quad (11\text{-}3\text{-}6)$$

從(11-2-18)和(11-3-6)式可得結論：平衡和不平衡數據集的 F-量測值通常不相等。因此，如果涉及不平衡數據集，不建議將 F-量測值用於測量分類器的性能，以免有誤導之虞。

11-3-4 不平衡數據集的接收者操作特性空間

ROC 凸包方法

圖 11-3-1 顯示了 A、B、C 和 D 四個分類器以及 ROC 凸包(convex hull, CH)的性能圖。在 Provost 和 Fawcett (1997)中解釋產生此 CH 的演算法。如果沒有一個點在 CH 上，則分類器不會是最佳的。因此，B 和 D 並不是最佳的，因為它們的 ROC 曲線上沒有一個點位於 CH 上。選擇分類器 A 或 C 的決定取決於樣本分佈和誤差成本(誤判所要付出的代價)。在負樣本比正樣本大 10 倍的情況下，如果 FP 和 FN 要付出的代價相同，則選擇分類器 A，因為 FP 率較低，不容易把佔大多數的負樣本誤判成正樣本。但是，如果 FN 付出的代價是 FP 的 100 倍，則選擇分類器 C，因為 TP 率較高，使得 FN 的可能性較低。

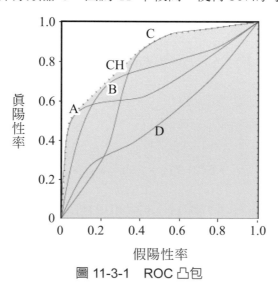

圖 11-3-1　ROC 凸包

基於 ROC 測量的進一步討論

平衡和不平衡數據集的 TP 率和 FP 率分別為

$$\text{TP rate}_b = \frac{TP_b}{TP_b + FN_b} \tag{11-3-7}$$

$$\text{FP rate}_b = \frac{FP_b}{TN_b + FP_b} \tag{11-3-8}$$

$$\text{TP rate}_i = \frac{TP_i}{TP_i + FN_i} = \frac{TP_b}{TP_b + FN_b} = \text{TP rate}_b \tag{11-3-9}$$

$$\text{FP rate}_i = \frac{FP_i}{TN_i + FP_i} = \frac{k \cdot FP_b}{k \cdot TN_b + k \cdot FP_b} = \text{FP rate}_b \tag{11-3-10}$$

(11-3-9)式顯示平衡和不平衡數據集的 TP 率相等，(11-3-10)式則顯示 FP 率也有相同的情況，所以當涉及不平衡數據集時，基於 TP 率和 FP 率的分類器性能測量是可用的，當然這就包括 ROC。

儘管在 11-2-3 節和上一段中提到 ROC 不錯的特性和優點，但基於 ROC 的測量仍有一些局限性。在多類別問題中，雖然在技術上可以兩兩拆分來實現，但用起來可能還是很麻煩又不切實際。此外，根據兩個分類器的 ROC 曲線來比較它們的性能也並非易事，因為它們往往是相交的(Ben-David [2006])。

準確度的幾何平均(G-均值)

如(11-2-23)式所示，g-均值基於 TP 率和 FP 率，因此 g-均值不受平衡/不平衡測試數據集的影響。但是，如先前所述，類似於 ROC 空間中的距離度量，g-均值也無法與隨機猜測線所反映的行為相匹配。

交互驗證(Cross Validation)

理想情況下，如果數據數量足夠，則可以預留一個驗證集並將其用於評估分類器的性能。由於數據通常不足而難以達到此理想情況，所以為了解決這個問題，*k* 折交互驗證 (*k*-fold cross-validation)使用部分可用數據來訓練分類器，並使用另一部分進行測試(Hastie 等人[2001])，使得每一個樣本都可充當訓練與驗證的腳色，等同於擴增了一倍的數據量，這技巧在可用數據量不多時特別有用。

在 k 折交互驗證[有時也稱爲輪流估測(rotation estimation)]中(Kohavi [1995])，數據集被隨機分爲大約相等大小的 k 個互斥子集(折疊)。每次以($k-1$)折訓練，並以 1 折進行測試。每一輪分類器都要進行 k 次訓練和測試，最後取 k 次測試結果的平均來當作對整個數據的測試結果。k 通常選 5 或 10 (Hastie 等人[2001])。如果 k 等於數據的樣本總數，則交互驗證稱爲「留一法」(leave-one-out)交互驗證。

11-4 新分類器性能測量方法：A-means

11-4-1 概念

這裡介紹一種新的分類器性能測量方法。此方法基於稱爲算術平均或簡稱 a-均值的度量，其計算公式推論如下。考慮一條在 ROC 空間中具有正斜率 m 的線。如果認爲負類別(以 TN 率或 FP 率表示)比正類別(以 TP 率或 FN 率表示)重要 m 倍，則位於這條線上的所有點都具有相同的性能。在 TP 率和 FP 率同等重要(即 $m=1$)的特殊情況下，該等效性能線可以如圖 11-4-1 所示，其中每條線都可以用(11-4-1)式表示：

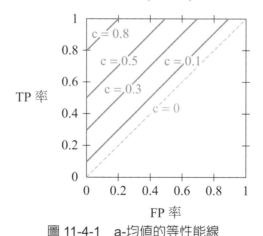

圖 11-4-1   a-均值的等性能線

$$\text{TP rate} = m \cdot \text{FP rate} + c \tag{11-4-1}$$

其中 c 是一個常數且 $-m \le c \le 1$(當成習題證明)。常數 c 以另一個常數 $a_{weighted}$ 表示如下。由於類別重要性以 m 加權，因此置入下標「$weighted$」。

$$a_{weighted} = \frac{c+m}{1+m}, 0 \le a_{weighted} \le 1 \tag{11-4-2}$$

且(11-4-1)式變成

$$\text{TP rate} = m \cdot \text{FP rate} + a_{weighted} \cdot (m+1) - m \qquad (11\text{-}4\text{-}3)$$

從(11-4-3)式得到

$$
\begin{aligned}
a_{weighted} &= \frac{1}{m+1}(\text{TP rate} - m \cdot \text{FP rate} + m) \\
&= \frac{1}{m+1}(\text{TP rate} - m \cdot (1 - \text{TN rate}) + m) \qquad (11\text{-}4\text{-}4) \\
&= \frac{1}{m+1}(\text{TP rate} + m \cdot \text{TN rate})
\end{aligned}
$$

常數 $a_{weighted}$ 稱為準確度的加權平均,因為它對正實例和負實例的準確性給予不同的權重。

11-4-2 性質

加權因子 m 的特例

情況 1:當 $m = 1$ 時, 算術平均(a-means)定義成

$$a = \frac{1}{2}(\text{TP rate} + \text{TN rate}) , 0 \le a \le 1 \qquad (11\text{-}4\text{-}5)$$

由於 a-均值基於 TP 率和 FP 率(等於 1–TN 率),因此 a-均值不受平衡/不平衡測試數據集的影響。換句話說,當 TP 率和 FP 率同等重要時, a_b (平衡)$= \frac{1}{2}(\text{TP rate}_b + \text{TN rate}_b)$ $= \frac{1}{2}(\text{TP rate}_i + \text{TN rate}_i) = a_i$ (不平衡)。注意到隨機猜測線是 $a_{weighted}$ 公式化中當 $c = 0$ 和 $m = 1$ 的特例。在這種情況下,按(11-4-2)式,隨機猜測線上的所有點都對應到相同的 a-均值 ($a = \frac{1}{2}$)。

情況 2:當 $m = 0$ 時,分類器性能的度量僅取決於 TP 率:

$$a_{weighted} = \frac{1}{0+1}(\text{TP rate} + 0 \cdot \text{TN rate}) = \text{TP rate} \qquad (11\text{-}4\text{-}6)$$

情況 3:當 $m \to \infty$ 時,分類器性能的度量僅取決於 TN 率:

$$a_{weighted} = \lim_{m \to \infty} \frac{1}{m+1}(\text{TP rate} + m \cdot \text{TN rate}) = \text{TN rate} \qquad (11\text{-}4\text{-}7)$$

情況 4：當 $m = \dfrac{TN + FP}{TP + FN}$ 時，亦即 m 是負類別數據量與正類別數據量之間的比值，加權的 a-均值就成為眾所周知的準確度：

$$
\begin{aligned}
a_{weighted} &= \frac{1}{1 + \dfrac{TN + FP}{TP + FN}}\left(\frac{TP}{TP + FN} + \frac{\cancel{TN + FP}}{TP + FN} \times \frac{TN}{\cancel{TN + FP}} \right) \\
&= \frac{\cancel{TP + FN}}{TP + FN + TN + FP}\left(\frac{TP}{\cancel{TP + FN}} + \frac{TN}{\cancel{TP + FN}} \right) \\
&= \frac{TP + TN}{TP + FN + TN + FP} \\
&= \text{accuracy}
\end{aligned}
\tag{11-4-8}
$$

平衡測試集的 A-均值

對於平衡測試集，$TP + FN = FP + TN = \frac{1}{2}(TP + FN + FP + TN)$，則 a-均值再度簡化變成準確度如下：

$$
a = \frac{1}{2}\left(\frac{TP}{TP + FN} + \frac{TN}{FP + TN} \right) = \frac{1}{2} \cdot \frac{TP + TN}{TP + FN} = \frac{TP + TN}{TP + FN + FP + TN} = \text{accuracy}
\tag{11-4-9}
$$

一個點的 AUC

ROC 空間中一個點的 AUC 表示在圖 11-4-2 中。A-均值等效於 ROC 空間中一個點的 AUC。此性質驗證如下：

$$
\begin{aligned}
\text{AUC (one point)} &= \frac{1}{2}\left\{ (\text{TP rate} \times \text{FP rate}) + (\text{TP rate} + 1)(1 - \text{FP rate}) \right\} \\
&= \frac{1}{2}\left\{ (\text{TP rate} \times \text{FP rate}) + \text{TP rate} - (\text{TP rate} \times \text{FP rate}) + 1 - \text{FP rate} \right\} \\
&= \frac{1}{2}\left(\text{TP rate} + 1 - \text{FP rate} \right) \\
&= \frac{1}{2}\left(\text{TP rate} + \text{TN rate} \right) \\
&= a
\end{aligned}
\tag{11-4-10}
$$

其中的面積是拆成一個三角形和一個梯形來計算的。

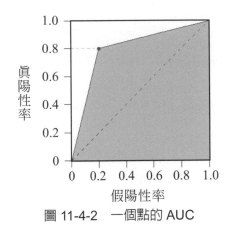

圖 11-4-2 一個點的 AUC

幾個點的 AUC

內部有兩個點的 ROC 空間的一個示範例如圖 11-4-3 所示。這兩個點的中點位於 $\left[\frac{1}{2}(\text{FPrate}_1 + \text{FPrate}_2), \frac{1}{2}(\text{TPrate}_1 + \text{TPrate}_2)\right]$，其中兩個點分別位於 $(\text{FPrate}_1, \text{TPrate}_1)$ 和 $(\text{FPrate}_2, \text{TPrate}_2)$。該中點的 AUC 由(11-4-11)式給出，它等於這兩點的 a-均值的平均值。該性質可以證明如下。根據(11-4-10)式和圖 11-4-3，我們有：

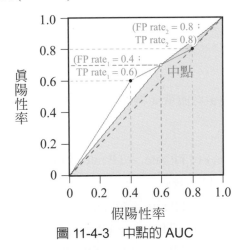

圖 11-4-3 中點的 AUC

AUC (midpoint)

$$= \frac{1}{2} \left\{ \begin{array}{l} \left[\frac{1}{2}(\mathrm{TPrate}_1 + \mathrm{TPrate}_2) \times \frac{1}{2}(\mathrm{FPrate}_1 + \mathrm{FPrate}_2) \right] \\ + \left[\frac{1}{2}(\mathrm{TPrate}_1 + \mathrm{TPrate}_2) + 1 \right] \left[1 - \frac{1}{2}(\mathrm{FPrate}_1 + \mathrm{FPrate}_2) \right] \end{array} \right\}$$

$$= \frac{1}{2} \left\{ \begin{array}{l} \left[\frac{1}{2}(\mathrm{TPrate}_1 + \mathrm{TPrate}_2) \times \frac{1}{2}(\mathrm{FPrate}_1 + \mathrm{FPrate}_2) \right] + \frac{1}{2}(\mathrm{TPrate}_1 + \mathrm{TPrate}_2) - \\ \left[\frac{1}{2}(\mathrm{TPrate}_1 + \mathrm{TPrate}_2) \times \frac{1}{2}(\mathrm{FPrate}_1 + \mathrm{FPrate}_2) \right] + 1 - \frac{1}{2}(\mathrm{FPrate}_1 + \mathrm{FPrate}_2) \end{array} \right\}$$

$$= \frac{1}{2} \left[\frac{1}{2}(\mathrm{TPrate}_1 + \mathrm{TPrate}_2) + 1 - \frac{1}{2}(\mathrm{FPrate}_1 + \mathrm{FPrate}_2) \right]$$

$$= \frac{1}{2} \left(\frac{1}{2}\mathrm{TPrate}_1 + \frac{1}{2}\mathrm{TPrate}_2 + \frac{1}{2} - \frac{1}{2}\mathrm{FPrate}_1 + \frac{1}{2} - \frac{1}{2}\mathrm{FPrate}_2 \right)$$

$$= \frac{1}{2} \left(\frac{1}{2}\mathrm{TPrate}_1 + \frac{1}{2}\mathrm{TPrate}_2 + \frac{1}{2}\mathrm{TNrate}_1 + \frac{1}{2}\mathrm{TNrate}_2 \right)$$

$$= \frac{1}{2} \left(\frac{1}{2}\mathrm{TPrate}_1 + \frac{1}{2}\mathrm{TNrate}_1 + \frac{1}{2}\mathrm{TPrate}_2 + \frac{1}{2}\mathrm{TNrate}_2 \right)$$

$$= \frac{1}{2}(a_1 + a_2)$$

$$(11\text{-}4\text{-}11)$$

不過，給定點的 AUC 與 a-均值或 a-均值的平均值不同，這可證明如下：

AUC (two points)

$$= \frac{1}{2} \left[\begin{array}{l} (\mathrm{TP\ rate}_1 \times \mathrm{FP\ rate}_1) + (\mathrm{TP\ rate}_1 + \mathrm{TP\ rate}_2)(\mathrm{FP\ rate}_2 - \mathrm{FP\ rate}_1) \\ + (\mathrm{TP\ rate}_2 + 1)(1 - \mathrm{FP\ rate}_2) \end{array} \right]$$

$$= \frac{1}{2} \left[\begin{array}{l} (\mathrm{TP\ rate}_1 \times \mathrm{FP\ rate}_1) + (\mathrm{TP\ rate}_1 \times \mathrm{FP\ rate}_2) - (\mathrm{TP\ rate}_1 \times \mathrm{FP\ rate}_1) \\ + (\mathrm{TP\ rate}_2 \times \mathrm{FP\ rate}_2) - (\mathrm{TP\ rate}_2 \times \mathrm{FP\ rate}_1) \\ + \mathrm{TP\ rate}_2 - (\mathrm{TP\ rate}_2 \times \mathrm{FP\ rate}_2) + 1 - \mathrm{FP\ rate}_2 \end{array} \right]$$

$$= \frac{1}{2} \left[(\mathrm{TP\ rate}_1 \times \mathrm{FP\ rate}_2) - (\mathrm{TP\ rate}_2 \times \mathrm{FP\ rate}_1) + \mathrm{TP\ rate}_2 + 1 - \mathrm{FP\ rate}_2 \right]$$

$$\neq a$$

$$\neq \frac{1}{2}(a_1 + a_2)$$

$$(11\text{-}4\text{-}12)$$

▌ 11-4-3 以 A-mean 評估多類別分類的性能表現

對於多類別分類，混淆矩陣如圖 11-4-4 所示，加權的 a-均值由下式表示：

$$a_{weighted} = \frac{1}{m_1 + m_2 + ... + m_{N_C}}(m_1 \times T_1 \text{ rate} + m_2 \times T_2 \text{ rate} + ... + m_{N_C} \times T_{N_C} \text{ rate})$$

$$= \frac{1}{\sum\limits_{j=1}^{N_C} m_j} \sum_{j=1}^{N_C} m_j \times T_j \text{ rate}$$

$$(11\text{-}4\text{-}13)$$

其中

$$T_j \text{ rate} = \frac{T_j}{T_j + \sum\limits_{i=1, i \neq j}^{N_C} F_{ij}}$$

$$(11\text{-}4\text{-}14)$$

且 N_C 為類別數。

		真實類別			
		1	2	$\cdots$	N_C
預測類別	1	T_1	F_{12}	$\cdots$	F_{1N_C}
	2	F_{21}	T_2	$\cdots$	F_{2N_C}
	$\vdots$	$\vdots$	$\vdots$	$\ddots$	$\vdots$
	N_C	$F_{N_C 1}$	$F_{N_C 2}$	$\cdots$	T_{N_C}

圖 11-4-4 多類別分類的混淆矩陣

▌ 11-4-4 數值範例

假設我們有一個分類器，它將大於或等於 5 的實例映射為正類別，其餘的映射為負類別。這裡考慮兩種測試數據集。第一個是平衡測試集：正測試數據集為 {8, 6, 7, 5, 9}，負測試數據集為 {1, 2, 5, 4, 6}。使用此平衡測試集，TP 為 5，FN 為 0，TN 為 3，FP 為 2。第二個為不平衡測試集：包含 5 個數據 {8, 6, 7, 5, 9} 的正測試數據集以及包含 10 個數據 {1, 1, 2, 2, 5, 5, 4, 4, 6, 6} 的負測試數據集。使用此不平衡測試集，TP 為 5，FN 為 0，TN 為 6，FP 為 4。理想的分類器性能度量值對於兩個測試數據集應具有相同的數值。分類器性能測量的結果如表 11-4-1 所示。如表中所示，基於 TP 率和 FP 率的性能測量對於兩個測試數據集產生相同的數量，因此將在下一個示範例中對其進行進一步測試。

表 11-4-1 平衡和不平衡測試數據集的分類器性能度量

	平衡	不平衡
準確度(Accuracy)	80%	73.33%
Kappa 值(Kappa Value)	0.6	0.5
F-量測(F-Measure)	83.33%	71.43%
TP 率(TP rate)	100%	100%
FP 率(FP rate)	40%	40%
ROC 空間中的距離(Distance in ROC Space)	0.4	0.4
G-均值(G-Means)	77.5%	77.5%
A-均值(A-Means)	80%	80%

TP 率等於 FP 率的點代表執行隨機猜測類別的策略。例如，如果分類器一半時間隨機猜測正類別，則可以期望得到一半的 TP 和一半的 FP；這在 ROC 空間中得出(0.5, 0.5)的點。如果它在 70%的時間內預測為正類別，則可以預期得到約 70%的 TP 率，但其 FP 率也將增加到 70%，因而在 ROC 空間中得到(0.7, 0.7)的點。這兩個點對應到相同的分類性能。良好的分類器性能度量應為這兩個點產生相同的數值。表 11-4-2 顯示了性能測量得出的數值。如表中所示，兩個點只有 a-means 的數值相同。

表 11-4-2 對應於 ROC 空間中一些隨機猜測點的分類器性能測量

隨機猜測點	(0.5, 0.5)	(0.7, 0.7)
ROC 空間中的距離(Distance in ROC Space)	0.7071	0.7616
G-均值(G-Means)	50%	45.83%
A-均值(A-Means)	50%	50%

有一些方法可用於評估分類器的性能。但是，通常它們受數據集分佈不平衡和/或與隨機猜測線反映的行為不匹配的影響。相反，正類別和負類別準確度的算術平均(a-means)通常可以用於平衡和不平衡數據集，可以完美地反映隨機猜測的行為，並且可以輕鬆地用於成本敏感的分類(採用權重因子)和多類別分類。

11-5　其他系統評估準則

　　影像處理系統的研究論文常常必須要比較各系統的優劣，這就涉及所謂的基準測試 (benchmarking)。此種測試比較不同影像處理演算法或平台在執行時間、記憶體使用、能 耗(energy consumption)、可擴展性(scalability)、穩健性(robustness)等方面的效能。此種測 試可協助為特定影像處理任務或應用選擇最佳演算法或平台。可用於影像處理的一些平台 包括 CPU、GPU、Raspberry Pi 和 FPGA。每個平台都有自己的優點和缺點，這取決於演 算法的複雜性和平行性。對於影像系統的設計與選擇，除了影像品質與辨識效能的考量 外，在許多的實務系統中，還有許多其他因素也必須要考慮。

■ 11-5-1　即時性(處理速度)需求

　　先前我們對影像系統的評估放在影像處理後品質的衡量以及影像辨識系統的主要辨 識效能，包括辨識準確性等指標。在實務操作上，影像處理系統執行特定應用的速度也是 重要考量。有些系統除了要極高的影像品質或很高的辨識準確性外，還要求必須在一定時 間內執行完所需處理並得到所要的結果，所以處理速度也是影像系統很重要的評估考量之 一。

　　對於影像處理系統的處理速度，我們常用每秒可以處理的畫面數為衡量指標，單位是 frame/s (frames per second, FPS)。FPS 數值的倒數代表平均每個影像畫面的處理時間，通 常以毫秒(ms)或微秒(μs)為單位。FPS 數值越大或其倒數越小代表速度越快。如果輸入到 影像系統的 FPS 速度是 v_i，而系統處理此輸入得到輸出的速度是 v_o，若 $v_o \geq v_i$，則我們說 系統是實時的(real-time)。但實時這個術語有時沒有這麼明確或嚴格的定義，有時只是讓 系統使用者感覺不到任時間延遲就算是實時了。

　　一般而言，處理速度的需求是一個非常應用導向的問題。有些應用很在意一定要能夠 實時處理，有些則不在乎。處理速度除了與影像處理本身的演算法有關外，執行影像處理 所用的軟硬體也扮演非常重要的腳色。因此要公平比較兩個影像處理方法的執行速度一定 要在相同或至少等同的軟硬體條件下，所以要標示影像處理方法的速度時，除了給出 FPS 數值外，應該也要伴隨得出該結果時所用的主要軟硬體設備的規格。硬體設備主要是與處 理速度較相關的部分，例如處理核心(CPU 和 GPU 等)和記憶體容量等。軟體則是所用平 台、程式語言、版本等。

▌ 11-5-2　其他因素

影像系統評估除了影像品質和系統處理速度之外，在某些應用中還有其他因素要考慮。以下列舉幾個可能的因素。

可靠度

電子系統的可靠度(Reliability)定義成系統在規定的條件下和規定的時間內，完成規定功能的能力，通常以機率度量。這裡指的就是影像處理系統穩定又成功的完成預設的應用功能可以持續多久而不會有「故障」或「當機」的情形發生。這個持續穩定的使用時間量測就是所謂的「壽命」，以「壽命單位」度量(例如小時、日、月、年等)。在規定的條件下和在規定的時間內，系統故障的總數與壽命單位總數之值比稱為「故障率」，這是可靠度的基本參數，其倒數稱為平均故障間隔時間(Mean Time Between Failures, MTBF)。故障率越低或 MTBF 越長的系統被認為可靠度越高，因此在其他條件都相當的情況下，應該選取可靠性高的系統。

耗電

主要是在以電池為主要電源供應的情況中，或是在大量佈署多套系統的節能考慮。例如膠囊內視鏡系統中膠囊上的影像處理系統是以體積非常小且電力非常受限的電池來供電，耗電小的影像處理系統自然是比較理想的。又例如在物聯網(Internet of Thing, IoT)或人工智慧物聯網(Artificial Intelligence of Thing, AIoT)的邊緣運算(edge computing)中，有時需要佈建大量由影像感測器與簡易影像處理機制組合的影像處理模組，將原本以像素傳輸為主的通訊需求降低成以影像特徵或最終處理結果(簡易訊息)為主的傳輸需求，以降低網路傳輸壓力與中央處理系統的負擔。從節能觀點來看這種分散式運算的影像處理系統，自然應該選擇耗電小的系統。

價格

這個無須多說，在其他條件都相當的情況下，造價低的系統自然是首選。

面積與/或體積

某些應用場域有空間限制，所以在系統評估時必須考量這個因素。

最終一個影像系統的選擇常需考慮多個因素，但各因素的重要性常隨著應用的不同而有差異。對一個特定的應用而言，可能有些因素極其重要，有些因素則幾乎可以完全不考慮。使用者務必徹底了解各因素的作用，最後考量最符合自己應用的因素。

總結設計和選擇成像或影像處理系統需要考慮的因素可包括：

1. 系統的目的和應用：不同的系統可能有不同的目標，例如檢查、測量、識別、分類等。系統設計應根據應用領域的特定要求和約束量身打造。

2. 成本和效能的權衡：系統設計應考量系統組件(例如相機、鏡頭、照明、PC 硬體和軟體)的成本和效能之間的權衡取捨。系統應在預算和時間限制內實現所需的功能和品質。

3. 環境和運作條件：系統設計應考慮可能影響系統性能的環境和運作條件，如環境光、溫度、濕度、振動、雜訊、電源、安全性、可靠性等。系統應該是強韌的並且能夠適應不斷變化的條件。

4. 道德和法律影響：系統設計應考慮系統使用的道德和法律影響，例如隱私、安全、取得同意、問責、責任、監管等。系統應符合遵守相關法律和標準，並尊重利害關係人的權益。

11-5-3 更高層次的考量因素

上一小節提到道德和法律層次的思維顯然已超越工程技術的層次。這讓我們進一步想到還有更高的思維層次，那就是近年來聯合國大力倡議的**永續發展目標**(sustainable development goals)，讓我們從全人類福祉的層次思考所有系統的設計和選擇。我們在開授影像處理相關課程時也應該思考課程內容如何與該目標連結，然後讓學生了解學習此領域對人類社會可以有何種積極正面的貢獻，這是很有意義的教育目的，也和本書第一章提到的影像處理應用相呼應。因此，我們以此議題的討論作為本書的結尾。

影像處理系統的設計和實施可以透過多種方式與聯合國揭示的永續發展目標連結起來。永續發展涉及應對社會、經濟和環境挑戰，以確保當代和子孫後代享有更好的生活品質。以下是影像處理系統設計可以促進永續發展的一些方式：

1. **精準農業**(Precision Agriculture)促進糧食安全：
   影像處理可用於精準農業，分析衛星或無人機影像，以實現作物健康監測、疾病檢測和優化資源利用。這有助於提高農業生產力、減少環境影響並增強糧食安全。

2. **環境監測與保護**：
   影像處理系統可以分析衛星和無人機影像，以監測森林砍伐、追蹤生物多樣性並評估氣候變遷的影響。這些資訊對於有效的環境保護和永續資源管理至關重要。

3. 醫療保健和遠距診斷：

   使用影像處理技術的遠距醫療和遠距診斷可以改善醫療保健的可近性，特別是在偏遠或服務量能不足的地區。這有助於實現聯合國確保所有人健康生活和促進福祉的目標。

4. 災難應變與管理：

   影像處理有助於在自然災害期間和之後快速分析衛星和空拍影像。這有助於災難應變、損害評估和有韌性基礎設施(resilient infrastructure)的規劃，與氣候行動(climate action)和有韌性社區(resilient communities)相關的目標保持一致。

5. 水資源管理：

   影像處理技術可應用於衛星影像，以監測各種天然或人工的水域、評估水質並有效管理水資源。這支持與乾淨水和衛生設施相關的永續發展目標。

6. 智慧城市與能源效率：

   影像處理可以整合到智慧城市計劃中，以實現交通管理、廢棄物管理和能源效率。智慧城市解決方案有助於永續城市發展以及創造包容、安全和有韌性城市(resilient cities)的目標。

7. 教育與技能發展：

   影像處理技術可以整合到教育工具和平台中，促進電腦視覺和機器學習等領域的技能發展。這符合聯合國確保包容和公平的優質教育的目標。

8. 文化遺產保護：

   影像處理可用於文化遺產地的記錄和保護。這支持與永續旅遊業、文化多樣性和文化遺產保護相關的目標。

透過在這些領域應用影像處理技術，有可能為永續發展、促進經濟成長、社會包容性和環境保護做出重大貢獻。對於設計師和開發人員來說，考慮其影像處理系統的道德影響、包容性和長期環境影響非常重要，以確保與永續發展目標保持一致。

習題

1. 假設你有兩張影像：原始影像和通過某種壓縮算法得到的壓縮影像。您想要使用三種不同的指標評估壓縮影像的品質：尖峰訊雜比(PSNR)、結構相似性指數(SSIM)和平均意見得分(MOS)。

   (a) 計算原始影像和壓縮影像之間的 PSNR。假設最大像素值為 255。

   (b) 計算原始影像和壓縮影像之間的 SSIM。

   (c) 對一組觀察者進行主觀測試以獲得壓縮影像的 MOS。假設觀察員使用從 1 到 5 的評分量表，其中 1 表示最差的品質，5 表示最佳的品質。假設你獲得了 4.1 的 MOS。

   (d) 討論在本組問題中使用各個指標評估影像品質的優缺點。

   注意：你可以使用任何適當的軟體或程式語言來執行第(a)和(b)部分中的計算，例如 MATLAB、Python 或 R。你還可以假設影像採用通用格式，例如 JPEG 或 PNG。

2. 假設 A 代表一個含有某物件的最小圖框(ground truth)，有一個物件偵測方法在訓練過程的兩次比對中分別認定該物件範圍是由 B_1 和 B_2 所涵蓋。以 IOU 和 Die 係數評估哪一次的偵測是較精準的。

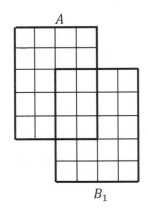

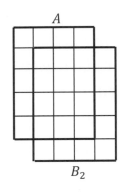

3. 將 A 組的點改成 {(0, 0), (1, 1), (2, 0)}，重做範例 11.4。

4. 假設你有一個背景亮度(luminance)為 100 cd/m² 的影像和一個亮度可控制的前景物體。逐漸調整前景物體的亮度，當到達 105 cd/m² 時，你開始感受到此前景物。(a)求韋伯比例常數；(b)若背景亮度變成 200 cd/m² 時，前景物體的亮度要達到多少才能被你感受到？

5. 根據費希納定律，證明刺激強度如果按幾何級數增加，引起的感受度只會按算術級數增加。

6. 假設我們有以下混淆矩陣：

		真實類別	
		Positive	Negative
預測類別	Positive	TP (8)	FP (3)
	Negative	FN (2)	TN (7)

計算準確性、Kappa 值、精準度、召回率、特異性和 F1 分數。

7. 設某一分類器的兩個門檻設定產生如下的兩組 2×2 混淆矩陣：

		真實類別	
		Positive	Negative
預測類別	Positive	TP (6) (8)	FP (2) (4)
	Negative	FN (4) (2)	TN (8) (6)

估測 ROC 曲線下面積。

8. 給定如下的 3×3 混淆矩陣，計算準確性、精準度和召回率。

	實際 1	實際 2	實際 3
預測 1	10	1	2
預測 2	2	8	3
預測 3	3	4	9

9. 交叉驗證是一種透過使用不同的資料子集進行訓練和測試來評估機器學習模型性能的技術。舉一個簡單的數值範例來展示交叉驗證的做法。

10. 證明(11-4-1)式中，常數 c 的範圍是 $-m \leq c \leq 1$。

11. 驗證表 11-4-1 的準確度、Kappa 值和 F-量測的數據的正確性。

12. 驗證表 11-4-1 的 TP 率、FP 率、ROC 空間中的距離、G-均值和 A-均值的數據的正確性。

13. 驗證表 11-4-2 中數據的正確性。

國家圖書館出版品預行編目資料

數位影像處理 / 繆紹綱著. -- 初版. -- 新北市：
　全華圖書股份有限公司, 2024.05
　　面　；　公分
　ISBN 978-626-401-005-4(平裝)

1.CST: 數位影像處理

312.837　　　　　　　　　　　　113007729

數位影像處理

作者 / 繆紹綱

發行人 / 陳本源

執行編輯 / 張峻銘

出版者 / 全華圖書股份有限公司

郵政帳號 / 0100836-1 號

圖書編號 / 06528

初版一刷 / 2024 年 6 月

定價 / 新台幣 750 元

ISBN / 978-626-401-005-4(平裝)

全華圖書 / www.chwa.com.tw

全華網路書店 Open Tech / www.opentech.com.tw

若您對本書有任何問題，歡迎來信指導 book@chwa.com.tw

臺北總公司(北區營業處)
地址：23671 新北市土城區忠義路 21 號
電話：(02) 2262-5666
傳真：(02) 6637-3695、6637-3696

南區營業處
地址：80769 高雄市三民區應安街 12 號
電話：(07) 381-1377
傳真：(07) 862-5562

中區營業處
地址：40256 臺中市南區樹義一巷 26 號
電話：(04) 2261-8485
傳真：(04) 3600-9806(高中職)
　　　(04) 3601-8600(大專)

（請由此處撕下）

歡迎加入 全華會員

● **會員獨享**

會員享購書折扣‧紅利積點‧生日禮金‧不定期優惠活動…等。

● **如何加入會員**

掃 QRcode 或填妥讀者回函卡直接傳真 (02) 2262-0900 或寄回，將由專人協助登入會員資料，待收到 E-MAIL 通知後即可成為會員。

如何購買 全華書籍

1. **網路購書**

全華網路書店「http://www.opentech.com.tw」，加入會員購書更便利，並享有紅利積點回饋等各式優惠。

2. **實體門市**

歡迎至全華門市（新北市土城區忠義路 21 號）或各大書局選購。

3. **來電訂購**

(1) 訂購專線：(02) 2262-5666 轉 321-324
(2) 傳真專線：(02) 6637-3696
(3) 郵局劃撥（帳號：0100836-1 戶名：全華圖書股份有限公司）
※ 購書未滿 990 元者，酌收運費 80 元。

OpenTech.com.tw 全華網路書店

全華網路書店 www.opentech.com.tw
E-mail: service@chwa.com.tw

※ 本會員制如有變更則以最新修訂制度為準，造成不便請見諒。